Michael Seidel

**Thermodynamik – Verstehen durch Üben**

De Gruyter Studium

# Weitere empfehlenswerte Titel

*Thermodynamik, 5. Auflage*
H. Windisch, 2014
ISBN 978-3-486-77847-2, e-ISBN (PDF) 978-3-486-85914-0,
e-ISBN (EPUB) 978-3-486-98966-3

*Thermodynamik – Verstehen durch Üben, Band 2: Wärmeübertragung*
M. Seidel, 2017
ISBN 978-3-11-041124-9, e-ISBN (PDF) 978-3-11-041129-4,
e-ISBN (EPUB) 978-3-11-042386-0

*Das Entropieprinzip, 2. Auflage*
A. Thess, 2014
ISBN 978-3-486-76045-3, e-ISBN (PDF) 978-3-486-85864-8,
e-ISBN (EPUB) 978-3-486-99078-2

*Thermodynamik für Maschinenbauer, 2. Auflage*
F. M. Barth, 2016
ISBN 978-3-11-041334-2, e-ISBN 978-3-11-041336-6,
e-ISBN (PUB) 978-3-11-041492-9

Michael Seidel

# Thermodynamik – Verstehen durch Üben

Band 1: Energielehre

2., bearbeitete Auflage

**Autor**
Prof. Dr. Michael Seidel
Rheinische Fachhochschule Köln
seidel@rfh-koeln.de

ISBN 978-3-11-053050-6
e-ISBN (PDF) 978-3-11-053051-3
e-ISBN (EPUB) 978-3-11-053066-7

**Library of Congress Cataloging-in-Publication Data**
A CIP catalog record for this book has been applied for at the Library of Congress.

**Bibliografische Information der Deutschen Nationalbibliothek**
Die Deutsche Nationalbibliothek verzeichnet diese Publikation in der Deutschen Nationalbibliografie; detaillierte bibliografische Daten sind im Internet über http://dnb.dnb.de abrufbar.


Umschlagabbildung: Traimak_Ivan/iStock/thinkstock
Druck und Bindung: CPI books GmbH, Leck
♾ Gedruckt auf säurefreiem Papier
Printed in Germany

www.degruyter.com

# Vorwort zur ersten Auflage

*Es ist noch kein Meister vom Himmel gefallen!*
(Sprichwort)

*Übung macht den Meister!*
(Sprichwort)

Mit dem Arbeitsbuch „Verstehen durch Üben“ kann man Wissen sowie Fähigkeiten zur Analyse von Sachverhalten am Beispiel typischer Aufgaben der Thermodynamik im Maschinenbau vertiefen. Bewusst ist der Gefahr zu begegnen, mehr und mehr über immer weniger und weniger zu lernen, bis wir praktisch alles über nichts wissen. Das Konzept dieses Buches entspricht dem Wunsch vieler Studierender nach einer Basis für eine intensive Klausurvorbereitung. Gleichzeitig werden an Wärme- und Energietechnik Interessierte angesprochen, durch das Lösen thermodynamischer Übungsaufgaben ihre Fähigkeiten zu schulen, komplexe Fragestellungen aus diesem Fachgebiet zielgenauer zu analysieren, mathematisch einfach zu formulieren, zu lösen und schließlich die Ergebnisse auf Praxistauglichkeit zu prüfen.

Detailliert durchgerechnete Beispielaufgaben im Mittelpunkt eines Lehrbuches provozieren bedauerlicherweise heute immer noch Einwände, man zerstöre bei den Studierenden den Anreiz zum kreativ selbständigen Lösen von Problemen. Deshalb wird an dieser Stelle ausdrücklich vor einem schlichten Konsum einfach aneinandergeklebter Beispiele ohne theoretische Durchdringung der zugrundeliegenden Sachverhalte gewarnt. Im besten Fall führt ein solches Vorgehen dazu, den Wald vor lauter Bäumen nicht mehr zu erkennen. Deshalb sind den Übungsaufgaben im Sinne eines Repetitoriums jeweils die für die Lösung benötigten theoretischen Zusammenhänge vorangestellt. Das darf jedoch nicht als Ersatz für Vorlesungen und Lehrbücher verstanden werden, sondern als zusammenfassende Wiederholung!

Der pädagogische Wert ausführlich dokumentierter Lösungen praxisnaher Problemstellungen besteht in der genaueren sowie unbestechlichen Kontrolle eigener Lösungskonzepte und der mathematischen Fertigkeiten, die untrennbar mit dem Ingenieurberuf verbunden sind. Sorgfältig auf die jeweils zu erlernenden Sachverhalte abgestimmt, erleichtern Übungsaufgaben das Begreifen der Vorlesungsinhalte. Wiederholtes Üben schafft die Grundlage für aktives Wissen. Das Geheimnis einer erfolgreichen Ingenieurtätigkeit auf dem Gebiet der Wärmetechnik besteht darin, dass man die wenigen, elementaren thermodynamischen Prinzipien nach einem immer gleichartigen methodischen Vorgehen auf die vielfältigsten Gegebenheiten anzuwenden lernt. Hat man erst einmal eine größere Auswahl Musteraufgaben aktiv aufgearbeitet und die der Methode bei der Lösungsfindung innewohnende Logik verinnerlicht, kann man auch beliebige andere Aufgaben effizient bearbeiten. Diese kommentierte Aufgabensammlung mit technisch realen Daten soll Studierenden gleichzeitig helfen zu begreifen, wie aufwändig die Beschaffung genauer, echter Daten sein kann und ein Gefühl für Größenordnungen ausbilden.

DOI 10.1515/9783110530513-001

Eine hinreichende Anzahl ausführlich erläuterter Musteraufgaben beanspruchen ihren Raum. Für den Rahmen eines handlichen Übungsbuches war eine Stoffauswahl zu treffen. In diesem Band behandeln wir das Teilgebiet Energielehre, mit dem die thermodynamischen Grundlagen für die Energie- und Chemietechnik bereitgestellt werden. Der Leser wird schnell – in Abhängigkeit davon, wo er gerade „abgeholt" werden muss – seinen eigenen Stil beim Gebrauch dieses Buches finden. Man muss nicht Kapitel für Kapitel hintereinander lesen und einzelne Übungsaufgaben, die nach dem Stand individueller Vorkenntnisse allzu trivial erscheinen, können getrost übersprungen werden.

Dieses Buch wäre ohne die kreative Atmosphäre an der Rheinischen Fachhochschule Köln nicht entstanden. Wichtig waren die stimulierenden Gespräche mit Fachkollegen und die Herausforderungen durch wissbegierige Studenten, die ich auf ihrem Weg beim Ingenieurstudium begleiten durfte. Der Autor hofft mit diesem Buch etwas zu den guten Traditionen an der RFH Köln beisteuern zu können, damit Engagement bei Lehrern und Motivation bei den Studierenden auch bei stetig steigenden Anforderungen weiter gute Früchte tragen.

Michael Seidel

Rösrath, im Oktober 2014

# Inhaltsverzeichnis

# 1 Einleitung

## 1.1 Thermodynamik aus der Perspektive des Ingenieurs

Die Menschheit hat sehr früh gelernt, Wärme zu nutzen. Schon vor 200.000 Jahren wärmten sich unsere Vorfahren am Holzfeuer. Wir Menschen sind die einzigen Erdbewohner, die mit ihrer Entwicklung die Fähigkeit hervorgebracht haben, Feuer und Wärme zielgerichtet zu nutzen. Die Erfolge unserer Zivilisation gründen sich auf Energieumwandlungen, mit denen veredelte Energie wie Hochtemperaturwärme, mechanische Arbeit sowie elektrischer Strom in immer größerem Maße nutzbar wurden. Wenn die Thermodynamik zunächst von der Untersuchung der mit Wärme verbundenen Erscheinungen ausging, so hat sie im Lauf ihrer Entwicklung längst den engen Rahmen einer Wärmelehre gesprengt. Die moderne Thermodynamik versteht sich heute als *allgemeine Energielehre*, die die Grundgesetze für Energie- und Stoffumwandlungen bereitstellt. Diese Umwandlungsprozesse laufen in vielfältigen Maschinen und Anlagen ab (zum Beispiel in Kompressoren, in Gas- und Dampfturbinen, in Strahltriebwerken oder in Kühlaggregaten) und sind in der Regel so komplex, dass sie sich einer detaillierten Beschreibung und Berechnungsmöglichkeit entziehen. Erst hinreichende Vereinfachungen der real gegebenen Verhältnisse gestatten quantitative Analysen. Die Technische Thermodynamik verwendet Modelle von besonders hohem Abstraktionsgrad. Sie verzichtet auf die Berücksichtigung der Vielfalt der einzelnen Konstruktionen sowie der Besonderheiten der fluiden Arbeitsmittel und konzentriert sich auf wesentliche, allgemein gültige Vorgänge. Insbesondere beruht die thermodynamische Analyse auf der Definition eines thermodynamischen Systems, seiner vereinfachten Beschreibung und der wiederum idealisierten Untersuchung der darin ablaufenden Prozesse. Zur idealisierten Untersuchung von Prozessen gehört eine Modellvorstellung von den verwendeten Arbeitsmitteln. Bei den Arbeitsmitteln konzentriert sich die Technische Thermodynamik auf die für den Energietransport wichtigen Medien. Dies sind vor allem Fluide (Flüssigkeiten, Dämpfe und Gase). Nur in Ausnahmefällen werden feste Stoffe betrachtet. Die Berechnung von Spannungen in Feststoffen infolge von Temperaturgradienten ist nach wie vor ein Teilgebiet der Mechanik.

Historisch gewachsene Wissenschaften sind meist kaum klar gegen Wissensgebiete in der Nachbarschaft abzugrenzen. Dies trifft umso mehr auf die Thermodynamik als universelle Energielehre zu, die sich immer auf allgemein gültige Gesetze aus Physik sowie Chemie gestützt hat, andererseits aber konkrete technische Fragestellungen aufgegriffen und durch diese wesentliche Entwicklungsimpulse erfahren hat. So hat sich heute die Thermodynamik zu einer Wissenschaft entwickelt, die grundlegend die Transformationen des Zustandes von Materie beschreibt. Schließlich betrachtet der in der Chemietechnik beheimatete Ingenieur (Verfahrenstechniker) die allgemeinen Aussagen der Thermodynamik unter dem Aspekt des Verhaltens von Stoffen in ihren jeweiligen Aggregatzuständen sowie der Energieumwandlungen bei chemischen Reaktionen und fasst die *chemische Thermodynamik* als übergeordnete *Theorie zum allgemeinen Stoffverhalten* auf.

DOI 10.1515/9783110530513-002

Zur Erkenntnisgewinnung stehen der Thermodynamik zwei verschiedene Untersuchungsmethoden zur Verfügung. Die *mikroskopische* Betrachtungsweise stützt sich darauf, dass Stoffe aus einer sehr großen Anzahl von Teilchen (Atome, Moleküle, Ionen usw.) mit jeweils unterschiedlichen kinetischen und potentiellen Energien bestehen. Da im Allgemeinen nicht jedes Teilchen rechnerisch einzeln verfolgt werden kann, bedient man sich statistischer Methoden (*statistische Thermodynamik*). Wichtige Größen für die Erfassung von Vorgängen sind die in einer definierten Stoffmenge enthaltene Zahl von Teilchen (Avogadro- oder Loschmidt-Konstante), stoffabhängige Größen wie Teilchendurchmesser und Teilchenmasse sowie zustandsabhängige Größen wie Teilchendichte, mittlerer Teilchenabstand, mittlere freie Weglänge, mittlere Teilchengeschwindigkeit und mittlere Stoßfrequenz.

Die *makroskopische* Betrachtung beschreibt die physikalischen Eigenschaften von Raumbereichen mit sehr viel größeren Abmessungen als die mittlere freie Weglänge der darin enthaltenen Teilchen. Man arbeitet ausschließlich mit direkt messbaren Größen wie der Masse, dem Volumen, dem Druck oder der Temperatur. Die *phänomenologische Thermodynamik* (Phänomen = Erscheinung) ist die historisch ältere Art der Untersuchung und wird deshalb auch als *klassische* Methode bezeichnet. Sie geht von den (makroskopischen) Erscheinungen der Dinge aus, um Erkenntnisse auf der Grundlage von Erfahrungen zu gewinnen. Zentrale Bedeutung haben der erste und zweite Hauptsatz der Thermodynamik, die als Erfahrungstatsachen in Verbindung mit direkt messbaren Eigenschaften von Systemen formuliert sind.

Beide Betrachtungsweisen haben ihre wissenschaftliche Berechtigung. Die statistische Thermodynamik erklärt die Temperatur als zentrale Größe in der Thermodynamik aus der Brownschen Molekularbewegung (dauernde, ungeordnete Bewegung von Teilchen). Insbesondere bei einatomigen Gasen können die Teilchen kinetische Energie im Wesentlichen nur (beim theoretischem Modellstoff ideales Gas ausschließlich) durch translatorische Bewegung speichern. Für alle Teilchen, deren Geschwindigkeit in einem gewissen Spektrum unterschiedliche Werte annehmen, wird eine mittlere kinetische Energie ermittelt und dieser über den Gleichverteilungssatz eine Temperatur zugeordnet, so dass hohe Teilchengeschwindigkeiten gleichfalls hohen Temperaturen entsprechen. Beim Temperaturausgleich schieben schnellere Teilchen unter Energieabgabe langsamere an, bis alle Teilchen im Mittel gleich schnell sind (thermisches Gleichgewicht). Bei Energiezufuhr wachsen mit höherer Teilchengeschwindigkeit der Betrag des Impulses sowie die Zahl der Stöße an die Wand, was man auf makroskopischer Ebene in einem geschlossenen System als Druckerhöhung bei steigender Temperatur wahrnimmt. Die phänomenologische Thermodynamik kann diesen Effekt nicht erklären, nimmt ihn aber zur Kenntnis. Aber für die technisch relevante Quantifizierung des Zusammenhangs zwischen Temperatur und Druck in einem geschlossenen System kann die statistische Thermodynamik selbst nur für einfachste Systeme und Modellstoffe (ideales Gas) belastbare Aussagen liefern.

Die phänomenologische Thermodynamik untersucht makroskopische thermodynamische Systeme über experimentell bestimmbare Größen wie Druck, Temperatur und Volumen. Ausgangspunkt bildet dabei der nullte Hauptsatzes oder Satz von der Existenz der Temperatur mit folgenden Grundaussagen:

1. Ändern Systeme ihre Zustände nicht, wenn sie über eine diathermane (wärmeleitende) Wand in Berührung gebracht werden, sind im thermischen Gleichgewicht.
2. Systeme im thermischen Gleichgewicht haben die gleiche Temperatur. Systeme, die sich nicht im thermischen Gleichgewicht befinden, besitzen unterschiedliche Temperaturen.

3. Zwei Systeme, die jedes für sich mit einem dritten im thermischen Gleichgewicht sind, stehen ebenso im thermischen Gleichgewicht.

Der nullte Hauptsatz ist auch die Basis für die Temperaturmessung mit Berührungsthermometern, denn durch einen hinreichend lange dauernden Kontakt mit einem Messobjekt stellt sich zwischen beiden ein thermisches Gleichgewicht ein.

Diese makroskopische Vorgehensweise erfordert größte Exaktheit bei Begriffs- und Modellbildung, die den Lernenden anfangs erfahrungsgemäß Verständnisprobleme bereitet. Methodisch ist dies jedoch für die effiziente Lösung anspruchsvoller Aufgaben konkurrenzlos.

Historisch gebrauchte man die Begriffe Wärme und Temperatur völlig synonym. Erst als 1760 der englische Physiker Josef Black (1728–1799) den Terminus „spezifische Wärme“ oder „spezifische Kapazität des Wärmestoffs“ einführte, wurde klar zwischen Wärme und Temperatur unterschieden.

Den Beginn der Thermodynamik als Technikwissenschaft kann man in den systematischen Untersuchungen zu Dampfmaschinen durch James Watt (1736–1819) sehen. Die ersten von Thomas Newcomen (1663–1729) entworfenen Dampfmaschinen konnten wegen ihres enormen Energiebedarfes nicht wirtschaftlich eingesetzt werden. Watt erkannte als Erster, dass das beständige Abkühlen zur Kondensation des Dampfes und das sich daran anschließende Wiederaufheizen im gleichen Zylinder für den niedrigen Wirkungsgrad verantwortlich zu machen war. Er verbesserte die Konstruktion durch Einführung eines getrennten „Kondensators“, wodurch der Energieverbrauch der Dampfmaschine auf etwa ein Viertel gesenkt werden konnte. Parallel zu dieser Entwicklung in England wurden in Frankreich technische Wissenschaften auf der Basis angewandter Mathematik entwickelt. So wurde es möglich, Naturgesetze nicht nur zu erkennen, sondern auch gezielt zur Auslösung von Prozessen anzuwenden, die die Natur aus sich heraus von selbst nicht hervorbracht hätte. Die von Nicolas Léonhard Sadi Carnot (1796–1832) als Vertreter dieser französischen wissenschaftlichen Schule 1824 veröffentlichte Schrift „Betrachtungen über die bewegende Kraft des Feuers und die zur Entwicklung dieser Kraft geeigneten Maschinen“ befruchtete die weiteren Entwicklungen nachhaltig. Die vorliegenden Erfahrungen zum Bau von Dampfmaschinen konnten mit den von Carnot gewonnenen Erkenntnissen auf wissenschaftlicher Basis neu geordnet und das rein handwerklich-empirische Vorgehen überwunden werden. Carnot entwickelte mit dem Modell von der vollkommenen Maschine und des reversiblen (vollständig umkehrbaren) Kreisprozesses als Erster eine von jeder Art der Konstruktion der Maschine sowie des eingesetzten Arbeitsmittels (Luft oder Dampf) unabhängige Methode zur Beurteilung der Effizienz bei der Gewinnung von Nutzarbeit aus Wärme. Rudolf Diesel (1858–1913) ließ sich später von den Arbeiten Carnots inspirieren und entwickelte so seinen „neuen“ Wärmemotor.

Die Entwicklung der Thermodynamik als Wissenschaft verlief nicht immer widerspruchsfrei. Lange Zeit wurde Wärme nicht als Energie wahrgenommen. Der Vorgang der Wärmeübertragung zwischen zwei Körpern unterschiedlicher Temperatur erweckte den Eindruck, dass es sich bei der Wärme scheinbar um einen unsichtbaren, unzerstörbaren und unwägbaren (also masselosen) Stoff („caloricum“) handelte, der vom wärmeren zum kälteren Körper übergeht. Diese Erscheinungen ordnete man zunächst dem Wissenschaftsgebiet der Chemie zu. Im Sinne dieser Theorie wurden das Schmelzen von Festkörpern sowie das Verdampfen von Flüssigkeiten als eine Art chemische Reaktion zwischen „caloricum“ und dem betreffenden Stoff gedeutet. Die Erzeugung von Wärme durch Reibung sollte auf die Befreiung des Wärmestoffes aus einer chemischen oder mechanischen Verbindung mit den Stoffen der beiden aneinander geriebenen Körper zurückzuführen sein. Demnach müsste mit steigendem Abrieb auch mehr Wärme frei werden. Der amerikanische Offizier und Erfinder Benjamin Thompson, der spätere Graf Rumford (1753–1814), beobachtete 1798 beim Bohren von Kanonenrohren aber gerade das Gegenteil. Bei stumpfen Bohrern wurden weniger Späne abgehoben, es wurde aber viel mehr Wärme frei und bei scharfen Bohrern fielen viele Späne bei relativ geringer Wärmefreisetzung an. Rumford schloss daraus, dass Wärme eine andere Form der mechanischen Bewegung sei, aber erst zwischen 1840 und 1850 setzte sich über den Nachweis der Äquivalenz von Arbeit und Wärme die Auffassung durch, dass Wärme als eine spezielle und wandelbare Form von Energie der Energieerhaltung unterliegt. Daran waren vor allem Julius Robert Mayer (1814–1878) und James Prescott Joule (1818–1889) beteiligt. Der Heilbronner Arzt Mayer errechnete 1840 mit 1 kcal = 426,9 kpm den zu einer Wärmemenge äquivalenten Betrag mechanischer Arbeit (Mayersches Wärmeäquivalent). Zunächst hatte er rechnerisch die Wärme bestimmt, die einem definierten Zylinderinhalt bei festgehaltenem und bei frei beweglichem Kolben zugeführt werden muss, wenn in beiden Fällen eine Temperaturerhöhung von einem Kelvin erzielt werden soll. Durch Gleichsetzen der in kcal gemessenen Wärmen mit der reversibel gegenüber der Umgebung verrichteten Volumenänderungsarbeit ermittelte er das mechanische Wärmeäquivalent mit dem ungenauen Wert 1 kcal = 367 kpm. Die Abweichung vom zuerst genannten exakten Wert beträgt etwa 14 % und ist darauf zurückzuführen, dass damals nur sehr ungenaue Messwerte für die spezifischen Wärmekapazitäten für konstantes Volumen und für konstanten Druck vorlagen. Da Mayer als Mediziner in der Physik ein Außenseiter war, fanden seine theoretischen Arbeiten zunächst keine Anerkennung. Poggendorf lehnte wegen einiger verbliebener Unklarheiten eine Veröffentlichung in den Annalen der Physik ab. Sie wurde erst 1842 vom Chemiker Liebig in den Annalen der Chemie und Pharmazie veröffentlicht. Erst wesentlich später und nach einem nervenaufreibenden Prioritätsstreit mit Joule wurden Mayers Leistungen wissenschaftlich voll anerkannt. Vor allem Helmholtz ist es zu danken, dass Mayers Verdienste und das Erstrecht an der Entdeckung des Energieerhaltungssatzes entsprechend gewürdigt wurden. 1867 wurde ihm das Ritterkreuz des Verdienstordens der württembergischen Krone verliehen. Dadurch wurde er in den Adelsstand erhoben und hieß damit von Mayer. Ohne Mayers Arbeiten zur Kenntnis genommen zu haben, bestimmte Joule 1843 experimentell das mechanische Wärmeäquivalent, in dem er die Arbeit einer um eine definierte Höhe herabsinkenden Masse über ein Rührwerk benutzte, um Wasser in einem Gefäß zu erwärmen. Außerdem untersuchte er auch die Umwandlung elektrischer Energie in Wärme und entdeckte, dass die Wärmeabgabe eines stromdurchflossenen elektrischen Leiters direkt proportional zu seinem elektrischen Widerstand und dem Quadrat der Stromstärke ist. Hermann Ludwig Ferdinand von Helmholtz (1821–1894), zunächst ebenfalls als Arzt, später aber als Physiker tätig, formulierte in seinem 1847 erschienenen Buch „Über die Erhaltung der Kraft“ den Energieerhaltungssatz umfassender und detaillierter als durch Mayer 1842 veröffentlicht.

Aufbauend auf den Erkenntnissen von Carnot, Mayer und Joule formulierte Rudolf Julius Emanuel Clausius (1818–1888) im Jahre 1850 die beiden Hauptsätze der Thermodynamik. Den ersten Hauptsatz hatte er auf die Bilanzgleichungen zwischen Wärme, Arbeit und einer von ihm erstmals eingeführten inneren Energie als Zustandsgröße eines Systems gestützt. Zur quantitativen Formulierung des zweiten Hauptsatzes führte er 1865 die Zustandsgröße Entropie ein und entwickelte auch das Gesetz ihrer Vermehrung bei irreversiblen Prozessen.

Unabhängig von Clausius entwickelte 1851 William Thomson (1824–1907, seit 1892 Lord Kelvin) den zweiten Hauptsatz als Verbot, Arbeit durch Abkühlen eines Stoffes unter Umgebungstemperatur zu gewinnen (Unmöglichkeit eines perpetuum mobile 2. Art). 1852 erkannte er weiterhin, dass sich bei allen natürlich ablaufenden (irreversiblen) Prozessen der Umfang umwandelbarer, arbeitsfähiger Energie mindert (Zerstreuung mechanischer Energie = dissipation of mechanical energy). Aufbauend auf den Arbeiten von Carnot hatte er außerdem schon 1848 die Existenz einer universellen, von Eigenschaften der eingesetzten Thermometer unabhängigen Temperaturskala erkannt. Ihm zu Ehren wird deshalb die thermodynamische Temperatur in Kelvin gemessen.

Schulbildend für die Technische Thermodynamik ist das Wirken von Gustav Anton Zeuner (1828–1907) an der Bergakademie Freiberg (Sachsen) und später am Polytechnikum in Dresden (von ihm zur Technischen Hochschule ausgebaut) gewesen. Sein Nachfolger an der TH Dresden, Richard Mollier (1863–1935), knüpfte sehr erfolgreich an die diesbezüglichen Arbeiten Zeuners an. Er untersuchte die physikalischen Eigenschaften von Wasser, Wasserdampf sowie feuchter Luft durch Messungen und schuf Berechnungsgrundlagen zu ihrer Ermittlung. 1904 stellte Mollier ein Enthalpie-Entropie-Diagramm ($h,s$-Diagramm) für den Arbeitsstoff Wasser vor. Wie hoch man die Bedeutung dieser Idee einschätze, ist daran zu ersehen, dass nach einer internationalen Vereinbarung seit 1923 alle Zustandsdiagramme, in denen die Enthalpie eine der beiden Koordinaten darstellt, als *Mollier-Diagramme* bezeichnet werden. Auch das von Mollier vorgeschlagene Enthalpie-Wassergehalt-Diagramm für feuchte Luft erlangte größere Bedeutung. 1925 verbesserte Mollier eine von Clausius entwickelte Zustandsgleichung für Wasserdampf, die die Grundlage der von ihm später herausgegebenen Dampftabellen war. Ab 1937 wurden dann die VDI-Wasserdampftafeln veröffentlicht, die ihrerseits wiederum auf Erweiterungen der von Mollier entwickelten Gleichungen beruhten. Um einheitliche Grundlagen zur Auslegung von Dampfkraftprozessen zu schaffen, wurde 1963 ein internationales Komitee für die Erarbeitung von Zustandsgleichungen mit weltweiter Verbindlichkeit auf Basis der jeweils neuesten Erkenntnisse eingerichtet.

Heute hat die aus vielen Wissenschaftlern bestehende internationale Vereinigung IAPWS (International Association for the Properties of Water and Steam) Verantwortung für die Fixierung internationaler Standards bei den thermophysikalischen Eigenschaften von Wasser und Dampf übernommen. Im Jahre 1997 wurde mit der IAPWS-IF97 ein Standard für den industriellen Gebrauch formuliert. Zwischen 2001 und 2005 konzentrierten sich Arbeitsgruppen der IAPWS auf die weitere Entwicklung dieses Standards. Die Ergebnisse wurden 2008 publiziert und sind hier Basis für die entsprechenden Zusammenstellungen im Anhang.

Alle Zukunftsfragen der Menschheit ranken sich in letzter Konsequenz um den Komplex Energie und so muss sich das Instrumentarium der Thermodynamik weiter schärfen, um technischen Fortschritt mit nachhaltiger Entwicklung zu ermöglichen. Allerdings tun wir gut daran, jenes Wissen, das sich frühere Generationen schon erarbeitet haben, nicht in Vergessenheit geraten zu lassen. Thermodynamik ist deshalb aber kein in sich abgeschlossenes Wissensgebiet an der Schnittstelle von Physik und Ingenieurwissenschaften. Mit der heute immer klarer hervortretenden Notwendigkeit eines Wandels bei Energieumwandlung und Energietransport stellen sich immer neue Aufgaben, die auf der Basis der beiden als Hauptsätze der Thermodynamik formulierten naturwissenschaftlichen Erfahrungstatsachen gelöst werden müssen.

## 1.2 Größen, Einheiten und Gleichungen

Jede physikalische Größe vereinigt in sich eine quantitative Aussage (den Zahlenwert) und eine qualitative Aussage (die Dimension repräsentiert durch eine Einheit). Man kann daher eine physikalische Größe $G$ mit dem Zahlenwert von $G$ als $\{G\}$ und der Einheit von $G$ als $[G]$ immer formulieren in der Form

$$G = \{G\} \cdot [G]$$

So lässt sich zum Beispiel die Fallbeschleunigung $g$ darstellen durch ihren mit dem verbindlich als Standard in einer Norm angegebenen Zahlenwert $\{g\} = 9{,}80665$ sowie ihrer Einheit $[g] = 1\ \mathrm{m/s^2}$ man schreibt als Produkt für die Größe $g = 9{,}80665\ \mathrm{m/s^2}$.

Die parallele Verwendung verschiedener Maßsysteme erwies sich im Zuge einer technischen Entwicklung im globalen Maßstab als hinderlich. Das von Giorgi vorgeschlagene und 1960 von der Generalkonferenz für Maß und Gewichte angenommene System der SI-Einheiten (**S**ystème **I**nternational d´Unitès) hat sich heute klar als international gültiges Einheitensystem durchgesetzt. Es ist in Deutschland seit 1969 durch das Gesetz über Einheiten im Messwesen im geschäftlichen und amtlichen Verkehr rechtsverbindlich vorgeschrieben. In einigen angelsächsischen Ländern werden jedoch heute immer noch zusätzlich andere Einheitensysteme angewandt.

Das internationale Einheitensystem wird aus sieben *Basiseinheiten mit zugehörigen Basisgrößen* gebildet (siehe auch DIN 1301-1: 2002-10):

*Länge* gemessen in **Meter (m)**
1 m = Länge der Strecke, die Licht im Vakuum während der Dauer von 1/299.792.458 Sekunden durchläuft.

*Masse* gemessen in **Kilogramm (kg)**
1 kg = Masse eines im internationalen Büro für Maß und Gewichte in Sèvres bei Paris aufbewahrten Zylinders (39 mm Höhe und 39 mm Durchmesser) aus 90 Teilen Platin und 10 Teilen Iridium (Internationaler Kilogrammprototyp). Die Kopie des „Urkilogramms" für Deutschland wird in der Physikalisch-Technischen Bundesanstalt (PTB) aufbewahrt.

*Zeit* gemessen in **Sekunden (s)**
1 s = 9.192.631.770fache der Periodendauer der dem Übergang zwischen den beiden Hyperfeinstrukturniveaus des Grundzustandes von Atomen des Nuklids $^{133}$Cs entsprechenden Strahlung. Ursprünglich wurde die Einheit Sekunde aus der Umlaufzeit der Erde um die Sonne definiert.

*Thermodynamische Temperatur* gemessen in **Kelvin (K)**
1 K = der 273,16te Teil der thermodynamischen Temperatur des Tripelpunktes von Wasser.

*Stoffmenge* gemessen in **Mol (mol)**
1 mol = Anzahl der Teilchen, die als Atome in 12/1000 kg des Nuklids $^{12}$C enthalten sind.

*Elektrische Stromstärke* gemessen in Ampere (A)
1 A = Stärke eines zeitlich konstanten elektrischen Stromes, der durch zwei im Vakuum parallel im Abstand von 1 m angeordnete, unendlich lange Leiter von vernachlässigbar kleinen Querschnitt fließt, und zwischen diesen pro 1 m Leitungslänge eine elektrodynamische Kraft von $2 \cdot 10^{-7}$ kg m $s^{-2}$ erzeugt.

*Lichtstärke* gemessen in Candela (cd)
1 cd = Lichtstärke in einer bestimmten Richtung einer Strahlungsquelle, die monochromatische Strahlung von $540 \cdot 10^{12}$ Hz aussendet und deren Strahlstärke in dieser Richtung 1/683 Watt durch Steradiant beträgt.

Allgemein ergänzt werden die SI-Einheiten durch die Maßeinheiten für den ebenen Winkel mit Radiant (rad) und für den räumlichen Winkel mit Steradiant (sr). Neben den Basiseinheiten definiert das SI-System eine Reihe von abgeleiteten Einheiten mit speziellen Namen, so dass es für jede Größe genau eine SI-Einheit gibt. Die abgeleiteten Einheiten gehen aus den Basiseinheiten durch einfache Produkt- und Quotientenbildung hervor, die keinen von 1 verschiedenen Faktor enthalten. Derartig gebildete Einheiten heißen kohärent. Diese sieben Basisgrößen reichen aus, um alle anderen benötigten Größen abzuleiten. Alle für die Thermodynamik wichtigen Größen können aus den ersten fünf oben erwähnten Basisgrößen abgeleitet werden. Häufig benötigen wir:

Kraft gemessen in Newton (N) $1\ N = 1\ kg\ m/s^2$

Druck gemessen in Pascal (Pa) $1\ Pa = 1 kg/(s^2\ m) = 1 N/m^2$

Energie als Arbeit oder Wärme gemessen in Joule (J) $1\ J = 1\ kg\ m^2/s^2 = 1 Nm$

Leistung, Wärmestrom gemessen in Watt (W) $1\ W = 1\ kg\ m^2/s^3 = 1\ J/s$

In kohärenten Einheitensystemen treten bei den abgeleiteten Größenarten oft sehr große oder extrem kleine Zahlenwerte auf. Der besseren Übersicht wegen verkleinert oder vergrößert man diese Zahlenwerte um eine oder mehrere Zehnerpotenzen. Die dezimalen Vielfachen einer Einheit erhalten dann gleichzeitig genormte Vorsatzzeichen.

**Tab. 1-1:** Vorsilben für dezimale Vielfache und Teile von Einheiten (DIN 1301-1: 2002-10, Auszug).

| Vorsilbe | Kurzzeichen | Bedeutung | Vorsilbe | Kurzzeichen | Bedeutung |
|---|---|---|---|---|---|
| Exa | E | $10^{18}$ | Dezi | d | $10^{-1}$ |
| Peta | P | $10^{15}$ | Zenti | c | $10^{-2}$ |
| Tera | T | $10^{12}$ | Milli | m | $10^{-3}$ |
| Giga | G | $10^{9}$ | Mikro | µ | $10^{-6}$ |
| Mega | M | $10^{6}$ | Nano | n | $10^{-9}$ |
| Kilo | k | $10^{3}$ | Piko | p | $10^{-12}$ |
| Hekto | h | $10^{2}$ | Femto | f | $10^{-15}$ |
| Deka | da | $10^{1}$ | Atto | a | $10^{-18}$ |

Einige der dezimalen Vielfachen von SI-Einheiten haben, weil häufig verwendet, eigene Bezeichnungen. Das betrifft:

- die Volumeneinheit Liter: 1 Liter $= 1\ \ell = 1\ dm^3 = 10^{-3}\ m^3$
- die Masseeinheit Tonne: 1 Tonne $= 1\ t = 10^3$ kg
- die Druckeinheit Bar: $1\ bar = 10^5\ Pa = 10^5\ N/m^2$

Keine SI-Einheiten sind die häufig verwendeten Einheiten Minute und Stunde für die Zeit $\tau$.

$[\tau] = 1\ \text{s}$ $\quad 1\ \text{h} = 60\ \text{min.} = 3600\ \text{s}$ $\quad 1\ \text{d} = 24\ \text{h} = 1440\ \text{min.} = 86.400\ \text{s}$ $\quad 1\text{a} = 365\ \text{d} = 8760\ \text{h}$

Zur Umrechnung von m/s im SI-System in km/h als häufig verwendete Einheit für die Geschwindigkeit ergibt sich

$$1\frac{\text{km}}{\text{h}} = \frac{1\cdot 10^3\ \text{m}}{3600\,\text{s}} = \frac{1}{3{,}6}\frac{\text{m}}{\text{s}} \quad \text{und} \quad 1\frac{\text{m}}{\text{s}} = 3{,}6\frac{\text{km}}{\text{h}}$$

Praktisch ist auch manchmal ein Massenstrom von kg/s in t/h umzurechnen. Analog folgt:

$$1\frac{\text{t}}{\text{h}} = \frac{1\cdot 10^3\ \text{kg}}{3600\,\text{s}} = \frac{1}{3{,}6}\frac{\text{kg}}{\text{s}} \quad \text{und} \quad 1\frac{\text{kg}}{\text{s}} = 3{,}6\frac{\text{t}}{\text{h}}$$

Beim Studium älterer Literatur muss man sich auch mit den früher zugelassenen Einheiten auseinandersetzen. Hier verweisen wir für Druck, Leistung und Arbeit auf die Tabellen (9-4) bis (9-6) im Anhang. Gleichzeitig sind dort Umrechnungen diverser Einheiten des angelsächsischen Systems in SI-Einheiten (Tabelle 9-7) zu finden.

Energie wird in der Thermodynamik öfters als Produkt aus einem Druck und einem Volumen dargestellt. Als Energieeinheit tritt daher bei zahlreichen Rechnungen das Produkt aus einer Druck- und Volumeneinheit auf. Für die praktisch oft verwendeten Einheiten Bar und Liter entstehen dann folgende Beziehungen:

$$1\,\text{bar}\cdot 1\,\text{m}^3 = 10^5\,\frac{\text{N}}{\text{m}^2}\cdot 1\,\text{m}^3 = 10^5\ \text{Nm} = \underline{\underline{100\ \text{kJ}}} \text{ und } 1\ \text{bar}\cdot 1\ \ell = 10^5\ \text{Pa}\cdot 10^{-3}\ \text{m}^3 = 100\ \text{J} = \underline{\underline{0{,}1\ \text{kJ}}}$$

Naturgesetze existieren unabhängig von den für die betreffenden Größen verwendeten Maßeinheiten. Gleichungen, die ausschließlich die mathematischen Beziehungen zwischen physikalischen Größen beschreiben, heißen *Größengleichungen*. Ein Beispiel dafür ist

$$W = F \cdot s$$

Wenn eine Kraft $F = 6$ kN auf horizontal eine Verschiebung von $s = 600$ m bewirkt, wurde eine Arbeit W = 3.600.000 Nm geleistet.

Zur Erleichterung des Rechenganges werden gelegentlich *zugeschnittene Größengleichungen* verwendet, sie gelten dann nur für spezielle festgelegte Einheiten, z. B.

$$W = \frac{1}{3{,}6\cdot 10^6}\cdot\left(\frac{F}{\text{N}}\right)\cdot\left(\frac{s}{\text{m}}\right)\text{kWh}$$

Wenn eine Kraft $F = 6000$ N horizontal eine Verschiebung von 600 m bewirkt, wurde eine Arbeit $W = 1$ kWh geleistet.

*Zahlenwertgleichungen* sind Beziehungen zwischen reinen Zahlen, zum Beispiel

$$\{T\} = \{t\} + 273{,}15$$

$\{T\}$ = Zahlenwert der thermodynamischen Temperatur $T$

$\{t\}$ = Zahlenwert der Celsiustemperatur

Zahlenwertgleichungen können immer an den geschweiften Klammern erkannt werden.

Oft entdeckt man Fehler in Gleichungen, indem man die Dimensionen (Maßeinheiten) der Größen untersucht. Die Übereinstimmung der Dimensionen (Maßeinheiten) auf linker und rechter Gleichungsseite ist eine notwendige (nicht hinreichende!) Voraussetzung für die Richtigkeit einer Gleichung. Als Beispiel betrachten wir die Kontinuitätsgleichung

$$\dot{m} = \frac{c \cdot A}{v}$$

$\dot{m}$ = Massenstrom gemessen in kg/s

$c$ = Strömungsgeschwindigkeit gemessen in m/s

$A$ = Querschnittsfläche gemessen in $m^2$

$v$ = spezifisches Volumen gemessen in $m^3$/kg

Einheitenanalyse:

$$\frac{\text{kg}}{\text{s}} = \frac{\text{m/s} \cdot \text{m}^2}{\text{m}^3/\text{kg}} = \frac{\text{kg}}{\text{s}}$$

Dimensionsanalyse:

$$\frac{\text{Masse}}{\text{Zeit}} = \frac{\text{Länge/Zeit} \cdot \text{Länge}^2}{\text{Länge}^3/\text{Masse}} = \frac{\text{Masse}}{\text{Zeit}}$$

Wir verwenden das Formelzeichen $c$ sowohl für die Strömungsgeschwindigkeit gemessen in m/s als auch für die spezifische Wärmekapazität gemessen in J/(kg K). Die konkrete Bedeutung ergibt sich – meist leicht erkennbar – aus dem Sachzusammenhang. Im Zweifel führe man eine Dimensionsanalyse durch.

## 1.3 Wichtige Naturkonstanten

Naturkonstanten treten in verschiedenen Theorien als unverzichtbare Größen auf, ohne dass die betreffende Theorie selber den Wert dieser Konstante angeben kann. Dazu benötigt man Experimente und möglichst exakte Messungen. Mit Hilfe der dann bestimmten Werte der Naturkonstanten gelangt man von der qualitativen Beschreibung durch eine Formel zu einer quantitativen Beschreibung mit numerischen Werten. Je genauer man die Naturkonstanten erfasst, desto genauer können die quantitativen Aussagen der Theorie getroffen werden.

Bis 1998 wurden vom „Committee on Data for Science and Technology“ (CODATA) des *International Council of Scientific Unions (ICSU)* alle 13 Jahre die neuesten Ergebnisse wissenschaftlicher Untersuchungen zu Naturkonstanten veröffentlicht und zur einheitlichen Anwendung in Wissenschaft und Technik empfohlen. Die Dynamik des wissenschaftlichen Fortschritts sowie die rasche Verbreitung über das Internet ermöglichen heute die Erneuerung der Datensätze zu den Naturkonstanten im Zeitraum von nur vier Jahren.

Aus dem umfangreichen Datensatz 2010 der von CODATA empfohlenen Werte für fundamentale physikalische Konstanten (vergleiche http://physics.nist.gov/cuu/constants) werden hier als bedeutsam für thermodynamische Kalkulationen auszugsweise aufgeführt und den Berechnungen in diesem Buch zu Grunde gelegt:

- die Avogadro-Konstante (Loschmidt-Konstante):
  $N_A = (6{,}02214129 \pm 0{,}00000027) \cdot 10^{+26}\ \text{kmol}^{-1}$
- die molare (universelle) Gaskonstante des idealen Gases:
  $R_m = (8{,}3144621 \pm 0{,}0000075)$ kJ/(kmol K)[1]

---

1 In einigen gültigen DIN-Normen (z. B. DIN 1871: Gasförmige Brennstoffe und sonstige Gas oder DIN 51850: Brennwerte und Heizwerte gasförmiger Brennstoffe) wird abweichend von den empfohlenen CODATA-Werten $R_m$ = 8,31441 kJ/(kmol K) zur Anwendung vorgeschrieben.

- das molare Volumen des idealen Gases (bei $T = 273{,}15$ K und $p = 1$ bar):
  $V_m = (22{,}710953 \pm 0{,}000021)\ \mathrm{m^3/kmol}$
- das molare Volumen des idealen Gases (bei $T = 273{,}15$ K und $p = 1{,}01325$ bar):
  $V_{m,n} = (22{,}413968 \pm 0{,}000020)\ \mathrm{m^3/kmol}$ (physikalischer Normzustand)
- die Boltzmann-Konstante:
  $k = (1{,}3806488 \pm 0{,}0000013)\cdot 10^{-23}\ \mathrm{J/K}$ $\quad k = R_m / N_A$
- die Stefan-Boltzmann-Konstante:
  $\sigma = (5{,}670373 \pm 0{,}000021)\cdot 10^{-8}\ \mathrm{W/(m^2\,K^4)}$

Besondere Aufmerksamkeit müssen wir auch einer Konstanten widmen, die eigentlich gar keine Konstante ist. Die Schwerkraft als Vektorsumme aus der Massenanziehung und der durch die Erddrehung verursachten Zentrifugalkraft ist wegen der Abweichung der Erde von der Kugelgestalt eine komplizierte Funktion der geografischen Breite und des Radiusvektors vom Erdmittelpunkt. Die Berechnung einer genauen, auf den jeweiligen Ort bezogenen Fallbeschleunigung ist deshalb relativ aufwändig. Experimentelle Werte für konkrete Standorte kann man aus Pendelversuchen gewinnen. Die Fallbeschleunigung wird an den Polkappen mit $g = 9{,}83221\ \mathrm{m/s^2}$ und am Äquator mit $g = 9{,}78049\ \mathrm{m/s^2}$ angegeben. Im Kern ist eigentlich nur sicher, dass die häufig verwendete Näherung $g \approx 9{,}81\ \mathrm{m/s^2}$ nicht zutreffend ist. Ingenieure ziehen sich in einer solchen Situation gern auf die Anwendung von Normen zurück. Für die geografische Breite von 45°32′33′′ ist auf Meereshöhe international der Wert $g_n = 9{,}80665\ \mathrm{m/s^2}$ festgelegt und als Normwert verbindlich anzuwenden.

Bei formaler Beschränkung auf das Newtonsche Gesetz der Massenanziehung ist es darüber hinaus möglich, einen vereinfachten Zusammenhang für die Abnahme der Fallbeschleunigung mit einer über dem Meeresspiegel steigenden Höhe $h$ anzugeben (vergleiche DIN ISO 2533 Normatmosphäre).

$$g(h) = g_n \cdot \left(\frac{r}{r+h}\right)^2 \qquad r = 6.356.766\ \mathrm{m}\ \text{(nominaler Erdradius)} \qquad (1\text{-}1)$$

Formel (1.1) wird insbesondere benötigt, wenn sich Untersuchungen auf das Verhalten in höheren Schichten der Atmosphäre beziehen. Die nach der vereinfachten Berechnung mit dem genormten Wert für $g_n$ gemäß (1-1) für den Höhenbereich von 60.000 m berechneten Werte weichen nach den Aussagen der DIN ISO 2533 um nicht mehr als 0,001 % von den Werten ab, die mit einer genaueren, aber wesentlich komplexeren Gleichung ermittelt wurden.

## 1.4 Das thermodynamische System

Eine thermodynamische Untersuchung startet stets mit der Abgrenzung eines zu untersuchenden Bereiches von der *Umgebung*. Das so durch ortsfeste (starre) oder ortsveränderliche (verschiebbare) Grenzen hervorgehobene Gebiet wird *thermodynamisches System* genannt und besitzt nach der Art des gewählten Modells eine mit bestimmten, häufig idealisierenden Eigenschaften ausgestattete *Systemgrenze*. Die Systemgrenzen können wirkliche oder gedachte Grenzen sein, mit dem das System in Wechselwirkung zur Umgebung tritt. Zur Charakterisierung eines thermodynamischen Systems gehört die Wahl eines Bezugssystems (Koordinatensystems). Man unterscheidet die sich in Ruhe zum Bezugssystem befindlichen *ruhenden Systeme* von den *bewegten Systemen,* die sich im Bezugssystem bewegen. Die nach den Zielen der Untersuchung geschickte Wahl des Bezugssystems kann die Lösung eines Problems wesentlich erleichtern. So kann nur ein außerhalb des Systems fest postierter Beobachter äußere Zustandsvariablen (Systemgeschwindigkeit oder Lage in einem fixen Koordinatensystem) erfassen, während ein fest *im* System verankerter Beobachter ausschließlich innere Zustandsgrößen des Systems wie Druck, Temperatur und Volumen wahrnimmt.

Ein System kann sowohl aus einem einzigen Stoff oder Körper als auch aus einer Ansammlung von Körpern bestehen. Man bezeichnet ein System als *einfaches System,* wenn es nur eine Phase (Flüssigkeit oder Gas) enthält, nicht dem Einfluss äußerer elektrischer oder magnetischer Felder unterworfen ist und auch keine Oberflächeneffekte (Kapillarkräfte) aufweist.

Hinweis: Der Thermodynamiker differenziert zwischen *Aggregatzustand* und *Phase.* Der Begriff Aggregatzustand meint fest, flüssig oder gasförmig, aber es kann zum Beispiel innerhalb einer Flüssigkeit durchaus Gebiete mit Dichteunterschieden geben. Der Begriff Phase wird verwendet, wenn die Flüssigkeit vollkommen homogen ist und an jedem Ort gleiche Eigenschaften aufweist.

Nach dem inneren Aufbau des Systems unterscheidet man:

- **homogene Systeme**, die aus einer einzigen Phase (fest, flüssig, gasförmig) bestehen und in allen (Koordinaten)Richtungen stets gleiche Eigenschaften haben (Isotropie)
  Beispiel: die Menge des in einer Flasche eingeschlossenen Wassers im thermischen Gleichgewicht
- **heterogene Systeme,** die aus mehreren Phasen oder Apparaten bestehen
  Beispiele:
  **a)** zwei Phasen: Nassdampf in einem Dampfkessel als Gemisch siedender Flüssigkeit und trocken gesättigtem Dampf
  **b)** mehrere Apparate: Gasturbinenanlage mit Verdichter, Brennkammer und Turbine
- **kontinuierliche Systeme** sind Systeme, deren Eigenschaften an jeder Stelle mathematisch beschreibbar sind
  Beispiel: in einem Gasbehälter eingeschlossenes ideales Gas

Systemgrenzen und ihre Eigenschaften fixiert man stets nach Zweckmäßigkeit in Abhängigkeit von der Aufgabenstellung. Dem Anfänger fällt dies erfahrungsgemäß schwer, aber er lernt an Beispielen schnell, die Systemgrenzen so zu schneiden, dass das Untersuchungsziel mit möglichst einfachen Mitteln effizient erreicht wird.
Nach den Eigenschaften der Systemgrenze unterscheidet man:

- **(vollständig) abgeschlossene Systeme**, über deren Grenze weder Wärme, Arbeit oder Masse ausgetauscht werden können
  Beispiel: Dewargefäß (Thermoskanne)
- **adiabate Systeme**, über deren Grenze keine Wärme mit der Umgebung ausgetauscht werden kann (wärmedicht)
  Beispiel: sehr gut wärmeisolierter Warmwasserbehälter
- **arbeitsisolierte (= rigide) Systeme** (Austausch von Arbeit mit der Umgebung nicht möglich)
  Beispiel: in einer Rohrleitung strömendes Fluid

- **geschlossene Systeme** (Masseaustausch mit Umgebung nicht möglich)
  Beispiel: mit Sauerstoff gefüllte und geschlossene Gasflasche
- **offene Systeme,** über deren Grenze Wärme, Arbeit und Masse mit der Umgebung ausgetauscht werden können
  Beispiel: Kompressor zur Verdichtung von Luft

Die wichtigsten Wechselwirkungen zwischen System und seiner Umgebung beziehen sich also auf den Austausch von Wärme, Arbeit und Masse über die Systemgrenze.

Die oben definierten Systeme stellen immer eine Idealisierung der Wirklichkeit dar. So ist zum Beispiel eine absolute Wärmedämmung praktisch nicht zu erreichen, denn selbst evakuierte Hohlräume zwischen einem inneren und äußeren Gefäß mit verspiegelten Gefäßwänden unterbinden den Wärmetransport nicht vollständig. Nach hinreichend langer Zeit wird auch der heiße Kaffee in der Thermoskanne kalt. Verbrennungsmotoren, Verdichter, Gasturbinen und sogar ganze Dampfkraftwerke können jedoch als adiabate Systeme behandelt werden, wenn der Stoffdurchsatz mit einer so hohen Geschwindigkeit erfolgt, dass der Wärmeaustausch zwischen Stoff und Maschine vernachlässigt werden kann.

Ein System kann für eine detaillierte Untersuchung in Teilsysteme zerlegt werden. Abbildung 1-1 zeigt, dass das Gesamtsystem Gasturbinenanlage aus den Teilsystemen Verdichter, Brennkammer und Turbine zusammengesetzt ist. Die Teilsysteme beeinflussen sich wechselseitig über die Stoffströme Luft und Gas sowie durch den Leistungsfluss, der über eine Welle zwischen Verdichter und Turbine übertragen wird. Die Wechselwirkung der drei Teilsysteme mit der Umgebung besteht in der Zufuhr von Luft und Brennstoff sowie der Abfuhr von Verbrennungsgas und Leistungsüberschuss. Entscheidend für die Wahl der Lage und Größe eines thermodynamischen Systems bleibt immer, dass die dazu aufstellbaren Bilanzen die gesuchten sowie gegebenen Größen enthalten und diese Größen an den Systemgrenzen einen eindeutigen Wert besitzen.

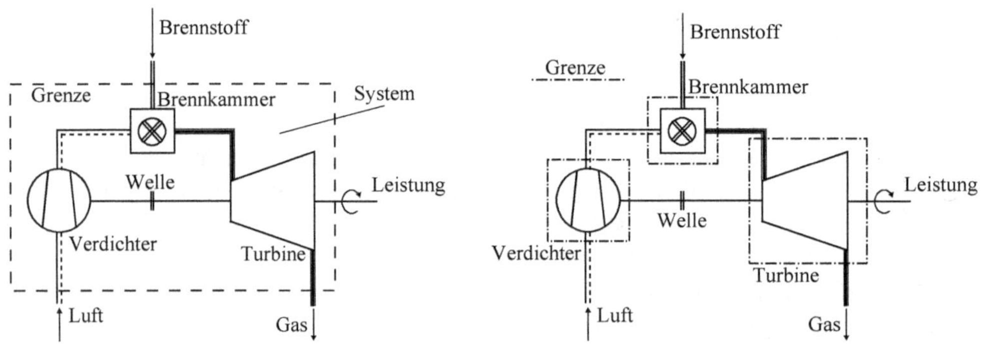


**Abb. 1-1:** Gesamtsystem Gasturbinenanlage (links) und Aufteilung des Kontrollraumes in Teilsysteme (rechts).

Bei einem geschlossenen System kann die Systemgrenze starr sein (zeitlich unveränderlich) oder sich verschieben (zeitlich verändern) unter der Bedingung, dass stets dieselbe Masse eingeschlossen wird (Beispiel: Ausdehnung von Luft im Luftballon bei mäßiger Erwärmung). In einem offenen System ist die Systemgrenze immer zeitlich unveränderlich festzulegen. Hier sprechen wir auch vom *Bilanz-* oder *Kontrollraum* und der *Bilanz-* oder *Kontrollraum-*

*grenze*, weil in den offenen Systemen nur die Änderung der thermodynamischen Zustände der über die Bilanzgrenzen ein- und ausströmenden Fluide bei Berücksichtigung der Energieaustauschprozesse untersucht wird. Die Grenze offener Systeme ist also häufig nur eine Bilanzhülle, um das System einströmende oder verlassende Stoff- und Energieströme zu erfassen. Ein geschlossenes System hingegen grenzt man gegen die Umgebung oft mit dem Ziel ab, sein Inneres zu untersuchen und die Wechselwirkungen mit seiner Umgebung zu beschreiben.

Ein Vorteil von thermodynamischen Systemen besteht darin, dass man nicht alle Variablen untersuchen muss, sondern sich auf jene beschränken kann, die sich während des betrachteten Vorgangs ändern. Alle anderen bleiben konstant und bei der Berechnung meist außen vor. Der Zustand eines Systems ist charakterisiert durch das Vorliegen fester Werte für die zur Beschreibung des Systems notwendigen Variablen.

Wie die Erfahrung zeigt, existieren nicht alle Eigenschaften eines Systems unabhängig voneinander. Erhöht man mit einem gasdicht eingepassten Kolben in einem adiabaten Zylinder den Druck, ändert sich auch die Temperatur des Gases. Dieses Beispiel zeigt, dass man nur bestimmte Eigenschaften des Systems unabhängig ändern kann. Jede Auswahl von Veränderlichen eines Systems stellt sein aktuelles *Koordinatensystem* dar und die Anzahl der unabhängigen Variablen (Koordinaten) bezeichnet man als *Anzahl der Freiheitsgrade* des Systems.

Der Übergang eines Systems von einem Zustand in einen anderen heißt *Zustandsänderung,* zu deren Beschreibung es ausreichend ist, Anfangs- und Endzustand anzugeben. Es ist dabei vollkommen gleichgültig, auf welchem Weg die Zustandsänderung erfolgt.

Zustandsänderungen werden durch Energietransport über eine Systemgrenze hervorgerufen. Den Energietransfer über eine Systemgrenze nennt man Prozess. Größen, die diesen Energietransfer und somit die Wechselwirkungen des Systems mit seiner Umgebung beschreiben, werden als *Prozessgrößen* bezeichnet.

## 1.5 Der thermodynamische Zustand eines Systems

Ein thermodynamisches System ist immer Träger von Variablen oder Größen, die es näher charakterisieren. Die phänomenologische Thermodynamik befasst sich nur mit Systemen, die einen Gleichgewichtszustand erreichen können, wenn man sie abschließt[2]. Im Gleichgewichtszustand treten dann keine Änderungen der makroskopisch messbaren Eigenschaften mehr auf. Der innere Zustand eines Systems, das eine bestimmte Menge eines Fluids als Arbeitsmittel enthält, wird nicht durch Angabe der Ortskoordinaten und Geschwindigkeitsvektoren aller Teilchen beschrieben, sondern durch wenige messbare Variablen wie sein Volumen, sein Druck und seine Temperatur.

Volumen, Druck und Temperatur bezeichnen wir als *innere* oder *thermische Zustandsgrößen.* Sie beschreiben den thermodynamischen Zustand eines Systems eindeutig, lassen allerdings keinen Rückschluss darauf zu, wie das System in diesen Zustand gelangt ist. Die gemeinsame Eigenschaft dieser Zustandsgrößen ist, dass sie mathematisch betrachtet vollständige Differentiale darstellen. Folglich ist das Ergebnis einer mathematischen Integration immer als einfache Differenz von Endwert minus Anfangswert zu bestimmen, also

2 Systeme, die durch die Bewegung von Atomen und Molekülen den Gleichgewichtszustand nicht erreichen oder ihn spontan wieder verlassen, werden durch die statistische Thermodynamik untersucht.

$$\int_1^2 \mathrm{d}V = V_2 - V_1 \qquad \int_1^2 \mathrm{d}p = p_2 - p_1 \qquad \int_1^2 \mathrm{d}T = T_2 - T_1$$

Die *äußeren* Zustandsgrößen eines Systems sind die Koordinaten im Raum und die Geschwindigkeit des Systems relativ zu einem Beobachter. Sie kennzeichnen den äußeren (mechanischen) Systemzustand.

Die Zahl der voneinander unabhängigen Zustandsgrößen, die man benötigt, um den Zustand eines Systems eindeutig festzulegen, hängt von der Art des Systems ab und ist umso größer, je komplizierter sein Aufbau ist. Für sehr viele thermodynamische Untersuchungen kommt man mit einfachen, homogenen Systemen für Flüssigkeiten und Gase aus, deren elektrische und magnetische Eigenschaften vernachlässigt werden können. Kapillarwirkungen durch Oberflächenkräfte spielen nur dann eine Rolle, wenn Tropfen oder Blasen als thermodynamische Systeme betrachtet werden. Daher ist oft der Zustand eines Systems durch Angabe von Druck, Temperatur und Volumen schon hinreichend beschrieben. Besteht ein System aus (idealem) Gas und interessiert man sich nicht zwingend für seine Größe (massenspezifische Untersuchungen) reicht vielfach die Angabe von Druck und Temperatur aus. Eine besondere Situation liegt allerdings vor, wenn man ein System unter dem Einfluss eines äußeren stationären Kraftfeldes (zum Beispiel unter dem Einfluss des Gravitationsfeldes der Erde) analysiert. In einer vertikalen Gas- oder Flüssigkeitssäule nimmt der Druck $p$ mit der Höhe $h$ ab. Der Aufwand für die Beschreibung des Systemzustandes nimmt hier deutlich zu.

### 1.5.1 Der Zusammenhang zwischen Volumen, Masse und Stoffmenge

Die meist verwendeten Maßeinheiten für das Volumen, die Masse und die Stoffmenge sind:[3]

$$[V] = 1\ \mathrm{m}^3 \qquad [m] = 1\ \mathrm{kg} \qquad [n] = 1\ \mathrm{kmol}$$

Das Volumen $V$ ist der Raum, den der Stoff mit der Masse $m$ ausfüllt. Das *spezifische Volumen* $v$ eines Körpers ist dessen Volumen $V$ bezogen auf seine Masse $m$. Der Kehrwert des spezifischen Volumens ist die bekannte physikalische Größe Dichte $\rho$.

$$v = \frac{V}{m} \qquad [v] = 1\,\frac{\mathrm{m}^3}{\mathrm{kg}} \qquad \rho = \frac{m}{V} = \frac{1}{v} \qquad [\rho] = 1\,\frac{\mathrm{kg}}{\mathrm{m}^3} \tag{1-2}$$

Bezieht man das Volumen $V$ auf die Stoffmenge $n$ erhält man das molare Volumen[4] $V_m$, den Kehrwert des molaren Volumens bezeichnet man als Stoffmengendichte $d$:

$$V_m = \frac{V}{n} \qquad d = \frac{n}{V} = \frac{1}{V_m} \tag{1-3}$$

$$[V_m] = 1\,\frac{\mathrm{m}^3}{\mathrm{kmol}} \qquad [d] = 1\,\frac{\mathrm{kmol}}{\mathrm{m}^3}$$

Nach dem 1811 entdeckten Gesetz von Avogadro ist bei allen Gasen in gleichen Volumina, bei gleichen Drücken und Temperaturen dieselbe Anzahl von Teilchen enthalten. Die Anzahl

3 Man beachte die Schreibweise! Selbst in Lehrbüchern wird oft nicht normgerecht $m = [1\ \mathrm{kg}]$ geschrieben!

4 Nach DIN 1304 Allgemeine Formelzeichen sind Größen, die auf Stoffmengen bezogen werden, mit dem Index „*m*" zu kennzeichnen. Ausnahme: die molare Masse *M*.

der in einer Stoffmenge von einem Kilomol vorhandenen Teilchen $N_A$ wurde erstmalig 1865 durch den Wiener Physiker Loschmidt ermittelt. Der nach aktuellen Berechnungen genaueste Wert wurde in Kapitel 1.3 angegeben mit $N_A = 6{,}02214129 \cdot 10^{+26}\ \text{kmol}^{-1}$. Praktisch müsste man selbst für kleine Stoffmengen von einer unvorstellbar großen Teilchenzahl $N$ ausgehen, so dass man zur Vereinfachung die Stoffmenge $n$ als das Verhältnis der vorhandenen Teilchenzahl $N$ zur Avogadro-Konstante $N_A$ definiert

$$n = \frac{N}{N_A}$$

Bezeichne $m_T$ die Masse eines einzelnen Teilchens ist die in einer Stoffmenge von einem Kilomol enthaltene Masse, die wir *molare Masse M* nennen, bestimmbar aus

$$M = m_T \cdot N_A \qquad [M] = 1\,\frac{\text{kg}}{\text{kmol}}$$

Die Masse einer beliebigen Teilchenanzahl $N$ bestimmt sich aus

$$m = m_T \cdot N = \frac{M}{N_A} \cdot N = M \cdot n$$

Dies vermittelt den Zusammenhang zwischen Masse $m$ und Stoffmenge $n$ über die molare Masse $M$

$$m = M \cdot n \tag{1-4}$$

### 1.5.2 Druck

Der Druck ist ein Maß für den Widerstand, den ein Stoff einer Verkleinerung des zur Verfügung stehenden Raumes entgegensetzt.

Ein sich in Ruhe befindliches (Newtonsches) Fluid kann nur Druckkräfte aufnehmen, Zugkräfte sind nicht übertragbar und Schubkräfte bei Ruhe nicht vorhanden, Die Druckspannung $p$ wird auch als Eulerscher Druck $p$ oder kurz als Druck $p$ bezeichnet. Der Druck $p$ ist ein Skalar (richtungsunabhängig) und nur eine Funktion des Ortes. Er kann verursacht werden durch äußere Kräfte (Presskraft des Kolbens) oder durch innere Kräfte (Gewicht, Trägheit). Der Druck $p$ ist definiert als die auf die Fläche $A$ bezogene Kraft $F$ in Normalenrichtung.

$$p = \frac{F}{A} \tag{1-5}$$

$$[p] = 1\,\frac{\text{N}}{\text{m}^2} = 1\,\frac{\text{kg}}{\text{m}\,\text{s}^2} = 1\,\text{Pa} \qquad 10^5\ \text{Pa} = 1\ \text{bar}$$

Druck und Spannungen sind Größen, die im Maschinenbau in einem engen Zusammenhang stehen. Deshalb sollte man sich folgende Beziehungen gut einprägen:

$$1\,\frac{\text{N}}{\text{mm}^2} = 1\,\text{MPa} = 10\,\text{bar} \qquad 1\,\frac{\text{N}}{\text{cm}^2} = 10\,\text{kPa} = 0{,}1\,\text{bar}$$

Der durch die Gewichtskraft $F_G$ einer Flüssigkeits- oder Gassäule der Höhe $h$ auf die Bodenfläche $A$ eines Zylinders verursachte Druck wird bestimmt durch

$$p = \frac{F_G}{A} = \frac{m \cdot g}{A} = \frac{(\rho \cdot V) \cdot g}{A} = \frac{\rho \cdot A \cdot h \cdot g}{A} = \rho \cdot g \cdot h \tag{1-6}$$

Der Druck durch das Eigengewicht einer Flüssigkeits- oder Gassäule hängt also nur von ihrer Höhe $h$ ab, solange Dichte $\rho$ und Fallbeschleunigung $g$ von der Höhe unabhängig sind. Bei Gasen ist die Veränderung des Gasdruckes in Schichten mit einer Höhe von bis zu 50 m in der Regel vernachlässigbar und nur die äußere Belastung maßgebend, bei Flüssigkeiten ist dagegen für den Druck die Höhe der darüber liegenden Flüssigkeitssäule zu beachten.

Wird auf ein vollständig umschlossenes Fluid an einer Stelle eine Kraft ausgeübt, pflanzt sich der Druck – ohne Berücksichtigung der Schwerewirkung – nach allen Richtungen gleichmäßig und unvermindert durch das gesamte Fluid fort. (Druckfortpflanzungsgesetz von Pascal). Überall im Inneren des Fluids und an der Berandung (feste Systemwände) herrscht dann der gleiche Druck. Bei Berücksichtigung der Schwerewirkung ändert sich der Druck mit der Höhe $h$ und ist nur noch in waagerechten Ebenen konstant.

In der Thermodynamik spielt der Druck für das *mechanische Gleichgewicht* als Teil des *thermodynamischen Gleichgewichts* eine wichtige Rolle. Zwei Phasen befinden sich im mechanischen Gleichgewicht, wenn sie als gemeinsame Eigenschaft ein und denselben Druck haben.

Ein thermodynamisches System ist immer durch seinen *absoluten Druck*, das heißt auf den auf das absolute Vakuum bezogenen Druck, charakterisiert. Spricht der Techniker vom Druck, meint er häufig die *Druckdifferenz zum Umgebungsdruck*.

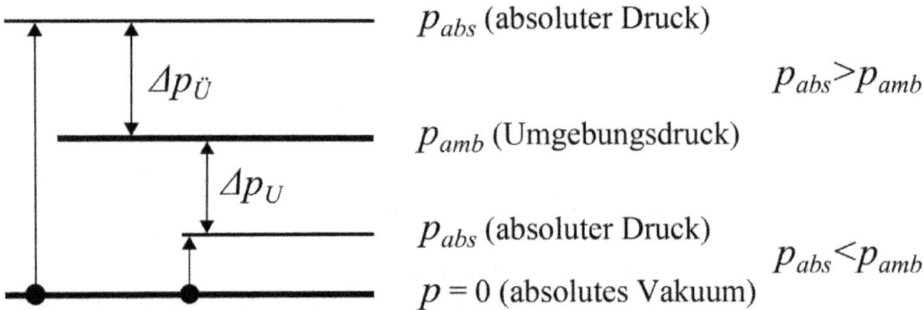


**Abb. 1-2:** Beziehungen zwischen Absolut- und Relativdrücken.

Zur Unterscheidung hat man früher an die alte Maßeinheit at für den Druck einfach ein a oder ü angehangen (ata = Atmosphärenabsolutdruck, atü = Atmosphärenüberdruck). Der Relativdruck zur Umgebung ist direkt messbar mit einem *Manometer* (im einfachsten Fall ein beidseitig offenes U-Rohr mit einer Manometerflüssigkeit), der Luftdruck als Absolutdruck hingegen wird mit einem *Barometer* gemessen. Die Zusammenhänge zwischen Absolut- und Relativdrücken verdeutlicht noch einmal Abbildung 1-2.

Abweichend von den in der Norm vorgegebenen Bezeichnungen verwenden wir folgende Formelzeichen für jeweils einen auf den Umgebungsdruck bezogenen Relativdruck:

oberhalb von $p_{amb}$ liegender Relativdruck: $\Delta p_Ü$ = Überdruck = $p_{abs} - p_{amb}$
unterhalb von $p_{amb}$ liegender Relativdruck: $\Delta p_U$ = Unterdruck = $p_{abs} - p_{amb}$

Der in der Norm für die Relativdrücke vorgegebene Index „e“ steht für „excedens“ = überschreitend. Das hier verwendete Zeichen „Δ“ weist darauf hin, dass es sich um einen Relativdruck handelt. Nach Norm wäre $\Delta p_U = -p_e$ auszuweisen[5].

Das Vakuum (Va) ist definiert durch

$$Va = \frac{\Delta p_U}{p_{amb}} = \frac{p_{abs} - p_{amb}}{p_{amb}} \qquad 0 < Va < 1 \qquad (1\text{-}7)$$

### 1.5.3 Temperatur

Die Temperatur ist eine für die Thermodynamik fundamentale Zustandsgröße. Durch subjektives Empfinden sind uns aus dem Alltag Begriffe wie warm und kalt als relative Aussagen über den thermischen Zustand eines Systems geläufig. Das thermische Gleichgewicht zweier Systeme (gleiche Temperatur) ist die Grundlage jeder Temperaturmessung. Die empirische thermodynamische Temperaturskala wird (willkürlich) in Bezug zu (sehr gut reproduzierbaren) Vergleichswerten gesetzt. So hat der schwedische Astronom Anders Celsius eine Temperaturskala definiert zwischen den beiden gut reproduzierbaren Fixpunkten Eispunkt (0 °C) und Siedepunkt (100 °C) von Wasser bei physikalischem Normdruck.

Im Jahre 1932 hat man entdeckt, dass es in der Natur unterschiedliche Wassermoleküle gibt. Neben dem gewöhnlichen Wasserstoffatom mit einem Atomgewicht von rund 1 kg/kmol existiert noch ein seltenes Isotop mit einem Atomgewicht von rund 2 kg/kmol. Man nennt dieses Isotop Deuterium (Symbol D). Damit kann Wasser drei verschiedene Molekülmassen haben ($H_2O$ mit ca. 18 kg/kmol, DHO mit rund 19 kg/kmol und $D_2O$ mit rund 20 kg/kmol). $D_2O$ gefriert bei physikalischem Normdruck mit +3,8 °C und siedet mit +101,42 °C, das Dichtemaximum liegt bei 11,4 °C. Gemische von leichtem und schwerem Wasser können also je nach Mischungsverhältnis verschiedene Schmelz- und Siedepunkte haben. Die Fixpunkte der Celsiustemperaturskala müssen deshalb eigentlich auf ein bestimmtes Mischungsverhältnis von leichtem und schwerem Wasser bezogen werden. Im naturbelassenen Wasser verhält sich die Zahl der leichten zur Zahl der schweren Wasserstoffatome etwa wie 4500:1, so dass „normal“ destilliertes Wasser die Fixpunkte für die Celsiustemperatur richtig liefert. Eine Anreicherung von schwerem Wasser ist nur durch aufwändige Elektrolyseverfahren möglich.

Darüber hinaus hat in Nordamerika, Großbritannien und Irland noch die Fahrenheitskala Bedeutung. Die Zusammenhänge sind in Abbildung 1-3 dargestellt. Wegen der sich mit den jeweiligen Festlegungen ergebenden unterschiedlichen Teilungen greift man jeweils um einfache Verknüpfungen zur thermodynamischen Temperaturskala bemüht bei Fahrenheittemperaturen auf eine Messung der thermodynamischen Temperatur in Grad Rankine (°R) zurück. Die Rankine-Skala ist eine von W. J. M. Rankine 1859 vorgeschlagene Temperaturskala, die wie die Kelvin-Skala beim absoluten Nullwert für die Temperatur beginnt, jedoch im Gegensatz zu dieser den Skalenabstand der Fahrenheit-Skala verwendet.

---

5 Der leichteren Erfassbarkeit wegen hält der Autor diese Abweichung von der Normvorgabe für vertretbar.

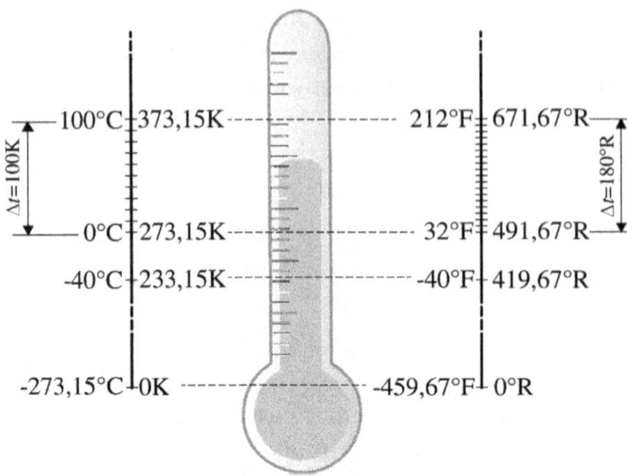


**Abb. 1-3:** Fixpunkte für verschiedene Temperaturskalen.

Der Zusammenhang zwischen Celsiustemperatur $t$ und thermodynamischer Temperatur $T$ nach der 1848 entwickelten Kelvin-Skala ist gegeben durch die Zahlenwertgleichung

$$\{T\} = 273{,}15 + \{t\} \tag{1-8}$$

## 1.6 Prozessgrößen

Die Wechselwirkungen des Systems mit seiner Umgebung oder die wechselseitige Beeinflussung von zwei Systemen untereinander werden durch *Prozesse* beschrieben. Ein Prozess ändert den Zustand eines thermodynamischen Systems und ist eine zeitliche Folge von Ereignissen, bei der vorangegangene Ereignisse die nachfolgenden bestimmen.

Obwohl Prozess und Zustandsänderung eng zusammenhängen, sind beide Begriffe zu unterscheiden. Eine Zustandsänderung ist immer das Resultat eines Prozesses, aber schon vollständig durch eine Beschreibung der das System durchlaufenden Zustände definiert. Eine Prozessbeschreibung umfasst nicht nur die Zustandsänderungen, sondern auch die Umstände, unter denen sie zustande kommen. Dazu sind die Wechselwirkungen zwischen System und seiner Umgebung anzugeben. Es ist möglich, dass eine bestimmte Zustandsänderung durch verschiedene Prozesse bewirkt werden kann.

Die Prozessgrößen, wie die die Systemgrenzen überschreitenden Energien *Wärme* und *Arbeit,* hängen also nicht nur vom speziellen Verlauf der Zustandsänderung ab, sondern auch von der Art und Weise, wie System und Umgebung in Wechselwirkung treten, um die Zustandsänderung zu bewirken. Für die Bilanzierung von Prozessgrößen an den Systemgrenzen ist eine wichtige, international gültige Vorzeichenregelung zu beachten:

Einem System zugeführte Wärme oder Arbeit ist mit positiven Vorzeichen zu bilanzieren, die das System verlassenden Wärmemengen oder Arbeiten hingegen mit negativen Vorzeichen.

zugeführt immer positiv: $Q_{zu} > 0$, $W_{zu} > 0$ und abgeführt immer negativ: $Q_{ab} < 0$, $W_{ab} < 0$

Prozesse bewirkende Zustandsänderungen laufen *quasistatisch* ab. Paradoxerweise untersucht die Thermo*dynamik* Gleichgewichtszustände und müsste daher eigentlich Thermo*statik* heißen. Eine Zustandsänderung von einem Zustand 1 in einen Zustand 2 ist der Übergang von einem Gleichgewichtszustand in einen neuen Gleichgewichtszustand. Für diesen Übergang wird eine bestimmte Zeit benötigt. Quasistatisch bedeutet für die Zustandsänderung einen zeitlich so langsamen Ablauf, dass man sie zu einem beliebigen Zwischenzeitpunkt anhalten könnte und einen Gleichgewichtszustand vorfinden würde. Wird zum Beispiel ein Gas in einem Zylinder komprimiert, steigt der Gasdruck im Inneren. Hierbei baut sich in Kolbennähe vorübergehend ein höherer Druck als im Inneren auf, es entsteht also ein Ungleichgewicht. Der Druckausgleich erfolgt aber mit höherer Geschwindigkeit als die Kolbenbewegung, so dass man bei einem Zwischenhalt des Kolbens auch immer einen Gleichgewichtszustand vorfinden würde. Kompression oder Expansion eines Gases in einem Zylinder kann so lange als quasistatische Zustandsänderung angesehen werden wie die Kolbengeschwindigkeit (deutlich) kleiner als die für den Druckausgleich maßgebliche Schallgeschwindigkeit im betreffenden Gas ist.

Die inneren Zustandsgrößen hängen nicht davon ab, wie das System in diesen Zustand gelangt ist und charakterisieren den momentanen thermodynamischen Zustand des Systems eindeutig, was wir bei einer mathematischen Befassung mit vollständigen Differentialen beschreiben.

Die Prozessgrößen Arbeit und Wärme sind nach obigen Ausführungen hingegen als unvollständige Differentiale aufzufassen mit der zunächst mathematisch formalen Konsequenz:

$$\int_1^2 \mathrm{d}Q = Q_{12} \quad \text{und} \quad \int_1^2 \mathrm{d}W = W_{12}$$

Bei Integraldarstellungen in der Thermodynamik werden oft nicht die Integrationsgrenzen selbst, sondern nur die den Anfangs- und Endzustand charakterisierenden Indizes angegeben.

Prozessgrößen erkennt man vom Formelzeichen her leicht am Doppelindex. Die Unterscheidung der Energien Wärme und Arbeit sind für das Verständnis des ersten Hauptsatzes der Thermodynamik wichtig. Ohne Beachtung bleibt zunächst die Arbeit jener Kräfte, die die Bewegung eines Systems als Ganzes beeinflussen (also zur Änderung der kinetischen und potentiellen Energie des Systems als Ganzes beitragen). Wir konzentrieren uns bei der Prozessgröße Arbeit auf die Formen, die eine Änderung der inneren Energie eines Systems bewirken: die Wellenarbeit, die Volumenänderungsarbeit am geschlossenen System und die technische Arbeit am offenen System.

Die *Wärme* $Q$ ist eine Energie, die bei einem System mit nicht adiabater Grenze allein in Folge von Temperaturunterschieden über die Systemgrenze tritt.

$$[Q] = 1\,\mathrm{kJ} \quad \text{oder massenspezifisch} \quad q = \frac{Q}{m} \quad [q] = 1\,\frac{\mathrm{kJ}}{\mathrm{kg}}$$

Bei offenen Systemen treten mit den Massenströmen $\dot{m}$ auch Wärmeströme $\dot{Q}$ über die Systemgrenze

$$\dot{m} = \frac{m}{\tau} \quad [\dot{m}] = 1\,\frac{\mathrm{kg}}{\mathrm{s}} \qquad \dot{Q} = \frac{Q}{\tau} \quad [\dot{Q}] = 1\,\mathrm{kW}$$

Die Arbeit am geschlossenen System nennen wir *Volumenänderungsarbeit* $W_{V,12}$. Sie wird hergeleitet aus den Gesetzen der Mechanik für die Kraft $F$ eines reibungsfrei, gasdicht in einem Zylinder eingepassten Kolben mit der Kolbenfläche $A$, der die infinitesimale Strecke d$s$ zurücklegt

$$\mathrm{d}W_V = F \cdot \mathrm{d}s = -p \cdot A \cdot \mathrm{d}s = -p \cdot \mathrm{d}V$$

Die Kolbenkraft $F$ hält der entgegengesetzten Kraft des auf die Kolbenfläche $A$ wirkenden Gasdrucks $p$ das Gleichgewicht.

$$W_{V,12} = -\int_1^2 p \cdot \mathrm{d}V \quad \text{oder massenspezifisch} \quad w_{V,12} = -\int_1^2 p \cdot \mathrm{d}v \qquad (1\text{-}9)$$

$$\left[W_{V,12}\right] = 1\ \mathrm{Nm} \qquad \left[w_{V,12}\right] = 1\,\frac{\mathrm{Nm}}{\mathrm{kg}}$$

In der Definitionsgleichung (1-9) ist das Vorzeichen der Volumenänderungsarbeit in Übereinstimmung mit der Vorzeichenfestlegung für die Bilanzierung bei zugeführter Arbeit (Kompression) positiv, da $dv$ bei Volumenverringerung negativ wird. Umgekehrt führt freiwerdende Arbeit durch Expansion bei positivem dv auf einen negativen Wert der Volumenänderungsarbeit.

Die Volumenänderungsarbeit $W_{V,12}$ wurde unter Vernachlässigung von Reibung hergeleitet. Sie spiegelt daher einen theoretischen (nämlich ausschließlich reversiblen) Prozessverlauf wieder. Praktisch tritt bei allen Prozessen Reibung auf, wodurch ein Teil der Energie entwertet wird. Mit dem Begriff Dissipation („Zerstreuung" von Energie) erfassen wir nicht nur die Reibung, sondern auch andere Effekte, die zu einer Entwertung der Energie führen (diverse Licht-, magnetische und elektrische Effekte, Formänderungsarbeit und so weiter). Für die gesamte am geschlossenen System verrichtete Arbeit $W_{g,12}$ gilt damit

$$W_{g,12} = W_{V,12} + W_{diss,12} \qquad (1\text{-}10)$$

In älterer Literatur findet man anstelle von dissipierter Arbeit $W_{diss,12}$ oft die Bezeichnung Reibungswärme, weil diese Arbeit wie zugeführte Wärme wirkt.

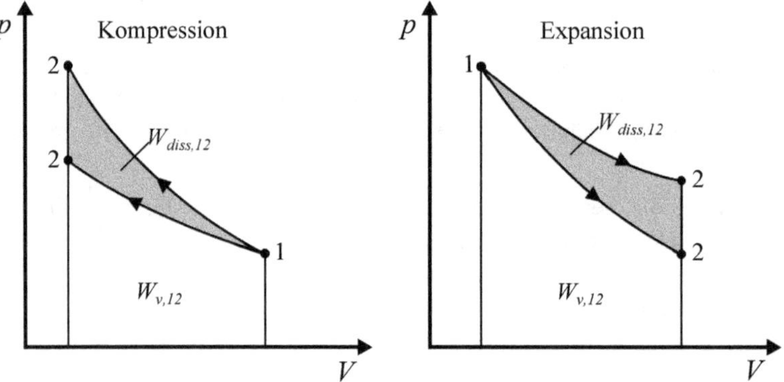


**Abb. 1-4:** Volumenänderungsarbeit am geschlossenen System ohne und mit Dissipation.

Abbildung 1-4 zeigt, dass bei Berücksichtigung von Reibungseffekten in einem geschlossenen System sich durch die zusätzliche Wärmezufuhr jeweils höhere Drücke einstellen.

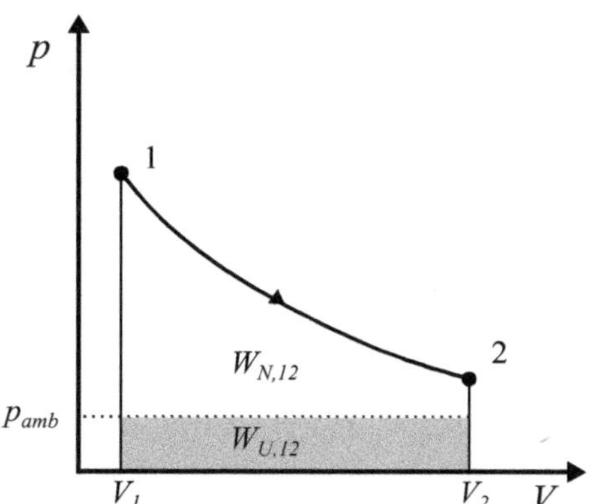


**Abb. 1-5:** Nutzarbeit an der Kolbenstange und Verschiebearbeit der Umgebung für ein geschlossenes System.

Die Volumenänderungsarbeit wird durch den Kolben auf das System übertragen. Dabei ändern sich zwangsläufig nicht nur das Volumen im Zylinderinneren, sondern gleichfalls das Volumen der unter konstantem Umgebungsdruck $p_{amb}$ stehenden Umgebung. Die Volumenänderungsarbeit zerfällt daher in einen Anteil der dem System zugeführten Nutzarbeit an der Kolbenstange $W_{N,12}$ und frei werdender Verschiebearbeit der Umgebung $W_{U,12}$, so dass nach den Vorzeichenfestlegungen geschrieben werden kann

$$W_{V,12} = W_{N,12} - W_{U,12} = W_{N,12} - p_{amb}(V_2 - V_1)$$

Die Nutzarbeit an der Kolbenstange berechnet sich dann zu

$$W_{N,12} = -\int_1^2 p \cdot \mathrm{d}V + p_{amb}(V_2 - V_1) = -\int_1^2 (p - p_{amb})\mathrm{d}V \qquad (1\text{-}11)$$

Die reversible Arbeit am offenen System heißt technische Arbeit $W_{t,12}$ und ist definiert

$$W_{t,12} = \int_1^2 V \cdot \mathrm{d}p \quad \text{oder massenspezifisch} \quad w_{t,12} = \int_1^2 v \cdot \mathrm{d}p \qquad (1\text{-}12)$$

$$[W_{t,12}] = 1\,\mathrm{Nm} \qquad [w_{t,12}] = 1\,\frac{\mathrm{Nm}}{\mathrm{kg}}$$

Da es sich um offene Systeme handelt, steht in Gleichung (1-12) oft anstelle des Volumens ein Volumenstrom (Massenstrom), woraus Zusammenhänge für die Leistung folgen durch

$$P_{12} = \dot{W}_{t,12} = \int_1^2 \dot{V} \cdot \mathrm{d}p \qquad P_{12} = \dot{m} \cdot w_{t,12} = \rho \cdot \dot{V} \cdot w_{t,12} \qquad (1\text{-}13)$$

Unterstellt die Zustandsänderung von 1→2 verläuft isotherm (im $p, V$-Diagramm dann durch gleichseitige Hyperbel abgebildet), haben bei gleichen Parametern die reversible Volumenänderungsarbeit und die reversible technische Arbeit den gleichen Wert, wenn bei der technischen Arbeit die Änderungen der kinetischen und potentiellen Energien vernachlässigt werden können.

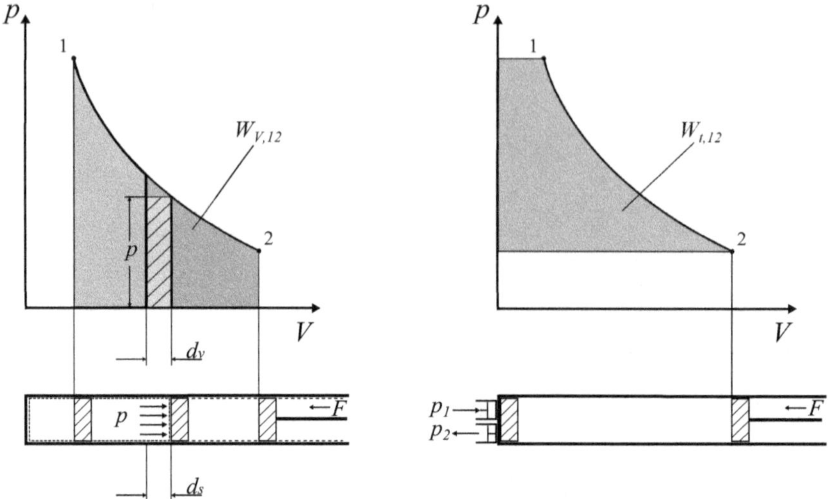


**Abb. 1-6:** Volumenänderungsarbeit und technische Arbeit als Flächen im $p, V$-Diagramm.

Die gesamte, unter Einschluss der Dissipation geleistete Arbeit am offenen System nennen wir *innere Arbeit* $W_{i,12}$, die sich aus der reversiblen technischen Arbeit $W_{t,12}$ und der dissipierten Arbeit $W_{diss,12}$ (Reibungswärme) zusammensetzt.

$$W_{i,12} = W_{t,12} + W_{diss,12} \tag{1-14}$$

Kann man den Reibungsanteil $W_{diss,12}$ für den zu untersuchenden Vorgang vernachlässigen, ist das Problem meist durch einfache Modelle für *reversible* Prozesse zu beschreiben und zu lösen. Solche theoretischen Prozesse wären auch ohne bleibende Veränderungen in der Umgebung umkehrbar. Bezieht man die Energiedissipation in die Betrachtung ein, sind *irreversible* (nicht umkehrbare) Prozesse zu analysieren. Dies ist für die Modellbildung naturgemäß schwerer und praktisch manchmal nur näherungsweise zu lösen.

Isoliert man ein System von seiner Umgebung, laufen auch innerhalb des Systems Prozesse, so genannte *Ausgleichsprozesse*, ab. Diese von selbst ablaufenden Prozesse in einem abgeschlossenen System führen nach einer bestimmten Zeit zu einem stabilen Endzustand, den wir *Gleichgewichtszustand* nennen. Ein System kann den Gleichgewichtszustand nicht von selbst verlassen und kehrt nicht mehr in den Anfangszustand zurück. Das kann nur durch einen äußeren Eingriff erzwungen werden. Die stets zum Gleichgewicht hin vorgegebene Richtung aller Ausgleichsvorgänge bezeichnet man als Irreversibilität, die im zweiten Hauptsatz der Thermodynamik näher untersucht wird.

## 1.7 Verstehen durch Üben: Grundlagen

**Aufgabe 1-1:** Umgang mit Maßeinheiten I
Addieren Sie jeweils die willkürlich in unterschiedlichen Maßeinheiten vorliegenden Summanden zu der Gesamtgröße in der vorgegebenen Maßeinheit!

a) $p = 10\ \text{MPa} + 4\ \text{kPa} + 500\ \text{mbar} =$ bar

b) $p = 1\ \text{hPa} =$ mbar

c) $p = \frac{100\ \text{N}}{\text{mm}^2} + \frac{100\ \text{N}}{\text{cm}^2} + \frac{100\ \text{N}}{\text{m}^2} =$ bar

d) $Q = 360.000\ \text{Ws} + 7{,}2 \cdot 10^6\ \text{J} =$ kWh

e) $Q = 0{,}15\ \text{TJ} + 150\ \text{MJ} =$ GJ

f) $W = 250\ \text{kg m}^2/\text{s}^2 + 0{,}1\ \text{kWs} + 50\ \text{Nm} =$ Nm

g) $\dot{m} = 0{,}72\ \text{t/h} + 1\frac{\text{kg}}{\text{dm}^3} \cdot 600\frac{\text{Liter}}{\text{min}} =$ kg/s

h) $V = 1000\ \text{cm}^3 + 0{,}2\ \ell + 10^{-5}\ \text{m}^3 =$ $\ell$

i) $l = 20\ \text{mm} + 500\ \mu\text{m} + 10^4\ \text{nm} =$ cm

**Lösung:**

a) $p = 100\ \text{bar} + 0{,}04\ \text{bar} + 0{,}5\ \text{bar} = 100{,}54\ \text{bar}$

b) $p = 1\,\text{hPa} = 1 \cdot 10^2\ \text{Pa} = 1 \cdot 10^2 \cdot 10^{-5}\ \text{bar} = 1 \cdot 10^{-3}\ \text{bar} = 1\,\text{mbar}$

Die Tatsache, dass 1 hPa = 1 mbar ist, hat bei der Einführung der SI-Einheiten nicht geholfen konsequent allein auf die Druckeinheit Pascal zu setzen. Fast alle Druckmessgeräte zeigten mbar an, so dass man mit hPa nicht viel anfangen konnte. Wegen dieser Irritationen ließ man als nicht kohärente Einheit das Bar als gesetzliche Einheit für den Druck weiter zu. Die Verknüpfung 1 bar = $10^5$ Pa erfolgt durch eine eigentlich im SI-System nicht zugelassene Zehnerpotenz!

c) $$p = \frac{100\ \text{N}}{10^{-6}\ \text{m}^2} + \frac{100\ \text{N}}{10^{-4}\ \text{m}^2} + \frac{100\ \text{N}}{1\ \text{m}^2} = 10^8\ \text{Pa} + 10^6\ \text{Pa} + 10^2\ \text{Pa}$$
$$= 1000\ \text{bar} + 10\ \text{bar} + 10^{-3}\ \text{bar} = 1010{,}001\ \text{bar}$$

d) $Q = 360\,\text{kWs} \cdot \frac{\text{h}}{3.600\,\text{s}} + \frac{7{,}2 \cdot 10^3\ \text{kWs} \cdot \text{h}}{3.600\,\text{s}} = 0{,}1\,\text{kWh} + 2\,\text{kWh} = 2{,}1\,\text{kWh}$

e) $Q = 150\ \text{GJ} + 0{,}15\ \text{GJ} = 150{,}15\ \text{GJ}$

f) $W = 250\ \text{Nm} + 100\ \text{Nm} + 50\ \text{Nm} = 400\ \text{Nm}$

g) $\dot{m} = 0{,}72\ \text{t/h} + 1\frac{\text{kg}}{\text{dm}^3} \cdot 600\frac{\text{Liter}}{\text{min}} = \frac{720\ \text{kg}}{3600\ \text{s}} + 1000\frac{\text{kg}}{\text{m}^3} \cdot \frac{0{,}6\ \text{m}^3}{60\ \text{s}} = 10{,}2\ \text{kg/s}$

h) $V = 1\ell + 0{,}2\ \ell + 10^{-2}\ \ell = 1{,}21\ \ell$

i) $l = 2\ \text{cm} + 0{,}05\ \text{cm} + 0{,}001\ \text{cm} = 2{,}051\ \text{cm}$

**Aufgabe 1-2:** Umgang mit Maßeinheiten II

a) Welcher Druck herrscht in einem See in genau 10 m Tiefe, wenn der äußere Luftdruck mit 760 mm Quecksilbersäule gemessen wird und in welcher Tiefe herrscht dann genau ein Druck von 1 MPa? Die Dichte des Wassers sei mit 1000 kg/m³, die des Quecksilbers mit 13,5951 g/cm³ gegeben.

b) Eine Pferdestärke (1 PS) ist die erforderliche Leistung, um ein Gewicht von 75 kp in einer Sekunde einen Meter zu heben. Ermitteln Sie die einer Pferdestärke entsprechende Leistung in W und rechnen Sie die Leistung von 80 PS in kW um!

c) Die Definition der früher für die Wärmemenge gebräuchliche Maßeinheit Kilokalorie ($kcal_{15°C}$) bezog sich auf den erforderlichen Energiebetrag, um 1 kg Wasser von 14,5 °C auf 15,5 °C zu erwärmen. Für die spezifische Wärmekapazität von Wasser galt die normierende Festsetzung $c_W$ = 1 kcal/(kg grd). Temperaturdifferenzen wurden in grd angegeben, heute in K (früher: 15,5° C – 14,5 °C = 1 grd; heute: 15,5° C – 14,5 °C = 1 K). Berechnen Sie die mittlere spezifische Wärmekapazität von Wasser im oben angegebenen Temperaturbereich unter Nutzung der in Tabelle 9-6 angegeben Umrechnung von Kilokalorie in Joule!

d) Geben Sie die thermodynamische Temperatur in K für 15 °C an! Berechnen Sie die Temperaturdifferenz $\Delta t$ = 35 °C – 15 °C!

**Lösung:**

a) Der Druck $p$ in 10 m Wassertiefe setzt sich aus dem herrschenden Luftdruck $p_L$ und dem durch den Schweredruck des Wassers erzeugten Druck $p_W$ zusammen.

Gegeben:

$$\rho_W = 1000\frac{\text{kg}}{\text{m}^3} \qquad \rho_{Hg} = 13{,}5951\frac{\text{g}}{\text{cm}^3} \qquad h_W = 10\,\text{m} \qquad h_{Hg} = 760\text{ mm}$$

$p_L$ = 760 mmQS = 760 Torr = 1 atm (nicht mehr zugelassene Druckeinheiten)

herrschender Luftdruck aus $p_L = \rho_{Hg} \cdot g \cdot h_{Hg}$

$$p_L = 13.595{,}1\frac{\text{kg}}{\text{m}^3}\cdot 9{,}80665\frac{\text{m}}{\text{s}^2}\cdot 0{,}76\,\text{m} = 101.325{,}01\text{ Pa} = 1{,}01325\text{ bar}$$

Mit einer genaueren Angabe der Dichte des Quecksilbers würde man für *760 mm Quecksilbersäule* genau den *physikalischen Normdruck* mit *1,01325 bar* erhalten, der früher mit 760 Torr oder 1 atm angegeben wurde. Mit der verbindlichen Einführung des SI-Einheitensystems müssen Sie sich jetzt für den physikalischen Normdruck die etwas sperrige Zahlenfolge 1,01325 bar einprägen. Vorstöße, den Normdruck weltweit auf 1 bar festzulegen, sind bisher wegen der Konsequenzen bei der Angabe experimentell ermittelter Stoffdaten gescheitert.

Schweredruck der Wassersäule $p_W = \rho_W \cdot g \cdot h_W$

$$p_W = 1.000\frac{\text{kg}}{\text{m}^3}\cdot 9{,}80665\frac{\text{m}}{\text{s}^2}\cdot 10\,\text{m} = 98.066{,}5\text{Pa} = 0{,}980665\text{bar} = 0{,}980665\text{bar} \approx 1\text{ bar}$$

Je 10 m Wassertiefe nimmt der Druck ungefähr um 1 bar zu. Für den Gesamtdruck darf man dann allerdings nicht den an der Wasseroberfläche herrschen Luftdruck vergessen.

$$p = p_L + p_W = 1{,}01325\text{ bar} + 0{,}980665\text{ bar} = \underline{\underline{1{,}994\text{ bar} \approx 2\text{ bar}}}$$

Die Wassertiefe für einen Gesamtdruck von 1 MPa = 10 bar ist dann auch nicht 100 m, sondern genau:

$$h = \frac{p - p_L}{\rho_{H_2O} \cdot g} = \frac{(1.000.000 - 101.324)\ \mathrm{N/m^2}}{1000\ \mathrm{kg/m^3} \cdot 9{,}80665\ \mathrm{m/s^2}} = \frac{898.675\ \mathrm{kg/(ms^2)}}{9.806{,}65\ \mathrm{kg/m^2/s^2}} = \underline{\underline{91{,}64\ \mathrm{m}}}$$

b) Aus der Definition der Einheit Pferdestärke ergibt sich

$$1\,\mathrm{PS} = \frac{75\,\mathrm{kp} \cdot 1\,\mathrm{m}}{1\,\mathrm{s}} = \frac{75\,\mathrm{kg} \cdot 9{,}80665\,\mathrm{m/s^2} \cdot 1\,\mathrm{m}}{1\,\mathrm{s}} = 735{,}49875\,\frac{\mathrm{Nm}}{\mathrm{s}} = \underline{\underline{735{,}49875\ \mathrm{W}}}$$

$$80\,\mathrm{PS} = 80\,\mathrm{PS} \cdot 735{,}49875 \frac{\mathrm{W}}{\mathrm{PS}} = 58{,}8399\,\mathrm{kW} \approx \underline{\underline{59\,\mathrm{kW}}}$$

c) 1 $\mathrm{kcal}_{15°C}$ = 4,1855 kJ (entnommen aus Tabelle 9-6)

$$Q = m \cdot \bar{c}_w \cdot \Delta t \qquad \bar{c}_w\Big|_{14{,}5°C}^{15{,}5°C} = \frac{Q}{m \cdot \Delta t} = \frac{4{,}1855\,\mathrm{kJ}}{1\,\mathrm{kg} \cdot 1\,\mathrm{K}} = \underline{\underline{4{,}1855 \frac{\mathrm{kJ}}{\mathrm{kg\,K}}}}$$

(Grundgleichung der Kalorik und Erklärung Formelzeichen für spezifische Wärmekapazität vergleiche Kapitel 3.3 und 3.4)

d) Mit Gleichung (1-8) folgt $\{T\} = 273{,}15 + 15 = 288{,}15$. Also entsprechen 15 °C einer thermodynamischen Temperatur von 288,15 K.

$\Delta t$ = 35 °C – 15 °C = $\underline{\underline{20\ \mathrm{K}}}$ liefert dasselbe Ergebnis wie $\Delta T$ = 308,15 K – 288,15 K = $\underline{\underline{20\ \mathrm{K}}}$

Achten Sie darauf, dass *Temperaturdifferenzen* unabhängig davon, ob die Ausgangstemperaturen in Grad Celsius oder Kelvin gegeben sind, immer in *Kelvin* angegeben werden!

**Aufgabe 1-3:** Fahrenheit-Temperaturskala

Der Danziger Apotheker und Glasbläser Daniel Fahrenheit wollte negative Temperaturen für die praktische Temperaturmessung im Alltag vermeiden und schlug 1714 eine heute nach ihm benannte Temperaturskala vor. Für den unteren Fixpunkt suchte er die praktisch „tiefste“ auftretende Temperatur, die er im strengen Winter 1708/09 in seiner Heimatstadt Danzig gefunden zu haben glaubte. Diese Temperatur konnte er auch durch eine Kältemischung aus Eis, Wasser und Salmiak reproduzieren, er ordnete ihr den unteren Fixpunkt seiner Temperaturskala mit 0 °F zu. Für den oberen Fixpunkt setzte er die „normale“ Körpertemperatur eines Menschen mit 100 °F an.

Entwickeln Sie unter Nutzung der Abbildung 1-3 und dem in Kapitel 1.2 erläuterten Umgang mit Zahlenwertgleichungen den Zusammenhang zwischen den Temperaturangaben in °C und °F sowie in K und °R.

a) Entwickeln Sie die Zahlenwertgleichung für die Umrechnung von °C in °F und umgekehrt!
b) Welchen Celsiustemperaturen entsprechen jeweils 0 °F und 100 °F und welcher Fahrenheittemperatur entspricht einer Temperatur von –25 °C?
c) Entwickeln Sie die Zahlenwertgleichung für die Umrechnung von K in °R und umgekehrt!
d) Welcher Rankinetemperatur entsprechen 15 °C?
e) Gibt es Temperaturwerte, die in Celsius- und Fahrenheitskala übereinstimmen?

**Lösung:**

a) Abstand zwischen Gefrier- und Siedepunkt von Wasser bei physikalischem Normdruck:

$\{\Delta t_F\} = \{t_{F,S}\} - \{t_{F,E}\} = 212 - 32 = 180$ (vergleiche Abbildung 1-3)

$\{\Delta t_C\} = \{t_{C,S}\} - \{t_{C,E}\} = 100 - 0 = 100$

Der einfache Dreisatz liefert die Relation:

$\frac{\{\Delta t_F\}}{\{\Delta t_C\}} = \frac{180}{100} = \frac{9}{5} = \frac{\{t_F\} - \{t_{F,E}\}}{\{t_C\} - \{t_{C,E}\}}$ und daraus folgern wir: $\{t_F\} = \frac{9}{5}(\{t_C\} - \{t_{C,E}\}) + \{t_{F,E}\}$

Mit $\{t_{F,E}\} = 32$ und $\{t_{C,E}\} = 0$ entstehen nunmehr die gesuchten Zahlenwertgleichungen

$\underline{\underline{\{t_F\} = \frac{9}{5} \cdot \{t_C\} + 32}}$ und $\underline{\underline{\{t_C\} = \frac{5}{9}(\{t_F\} - 32)}}$

b) Celsiustemperatur bei 0 °F: $\{t_c\} = \frac{5}{9}(0 - 32) = -17{,}\overline{7}... \approx -17{,}78$

Celsiustemperatur bei 100 °F: $\{t_c\} = \frac{5}{9}(100 - 32) = +37{,}\overline{7}... \approx +37{,}78$

Fahrenheittemperatur bei -25 °C: $\{t_F\} = \frac{9}{5} \cdot (-25) + 32 = -13$

Fahrenheit hat mit dieser Festsetzung sein Ziel verfehlt, negative Temperaturen im Alltag zu vermeiden, denn wir erinnern uns alle schon einmal an kältere Frostnächte. Eine Körpertemperatur von 37,78 °C nehmen wir gleichfalls als leichtes Fieber wahr. Der Schwachpunkt der Fahrenheit-Skala bleibt die eindeutige Reproduzierbarkeit der beiden Fixpunkte, weswegen heute 0 °C = 32 °F und 100 °C = 212 °F gesetzt wird (vergleiche Abbildung 1-3). Aber Fahrenheit hat sich um die Temperaturmessung verdient gemacht. Er soll als Erster Thermometer hergestellt haben, die bei derselben Temperatur auch jeweils gleiche Messwerte anzeigten.

c) Umrechnung von K in °R und umgekehrt

$\{\Delta t_C\} = \{\Delta T_K\}$ und $\{\Delta t_F\} = \{\Delta T_R\}$ so dass mit dem einfachen Dreisatz folgt

$\underline{\underline{\{T_K\} = \frac{5}{9} \cdot \{T_R\}}}$ sowie $\underline{\underline{\{T_R\} = \frac{9}{5} \cdot \{T_K\}}}$

d) $\{T_K\} = \{t_C\} + 273{,}15$ $\{T\} = 15 + 273{,}15 = 288{,}15$

$\{T_R\} = \frac{9}{5} \cdot \{T_K\} = \frac{9}{5} \cdot 288{,}15 = \underline{\underline{518{,}67}}$

Einer Temperatur von 288,15 K (15 °C) entsprechen 518,67 °R.

e) Eine Gleichheit von Fahrenheittemperatur und Celsiustemperatur folgt der Bedingung:

$\{t_C\} = \{t_F\} = \{t\}$, so dass $\{t\} = \frac{9}{5} \cdot \{t\} + 32$ entsteht, was auf $\{t\} = -40$ führt.

Daher ist $\underline{\underline{t = -40\ °\mathrm{C} = -40\ °\mathrm{F}}}$

**Aufgabe 1-4:** Umgang mit angelsächsischen Maßeinheiten

e) 1 Btu ist als die für die Erwärmung von Wasser mit einer Masse von 1 lb um 1 °R benötigte Wärmemenge definiert. Berechnen Sie daraus das Äquivalent in Joule unter Verwendung der in Tabelle 9-7 angegebenen spezifischen Wärmekapazität für Wasser von 1 Btu/(lb °R) = 4,1868 kJ/(kg K)!

f) Die Gallone ist ein Raummaß, das regional sehr unterschiedlich definiert ist. In den USA ist die Gallone als Flüssigkeitsmaß einem mittelalterlichen englischen Weinmaß folgend definiert als Volumen eines Zylinders mit einem Durchmesser von 7 Zoll und einer Höhe von 6 Zoll. Die Kreiskonstante $\pi$ wurde damals näherungsweise durch 22/7 dargestellt. Berechnen Sie aus diesen Angaben das Äquivalent von 1 US liq. gal in Litern!

**Lösung:**

a) Mit der aus der Physik bekannten Grundgleichung der Kalorik $Q = m \cdot c \cdot \Delta t$ folgt:

$$Q = 1\,\text{lb} \cdot 1\frac{\text{Btu}}{\text{lb}\,°\text{R}} \cdot 1\,°\text{R} = 0{,}45359237\,\text{kg} \cdot 4{,}1868\frac{\text{kJ}}{\text{kg K}} \cdot \frac{5\,\text{K}}{9\,°\text{R}} \cdot 1\,°\text{R} = \underline{\underline{1055{,}05585262\,\text{J}}}$$

b) Mit den Zylindervolumen $V = \frac{\pi}{4} d^2 \cdot h$ folgt:

$$V = \frac{22}{7 \cdot 4} \cdot 7^2\,\text{in}^2 \cdot 6\,\text{in} = 231\,\text{in}^3 = 231\,\text{in}^3 \cdot \left(\frac{25{,}4^3 \cdot 10^{-9}\,\text{m}^3}{\text{in}^3}\right) = 3.785.411{,}784 \cdot 10^{-9}\,\text{m}^3 = \underline{\underline{3{,}785411784\,\ell}}$$

Königin Anne hat 1706 die auch seinerzeit in England gültige Definition für diese Gallone neu gefasst durch den Rauminhalt eines Quaders mit den Kantenlängen 11 in, 7 in und 3 in. Dieser Quader ist volumengleich zum oben beschriebenen Zylinder, wenn man die irrationale Zahl $\pi$ durch die Näherung 22/7 ersetzt. Seit 1985 gilt in Großbritannien und Kanada eine auf dem metrischen Liter basierende Gallone (1 imp. gal = 4,54609 ℓ (exakt festgesetzt)), in den USA gilt immer noch die ursprüngliche Definition.

**Aufgabe 1-5:** Tauchtiefe beim Schnorcheln

Manche Hobbytaucher glauben an die Möglichkeit des Luftholens unter Wasser, wenn wie es Abbildung 1-7 zeigt, das Ende eines flexiblen Schlauches auf der Wasseroberfläche schwimmt. Dabei wird jedoch ausgeblendet, dass der Wasserdruck der Ausdehnung des Brustkorbes beim Einatmen entgegen wirkt. Die meisten Menschen können gerade noch atmen, wenn auf ihren Brustkorb eine Kraft von 400 N wirkt. Wie weit darf sich der Brustkorb eines Menschen ohne Einschränkungen für die Atmung dann unter Wasser befinden? Die Fläche der Brust soll mit 30 cm × 30 cm beschrieben sein, die Dichte des Wassers sei mit 1 kg/ℓ gegeben.

Gegeben:

$F = 400\,\text{N}$ $\qquad A = 0{,}09\,\text{m}^2$ $\qquad \rho_W = 1\,\text{kg/ℓ} = 1000\,\text{kg/m}^3$

Vorüberlegungen:

Der für das Atmen noch erträgliche Druck $p = F/A$ muss dem Schweredruck der Wassersäule auf der Höhe des Brustkorbes entsprechen.

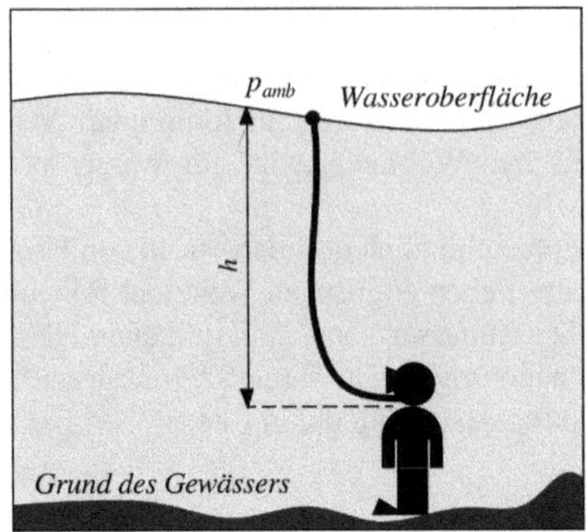


**Abb. 1-7:** Luftholen unter Wasser beim Schnorcheln.

**Lösung:**

$$\frac{F}{A} = \rho_W \cdot g \cdot h \quad \text{(siehe Vorüberlegungen)}$$

$$h = \frac{F}{\rho \cdot g \cdot A} = \frac{400\,\text{N}}{1000\,\text{kg/m}^3 \cdot 9{,}80665\,\text{m/s}^2 \cdot 0{,}09\,\text{m}^2} = \underline{\underline{0{,}4532\,\text{m}}}$$

Dieser Befund erklärt gleichfalls die Länge der kommerziell gefertigten Schnorchel, wenn man Tauchbrille und Schnorchel als Set für den Urlaub am Meer kauft.

**Aufgabe 1-6:** Luftdruckmessung nach Torricelli und Fehlerrechnung

Untersuchen Sie folgende Anordnung von Torricelli[6] zum Nachweis des Luftdruckes: Ein einseitig geschlossenes Rohr wird mit Quecksilber gefüllt, geeignet zugehalten und die nach unten gerichtete Öffnung unter dem Spiegel eines ebenfalls mit Quecksilber gefüllten Gefäßes wieder freigegeben. Bekanntlich fällt das Quecksilber in dem Rohr und hinterlässt an seinem oberen, geschlossenen Ende ein Vakuum[7]. Mit einem Holzmaßstab messen Sie bei einer Umgebungstemperatur von 21 °C die Höhe der Quecksilbersäule zwischen dem Spiegel im Gefäß und der oberen Begrenzung des Meniskus im Rohr mit 760 Skalenteilen zu je 1 mm. Die Dichte des Quecksilbers betrage bei 0 °C 13,5951 g/cm$^3$. Für den Volumenausdehnungskoeffizienten $\alpha_V$ von Quecksilber sei als konstanter Wert $182 \cdot 10^{-6}\,\text{K}^{-1}$ gegeben. Der verwendete Holzmaßstab sei bei 0 °C so geeicht, dass ein Skalenteil genau einem Millimeter entspricht. Der lineare Ausdehnungskoeffizient für den Holzmaßstab solle $3{,}87 \cdot 10^{-6}\,\text{K}^{-1}$ betragen.

6 Evangelista Torricelli (1608-1647), italienischer Physiker und Mathematiker, Assistent und Schüler von Galileo Galilei, entwickelte 1644 das Quecksilber-Barometer.

7 Torricelli vermutete, dass das Quecksilber nicht vom Vakuum aufgesogen, sondern von der Last der Luftsäule hinauf gedrückt wird. Dies war seinerzeit durchaus umstritten, denn man zweifelte aus prinzipiellen Gründen daran, dass ein Vakuum überhaupt existieren könne. Auf René Descartes soll in diesem Zusammenhang die bissige Bemerkung zurückgehen, Vakuum sei lediglich in Torricellis Kopf anzutreffen.

a) Welche Höhe besitzt der so gemessene Luftdruck in kPa?
b) Schätzen Sie den maximalen Fehler für den Luftdruck ab, der sich durch Fehlerfortpflanzung aus fehlerbehafteten Eingangsgrößen mit folgenden Messfehlern bzw. Toleranzen ergibt!
$\rho_0(t_0 = 0\,°C) = (13{,}5951 \pm 0{,}018)\ g/cm^3$
$h_0(t_0 = 0\,°C) = (760 \pm 1)\ mm$
c) Welcher prozentuale Fehler wird begangen, wenn bei der Rechnung die temperaturbedingte Dehnung des Quecksilbers und des Holzmaßstabes nicht berücksichtigt werden?

Gegeben:
$t_U = 21\,°C$ $\Delta t = t_U - t_0 = 21\,K$
Quecksilber Hg: $\rho_0(t_0 = 0\,°C) = (13595{,}1 \pm 18{,}0)\ kg/m^3$ $\alpha_V = 182 \cdot 10^{-6}\ K^{-1}$
Holzmaßstab. $h_0(t_0 = 0\,°C) = (0{,}760 \pm 0{,}001)\ m$ $\alpha_l = 3{,}87 \cdot 10^{-6}\ K^{-1}$

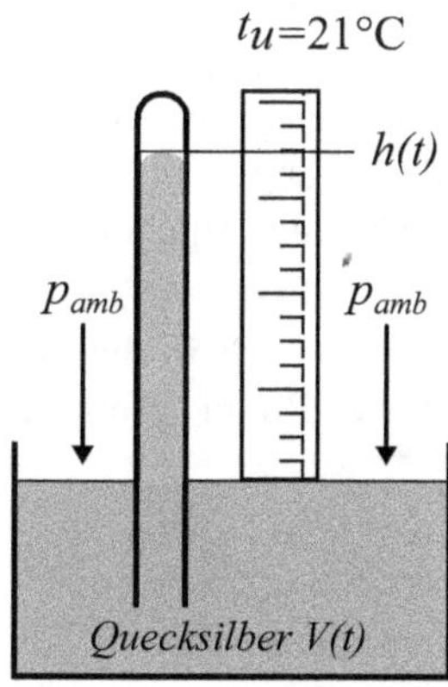


**Abb. 1-8:** Der Nachweis von Torricelli für das Vorhandensein des Luftdrucks.

Vorüberlegungen:
Die temperaturbedingte Volumenänderung des Quecksilbers als Flüssigkeit folgt der Formel $V(t) = V_0(1 + \alpha_V \cdot \Delta t)$, die des Holzmaßstabes als linienförmiger Festkörper der Formel $h(t) = h_0(1 + \alpha_l \cdot \Delta t)$.

**Lösung:**
a) Der gemessene Luftdruck ergibt sich als Schweredruck der gemessenen Höhe der Quecksilbersäule (vergleiche auch Aufgabe 1-2a)

$$p_{amb} = \rho_{Hg}(t) \cdot g \cdot h(t)$$

Unter Vernachlässigung der Temperatureffekte folgt daraus

$$p_{amb} = \rho_0 \cdot g \cdot h_0 = 13.595{,}1\,\frac{kg}{m^3} \cdot 9{,}80665\,\frac{m}{s^2} \cdot 0{,}76\,m = \underline{\underline{101.325{,}01\,Pa}}$$

b) Abschätzung des maximalen Fehlers durch

$$\Delta p_{amb,\max} = \pm\left(\left|\frac{\partial p_{amb}}{\partial \rho}\cdot \Delta\rho\right| + \left|\frac{\partial p_{amb}}{\partial h}\cdot \Delta h\right|\right) = \pm\left(\left|g\cdot h\cdot \Delta\rho\right| + \left|\rho\cdot g\cdot \Delta h\right|\right)$$

$$\Delta p_{amb,\max} = \pm(9{,}80665\ \mathrm{m/s^2}\cdot 0{,}76\ \mathrm{m}\cdot 18\ \mathrm{kg/m^3} + 13.595{,}1\ \mathrm{kg/m^3}\cdot 9{,}80665\ \mathrm{m/s^2}\cdot 0{,}001\ \mathrm{m})$$

$$\Delta p_{amb,\max} = \pm(134{,}15497 + 133{,}32239)\ \mathrm{Pa} = \underline{\underline{\pm 267{,}47736\ \mathrm{Pa}}}$$

$$\frac{\Delta p_{amb,\max}}{p_{amb}} = \pm\frac{0{,}267477\ \mathrm{kPa}}{101{,}325\ \mathrm{kPa}} = \underline{\underline{\pm\, 0{,}00264}}$$

Die oben angegebene Formel für die Fehlerfortpflanzung unterstellt, dass sich die Einflüsse von Fehlertoleranzen in jeweils gleicher Richtung überlagern. Dies kann bei zwei relevanten Einflussgrößen ein relativ wahrscheinlicher Fall sein, bei vielen vorhandenen Einflussgrößen nimmt die Wahrscheinlichkeit dafür immer weiter ab. Dann würde man anstelle des Maximalfehlers besser einen mittleren Fehler nach dem Prinzip der Gaußschen Fehlerquadratsumme berechnen.

Selbstverständlich bestimmt auch die Genauigkeit der Fallbeschleunigung die Genauigkeit bei der Ermittlung des Luftdruckes. Eine „ungenaue“ Fallbeschleunigung ist hier ein systematischer Fehler, da bei Wiederholung der Messung am selben Ort stets der gleiche Fehler entsteht. Tatsächlich bewegen sich die Abweichungen der Fallbeschleunigung vom Normwert $g_0 = 9{,}80665\ \mathrm{m/s^2}$ auf der Erdoberfläche bei maximal 7 ‰ (–3,5 ‰ am Äquator und +3,5 ‰ an den Polkappen).

Als Fehlergröße unberücksichtigt bleibt hier gleichfalls die Tatsache, dass sich in der geschlossenen Röhre kein vollkommenes Vakuum bildet, weil sich der „leere“ Raum sofort mit Quecksilberdampf gemäß druckabhängiger Siedetemperatur füllt.

c) Messfehler durch Temperatureinfluss

Die Masse $m = \rho\cdot V$ des Quecksilbers bleibt während der Messung konstant, so dass $\rho_0\cdot V_0 = \rho(t = 21\,°\mathrm{C})\cdot V(t = 21\,°\mathrm{C})$ und in Verbindung mit $V(t) = V_0(1+\alpha_V\cdot\Delta t)$ entsteht:

$$\rho(t) = \rho_0\cdot\frac{1}{1+\alpha_V\Delta t}$$

$$p_{amb} = \rho(t)\cdot g\cdot h(t) = \rho_0\frac{1}{1+\alpha_V\Delta t}\cdot g\cdot h_0(1+\alpha_l\cdot\Delta t) = \rho_0\cdot g\cdot h_0\cdot\frac{1+\alpha_l\cdot\Delta t}{1+\alpha_V\cdot\Delta t}$$

Der Temperatureinfluss auf die Messung kann korrigiert werden durch den Faktor

$$\frac{1+\alpha_l\cdot\Delta t}{1+\alpha_V\cdot\Delta t} = \frac{1+3{,}87\cdot 10^{-6}\ \mathrm{K^{-1}}\cdot 21\,\mathrm{K}}{1+182\cdot 10^{-6}\ \mathrm{K^{-1}}\cdot 21\,\mathrm{K}} = 0{,}996273512$$

$$p_{amb}(21\,°\mathrm{C}) = p_{amb}(0°\mathrm{C})\cdot\frac{1+\alpha_l\cdot\Delta t}{1+\alpha_V\cdot\Delta t} = 101{,}32501\,\mathrm{kPa}\cdot 0{,}996273512 = 100{,}94742\,\mathrm{kPa}$$

Der prozentuale Fehler ergibt sich aus

$$\left|\frac{p_{amb}(21\,°\mathrm{C}) - p_{amb}(0\,°\mathrm{C})}{p_{amb}(0\,°\mathrm{C})}\right| = \left|\frac{100{,}94742\,\mathrm{kPa} - 101{,}32501\,\mathrm{kPa}}{101{,}32501\,\mathrm{kPa}}\right| = \underline{\underline{0{,}00373}}$$

Der Fehler durch den Temperatureinfluss ist mit 3,73 ‰ größer als die 2,64 ‰ Fehler durch Fehlerfortpflanzung bei den Eingangsgrößen!

**Aufgabe 1-7:** Heben einer Last durch Sauger
Eine Hebevorrichtung zum Transport von großen Blechen bestehe aus acht gleichen, kreisrunden Saugern, deren kreisringförmige Ansaugflächen mit weichem Gummi abgedichtet sind (Außendurchmesser 180 mm, Innendurchmesser 120 mm). Im Inneren der Sauger kann höchstens ein Vakuum von 75 % sicher erzeugt werden. Bestimmen Sie die mit dieser Vorrichtung maximal zu hebende Last in N, wenn eine zweieinhalbfache Sicherheit verlangt wird! Der Umgebungsdruck sei mit 0,1 MPa gegeben. Gehen Sie davon aus, dass an den Berührungsflächen Sauger-Blech ein gleichmäßiger (linearer) Druckabfall in radialer Richtung vorliege.

Gegeben:

| | | |
|---|---|---|
| $p_{amb} = 0{,}1$ MPa | $k = 8$ (Anzahl Sauger) | $s = 2{,}5$ (Sicherheitsfaktor) |
| $d_i = 0{,}12$ m | $d_a = 0{,}18$ m | $Va = 0{,}75$ |

Vorüberlegungen:
Über die Innenflächen der acht Sauger erhält man die Saugkraft $F_{S,K}$ aus:

$$F_{S,K} = \Delta p_U \cdot k \cdot \frac{\pi}{4} d_i^2 = (p - p_{amb}) \cdot k \cdot \frac{\pi}{4} d_i^2$$

Von der Außenkante des Saugers zur Innenkante fällt der Druck linear vom Umgebungsdruck auf den durch das Vakuum erzeugten Druck ab. Dadurch kann zur Berechnung der Saugkraft $F_{S,R}$ für die Kreisringflächen ein konstanter mittlerer Druck aus dem arithmetischen Mittel von Umgebungsdruck und Innendruck angesetzt werden.

$$F_{S,R} = \frac{\Delta p_U}{2} \cdot k \cdot \frac{\pi}{4}(d_a^2 - d_i^2) = \frac{(p - p_{amb})}{2} \cdot k \cdot \frac{\pi}{4}(d_a^2 - d_i^2)$$

Die gesuchte Last $F_G = m \cdot g$ soll nach Aufgabenstellung mit zweieinhalbfacher Sicherheit mit den Saugkräften der acht Sauger $F_S = F_{S,K} + F_{S,R}$ im Gleichgewicht stehen.

$$s \cdot F_G = F_{S,K} + F_{S,R}$$

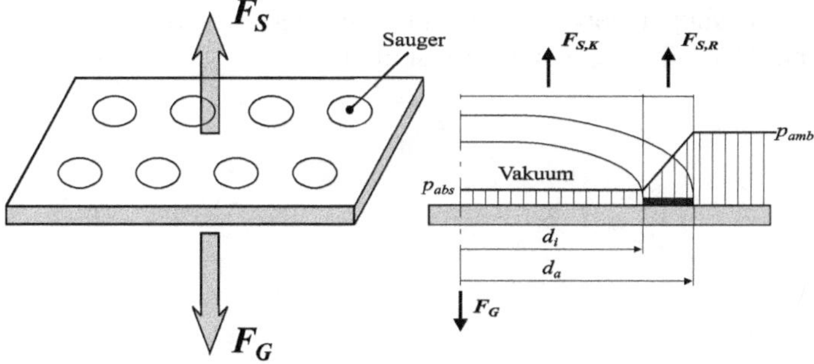


**Abb. 1-9:** Hebevorrichtung für große Bleche (links: Anordnung der Sauger; rechts: Schnittbild für einen Sauger).

Für die Ermittlung der Gesamtkraft aus $F_S = p{\cdot}A$ sind zwei Flächenbereiche zu berücksichtigen. Zum einen die volle Kraft $F_{S,K}$ über der inneren Kreisringfläche $A_K = (\pi/4){\cdot}d_i^2$ und zum anderen die durch den halbierten Differenzdruck zur Umgebung um den Faktor 1/2 verminderte Kraft $F_{S,R}$ der Kreisringscheibe $A_R = (\pi/4)\cdot(d_a^2 - d_i^2)$ als Flanschfläche.

$$s \cdot F_G =$$

$$Va \cdot p_{amb} \cdot k \cdot \frac{\pi}{4} d_i^2 + Va \cdot \frac{p_{amb}}{2} \cdot k \cdot \frac{\pi}{4}(d_a^2 - d_i^2) = Va \cdot p_{amb} \cdot k \cdot \frac{\pi}{4} d_i^2 + Va \cdot \frac{p_{amb}}{2} \cdot k \cdot \frac{\pi}{4} d_a^2 - Va \cdot \frac{p_{amb}}{2} \cdot k \cdot \frac{\pi}{4} d_i^2$$

$$C = Va \cdot \frac{p_{amb}}{2} \cdot k \cdot \frac{\pi}{4}$$

$$s \cdot F_G = 2C \cdot d_i^2 + C \cdot d_a^2 - C \cdot d_i^2 = C(d_a^2 + d_i^2)$$

**Lösung:**
Mit Definition (1-7) für das Vakuum folgt für den Relativdruck:

$$p - p_{amb} = Va \cdot p_{amb} = 0{,}75 \cdot 0{,}1\,\text{MPa} = 75 \cdot 10^3\ \text{Pa}$$

Die Vorüberlegungen fassen wir nun noch einmal zusammen zu:

$$s \cdot F_G = F_{S,K} + F_{S,R} = Va \cdot p_{amb} \cdot k \cdot \frac{\pi}{4} d_i^2 + \frac{Va \cdot p_{amb}}{2} \cdot k \cdot \frac{\pi}{4}(d_a^2 - d_i^2) = \frac{Va \cdot p_{amb}}{2} \cdot k \cdot \frac{\pi}{4}(d_a^2 + d_i^2)$$

$$F_G = \frac{Va \cdot p_{amb} \cdot k \cdot \pi \cdot (d_a^2 + d_i^2)}{s \cdot 2 \cdot 4}$$

Achtung! Das „+“ wird oft für falsch gehalten.

$$F_G = \frac{0{,}75 \cdot 10^5\ \text{N/m}^2 \cdot 8 \cdot \pi \cdot (0{,}0324 + 0{,}0144)\,\text{m}^2}{2{,}5 \cdot 2 \cdot 4} = \underline{\underline{4.410{,}8\ \text{N}}}$$

Vakuumgreifersysteme eignen sich gut für den Transport sowie zum Heben, Drehen und Wenden von Lasten.

*Selbstsaugende Vakuumheber* bestehen aus einem in einer Rollmanschette sitzenden Zylinder mit Kolben und Bodenabdichtung. Beim Aufsetzen des Vakuumhebers sinkt der Kolben bis zur Lastoberfläche und verdrängt die Luft, die durch das im Kolbenboden geöffnete Ventil entweicht. Nach Schließen des Ventils und nach oben folgendem Lasthub entsteht der durch Rollmanschette und Bodendichtung abgeschlossene Vakuumraum.

Der in Abbildung 1-9 angedeutete Vakuumheber basiert auf einer *elektrisch angetriebenen Vakuumpumpe*, die Luft aus einer Vakuumverteilkammer evakuiert.

# 2 Zustandsänderungen für ideales Gas

Zustandsänderungen werden in Zustandsgleichungen erfasst, die immer ein stoffspezifisches Abhängigkeitsverhältnis zwischen den thermodynamischen Zustandsgrößen darstellen. Die Zustandsgleichungen können empirisch gefunden oder analytisch aus der statistischen Physik gewonnen werden, sie folgen nicht aus dem ersten oder zweiten Hauptsatz der Thermodynamik. Wir unterscheiden die thermischen Zustandsgleichungen (Kapitel 2.2 und 2.3) von den kalorischen (Kapitel 3).

## 2.1 Der Modellstoff ideales Gas

Um zu speziellen Aussagen über die untersuchenden thermodynamischen Systeme zu gelangen, sind die Eigenschaften der Energieträger zu berücksichtigen. So wie mit dem thermodynamischen System ein Modell von der apparativen und anlagentechnischen Wirklichkeit geschaffen wurde, benötigt man für eine mathematisch einfache Behandlung von Prozessen ein idealisiertes Arbeitsmittel. Ideales Gas versetzt uns in die Lage, die das Systemverhalten beschreibenden Beziehungen stoffbezogen anzuwenden. Dieser Modellstoff besteht aus Teilchen, die sich ungeordnet bewegen und an die folgende Forderungen gestellt werden:

- die Teilchen haben kein Eigenvolumen = Punktmasse (Punkt besitzt keine Dimension)
- zwischen den Teilchen wirken weder Anziehungs- noch Abstoßungskräfte (ihr Abstand ist so groß voneinander, dass sie sich gegenseitig nicht beeinflussen)
- die Teilchen führen nur translatorische Bewegungen aus, sie können weder rotieren noch schwingen
- Stöße der Teilchen untereinander bzw. mit der Wand erfolgen voll elastisch

Mit diesen Voraussetzungen existiert *ideales Gas* nur als theoretischer Modellstoff. Die Definition bezieht sich ausschließlich auf eine Gasphase. Im Unterschied zu realen Gasen kann es nicht verflüssigt oder in den festen Zustand überführt werden. Aber mit diesen Modellannahmen kann das Gasverhalten bei Zustandsänderungen in gewissen Bereichen sehr einfach berechnet werden. Ideales Gas stellt aus thermodynamischer Sicht überhaupt das einfachste kompressible Medium dar. Als Modell ermöglicht es eine Analyse mit Bleistift, Papier und Taschenrechner. Untersuchungen realer Fluide (reale Gase, Flüssigkeiten, Mehrphasen- und Mehrkomponentensysteme) sind wesentlich komplexer und erfordern wegen der benötigten numerischen Routinen den Einsatz von Computern. Sie können „von Hand" kaum noch nachvollzogen werden.

Ein reales Gas kann im Allgemeinen bei niedrigen Drücken und hohen Temperaturen als ideales Gas behandelt werden. Bei niedrigen Drücken (geringe Dichte = wenige Moleküle in großem Volumen) ist der mittlere Abstand zwischen den einzelnen Gasteilchen so groß, dass ihre räumliche Ausdehnung keine Rolle spielt. Bei hohen Temperaturen besitzen die Gasteilchen eine so hohe kinetische Energie, dass ihre Bindungsenergie im Vergleich dazu vernach-

DOI 10.1515/9783110530513-003

lässigt werden kann. Die Kräfte für ihre gegenseitige Anziehung sind dann sehr viel kleiner als die für die Abstoßung.

Für Berechnungen mit idealem Gas sind die hier bisher qualitativ wiedergegebenen Aussagen zu quantifizieren. Als Faustregel kann man ansetzen:

- Im oben genannten Sinne niedrige Drücke sind Drücke unter 50 bar.
- Die Temperatur des realen Gases sollte mindestens 100 K Abstand zu seiner Verflüssigungstemperatur haben (Verflüssigungstemperaturen bei physikalischem Normdruck: $CO_2$: –78,5 °C; $O_2$: –182,9 °C; $N_2$: –195,8 °C)
- Die bei den betrachteten Prozessen auftretenden Temperaturdifferenzen dürfen, abhängig vom Molekülaufbau des Gases, 250 K bis 400 K nicht überschreiten. Im Hochtemperaturbereich ab etwa 1000 °C treten Effekte auf, die zu Einschränkungen des Modells ideales Gas führen (siehe dazu Kapitel 2.6)

## 2.2 Die thermische Zustandsgleichung des idealen Gases

Die mathematische Verknüpfung der drei inneren Zustandsgrößen Druck $p$, Volumen $V$ und Temperatur $T$ für das ideale Gas heißt *thermische Zustandsgleichung.*

$$p \cdot V = m \cdot R_i \cdot T \tag{2-1}$$

Auf die Systemmasse $m$ bezogen nimmt (2-1) die Form an

$$p \cdot v = R_i \cdot T \qquad \text{oder} \qquad \rho = \frac{p}{R_i \cdot T} \tag{2-2}$$

Bei Verwendung der Formeln (2-1) und (2-2) ist die Temperatur $T$ immer als thermodynamische Temperatur in Kelvin einzusetzen! Die *spezielle* oder *individuelle* (Index „*i*") *Gaskonstante* $R_i$ ist hier eine vom Gaszustand unabhängige Stoffkonstante, deren Wert man leicht berechnen oder aus Stoffwerttabellen entnehmen kann.

Mit Berücksichtigung des Zusammenhangs zwischen Masse und Stoffmenge durch Gleichung (1-4) nimmt (2-1) die Gestalt an

$$p \cdot V = n \cdot M_i \cdot R_i \cdot T = n \cdot R_m \cdot T \tag{2-3}$$

mit der *universellen Gaskonstante* $R_m$, deren Wert sich als universelle Konstante nur auf die Stoffmenge (Teilchenzahl) bezieht. Ihren Wert haben wir in Kapitel 1.3 angegeben mit

$R_m$ = 8,3144621 kJ/(kmol K)

Man kann die universelle Gaskonstante $R_m$ auch berechnen aus dem Zusammenhang

$$R_m = k \cdot N_A = 1{,}3806488 \cdot 10^{-26}\,\frac{\text{kJ}}{\text{K}} \cdot 6{,}0221429 \cdot 10^{+26}\,\frac{1}{\text{kmol}} = 8{,}3144621\,\frac{\text{kJ}}{\text{kmol K}}$$

Durch Vergleich von (2-1) und (2-3) ergibt sich für die individuelle Gaskonstante eine Berechnungsmöglichkeit aus der universellen Gaskonstante und Molekülmasse des betreffenden Gases

$$R_i = \frac{R_m}{M_i} \qquad [R_i] = 1\,\frac{\text{kJ}}{\text{kg K}} \tag{2-4}$$

Der Begriff „Gaskonstante" für die Größe mit dem Formelzeichen $R$ in der thermischen Zustandsgleichung leitet sich ab aus der Tatsache, dass für konstante Systemmasse stets gilt:

$$\frac{p \cdot V}{T} = m \cdot R_i = \text{konstant} \quad \rightarrow \quad \frac{p_1 V_1}{T_1} = \frac{p_2 V_2}{T_2} \tag{2-5}$$

Ändern sich durch einen Prozess, der ein System mit idealem Gas von einem Zustand 1 in einen Zustand 2 überführt, Druck, Volumen und Temperatur gleichzeitig, müssen immer fünf Zustandsgrößen bekannt sein, um die sechste zu berechnen.

Gleichung (2-3) vermittelt auch, dass die Stoffmenge von einem Kilomol *eines jeden idealen Gases* bei gleichen Drücken und Temperaturen jeweils ein gleiches Volumen einnimmt, das *molares Volumen* $V_{m,n}$ (Index m = molar, Index n = Normzustand) genannt wird.

$V_{m,n}$ = 22,413968 m³/kmol bei 0 °C und 1,01325 bar (physikalischer Normzustand)
$V_{m,n}$ = 22,710953 m³/kmol bei 0 °C und 1 bar

Aufwändig hergestellte Gase hoher Reinheit werden nach Normkubikmetern $m_n^3$ verkauft. Das Normvolumen $V_n$ ist das Volumen eines Gases, das es im physikalischen Normzustand einnimmt. Der Zusammenhang zum molaren Normvolumen ergibt sich aus

$$V_n = n \cdot V_{m,n} \qquad [V_n] = 1\,\text{m}_\text{n}^3 \tag{2-6}$$

Normvolumen und Masse eines Gases sind durch seine Dichte im Normzustand $\rho_n$ verknüpft

$$\rho_n = \frac{m}{V_n} = \frac{m}{n \cdot V_{m,n}} = \frac{M}{V_{m,n}} \qquad [\rho_n] = 1\,\frac{\text{kg}}{\text{m}_\text{n}^3} \tag{2-7}$$

In der thermischen Zustandsgleichung sind zwei schon früher gefundene physikalische Gesetze enthalten. Der englische Chemiker Robert Boyle entdeckte 1662 (und unabhängig davon 1676 der französische Physiker Edme Mariotte), dass für Gase bei *konstanter Temperatur* (*isotherme Zustandsänderungen*) das Produkt aus Druck und Volumen konstant bleibt.

*Boyle-Mariotte'sches Gesetz*:

$p \cdot V = \text{konstant} \quad \rightarrow \quad p_1 V_1 = p_2 V_2$ und daraus für isotherme Zustandsänderungen

$$\frac{p_2}{p_1} = \frac{V_1}{V_2} = \frac{v_1}{v_2} = \frac{\rho_2}{\rho_1} \tag{2-8}$$

Für isotherme Zustandsänderungen verhalten sich die Volumina umgekehrt proportional und die Dichten proportional zu den Drücken. (siehe auch Zusammenstellung in Tabelle 9.11)!

Dem französischen Chemiker Josef Louis Gay-Lussac wird die Entdeckung der Gasgesetze für konstanten Druck und für konstantes Volumen im Jahr 1802 zugeschrieben. Vorarbeiten dazu leisteten Jacques Charles und Guillaume Amontons.

*Gesetz von Gay-Lussac für konstanten Druck (isobare Zustandsänderungen):*

$\frac{V}{T} = \text{konstant} \quad \rightarrow \quad \frac{V_1}{T_1} = \frac{V_2}{T_2}$ und daraus für isobare Zustandsänderungen

$$\frac{T_1}{T_2} = \frac{V_1}{V_2} = \frac{v_1}{v_2} = \frac{\rho_2}{\rho_1} \tag{2-9}$$

Für isobare Zustandsänderungen verhalten sich die Temperaturen proportional zu den Volumina und umgekehrt proportional zu den Dichten (siehe auch Zusammenstellung in Tabelle 9.11).

*Gesetz von Gay-Lussac für konstantes Volumen (isochore Zustandsänderungen)*

$$\frac{p}{T} = \text{konstant} \quad \rightarrow \quad \frac{p_1}{T_1} = \frac{p_2}{T_2}$$ und daraus für isochore Zustandsänderungen

$$\frac{T_1}{T_2} = \frac{p_1}{p_2} \tag{2-10}$$

Für isochore Zustandsänderungen verhalten sich die Drücke genauso wie die Temperaturen (siehe auch Zusammenstellung in Tabelle 9-11).

Für die Temperatur $T$ sind in den Gleichungen (2-8) bis (2-10) wie auch in allen anderen aus der thermischen Zustandsgleichung ableitbaren Gleichungen Werte in Kelvin einzusetzen. Gegebene Celsiustemperaturen müssen dann entsprechend umgerechnet werden.

## 2.3 Isentrope und polytrope Zustandsänderungen mit idealem Gas

Aus dem Prinzip der Energieerhaltung kann für reversible Vorgänge in adiabaten geschlossenen Systemen die Poisson'sche Gleichung[8] hergeleitet werden.

$$p \cdot V^{\kappa} = \text{konstant} \tag{2-11}$$

Der Exponent $\kappa$ in (2-11) heißt Isentropenexponent, seine Definition ergibt sich aus Gleichung (3-19). Für Gase, die sich wie ideale Gase verhalten, nimmt er nach kinetischer Gastheorie jeweils in Abhängigkeit vom Molekülaufbau spezielle Werte an[9], die durch

$$\kappa = 1 + \frac{2}{f}$$

gegeben sind. Dabei bezeichnet $f$ für die einzelnen Gasteilchen die Anzahl der Freiheitsgrade für ihre Bewegung. Die Intensität der Bewegung der Teilchen (Atome oder Moleküle) eines Gases charakterisiert die Höhe seiner inneren Energie. Weil sich jedes Teilchen im Raum frei bewegen kann, existieren für die Translation mit den drei Koordinatenrichtungen auch drei Freiheitsgrade. Anregungen zur Rotation erfolgen bei nicht zentralen Stößen im Masseschwerpunkt, so dass maximal drei weitere Freiheitsgrade für die freie Rotation um je eine Hauptträgheitsachse hinzukommen. Bei zweiatomigen Molekülen, die wie eine starre Hantel aufgebaut sind, kann aber zum Beispiel die Rotation nur um die beiden Hauptträgheitsachsen senkrecht zur Verbindungslinie der beiden Atome angeregt werden. Schwingen zusätzlich die Atome im Molekülverbund kommen pro unabhängiger Schwingungsrichtung zwei weitere Freiheitsgrade dazu.

Mit der oben angegebenen Formel kann man die Höhe des Isentropenexponenten $\kappa$ für ein- und zweiatomige Gase sehr gut abschätzen. Trockene Luft als Gemisch zweiatomiger Gase hat bei physikalischem Normdruck und einer Temperatur von 20 °C einen Isentropenexponenten von $\kappa = 1{,}402$, der theoretische Wert unter Nutzung der kinetischen Gastheorie würde bei 1,4 liegen.

---

8 Simeon Denis Poisson (1781-1840), französischer Mathematiker und Physiker.

9 Die experimentelle Bestimmung des Isentropenexponenten $\kappa$ von Gasen erfolgt über die Messung der Schallgeschwindigkeit nach $c = \sqrt{\kappa \cdot R_i \cdot T}$. Im Jahr 1878 berichtete Ludwig Boltzmann in den Annalen der Physik über die Ermittlung des Isentropenexponenten $\kappa = 1{,}666$ für Quecksilberdampf bei 300 °C.

**Tab. 2-1:** Zahl der Freiheitsgrade für die Bewegung für verschieden aufgebaute Moleküle.

| Molekülaufbau | Translation | Rotation | Schwingungen | Summe für $f$ | $\kappa$ |
|---|---|---|---|---|---|
| | 3 | – | – | 3 | 1,667 |
| | 3 | 2 | – | 5 | 1,400 |
| | 3 | 2 | 2 | 7 | 1,286 |
| | 3 | 3 | – | 6 | 1,333 |

$\kappa = 1{,}667$ einatomiges Gas (alle Edelgase wie Helium, Argon, Krypton)
$\kappa = 1{,}400$ zweiatomige Gase (Wasserstoff, Sauerstoff, Stickstoff, Kohlenmonoxid)
$\kappa = 1{,}286$ dreiatomige Gase (Kohlendioxid (1,30), Schwefeldioxid (1,29))
$\kappa = 1{,}333$ dreiatomige Gase (Lachgas = Distickstoffmonoxid (1,31))

In der oben hervorgehobenen Zusammenfassung wurden für den Isentropenexponenten zusätzlich die experimentell ermittelten Werte in Klammern aufgeführt, wenn diese signifikant von den theoretischen Werten abweichen. Auffällig sind Abweichungen für dreiatomige Gase. Diese Moleküle können offenbar nur in grober Näherung wie bei der kinetischen Gastheorie vorausgesetzt als Punktmassen modelliert werden.

Die durch (2-11) beschriebene Zustandsänderung heißt isentrop und ist dadurch gekennzeichnet, dass die Wärme $Q$ konstant bleibt ($dQ = 0$). Über die adiabate Systemgrenze erfolgt jedoch ein Transfer von Arbeit, zum Beispiel durch einen beweglichen Kolben, so dass sich die innere Energie des Systems ändert und im Unterschied zur isothermen Zustandsänderung damit auch zwangsläufig seine Temperatur. Reale Vorgänge mit einem vernachlässigbarem Anteil an Reibung können in guter Näherung durch eine isentrope Zustandsänderung beschrieben werden, wenn

- sie in einem sehr gut wärmeisolierten Behälter stattfinden (z. B. chemische Reaktion im Dewargefäß)
- sie extrem schnell verlaufen, so dass es wegen der Trägheit des Wärmetransports zu keinem nennenswerten Wärmeaustausch mit der Umgebung kommt (z. B. Kolbenbewegung im Zylinder eines Verbrennungsmotors oder Schallausbreitung)
- das Volumen des Systems sehr groß ist, so dass Wärmeströme an seinem Rand praktisch keine Rolle spielen (z. B. Wolkenbildung bei thermisch aufsteigenden Luftmassen)

Aus (2-11) ist für den Übergang von Gleichgewichtszustand 1 in 2 abzuleiten:

$$\frac{p_1}{p_2} = \left(\frac{V_2}{V_1}\right)^{\kappa} = \left(\frac{v_2}{v_1}\right)^{\kappa} = \left(\frac{\rho_1}{\rho_2}\right)^{\kappa} \qquad (2\text{-}12)$$

Mit der Beziehung (2-5) können in Verbindung mit (2-12) ergänzend folgende Gleichungen für eine isentrope Zustandsänderung abgeleitet werden:

$$\frac{p_1}{p_2} = \left(\frac{T_1}{T_2}\right)^{\frac{\kappa}{\kappa-1}} \qquad (2\text{-}13)$$

$$\frac{T_1}{T_2} = \left(\frac{v_2}{v_1}\right)^{\kappa-1} = \left(\frac{\rho_1}{\rho_2}\right)^{\kappa-1} \tag{2-14}$$

Umfassender als die Poisson'sche Gleichung (2-11) ist der Ansatz

$$p \cdot V^n = \text{konstant} \qquad n = \text{Polytropenexponent} \tag{2-15}$$

Mit dem Polytropenexponenten in (2-15) können einzeln oder kumulativ folgende Effekte berücksichtigt werden:

- nicht exakte Erfüllung der Voraussetzungen für isotherme, isochore, isobare oder isentrope Zustandsänderungen
- vom Idealgasverhalten abweichendes Verhalten (reales Gas)
- dissipative Effekte

Mit der gleichen formalen Ersetzung des Isentropenexponenten $\kappa$ durch den Polytropenexponenten $n$ im Ansatz (2-15) erhält man aus (2-12) bis (2-14)

$$\frac{p_1}{p_2} = \left(\frac{V_2}{V_1}\right)^n = \left(\frac{v_2}{v_1}\right)^n = \left(\frac{\rho_1}{\rho_2}\right)^n \tag{2-16}$$

$$\frac{p_1}{p_2} = \left(\frac{T_1}{T_2}\right)^{\frac{n}{n-1}} \tag{2-17}$$

$$\frac{T_1}{T_2} = \left(\frac{v_2}{v_1}\right)^{n-1} = \left(\frac{\rho_1}{\rho_2}\right)^{n-1} \tag{2-18}$$

Der Polytropenexponent $n$ ist eine zusätzliche Größe, nach der die Gleichungen (2-16) bis (2-18) aufgelöst werden können. Je nachdem, welche Zustandsgrößen bekannt sind, kann der Polytropenexponent errechnet werden aus

$$n = \frac{\ln \frac{p_1}{p_2}}{\ln \frac{v_2}{v_1}} = \frac{\ln \frac{p_1}{p_2}}{\ln \frac{p_1}{p_2} - \ln \frac{T_1}{T_2}} = \frac{\ln \frac{v_2}{v_1} + \ln \frac{T_1}{T_2}}{\ln \frac{v_2}{v_1}} \tag{2-19}$$

Nimmt der Polytropenexponent $n$ bestimmte Werte an, gehen die Gleichungen (2-16) bis (2-18) in die Zustandsgleichungen folgender Zustandsänderungen über:

| | | | |
|---|---|---|---|
| $n = 0$ | isobar | $n = 1$ | isotherm |
| $n = \kappa$ | isentrop | $n \to \infty$ | isochor |

## 2.4 Darstellung des Zustandsverhaltens in Diagrammen

Diagramme erhöhen die Anschaulichkeit des Verlaufs von Zustandsänderungen. Im $p,v$-Diagramm erscheinen Volumenänderungsarbeit und technische Arbeit nach ihren Definitionen (1-9) und (1-12) als Flächen, im $T,s$-Diagramm bilden sich Wärmen als Flächen ab, wenn man die Definition (5-1) für die Entropie $s$ zu Grunde legt.

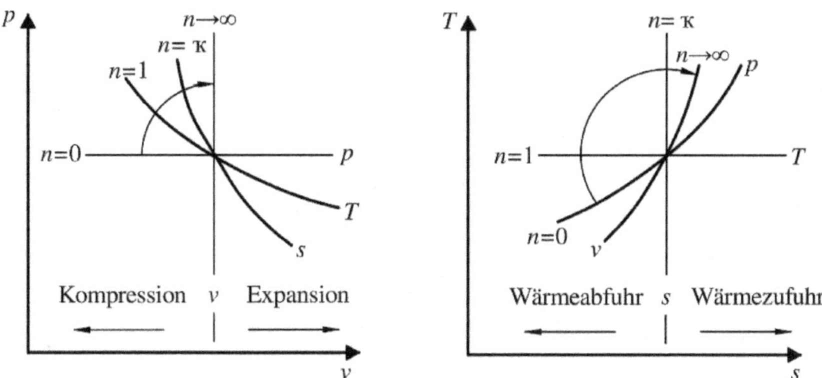


**Abb. 2-1:** Darstellung ausgewählter Polytropen im $p,v$- und $T,s$-Diagramm.

Abbildung 2-1 zeigt für das $p,v$-Diagramm, dass die Isentrope einen höheren Anstieg als die Isotherme hat (steilerer Verlauf) und für das $T,s$-Diagramm, dass die Isobaren flacher verlaufen (kleinerer Anstieg) als die Isochoren. Aus diesen Zusammenhängen ergeben sich zwei wichtige Schlussfolgerungen, die wir in Abbildung 2-2 festhalten.

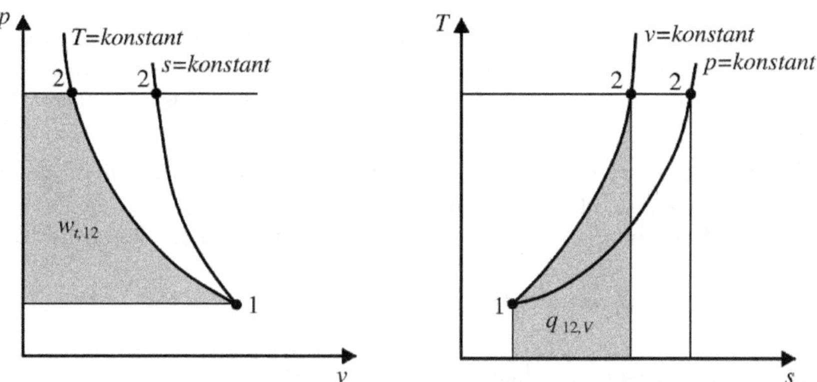


**Abb. 2-2:** Technische Arbeit im $p,v$-Diagramm und Wärme in $T,s$-Diagramm für jeweils verschiedene Zustandsänderungen.

Bei jeweils gleichen Anfangs- und Enddrücken ist für eine isotherme Kompression (Fläche in Abbildung 2-2 farblich unterlegt) weniger Arbeit aufzuwenden als für eine isentrope Kompression. Obwohl sich eine isotherme Kompression technisch nicht verwirklichen lässt, wird dieser Fall gern als Vergleichsmaßstab für die Effizienz von Verdichtern genutzt. Für jeweils gleiche Anfangs- und Endtemperatur ist isobar mehr Wärme zuzuführen als isochor (Fläche farblich unterlegt). Der rechnerische Nachweis ergibt sich aus der Gleichung (3-11).

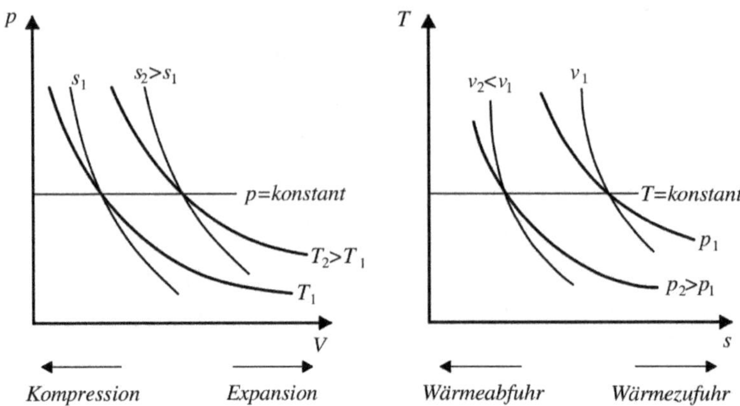


**Abb. 2-3:** Verlauf von Isothermen und Isentropen im $p,v$-Diagramm sowie Isobaren und Isochoren im $T,s$-Diagramm.

## 2.5 Gemische idealer Gase

Die thermische Zustandsgleichung gilt in ihren Grenzen für den Modellstoff ideales Gas nicht nur für chemisch reine Gase, sondern auch für Gasgemische, sofern die Einzelkomponenten nicht chemisch miteinander reagieren. Dies folgt unmittelbar aus den Aussagen der Dalton'schen Gesetze[10]:

- Befinden sich in einem Raum mehrere Gase, so verhält sich jedes Gas so, als ob die anderen nicht vorhanden wären, und füllt den Raum ganz aus.
- Der Gesamtdruck des Gasgemisches ist gleich der Summe der Partialdrücke der Einzelgase.
- Die Partialdrücke verhalten sich wie die Raumanteile.

Die Zusammensetzung von Gasgemischen kann man angeben durch:

- Raumanteile (Volumenanteile) $r_i = \frac{V_i}{V_M}$ Vol % $= r_i \cdot 100$ %
- Stoffmengenanteile (Molanteile) $x_i = \frac{n_i}{n_M}$ Mol % $= x_i \cdot 100$ %
- Massenanteile $\mu_i = \frac{m_i}{m_M}$ Masse % $= \mu_i \cdot 100$ %

---

[10] John Dalton (1766-1844), englischer Naturforscher und Lehrer, machte sich um Durchsetzung der Atomtheorie in der Chemie verdient und bestimmte Atomgewichte. Später beschäftigte er sich mit der chemischen Analyse von Gasgemischen, unter anderem von Luft. Als aufmerksamer Beobachter stellte er außerdem fest, dass er Farben anders wahrnahm als andere Menschen. Er gilt als Entdecker der sogenannten Farbenblindheit (Daltonismus). Zur Klärung der Ursachen für die Rot-Grün-Sehschwäche verfügte er, dass nach seinem Tod eines seiner Augen zu sezieren sei.

Das Volumen $V_i$, mit dem eine einzelne Gemischkomponente $i$ an der Zusammensetzung des Gasgemisches mit dem Volumen $V_M$ (Index „M" steht für Mischung) beteiligt ist, bezeichnet man als *Partialvolumen*. Für die Partialvolumina $V_i$ gilt bei $k$ verschiedenen Gemischkomponenten

$$\sum_{i=1}^{k} V_i = V_M \qquad \frac{V_1}{V_M} + \frac{V_2}{V_M} + \cdots + \frac{V_k}{V_M} = \frac{V_M}{V_M} = 1$$

$$r_1 + r_2 + \cdots + r_k = 1 \tag{2-20}$$

Chemische Analysen von Gasgemischen geben die Bestandteile vorzugsweise in Vol % an, für sehr kleine Konzentrationen (Spurengase) verwendet man ppm (parts per million)

$$1\,\text{ppm} = \frac{1}{10^6} \qquad 1\,\text{Vol}\,\% = \frac{1}{100} = 10.000\,\text{ppm}$$

Man kann davon ausgehen, dass bei Gemischen *idealer* Gase die Stoffmengenanteile den Raumanteilen entsprechen.

$$x_i = r_i \quad \text{(nur für ideale Gasgemische)} \tag{2-21}$$

Zur Umrechnung von Raumanteilen in Massenanteile und umgekehrt bedient man sich der scheinbaren Molekülmasse $M_M$ des Gasgemisches. Dabei unterstellt man ein nicht aus unterschiedlichen Teilchen mit jeweils unterschiedlichen Teilchenmassen, sondern ein aus gleich aufgebauten Teilchen mit einer einheitlichen Teilchenmasse zusammengesetztes Gasgemisch. Gleichung (2-22) berechnet die scheinbare Masse dieses „Einheitsteilchens".

$$M_M = \sum_{i=1}^{k} r_i \cdot M_i = r_1 M_1 + r_2 M_2 + \ldots + r_k M_k \tag{2-22}$$

Die Gleichungen (1-3) und (1-4) vermitteln den Zusammenhang

$$\rho = \frac{m}{V} = \frac{n \cdot M}{n \cdot V_m} = \frac{M}{V_m} \quad \rightarrow \quad \rho_i = \frac{M_i}{V_m} \quad \text{und} \quad \rho_M = \frac{M_M}{V_m}$$

In Verbindung mit Gleichung (2-22) folgt dann

$$\mu_i = \frac{m_i}{m_M} = \frac{\rho_i V_i}{\rho_M V_M} = r_i \cdot \frac{\rho_i}{\rho_M} = r_i \cdot \frac{M_i}{V_m} \cdot \frac{V_m}{M_M} = r_i \cdot \frac{M_i}{M_M}$$

$$\mu_i = r_i \cdot \frac{M_i}{M_M} \qquad \text{und} \qquad r_i = \mu_i \cdot \frac{M_M}{M_i} \tag{2-23}$$

Eine Gaskomponente $i$ nimmt bei festem Druck $p$ und fester Temperatur $T$ das Volumen $V_i$ ein, so dass Gleichung (2-1) geschrieben werden kann als

$$p \cdot V_i = m_i \cdot R_i \cdot T$$

Nach dem Mischen dehnt sich die Komponente $i$ auf das Gesamtvolumen des Gasgemisches $V_M$ aus und besitzt damit den Partialdruck $p_i$ .

$$V_M = \sum_{i=1}^{k} V_i \qquad p_i = \frac{m_i \cdot R_i \cdot T}{V_M}$$

Der messbare Gesamtdruck des Gasgemisches $p$ (Partialdrücke $p_i$ sind nicht einzeln messbar) setzt sich zusammen aus:

$$p = \sum_{i=1}^{k} p_i \qquad p_i = r_i \cdot p \tag{2-24}$$

Für die Bestimmung der Dichte eines Gasgemisches aus den Dichten der Einzelkomponenten gehen wir vom Ansatz aus:

$$m_M = \sum_{i=1}^{k} m_i \qquad \rho_M V_M = \sum_{i=1}^{k} \rho_i V_i \qquad \rho_M = \sum \rho_i \cdot \frac{V_i}{V_M}$$

$$\rho_M = \sum_{i=1}^{k} r_i \cdot \rho_i = \frac{V_1}{V_M}\rho_1 + \frac{V_2}{V_M}\rho_2 + \ldots + \frac{V_k}{V_M}\rho_k \tag{2-25}$$

Gleichung (2-25) zeigt, dass zur Ermittlung der Dichte eines Gasgemisches aus den Dichten der einzelnen Komponenten diese mit den Raumanteilen zu gewichten sind. Wir finden dies auch in der Maßeinheit für die Dichte bestätigt, denn diese wird mit Kilogramm *pro Kubikmeter* angegeben.

Für ein ideales Gasgemisch bei konstanter Temperatur $T$ gilt:

$$p \cdot V_M = p(V_1 + V_2 + \ldots + V_k) = pV_1 + pV_2 + \ldots + pV_k \quad \text{und damit}$$

$$m_M R_M T = m_1 R_1 T + m_2 R_2 T + \ldots + m_k R_k T$$

$$R_M = \sum_{i=1}^{k} \mu_i R_i = \frac{m_1}{m_M} R_1 + \frac{m_2}{m_M} R_2 + \ldots + \frac{m_k}{m_M} R_k \tag{2-26}$$

Gleichung (2-26) verdeutlicht, dass für die Bestimmung der Gaskonstante $R_M$ eines Gasgemisches aus den Gaskonstanten der einzelnen Komponenten die Gewichtung über die Massenprozente heranzuziehen ist. Wir finden wiederum die Bestätigung in der Maßeinheit für die Gaskonstante, die bekanntlich in Joule *pro Kilogramm* und pro Kelvin angegeben wird.

Formel (2-4) nimmt hier die Form an

$$R_M = \frac{R_m}{M_M} \tag{2-27}$$

## 2.6 Grenzen für die Anwendung der thermischen Zustandsgleichung

Die Gleichungen (2-1) und (2-2) werden leider mitunter bedenkenlos und uneingeschränkt verwendet. Ist man mit höheren Drücken und Temperaturen konfrontiert, muss die Anwendbarkeit der thermischen Zustandsgleichung allein aus den Voraussetzungen bei ihrer Ableitung (niedrige Drücke mit niedrigen Dichten, Gas bestehend aus punktförmigen Masseteilchen, zwischen denen keine Kräfte wirken) eigentlich kritisch hinterfragt werden. Tatsächlich wirken zwischen den Molekülen realer Gase Anziehungskräfte durch ihre Masse und Abstoßungskräfte infolge elektrischer Ladungen. Bei niedrigen Drücken ist die Teilchendichte gering, die Teilchen weisen einen größeren Abstand voneinander auf. In diesem

Fall überwiegen die Anziehungskräfte zwischen den Teilchenmassen. Reale Gase lassen sich deshalb in diesem Bereich leichter komprimieren als man nach idealem Gasverhalten erwarten dürfte. Umgekehrt dominieren bei hoher Teilchendichte (hohem Druck) und enger Teilchenpackung die Abstoßungskräfte, so dass für reale Gase beim Komprimieren jetzt ein viel höherer Aufwand erforderlich wird als nach dem Modell ideales Gas kalkuliert. Werden bei hohen Temperaturen Gase elektrisch leitfähig *(Ionisation),* verliert Gleichung (2-1) ihre Gültigkeit. Bei hohen Temperaturen kann sich auch die Teilchenzahl der Gase ändern *(Dissoziation),* so dass die nach Gleichung (2-1) berechneten Temperaturen höher liegen als die messbaren Werte. Die bei vornehmlich höheren Drücken und Temperaturen auftretenden *realen Gaseffekte* bewirken Abweichungen von den Eigenschaften und dem Verhalten eines idealen Gases.

Alle Abweichungen eines realen Gases vom Idealgasverhalten nach Gleichung (2-1) fassen wir in einem von Druck und Temperatur abhängenden Realgasfaktor $Z = Z(p,T)$ zusammen.

$$p \cdot V = Z \cdot m \cdot R_i \cdot T \qquad (2\text{-}28)$$

Je nach konkreter Temperatur und konkretem Druck kann $Z$ Werte größer oder kleiner 1 annehmen. Für ideales Verhalten gilt $Z = 1$. Für trockene Luft bei Temperaturen oberhalb von 0 °C und Drücken bis zu 25 bar liegen die Abweichungen vom Idealgasverhalten unterhalb von 1 %. In diesem Bereich arbeiten die Turboverdichter für Gasturbinen, so dass man dort das Realgasverhalten meist vernachlässigt. Bei Verbrennungskraftmaschinen treten aber schon deutlich höhere Drücke auf, die Abweichungen vom Idealgasverhalten von bis zu 2,5 % müssen dann geeignet berücksichtigt werden.

Mit Bezug auf das uns als Konstante bekannte Normvolumen eines idealen Gases $V_{m,n}$ für den physikalischen Normzustand bei $p_n = 1{,}01325$ bar und $T_n = 273{,}15$ K folgt aus (2-28) unter Berücksichtigung von (2-4) und (2-6)

$$p_n \cdot V_n = Z_n \cdot m \cdot R_i \cdot T_n \quad \rightarrow \quad p_n \cdot V_{m,n} = Z_n \cdot R_m \cdot T_n \qquad (2\text{-}29)$$

Aus Gleichung (2-29) kann auch abgeleitet werden, dass sich der Realgasfaktor im Normzustand $Z_n$ ergibt aus dem Verhältnis von dem Volumen, das jeweils die Stoffmenge von 1 kmol eines untersuchten Gases im physikalischen Normzustand einnimmt, zu dem Volumen, das der Modellstoff ideales Gas im physikalischen Normzustand einnehmen würde.

$$Z_n = \frac{V_{m,n,i}}{V_{m,n}} = \frac{V_{m,n}(p = 1{,}01325\,\text{bar}; T = 273{,}15\,\text{K})}{22{,}413968\,\text{m}^3/\text{kmol}} \qquad (2\text{-}30)$$

Zu den Realgasfaktoren existieren zahlreiche Veröffentlichungen, jedoch nicht alle enthalten technisch brauchbare Daten. Ohne auf die empirischen Ansätze zur Berechnung der Abweichungen vom Idealgasverhalten tiefer einzugehen, sei hier mitgeteilt, dass der Autor gute Erfahrungen mit den frei zugänglichen Daten aus der NIST-Reference Fluid Thermodynamic and Transport Properties Database (REFPROP) gemacht hat, die auf der Website http://webbook.nist.gov./chemistry/fluid abgerufen werden können. NIST = National Institute of Standards and Technology ist eine dem Handelsministerium der Bundesregierung der Vereinigten Staaten von Amerika unterstellte Behörde.

## 2.7 Verstehen durch Üben: Ideales Gas

**Aufgabe 2-1:** Isobare Zustandsänderung für eingeschlossenes ideales Gas
In einem an seiner Stirnseite fest verschlossenen Zylinder mit 50 cm Durchmesser sei durch einen reibungslos im Zylinder beweglichen Kolben anfangs 500 Liter Luft bei einer Temperatur von 600 °C und einem Druck von 120 kPa gasdicht eingeschlossen. Die Luft im Zylinder wird auf 750 °C erwärmt und gleichzeitig der Kolben zurückgeführt, so dass der Druck im Zylinder immer gleich bleibt. Die Gaskonstante der Luft sei mit 287 J/(kg·K) gegeben.

a) Wie hoch ist die Dichte der im adiabatem Zylinder eingeschlossenen Luft in kg/m³ vor und nach der Erwärmung?
b) Um welche Länge $\Delta z$ in cm muss der Kolben bei der Erwärmung zurückgeführt werden, damit der Druck im Zylinder gleich bleibt?
c) Welcher Druck in bar würde im Zylinder herrschen, wenn der Kolben vor der Erwärmung fest arretiert würde?

Gegeben:

$V_1 = 0{,}5\ \text{m}^3$ $\quad T_1 = 873{,}15$ K (600 °C) $\quad p_1 = p_2 = 120$ kPa $\quad d = 0{,}5$ m

$R_L = 287$ J/(kg K) $\quad T_2 = 1023{,}15$ K (750 °C)

**Lösung:**

a) Dichte der Luft vor und nach der Erwärmung nach Gleichung (2-2)

$$\text{Zustand 1 = vor Erwärmung:}\quad \rho_1 = \frac{p_1}{R_L \cdot T_1} = \frac{120.000\ \text{N/m}^2}{287\ \text{Nm/(kg K)} \cdot 873{,}15\ \text{K}} = \underline{\underline{0{,}4789\ \text{kg/m}^3}}$$

$$\text{Zustand 2 = nach Erwärmung:}\quad \rho_2 = \frac{p_1}{R_L \cdot T_2} = \frac{120.000\ \text{N/m}^2}{287\ \text{Nm/(kg K)} \cdot 1023{,}15\ \text{K}} = \underline{\underline{0{,}4087\ \text{kg/m}^3}}$$

b) erforderliche Rückführung des Kolbens für isobare Zustandsänderung ($p$ = konstant)

$$W_{V,12} = -\int_1^2 p\mathrm{d}V = -p(V_2 - V_1) = -p \cdot \frac{\pi}{4} d^2 \cdot \Delta z \qquad \left(V_2 - V_1 = \frac{\pi}{4} d^2 \cdot \Delta z\right)$$

isobare Zustandsänderung nach Gleichung (2-9)

$$\frac{V_1}{T_1} = \frac{V_2}{T_2} \qquad V_2 = \frac{T_2}{T_1} V_1 \qquad V_2 - V_1 = V_1 \left(\frac{T_2}{T_1} - 1\right) = \frac{\pi}{4} d^2 \cdot \Delta z$$

$$\Delta z = \frac{4 \cdot V_1}{\pi \cdot d^2} \left(\frac{T_2}{T_1} - 1\right) = \frac{4 \cdot 0{,}5\ \text{m}^3}{\pi \cdot 0{,}25\ \text{m}^2} \left(\frac{1023{,}15\ \text{K}}{873{,}15\ \text{K}} - 1\right) = 0{,}4375\ \text{m} = \underline{\underline{43{,}75\ \text{cm}}}$$

c) isochore Zustandsänderung bei arretiertem Kolben

$$p_2 = \frac{T_2}{T_1} p_1 = \frac{1023{,}15\ \text{K}}{873{,}15\ \text{K}} \cdot 1{,}2\ \text{bar} \approx \underline{\underline{1{,}406\ \text{bar}}}$$

**Aufgabe 2-2:** Nutzarbeit bei Expansion

Ein Druckbehälter aus Stahl sei mit 5 m³ Luft bei 15 bar gefüllt. Welche Nutzarbeit in kWh kann die Luft an eine Pressluftmaschine abgeben, wenn sie

a) isentrop
b) isotherm

auf einen Umgebungsdruck von 100 kPa entspannt?

Gegeben:

$V = 5\ \text{m}^3$ $\quad p_1 = 15$ bar $\quad p_2 = p_{amb} = 1$ bar

Vorüberlegungen:

Die hier gegebenen Größen gestatten die Verwendung des Modells ideales Gas.

Luft ist ein größtenteils aus zweiatomigen Gasen bestehendes Gasgemisch, so dass für den Isentropenexponenten $\kappa = 1{,}4$ angenommen werden kann. Der Zustand „1" beschreibe die Situation vor der Entspannung, der Zustand 2 nach der Entspannung. Das Volumen $V_2$ muss für den Fall a) mit einer Zustandsgleichung für isotrope Zustandsänderungen und für den Fall b) mit einer für isotherme Zustandsänderungen berechnet werden.

**Lösung:**

Die abgegebene Nutzarbeit errechnet sich nach (1-11) aus: $W_{N,12} = -\int_1^2 p(V) \cdot dV + p_{amb}(V_2 - V_1)$.

a) isentrope Expansion (Zustandsgleichungen nach Tabelle 9-11):

$$V_2 = V_1 \cdot \left(\frac{p_1}{p_2}\right)^{\frac{1}{\kappa}} = 5\ \text{m}^3 \cdot \left(\frac{15\ \text{bar}}{1\ \text{bar}}\right)^{\frac{1}{1,4}} = 34{,}5967\ \text{m}^3$$

$$p \cdot V^\kappa = p_1 \cdot V_1^\kappa \quad \rightarrow \quad p(V) = p_1 V_1^\kappa \cdot \frac{1}{V^\kappa} \quad \text{liefert für die Nutzarbeit}$$

$$W_{N,12} = -p_1 V_1^\kappa \int_1^2 \frac{dV}{V^\kappa} + p_{amb}(V_2 - V_1) = -p_1 V_1^\kappa \cdot \frac{1}{1-\kappa} \cdot \left(V_2^{1-\kappa} - V_1^{1-\kappa}\right) + p_{amb}(V_2 - V_1)$$

$$W_{N,12} = -\frac{p_1}{1-\kappa}\left[\left(\frac{V_1}{V_2}\right)^\kappa \cdot V_2 - V_1\right] + p_{amb}(V_2 - V_1)$$

$$W_{N,12} = -\frac{1500\ \text{kN}}{-0{,}4\ \text{m}^2}\left[\left(\frac{5\ \text{m}^3}{34{,}5967\ \text{m}^3}\right)^{1,4} \cdot 34{,}5967\ \text{m}^3 - 5\ \text{m}^3\right] + \frac{10^2\ \text{kN}}{\text{m}^2} \cdot 29{,}5967\ \text{m}^3$$

$$W_{N,12} = -10.100{,}81\ \text{kJ} + 2.959{,}67\ \text{kJ} = -7.141{,}14\ \text{kJ} = \underline{\underline{-1{,}98365\ \text{kWh}}}$$

b) isotherme Expansion (Zustandsgleichungen nach Tabelle 9-11):

$$V_2 = V_1 \cdot \left(\frac{p_1}{p_2}\right) = 5\ \text{m}^3 \cdot \left(\frac{15\ \text{bar}}{1\ \text{bar}}\right) = 75\ \text{m}^3$$

$p \cdot V = p_1 \cdot V_1 \quad \rightarrow \quad p(V) = p_1 V_1 \cdot \frac{1}{V}$ führt jetzt auf folgende Nutzarbeit

$$W_{N,12} = -p_1 V_1 \int_1^2 \frac{dV}{V} + p_{amb}(V_2 - V_1) = -p_1 V_1 \cdot \ln\frac{V_2}{V_1} + p_{amb}(V_2 - V_1)$$

$$W_{N,12} = -1.500 \frac{\text{kN}}{\text{m}^2} \cdot 5\ \text{m}^3 \cdot \ln\frac{75\ \text{m}^3}{5\ \text{m}^3} + 100 \frac{\text{kN}}{\text{m}^2} \cdot 70\ \text{m}^3$$

$$W_{N,12} = -20.310{,}377\ \text{kJ} + 7.000\ \text{kJ} = -13.310{,}377\ \text{kJ} = \underline{\underline{-3{,}697\ \text{kWh}}}$$

**Aufgabe 2-3:** Befüllung von Tragluftballons

Ein wahlweise mit Wasserstoff oder Helium befüllbarer Ballon soll zu Forschungszwecken in höheren Luftschichten eingesetzt werden. Die Gasfüllung am Boden soll so bemessen werden, dass der für 1.800 m³ ausgelegte Ballon in 3.000 m Höhe bei einer Lufttemperatur von –4,5 °C und einem Luftdruck von 70,1 kPa gerade prall gefüllt ist. Am Boden herrsche eine Temperatur von 15 °C bei einem Luftdruck von 101,3 kPa, die Gaskonstante der Luft sei mit 287 J/(kg K) gegeben.

a) Bestimmen Sie die für die für die Ballonfüllung erforderliche Gasmasse für Wasserstoff und Helium!
b) Berechnen Sie die Kosten für eine Ballonfüllung mit Wasserstoff oder Helium, wenn ein Normkubikmeter Wasserstoff zu 4 € und ein Normkubikmeter Helium zu 42 € verfügbar ist!
c) Zu welchem jeweiligen Bruchteil des Gesamtvolumens ist der Ballon am Boden mit Wasserstoff oder Helium zu füllen?
d) Wie groß darf jeweils das zu hebende Gesamtgewicht von Ballonhülle, Aufbauten und allen sonstigen Lasten bei Wasserstoff- oder Heliumbefüllung sein?

Hinweis: Die Gaskonstanten für Wasserstoff und Helium sollten über die universelle Gaskonstante mit 8,3144621 kJ(/kmol K) und den Molekülmassen für Wasserstoff mit 2,016 kg/kmol und für Helium mit 4,003 kg/kmol bestimmt werden!

Gegeben:

| | | | |
|---|---|---|---|
| Boden ($h$ = 0 m): | $T_1$ = 288,15 K | $p_1$ = 101.300 Pa | $V_1$ = ? |
| Höhe $h$ = 3000 m | $T_2$ = 268,65 K | $p_2$ = 70.100 Pa | $V$ = 1.800 m³ |
| $R_L$ = 287 J/(kg K) | $M_{H_2}$ = 2,016 kg/kmol | | $M_{He}$ = 4,003 kg/kmol |
| $K_{H_2}$ = 4 €/m$^3_n$ | $K_{He}$ = 42 €/m$^3_n$ | | |

Vorüberlegungen:

Unter vorgenannten Bedingungen können die zu untersuchenden Gase als ideales Gas behandelt werden. Ihre Gaskonstanten ergeben sich aus:

$$R_{H_2} = \frac{R_m}{M_{H_2}} = \frac{8{,}3144621\,\text{kJ/(kmol K)}}{2{,}016\,\text{kg/kmol}} = 4{,}1242372\,\frac{\text{kJ}}{\text{kg K}}$$

$$R_{He} = \frac{R_m}{M_{He}} = \frac{8{,}3144621\,\text{kJ/(kmol K)}}{4{,}003\,\text{kg/kmol}} = 2{,}0770577\,\frac{\text{kJ}}{\text{kg K}}$$

Für die Errechnung der Normkubikmetermenge ist der physikalische Normzustand mit $T_n = 273{,}15$ K und $p_n = 101.325$ Pa maßgeblich.

Wegen der fast doppelt so hohen Molekülmassen von Helium im Vergleich zu Wasserstoff ist zu erwarten, dass die zur Ballonfüllung erforderliche Masse von Helium etwa doppelt so groß ist wie die des benötigten Wasserstoffs. Deshalb neigt man dazu auf den ersten Blick, für die Heliumbefüllung eine um ca. 50 % verminderte Traglast zu schätzen. Die Rechnung zeigt jedoch, dass dies ein Trugschluss ist, denn die Auftriebskraft $F_A$ des Ballons ist nicht proportional zur Masse der Gasbefüllung, sondern proportional zur Differenz Masse der verdrängten Luft und Ballonmasse.

$$F_A = (m_L - m_B) \cdot g$$

**Lösung:**

a) Berechnung der Gasmasse für Ballonfüllung aus der Grundgleichung für ideales Gas

Nur im Zustandspunkt 2 sind Druck, Volumen und Temperatur bekannt!

$$m_{H_2} = \frac{p_2 \cdot V_2}{R_{H_2} \cdot T_2} = \frac{70.100\,\text{N/m}^2 \cdot 1.800\,\text{m}^3}{4.124{,}2372\,\text{Nm/(kg K)} \cdot 268{,}65\,\text{K}} = \underline{\underline{113{,}8833\,\text{kg}}}$$

$$m_{He} = \frac{p_2 \cdot V_2}{R_{He} \cdot T_2} = \frac{70.100\,\text{N/m}^2 \cdot 1.800\,\text{m}^3}{2.077{,}0577\,\text{Nm/(kg K)} \cdot 268{,}65\,\text{K}} = \underline{\underline{226{,}1284\,\text{kg}}}$$

b) Materialkosten für Gasbefüllung nach Normvolumen $V_n$

$$V_n = \frac{m_{H_2} \cdot R_{H_2} \cdot T_n}{p_n} = \frac{113{,}8833\,\text{kg} \cdot 4.124{,}2372\,\text{Nm/(kg K)} \cdot 273{,}15\,\text{K}}{101.325\,\text{N/m}^2} = 1.266{,}1591\,\text{m}_\text{n}^3$$

$$\text{Materialkosten Wasserstoff} = 1.266{,}1591\,\text{m}_\text{n}^3 \cdot 4\,\text{€/m}_\text{n}^3 = \underline{\underline{5.064{,}64\,\text{€}}}$$

$$V_n = \frac{m_{He} \cdot R_{He} \cdot T_n}{p_n} = \frac{226{,}1284\,\text{kg} \cdot 2.077{,}0577\,\text{Nm/(kg K)} \cdot 273{,}15\,\text{K}}{101.325\,\text{N/m}^2} = 1.266{,}1591\,\text{m}_\text{n}^3$$

Genauso gut hätte man auch unter Nutzung $m \cdot R_i = \text{konstant}$ rechnen können:

$$V_n = V_2 \cdot \frac{p_2}{p_n} \cdot \frac{T_n}{T_2} = 1.800\,\text{m}^3 \cdot \frac{70.100\,\text{Pa}}{101.325\,\text{Pa}} \cdot \frac{273{,}15\,\text{K}}{268{,}65\,\text{K}} = 1266{,}1591\,\text{m}_\text{n}^3$$

Die errechneten Normvolumina für beide Gasfüllungen sind gleich!!

Materialkosten Helium = $1.266{,}1591\,\text{m}_\text{n}^3 \cdot 42\,€/\text{m}_\text{n}^3 = \underline{\underline{53.178{,}68\,€}}$ (für die praktische Umsetzung eines solchen Vorhabens zu hoch!)

c) Volumenanteil der erforderlichen Ballonfüllung am Boden ($V_1/V_2$)
in den Zustandspunkten 1 und 2 ändern sich jeweils Masse und Gaskonstante nicht, also:

$$\frac{p_1 V_1}{T_1} = \frac{p_2 V_2}{T_2} \quad \rightarrow \quad \frac{V_1}{V_2} = \frac{p_2}{p_1} \cdot \frac{T_1}{T_2} = \frac{70{,}1\,\text{kPa}}{101{,}3\,\text{kPa}} \cdot \frac{288{,}15\,\text{K}}{268{,}65\,\text{K}} = \underline{\underline{0{,}7422}}$$

Für eine pralle Ballonfüllung in 3000 m Höhe muss der Ballon am Boden zu 74,22 % mit Wasserstoff oder Helium gefüllt werden.

d) Errechnung Traglast
Die zu hebende Zulademasse ergibt sich aus der Differenz der Masse der vom Ballon verdrängten Luft und der Masse der Ballonfüllung.

$$m_L - m_{H_2} = \frac{p_2 V_2}{T_2} \cdot \left( \frac{1}{R_L} - \frac{1}{R_{H_2}} \right) = \frac{70.100\,\text{N/m}^2 \cdot 1.800\,\text{m}^3}{268{,}65\,\text{K}} \cdot \left( \frac{1 \cdot (\text{kg K})}{287\,\text{Nm}} - \frac{1 \cdot (\text{kg K})}{4.124{,}2372\,\text{Nm}} \right) = \underline{\underline{1.522{,}64\,\text{kg}}}$$

$$m_L - m_{He} = \frac{p_2 V_2}{T_2} \cdot \left( \frac{1}{R_L} - \frac{1}{R_{He}} \right) = \frac{70.100\,\text{N/m}^2 \cdot 1.800\,\text{m}^3}{268{,}65\,\text{K}} \cdot \left( \frac{1 \cdot (\text{kg K})}{287\,\text{Nm}} - \frac{1 \cdot (\text{kg K})}{2.077{,}0577\,\text{Nm}} \right) = \underline{\underline{1.410{,}39\,\text{kg}}}$$

Helium besitzt gegenüber Wasserstoff eine fast doppelt so hohe Füllgasmasse. Daraus darf aber nicht geschlossen werden, dass sich die Zulademasse halbiert.

**Aufgabe 2-4:** Aufsteigen einer Luftblase im Wasser
Am Grund eines Gewässers betrage die Wassertemperatur 4 °C, an der Wasseroberfläche 13 °C. Wie tief ist das Gewässer, wenn eine kugelförmige Luftblase beim Aufsteigen vom Gewässergrund an die Oberfläche ihren Durchmesser verdoppelt? Der Luftdruck betrage 1024 hPa, die Dichte des Wassers soll als konstant mit 1000 kg/m³ angenommen werden.

Gegeben:

Zustand 1: Gewässergrund $\quad p_1 = p_2 + \rho \cdot g \cdot h \quad T_1 = 277{,}15\,\text{K} \quad V_1 = \frac{\pi}{6} d_1^3$

Zustand 2: Wasseroberfläche $\quad p_2 = 1024\,\text{hPa} \quad T_2 = 286{,}15\,\text{K} \quad V_2 = \frac{\pi}{6} d_2^3$

allgemeine Daten: $\quad \rho = 1000\,\text{kg/m}^3 \quad g = 9{,}80665\,\text{m/s}^2$ (Normwert)

Vorüberlegungen:

1. Bei kugelförmiger Gestalt bedeutet eine Verdopplung des Durchmessers ein achtfach höheres Volumen, also $V_2 = 8 \cdot V_1$.
2. Bei der Zustandsänderung von 1 nach 2 ändern sich Druck, Volumen und Temperatur der Luft, wenn man annimmt, dass die Lufttemperatur in der Blase jeweils der Wassertemperatur an der Außenhülle entspricht. Die Masse der Luft ändert sich nicht, so dass gilt:
$$\frac{p_1 \cdot V_1}{T_1} = \frac{p_2 \cdot V_2}{T_2}$$
3. Temperaturen sind für die Rechnung in K umzuwandeln, da auf thermische Zustandsgleichung für ideales Gas zurückgegriffen wird.

**Lösung:**

Die gesuchte Gewässertiefe kann vermittelst des Schweredruckes am Gewässergrund bestimmt werden.

$$p_1 = p_2 \cdot \frac{V_2}{V_1} \cdot \frac{T_1}{T_2} \quad \rightarrow \quad p_2 + \rho \cdot g \cdot h = p_2 \cdot \frac{V_2}{V_1} \cdot \frac{T_1}{T_2}$$

$$h = \frac{p_2 \cdot \frac{V_2}{V_1} \cdot \frac{T_1}{T_2} - p_2}{\rho \cdot g} = \frac{p_2 \cdot \left( \frac{V_2}{V_1} \cdot \frac{T_1}{T_2} - 1 \right)}{\rho \cdot g}$$

$$h = \frac{1024 \cdot 10^2 \text{ N/m}^2 \cdot \left( 8 \cdot \frac{277{,}15 \text{ K}}{286{,}15 \text{ K}} - 1 \right)}{1000 \text{ kg/m}^3 \cdot 9{,}80665 \text{ m/s}^2} = \underline{\underline{70{,}466 \text{ m}}} \qquad \text{(Hinweis: 1 N = 1 kg m/s}^2\text{)}$$

Dieser Befund ist auch geeignet, sich über Vorgänge beim Tauchen ohne Gerät Klarheit zu verschaffen. Angenommen Sie beginnen in einer Wassertiefe von 10 m (Druck $p_1 \approx 2 \text{ bar}$) mit 4 Litern Luft in der Lunge mit dem Auftauchen an die Wasseroberfläche $p_2 \approx 1 \text{ bar}$. Man kann hier sogar konstante Temperatur unterstellen und somit gilt das Gesetz von Boyle-Mariotte:

$$p_1 \cdot V_1 = p_2 \cdot V_2 \quad \rightarrow \quad V_2 = \frac{p_1}{p_2} \cdot V_1 = \frac{2 \text{ bar}}{1 \text{ bar}} \cdot 4 \text{ Liter} = \underline{\underline{8 \text{ Liter}}}$$

Eine durchschnittlich trainierte Lunge fasst aber nur circa 6 Liter und besitzt kein selbsttätig wirkendes Überdruckventil. Wenn man also beim Auftauchen nicht durch Ausatmen für eine angemessene Volumenanpassung sorgt, besteht die Gefahr des Platzens der Lungenbläschen.

**Aufgabe 2-5:** Ballonaufstieg mit verschiedenen Annahmen für Schichtung der Luft

Ein Ballon besitze unter Berücksichtigung aller Bauteile (einschließlich Aufbauten usw.) eine Masse von 500,5 kg bei einem Gesamtvolumen von 700 m$^3$. Die Luft am Boden genüge den Normwerten der ISO Normatmosphäre (DIN ISO 2533). Bis zu welcher Höhe steigt der Ballon auf und welche Temperatur herrscht in dieser Höhe, wenn der Aufstieg jeweils

a) bei konstanter Temperatur über die gesamte Höhe (isotherm)
b) in einer hinreichend großen Luftsäule erfolgt, so dass Wärmeströme an den Rändern zu vernachlässigen sind (isentrop) sowie
c) unter den Bedingungen der Normatmosphäre nach DIN ISO 2533 erfolgt?

Gegeben:

$m_B = 500{,}5\,\text{kg}$  $V_B = 700\,\text{m}^3$

$t_0 = 15\,°\text{C}$  $p_0 = 1{,}01325\,\text{bar}$  $\rho_0 = 1{,}225\,\text{kg/m}^3$ (DIN ISO 2533 für Luft bei $h = 0$)

Vorüberlegungen:

1. Wenn der Ballon seinen höchsten Aufstiegspunkt erreicht hat, entspricht die Gewichtskraft des Ballons der Auftriebskraft, die durch die Luft hervorgerufen wird, die der Ballon verdrängt.

   $$m_B \cdot g = \rho(p,T) \cdot V_B \cdot g \quad \rightarrow \quad \frac{m_B}{V_B} = \rho(p,T)$$

   Der Ballon steigt auf, solange seine mittlere Dichte (Gesamtmasse geteilt durch Gesamtvolumen) kleiner ist als die der vom Ballon verdrängten Luft. Die mittlere Dichte des Ballons ist ein konstanter Wert und beträgt:

   $$\rho = \frac{m_B}{V_B} = \frac{500{,}5\,\text{kg}}{700\,\text{m}^3} = 0{,}715\,\frac{\text{kg}}{\text{m}^3}$$

   Die Dichte der verdrängten Luft hängt von Druck, Temperatur und mithin von der Aufstiegshöhe $h$ ab.
2. Bei einer differentiell kleinen Druckänderung d$p$ über der Höhe $h$ kann die Dichte $\rho$ als konstant angesehen werden, so dass mit (1-6) gilt:

   $dp = -\rho \cdot g \cdot dh$ (Minuszeichen steht für Druckabnahme mit der Höhe)

**Lösung:**

a) isotherme Schichtung mit $t = t_0 = \text{konstant} = \underline{\underline{15\,°\text{C}}}$ und $\dfrac{p}{\rho} = \dfrac{p_0}{\rho_0} \quad \rightarrow \quad \rho = \rho_0 \cdot \dfrac{p}{p_0}$

$$\mathrm{d}p = -\rho_0 \cdot \frac{p}{p_0} \cdot g \cdot \mathrm{d}h \qquad\qquad \frac{\mathrm{d}p}{p} = -\frac{\rho_0}{p_0} \cdot g \cdot \mathrm{d}h$$

$$\mathrm{d}h = -\frac{p_0}{\rho_0 \cdot g} \cdot \frac{\mathrm{d}p}{p} \qquad\qquad h = -\frac{p_0}{\rho_0 \cdot g} \ln p + C$$

Integrationskonstante $C$ wird durch Einsetzen der Bedingung am Boden: $p_0 = p(h = 0)$ bestimmt: $C = \dfrac{p_0}{\rho_0 \cdot g} \ln p_0$

Die Funktion für den Druck $p = p(h)$ entsteht durch delogarithmieren von

$$h = \frac{p_0}{\rho_0 \cdot g} \cdot (\ln p_0 - \ln p) = \frac{p_0}{\rho_0 \cdot g} \cdot \ln \frac{p_0}{p} \quad \rightarrow \quad e^h = \left(\frac{p_0}{p}\right)^{\frac{p_0}{\rho_0 \cdot g}} \quad \rightarrow \quad p = p_0 \cdot e^{-\frac{\rho_0 \cdot g}{p_0} \cdot h}$$

Die Abhängigkeit der Dichte $\rho = \rho(h)$ folgt unter Verwendung von $\rho = \rho_0 \cdot \dfrac{p}{p_0}$

$$\rho = \rho_0 \cdot e^{-\frac{\rho_0 \cdot g}{p_0} \cdot h} \qquad \ln\frac{\rho}{\rho_0} = -\frac{\rho_0 \cdot g}{p_0} \cdot h$$

Mit dem Ansatz aus Vorüberlegung (1) errechnet sich jetzt die Aufstiegshöhe aus:

$$h = \frac{-\ln\dfrac{\rho}{\rho_0} \cdot p_0}{\rho_0 \cdot g} = \frac{-\ln\dfrac{0{,}715\ \text{kg/m}^3}{1{,}225\ \text{kg/m}^3} \cdot 1{,}01325 \cdot 10^5\ \dfrac{\text{kg}}{\text{m} \cdot \text{s}^2}}{1{,}225\ \text{kg/m}^3 \cdot 9{,}80665\ \text{m/s}^2} = \underline{\underline{4.541{,}25\ \text{m}}}$$

b) isentrope Schichtung nach Gleichung (2-12) mit $\rho = \rho_0 \cdot \left(\dfrac{p}{p_0}\right)^{\frac{1}{\kappa}}$

$$\mathrm{d}p = -\rho_0 \cdot \left(\frac{p}{p_0}\right)^{\frac{1}{\kappa}} \cdot g \cdot \mathrm{d}h \qquad p^{-\frac{1}{\kappa}}\mathrm{d}p = -\frac{\rho_0}{p_0^{1/\kappa}} \cdot g \cdot \mathrm{d}h \qquad \frac{\kappa}{\kappa-1}\, p^{\frac{\kappa-1}{\kappa}} = -\frac{\rho_0}{p_0^{1/\kappa}} \cdot g \cdot h + C$$

Integrationskonstante $C$ wird durch Einsetzen der Bedingung am Boden: $p_0 = p(h = 0)$ bestimmt: $C = \dfrac{\kappa}{\kappa - 1} \cdot p_0^{\frac{\kappa-1}{\kappa}}$

$$\frac{\rho_0}{p_0^{\frac{1}{\kappa}}} \cdot g \cdot h = \frac{\kappa}{\kappa-1}\left(p_0^{\frac{\kappa-1}{\kappa}} - p^{\frac{\kappa-1}{\kappa}}\right) = \frac{\kappa}{\kappa-1} \cdot p_0^{\frac{\kappa-1}{\kappa}} \cdot \left(1 - \left(\frac{p}{p_0}\right)^{\frac{\kappa-1}{\kappa}}\right)$$

aufgelöst nach der gesuchten Höhe $h$ ergibt sich:

$$h = \frac{\kappa}{\kappa-1} \cdot \frac{p_0}{\rho_0 \cdot g} \cdot \left(1 - \left(\frac{p}{p_0}\right)^{\frac{\kappa-1}{\kappa}}\right) \quad \text{und mit } \frac{p}{p_0} = \left(\frac{\rho}{\rho_0}\right)^{\kappa} \text{ folgt}$$

$$h = \frac{\kappa}{\kappa-1} \cdot \frac{p_0}{\rho_0 \cdot g} \cdot \left(1 - \left(\frac{\rho}{\rho_0}\right)^{\kappa-1}\right)$$

Für die Ermittlung der Aufstiegshöhe des Ballons ist die Dichte $\rho$ der Luft einzusetzen, die der mittleren Dichte des Ballons entspricht (siehe Vorüberlegung 1)

$$h = \frac{1{,}4}{0{,}4} \cdot \frac{101325\ \text{kg/(m s}^2)}{1{,}225\ \text{kg/m}^3 \cdot 9{,}80665\ \text{m/s}^2}\left(1 - \left(\frac{0{,}715\ \text{kg/m}^3}{1{,}225\ \text{kg/m}^3}\right)^{0{,}4}\right) = \underline{\underline{5.719{,}75\ \text{m}}}$$

Die Temperatur in Aufstiegshöhe kann ermittelt werden aus Gleichung (2-14) mit

$$T = T_0\left(\frac{\rho}{\rho_0}\right)^{\kappa-1} = 288{,}15\ \text{K} \cdot \left(\frac{0{,}715\ \text{kg/m}^3}{1{,}225\ \text{kg/m}^3}\right)^{0{,}4} = 232{,}32\ \text{K} \qquad \underline{\underline{t = -40{,}83\ °\text{C}}}$$

Unter Verwendung von $\left(\frac{\rho}{\rho_0}\right)^{\kappa-1} = 1 - h \cdot \frac{\rho_0 \cdot g}{p_0} \cdot \frac{\kappa - 1}{\kappa}$ entsteht für die Funktion $T = T(h)$

$T = T_0 \left(1 - h \cdot \frac{\rho_0 \cdot g}{p_0} \cdot \frac{\kappa - 1}{\kappa}\right)$, so dass sich bilden lässt:

$$\frac{dT}{dh} = -T_0 \cdot \frac{\rho_0 \cdot g}{p_0} \cdot \frac{\kappa - 1}{\kappa} = -288{,}15\,\mathrm{K} \cdot \frac{1{,}225\,\mathrm{kg/m^3} \cdot 9{,}80665\,\mathrm{m/s^2}}{101325\,\mathrm{N/m^2}} \cdot \frac{0{,}4}{1{,}4} \approx -0{,}01\,\frac{\mathrm{K}}{\mathrm{m}}$$

Dieses Ergebnis legt eine modellhafte, theoretische Temperaturabnahme um jeweils ca. 1 K je 100 Höhenmeter nahe. Durch Messungen weiß man jedoch, dass dieser Wert nicht zutreffend ist, realistischer sind 0,65 K je 100 Höhenmeter.

c) Bedingungen der Norm DIN ISO 2533

Die Dichte der Luft nach der Normatmosphäre von DIN ISO 2533 $\rho = 0{,}715\ \mathrm{kg/m^3}$ wird ausweislich der Tabelle 9-9 zwischen 5200 m und 5400 m erreicht. Eine lineare Interpolation mit den dort gegebenen Werten liefert:

$$h = 5200\,\mathrm{m} + \frac{(0{,}715000 - 0{,}720649)\,\mathrm{kg/m^3}}{(0{,}705131 - 0{,}720649)\,\mathrm{kg/m^3}} \cdot (5400 - 5200)\,\mathrm{m} = \underline{\underline{5.272{,}81\,\mathrm{m}}}$$

Für die Temperatur in Höhe von 5.272,81 m ergibt sich durch lineare Interpolation:

$$t = -18{,}772\,°\mathrm{C} + \frac{(0{,}715000 - 0{,}720649)\,\mathrm{kg/m^3}}{(0{,}705131 - 0{,}720649)\,\mathrm{kg/m^3}} (-20{,}070\,°\mathrm{C} - (-18{,}772\,°\mathrm{C})) = \underline{\underline{-19{,}24\,°\mathrm{C}}}$$

Bewertung der Ergebnisse:

Die isotherme Schichtung, die übrigens auch bei der barometrischen Höhenformel (siehe Aufgabe 8.3-3) angewendet wird, liefert im besten Fall für Höhen bis 400 m akzeptable Ergebnisse. Die auftretenden Abweichungen im Verhältnis zur isentropen Schichtung und zu den Werten der Normatmosphäre sprechen eine deutliche Sprache. Die Aufstiegshöhe wird bei Verwendung einer isentropen Schichtung schon erstaunlich gut getroffen, die Temperaturabnahme mit der Höhe wird aber systematisch überschätzt.

Aufgabenteil c) liefert eine Temperaturdifferenz zwischen Boden und Aufstiegshöhe von 5.272,81 m von $\Delta t = 15\ °\mathrm{C} - (-19{,}24\ °\mathrm{C}) = 34{,}24\ \mathrm{K}$. Damit wird eine durchschnittliche Temperaturabnahme von 0,65 K/100 m bestätigt.

**Aufgabe 2-6:** Exakte und vereinfachte Berechnung des Kaminzuges

Berechnen Sie die Größe des Druckunterschieds zwischen dem am oberen Ende eines 200 m hohen Kamins ausströmenden Gas und der sich in gleicher Höhe befindlichen Luft (Kaminzug) in Pa, wenn sich im Kamin ein Abgas mit einer Normdichte $\rho_{A,n} = 1{,}303\ \mathrm{kg/m^3}$ und konstanten mittleren Abgastemperatur von 235 °C befindet. Die Lufttemperatur außen soll gleichfalls über die gesamte Kaminhöhe als konstant mit 15 °C angenommen werden. Am Boden habe die Luft eine Dichte von $1{,}225\ \mathrm{kg/m^3}$ und einen Luftdruck von 1013,25 mbar.

Gegeben:

| | | |
|---|---|---|
| $T_L = 288{,}15$ K | $p_L\,(h = 0) = 101325$ Pa | $\rho_L\,(h = 0) = 1{,}225$ kg/m³ |
| $T_A = 508{,}15$ K | $\rho_{A,n} = 1{,}303$ kg/m³ | $h = 200$ m |

Vorüberlegungen:

1. Aus Aufgabe 2-3 wissen wir, dass die Druckabnahme über die Höhe mit $dp = -\rho \cdot g \cdot dh$ beschrieben werden kann. Die Temperaturen im Kamin als auch außen sind jeweils als konstant vorausgesetzt, so dass man von isothermer Schichtung auszugehen hat. Die Kaminwand sorgt für die erforderliche Wärmeisolation. Damit gilt für den Druck in der Höhe $h$ $p(h) = p(h=0) \cdot e^{-\frac{\rho_0 \cdot g}{p_0} \cdot h}$
2. Nach Aufgabenstellung ist $p(h=0) = p_L$ und $\rho_0 = \rho_L$. Wegen $\dfrac{\rho_L}{p_L} = \dfrac{1}{R_L \cdot T_L}$ folgt:
   $p_L(h) = p(h=0) \cdot e^{-\frac{g \cdot h}{R_L \cdot T_L}}$ und im Kamin $p_A(h) = p(h=0) \cdot e^{-\frac{g \cdot h}{R_A \cdot T_A}}$
3. Wegen des Bezuges zur thermischen Zustandsgleichung sind die Temperaturen in K zu verwenden und die gegebenen Celsiustemperaturen entsprechend umzurechnen.

**Lösung:**
Bestimmung der Gaskonstanten für Luft und Abgas:

$$R_L = \frac{p_L}{\rho_L \cdot T_L} = \frac{101325\,\text{Pa}}{1{,}225\,\text{kg/m}^3 \cdot 288{,}15\,\text{K}} = 287{,}05287\,\frac{\text{J}}{\text{kg K}} \quad \text{(Zustand Luft am Boden!)}$$

$$R_A = \frac{p_L}{\rho_{A,n} \cdot T_n} = \frac{101325\,\text{Pa}}{1{,}303\,\text{kg/m}^3 \cdot 273{,}15\,\text{K}} = 284{,}68920\,\frac{\text{J}}{\text{kg K}} \quad \text{(physikalischer Normzustand!)}$$

Kaminzug $\Delta p$ in Pa: $\Delta p = p(h=0) \cdot \left( e^{-\frac{g \cdot h}{R_A \cdot T_A}} - e^{-\frac{g \cdot h}{R_L \cdot T_L}} \right)$

Der Übersichtlichkeit wegen berechnen wir zunächst die Exponenten der $e$-Funktion:

$$\frac{g \cdot h}{R_A \cdot T_A} = \frac{9{,}80665\,\text{m/s}^2 \cdot 200\,\text{m}}{284{,}68920\,\text{J/(kg K)} \cdot 508{,}15\,\text{K}} = 0{,}0135578$$

$$\frac{g \cdot h}{R_L \cdot T_L} = \frac{9{,}80665\,\text{m/s}^2 \cdot 200\,\text{m}}{287{,}05287\,\text{J/(kg K)} \cdot 288{,}15\,\text{K}} = 0{,}0237121$$

$$\Delta p = 101325\,\text{Pa} \cdot (e^{-0{,}0135578} - e^{-0{,}0237121}) = \underline{\underline{1009{,}894\,\text{Pa} \approx 0{,}01\,\text{bar}}}$$

Zur Vereinfachung der Rechnung für die hier immer sehr kleinen Exponenten der $e$-Funktion kann man anstelle der $e$-Funktion ihre Taylorentwicklung mit Abbruch nach dem zweiten Glied einsetzen: $e^{-x} \approx 1 - x$

$$\Delta p = 101325\ \text{Pa} \cdot (1 - 0{,}0135578\ - (1 - 0{,}0237121)) = \underline{\underline{1028{,}8844\ \text{Pa} \approx 0{,}01\ \text{bar}}}$$

In 200 m Höhe beträgt der Luftdruck unter den hier genannten Bedingungen

$$p_L(h=200\,\text{m}) = p(h=0)\cdot e^{-\frac{g\cdot h}{R_L\cdot T_L}} = 1013{,}25\,\text{mbar}\cdot \text{e}^{-0{,}0237121} = 989{,}506\,\text{mbar}$$

Das entspricht also einem Druckunterschied zum Boden von knapp 24 mbar. Wird dieser kleine Druckunterschied ebenfalls vernachlässigt, ändert sich auch die Dichte der Luft nicht. Die Normdichte des Abgases ist allerdings auf die Dichte bei Betriebstemperatur umzurechnen. Damit entsteht folgende, einfache Berechnungsvorschrift:

$$\Delta p = \left(\rho_L - \rho_{A,n}\cdot\frac{T_n}{T_A}\right)\cdot g\cdot h$$

$$\Delta p = \left(1{,}225\,\frac{\text{kg}}{\text{m}^3} - 1{,}303\,\frac{\text{kg}}{\text{m}^3}\cdot\frac{273{,}15\,\text{K}}{508{,}15\,\text{K}}\right)\cdot 9{,}80665\,\frac{\text{m}}{\text{s}^2}\cdot 200\,\text{m} = \underline{\underline{1028{,}8898\,\text{Pa} \approx 0{,}01\,\text{bar}}}$$

Die hier getroffenen vereinfachenden Annahmen führen immer noch zu recht genauen Ergebnissen und können deshalb in der Regel auch immer angewendet werden. Zu beachten ist aber, dass der Kaminzug eines 200 m hohen Kamins nur ungefähr ein Hundertstel des Luftdrucks am Boden ausmacht. Damit besteht bei Inversionswetterlagen eine nicht zu unterschätzende Gefahr für seinen sicheren Betrieb. Die Gefahren wachsen mit niedrigeren Kaminhöhen. Gelegentlich hilft man sich durch eine Zusatzfeuerung am Kaminboden oder höheren mittleren Abgastemperaturen, was aber auch zu höheren Abgaswärmeverlusten führt. Früher wurden die Kamine in Mehrfamilienhäusern mit Kachelöfen regelmäßig zu Beginn der Heizperiode dadurch in Betrieb genommen, dass man im Kontrollschacht des Kamins im Keller etwas Zeitungspapier verbrannte, um für den nötigen Kaminzug bei Heizungsbeginn zu sorgen.

**Aufgabe 2-7:** Zustandsänderungen strömender inkompressibler Fluide
Verbrennungsluft für eine Feuerung strömt mit einer Geschwindigkeit von 4 $\text{ms}^{-1}$ von einem Kanal mit rechteckigem Querschnitt (15 cm breit, 20 cm hoch) in einen Wärmetauscher, der diese Luft isobar von 20 °C auf 200 °C vorwärmt. Nach Passieren des Wärmetauschers wird die vorgewärmte Luft in einer Rohrleitung mit einem Durchmesser von 200 mm in den Verbrennungsraum geleitet.

a) Mit welcher Geschwindigkeit strömt die Luft in den Verbrennungsraum?
b) Wie viel mm müsste der Durchmesser der Rohrleitung nach dem Wärmetauscher messen, damit die Luft wieder mit 4 $\text{ms}^{-1}$ dem Verbrennungsraum zuströmt?

Gegeben:

$A_1 = 0{,}15\,\text{m}\cdot 0{,}20\,\text{m} = 0{,}03\,\text{m}^2$ $\quad A_2 = \frac{\pi}{4}\cdot 0{,}2^2\,\text{m}^2 = 0{,}031415927\text{m}^2$

$T_1 = 293{,}15\,\text{K}$ $\quad T_2 = 473{,}15\,\text{K}$ $\quad \text{c}_1 = 4\,\text{ms}^{-1}$

**Lösung:**

a) Ermittlung der Strömungsgeschwindigkeit $c_2$ aus der Kontinuitätsgleichung $\dot{m}$ = konstant

Wegen $\dot{m}_1 = \dot{m}_2$ folgt aus $\rho_1 \cdot \dot{V}_1 = \rho_2 \cdot \dot{V}_2$ die Gleichung $\frac{p}{R_L T_1} \cdot c_1 A_1 = \frac{p}{R_L T_2} \cdot c_2 A_2$ und für konstanten Druck:

$$\frac{c_1 A_1}{T_1} = \frac{c_2 A_2}{T_2} \qquad c_2 = c_1 \frac{T_2}{T_1} \cdot \frac{A_1}{A_2} = 4\frac{\text{m}}{\text{s}} \cdot \frac{473{,}15\,\text{K}}{293{,}15\,\text{K}} \cdot \frac{0{,}03\,\text{m}^2}{0{,}031415927\,\text{m}^2} = \underline{\underline{6{,}165\frac{\text{m}}{\text{s}}}}$$

b) Ermittlung des Rohrdurchmessers für $c$ = konstant

$$\frac{A_1}{T_1} = \frac{A_2}{T_2} \qquad A_2 = A_1 \frac{T_2}{T_1} \qquad d = \sqrt{\frac{4}{\pi} A_1 \frac{T_2}{T_1}}$$

$$d = \sqrt{\frac{4}{\pi} \cdot 0{,}03\,\text{m}^2 \, \frac{473{,}15\,\text{K}}{293{,}15\,\text{K}}} = 0{,}2483\,\text{m} \approx \underline{\underline{248\,\text{mm}}}$$

**Aufgabe 2-8:** Bestimmung des Polytropenexponenten

Für die polytrope Kompression eines idealen Gases ist auf der Basis der unten angegebenen Messreihe der Polytropenexponent $n$ zu berechnen.

a) Berechnen sie den Polytropenexponenten $n$ aus dem ersten und letzten Messwert (Anfangs- und Endzustand der Kompression)!

b) Berechnen sie den Polytropenexponenten $n$ unter Verwendung aller 6 Messwerte zum Verlauf der Kompression mit Hilfe der Ausgleichsrechnung!

c) Welche Volumenänderungsarbeit in kJ ist für die Kompression aufzuwenden? Unterstellen Sie den Polytropenexponenten aus Aufgabenteil (b)!

Gegeben:

| $V$ in m$^3$ | 5,00 | 2,00 | 1,25 | 0,80 | 0,50 | 0,20 |
|---|---|---|---|---|---|---|
| $p$ in bar | 0,270 | 0,940 | 1,78 | 3,24 | 6,12 | 21,3 |

Vorüberlegungen:

$p \cdot V^n$ = konstant ist eine äquivalente Formulierung der mathematischen Funktion $p = C \cdot V^{-n}$. Durch Logarithmieren dieser Funktion kann mit $\ln p = \ln C - n \cdot \ln V$ die Ausgleichsrechnung für eine lineare Funktion über den Ansatz $y = a_0 + a_1 x$ mit folgenden Entsprechungen verwendet werden: $\mathbf{\ln p \rightarrow y}$ $\mathbf{\ln C \rightarrow a_0}$ $\mathbf{\ln V \rightarrow x}$ $\mathbf{-n \rightarrow a_1}$

**Lösung:**

a) Nach Formel (2-19) ergibt sich:

$$n = \frac{\ln \frac{p_1}{p_2}}{\ln \frac{V_2}{V_1}} = \frac{\ln \frac{0{,}27\ \text{bar}}{21{,}3\ \text{bar}}}{\ln \frac{0{,}2\ \text{m}^3}{5{,}0\ \text{m}^3}} = \frac{\ln 0{,}01126761}{\ln 0{,}04} = \underline{\underline{1{,}357}}$$

Achtung! Der Logarithmus kann nicht von einer Größe bestehend aus Maßzahl (Zahlenwert) und Maßeinheit (Dimension) gebildet werden, sondern nur von einer Zahl. Werden Drücke, Volumina oder Temperaturen für die Anwendung in Formel (2-19) in unterschiedlichen Maßeinheiten gegeben, ist immer auf eine einheitliche Maßeinheit umzurechnen. Dies gilt insbesondere für die nach den Logarithmengesetzen mögliche Darstellung

$$n = \frac{\ln p_1 - \ln p_2}{\ln V_2 - \ln V_1}$$

Wird also der Anfangszustand mit $V_1 = 5\ \text{m}^3$ und $p_1 = 270$ mbar sowie der Endzustand mit $V_2 = 200$ Liter und $p_2 = 2{,}13$ MPa gegeben (entspricht genau den gegebenen Werten der Aufgabenstellung), steht links die falsche, mit verschiedenen Maßeinheiten ausgeführte Rechnung und rechts die richtige Rechnung, bei der die Einheiten für den Druck einheitlich auf bar und für das Volumen einheitlich auf $\text{m}^3$ bezogen wurden:

$$n = \frac{\ln 270 - \ln 2{,}13}{\ln 200 - \ln 5} = 1{,}313 \qquad\qquad n = \frac{\ln 0{,}27 - \ln 21{,}3}{\ln 0{,}2 - \ln 5} = 1{,}357$$

b) Für die Auswertung mit Hilfe der Ausgleichsrechnung stellt man sich zweckmäßig folgende Übersicht zusammen:

| $V$ m³ | $p$ bar | $x$ $\ln V$ | $y$ $\ln p$ | $x^2$ | $x \cdot y$ |
|---|---|---|---|---|---|
| 5,00 | 0,27 | +1,6094379 | -1,3093333 | +2,5902904 | - 2,1072907 |
| 2,00 | 0,94 | +0,6931472 | - 0,0618754 | +0,4804530 | - 0,0428818 |
| 1,25 | 1,78 | +0,2231436 | +0,5766134 | +0,0497930 | +0,1286676 |
| 0,80 | 3,24 | -0,2231436 | +1,1755733 | +0,0497930 | - 0,2623216 |
| 0,50 | 6,12 | -0,6931472 | +1,8115621 | +0,4804530 | -1,2556792 |
| 0,20 | 21,3 | -1,6094379 | +3,0587071 | +2,5902904 | -4,9227991 |
| | | 0,0000000 | +5,2512472 | +6,2410729 | -8,4623048 |

Die Mathematik stellt für die Ausgleichsrechnung bei Vorliegen einer linearen Funktion folgende Formeln zur Verfügung:

$$a_1 = \frac{k \cdot \sum_{i=1}^{k} x_i \cdot y_i - \left(\sum_{i=1}^{k} x_i\right) \cdot \left(\sum_{i=1}^{k} y_i\right)}{k \cdot \sum_{i=1}^{k} x_i^2 - \left(\sum_{i=1}^{k} x_i\right)^2} \quad \text{und} \quad a_0 = \frac{1}{k}\left(\sum_{i=1}^{k} y_i - a_1 \cdot \sum_{i=1}^{k} x_i\right)$$

In dieser Aufgabe begegnen wir dem erfreulichen, weil zu erheblichen Vereinfachungen führenden, Umstand, dass

$$\sum_{i=1}^{6} x_i = 0 \quad \text{und damit nun zu} \quad a_1 = \frac{\sum_{i=1}^{6} x_i \cdot y_i}{\sum_{i=1}^{6} x_i^2} = \frac{-8{,}4623048}{6{,}2410729} = -1{,}356$$

Der gesuchte Polytropenexponent bestimmt sich dann aus $-n = a_1$ zu $\underline{\underline{n = 1{,}356}}$

Mit der Ausgleichsrechnung erreicht man eine Genauigkeit, die in der Regel um eine signifikante Stelle höher liegt als die Genauigkeit der Messwerte und insofern ist hier bei drei signifikanten Stellen für die Messwerte die Angabe des Ergebnisses mit vier signifikanten Stellen zu vertreten. Für Aufgabenteil a) ist dies fragwürdig, dort wäre besser auf $n = 1{,}36$ zu runden!

c) Ermittlung der Volumenänderungsarbeit $W_{V,12}$ nach Gleichung (1-9)
Die Funktion $p(V)$ folgt nach Aufgabenstellung der polytropen Zustandsänderung und damit Gleichung (2-16):

$$p \cdot V^n = p_1 \cdot V_1^n \quad \rightarrow \quad p(V) = p_1 \cdot V_1^n \cdot V^{-n}$$

$$W_{V,12} = -p_1 V_1^n \int_1^2 V^{-n} \mathrm{d}V = -\frac{p_1 V_1^n}{1-n} V^{1-n} \Big|_{V_1}^{V_2} = +\frac{p_1 V_1^n}{n-1}\left(V_2^{1-n} - V_1^{1-n}\right) \quad \text{mit } V_1^n \cdot V_1^{1-n} = V_1 \text{ folgt}$$

$$W_{V,12} = \frac{p_1 V_1}{n-1}\left(\left(\frac{V_2}{V_1}\right)^{1-n} - 1\right) = \frac{p_1 V_1}{n-1}\left(\left(\frac{V_1}{V_2}\right)^{n-1} - 1\right)$$

$$W_{V,12} = \frac{0{,}27 \cdot 10^5\,\mathrm{N/m^2} \cdot 5\,\mathrm{m^3}}{0{,}356} \cdot \left(\left(\frac{5{,}0\,\mathrm{m^3}}{0{,}2\,\mathrm{m^3}}\right)^{0{,}356} - 1\right) = \underline{\underline{813{,}54\,\mathrm{kJ}}}$$

Nach gleichem Muster könnte man auch die technische Arbeit $W_{t,12}$ nach Gleichung (1-12) entwickeln.

$$W_{t,12} = p_1^{1/n} \cdot V_1 \int_1^2 p^{-1/n} \mathrm{d}p = p_1^{\frac{1}{n}} \cdot V_1 \frac{n}{n-1} p^{\frac{n-1}{n}} \Big|_{p_1}^{p_2} = p_1 \cdot V_1 \cdot \frac{n}{n-1} \cdot \left(\left(\frac{p_2}{p_1}\right)^{\frac{n-1}{n}} - 1\right)$$

$$W_{t,12} = n \cdot \frac{p_1 \cdot V_1}{n-1}\left(\left(\frac{V_1}{V_2}\right)^{n-1} - 1\right) = n \cdot W_{V,12}$$

**Aufgabe 2-9:** Teilbefüllung eines Behälters mit Wassergas
Ein mit trockener Luft ($R_L$ = 287 J/(kg K)) gefüllter Behälter mit 1 m³ Inhalt wird teilweise evakuiert, so dass ein Vakuum von 75 % entsteht (Barometerstand 1040 mbar, Temperatur 20 °C). Anschließend füllt man den Behälter bis zum Wiedererreichen des ursprünglichen Druckes von 1040 mbar mit einem Gas, das nach Analyse folgende Zusammensetzung aufweist: 49 % $H_2$; 43 % CO; 5 % $CO_2$; 3 % $N_2$ (so genanntes Wassergas).

a) Wie viel Gramm Gas befinden sich nach Befüllung insgesamt im Behälter?
b) Welchen Volumenanteil nimmt das eingefüllte Gas im Behälter ein?
c) Wie viel Liter Wasserstoff befinden sich nach Befüllung im Behälter?

Hinweise:

1. Für die Genauigkeit sei es ausreichend mit gerundeten Molekülmassen zu rechnen!
2. Unterstellen Sie, dass die Befüllung isotherm abläuft!
3. Wassergas ist ein Synthesegas, das über eine endotherme Reaktion von glühendem Koks bei 800 bis 1000 °C und Wasserdampf entsteht und sich zur Herstellung von Methanol eignet. Es kann auch zu Methan konvertiert werden. Auf keinen Fall ist es eine Bezeichnung für gasförmiges Wasser!

Gegeben:

| | | | |
|---|---|---|---|
| $V_B = 1\ \text{m}^3$ | $p_{amb} = 1{,}04$ bar | $T_L = 293{,}15$ K | $R_L = 287$ J/(kg K) |
| $r_{H_2} = 0{,}49$ | $r_{CO} = 0{,}43$ | $r_{CO_2} = 0{,}05$ | $r_{N_2} = 0{,}03$ |
| 75 % Vakuum | $Va = 0{,}75$ | | |

**Lösung:**

abgesenkter Druck im Behälter $p_{abs}$ = Partialdruck der Luft nach Befüllung $p_L$

$$Va = \frac{p_{amb} - p_{abs}}{p_{amb}} \qquad p_{abs} = p_B(1 - Va) = 1{,}04\ \text{bar} \cdot 0{,}25 = 0{,}26\ \text{bar} = p_L$$

scheinbare Molekülmasse Wassergas (Molekülmassen gerundet)

$$M_M = \sum_{i=1}^{k} r_i M_i = (0{,}49 \cdot 2 + 0{,}43 \cdot 28 + 0{,}05 \cdot 44 + 0{,}03 \cdot 28)\frac{\text{kg}}{\text{kmol}} = 16{,}06\frac{\text{kg}}{\text{kmol}}$$

Gaskonstante Wassergas

$$R_{WG} = \frac{R_m}{M_M} = \frac{8{,}3144621\ \text{kJ/(kmol K)}}{16{,}06\ \text{kg/kmol}} = 517{,}7125\frac{\text{J}}{\text{kg K}}$$

a) Ermittlung der Masse für die Luft und für das Wassergas mit den Partialdrücken

$p_L = 0{,}26$ bar $\qquad p_{WG} = p_{amb} - p_L = 1{,}04\ \text{bar} - 0{,}26\ \text{bar} = 0{,}78$ bar

$$m_L = \frac{p_L \cdot V}{R_L \cdot T} = \frac{0{,}26 \cdot 10^5\ \text{N/m}^2 \cdot 1\ \text{m}^3}{287\ \text{Nm/(kg K)} \cdot 293{,}15\ \text{K}} = 309\ \text{g}$$

$$m_{WG} = \frac{p_{WG} \cdot V}{R_{WG} \cdot T} = \frac{0{,}78 \cdot 10^5\ \text{N/m}^2 \cdot 1\ \text{m}^3}{517{,}7125\ \text{Nm/(kg K)} \cdot 293{,}15\ \text{K}} = 514\ \text{g}$$

$$m = m_L + m_{WG} = 309\ \text{g} + 514\ \text{g} = \underline{\underline{823\ \text{g}}}$$

b) Volumenanteil eingefülltes Gas

Dalton'sches Gesetz: Volumenanteile idealer Gasgemische verhalten sich wie Partialdrücke

$$r_i = \frac{p_{WG}}{p_{amb}} = \frac{0{,}78\ \text{bar}}{1{,}04\ \text{bar}} = \underline{\underline{0{,}75}}$$

Das eingefüllte Wassergas füllt 75 % des Behälters aus.

c) Volumen Wasserstoff im Behälter

$$V_{H_2} = r_{H_2} \cdot V = r_{WG} \cdot r_{H_2,WG} \cdot V = 0{,}75 \cdot 0{,}49 \cdot 1\ \text{m}^3 = \underline{\underline{367{,}5\ \text{Liter}}}$$

**Aufgabe 2-10:** Untersuchung von Gasgemischen für das technische Tauchen
Vergleichen Sie die Einsatzmöglichkeiten von normaler Druckluft und dem Tauchgas Trimix für das technische Tauchen mit einer 12 Liter Atemgas fassenden Stahlflasche (Leergewicht mit Ventil und Standfuß 17,26 kg) bei folgenden Zusammensetzungen der Gasgemische:

Druckluft: 79 Vol % Luftstickstoff = Stickstoff und andere Luftbestandteile außer $O_2$
21 Vol % Sauerstoff

Trimix: 44 Vol % Luftstickstoff
21 Vol % Sauerstoff 35 Vol % Helium

Folgende Partialdruckgrenzen sind beim Tauchen zum Schutz der Gesundheit des Tauchers zu beachten:

Partialdruck Sauerstoff : 1,4 bar < $p_{O_2}$ < 1,6 bar (Schädigung Zentralnervensystem)

Partialdruck Stickstoff : 3,2 bar < $p_{N_2}$ < 4,0 bar (Tiefenrausch)

Helium hat die Aufgabe, in größeren Tauchtiefen durch „Stickstoffverdünnung“ den Partialdruck für Stickstoff in erträglichen Grenzen zu halten und durch Verringerung der Dichte des Atemgases den Atemwiderstand zu verkleinern.

a) Welche Dichte haben Luft und Trimix im physikalischen Normzustand?
b) Bis zu welcher Tiefe können Sie mit Pressluft und Trimix tauchen, wenn jeweils die oberen Werte für den maximal möglichen Partialdruck für Sauerstoff und Stickstoff gelten? Der beim Tauchgang herrschende Luftdruck sei mit 1020 mbar, die Dichte des Wassers mit 1 kg/Liter gegeben.
c) Berechnen Sie den Massenanteil der Trimix-Füllung am Gesamtgewicht von Flasche und ihrer Füllung! Der Druck in der Flasche sei mit 180 bar, die Temperatur des Gasgemisches mit 20 °C gegeben.
d) Der Normkubikmeter Helium koste 42 €. Welche Kosten für das Helium entstehen für die Füllung der Gasflasche gemäß (c)?
e) Wie lange könnten Sie jeweils in einer Tiefe von 22 m (9 °C Wassertemperatur) und von 40 m (4 °C Wassertemperatur) mit Druckluft tauchen, wenn die Flasche noch mit 100 bar bei 20 °C gefüllt ist und der Atemgasverbrauch 15 Liter pro Minute beträgt? (Temperatur der Druckluft beim Tauchen = Wassertemperatur!)

Gegeben:

$p_L = 1{,}02$ bar $\rho_W = 1000\,\text{kg/m}^3$ $p_{Fl} = 180$ bar $t_{Fl} = 20\,°\text{C}$

Druckluft: $r_{N_2} = 0{,}79$ $r_{O_2} = 0{,}21$

Trimix: $r_{N_2} = 0{,}44$ $r_{O_2} = 0{,}21$ $r_{He} = 0{,}35$

$p_{Fl} = 100$ bar $t_{Fl} = 20\,°\text{C}$ $m_{Fl} = 17{,}26$ kg (Tara)

$h = 22$ m $t_W = 9\,°\text{C}$ $h = 40$ m $t_W = 4\,°\text{C}$ $\dot{V} = 0{,}015\ \text{m}^3/\text{min}$

Vorüberlegungen:

1. Die gerundeten Werte für die Molekülmassen werden als bekannt vorausgesetzt:
$M_{O_2} = 32$ kg/kmol $\qquad M_{N_2} = 28$ kg/kmol $\qquad M_{He} = 4$ kg/kmol
2. Wir unterstellen, dass sich im physikalischen Normzustand die Komponenten der Gasmischung wie ideale Gase verhalten und deshalb für alle Komponenten das molare Normvolumen mit $V_{m,n} = 22{,}414$ m³/kmol angesetzt werden kann.
3. Wegen des Bezuges zur thermischen Zustandsgleichung sind die Temperaturen in K zu verwenden und die gegebenen Celsiustemperaturen entsprechend umzurechnen.

**Lösung:**

a) Dichte im Normzustand

$$\rho_L = \frac{M_M}{V_{m,n}} = \frac{r_{N_2} \cdot M_{N_2} + r_{O_2} \cdot M_{O_2}}{V_{m,n}}$$

$$\rho_L = \frac{(0{,}79 \cdot 28\ \text{kg/kmol} + 0{,}21 \cdot 32\ \text{kg/kmol})}{22{,}414\ \text{m}^3/\text{kmol}} = \frac{28{,}84\ \text{kg/kmol}}{22{,}414\ \text{m}^3/\text{kmol}} = \underline{\underline{1{,}2867\ \frac{\text{kg}}{\text{m}^3}}}$$

$$\rho_T = \frac{M_M}{V_{m,n}} = \frac{r_{N_2} \cdot M_{N_2} + r_{O_2} \cdot M_{O_2} + r_{He} \cdot M_{He}}{V_{m,n}}$$

$$\rho_T = \frac{(0{,}44 \cdot 28\ \text{kg/kmol} + 0{,}21 \cdot 32\ \text{kg/kmol} + 0{,}35 \cdot 4\ \text{kg/kmol})}{22{,}414\ \text{m}^3/\text{kmol}} = \frac{20{,}44\ \text{kg/kmol}}{22{,}414\ \text{m}^3/\text{kmol}}$$

$$= \underline{\underline{0{,}9119\ \frac{\text{kg}}{\text{m}^3}}}$$

b) Restriktionen für die Tauchtiefe (in beiden Gemischen $r_{O_2} = 0{,}21$ und $p_{O_2} = 1{,}6$ bar )

$$p_{O_2} = r_{O_2} \cdot p_{ges} = r_{O_2} (p_L + \rho_W \cdot g \cdot h)$$

$$h = \frac{\frac{p_{O_2}}{r_{O_2}} - p_L}{\rho_W \cdot g} = \frac{\frac{1{,}6 \cdot 10^5\ \text{N/m}^2}{0{,}21} - 1{,}02 \cdot 10^5\ \text{N/m}^2}{1000\ \text{kg/m}^3 \cdot 9{,}80665\ \text{m/s}^2} = \underline{\underline{67{,}3\ \text{m}}}$$

(Tauchgrenze durch Sauerstoffpartialdruck)

Folgende Tauchgrenzen ergeben sich durch den Stickstoffpartialdruck:

Druckluft:
$$h = \frac{\frac{p_{N_2}}{r_{N_2}} - p_L}{\rho_W \cdot g} = \frac{\frac{4{,}0 \cdot 10^5\ \text{N/m}^2}{0{,}79} - 1{,}02 \cdot 10^5\ \text{N/m}^2}{1000\ \text{kg/m}^3 \cdot 9{,}80665\ \text{m/s}^2} = \underline{\underline{41{,}2\ \text{m}}}$$

Trimix:
$$h = \frac{\frac{p_{N_2}}{r_{N_2}} - p_L}{\rho_W \cdot g} = \frac{\frac{4{,}0 \cdot 10^5\ \text{N/m}^2}{0{,}44} - 1{,}02 \cdot 10^5\ \text{N/m}^2}{1000\ \text{kg/m}^3 \cdot 9{,}80665\ \text{m/s}^2} = \underline{\underline{82{,}3\ \text{m}}}$$

Mit der Druckluft kann man circa 40 m tief tauchen (Restriktion Stickstoff), mit Trimix etwa 67 m (Restriktion Sauerstoff).

c) Massenanteil der Gasfüllung am Gesamtgewicht

$$R_T = \frac{R_m}{M_{M,T}} = \frac{8{,}3144621\ \text{kJ/(kmol K)}}{20{,}44\ \text{kg/kmol}} = 0{,}4067741\ \frac{\text{kJ}}{\text{kg K}}$$

$$m_T = \frac{p_{Fl} \cdot V_{Fl}}{R_T \cdot T_{Fl}} = \frac{180 \cdot 10^5\ \text{N/m}^2 \cdot 12 \cdot 10^{-3}\ \text{m}^3}{406{,}7741\ \text{Nm/(kg K)} \cdot 293{,}15\ \text{K}} = 1{,}81\ \text{kg}$$

$$m_{ges} = m_{Fl} + m_T = 17{,}26\ \text{kg} + 1{,}81\ \text{kg} = 19{,}07\ \text{kg} \qquad \frac{m_T}{m_{ges}} = \frac{1{,}81\ \text{kg}}{19{,}07\ \text{kg}} = \underline{\underline{0{,}095}} \quad \text{ca. } 9{,}5\ \%$$

d) Kosten für Helium

Partialvolumen für Helium: $V_{He} = r_{He} \cdot V_{Fl} = 0{,}35 \cdot 12\ \ell = 4{,}2\ \ell$

Ansatz: Masse des Heliums ist im Betriebs- und Normzustand gleich

$$\frac{p_{Fl} \cdot V_{He}}{R_{He} \cdot T_{Fl}} = \frac{p_n \cdot V_{n,He}}{R_{He} \cdot T_n} \quad \rightarrow \quad V_{n,He} = \frac{p_{Fl}}{p_n} \cdot \frac{T_n}{T_{Fl}} \cdot V_{He}$$

$$V_{n,He} = \frac{180\ \text{bar}}{1{,}01325\ \text{bar}} \cdot \frac{273{,}15\ \text{K}}{293{,}15\ \text{K}} \cdot 4{,}2 \cdot 10^{-3}\ \text{m}^3 = 0{,}6925108\ \text{m}_\text{n}^3$$

Kosten = Normkubikmeterpreis · Normkubikmeter

$$\text{Kosten} = 42\ \frac{€}{\text{m}_\text{n}^3} \cdot 0{,}6925108\ \text{m}_\text{n}^3 = \underline{\underline{29{,}20\ €}}$$

e) Berechnung der theoretischen Tauchzeit mit Druckluft in verschiedenen Tiefen:

$$R_L = \frac{R_m}{M_M} = \frac{R_m}{r_{N_2} \cdot M_{N_2} + r_{O_2} \cdot M_{O_2}} = \frac{8{,}3144621\ \text{kJ/(kmol K)}}{28{,}84\ \text{kg/kmol}} = 0{,}2882962\ \frac{\text{kJ}}{\text{kg K}}$$

Masse der in der Flasche vorhandenen Luft:

$$m = \frac{p_{Fl} \cdot V_{Fl}}{R_L \cdot T_{Fl}} = \frac{100 \cdot 10^5\ \text{N/m}^2 \cdot 12 \cdot 10^{-3}\ \text{m}^3}{288{,}2962\ \text{Nm/(kg K)} \cdot 293{,}15\ \text{K}} = 1{,}4199\ \text{kg}$$

$p \cdot V = m \cdot R_L \cdot T$ mit $V = \dot{V} \cdot \tau$ und $p = p_L + \rho_W \cdot g \cdot h$ führt auf:

$$\tau = \frac{m \cdot R_L \cdot T}{(p_L + \rho_W \cdot g \cdot h) \cdot \dot{V}}$$

22 m Tiefe bei 9 °C Wassertemperatur:

$$\tau = \frac{1{,}4199\ \text{kg} \cdot 288{,}2962\ \text{J/(kg K)} \cdot 282{,}15\ \text{K}}{\left(1{,}02 \cdot 10^5\ \frac{\text{N}}{\text{m}^2} + 10^3\ \frac{\text{kg}}{\text{m}^3} \cdot 9{,}80665\ \frac{\text{m}}{\text{s}^2} \cdot 22\ \text{m}\right) \cdot 0{,}015\ \frac{\text{m}^3}{\text{min}}} = \underline{\underline{24{,}23\ \text{min}}}$$

40 m Tiefe bei 4 °C Wassertemperatur:

$$\tau = \frac{1{,}4199\,\mathrm{kg} \cdot 288{,}2962\,\mathrm{J/(kg\,K)} \cdot 277{,}15\,\mathrm{K}}{\left(1{,}02 \cdot 10^5\,\dfrac{\mathrm{N}}{\mathrm{m}^2} + 10^3\,\dfrac{\mathrm{kg}}{\mathrm{m}^3} \cdot 9{,}80665\,\dfrac{\mathrm{m}}{\mathrm{s}^2} \cdot 40\,\mathrm{m}\right) \cdot 0{,}015\,\dfrac{\mathrm{m}^3}{\mathrm{min}}} = \underline{\underline{15{,}3\,\mathrm{min}}}$$

Die Rechnungen zeigen, dass der Atemgasverbrauch mit zunehmender Tauchtiefe und abnehmender Wassertemperatur steigt. Bei der Planung von praktischen Tauchgängen spielt das Atemminutenvolumen (AMV) eine wichtige Rolle. Dabei müssen dann die Tauchzeiten in unterschiedlichen Tauchtiefen über eine einheitliche durchschnittliche Tauchtiefe und eine hinreichende Reserve (meist 50 bar Druck in der Flasche) berücksichtigt werden. Der Atemgasverbrauch hängt aber auch signifikant von individuellen Voraussetzungen (Körperbau, Fitness, Raucher/Nichtraucher), der Beschaffenheit der Tauchausrüstung sowie von den Aktivitäten unter Wasser ab. Der Luftverbrauch an Land schwankt durchschnittlich von 8,6 ℓ/min beim Lesen und 38 ℓ/min beim Joggen. Eine ähnliche Spannweite ergibt sich unter Wasser. Tauchanfänger, die noch die energiearme Bewegung unter Wasser „erlernen“ müssen, verbrauchen in der Regel mehr Atemgas als erfahrene Taucher.

Alles in allem wird klar, dass die von Laien Tauchern oft arglos gestellte Frage, wie lange man mit der „Sauerstoffflasche“ tauchen könne, nicht einfach zu beantworten ist. Nur eines ist klar: Sauerstoffflasche ist komplett falsch! Während an der Erdoberfläche reiner Sauerstoff durchaus eine ganze Zeit geatmet werden kann, ist beim Tauchen schon in 4,5 m Tauchtiefe der Grenzwert für die Sauerstoffgiftigkeit erreicht.

# 3 Kalorische Zustandsgleichungen und spezifische Wärmekapazitäten

## 3.1 Die kalorischen Zustandsgrößen innere Energie und Enthalpie

Die innere Energie $U$ eines Systems ist eine Zustandsgröße und als diese eine besondere Erscheinungsform mechanischer Energie, nämlich die Summe der Translations-, Rotations- und Schwingungsenergie aller Teilchen im Systeminneren. Die kinetische Gastheorie liefert die Vorstellung, dass die thermodynamische Temperatur $T$ ein Maß für die mittlere statistische Geschwindigkeit der Teilchen ist. Je mehr Energie ein System beinhaltet, desto höher ist nach diesem Modell seine Temperatur. Allein schon so ist die Temperatur $T$ wahrnehmbar als eine unabhängige Variable für die innere Energie eines Systems[11].

Betrachten wir ein homogenes thermodynamisches System unabhängig von seiner Größe (also massenspezifisch), wird sein Energieinhalt durch zwei verbleibende Zustandsgrößen eindeutig beschrieben, was man zunächst mathematisch abstrakt durch die nachfolgenden beiden *kalorischen Zustandsgleichungen* ausdrückt.

$$u = u(v, T) \quad \text{innere Energie} \tag{3-1}$$

$$h = h(p, T) \quad \text{Enthalpie}^{12} \tag{3-2}$$

Dabei definieren wir die Enthalpie $h$ als Zustandsgröße des offenen Systems als

$$h = u + p \cdot v \tag{3-3}$$

Die physikalische Bedeutung des Term $pv$ hängt von der Art des Systems ab. Im geschlossenen System mit bewegter Systemgrenze ist $pv$ die spezifische Verschiebearbeit, beim offenen System mit starren Grenzen entspricht $pv$ der Strömungsenergie, die für das strömende Fluid zum Überschreiten der Kontrollraumgrenzen aufgewendet werden muss.

Die vollständigen Differentiale der kalorischen Zustandsgleichungen ergeben sich zu

$$\mathrm{d}u = \left(\frac{\partial u}{\partial T}\right)_v \mathrm{d}T + \left(\frac{\partial u}{\partial v}\right)_T \mathrm{d}v \tag{3-4}$$

$$\mathrm{d}h = \left(\frac{\partial h}{\partial T}\right)_p \mathrm{d}T + \left(\frac{\partial h}{\partial p}\right)_T \mathrm{d}p \tag{3-5}$$

---

11 Nach kinetischer Gastheorie errechnet sich die innere Energie $U$ eines Systems mit der Gasmasse $m$ durch die Formel $U = 3/2 \cdot m \cdot R_i \cdot T$ und mit Gleichung (1-4) folgt $U = 3/2 \cdot n \cdot R_m \cdot T$. Die kinetische Energie der Gasteilchen als innere Energie hängt also nur von der Teilchenzahl und vermittelst der Temperatur von ihrer Geschwindigkeit, nicht aber von der Teilchenmasse ab.

12 Den Begriff Enthalpie für diese Zustandsgröße hat 1909 der niederländische Physiker Heike Kamerlingh Onnes eingeführt.

DOI 10.1515/9783110530513-004

Die zweiten Terme auf den rechten Seiten von (3-4) und (3-5) sind jeweils vom Wert null. Den Nachweis für $(\partial u/\partial v)_T = 0$ erbrachte 1806 Gay-Lussac mit seinem Überströmversuch[13], den Joule 1845 mit einer verbesserten Anordnung nochmals bestätigte.

$(\partial h/\partial p)_T = 0$ folgt aus der Einführung der thermischen Zustandsgleichung für ideales Gas in die Definitionsgleichung (3-3) für die Enthalpie.

$$h = u + p \cdot v = u + R_i \cdot T = h(T) \tag{3-6}$$

Wenn die innere Energie $u$ für ideale Gase eine reine Temperaturfunktion ist, kann auch die Enthalpie $h$ für ideale Gase nach Gleichung (3-6) nur von der Temperatur abhängen.

Die kalorischen Zustandsgrößen innere Energie und Enthalpie können im Unterschied zu den thermischen Zustandsgrößen nicht direkt gemessen, sondern nur aus gemessenen Größen berechnet werden.

Für eine isenthalpe Zustandsänderung (Enthalpie $h$ – konstant), wic zum Beispiel bei einer Drosselung (vergleiche auch Kapitel 5.4.1), bleibt die Temperatur eines idealen Gases vor und nach der Drosselstelle konstant, obwohl der Druck sinkt, weil die Enthalpie eines idealen Gases eine reine Temperaturfunktion ($h = h(T)$) ist. Wird hingegen ein reales Gas gedrosselt, dessen Enthalpie nach der kalorischen Zustandsgleichung (3-2) von Temperatur und Druck abhängt, beobachtet man jedoch eine Temperaturänderung (Joule-Thomson-Effekt)

## 3.2 Die spezifischen Wärmekapazitäten für ideales Gas

Den Differentialquotienten $(\partial u/\partial T)_v$ in Gleichung (3-4) nennen wir *spezifische Wärmekapazität bei konstantem Volumen $c_V$*

$$c_V = \left(\frac{\partial u}{\partial T}\right)_V \quad \rightarrow \quad \mathrm{d}u = c_V \mathrm{d}T \tag{3-7}$$

Mit der Annahme $c_V$ = konstant folgt daraus weiter

$$u(T) = \int_{T_0}^{T} c_V \mathrm{d}T + u_0(T_0) = c_V(T - T_0) + u_0(T_0) \tag{3-8}$$

---

13 Zwei adiabate Gefäße, von denen das erste mit einem Gas von niedrigem Druck gefüllt, das zweite evakuiert ist, sind miteinander durch ein ebenfalls wärmeisoliertes Rohr verbunden und zunächst durch ein geschlossenes Ventil voneinander getrennt. Öffnet man das Ventil, so strömt Gas aus dem ersten in das zweite Gefäß, wobei sich im ersten Gefäß das Gas abkühlt und im zweiten erwärmt. Wartet man den vollständigen Temperaturausgleich ab, zeigt der Versuch, dass in beiden Gefäßen wieder die Ausgangstemperatur erreicht wird. Bei diesem Vorgang wurde mit der Umgebung weder Arbeit noch Wärme ausgetauscht. Die innere Energie blieb dabei also genauso wie die Temperatur konstant, obwohl sich das Volumen vergrößert hat. Die innere Energie hängt also nicht vom Volumen, sondern nur von der Temperatur ab und mithin ist $(\partial u/\partial v)_T = 0$. Sehr genaue Untersuchungen ergeben jedoch beim Überstromversuch sehr kleine, aber tatsächlich vorhandene Temperaturdifferenzen, lediglich für ideale Gase bleibt die Temperatur konstant. Der Versuch bestätigt aber für ideale Gase $u = u(T)$, und zwar für alle Zustandsänderungen (nicht nur für die mit konstantem Volumen) als unmittelbare Folge der Modellannahme, dass die Gasteilchen außer bei ihrem Zusammenstoß keine Kräfte aufeinander ausüben. Ihre mittlere Bewegungsenergie ist also unabhängig von dem Weg, den sie zwischen zwei Stößen zurücklegen. Damit ist die Temperatur eines idealen Gases unabhängig von dem Volumen, in dem es sich befindet. Nach dem Boyle-Mariotteschen Gesetz reduziert sich allerdings der Druck, weil pro Zeiteinheit weniger Teilchen auf die Gefäßwände prallen.

Über die Konstante $u_0(T_0)$ muss man sich keine Gedanken machen, so lange nur $(u_2 - u_1)$ auszuwerten ist, denn

$$u_2 - u_1 = [c_V(T_2 - T_0) + u_0(T_0)] - [c_V(T_1 - T_0) + u_0(T_0)] = c_V(T_2 - T_1)$$

$$q_{12} = u_2 - u_1 = c_V(T_2 - T_1) \tag{3-9}$$

In Gleichung (3-9) stellt $q_{12}$ diejenige massenspezifische Wärme dar, die benötigt wird um ideales Gas bei konstantem Volumen von der Temperatur $T_1$ auf die Temperatur $T_2$ zu bringen. Der Betrag dieser Wärme ändert die innere Energie in dem geschlossenen System um $\Delta u$.

$$[q_{12}] = 1\frac{\text{kJ}}{\text{kg}} \qquad [c_V] = 1\frac{\text{kJ}}{\text{kg K}}$$

Den Differentialquotienten $(\partial h/\partial T)_p$ in Gleichung (3-5) nennen wir *spezifische Wärmekapazität bei konstantem Druck* $c_p$

$$c_p = \left(\frac{\partial h}{\partial T}\right)_p \quad \rightarrow \quad \mathrm{d}h = c_p \mathrm{d}T \qquad [c_p] = 1\frac{\text{kJ}}{\text{kg K}} \tag{3-10}$$

Mit der Annahme $c_p$ = konstant folgt daraus weiter

$$h(T) = \int_{T_0}^{T} c_p \mathrm{d}T + h_0(T_0) = c_p(T - T_0) + h_0(T_0) \tag{3-11}$$

Die Konstante $h_0(T_0)$ spielt bei der Auswertung von Enthalpiedifferenzen keine Rolle.

$$h_2 - h_1 = [c_p(T_2 - T_0) + h_0(T_0)] - [c_p(T_1 - T_0) + h_0(T_0)] = c_p(T_2 - T_1)$$

$$q_{12} = h_2 - h_1 = c_p(T_2 - T_1) \qquad [q_{12}] = 1\frac{\text{kJ}}{\text{kg}} \tag{3-12}$$

In Gleichung (3-12) stellt $q_{12}$ diejenige massenspezifische Wärme dar, die benötigt wird um ideales Gas bei konstantem Druck von der Temperatur $T_1$ auf die Temperatur $T_2$ zu bringen. Der Betrag dieser Wärme ändert die Enthalpie im offenen System um $\Delta h$.

Nach Gleichung (3-6) folgt für die differentielle Enthalpie d$h$ auch

$$\frac{\mathrm{d}h}{\mathrm{d}T} = \frac{\mathrm{d}u}{\mathrm{d}T} + R_i \quad \rightarrow \quad c_p = c_V + R_i \tag{3-13}$$

Die spezifischen Wärmekapazitäten bei konstantem Druck $c_p$ und bei konstantem Volumen $c_v$ unterscheiden sich für ideale Gase um die jeweilige Gaskonstante $R_i$. In Stoffwertsammlungen sind oftmals nur die spezifischen Wärmekapazitäten für konstanten Druck tabelliert, den Wert für konstantes Volumen errechnet man dann durch Subtrahieren der jeweiligen Gaskonstante.

Das Verhältnis der beiden spezifischen Wärmekapazitäten nennt man Isentropenexponent $\kappa$.

$$\kappa = \frac{c_p}{c_V} \tag{3-14}$$

Die kinetische Gastheorie liefert in Abhängigkeit von der Anzahl der Atome im Gasmolekül folgende feste Werte für den Isentropenexponenten $\kappa$ (vergleiche Kapitel 2.3):

$\kappa = 1{,}667$ einatomiges Gas (alle Edelgase wie Helium, Argon, Krypton)
$\kappa = 1{,}400$ zweiatomige Gase (Wasserstoff, Sauerstoff, Stickstoff, Kohlenmonoxid)
$\kappa = 1{,}286$ dreiatomige Gase (Kohlendioxid (1,30), Schwefeldioxid (1,29))
$\kappa = 1{,}333$ dreiatomige Gase (Lachgas (1,31))

Für dreiatomige Gase stimmen die Schlussfolgerungen der kinetischen Gastheorie in Bezug auf den Isentropenexponenten nur sehr grob, denn die Molekülstruktur entspricht auch nur annähernd der Modellvorstellung einer in einem Punkt konzentrierten Masse.

Aus der Verknüpfung von (3-13) und (3-14) folgt

$$c_V = \frac{1}{\kappa - 1} R_i = \frac{1}{\kappa - 1} \cdot \frac{R_m}{M_i} \qquad [c_V] = 1\frac{\text{kJ}}{\text{kg K}} \tag{3-15}$$

$$c_p = \frac{\kappa}{\kappa - 1} R_i = \frac{\kappa}{\kappa - 1} \cdot \frac{R_m}{M_i} \qquad [c_p] = 1\frac{\text{kJ}}{\text{kg K}} \tag{3-16}$$

Die auf die Stoffmenge von 1 kmol eines Gases bezogene Wärmekapazität heißt *molare Wärmekapazität.*

$$c_{m,V} = M \cdot c_V \qquad [c_{m,V}] = 1\frac{\text{kg}}{\text{kmol}} \cdot 1\frac{\text{kJ}}{\text{kg K}} = 1\frac{\text{kJ}}{\text{kmol K}} \tag{3-17}$$

$$c_{m,p} = M \cdot c_p \qquad [c_{m,p}] = 1\frac{\text{kg}}{\text{kmol}} \cdot 1\frac{\text{kJ}}{\text{kg K}} = 1\frac{\text{kJ}}{\text{kmol K}} \tag{3-18}$$

Der Isentropenexponent $\kappa$ kann wieder berechnet werden aus

$$\kappa = \frac{c_{m,p}}{c_{m,V}} \tag{3-19}$$

Wegen $c_{m,p} - c_{m,V} = \kappa \cdot c_{m,V} - c_{m,V} = (\kappa - 1) c_{m,V} = R_m$ folgt auch wieder

$$c_{m,V} = \frac{1}{\kappa - 1} R_m \qquad c_{m,p} = \frac{\kappa}{\kappa - 1} R_m \tag{3-20}$$

Nach kinetischer Gastheorie besitzen mit den Isentropenexponenten $\kappa$ die molaren Wärmekapazitäten idealer Gase für jeweils gleiche Teilchenzusammensetzung gleiche Werte:

| | | | |
|---|---|---|---|
| einatomiges Gas (He, Ar, Kr): | $\kappa = \frac{5}{3}$ | $c_{m,V} = \frac{3}{2} R_m$ | $c_{m,p} = \frac{5}{2} R_m$ |
| zweiatomiges Gas ($O_2$, $N_2$, $H_2$): | $\kappa = \frac{7}{5}$ | $c_{m,V} = \frac{5}{2} R_m$ | $c_{m,p} = \frac{7}{2} R_m$ |
| dreiatomiges Gas ($CO_2$, $SO_2$): | $\kappa = \frac{9}{7}$ | $c_{m,V} = \frac{7}{2} R_m$ | $c_{m,p} = \frac{9}{2} R_m$ |
| dreiatomiges Gas ($N_2O$): | $\kappa = \frac{4}{3}$ | $c_{m,V} = \frac{6}{2} R_m$ | $c_{m,p} = \frac{8}{2} R_m$ |

Bei Gasgemischen mit $k$ Komponenten idealen Gases errechnen sich die spezifischen Wärmekapazitäten $c_{M,V}$ und $c_{M,p}$ aus der Summe der spezifischen Wärmekapazitäten der einzelnen Komponenten gewichtet mit den Masseanteilen $\mu_i$ und die molaren Wärmekapazitäten aus denen der einzelnen Komponenten gewichtet mit den Raumanteilen $r_i$.

$$c_{M,V} = \sum_{i=1}^{k} \mu_i c_{V,i} \qquad c_{M,p} = \sum_{i=1}^{k} \mu_i c_{p,i} \tag{3-21}$$

$$c_{m,M,V} = \sum_{i=1}^{k} r_i (c_{m,V})_i \qquad c_{m,M,p} = \sum_{i=1}^{k} r_i (c_{m,p})_i \tag{3-22}$$

Bedeutung der Indizes:

$M$ = Mischung $m$ = molar $V$ = konstantes Volumen $p$ = konstanter Druck

## 3.3 Die spezifische Wärmekapazität für polytrope Zustandsänderungen

Bei Gasen hängt die spezifische Wärmekapazität unter anderem von der Prozessführung ab. Bisher haben wir dort die spezifische Wärmekapazität für konstantes Volumen von der für konstanten Druck unterschieden. Im Sinne einer umfassenderen Darstellung führen wir eine spezifische Wärmekapazität $c_n$ für polytrope Zustandsänderungen ein, die als Konstanten die spezifische Wärmekapazität bei konstantem Volumen $c_V$ sowie den Isentropenexponenten $\kappa$ enthält und eine Funktion des Polytropenexponenten $n$ ist ($c_n = c_n(n)$).

$$c_n = c_V \frac{n-\kappa}{n-1} \tag{3-23}$$

$$q_{12} = c_n (T_2 - T_1) \tag{3-24}$$

Die Funktion $c_n = c_n(n)$ ist mathematisch eine gebrochen rationale Funktion, die an der Stelle $n = 0$ ein Pol mit Vorzeichenwechsel besitzt. Für $n = 0$ (isobare Zustandsänderung) erhalten wir aus (3-23) $c_p = c_V \cdot \kappa$ und mit $n \rightarrow \infty$ (isochore Zustandsänderung) im Zuge eines Grenzübergangs $c_n = c_V$. Dies sind die beiden schon bekannten Spezialfälle für die spezifische Wärmekapazität bei konstantem Druck und bei konstantem Volumen. Außerdem zeigt Abbildung 3-1, dass für isentrope Zustandsänderungen mit $n = \kappa$ die polytrope Wärmekapazität verschwindet ($c_n = 0$). Definitionsgemäß verlaufen isentrope Zustandsänderungen reibungsfrei (keine Reibungswärme) und $q_{12}$ erfährt während des gesamten Prozesses keine Änderung.

Praktisch ist eine isentrope Zustandsänderung nicht zu verwirklichen und tatsächlich verlaufen Zustandsänderungen oft im Bereich $1 < n < \kappa$. Abbildung 3-1 zeigt in Übereinstimmung mit Formel (3-23), dass die polytrope Wärmekapazität $c_n$ in diesem Bereich negativ ist!

Das zugehörige Zustandsverhalten wollen wir am Beispiel von Kompression und Expansion eines idealen Gases im geschlossenen System untersuchen. Die Berechnungsvorschrift für die spezifische Volumenänderungsarbeit entnehmen wir Tabelle 9-13 mit

$$w_{V,12} = c_V \cdot \frac{\kappa-1}{n-1} (T_2 - T_1)$$

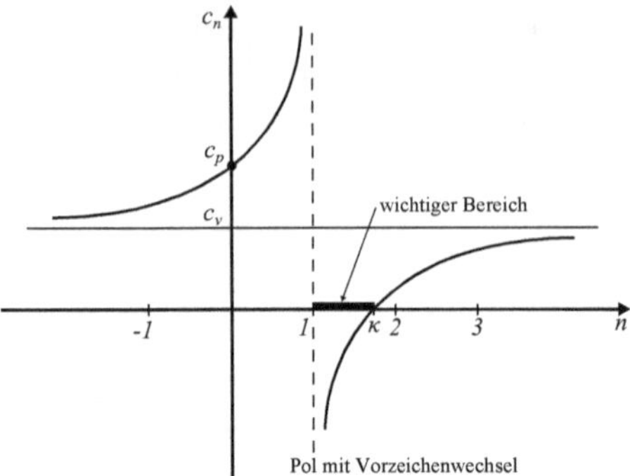


**Abb. 3-1:** Polytrope Wärmekapazität als Funktion des Polytropenexponenten.

Für die in Abbildung 3-2 dargestellte Kompression sehen wir über den angedeuteten Verlauf der Isothermen im Anfangs- und Endzustand, dass $T_2 > T_1$ ist. Damit wird $w_{V,12} > 0$ (Volumenänderungsarbeit muss zugeführt werden) und mit $c_n < 0$ nach Formel (3-24), dass Wärme gleichzeitig frei wird ($q_{12} < 0$), denn die nun im System gespeicherte innere Energie $\Delta u$ entspricht nach dem ersten Hauptsatz der Thermodynamik der Summe der über die Systemgrenze transportierten Wärme $q_{12}$ und Arbeit $w_{V,12}$.

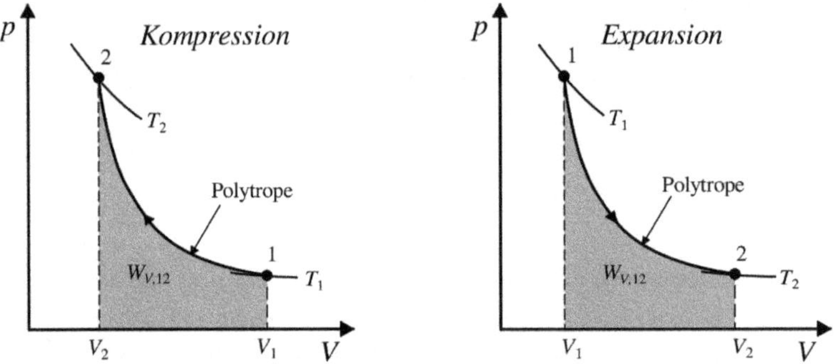


**Abb. 3-2:** Polytrope Kompression und polytrope Expansion von idealem Gas mit $1 < n < \kappa$.

Mit einer einfachen Überlegung können wir sogar angeben, in welchem Verhältnis zugeführte Arbeit und abzuführende Wärme bei der polytropen Kompression stehen müssen, damit ein ideales Gas vom Zustand 1 ($p_1$, $V_1$, $T_1$) in den Zustand 2 ($p_2$, $V_2$, $T_2$) überführt wird. Löst man Gleichung (3-24) nach $c_V$ auf, entsteht

$$c_V = \frac{q_{12}}{T_2 - T_1} \cdot \frac{n-1}{n-\kappa}$$

Eingesetzt in die Gleichung für die Volumenänderungsarbeit für polytrope Zustandsänderungen nach Tabelle (9-13)

$$w_{V,12} = c_V \frac{\kappa - 1}{n-1}(T_2 - T_1) = \frac{q_{12}}{T_2 - T_1} \cdot \frac{n-1}{n-\kappa} \cdot \frac{\kappa-1}{n-1}(T_2 - T_1)$$

folgt

$$\frac{w_{v,12}}{q_{12}} = \frac{\kappa - 1}{n - \kappa} \tag{3-25}$$

Für die in Abbildung 3-2 dargestellte Expansion ergibt sich in analoger Weise $T_2 < T_1$ und damit $w_{V,12} < 0$ (Volumenänderungsarbeit wird abgegeben) sowie $q_{12} > 0$ (Wärmezufuhr erforderlich).

## 3.4 Eigenschaften der spezifischen Wärmekapazität

Anschaulich vorstellbar ist die spezifische Wärmekapazität als diejenige Wärme, mit der man die Temperatur von 1 kg eines Stoffes, der keine Aggregatzustandsänderung erfährt, um 1 K erhöhen kann. Bei festen und flüssigen Stoffen tritt eine Temperaturerhöhung bei konstantem Volumen technisch nur sehr selten auf, so dass $c_p$ anzuwenden wäre. Da sich aber bei diesen Stoffen die Zahlenwerte von $c_p$ und $c_V$ in den technisch üblichen Druck- und Temperaturbereichen anders als bei Gasen (siehe Kapitel 3.2) kaum unterscheiden, schreibt man dafür häufig einfach nur spezifische Wärmekapazität $c$.

Allgemein ist bei realen Stoffen die spezifische Wärmekapazität abhängig vom Stoff selber, von seinem Aggregatzustand (fest, flüssig und gasförmig) sowie von seiner Temperatur. Bei Gasen besteht auch noch zusätzlich eine Abhängigkeit vom Druck. Die praktisch auftretenden Unterschiede in den spezifischen Wärmekapazitäten für Feststoffe, Flüssigkeiten und Gase zeigt Tabelle 3-1. Auffallend ist, dass Flüssigkeiten höhere spezifische Wärmekapazitäten aufweisen als Feststoffe. Bemerkenswert ist die sehr große spezifische Wärmekapazität von Wasser. Daher nutzt man Wasser häufig als Speichermedium für Wärme. In Heizungsanlagen mit Wasser als Wärmeträger muss nicht so viel Pumpstrom zur Umwälzung eingesetzt werden wie bei anderen Wärmeträgern. Nachteilig ist jedoch, dass Wasser nur in dem sehr kleinen Temperaturbereich von 0 °C bis 100 °C als Flüssigkeit vorliegt, sowohl Eis als auch Wasserdampf besitzen signifikant niedrigere Wärmekapazitäten und speichern Wärme in den betreffenden Temperaturbereichen deutlich schlechter. In der Natur sorgt die große Wärmespeicherfähigkeit von Wasser für das milde Klima am Meer. Längere Aufheizvorgänge im Sommer bewirken nur schwach steigende Temperaturen, im Winter verhindert die langsame Abkühlung einen starken Temperaturrückgang.

**Tab. 3-1:** Spezifische Wärmekapazität in kJ/(kg K) bei 1013,25 mbar und 25 °C für verschiedene Stoffe.

| **Feststoffe** | | **Flüssigkeiten** | | **Gase** | |
|---|---|---|---|---|---|
| Aluminium (Al) | 0,896 | Wasser ($H_2O$) | 4,1831 | Wasserstoff ($H_2$) | 14,29 |
| Eisen (Fe) | 0,452 | Methanol ($CH_3OH$) | 2,506 | Helium (He) | 5,193 |
| Messing | 0,384 | Ethanol ($C_2H_5OH$) | 2,400 | Butan ($C_4H_{10}$) | 1,658 |
| Kupfer (Cu) | 0,382 | Aceton ($C_3H_6O$) | 2,162 | Luft | 1,005 |
| Silber (Ag) | 0,235 | Benzol ($C_6H_6$) | 1,056 | Argon (Ar) | 0,523 |
| Blei (Pb) | 0,129 | Quecksilber (Hg) | 0,139 | Chlor (Cl) | 0,474 |

Sofern sich der Aggregatzustand nicht ändert, steigt in der Regel die spezifische Wärmekapazität mit wachsender Temperatur. Lediglich bei der spezifischen Wärmekapazität von einatomigen Gasen ist keine Temperaturabhängigkeit festzustellen, diese Gase entsprechen sehr gut dem Modell ideales Gas, in dem die spezifischen Wärmekapazitäten sowohl für konstanten Druck als auch für konstantes Volumen immer temperaturunabhängig sind. Lange Zeit ging man zumindest für kristalline Festkörper von einer temperaturunabhängigen konstanten spezifischen Wärmekapazität aus. Verschiedene Experimente für molare spezifische Wärmekapazitäten führten zunächst übereinstimmend zu dem Ergebnis:

$$c_m = 3 \cdot R_m \approx 24{,}943 \text{ kJ/(kmol K)}$$

Die französischen Physiker Pierre Louis Dulong und Alexis Thérèse Petit leiteten daraus 1819 eine später nach ihnen benannte Regel ab. Erst 1875 wurden Versuche bekannt, die nachwiesen, dass die spezifische Wärmekapazität von Feststoffen eine ausgeprägte Temperaturabhängigkeit aufweist, mit sinkender Temperatur abnimmt und für $T \to 0$ K sogar verschwindet. Nur für höhere Temperaturen stellt die Regel von Dulong-Petit eine noch brauchbare Näherung dar.

Die Funktion $c = c(T)$ kann bei Feststoffen abweichend vom monotonen Wachsen mit der Temperatur sprunghafte Änderungen der spezifischen Wärmekapazität aufweisen, wenn mit Erhöhung der Temperatur innere Umwandlungen der Kristallstruktur einhergehen, zum Beispiel bei der Umwandlung von $\beta$- in $\gamma$-Eisen bei Überschreitung einer Temperatur von 915 °C oder bei dem Mineral Gips, wenn bei entsprechend hohen Temperaturen Wasser ausgetrieben wird. Auch der Stoff Wasser zeigt im flüssigen und gas(dampf)förmigen Zustand Anomalien der spezifischen Wärmekapazität in Abhängigkeit von der Temperatur (siehe Box unten).

**Eis**, 1 bar: (Quelle: Stefan/Schaber/Mayinger: Thermodynamik, Band 1, Springer Verlag)

| $t$ in °C | 0 | –20 | –40 | –60 | –80 | –100 | –250 |
|---|---|---|---|---|---|---|---|
| $c$ in kJ/(kg K) | 2,039 | 1,947 | 1,817 | 1,658 | 1,465 | 1,361 | 0,126 |

**flüssiges Wasser**, 1 bar: (Quelle: IAPWS-IF 97)

| $t$ in °C | 0 | 10 | 20 | 30 | 40 | 50 | 60 | 70 | 80 |
|---|---|---|---|---|---|---|---|---|---|
| $c$ in kJ/(kg K) | 4,2194 | 4,1955 | 4,1848 | 4,1800 | 4,1786 | 4,1796 | 4,1828 | 4,1891 | 4,1955 |

**Dampf**, 1 bar: (Quelle: IAPWS-IF 97)

| $t$ in °C | 100 | 120 | 140 | 160 | 180 | 200 | 250 |
|---|---|---|---|---|---|---|---|
| $c$ in kJ/(kg K) | 2,0741 | 2,0187 | 1,9933 | 1,9805 | 1,9755 | 1,9757 | 1,9891 |

Alle auf der Funktionskurve $c = c(T)$ liegenden Werte bezeichnet man als *wahre* spezifische Wärmekapazität. Die Veränderlichkeit der spezifischen Wärmekapazität mit der Temperatur ist analytisch nur selten in einfachen mathematischen Zusammenhängen darstellbar. Der Mittelwertsatz der Integralrechnung stellt jedoch im interessierenden Temperaturintervall einen oft einfach zu handhabenden Mittelwert zur Verfügung (vergleiche Abbildung 3-3).

$$\bar{c}\Big|_{t_1}^{t_2} = \frac{\int_1^2 c(t)\,\mathrm{d}t}{t_2 - t_1} \tag{3-26}$$

Ist die wahre spezifische Wärmekapazität eine lineare Funktion der Temperatur (bei kleinen Temperaturdifferenzen fast immer zutreffend) folgt aus Gleichung 3-26

$$\bar{c}\Big|_{t_1}^{t_2} = \frac{c(t_2)+c(t_1)}{2} \tag{3-27}$$

Bei der Auswertung tabellierter spezifischer Wärmekapazitäten ist darauf zu achten, ob es sich um wahre, das heißt einer festen Temperatur zugeordnete, spezifische Wärmekapazitäten oder um in bestimmten Temperaturbereichen gemittelte Werte handelt. Bei den gemittelten spezifischen Wärmekapazitäten stellt man gern die mittleren Werte zwischen 0 °C und einer bestimmten Temperatur $t$ (vergleiche dazu Tabelle 9-10) dar, weil eine Erweiterung auf beliebige Temperaturbereiche dann relativ einfach mit dem Ansatz gelingt, dass eine zur Erzeugung des Temperatursprunges von $t_1$ auf $t_2$ erforderliche Wärme darstellbar sein muss als Differenz aus der Wärme für den Temperatursprung von 0 °C auf $t_2$ und von 0 °C auf $t_1$.

$$q_{12} = q_{02} - q_{01} \qquad \bar{c}\Big|_{t_1}^{t_2} \cdot (t_2 - t_1) = \bar{c}\Big|_{0\,°\mathrm{C}}^{t_2}(t_2 - 0\ °\mathrm{C}) - \bar{c}\Big|_{0\,°\mathrm{C}}^{t_1}(t_1 - 0\ °\mathrm{C})$$

$$\bar{c}\Big|_{t_1}^{t_2} = \frac{\bar{c}\Big|_{0\,°\mathrm{C}}^{t_2} \cdot t_2 - \bar{c}\Big|_{0\,°\mathrm{C}}^{t_1} \cdot t_1}{(t_2 - t_1)} \tag{3-28}$$

Mit der Temperaturabhängigkeit der spezifischen Wärmekapazität entsteht bei Gasen auch eine Temperaturabhängigkeit des Isentropenexponenten $\kappa$, der mit steigenden Temperaturen fällt.

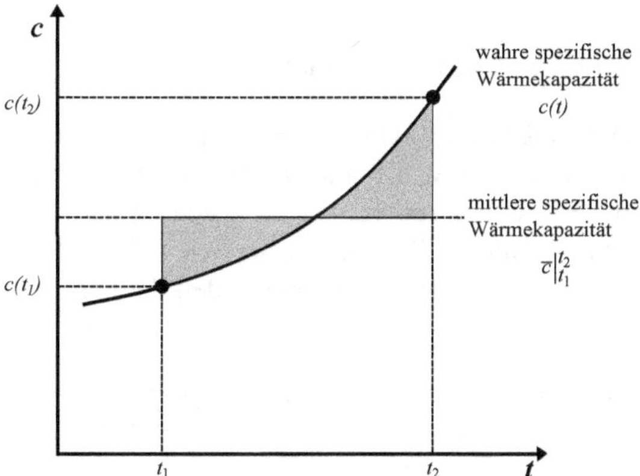


**Abb. 3-3:** Wahre und mittlere spezifische Wärmekapazität als Funktion der Temperatur.

## 3.5 Die Grundgleichung der Kalorik und ihre Anwendung

Die spezifische Wärmekapazität ist eine wichtige Größe für die Unterscheidung der im 19. Jahrhundert noch synonym gebrauchten Begriffe Wärme und Temperatur.

Die für die Erwärmung eines Körpers von der Temperatur $T_1$ auf $T_2$ erforderliche Wärmemenge $Q_{12}$ wächst mit der Masse $m$ oder der Stoffmenge $n$ und dem Betrag der Temperaturdifferenz $\Delta T = T_2 - T_1$.

$$Q_{12} \sim m \cdot \Delta T \qquad Q_{12} \sim n \cdot \Delta T$$

Der zugehörige Proportionalitätsfaktor ist die für den betreffenden Temperaturbereich mittlere spezifische Wärmekapazität $\bar{c}$. Daraus ergibt sich die *Grundgleichung der Kalorik*:

$$Q_{12} = m \cdot \bar{c} \cdot \Delta T \qquad Q_{12} = n \cdot \bar{c}_m \cdot \Delta T \tag{3-29}$$

oder auch

$$\dot{Q}_{12} = \dot{m} \cdot \bar{c} \cdot \Delta T \qquad \dot{Q}_{12} = \dot{n} \cdot \bar{c}_m \cdot \Delta T \tag{3-30}$$

Bei Berücksichtigung der Temperaturabhängigkeit der spezifischen Wärmekapazität:

$$Q_{12} = m \cdot \int_1^2 c(T)\mathrm{d}T \qquad Q_{12} = n \cdot \int_1^2 c_m(T)\mathrm{d}T \tag{3-31}$$

Wärmemenge $Q_{12}$ mit $[Q_{12}] = 1\ \text{kJ}$
Wärmestrom $\dot{Q}_{12}$ mit $[\dot{Q}_{12}] = 1\ \text{kJ/s} = 1\ \text{kW}$
spezifische Wärmekapazität $c$ mit $[c] = 1\ \text{kJ/(kg K)}$
molare spezifische Wärmekapazität $c_m$ mit $[c_m] = 1\ \text{kJ/(kmol K)}$
Temperaturdifferenz $\Delta T = \Delta t$ oder $(T_2 - T_1) = (t_2 - t_1)$ mit $[\Delta T] = [\Delta t] = 1\ \text{K}$

Hinweis 1: Die Temperaturdifferenz wird hier immer gebildet aus Endtemperatur minus Anfangstemperatur, unabhängig davon welche Indizes verwendet werden.

Hinweis 2: Unabhängig davon, ob man die Temperatur in °C oder in K verwendet, eine entsprechende Temperaturdifferenz wird immer in **K** angegeben. Vergleiche dazu auch die Maßeinheitsanalyse zu (3-29)!

$$1\ \text{kJ} = 1\ \text{kg} \cdot 1\ \text{kJ/(kg K)} \cdot 1\ \text{K} \qquad 1\ \text{kJ} = 1\ \text{kmol} \cdot 1\ \text{kJ/(kmol K)} \cdot 1\ \text{K}$$

Mit Gleichung (3-29) wurde die früher übliche Maßeinheit kcal für die Wärmemenge definiert. Als so genannte 15° Kilokalorie wurde diejenige Wärmemenge angesehen, die zur Erwärmung von 1 kg Wasser von 14,5 °C auf 15,5 °C bei 760 Torr erforderlich ist. Der spezifischen Wärmekapazität von Wasser in dem genannten Temperaturbereich wurde dabei willkürlich der Wert 1 kcal/(kg grd) zugeordnet. Temperaturdifferenzen wurden damals nicht in K, sondern in grd angegeben.

$$1\,\text{kcal} = 1\,\text{kg} \cdot 1\frac{\text{kcal}}{\text{kg grd}} \cdot (15{,}5\,°\text{C} - 14{,}5\,°\text{C}) = 1\,\text{kg} \cdot 4{,}1855\frac{\text{kJ}}{\text{kg K}} \cdot 1\,\text{K} = \underline{\underline{4{,}1855\,\text{kJ}}}$$

Häufig wird (3-30) bei *Energiebilanzen für Wärmeübertrager* angewendet. Ein Wärmeübertrager ist eine Anlage, in der ein Heizmedium (Index 1) Wärme an ein Kühlmedium (Index 2) abgibt. Das jeweils gewünschte Ziel kann Aufwärmung oder Kühlung sein. Es existieren viele Arten von Wärmeübertragern. Rekuperatoren sind zum Beispiel dadurch gekennzeichnet, dass die Stoffströme beim „Wärmetausch" durch eine Zwischenwand (Heiz- oder Kühlfläche) voneinander getrennt sind. Eine Temperaturänderung der Fluidströme durch Mischung ist deshalb ausgeschlossen. Fast immer wird mit für das betreffende Temperaturintervall gemittelten, konstanten spezifischen Wärmekapazitäten gerechnet. Die Temperaturen am Eintritt in den Wärmeübertrager sind in einem oberen Index mit einem Beistrich, die am Austritt des Wärmeübertragers mit zwei Beistrichen gekennzeichnet.

Die Energiebilanz mit Gleichung (3-30) beantwortet nicht die Frage, welche Größe der Wärmeübertrager für die Übertragung einer bestimmten Wärmeleistung aufweisen muss. Für

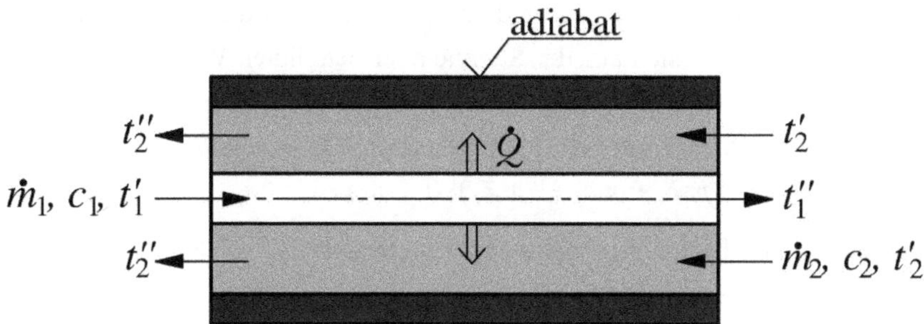


**Abb. 3-4:** Bezeichnungen für die Energiebilanz am Wärmetauscher (Doppelrohrrekuperator).

den Wärmetauscher als offenes System mit nach außen adiabaten Wänden bilanziert man

$$-\dot{Q}_{ab} = \dot{Q}_{auf} \quad \text{oder mit den vereinbarten Indizes} \quad -\dot{Q}_1 = \dot{Q}_2 \tag{3-32}$$

Das Minuszeichen in (3-32) resultiert aus der Vorzeichenvereinbarung für abgegebene Energie. Hier in diesem einfachen Fall mit nur zwei beteiligten Medien wird das Minuszeichen oft durch Betragsstriche ersetzt.

$$\left|\dot{Q}_1\right| = \dot{Q}_2 \quad \rightarrow \quad \left| -\dot{m}_1 \cdot \bar{c}_1 \cdot (t_1'' - t_1') \right| = \dot{m}_2 \cdot \bar{c}_2 \cdot (t_2'' - t_2') \tag{3-33}$$

Die Schreibweise für Gleichung (3-33) entspricht der Systematik Endzustand (Austritt beim Wärmeübertrager) minus Anfangszustand (Eintritt in den Wärmeübertrager). Für das wärmeabgebende Medium (Index 1) ist die Temperatur am Eintritt (ein Beistrich) höher als am Austritt (zwei Beistriche), so dass $(t_1'' - t_1') < 0$. Ohne Betragsstriche schreibt man Gleichung (3-33) deshalb oft überschaulicher in der Form

$$\dot{m}_1 \cdot \bar{c}_1 \cdot (t_1' - t_1'') = \dot{m}_2 \cdot \bar{c}_2 \cdot (t_2'' - t_2')$$

Ein weiterer wichtiger Anwendungsbereich der Grundgleichung der Kalorik ist die Ermittlung der Ausgleichstemperatur, wenn Stoffe mit unterschiedlicher Temperatur im idealem (das heißt ohne Wärmewiderstände) Kontakt stehen oder Fluide unterschiedlicher Temperatur sich mischen, ohne dass sie chemisch miteinander reagieren oder Phasenänderungen durchlaufen. Der einfachste Fall liegt dann vor, wenn nur zwei Stoffe beteiligt sind und ein Stoff klar als wärmeabgebend und der andere als wärmeaufnehmend identifiziert werden kann, denn dies ist nach den Prinzipien der Bilanzierung für den Wärmeübertrager behandelbar. Einer erweiterten Betrachtung bedürfen allerdings die Fälle, in denen mehr als zwei Stoffe im Wärmeaustausch stehen, etwa wenn drei verschiedene Mengen Wasser mit jeweils unterschiedlicher Temperatur vermischt werden. Anfänger helfen sich mitunter dadurch, dass sie zunächst die Mischungstemperatur aus zwei der gegebenen Wassermengen berechnen und in einem weiteren Schritt dann die dritte Menge hinzufügen. Effizienter kommt man jedoch mit folgenden, jeweils alternativen Überlegungen zum Ziel:

1. In einem abgeschlossenen System kommt es nach hinreichender Zeit zum Temperaturausgleich.

$$\sum_{i=1}^{k} Q_i = 0 \qquad m_1\bar{c}_1(t_1 - t_M) + m_2\bar{c}_2(t_2 - t_M) + m_3\bar{c}_3(t_3 - t_M) + \ldots + m_k\bar{c}_k(t_k - t_M) = 0$$

2. Man führt die Bezugsebene $t_0 = 0\,°\mathrm{C}$ ein und argumentiert, dass die Wärmemenge von 0 °C bis Mischungstemperatur sich aus der Summe aller beteiligten Wärmemengen zwischen 0 ° C und jeweiliger Ausgangstemperatur zusammensetzen muss, also:

$$\sum_{i=1}^{k} Q_{0i} = Q_{0M} \qquad \begin{aligned} &m_1\bar{c}_1(t_1 - t_0) + m_2\bar{c}_2(t_2 - t_0) + m_3\bar{c}_3(t_3 - t_0) + \ldots + m_k\bar{c}_k(t_k - t_0) = \\ &(m_1\bar{c}_1 + m_2\bar{c}_2 + m_3\bar{c}_3 + \ldots m_k\bar{c}_k)\cdot(t_M - t_0) \end{aligned}$$

Beide Ansätze führen für die Mischungstemperatur $t_M$ jeweils auf:

$$t_M = \frac{\sum_{i=1}^{k}(m\cdot\bar{c}\cdot t)_i}{\sum_{i=1}^{k}(m\cdot\bar{c})_i} \tag{3-34}$$

Basis für die Herleitung von Gleichung (3-34) waren Temperaturdifferenzen, so dass dort anstelle der Celsiustemperaturen auch die thermodynamischen Temperaturen in K eingesetzt werden können, wenn als Bezugsebene $T_0 = 0$ K gewählt wird. Letzteres ist vorteilhaft, wenn die Mischungstemperaturen von Gasen berechnet werden, denn die Massebestimmung der einzelnen Komponenten erfordert ohnehin die Verwendung der thermodynamischen Temperatur. Die Mischungstemperatur von idealen Gasen bei konstantem Druck $p$ ergibt sich aus:

$$T_M = \frac{\sum_{i=1}^{k}\frac{p\cdot V_i}{R_i\cdot T_i}\cdot\frac{\kappa_i}{\kappa_i - 1}R_i\cdot T_i}{\sum_{i=1}^{k}\frac{p\cdot V_i}{R_i\cdot T_i}\cdot\frac{\kappa_i}{\kappa_i - 1}R_i} = \frac{\sum_{i=1}^{k}V_i\cdot\frac{\kappa_i}{\kappa_i - 1}}{\sum_{i=1}^{k}\frac{V_i}{T_i}\cdot\frac{\kappa_i}{\kappa_i - 1}} \tag{3-35}$$

## 3.6 Ergänzende Bemerkungen zur Modellbildung für Gase

Ideales Gas ist hinreichend an die Erfüllung der thermischen Zustandsgleichung (2-1) gebunden und ein in der Natur nicht existierender Modellstoff. Für viele ingenieurtechnische Aufgabenstellungen ergibt sich jedoch die Notwendigkeit spezielle, real in der Natur existierende Gase und ihre kalorischen Eigenschaften in die Modellbildung einzubeziehen. Daraus entstehen dann die in Tabelle 3-2 zusammenfassend dargestellten und jeweils unterschiedlichen Anforderungen genügenden Annahmen für Gase als thermodynamische Arbeitsmittel.

**Tab. 3-2:** Thermodynamische Modelle für Gase.

| Parameter | perfektes Gas | halbideales Gas | reales Gas |
|---|---|---|---|
| Realgasfaktor $Z$<br>Gleichung (2-27) | $Z = 1$ | $Z = 1$ | $Z = Z(p,T)$ |
| spezifische Wärmekapazitäten<br>konstanter Druck/konstantes Volumen<br>Gleichung (3-7) und (3-10) | konstant | $c_p = c_p(t)$<br>$c_V = c_V(t)$ | $c_p = c_p(p,t)$<br>$c_V = c_V(p,t)$ |
| Isentropenexponent $\kappa$<br>Gleichung (3-14) | konstant | $\kappa = \kappa(t)$ | $\kappa = \kappa(p,t)$ |

Die spezifischen Wärmekapazitäten $c_p$ und $c_V$ idealer Gase sind abgesehen von den Edelgasen (keine Temperaturabhängigkeit) komplizierte Temperaturfunktionen. Man verfügt heute über eine gut ausgebaute, aber nicht auf phänomenologischen Modellen basierende Theorie zur Berechnung der Funktionen $c_p = c_p(t)$ und $c_V = c_V(t)$ mit Polynomansätzen bis zu achten Grades zu berechnen. Trotz der Temperaturabhängigkeit gilt

$$c_p(t) = c_V(t) + R_i \qquad (3\text{-}36)$$

Der Isentropenexponent $\kappa(t)$ nimmt bei realen Gasen in der Regel mit steigender Temperatur ab.

Als *perfekte* Gase bezeichnet man Gase, die sich wie ideale Gase verhalten und für die man außerdem annehmen darf, dass ihre spezifischen Wärmekapazitäten konstant und nicht von Druck und/oder Temperatur abhängig sind. Diese Modellbildung ist geeignet, thermodynamische Zusammenhänge in einfachster Form darzustellen und mit dem Taschenrechner zu analysieren.

Bei *halbidealen* Gasen werden eigenschaftsbeeinflussende, von der Temperatur induzierte Effekte, zum Beispiel Schwingungen im Molekülverbund, berücksichtigt, die eine Temperaturabhängigkeit bei den spezifischen Wärmekapazitäten und in der Folge auch beim Isentropenexponenten bewirken. Damit ist man mit Hilfe eines PCs oder eines programmierbaren Taschenrechners in der Lage, thermodynamische Erfordernisse bei der Auslegung von Kompressoren, Verbrennungsmotoren und Gasturbinen mit ausreichender Genauigkeit zu berücksichtigen.

Für *reale* Gase sind alle Gaseigenschaften vom thermischen Zustand abhängig. Leider sind diese Abhängigkeiten nicht für alle Gase hinreichend gut bekannt und man ist gezwungen, auf Näherungen zurückzugreifen. Die thermodynamischen Zusammenhänge lassen sich auf dieser Basis nicht mehr analytisch geschlossen darstellen und ihre mathematische Auswertung ist nur noch mit umfangreichen numerischen Routinen möglich. Dazu sollte ein leistungsfähiger PC zur Verfügung stehen.

## 3.7 Verstehen durch Üben: Grundgleichung der Kalorik

**Aufgabe 3-1:** Bestimmung des mechanischen Wärmeäquivalents nach Robert Mayer
Robert Mayer gelangte entgegen der damals vorherrschenden Meinung zu der Überzeugung, dass Wärme nicht stofflicher Natur sein könne, sondern eine Energieform ist. Im Jahr 1842 hatte er einen Weg gefunden, ein mathematisches Äquivalent für Wärme und mechanische Energie zu bestimmen. Er ging von einem Zylinder mit einem reibungsfrei verschiebbaren Kolben aus, in dem ein Gas eingeschlossen werde und errechnete die dem Gas für eine definierte feste Temperaturerhöhung zuzuführende Wärme bei

a) arretierten Kolben (konstantes Volumen) und
b) beweglichen Kolben (konstanter Druck).

Klar war, dass wegen der in Versuchen nachgewiesenen Unterschiede der spezifischen Wärmekapazitäten für Gas bei konstantem Volumen und bei konstantem Druck diese Wärmemengen verschieden groß sein müssten. Die tatsächlich messbare Differenz dieser Wärmemengen setzte er gleich der bei beweglichen Kolben reversibel verrichteten Volumenänderungsarbeit des Zylinderinhalts gegenüber der Umgebung und errechnete daraus wie nachfolgend formelmäßig skizziert sein „mechanisches Wärmeäquivalent“: $Q_{V,12} - Q_{p,12} \equiv W_{V,12}$

$$(U_2 - U_1) - (H_2 - H_1) = (U_2 - U_1) - [(U_2 - U_1) - p(V_2 - V_1)] = -p(V_2 - V_1)$$

Vollziehen Sie die Überlegungen von Mayer für einen mit 1 m³ Luft bei 0 °C und 1 bar gefüllten Zylinder nach Luft soll um jeweils 1 K erwärmt werden, die Gaskonstante sei mit 287 J/(kg K) gegeben. Der Umgebungsdruck betrage ebenfalls 1 bar.

Gegeben:

$p = p_{amb} = 1\,\text{bar}$ $\quad V_1 = 1\,\text{m}^3$ $\quad T_1 = 273{,}15\,\text{K}$ $\quad \Delta T = 1\,\text{K}$

$R_L = 287\,\text{J/(kg K)}$

Vorüberlegungen:

Wir greifen nicht, wie es Robert Mayer tun musste, auf experimentell ermittelte spezifische Wärmekapazitäten bei konstantem Volumen und bei konstantem Druck zurück, sondern gehen davon aus, dass sich die Luft im Zylinder wie ideales Gas verhält. Mit $\kappa = 1{,}4$ für den Isentropenexponenten eines zweiatomigen Gases folgt dann

$$c_V = \frac{1}{\kappa - 1} R_L = \frac{1}{0{,}4} \cdot 287\,\frac{\text{J}}{\text{kg K}} = 717{,}5\,\frac{\text{J}}{\text{kg K}},\; c_p = \frac{\kappa}{\kappa - 1} R_L = \frac{1{,}4}{0{,}4} \cdot 287\,\frac{\text{J}}{\text{kg K}} = 1004{,}5\,\frac{\text{J}}{\text{kg K}}$$

Die Masse der im Zylinder eingeschlossenen Luft ist gegeben durch:

$$m = \frac{p \cdot V_1}{R_L \cdot T_1} = \frac{1 \cdot 10^5\,\text{N/m}^2 \cdot 1\,\text{m}^3}{287\,\text{J/(kg K)} \cdot 273{,}15\,\text{K}} = 1{,}275607\,\text{kg}$$

**Lösung:**

Konstantes Volumen: $Q_{V,12} = m \cdot c_V \cdot \Delta T = 1{,}275607\,\text{kg} \cdot 717{,}5\,\frac{\text{J}}{\text{kg K}} \cdot 1\,\text{K} = 915{,}24803\,\text{J}$

Konstanter Druck: $Q_{p,12} = m \cdot c_p \cdot \Delta T = 1{,}275607\,\text{kg} \cdot 1004{,}5\,\frac{\text{J}}{\text{kg K}} \cdot 1\,\text{K} = 1281{,}3472\,\text{J}$

$$W_{V,12} \equiv Q_{V,12} - Q_{p,12} = 915{,}24803\,\text{J} - 1281{,}3472\,\text{J} = \underline{\underline{-366{,}099\,\text{J}}}$$

Andererseits ist die Volumenänderungsarbeit definiert durch Gleichung (1-9):

$$W_{V,12} = -\int_1^2 p\,\text{d}V$$

Nach Aufgabenstellung bleibt der Druck immer konstant, so dass

$$W_{V,12} = -p(V_2 - V_1) = -p \cdot V_1 \left( \frac{V_2}{V_1} - 1 \right)$$

Mit dem Gesetz von Gay-Lussac für konstanten Druck können wir weiter schreiben:

$$\frac{V_2}{V_1} = \frac{T_2}{T_1} = \frac{T_1 + \Delta T}{T_1} = 1 + \frac{\Delta T}{T_1}$$

Damit wird:

$$W_{V,12} = -\frac{p \cdot V_1 \cdot \Delta T}{T_1} = -\frac{1 \cdot 10^5\,\text{N/m}^2 \cdot 1\,\text{m}^3 \cdot 1\,\text{K}}{273{,}15\,\text{K}} = \underline{\underline{-366{,}099\,\text{Nm}}}$$

Wir erhalten damit im SI-Einheitensystem das Wärmeäquivalent zu 1 J = 1 Nm (366,099 J = 366,099 Nm). Mayer hat 1842 mit den damals üblichen Einheiten 1 kcal = 367 kpm angegeben. Dies entspräche unter Verwendung der Daten aus Tabelle 9-6 in SI-Einheiten 1 J = 0,85988 Nm. Diese Abweichung ist darauf zurückzuführen, dass Mayer nur ungenaue Messwerte für die spezifischen Wärmekapazitäten zur Verfügung standen.

Unter Verwendung der oben dargestellten Beziehungen kann aus $W_{V,12} = Q_{V,12} - Q_{p,12}$ die in Kapitel 3 auf anderem Wege hergeleitete Gleichung (3-13) entwickelt werden.

$$-\frac{p \cdot V_1 \cdot \Delta T}{T_1} = m(c_V - c_p) \cdot \Delta T \quad \rightarrow \quad c_p = c_V + \frac{p \cdot V_1}{T_1 \cdot m}$$

Mit $m = \dfrac{p \cdot V_1}{R_i \cdot T_1}$ folgt dann $c_p = c_V + R_i$

Zu Ehren von Robert Mayer nennen wir diese Gleichung auch Mayersche Gleichung.

**Aufgabe 3-2:** Erwärmung von Luft in einem Zimmer

Ein Unterrichtsraum sei 8,5 m lang, 4,5 m breit und 3,2 m hoch. Der Einfachheit halber nehmen wir an, er sei nur mit Luft bei 16 °C und 1 bar gefüllt, die mit der vorhandenen Heizung auf 22 °C erwärmt werden soll. Für die Luft sei die Gaskonstante 287 J/(kg K) gegeben. Welche Wärme ist zuzuführen?

Gegeben:

$V = 8{,}5\,\text{m} \cdot 4{,}5\,\text{m} \cdot 3{,}2\,\text{m} = 122{,}4\,\text{m}^3$ $\quad R_L = 287\,\text{J/(kg K)}$ $\quad (\kappa = 1{,}4)$

$p = 1 \cdot 10^5\ \text{N/m}^2$ $\quad t_1 = 16\,°\text{C}$ $\quad t_2 = 22\,°\text{C}$

Vorüberlegungen:

1. Die Luft kann hier als ideales Gas angesehen werden, der Isentropenexponent für zweiatomige Gase beträgt $\kappa = 1{,}4$.
2. Spontan wird oft von einer Wärmezufuhr bei konstantem Volumen ausgegangen. Das Volumen des Zimmers ändert sich während der Beheizung tatsächlich nicht. Aber eine isochore Wärmezufuhr (geschlossenes System) hätte eine Druckerhöhung zur Konsequenz, was aber erfahrungsgemäß nicht der Fall ist. Bei der Erwärmung entweicht ein Teil der Luft durch vorhandene Undichtigkeiten an den Türen und Fenstern, so dass der Druck in diesem offenen System konstant bleibt und die spezifische Wärmekapazität für konstanten Druck anzuwenden ist.
3. Während der Beheizung ändert sich die Masse der zu erwärmenden Luft. Die Luftmasse kann zu jedem Zeitpunkt errechnet werden aus:

   $$m(T) = \frac{p \cdot V}{R_L \cdot T}$$

   Dieser Bezug erfordert auch eine Umrechnung der gegebenen Celsiustemperaturen auf thermodynamische Temperaturen in K, obwohl in der Grundgleichung der Kalorik nur Temperaturdifferenzen auftauchen.

   $T_1 = 289{,}15\,\text{K}$ $\qquad T_2 = 295{,}15\,\text{K}$

**Lösung:**

Die Grundgleichung der Kalorik muss für diese Anwendung in differentieller Form verwendet werden, da sich die Masse der Luft bei der Erwärmung von $T_1$ auf $T_2$ ständig ändert. Die Integration über das betreffende Temperaturintervall liefert die gesuchte Wärme.

$$dQ = m(T) \cdot c_p \cdot \mathrm{d}T \qquad \mathrm{d}Q = \frac{p \cdot V}{R_L \cdot T} \cdot \frac{\kappa}{\kappa - 1} R_L \cdot \mathrm{d}T = p \cdot V \cdot \frac{\kappa}{\kappa - 1} \cdot \frac{\mathrm{d}T}{T}$$

$$Q_{12} = p \cdot V \cdot \frac{\kappa}{\kappa - 1} \ln \frac{T_2}{T_1} = 1 \cdot 10^5 \, \frac{\mathrm{N}}{\mathrm{m}^2} \cdot 122{,}4 \, \mathrm{m}^3 \cdot \frac{1{,}4}{0{,}4} \cdot \ln \frac{295{,}15 \, \mathrm{K}}{289{,}15 \, \mathrm{K}} = \underline{\underline{879{,}85 \, \mathrm{kJ}}}$$

**Aufgabe 3-3:** Energiebilanz eines Wärmetauschers mit verschiedenen Modellannahmen

Ein Brauchwasserstrom von 420 kg/min mit einer Temperatur von 8 °C wird in einem Wärmeübertrager erwärmt. Als Heizmedium dient ein Stickstoffvolumenstrom von 15 m$^3$/s mit einem Druck von 1,03 bar, der am Eintritt in den Wärmetauscher eine Temperatur von 135 °C aufweist und am Austritt noch eine Temperatur von 65 °C besitzt. Für das Brauchwasser ist eine im relevanten Temperaturbereich konstante spezifische Wärmekapazität von 4,19 kJ/(kg K) anzusetzen, Druckverluste im Wärmeübertrager sind zu vernachlässigen.

a) Berechnen Sie die übertragene Wärmeleistung in kW, wenn Stickstoff sich wie ein perfektes Gas verhält!

b) Berechnen Sie die übertragene Wärmeleistung unter Berücksichtigung der Temperaturabhängigkeit der spezifischen Wärmekapazität von Stickstoff!

c) Auf welche Temperatur in °C wird das Brauchwasser erwärmt?

Gegeben:

| | | | | |
|---|---|---|---|---|
| Heizmedium: | $t_1' = 135\,°\mathrm{C}$ | $t_1'' = 65\,°\mathrm{C}$ | $\dot{V}_1 = 15\,\mathrm{m}^3/\mathrm{s}$ | $p = 1{,}03\,\mathrm{bar}$ |
| Kühlmedium: | $t_2' = 8\,°\mathrm{C}$ | $\dot{m}_2 = 420\,\mathrm{kg/min} = 7\,\mathrm{kg/s}$ | | $\overline{c}_2 = 4{,}19\,\mathrm{kJ/(kg\,K)}$ |

Vorüberlegungen:

1. Die Bezeichnungen der gegebenen Größen erfolgt nach der Systematik von Abbildung 3-4.
2. Die Gaskonstante und die spezifische Wärmekapazität für konstanten Druck von Stickstoff als perfektes Gas kann mit bekannter Molekülmasse (Stoffwerttabelle) aus Gleichung (3-16) gewonnen werden. Für die Berücksichtigung der Temperaturabhängigkeit ist Tabelle 9-10 und Gleichung (3-26) heranzuziehen!

$$R_{N_2} = \frac{R_m}{M_{N_2}} = \frac{8{,}3144621 \, \mathrm{kJ/(kmol\,K)}}{28{,}01 \, \mathrm{kg/kmol}} = 0{,}2968391 \, \frac{\mathrm{kJ}}{\mathrm{kg\,K}}$$

$$c_{N_2} = c_1 = \frac{\kappa}{\kappa - 1} R_{N_2} = \frac{1{,}4}{0{,}4} \cdot 0{,}2968391 \, \frac{\mathrm{kJ}}{\mathrm{kg\,K}} = 1{,}0389 \, \frac{\mathrm{kJ}}{\mathrm{kg\,K}}$$

$c_1$ bedeutet spezifische Wärmekapazität des Heizmediums

3. Die Bilanz aus abgegebenen und aufgenommenen Wärmestrom nach Gleichung (3-30) erfordert die Kenntnis der Massenströme beider Medien. Für das Heizmedium ist jedoch der Volumenstrom gegeben, so dass zunächst der Massenstrom zu bestimmen ist.

$$\dot{m}_1 = \frac{p \cdot \dot{V}_1}{R_{N_2} \cdot T_1'} = \frac{1{,}03 \cdot 10^5\,\text{N/m}^2 \cdot 15\,\text{m}^3\text{/s}}{296{,}8391\,\text{Nm/(kg K)} \cdot (135 + 273{,}15)\,\text{K}} \approx 12{,}752\,\frac{\text{kg}}{\text{s}}$$

4. Die Berechnung der übertragenen Wärmeleistung kann nur aus dem Heizmedium erfolgen, denn nur hier sind alle Parameter von Gleichung (3-30) bekannt. Auf den in diesem Beispiel gewählten Ansatz kann man nur zurückgreifen, wenn für ein am Wärmetausch beteiligtes Medium alle Parameter für (3-30) ermittelbar sind.

**Lösung:**

a) Heizmedium Stickstoff folgt dem Modell perfektes Gas

$$\dot{Q} = \dot{m}_1 \cdot c_1 \cdot (t_1' - t_1'') = 12{,}752\,\frac{\text{kg}}{\text{s}} \cdot 1{,}0389\,\frac{\text{kJ}}{\text{kg K}} \cdot (135\,°\text{C} - 65\,°\text{C}) = \underline{\underline{927{,}36\,\text{kW}}}$$

b) mittlere spezifische Wärmekapazität bei konstantem Druck für Stickstoff im Temperaturintervall zwischen 135 °C und 65 °C

Stoffwerte für Stickstoff werden hier durch lineare Interpolation aus Tabelle 9-10 ermittelt:

$$\bar{c}_p\Big|_{0\,°\text{C}}^{135\,°\text{C}} = 1{,}039\,\frac{\text{kJ}}{\text{kg K}} + \frac{135\,°\text{C} - 100\,°\text{C}}{200\,°\text{C} - 100\,°\text{C}} \cdot (1{,}042 - 1{,}039)\,\frac{\text{kJ}}{\text{kg K}} = 1{,}040\,\frac{\text{kJ}}{\text{kg K}}$$

$$\bar{c}_p\Big|_{0\,°\text{C}}^{65\,°\text{C}} = 1{,}039\,\frac{\text{kJ}}{\text{kg K}}$$

Nach Gleichung (3-28) wird nun die gemittelte spezifische Wärmekapazität im relevanten Temperaturintervall ermittelt.

$$\bar{c}_p\Big|_{65\,°\text{C}}^{135\,°\text{C}} = \frac{1{,}040\,\text{kJ/(kg K)} \cdot 135\,°\text{C} - 1{,}039\,\text{kJ/(kg K)} \cdot 65\,°\text{C}}{135\,°\text{C} - 65\,°\text{C}} = 1{,}041\,\frac{\text{kJ}}{\text{kg K}}$$

Bemerkenswert an diesem Ergebnis ist, dass der errechnete Wert die temperaturgemittelte spezifische Wärmekapazität höher ist als die beiden Ausgangswerte 1,039 kJ/(kg K) und 1,040 kJ/(kg K). Das ist mathematisch immer dann der Fall, wenn die betreffende Funktion $c(t)$ im relevanten Temperaturbereich zumindest monoton wächst.

$$\dot{Q} = \dot{m} \cdot \bar{c}_1\Big|_{65\,°\text{C}}^{135\,°\text{C}} \cdot (t_1' - t_1'') = 12{,}752\,\frac{\text{kg}}{\text{s}} \cdot 1{,}041\,\frac{\text{kJ}}{\text{kg K}} \cdot (135\,°\text{C} - 65\,°\text{C}) = \underline{\underline{929{,}24\,\text{kW}}}$$

Fehler bei der Modellbildung perfektes Gas: $\frac{(929{,}24 - 927{,}36)\,\text{kW}}{929{,}24\,\text{kW}} = 0{,}002$ 0,2 % Fehler!

Die Berücksichtigung der Temperaturabhängigkeit der spezifischen Wärmekapazität führt hier kaum zu einer Steigerung der Genauigkeit. Die gegebenen Parameter gestatten die Verwendung des Modells ideales Gas, denn im maßgeblichen Temperaturintervall von 70 K ändert sich die spezifische Wärmekapazität nicht signifikant.

c) Errechnung der Austrittstemperatur des Brauchwassers
Mit der nun bekannten übertragenen Wärmeleistung kann angesetzt werden:

$$|\dot{Q}| = \dot{m}_2 \cdot \overline{c}_2 (t_2'' - t_2') \quad \rightarrow \quad t_2'' = t_2' + \frac{|\dot{Q}|}{\dot{m}_2 \cdot \overline{c}_2}$$

$$t_2'' = 8\,°\text{C} + \frac{964{,}73\ \text{kJ/s}}{7\ \text{kg/s} \cdot 4{,}19\ \text{kJ/(kg K)}} = 8\,°\text{C} + 32{,}89\ \text{K} \approx \underline{\underline{41\,°\text{C}}}$$

**Aufgabe 3-4:** Wärmezufuhr bei verdichteter Luft mit verschiedenen Modellannahmen
Luft mit einer Temperatur von 0 °C werde von 990 mbar auf 8,45 MPa isentrop verdichtet. Danach erfolge eine Wärmezufuhr bei konstantem Druck bis die Temperatur von 2000 °C erreicht ist. Die Gaskonstante der Luft sei mit 287 J/(kg K) gegeben.

a) Welche spezifische Wärme in kJ/kg ist zuzuführen, wenn sich die Luft wie perfektes Gas verhält?
b) Welche spezifische Wärme in kJ/kg ist zuzuführen, wenn man berücksichtigt, dass der Isentropenexponent $\kappa$ und die spezifische Wärmekapazität $c_p$ temperaturabhängig ist?

Gegeben:
$p_1 = 0{,}99$ bar $\quad T_1 = 273{,}15$ K $\quad p_2 = 84{,}5$ bar $\quad R_L = 287$ J/(kg K) $\quad t_{End} = 2000$ °C

Vorüberlegungen:
Luft ist ein Gasgemisch mit ganz überwiegend zweiatomigen Komponenten, so dass für Aufgabenteil a) nach kinetischer Gastheorie $\kappa = 1{,}4$ angesetzt werden kann und für die spezifische Wärmekapazität gilt:

$$c_p = \frac{\kappa}{\kappa - 1} R_L = \frac{1{,}4}{0{,}4} \cdot 0{,}287 \frac{\text{kJ}}{\text{kg K}} = 1{,}0045 \frac{\text{kJ}}{\text{kg K}}$$

Für Aufgabenteil b) ist die Temperaturabhängigkeit des Isentropenexponenten und der spezifischen Wärmekapazität in Form jeweils über dem relevanten Temperaturbereich gemittelten Werten zu berücksichtigen.

**Lösung:**
a) Luft als perfektes zweiatomiges Gas

isentrope Verdichtung: $$T_2 = T_1 \left(\frac{p_2}{p_1}\right)^{\frac{\kappa-1}{\kappa}} = 273{,}15\ \text{K} \cdot \left(\frac{84{,}5\ \text{bar}}{0{,}99\ \text{bar}}\right)^{\frac{0{,}4}{1{,}4}} = 973{,}15\ \text{K} \approx \underline{\underline{700\,°\text{C}}}$$

isobare Wärmezufuhr: $$q_{zu} = c_p (t_{End} - t_2) = 1{,}0045 \frac{\text{kJ}}{\text{kg K}} (2000\,°\text{C} - 700\,°\text{C}) = \underline{\underline{1305{,}85 \frac{\text{kJ}}{\text{kg}}}}$$

b) $\kappa = \kappa(t) = \dfrac{c_p(t)}{c_V(t)}$ und $c_p = c_p(t)$

Die spezifischen Wärmekapazitäten bei konstantem Druck für Luft werden als temperaturgemittelte Werte der Tabelle 9-10 entnommen.

$$\overline{\kappa}\Big|_{0\,°\text{C}}^{700\,°\text{C}} = \frac{\overline{c}_p\Big|_{0\,°\text{C}}^{700\,°\text{C}}}{\overline{c}_p\Big|_{0\,°\text{C}}^{700\,°\text{C}} - R_L} = \frac{1{,}061\ \text{kJ/(kg K)}}{1{,}061\ \text{kJ/(kg K)} - 0{,}287\ \text{kJ/(kg K)}} = 1{,}3708$$

Die kinetische Gastheorie liefert für zweiatomiges Gas den temperaturunabhängigen Wert von $\kappa = 1{,}4$. Der hier errechnete Wert von $\kappa = 1{,}3708$ erscheint plausibel, da wir wissen, dass mit steigender Temperatur der Isentropenexponent kleiner wird.

$$T_2 = 273{,}15\ \text{K} \cdot \left(\frac{84{,}5\ \text{bar}}{0{,}99\ \text{bar}}\right)^{\frac{0{,}3708}{1{,}3708}} = 909{,}48\ \text{K} \approx 636\ °\text{C}$$

Zur Bestimmung des im interessierenden Temperaturbereich gemittelten Wertes für die spezifische Wärmekapazität sind wir von 700 °C Endtemperatur ausgegangen. Jetzt ermitteln wir als Endtemperatur für die isentrope Verdichtung ca. 636 °C. Dadurch wird klar, dass wir uns dem temperaturabhängigen Isentropenexponenten auf iterativem Wege nähern müssen! Durch lineare Interpolation ermitteln wir für den nächsten Iterationsschritt aus Tabelle 9-10:

$$\bar{c}_p\Big|_{0\,°\text{C}}^{636\,°\text{C}} = 1{,}050\,\frac{\text{kJ}}{\text{kg K}} + \frac{636\ °\text{C} - 600\ °\text{C}}{700\ °\text{C} - 600\ °\text{C}}(1{,}061 - 1{,}050)\,\frac{\text{kJ}}{\text{kg K}} = 1{,}054\,\frac{\text{kJ}}{\text{kg K}}$$

$$\bar{\kappa}\Big|_{0\,°\text{C}}^{636\,°\text{C}} = \frac{\bar{c}_p\Big|_{0\,°\text{C}}^{636\,°\text{C}}}{\bar{c}_p\Big|_{0\,°\text{C}}^{636\,°\text{C}} - R_L} = \frac{1{,}054\ \text{kJ/(kg K)}}{1{,}054\ \text{kJ/(kg K)} - 0{,}287\ \text{kJ/(kg K)}} = 1{,}3742$$

$$T_2 = 273{,}15\ \text{K} \cdot \left(\frac{84{,}5\ \text{bar}}{0{,}99\ \text{bar}}\right)^{\frac{0{,}3742}{1{,}3742}} = 916{,}81\ \text{K} \approx 644\ °\text{C}$$

Als weiterer Iterationsschritt folgt nun:

$$\bar{c}_p\Big|_{0\,°\text{C}}^{644\,°\text{C}} = 1{,}050\,\frac{\text{kJ}}{\text{kg K}} + \frac{644\ °\text{C} - 600\ °\text{C}}{700\ °\text{C} - 600\ °\text{C}}(1{,}061 - 1{,}050)\,\frac{\text{kJ}}{\text{kg K}} = 1{,}055\,\frac{\text{kJ}}{\text{kg K}}$$

$$\bar{\kappa}\Big|_{0\,°\text{C}}^{644\,°\text{C}} = \frac{\bar{c}_p\Big|_{0\,°\text{C}}^{644\,°\text{C}}}{\bar{c}_p\Big|_{0\,°\text{C}}^{644\,°\text{C}} - R_L} = \frac{1{,}055\ \text{kJ/(kg K)}}{1{,}055\ \text{kJ/(kg K)} - 0{,}287\ \text{kJ/(kg K)}} = 1{,}3737$$

$$T_2 = 273{,}15\ \text{K} \cdot \left(\frac{84{,}5\ \text{bar}}{0{,}99\ \text{bar}}\right)^{\frac{0{,}3737}{1{,}3737}} = 915{,}73\ \text{K} \approx 643\ °\text{C}$$

Mit diesem Resultat kann die Iteration abgebrochen werden. Für die Temperatur nach der Verdichtung ermitteln wir mit temperaturabhängigen Isentropenexponenten nicht mehr 700 °C, sondern nur noch ca. 643 °C. Für die Berechnung der Wärmezufuhr ist folglich nun noch zu bestimmen:

$$\bar{c}_p\Big|_{643\,°\text{C}}^{2000\,°\text{C}} = \frac{\bar{c}_p\Big|_{0\,°\text{C}}^{2000\,°\text{C}} \cdot 2000\,°\text{C} - \bar{c}_p\Big|_{0\,°\text{C}}^{643\,°\text{C}} \cdot 643\,°\text{C}}{2000\,°\text{C} - 643\,°\text{C}}$$

$$\bar{c}_p\Big|_{643\,°\text{C}}^{2000\,°\text{C}} = \frac{1{,}162\,\frac{\text{kJ}}{\text{kg K}} \cdot 2000\ °\text{C} - 1{,}055\,\frac{\text{kJ}}{\text{kg K}} \cdot 643\ °\text{C}}{2000\ °\text{C} - 643\ °\text{C}} = 1{,}213\,\frac{\text{kJ}}{\text{kg K}}$$

Damit ergibt sich für die isobare Wärmezufuhr:

$$q_{zu} = \overline{c}_p\Big|_{t_2}^{t_{End}} \cdot (t_{End} - t_2) = 1{,}213 \frac{\text{kJ}}{\text{kg K}}(2000\,°\text{C} - 643\,°\text{C}) = \underline{\underline{1646{,}04\ \text{kJ/kg}}}$$

Fehler bei der Modellbildung perfektes Gas:

$$\frac{(1646{,}04 - 1305{,}85)\ \text{kJ/kg}}{1646{,}04\ \text{kJ/kg}} \approx 0{,}207 \qquad 20{,}7\ \%\ \text{Fehler!}$$

Die Abweichung vom Modell perfektes Gas beträgt in diesem Beispiel mehr als 20 %. Die erheblich vereinfachende Modellbildung perfektes Gas führt hier also zu praktisch unbrauchbaren Ergebnissen. Die gegebenen Bedingungen (hohe Drucksprünge, hohe Temperaturen) liegen oberhalb der Anwendungsgrenzen für das Modell ideales Gas. Darüber hinaus liegen die im Prozess auftretenden Temperaturdifferenzen deutlich oberhalb von 1000 K, so dass auch die Temperaturabhängigkeit der spezifischen Wärmekapazität zwingend beachtet werden muss.

Die in dieser Aufgabe beschriebene Situation finden wir im Ansatz bei der thermodynamischen Nachbildung der Verhältnisse im Dieselmotor wieder. Bei den entsprechenden Kreisprozessen unterstellen wir aber trotz der auftretenden erheblichen Fehler perfektes Gasverhalten, damit der Gesamtvorgang in mathematisch geschlossenen Formeln analytisch beschrieben werden kann. Die Kreisprozesse geben daher das Verhalten der Motoren bei Änderung von Parametern mit relativ einfachen mathematischen Formeln wieder, können aber niemals Grundlage für die konstruktive Auslegung sein.

**Aufgabe 3-5:** Erzeugung einer Mischungstemperatur aus zwei Volumenströmen

Bestimmen Sie die jeweils erforderlichen Volumenströme von Wasser mit einer Temperatur von 60 °C und 10 °C, wenn durch Mischung Wasser von 40 °C mit einem Volumenstrom von 35 ℓ/min entstehen soll. Aus einer Stoffwerttabelle haben Sie für Wasser bei einem Druck von 1 bar folgende Werte entnommen:

| $t$ in °C | 10 | 40 | 60 |
|---|---|---|---|
| $\rho$ in kg/m³ | 999,7 | 992,2 | 983,2 |
| $\overline{c}\Big\vert_{0\,°\text{C}}^{t}$ in $\frac{\text{kJ}}{\text{kg K}}$ | 4,2058 | 4,1891 | 4,1860 |

Welche Mischungstemperatur ergibt sich, wenn anstelle des hier angegebenen realen Stoffverhaltens für die Ermittlung der Volumenströme eine konstante Dichte (zum Beispiel 1000 kg/m³) und eine konstante spezifische Wärmekapazität (zum Beispiel 4,19 kJ/(kg K)) angesetzt werden?

Gegeben:

$t_1 = 60\,°\text{C}$ $\quad \rho_1 = 983{,}2\ \text{kg/m}^3$ $\quad c_1 = \overline{c}\Big|_{0\,°\text{C}}^{60\,°\text{C}} = 4{,}1860\ \frac{\text{kJ}}{\text{kg K}}$

$t_2 = 10\,°\text{C}$ $\quad \rho_2 = 999{,}7\ \text{kg/m}^3$ $\quad c_2 = \overline{c}\Big|_{0\,°\text{C}}^{10\,°\text{C}} = 4{,}2058\ \frac{\text{kJ}}{\text{kg K}}$

$t_M = 40\,°\text{C}$ $\quad \rho_M = 992{,}2\ \text{kg/m}^3$ $\quad c_M = \overline{c}\Big|_{0\,°\text{C}}^{40\,°\text{C}} = 4{,}1891 \frac{\text{kJ}}{\text{kg K}}$ $\quad \dot{V}_M = 35 \frac{\ell}{\text{min}}$

Vorüberlegungen:
Gesucht sind zwei unbekannte Volumenströme. Mathematisch lösen wir das durch ein Gleichungssystem mit zwei Gleichungen (Bilanz für Massenstrom sowie für Wärmestrom) und zwei Unbekannten (Volumenströme). Für die Energiestromgleichung bietet sich ein Vorgehen an, wie es zur Ableitung von Gleichung (3-30) vorgestellt wurde mit $t_0 = 0$ °C.

**Lösung:**

Massenstrombilanz: $\dot{m}_1 + \dot{m}_2 = \dot{m}_M \qquad \rho_1\dot{V}_1 + \rho_2\dot{V}_2 = \rho_M\dot{V}_M \qquad \text{(I)}$

Wärmestrombilanz: $\dot{Q}_{01} + \dot{Q}_{02} = \dot{Q}_{0M}$

$$\rho_1\dot{V}_1 c_1(t_1 - t_0) + \rho_2\dot{V}_2 c_2(t_2 - t_0) = \rho_M\dot{V}_M c_M(t_M - t_0) \qquad \text{(II)}$$

Für die Lösung des Gleichungssystems nutzen wir hier das Einsetzungsverfahren. Dazu lösen wir die Massenstrombilanz (I) auf nach $\rho_2\dot{V}_2 = \rho_M\dot{V}_M - \rho_1\dot{V}_1$ und setzen dies in die Wärmestrombilanz ein, so dass entsteht: $\rho_1\dot{V}_1 c_1 t_1 + \rho_M\dot{V}_M c_2 t_2 - \rho_1\dot{V}_1 \cdot c_2 t_2 = \rho_M\dot{V}_M c_M t_M$ . Aufgelöst nach $\dot{V}_1$ ergibt sich:

$$\dot{V}_1 = \dot{V}_M \frac{\rho_M(c_M t_M - c_2 t_2)}{\rho_1(c_1 t_1 - c_2 t_2)} = 35\ \frac{\ell}{\text{min}} \cdot \frac{992{,}2\ \dfrac{\text{kg}}{\text{m}^3} \cdot (4{,}1891\ \dfrac{\text{kJ}}{\text{kg K}} \cdot 40\ °\text{C} - 4{,}2058\ \dfrac{\text{kJ}}{\text{kg K}} \cdot 10\ °\text{C})}{983{,}2\ \dfrac{\text{kg}}{\text{m}^3} \cdot (4{,}1860\ \dfrac{\text{kJ}}{\text{kg K}} \cdot 60\ °\text{C} - 4{,}2058\ \dfrac{\text{kJ}}{\text{kg K}} \cdot 10\ °\text{C})}$$

$$\underline{\underline{\dot{V}_1 = 21{,}199797 \frac{\ell}{\text{min}}}}$$

Aus Symmetriegründen folgt für $\dot{V}_2$

$$\dot{V}_2 = \dot{V}_M \frac{\rho_M(c_M t_M - c_1 t_1)}{\rho_2(c_2 t_2 - c_1 t_1)}$$

Alternativ kann $\dot{V}_2$ auch bestimmt werden aus der Massenstrombilanz (I):

$$\dot{V}_2 = \frac{\rho_M\dot{V}_M - \rho_1\dot{V}_1}{\rho_2} = \frac{992{,}2\ \text{kg/m}^3 \cdot 35\ \ell/\text{min} - 983{,}2\ \text{kg/m}^3 \cdot 21{,}199797\ \ell/\text{min}}{999{,}7\ \text{kg/m}^3} = \underline{\underline{13{,}887526 \frac{\ell}{\text{min}}}}$$

Auffällig ist, dass wegen der unterschiedlichen Dichten sich die beiden errechneten Volumenströme sich nicht genau zu 35 ℓ/min addieren. Erst mit der Massenstrombilanz können wir die errechneten Werte prüfen.

$$\rho_M \cdot \dot{V}_M = 992{,}2 \frac{\text{kg}}{\text{m}^3} \cdot 0{,}035 \frac{\text{m}^3}{\text{min}} = 34{,}727 \frac{\text{kg}}{\text{min}} \quad \text{und} \quad \rho_1 \cdot \dot{V}_1 + \rho_2\dot{V}_2 = 34{,}727 \frac{\text{kg}}{\text{min}}$$

Mit konstanter Dichte und konstanter spezifischer Wärmekapazität ergeben sich für die Volumenströme folgende einfach aufgebaute Gleichungen:

$$\dot{V}_1 = \dot{V}_M \cdot \frac{t_M - t_2}{t_1 - t_2} = 35 \frac{\ell}{\text{min}} \cdot \frac{40\ °\text{C} - 10\ °\text{C}}{60\ °\text{C} - 10\ °\text{C}} = \underline{\underline{21 \frac{\ell}{\text{min}}}}$$

$$\dot{V}_2 = \dot{V}_M \cdot \frac{t_M - t_1}{t_2 - t_1} = 35 \frac{\ell}{\text{min}} \cdot \frac{40\ °\text{C} - 60\ °\text{C}}{10\ °\text{C} - 60\ °\text{C}} = \underline{\underline{14 \frac{\ell}{\text{min}}}}$$

Bei der Temperatur von 40 °C ergibt sich dann der Volumenstrom:

$$\dot{V}_M = \frac{\rho_1 \dot{V}_1 + \rho_2 \dot{V}_2}{\rho_M} = \frac{983{,}2\,\text{kg/m}^3 \cdot 21\,\ell/\text{min} + 999{,}7\,\text{kg/m}^3 \cdot 14\,\ell/\text{min}}{992{,}2\,\text{kg/m}^3} = 34{,}915\,\frac{\ell}{\text{min}}$$

Zur Ermittlung der Mischungstemperatur ist die Wärmestrombilanz (II) heranzuziehen:

$$t_M = \frac{\rho_1 \dot{V}_1 c_1 t_1 + \rho_2 \dot{V}_2 c_2 t_2}{\rho_M \dot{V}_M c_M}$$

$$t_M = \frac{983{,}2\,\frac{\text{kg}}{\text{m}^3} \cdot 21\,\frac{\ell}{\text{min}}\,4{,}186\,\frac{\text{kJ}}{\text{kg K}} \cdot 60\,°\text{C} + 983{,}2\,\frac{\text{kg}}{\text{m}^3} \cdot 21\,\frac{\ell}{\text{min}}\,4{,}2058\,\frac{\text{kJ}}{\text{kg K}} \cdot 10\,°\text{C}}{992{,}2\,\frac{\text{kg}}{\text{m}^3} \cdot 34{,}915\,\frac{\ell}{\text{min}}\,4{,}1891\,\frac{\text{kJ}}{\text{kg K}}}$$

$$\underline{\underline{t_M = 39{,}79\,°\text{C}}}$$

Praktisch würde man den Temperaturunterschied kaum messen können. Im Temperaturbereich zwischen 0 °C und 100 °C sind die Annahmen einer konstanten Dichte und einer konstanten spezifischen Wärmekapazität bei Wasser fast immer gerechtfertigt.

**Aufgabe 3-6:** Mischungstemperatur ohne und mit Beteiligung des Metallgefäßes
Zu untersuchen sei ein Ausgleichsvorgang mit Wasser, für das wir nach den Erkenntnissen von Aufgabe 3-5 eine konstante Dichte von 1000 kg/m³ und eine konstante mittlere spezifische Wärmekapazität von 4,19 kJ/(kg K) ansetzen können.

a) Ermitteln Sie die sich einstellende Mischungstemperatur $t_M$, wenn 4 ℓ Wasser von 12 °C mit 2,5 ℓ Wasser von 19 °C und 6 ℓ Wasser von 60 °C miteinander in einem adiabaten System gemischt werden!
b) Wie ändert sich die Mischungstemperatur $t_M$, wenn das Mischen des Wassers in einem dünnwandigen Metallgefäß mit einer Masse von 2 kg stattfindet? Zu Beginn des Mischungsvorgangs habe das Metallgefäß die Umgebungstemperatur von 19 °C angenommen. Die mittlere spezifische Wärmekapazität für das Metall (Index Me) sei mit 0,58 kJ/(kg K) gegeben.

Gegeben:

| | | | |
|---|---|---|---|
| Wasser: | $\bar{c}_W = 4{,}19\,\text{kJ/(kg K)}$ | | $\rho_W = 1000\,\text{kg/m}^3$ |
| | $V_1 = 4\,\text{Liter}$ | $V_2 = 2{,}5\,\text{Liter}$ | $V_3 = 6\,\text{Liter}$ |
| | $t_1 = 12\,°\text{C}$ | $t_2 = 19\,°\text{C}$ | $t_3 = 60\,°\text{C}$ |
| Metall: | $\bar{c}_{Me} = 0{,}58\,\text{kJ/(kg K)}$ | $m_{Me} = 2\,\text{kg}$ | $t_{Me} = 19\,°\text{C}$ |

Vorüberlegungen:
Wegen der Dünnwandigkeit des Metallgefäßes ist es gerechtfertigt davon auszugehen, dass das Metallgefäß sofort die Mischungstemperatur des Wassers annimmt.

**Lösung:**

a) Mischungstemperatur ohne Beteiligung des Gefäßes

Aus Formel (3-34) leiten wir zur Bestimmung der Ausgleichstemperatur $t_{M,W}$ für konstante Dichte ( $m = \rho \cdot V$ ) und konstante spezifische Wärmekapazität folgende Vereinfachungen ab:

$$t_{M,W} = \frac{m_1 c_1 t_1 + m_2 c_2 t_2 + m_3 c_3 t_3}{m_1 c_1 + m_2 c_2 + m_3 c_3} = \frac{V_1 t_1 + V_2 t_2 + V_3 t_3}{V_1 + V_2 + V_3}$$

$$t_{M,W} = \frac{4\ \ell \cdot 12\,°\mathrm{C} + 2{,}5\ \ell \cdot 19\,°\mathrm{C} + 6\ \ell \cdot 60\,°\mathrm{C}}{12{,}5\,\ell} = \underline{\underline{36{,}44\,°\mathrm{C}}}$$

b) Mischungstemperatur mit Beteiligung des Metallgefäßes

Mit Kenntnis des Ergebnisses aus Aufgabenteil a) ist zur Errechnung der Ausgleichungstemperatur $t_{M,neu}$ nun ein Ansatz möglich der Form: abgegebene Wärme des gemischten Wassers = aufgenommene Wärme des Metallgefäßes. Die Temperaturdifferenzen schreiben wir so auf, dass die Betragsstriche entfallen können!

$$m_W \cdot \bar{c}_W \cdot (t_{M,W} - t_{M,neu}) = m_{Me} \cdot \bar{c}_{Me} \cdot (t_{M,neu} - t_{Me})$$

Die Masse des Wasser ergibt sich aus: $m_W = \rho_W \cdot V_W = 1000 \frac{\mathrm{kg}}{\mathrm{m}^3} \cdot 0{,}0125\,\mathrm{m}^3 = 12{,}5\,\mathrm{kg}$

Die sich bei Berücksichtigung des Gefäßes einstellende, neue Ausgleichstemperatur folgt aus

$$t_{M,neu} = \frac{m_W \bar{c}_W t_{M,W} + m_{Me} \bar{c}_{Me} t_{Me}}{m_W \bar{c}_W + m_{Me} \bar{c}_{Me}}$$

$$t_{M,neu} = \frac{12{,}5\,\mathrm{kg} \cdot 4{,}19\,\mathrm{kJ/(kg\,K)} \cdot 36{,}44\,°\mathrm{C} + 2\,\mathrm{kg} \cdot 0{,}58\,\mathrm{kJ/8kg\,K)} \cdot 19\,°\mathrm{C}}{12{,}5\,\mathrm{kg} \cdot 4{,}19\,\mathrm{kJ/(kg\,K)} + 2\,\mathrm{kg} \cdot 0{,}58\,\mathrm{kJ/(kg\,K)}} = \underline{\underline{36{,}06\,°\mathrm{C}}}$$

Ohne Kenntnis des Resultates aus a) wäre gemäß Formel (3-34) anzusetzen:

$$t_{M,neu} = \frac{\rho_W \cdot \bar{c}_W (V_1 \cdot t_1 + V_2 \cdot t_2 + V_3 \cdot t_3) + m_{Me} \bar{c}_{Me} t_{Me}}{\rho_W (V_1 + V_2 + V_3) \cdot \bar{c}_w + m_{Me} \cdot \bar{c}_{Me}}$$

$$t_{M,neu} = \frac{1 \frac{\mathrm{kg}}{\ell} \cdot 4{,}19 \frac{\mathrm{kJ}}{\mathrm{kg\,K}} \cdot (4\ \ell \cdot 12\,°\mathrm{C} + 2{,}5\ \ell \cdot 19\,°\mathrm{C} + 6\ \ell \cdot 60°\mathrm{C}) + 2\,\mathrm{kg} \cdot 0{,}58 \frac{\mathrm{kJ}}{\mathrm{kg\,K}} \cdot 19\,°\mathrm{C}}{12{,}5\,\mathrm{kg} \cdot 4{,}19 \frac{\mathrm{kJ}}{\mathrm{kg\,K}} + 2\,\mathrm{kg} \cdot 0{,}58 \frac{\mathrm{kJ}}{\mathrm{kg\,K}}}$$

$$\underline{\underline{t_{M,neu} = 36{,}06\,°\mathrm{C}}}$$

Für praktische Rechnungen ist es bei dünnwandigen Gefäßen fast immer gerechtfertigt, von einer Berücksichtigung des Anteils des Gefäßes am Wärmeaustausch abzusehen. Ausnahmen hiervon sind Kalorimetermessungen, für die wir in der nächsten Aufgabe ein Beispiel untersuchen.

**Aufgabe 3-7:** Versuch zur Bestimmung der spezifischen Wärmekapazität
Geräte zur Messung der spezifischen Wärmekapazitäten heißen Kalorimeter. Eine spezielle Bauart besteht aus einem extrem gut wärmeisolierten metallischen Gefäß (meist Silber), in dem sich Kalorimeterflüssigkeit (meist Wasser) befindet. Kalorimeterflüssigkeit und -gefäß haben zu Beginn der Messung gleiche Temperatur, die Kalorimetertemperatur $t_K$. Das Prüfstück wird gewogen und auf die gewünschte Untersuchungstemperatur gebracht. Nach dem Eintauchen des erwärmten Prüfstücks in die Kalorimeterflüssigkeit läuft ein Ausgleichsvorgang ab, der im thermischen Gleichgewicht aller drei beteiligten Teilsysteme mit der Mischungstemperatur $t_M$ endet.

Die Masse des Kalorimeters betrage 420 g, die des Wassers im Kalorimeter 650 g. Die mittlere spezifische Wärmekapazität des Kalorimetergefäßes sei mit 0,234 kJ/(kg K), die des Wassers mit 4,182 kJ/(kg K) gegeben. Bestimmen Sie die spezifische Wärmekapazität eines 100 g schweren Prüfstücks aus Aluminium mit einer Temperatur von 100 °C, wenn nach Temperaturausgleich 20,6 °C gemessen wurden!

Gegeben:

| | | | |
|---|---|---|---|
| Wasser: | $\bar{c}_W = 4{,}182\ \text{kJ/(kg K)}$ | $m_W = 0{,}65\ \text{kg}$ | $t_W = t_K = 18{,}0\ °\text{C}$ |
| Kalorimeter: | $\bar{c}_K = 0{,}234\ \text{kJ/(kg K)}$ | $m_K = 0{,}42\ \text{kg}$ | $t_K = 18{,}0\ °\text{C}$ |
| Prüfstück: | | $m_{Al} = 0{,}10\ \text{kg}$ | $t_{Al} = 100{,}0\ °\text{C}$ |
| Endtemperatur: | | | $t_M = 20{,}6\ °\text{C}$ |

Vorüberlegungen:
Für den ablaufenden Ausgleichsvorgang kann die Bilanz angesetzt werden, dass abgegebene Wärme gleich aufgenommene Wärme sein muss. Die Temperaturdifferenzen in Gleichung (3-30) schreiben wir so auf, dass die Betragsstriche entfallen können.

Die Menge der Kalorimeterflüssigkeit kann von Versuch zu Versuch schwanken, Masse und spezifische Wärmekapazität des Kalorimetergefäßes bleiben gleich. Deshalb ist schon vorab die sogenannte Kalorimeterkapazität $C_K$ bekannt. Für das in diesem Beispiel verwendete Kalorimeter gilt:

$$C_K = m_K \cdot \bar{c}_K = 0{,}42\ \text{kg} \cdot 0{,}234\ \text{kJ/(kg K)} = 0{,}09828\ \text{kJ/K}$$

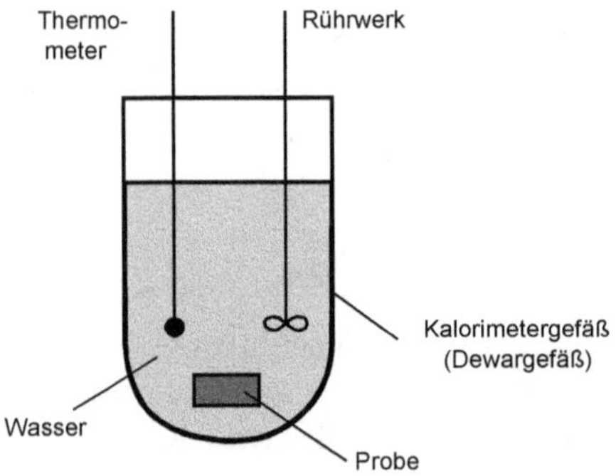


**Abb. 3-5:** Aufbau eines Kalorimetergefäßes.

**Lösung:**

$$|Q_{ab}| = Q_{auf} \qquad \rightarrow \qquad m_{Al} \cdot \bar{c}_{Al}\Big|_{20\,°C}^{100\,°C} \cdot (t_{Al} - t_M) = (m_W \bar{c}_W + C_K) \cdot (t_M - t_K)$$

$$\bar{c}_{Al}\Big|_{20\,°C}^{100\,°C} = \frac{(m_W \bar{c}_W + C_K) \cdot (t_M - t_K)}{m_{Al} \cdot (t_{Al} - t_M)}$$

$$\bar{c}_{Al}\Big|_{20\,°C}^{100\,°C} = \frac{(0{,}65\,\text{kg} \cdot 4{,}182\,\text{kJ/(kg K)} + 0{,}09828\,\text{kJ/K}) \cdot (20{,}6\,°C - 18\,°C)}{0{,}1\,\text{kg} \cdot (100\,°C - 20{,}6\,°C)} = 0{,}9223\,\frac{\text{kJ}}{\text{kg K}}$$

Eine Vernachlässigung des Einflusses des Kalorimetergefäßes hätte zur Folge:

$$\bar{c}_{Al}\Big|_{20\,°C}^{100\,°C} = \frac{m_W \bar{c}_W \cdot (t_M - t_K)}{m_{Al} \cdot (t_{Al} - t_M)} = \frac{0{,}65\,\text{kg} \cdot 4{,}182\,\text{kJ/(kg K)} \cdot (20{,}6\,°C - 18\,°C)}{0{,}1\,\text{kg} \cdot (100\,°C - 20{,}6\,°C)} = 0{,}8901\,\frac{\text{kJ}}{\text{kg K}}$$

Fehler: $\left|\dfrac{(0{,}9223 - 0{,}8901)\,\text{kJ/(kg K)}}{0{,}9223\,\text{kJ/(kg K)}}\right| \approx 0{,}035$ ca. 3,5 % Fehler!

Im Übrigen kommt es bei Kalorimeterversuchen auch auf sehr genaue Temperaturmessungen an. Das Resultat für eine Mischungstemperatur von 20,5 °C, also Abweichung –0,1 K, lautet:

$$\bar{c}_{Al}\Big|_{20\,°C}^{100\,°C} = \frac{(0{,}65\,\text{kg} \cdot 4{,}182\,\text{kJ/(kg K)} + 0{,}09828\,\text{kJ/K}) \cdot (20{,}5\,°C - 18\,°C)}{0{,}1\,\text{kg} \cdot (100\,°C - 20{,}5\,°C)} = 0{,}8857\,\frac{\text{kJ}}{\text{kg K}}$$

Fehler: $\left|\dfrac{(0{,}9223 - 0{,}8857)\,\text{kJ/(kg K)}}{0{,}9223\,\text{kJ/(kg K)}}\right| \approx 0{,}04$ ca. 4 % Fehler!!

Überprüfung des Befundes mit Regel von Dulong-Petit (Aluminium als kristalliner Festkörper):

$$c_{Al} = \frac{3 \cdot R_m}{M_{Al}} = \frac{3 \cdot 8{,}3144621\,\text{kJ/(kmol K)}}{26{,}9815\,\text{kg/kmol}} = 0{,}9244\,\frac{\text{kJ}}{\text{kg K}}$$

**Aufgabe 3-8:** Thermodynamische Analyse für perfektes und halbideales Gas

Welche Temperatur und welches Volumen wird erreicht, wenn 1 ℓ Luft (Gaskonstante 287 J/(kg K)) von 1,5 bar und 30 °C in einem Zylinder isentrop auf 94,5 bar verdichtet werden? Welche Nutzarbeit ist dafür aufzuwenden, wenn der Umgebungsdruck dem physikalischen Normdruck entspricht? Berechnen Sie die gesuchten Größen

a) mit dem Modell perfektes Gas!
b) mit dem Modell halbideales Gas!

Gegeben:

$V_1 = 0{,}001\ \text{m}^3$ $\quad p_1 = 1{,}5$ bar $\quad T_1 = 303{,}15$ K $\quad p_2 = 94{,}5$ bar

$R_L = 287$ J/(kg K) $\quad p_{amb} = 1{,}01325$ bar (vergleiche DIN 1343)

Vorüberlegungen:

Die gesuchte Temperatur folgt der Gleichung für die isentrope Zustandsänderung:

$$T_2 = T_1 \cdot \left(\frac{p_2}{p_1}\right)^{\frac{\kappa-1}{\kappa}} \quad \text{(siehe Gleichung 2-13).}$$

Für perfektes Gas ist der Isentropenexponent von Luft als ganz überwiegend zweiatomiges Gas $\kappa = 1{,}4 =$ konstant. Im Modell halbideales Gas ist $\kappa = \kappa(t)$ zu berücksichtigen. Dazu nutzt man vorteilhaft für den Exponenten in der oben erwähnten Gleichung eine aus der Mayerschen Gleichung folgende Schreibweise.

$$c_p = \frac{\kappa}{\kappa-1} R_L \quad \rightarrow \quad \frac{\kappa-1}{\kappa} = \frac{R_L}{c_p} \qquad \text{für } \kappa = \kappa(t) \quad T_2 = T_1 \cdot \left(\frac{p_2}{p_1}\right)^{\frac{R_L}{c_p(t)}}$$

Hilfsweise wird hier $c_p(t)$ ersetzt durch die aus Tabelle 9-10 gewinnbaren Werte $\bar{c}_p\Big|_{t_1}^{t_2}$.

Die Nutzarbeit nach (1-11) verringert sich für die Kompression um den Teil, der durch den Umgebungsdruck geleistet wird.

$$W_{N,12} = -\int_1^2 p(V)\mathrm{d}V + p_{amb}(V_2 - V_1) \qquad \text{für Kompression: } -\int_1^2 p(V)\mathrm{d}V > 0 \ \text{ und } \ p_{amb}(V_2 - V_1) > 0$$

Die isentrope Zustandsänderung $p \cdot V^\kappa = p_1 \cdot V_1^\kappa$ führt für die fest gegebenen Größen $p_1$, $V_1$ und $\kappa$ auf $p(V) = p_1 \cdot V_1^\kappa \cdot \frac{1}{V^\kappa}$. Somit folgt für die Volumenänderungsarbeit nach (1-9)

$$W_{V,12} = -\int_1^2 p(V)\mathrm{d}V = -p_1 \cdot V_1^\kappa \int_1^2 V^{-\kappa}\mathrm{d}V = -\frac{1}{1-\kappa} \cdot p_1 \cdot V_1^\kappa \cdot (V_2^{1-\kappa} - V_1^{1-\kappa}) = \frac{1}{\kappa-1} \cdot p_1 \cdot V_1^\kappa \cdot V_1^{1-\kappa}\left(\frac{V_2^{1-\kappa}}{V_1^{1-\kappa}} - 1\right)$$

$$W_{V,12} = \frac{1}{\kappa-1} \cdot p_1 \cdot V_1 \cdot \left(\left(\frac{V_1}{V_2}\right)^{\kappa-1} - 1\right) \text{ und mit } \frac{V_1}{V_2} = \left(\frac{p_2}{p_1}\right)^{1/\kappa} \quad \rightarrow \quad W_{V,12} = \frac{1}{\kappa-1} \cdot p_1 \cdot V_1 \cdot \left(\left(\frac{p_2}{p_1}\right)^{\frac{\kappa-1}{\kappa}} - 1\right)$$

$$W_{N,12} = \frac{1}{\kappa-1} \cdot p_1 \cdot V_1 \cdot \left(\left(\frac{p_2}{p_1}\right)^{\frac{\kappa-1}{\kappa}} - 1\right) + p_{amb}(V_2 - V_1)$$

**Lösung:**

a) Luft als perfektes Gas

$$T_2 = 303{,}15\,\text{K} \cdot \left(\frac{94{,}5\,\text{bar}}{1{,}5\,\text{bar}}\right)^{\frac{0{,}4}{1{,}4}} = \underline{\underline{990{,}27285\,\text{K}}} \qquad \underline{\underline{t_2 \approx 717\,°\text{C}}}$$

$$V_2 = V_1 \cdot \left(\frac{p_1}{p_2}\right)^{1/\kappa} = 1 \cdot 10^{-3}\,\text{m}^3 \cdot \left(\frac{1{,}5\,\text{bar}}{94{,}5\,\text{bar}}\right)^{\frac{1}{1{,}4}} = \underline{\underline{0{,}051851 \cdot 10^{-3}\,\text{m}^3}} \quad \text{oder aus Gleichung (2-5)}$$

$$V_2 = V_1 \cdot \frac{p_1}{p_2} \cdot \frac{T_2}{T_1} = 1 \cdot 10^{-3}\,\text{m}^3 \cdot \frac{1{,}5\,\text{bar}}{94{,}5\,\text{bar}} \cdot \frac{990{,}72285\,\text{K}}{303{,}15\,\text{K}} = \underline{\underline{0{,}051851 \cdot 10^{-3}\,\text{m}^3}}$$

$$W_{N,12} = \frac{1}{0{,}4} \cdot 1{,}5 \cdot 10^5\,\frac{\text{N}}{\text{m}^2} \cdot 1 \cdot 10^{-3}\,\text{m}^3 \left(\left(\frac{94{,}5\,\text{bar}}{1{,}5\,\text{bar}}\right)^{\frac{0{,}4}{1{,}4}} - 1\right) + 1{,}01325 \cdot 10^5\,\frac{\text{N}}{\text{m}^2}(0{,}051851 - 1) \cdot 10^{-3}\,\text{m}^3$$

$$W_{N,12} = 849{,}97878\,\text{Nm} - 96{,}071197\,\text{Nm} \approx \underline{\underline{753{,}91\,\text{Nm}}}$$

b) Luft als halbideales Gas

Für die exakte Berücksichtigung der Temperaturabhängigkeit bei der spezifischen Wärmekapazität müsste die gesuchte Temperatur $T_2$ eigentlich schon bekannt sein. Es gibt eine Möglichkeit über die Entropiefunktion der Temperatur bei Vorliegen temperaturabhängiger Wärmekapazitäten/Isentropenexponenten die Temperatur $T_2$ direkt zu berechnen. Alternativ kann man aber auch ein iteratives Verfahren wählen, von der wir hier Gebrauch machen, in dem wir das Ergebnis aus a) für eine erste Näherung verwenden und $\bar{c}_p\big|_{30\,°\text{C}}^{717\,°\text{C}}$ gemäß dem Vorgehen nach Formel (3-28) mit Ausgangswerten suchen, die durch lineare Interpolation der Werte aus Tabelle 9-10 gewonnenen wurden:

$$\bar{c}_p\big|_{0\,°\text{C}}^{30\,°\text{C}} = 1{,}005\,\frac{\text{kJ}}{\text{kg K}} \quad \text{und} \quad \bar{c}_p\big|_{0\,°\text{C}}^{717\,°\text{C}} = 1{,}063\,\frac{\text{kJ}}{\text{kg K}}$$

$$\bar{c}_p\big|_{30\,°\text{C}}^{717\,°\text{C}} = \frac{1{,}063\,\text{kJ/(kg K)} \cdot 717\,°\text{C} - 1{,}005\,\text{kJ/(kg K)} \cdot 30\,°\text{C}}{717\,°\text{C} - 30\,°\text{C}} = 1{,}0655\,\frac{\text{kJ}}{\text{kg K}} \qquad \frac{R_L}{\bar{c}_p} = 0{,}2693571$$

Damit können wir den Temperaturwert $T_2$ verbessern zu:

$$T_2 = 303{,}15\,\text{K} \cdot \left(\frac{94{,}5\,\text{bar}}{1{,}5\,\text{bar}}\right)^{0{,}2693571} = \underline{\underline{925{,}3856\,\text{K}}} \qquad \underline{\underline{t_2 \approx 652\,°\text{C}}}$$

und die mittlere spezifische Wärmekapazität neu berechnen durch

$$\bar{c}_p\big|_{30\,°\text{C}}^{652\,°\text{C}} = \frac{1{,}0555\,\text{kJ/(kg K)} \cdot 652\,°\text{C} - 1{,}005\,\text{kJ/(kg K)} \cdot 30\,°\text{C}}{652\,°\text{C} - 30\,°\text{C}} = 1{,}0579\,\frac{\text{kJ}}{\text{kg K}} \qquad \frac{R_L}{\bar{c}_p} = 0{,}2712922$$

Die zweite Verbesserung des Temperaturwertes $T_2$ liefert nun

$$T_2 = 303{,}15\,\text{K} \cdot \left(\frac{94{,}5\,\text{bar}}{1{,}5\,\text{bar}}\right)^{0{,}2712922} = \underline{\underline{932{,}8345\,\text{K}}} \qquad \underline{\underline{t_2 \approx 660\,°\text{C}}}$$

Eine weitere Iteration ist durch das grobe Raster der Tabelle 9-10 jetzt nicht mehr sinnvoll, grundsätzlich könnte man aber bei Verfügbarkeit von Tabellen mit geringerem Stützstellenabstand die Genauigkeit auf diesem Wege noch einmal erhöhen.

$$V_2 = V_1 \cdot \frac{p_1}{p_2} \cdot \frac{T_2}{T_1} = 1 \cdot 10^{-3}\,\text{m}^3 \cdot \frac{1{,}5\ \text{bar}}{94{,}5\ \text{bar}} \cdot \frac{932{,}8345\ \text{K}}{303{,}15\ \text{K}} = \underline{\underline{0{,}0488435 \cdot 10^{-3}\,\text{m}^3}}$$

Der im relevanten Temperaturbereich mittlere Isentropenexponent errechnet sich zu

$$\overline{\kappa} = \frac{1}{1 - R_L / \overline{c}_p} = \frac{1}{1 - 0{,}2712922} = 1{,}3723$$

Der niedrigere Wert als der für perfektes Gas erscheint plausibel, denn für steigende Temperaturen nimmt der Isentropenexponent ab.

$$W_{N,12} = \frac{1}{0{,}3723} \cdot 1{,}5 \cdot 10^5\,\frac{\text{N}}{\text{m}^2} \cdot 1 \cdot 10^{-3}\,\text{m}^3 \left(63^{0{,}2712922} - 1\right) + 1{,}01325 \cdot 10^5\,\frac{\text{N}}{\text{m}^2} (0{,}0488435 - 1) \cdot 10^{-3}\,\text{m}^3$$

$$W_{N,12} = 836{,}88098\ \text{Nm} - 96{,}375932\ \text{Nm} \approx \underline{\underline{740{,}51\ \text{Nm}}}$$

Während die Temperaturen mit dem Modell perfektes Gas um fast 10 % zu hoch berechnet werden, ist der relative Fehler mit circa 1,8 % bei der Nutzarbeit deutlich niedriger. Die Fehlersensibilität für Abweichungen des Isentropenexponenten ist bei den jeweiligen Formeln unterschiedlich stark ausgeprägt.

# 4 Erster Hauptsatz der Thermodynamik

Der erste Hauptsatz der Thermodynamik beschreibt die Anwendung des als Erfahrungstatsache bekannten Prinzips der Energieerhaltung auf thermodynamische Systeme in Verbindung mit der Erkenntnis, dass Wärme genauso wie mechanische oder elektrische Energie eine spezielle Energieform ist. Ein sichtbares Zeichen dafür sind die für Wärme und Arbeit verwendeten Maßeinheiten.

Wärme $[Q] = 1\ \text{J} = 1\ \text{Ws} = 1\ \text{Nm}$ mechanische Arbeit $[W] = 1\ \text{Nm} = 1\ \text{Ws} = 1\ \text{J}$

elektrische Arbeit $[W_{el}] = 1\ \text{Ws} = 1\ \text{Nm} = 1\ \text{J}$

Unter Energie verstehen wir die Fähigkeit eines Systems, Arbeit zu verrichten. Erfahrungssätze, wie der Satz von der Erhaltung der Energie oder in seiner thermodynamischen Formulierung der erste Hauptsatz der Thermodynamik, können nicht aus anderen Naturgesetzen hergeleitet werden. Der erste Hauptsatz könnte nur falsifiziert werden, gäbe es zwangsläufige, experimentell bestätigte Folgerungen, die im Widerspruch zu seinen Aussagen stehen. Ein solcher Nachweis ist bekanntlich bis heute nicht gelungen und wird auch in der Zukunft nicht zu erbringen sein.

Wenn man davon ausgeht, dass Energie nicht verloren gehen kann, sondern immer nur in andere Energieformen wandelbar, ist es unmöglich eine Vorrichtung zu konstruieren, die Arbeit verrichtet, ohne dass ihr ein dieser Arbeit äquivalenter Energiebetrag zugeführt wird. Kürzer drückt man dieses Unmöglichkeitsprinzip aus durch die Feststellung: *Ein Perpetuum mobile erster Art ist nicht möglich.*

Das Postulat, dass jedes thermodynamische System eine extensive, also massen- oder stoffabhängige, Zustandsgröße Energie besitzt, schafft in Verbindung mit dem Prinzip der Energieerhaltung die Grundlagen zum Aufstellen von Energiebilanzen an den Systemgrenzen. Die Untersuchung dieser Bilanzen stellt eines der wichtigsten Werkzeuge des mit Problemen der Energieumwandlung befassten Ingenieurs dar.

Die Energie eines thermodynamischen Systems lässt sich nur durch Energietransport über die Systemgrenze ändern. Die Übergabe der Energie an der Systemgrenze kann erfolgen als:

- *Wärme* $Q$ aufgrund eines Temperaturgefälles zwischen System und seiner Umgebung. Adiabate Wände unterbinden den Wärmefluss vollständig.
- *mechanische Arbeit* $W$ infolge äußerer Kräfte oder Momente, die auf das System wirken. Bei den äußeren Kraftfeldern ist insbesondere der Einfluss des zeitlich konstanten Gravitationsfeldes auf das System zu berücksichtigen.
- *elektrische Arbeit* $W_{el}$ durch das Fließen eines elektrischen Stromes über die Systemgrenze. Elektrische Arbeit entsteht durch das Verschieben der elektrischen Ladungen, auf die im elektrischen Potentialfeld Kräfte wirken. Damit kann elektrische Energie auf eine mechanische Basis zurückgeführt werden, genauso wie es die kinetische Gastheorie für die Wärme ermöglicht.

DOI 10.1515/9783110530513-005

- *stoffgebundene Energie* beim Stofftransport über die Systemgrenze. Geschlossene Systeme haben im Gegensatz zu offenen Systemen stoffdichte Grenzen, die einen stoffgebundenen Energietransport unterbinden.

Die Energie eines Systems $E$ setzt sich aus seiner inneren Energie $U$, seiner potenziellen Energie $E_{pot}$ und seiner kinetischen Energie $E_{kin}$ zusammen. Die potenzielle und die kinetische Energie sind mechanische Energien, die sich in einer vereinfachenden Betrachtung auf den Massenschwerpunkt des Systems beziehen. Die innere Energie eines Systems erhalten wir aus seiner Gesamtenergie $E$ abzüglich der mechanischen Energie $U = E - (E_{pot} + E_{kin})$. In der makroskopisch-phänomenologischen Betrachtung bleibt die innere Energie $U$ ein sperrig abstrakter Begriff. Da die innere Energie $U$ jedoch eine zentrale Größe für die Energiebilanzen thermodynamischer Systeme ist, lohnt für das tiefere Verständnis ein Blick auf die molekulare Ebene, wo die innere Energie als Summe aller intramolekularen sowie intermolekularen Energien definiert ist und in drei Gruppen eingeteilt wird: die thermische innere Energie, die chemische innere Energie und die nukleare innere Energie ($U = U_{th} + U_{ch} + U_{nu}$).

Die thermische innere Energie $U_{th}$ ist die Summe aller Bewegungsenergien der einzelnen Teilchen des Systems und der vom Abstand der einzelnen Teilchen zueinander abhängigen Anziehungs- und Abstoßungskräfte. Letzteres haben wir für ideale Gase per Definition ausgeschlossen. Deshalb ist die thermische innere Energie idealer Gase allein eine Funktion der sich über die Intensität der Molekularbewegung definierenden Temperatur $T$. Die Anziehungs- und Abstoßungskräfte zwischen den Teilchen, die bei realen Fluiden immer wirken, haben noch eine zusätzliche Abhängigkeit vom Druck $p$ zur Folge. Der Druck $p$ beeinflusst die Dichte $\rho$ und damit den Abstand der Moleküle untereinander.

Die chemische innere Energie $U_{ch}$ beruht auf den Bindungsenergien der Atome in den Molekülen. Sie wird durch chemische Reaktionen verändert, bei denen sich die Atome und die sie umgebenden Elektronen neu ordnen. Beispielsweise wird bei exothermen chemischen Reaktionen Bindungsenergie frei, die die kinetische Energie der Moleküle erhöht mit der Folge eines Temperaturanstiegs (Verbrennungsvorgänge). Chemische innere Energie wird in thermische innere Energie umgewandelt.

Kernreaktionen wandeln die nukleare innere Energie in thermische innere Energie des Spaltmaterials um.

Im hier vorliegenden Band Energielehre beschränken wir uns auf Vorgänge, die ohne Änderung des chemischen oder nuklearen Zustands ablaufen und sprechen ab jetzt anstelle von thermischer innerer Energie der Einfachheit halber immer nur von der **inneren Energie *U*.**

Für die makroskopische Behandlung der inneren Energie $U$ ist die kalorische Zustandsgleichung (3-1) von besonderer Bedeutung, weil sie diese nicht direkt messbare Zustandsgröße über eine stoffabhängige mathematische Funktion aus messbaren Zustandsgrößen wie Temperatur $T$, spezifische Volumen $v$ oder Druck $p$ berechenbar macht. Erst dadurch können wir die Energiebilanzgleichungen des ersten Hauptsatzes für die Untersuchung von technischen Problemen überhaupt nutzen.

Wenn wir eingangs die einheitliche Natur von Arbeit und Wärme als jeweils spezielle Energieform und die Energieerhaltung als universell gültiges Prinzip betont haben, sind für die praktische Anwendung des ersten Hauptsatzes diese verschiedenen Energieformen sehr wohl zu unterscheiden.

**Wärme $Q_{12}$ und Wärmestrom $\dot{Q}_{12}$**

Ausschließlich an der Systemgrenze bei entsprechender Wechselwirkung mit einem anderen System oder der Umgebung wird Wärme nur auf Grund einer bestehenden Temperaturdifferenz von der höheren thermodynamischen Temperatur zur niedrigeren übertragen. Wärme ist damit keine den Systemzustand beschreibende Zustandsgröße wie die innere Energie $U$ oder die Enthalpie $H$, sondern wie die Arbeit eine Prozessgröße. Äußerlich erkennbar ist dies auch am Doppelindex „12" für das Formelzeichen $Q$ im Unterschied zu Zustandsgrößen, die nur einfach indiziert werden. Begriffe wie „Wärmeinhalt" eines Behälters stellen eine umgangssprachliche Verwässerung für seine innere Energie dar und sollten daher vermieden werden. Auch beim Phasenübergang fest-flüssig sprechen Physiker manchmal noch von latenter Wärme als Wärme, die für das Schmelzen „verbraucht" nun in der Flüssigkeit „aufbewahrt" sei und beim Erstarren der Flüssigkeit wieder restlos zum Vorschein komme. Tatsächlich gemeint ist die Schmelzenthalpie, die eine spezielle Form innerer Energie darstellt.

Wärme kann durch Wärmeleitung (einschließlich Konvektion und Wärmedurchgang), durch Wärmestrahlung und durch eine strömende Masse über die Systemgrenze transportiert werden.

Bezieht man die über die Systemgrenze transferierte Wärme auf einen bestimmten Zeitabschnitt, sprechen wir vom Wärmestrom $\dot{Q}_{12}$. Die treibende Kraft für das Fließen eines Wärmestroms ist die Temperaturdifferenz $\Delta T$. Für die Erläuterung der Zusammenhänge beim Transport der Wärme über die Systemgrenze greift man gern auf eine Analogie zum Ohm'schen Gesetz der Elektrotechnik zurück.

$$I = \frac{U_{el}}{R_{el}} \qquad \dot{Q} = \frac{\Delta T}{R_{th}}$$

Die treibende Temperaturdifferenz entspricht der angelegten elektrischen Spannung $U_{el}$ (Potentialdifferenz), der Wärmestrom $\dot{Q}$ dem elektrischen Strom $I$ und der thermische Widerstand $R_{th}$ dem elektrischen Widerstand $R_{el}$.

Alle anderen, die Systemgrenze passierenden Energieformen fast man unter dem Oberbegriff Arbeit zusammen:

**Mechanische Arbeit $W_{12}$**

Nur selten benötigt man die von äußeren Kräften verrichtete Arbeit, die die Bewegung oder Lage des Systems insgesamt beeinflussen. Oft geht es um mechanische Arbeit, die zu Änderungen des inneren Systemzustandes (Druck, Volumen) führen. Bei Kompression oder Expansion von Fluiden in Kolben (wie zum Beispiel in Pumpen, Kompressoren oder Motoren) wird Arbeit verrichtet von einer äußeren, die Systemgrenze bewegende und damit den Kraftangriffspunkt verschiebenden Kraft. Erfolgt die Verschiebung des Angriffspunktes in Richtung der Kraft, wird dem System Arbeit zugeführt. Das System gibt Arbeit ab, wenn die äußere Kraft gegen die Verschiebungsrichtung wirkt. Nach der Art des Systems unterscheiden wir die mit den Gleichungen (1-9) und (1-10) eingeführte Volumenänderungsarbeit $W_{V,12}$ für geschlossene Systeme von der mit (1-12) und (1-14) definierten technischen Arbeit $W_{t,12}$ für das offene System.

Darüber hinaus ist als mechanische Arbeit noch die Wellenarbeit $W_W$ interessant. Ragt eine rotierende Welle in ein System hinein, wird an der Schnittfläche zur Systemgrenze durch die zu einem Kräftepaar zusammengefassten Schubspannungen Wellenarbeit $W_W$ als Energie an das fluide Arbeitsmittel übertragen. Dem Fluid eines geschlossenen Systems kann Wellenarbeit nur zugeführt werden (irreversibler Prozess). Es ist nicht möglich, die dem System als Wellenarbeit zugeführte Energie so zu speichern, dass sie bei einer Prozessumkehr als Wellenarbeit wieder abgegeben werden könnte. Reibungsspannungen zwischen ruhenden und von der Welle angeregten Fluidteilchen bewirken, dass die Wellenarbeit vollständig dissipiert als innere Energie im Fluid gespeichert wird. Es gibt aber auch Systeme, die Wellenarbeit wieder abrufbar speichern können (Aufziehen einer Feder im Uhrwerk). Die gespannte Feder erhöht die innere Energie des Systems.

**Elektrische Arbeit $W_{el}$**

In elektrischen Kabeln, die die Systemgrenze scheiden, bewegen sich zwischen zwei Punkten mit unterschiedlichem elektrischem Potential elektrische Ladungen $Q_{el}$ und leisten so elektrische Arbeit. Der elektrische Strom $I$ ist die Ladungsverschiebung pro Zeiteinheit, die elektrische Spannung der treibende Potentialunterschied.

$$\mathrm{d}W_{el} = U_{el} \cdot \mathrm{d}Q_{el} \qquad I = \frac{\mathrm{d}Q_{el}}{\mathrm{d}\tau} \qquad P_{el} = \dot{W}_{el} = U_{el} \cdot I_{el} \qquad W_{el,12} = \int_1^2 P(\tau)\,\mathrm{d}\tau$$

Elektrische Arbeit kann in einem System vollständig über einen entsprechenden elektrischen Widerstand in Wärme dissipieren (elektrischer Wasserkocher), aus einem Kondensator oder Akkumulator dagegen kann eingespeicherte elektrische Energie wieder entnommen werden. Bei angenommener verlustfreier Prozessführung wandelt sich in einem Elektromotor die elektrische Energie vollständig in Wellenarbeit um. Tatsächlich treten aber über die Ohm'schen Widerstände der Motorwicklungen Verluste auf, die sich im Wicklungsmaterial als erhöhte innere Energie bemerkbar machen. Im Elektromotor dissipiert also ein Teil der elektrischen Leistung, so dass er weniger Wellenleistung als zuvor zugeführte elektrische Leistung abgibt.

Bei allen Energieumwandlungsprozessen wird ein gewisser Teil der Energie unumkehrbar in Wärme umgewandelt. Physikalisch ist das kein Energieverlust, wohl aber eine Umwandlung in meist nicht gewünschte Richtung. In Kapitel 1 haben wir diese Energieumwandlung als Dissipation („Zerstreuung") von Energie eingeführt und damit neben der klassischen Reibung auch plastische Verformungen, Lichteffekte sowie elektrische und magnetische Erscheinungen einbezogen. Eine exakte Berechnung der dissipierten Energien aus den fluidtechnischen Systemkoordinaten ist sehr oft so schwierig, dass man von ihrer expliziten Ermittlung absieht und sie mittelbar aus den Bilanzen bestimmt.

Sind die durch Dissipation bewirkten Energieflüsse im Verhältnis zu den übrigen bilanzierten Energien sehr gering, liefert das theoretische Gedankenmodell der reversiblen Prozessführung brauchbare Ergebnisse. Ist jedoch auch die Reibungsarbeit möglichst genau zu bilanzieren, stößt man oft auf die Schwierigkeit, innere und äußere Reibungsarbeit zu unterscheiden. Diese Unterscheidung erfolgt immer aus der Perspektive des thermodynamischen Systems. Die *äußere* Reibungsarbeit entsteht nicht im thermodynamischen System, sondern durch zusätzliche Reibungseffekte an bewegten Teilen eines technischen Systems (zum Beispiel in den Lagern einer Welle). Die *innere* Reibungsarbeit resultiert aus dissipativen Effekten bei Prozessen im thermodynamischen System. Leider kann man bei der Formulierung der Energiebilanz der zu untersuchenden technischen Anlage die Reibung nur als Summe aus äußerer und innerer Reibung erfassen, was oft zu Schwierigkeiten bei der Rechnung führt.

Die Ausführungen zum stoffgebundenen Energietransport legen nahe, dass sich die Energiebilanzen für geschlossene Systeme von denen für offene Systeme unterscheiden.

## 4.1 Energiebilanz für das geschlossene System

Ein Beobachter sei fest mit einem geschlossenen System verbunden, so dass er sich in relativer Ruhe befinde. Dieser ruhende Beobachter registriert nur Veränderungen der inneren Zustandsgrößen wie Druck und Temperatur infolge einer Energiezufuhr oder einer Energieabfuhr über die Systemgrenzen. Eine Veränderung der äußeren Zustandsgrößen des Systems wie zum Beispiel Lage und Geschwindigkeit des Systems im Raum (Universum) kann er dagegen nicht feststellen. In dieser Situation ist die Energiebilanz sehr übersichtlich, da die gesamte, am System verrichtete Arbeit $W_{g,12}$ und die Zu- beziehungsweise Abfuhr von Wärme $Q_{12}$ ihren Niederschlag in der Änderung der inneren Energie des Systems $\Delta U$ findet. Die innere Energie ist eine Zustandsgröße, so dass ihre Änderung beschrieben werden kann als Differenz zwischen End- und Anfangszustand.

$$Q_{12} + W_{g,12} = U_2 - U_1 \qquad q_{12} + w_{g,12} = u_2 - u_1 \qquad (4\text{-}1)$$

$$[U] = 1\ \text{kJ} \qquad [u] = 1\ \text{kJ/kg}$$

In Bilanzgleichung (4-1) wird die gesamte am geschlossenen System verrichtete Arbeit bilanziert. Die kann mechanische Arbeit in Form von Volumenänderungsarbeit und/oder Wellenarbeit, elektrische Arbeit sowie Dissipationsarbeit sein. In (4-1) bestimmt die Summe aus Arbeit und Wärme die Änderung der inneren Energie. Eine getrennte Betrachtung von Arbeit und Wärme ist nur dann möglich, wenn weitere Informationen zum Prozess vorliegen, zum Beispiel adiabate Systemgrenze mit $Q_{12} = 0$. Eine grundsätzliche Differenzierung zwischen den Prozessgrößen Arbeit und Wärme ist erst durch Einbeziehung der Zustandsgröße Entropie $S$ möglich.

Mit dem Verzicht auf die Berücksichtigung der Dissipation (reversible Prozessführung) entsteht aus (4-1) in Verbindung mit der Volumenänderungsarbeit nach (1-9)

$$Q_{12} - \int_1^2 p\mathrm{d}V = U_2 - U_1 \qquad q_{12} - \int_1^2 p\mathrm{d}v = u_2 - u_1 \qquad (4\text{-}2)$$

Die massenspezifische Bilanzgleichung in differentieller Form lautet $\mathrm{d}q - p\mathrm{d}v = \mathrm{d}u$ und in Verbindung mit Gleichung (3-7) folgt

$$\mathrm{d}q = c_V\mathrm{d}T + p\mathrm{d}v \qquad (4\text{-}3)$$

Gleichung (4-3) wird genutzt, um Berechnungsformeln für Wärme und Arbeit eines geschlossenen Systems mit idealem Gas bereitzustellen.

Beispiel: Wärme bei isochorer Zustandsänderung ($\mathrm{d}v = 0$, weil $v$ = konstant)

$$\mathrm{d}q = c_V\mathrm{d}T = \frac{1}{\kappa - 1}R_i\mathrm{d}T \quad \rightarrow \quad q_{12} = \frac{1}{\kappa - 1}R_i(T_2 - T_1) \qquad (4\text{-}4)$$

Vergleichen Sie bitte dazu die Formelzusammenstellungen der Tabellen 9-12 und 9-13!

## 4.2 Energiebilanz für ruhende offene Systeme

Im Maschinenbau analysiert man offene Systeme häufiger als geschlossene, denn sie repräsentieren technische Einrichtungen, die von Massenströmen durchsetzt werden und die in der Lage sind, kontinuierliche Energieumwandlungsprozesse zu verwirklichen. Im Vergleich zum geschlossenen System muss hier noch der mit den Massenströmen über die Systemgrenze erfolgende Energietransport bilanziert werden. Für eine praktisch leicht zu handhabende Energiebilanz betrachtet man einen Kontrollraum, der für den Stofftransport über die Systemgrenze über jeweils eine Zuström- und eine Abströmleitung verfügt, so dass für den Gleichgewichtszustand nur die Bilanzquerschnitte am stoffdurchströmten Teil der Systemgrenze zu berücksichtigen sind. Eine solche Betrachtung hebt bewusst nicht auf die Untersuchung von Vorgängen im Systeminneren ab. Der Einfachheit halber beschränken wir uns außerdem auf die Behandlung stationärer Prozesse. Dieser Fall kommt in der Technik oft vor und vereinfacht die Aufstellung der Energiebilanz erheblich, denn bei stationären Prozessen sind sämtliche die Systemgrenze passierenden Massen- und Energieströme sowie die im Kontrollraum befindliche Masse von der Zeit unabhängig. Im stationären Zustand fließt in ein System immer so viel Masse hinein wie heraus ( $\dot{m}$ = konstant).

Der Stofftransport über eine Systemgrenze erfordert Verschiebearbeit. Eine abgegrenzte Stoffmenge (farblich unterlegt in Abbildung 4-1) mit einer Masse $m_1$ und dem Volumen $V_1$ strömt am Eintrittsquerschnitt $A_1$ in den Kontrollraum und verlässt ihn wieder am Austrittsquerschnitt $A_2$. Beim Eintritt in das System muss gegen den Druck $p_1$ eine Arbeit $W_1$ geleistet werden. Gleichfalls ist am Austrittsquerschnitt $A_2$ eine Arbeit $W_2$ erforderlich, um den dort herrschenden Druck $p_2$ zu überwinden.

$$W_1 = F_1 \cdot s_1 = p_1 \cdot A_1 \cdot \frac{V_1}{A_1} = p_1 V_1 \qquad W_2 = F_2 \cdot s_2 = p_2 \cdot A_2 \cdot \frac{V_2}{A_2} = p_2 V_2$$

Eine Bilanz der Verschiebarbeit führt zu dem Ansatz

$$W_2 - W_1 = p_2 V_2 - p_1 V_1 \tag{4-5}$$

Nach Abbildung 4-1 kann nun die Energiebilanz für ein offenes System unter Berücksichtigung der Verschiebearbeit sowie der kinetischen und potentiellen Energie des ein- und austretenden Massenstroms formuliert werden als

$$\dot{Q}_{12} + \dot{W}_{i,12} = \dot{m}\left[(u_2 - u_1) + (p_2 v_2 - p_1 v_1) + \frac{1}{2}(c_2^2 - c_1^2) + g(z_2 - z_1)\right]$$

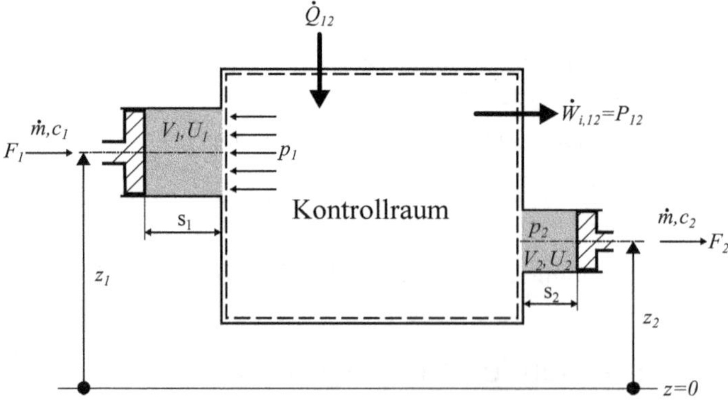


**Abb. 4-1:** Kontrollraum für die Energiebilanz eines offenen Systems.

Unter Verwendung der Definition (3-3) für die Enthalpie $h$ und der Gleichung (1-14) für die innere Arbeit $W_{i,12}$ am offenen System folgt daraus

$$\dot{Q}_{12} + \dot{W}_{t,12} + \dot{W}_{diss,12} = \dot{m}\left[(h_2 - h_1) + \frac{1}{2}(c_2^2 - c_1^2) + g(z_2 - z_1)\right] \qquad (4\text{-}6a)$$

$$q_{12} + w_{t,12} + w_{diss,12} = (h_2 - h_1) + \frac{1}{2}(c_2^2 - c_1^2) + g(z_2 - z_1) \qquad (4\text{-}6b)$$

Bei der Anwendung der Bilanzgleichungen (4-6a/b) unterscheidet man Strömungsprozesse (= stationäre Fließprozesse) mit $w_{t,12} = 0$ von den Arbeitsprozessen mit $w_{t,12} \neq 0$. Die rigiden Systeme für die Untersuchung von Strömungsprozessen sind durch das Fehlen von Einrichtungen zur Zu- oder Abfuhr von technischer Arbeit gekennzeichnet, zum Beispiel zur Modellierung von Strömungsvorgängen in Kanälen, Rohren, Düsen, Diffusoren sowie Wärmetauschern.
Arbeitsprozesse laufen vor allem in Maschinen ab, die kontinuierlich thermische in mechanische Energie wandeln (Verbrennungsmotor, Gas- und Dampfturbinen, Strahltriebwerke) oder bei Kompressoren und Gebläsen, die unter Druckerhöhung einen Fluidstrom fördern. Meist kann man hier die Unterschiede der Ein- und Austrittsgeschwindigkeit des Arbeitsmittels und Höhenunterschiede zwischen Ein- und Austritt vernachlässigen.
Wenn bei offenen Systemen mit Stofftransport die Änderungen von kinetischer und potentieller Energie im Verhältnis zu den anderen Energieumsätzen vernachlässigbar klein sind, spricht man in der nachfolgenden Energiebilanz (4-6c) von der so genannten *Totalenthalpie h* und schreibt

$$\dot{Q}_{12} + \dot{W}_{t,12} + \dot{W}_{diss,12} = \dot{H}_2 - \dot{H}_1 = \dot{m}(h_2 - h_1) \qquad (4\text{-}6c)$$

Eine Beschränkung auf die Totalenthalpie kann zum Beispiel angezeigt sein, wenn Zu- und Ablauf auf gleicher Höhe liegen (potentielle Energie = 0) und die Strömungsgeschwindigkeit am Eintritt etwa der am Austritt entspricht (kinetische Energie $\approx$ 0).
Für reversible Prozessführung entfällt in allen Gleichungen (4-6) der Anteil für die dissipierte Arbeit. Anstelle der ersten Ableitung der Arbeit nach der Zeit verwendet man auch den physikalischen Begriff Leistung $\dot{W}_{12} = P_{12}$.

Systeme mit Stofftransport über die Systemgrenze sind wegen eines vorhandenen Zu- und Abflusses leicht als offene Systeme zu erkennen. Ein System ist aber auch dann als offen zu klassifizieren, wenn kein Stofftransport stattfindet, aber ein direkter Kontakt zur Umgebung besteht, so dass der Druck im System dem Umgebungsdruck entspricht. Ein solches offenes System ist zum Beispiel ein Topf mit lose aufliegendem Deckel, in dem Wasser erwärmt wird. Gerade der aufliegende Deckel verführt optisch dazu, dass man dieses System nicht sofort als offen erkennt. Bei der Erwärmung des Wassers herrscht auch im Topf Umgebungsdruck, denn immer wenn sich ein kleiner Überdruck aufbaut, hebt sich der Deckel etwas und es kommt zum Druckausgleich.

In der Regel spielen bei offenen Systemen ohne Stofftransport mit konstant bleibenden Massen und Drücken die Änderungen von kinetischer und potentieller Energie keine Rolle, so dass (4-6c) modifiziert werden kann zu

$$Q_{12} + W_{t,12} + W_{diss,12} = H_2 - H_1 = m(h_2 - h_1) \qquad (4\text{-}7a)$$

$$q_{12} + w_{t,12} + w_{diss,12} = h_2 - h_1 \qquad (4\text{-}7b)$$

In vielen Fällen sind Reibungseinflüsse ebenfalls vernachlässigbar, so dass in den Gleichungen (4-7a) und (4-7b) nur der Wärmetransport $Q_{12}$ über die Systemgrenze und die reversible technische Arbeit $W_{t,12}$ betrachtet wird ($W_{diss,12} = 0$).

## 4.3 Verstehen durch Üben: Erster Hauptsatz

**Aufgabe 4-1:** Joulescher Versuch zum mechanischen Wärmeäquivalent
Abbildung 4-2 zeigt den prinzipiellen Versuchsaufbau von Joule aus dem Jahre 1845 zur Bestimmung des mechanischen Wärmeäquivalents. Die mechanische Energie eines herabfallenden Gewichtes wird genutzt, um über ein Rührwerk eine Flüssigkeit zu erwärmen.

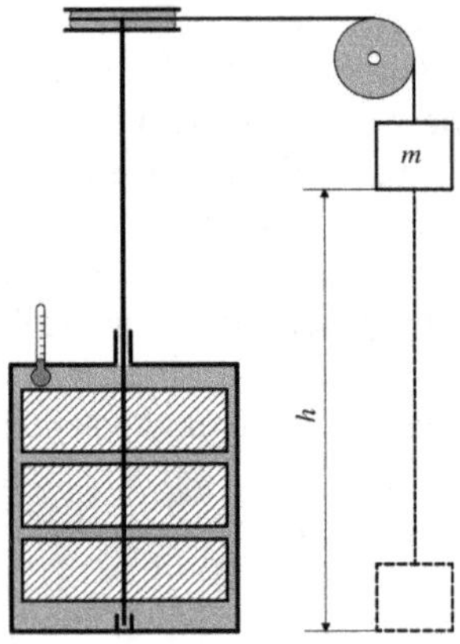


**Abb. 4-2:** Versuchsaufbau von Joule zur Bestimmung des mechanischen Wärmeäquivalents.

a) Errechnen Sie die Temperaturerhöhung von 1 kg Wasser mit einer Temperatur von 15 °C, wenn für eine Masse von 100 kg eine effektive Fallhöhe von 4,27 m zur Verfügung steht! Gegeben sei hierzu die spezifische Wärmekapazität von Wasser bei 15 °C mit 4,1855 kJ/(kg K). Diskutieren Sie das Ergebnis!
b) Welche Temperaturerhöhung resultiert aus dem Versuch, wenn anstelle von Wasser 1 kg Quecksilber (spezifische Wärmekapazität bei 15 °C = 0,1393 kJ/(kg K)) verwendet wird?

Gegeben:
$h = 4{,}27$ m $\quad m_G = 100$ kg
a) $c_W\,(15\ °C) = 4{,}1855$ kJ/(kg K) $\quad m_W = 1$ kg
b) $c_{Hg}(15\ °C) = 0{,}1393$ kJ/(kg K) $\quad m_{Hg} = 1$ kg

Vorüberlegungen:
1. Für den Versuchsaufbau von Joule unterstellen wir vollständige und verlustfreie Umwandlung der potentiellen Energie in Wärme. Ansatz $W_{pot} = Q$
2. Der Normwert für die Fallbeschleunigung beträgt $g = 9{,}80665$ m/s².
3. Um die Umwandlung der mechanischen Energie in Wärme (Erhöhung der inneren Energie der eingeschlossenen Flüssigkeit) solide nachweisen zu können, musste Joule eine deutlich wahrnehmbare Temperaturerhöhung anstreben. Für einen festen, durch die Fallhöhe gegebenen Wert für $Q$ wird nach der Grundgleichung der Kalorik (3-29) die Tempe-

raturerhöhung $\Delta t$ dann besonders groß, wenn der zu erwärmende Stoff eine kleine Masse und einen niedrigen Wert für die spezifische Wärmekapazität aufweist.

4. Die im Behälter eingeschlossene Flüssigkeit stellt ein offenes thermodynamisches System mit adiabaten Systemgrenzen dar. Im System dissipiert die zugeführte Wellenarbeit vollständig in Wärme. Eine Rolle sorgt dafür, dass die potentielle Energie der herabfallenden Masse dem System als Wellenarbeit zur Verfügung steht. Auch hier unterstellen wir verlustfreie Umwandlung.

**Lösung:**

$$W_{pot} = m_G \cdot g \cdot h = 100\,\text{kg} \cdot 9{,}80665\frac{\text{m}}{\text{s}^2} \cdot 4{,}27\,\text{m} = \underline{\underline{4.187{,}44\ \text{Nm}}}$$

Das hier gewonnene Ergebnis entspricht dem Betrage nach etwa dem Wert einer Kilokalorie. Vergleichen Sie dazu Tabelle 9-6: 1 kcal = 4,1855 kJ. Da 1 kcal die Masse von 1 kg Wasser von 14,5 °C auf 15,5 °C erwärmt, also $\Delta t = 1$ K, können wir schon vorab schätzen, dass sich die 1 kg Wasser um circa 1 K erwärmen müssten.

a) Auswertung des Joule´schen Versuches mit Wasser

$$Q = m_w \cdot c_w \cdot \Delta t \qquad \Delta t = \frac{Q}{m_W \cdot c_W} = \frac{4.187{,}44\,\text{J}}{1\,\text{kg} \cdot 4{,}1855\,\text{kJ/(kg K)}} \approx \underline{\underline{1\,\text{K}}}$$

Das Ergebnis dieser Rechnung bestätigt die zuvor geäußerte Vermutung.

b) Auswertung des Joule´schen Versuches mit Quecksilber

$$\Delta t = \frac{Q}{m_{Hg} \cdot c_{Hg}} = \frac{4.187{,}44\,\text{J}}{1\,\text{kg} \cdot 0{,}1393\,\text{kJ/(kg K)}} \approx \underline{\underline{3\,\text{K}}}$$

1 kg Wasser entsprechen etwa einem Volumen von 1 ℓ, 1 kg Quecksilber einem Volumen von knapp 74 mℓ (Dichte $\rho = 13{,}59$ g/cm³). Joule hat in seinem Versuch Quecksilber verwendet und mit einer zwischen Rührwerk und Behälter abgestimmten Konstruktion die eingeschlossene Flüssigkeitsmasse niedrig gehalten.

Über diese Feststellungen hinaus sind hier zwei weitere Dinge noch interessant:

1. Eine Umkehrung des Versuches, nämlich das Anheben der Masse von 100 kg um 4,27 m über Rührwerk und Rolle unter Abkühlung des Quecksilbers, stellt keinen Widerspruch zum ersten Hauptsatz dar. Allein aus der Erfahrung wissen wir, dass dies nicht passieren wird. Zur Untersuchung von Vorgängen in der Natur benötigen wir neben dem ersten Hauptsatz noch mindestens eine weitere Aussage zur Richtung spontan ablaufender Prozesse. Diese Hinweise liefert der zweite Hauptsatz der Thermodynamik.
2. Unterstellt man würde die Anordnung mit der herabfallenden Masse und Rolle nutzen können, um über einen Generator verlustfrei Strom herzustellen. Ersetzt man dann die Masse von 100 kg durch 100 t, stünden 4.187,44 kJ = 1,163 kWh elektrischer Strom zur Verfügung. Dieser Strom könnte einen Elektromotor für einen Aufzug antreiben, der 100 t wieder um 4,27 m anhebt. Diesen Strom könnte man aber auch zur Beleuchtung oder zur Ausstrahlung von Fernsehsendungen oder für vieles andere mehr einsetzen.

Strom ist also eine sehr universelle Edelenergie. Setzt man die 1,163 kWh Strom jedoch über einen elektrischen Widerstand zur Wassererwärmung ein, kann man gerade 40 ℓ Wasser von 15 °C auf 40 °C (Badewassertemperatur) erwärmen. Gleiches erreicht man effizienter über eine Erdgasflamme. Aus technischer Sicht ergibt sich daraus die Herausforderung, die Edelenergie Strom möglichst effizient zu nutzen und nicht von vornherein wieder zu Wärmeenergie zu dissipieren. Die unterschiedliche Wertigkeit bestimmter Energieformen wird auch energiewirtschaftlich abgebildet. Aus 1,163 kWh Strom sind bei einem Stromtarif von 26 ct/kWh etwa 30 ct zu erlösen, aus 1,163 kWh Wärme bei einem durchschnittlichen Marktpreis für Wärme von 7ct/kWh circa 8 ct.

**Aufgabe 4-2:** Energiebilanz für einen geschlossenen Behälter

Ein 3 m$^3$ fassender Stahlbehälter enthalte ein unter einem Druck von 5 bar stehendes Fluid mit einer Temperatur von 250 °C. Dem eingeschlossenem Fluid werde durch Behälterkühlung von außen innerhalb von 10 Minuten so viel Wärme entzogen, dass die Fluidtemperatur auf 100 °C fällt. Im Behälter arbeite zur Sicherstellung einer guten Durchmischung ein Rührwerk mit einer Leistung von 200 W. Der Einfachheit halber soll angenommen werden, dass die über das Rührwerk zugeführte Arbeit während der Kühlzeit vollständig dissipiert. Der Behälter habe eine Masse von 120 kg, die mittlere spezifische Wärmekapazität für Stahl im hier relevanten Temperaturbereich sei mit 0,516 kJ/(kg K) gegeben. Behälter und Fluid haben stets gleiche Temperatur.

a) Welche Energie in kJ ist zur vorgegebenen Kühlung abzuführen und welcher Druck herrscht nach der Kühlung im Behälter, wenn dieser Stickstoff als ideales Gas enthält?
b) Welche Energie in kJ ist zur vorgegebenen Kühlung abzuführen und welcher Druck herrscht nach der Kühlung im Behälter, wenn für Stickstoff die mittlere spezifische Wärmekapazität als realer Wert aus Tabelle 9-10 ermittelt wird?
c) Welche Energie in kJ ist zur vorgegebenen Kühlung abzuführen und welcher Druck herrscht nach der Kühlung im Behälter, wenn dieser Wasserdampf enthält?

Gegeben:

| | | | |
|---|---|---|---|
| Stahlbehälter: | $m_{St} = 120$ kg | $\bar{c}_{St}\,\big\|_{100\,°C}^{250\,°C} = 0{,}516$ kJ/(kg K) | $V = 3$ m$^3$ |
| Fluidparameter | $p_1 = 5$ bar | $t_1 = 250$ °C | $t_2 = 100$ °C |
| dissipierte Arbeit | $W_{diss,12} = P_{el} \cdot \tau = 200\ \text{W} \cdot 600\ \text{s} = 120\ \text{kJ}$ | | |
| Stickstoff | $M_{N_2} = 28{,}0134$ kg/kmol (Tabelle 9-10) und $\kappa = 1{,}4$ (zweiatomig) | | |
| überhitzter Wasserdampf | wegen 250 °C > $t_s$(5 bar) = 151,836 °C (Tabelle 9-17): | | |
| | $v_1 = 0{,}474429$ m$^3$/kg | | $h_1 = 2961{,}13$ kJ/kg |

Vorüberlegungen:

Der Behälter stellt ein geschlossenes, heterogenes System dar. Volumenänderungsarbeit $W_{V,12}$ wird nicht geleistet, wenn wir von starren Behälterwänden ausgehen. Nach der Aufgabenstellung empfiehlt es sich die Systemgrenze um die äußere Wand des Behälters zu legen. Die Änderung der inneren Energie muss also sowohl für die Stahlwandung des Behälters als auch für das eingeschlossene Fluid berechnet werden.

Die Energiebilanz nach Gleichung (4-1) nimmt im Zusammenhang mit Gleichung (1-10) für die gesamte am geschlossenen System verrichtete Arbeit folgende Gestalt an:

$$Q_{12} + W_{diss,12} = (U_2 - U_1)_{\text{System}} \qquad Q_{12} = \Delta U_{\text{Stahl}} + m(u_2 - u_1)_{\text{Fluid}} - W_{diss,12}$$

Die Änderung der inneren Energie des Stahlbehälters ist in den Fällen a) bis c) gleich und folgt der Grundgleichung der Kalorik (3-29): $\Delta U_{\text{Stahl},12} = Q_{\text{Stahl},12} = m_{St} \cdot \bar{c}_{St}\Big|_{100\,°\text{C}}^{250\,°\text{C}} \cdot (t_2 - t_1)$.

Die dissipierte Leistung ist in den Fällen a) bis c) gleich und beträgt wie oben angegeben 120 kJ.

Zur Berechnung der Änderung der inneren Energie des Fluids ist zunächst seine Masse zu bestimmen. Für Stickstoff als zweiatomiges ideales Gas gelten die entsprechenden Zustandsgleichungen und die Grundgleichung (2-1), für Wasserdampf das in Kapitel 6 beschriebene thermophysikalische Verhalten nach IAPWS-IF 97. Beide Fluide durchlaufen während des Kühlprozesses eine isochore Zustandsänderung.

**Lösung:**

Berechnung der Fluidmassen:

Für das ideale Gas Stickstoff ist Gleichung (2-1) heranzuziehen, wobei die Gaskonstante aus $R_{N_2} = R_m / M_{N_2}$ errechnet und für die molare Gaskonstante auf den in Kapitel 1.3 gegebenen Wert zurückgegriffen wird.

$$m_{N_2} = \frac{p_1 \cdot V \cdot M_{N_2}}{R_m \cdot T_1} = \frac{5 \cdot 10^5\ \text{N/m}^2 \cdot 3\ \text{m}^3 \cdot 28{,}0134\ \text{kg/kmol}}{8314{,}4621\ \text{J/(kmol K)} \cdot 523{,}15\ \text{K}} = 9{,}66\ \text{kg}$$

Für die Berechnung der Masse des Wasserdampfes setzen wir an

$$m_{H_2O} = \rho_1 \cdot V = \frac{V}{v_1} = \frac{3\ \text{m}^3}{0{,}474429\ \text{m}^3/\text{kg}} = 6{,}3234\ \text{kg}$$

Die in den Fällen a) bis c) abzuführende Wärme des Stahlbehälters ergibt sich aus:

$$\Delta U_{St} = Q_{St,12} = m_{St} \cdot \bar{c}_{St}(t_2 - t_1) = 120\ \text{kg} \cdot 0{,}516\ \text{kJ/(kg K)} \cdot (100\ °\text{C} - 250\ °\text{C}) = -9288\ \text{kJ}$$

a) abzuführende Wärme, wenn der Behälter mit Stickstoff als ideales Gas gefüllt ist

$$c_{V,N_2} = \frac{1}{\kappa - 1} \cdot \frac{R_m}{M_{N_2}} = \frac{1}{0{,}4} \cdot \frac{8{,}3144621\ \text{kJ/(kmol K)}}{28{,}0134\ \text{kg/kmol}} = 0{,}742\ \frac{\text{kJ}}{\text{kg K}}$$

$$\Delta U_{N_2} = m_{N_2} \cdot c_{V,N_2}(t_2 - t_1) = 9{,}66\ \text{kg} \cdot 0{,}742\ \text{kJ/(kg K)} \cdot (100\ °\text{C} - 250\ °\text{C}) = -1075{,}158\ \text{kJ}$$

$$Q_{12} = \Delta U_{St} + \Delta U_{N_2} - W_{diss,12} = (-9288 - 1075{,}158 - 120)\ \text{kJ} = \underline{\underline{-10.483{,}158\ \text{kJ}}}$$

Das Ergebnis zeigt, dass etwa 88 % der abzuführenden Wärme auf den Stahlbehälter entfällt. Insofern kann man hier nicht vereinfachend nur das eingeschlossene Fluid betrachten.

Isochore Zustandsänderung für ideales Gas

$$\frac{p_1}{p_2} = \frac{T_1}{T_2} \qquad p_2 = p_1 \cdot \frac{T_2}{T_1} = 5\,\text{bar} \cdot \frac{373{,}15\,\text{K}}{523{,}15\,\text{K}} = \underline{\underline{3{,}566\,\text{bar}}}$$

b) abzuführende Wärme, wenn der Stickstoff die thermophysikalischen Eigenschaften nach Tabelle 9-10 aufweist

$$\bar{c}_{p,N2}\Big|_{0\,°\text{C}}^{100\,°\text{C}} = 1{,}039 \frac{\text{kJ}}{\text{kg K}} \qquad \bar{c}_{p,N2}\Big|_{0\,°\text{C}}^{250\,°\text{C}} = 1{,}045 \frac{\text{kJ}}{\text{kg K}}$$

$$\bar{c}_{p,N2}\Big|_{100\,°\text{C}}^{250\,°\text{C}} = \frac{\bar{c}_{p,N2}\Big|_{0\,°\text{C}}^{250\,°\text{C}} \cdot (t_1 - 0\,°\text{C}) - \bar{c}_{p,N2}\Big|_{0\,°\text{C}}^{100\,°\text{C}} \cdot (t_2 - 0\,°\text{C})}{t_1 - t_2}$$

$$\bar{c}_{p,N2}\Big|_{100\,°\text{C}}^{250\,°\text{C}} = \frac{1{,}045\,\text{kJ/(kg K)} \cdot 250\,\text{K} - 1{,}039\,\text{kJ/(kg K)} \cdot 100\,\text{K}}{150\,\text{K}} = 1{,}049 \frac{\text{kJ}}{\text{kg K}}$$

Achtung! In Tabelle 9-10 sind die spezifischen Wärmekapazitäten für konstanten Druck zusammengestellt, benötigt wird der Wert für konstantes Volumen!

$$\bar{c}_{V,N2}\Big|_{100\,°\text{C}}^{250\,°\text{C}} = \frac{\bar{c}_{p,N2}\Big|_{100\,°\text{C}}^{250\,°\text{C}}}{\kappa} = \frac{1{,}049\ \text{kJ/(kg K)}}{1{,}4} = 0{,}7492857\ \frac{\text{kJ}}{\text{kg K}}$$

$$\Delta U_{N_2} = m_{N_2} \cdot c_{V,N_2}\Big|_{100\,°\text{C}}^{250\,°\text{C}} \cdot (t_2 - t_1) = 9{,}66\ \text{kg} \cdot 0{,}7492857\ \text{kJ/(kg K)} \cdot (100\ °\text{C} - 250\ °\text{C})$$
$$= -1085{,}715\ \text{kJ}$$

Die Werte für die mittlere spezifische Wärmekapazität in Tabelle 9-10 gehen von einem konstanten Druck von 1 bar aus. Dies kann hier nicht uneingeschränkt vorausgesetzt werden. Aber die entsprechenden Werte zwischen 1 und 5 bar unterscheiden sich nicht so signifikant, dass ein noch höherer Aufwand für ihre Berücksichtigung zu rechtfertigen wäre. Da sich die gegebenen Parameter gut in den Vertrauensbereich für das Modell ideales Gas einordnen, werden damit praktisch gut verwendbare Ergebnisse errechnet.

$$Q_{12} = \Delta U_{St} + \Delta U_{N_2} - W_{diss,12} = (-9288 - 1085{,}715 - 120)\,\text{kJ} = \underline{\underline{-10.493{,}715\,\text{kJ}}}$$

Druck wie in Aufgabenteil a)!

c) abzuführende Wärme für die isochore Kühlung des überhitzten Dampfes

Wegen $v = 0{,}474429\ \text{m}^3/\text{kg}$ = konstant liegt Zustandspunkt 2 im Nassdampfgebiet. Das Einphasengebiet Flüssigkeit wird bei $t$ = 100 °C bei keinem denkbaren Druck erreicht.

$$Q_{12} = \Delta U_{St} + \Delta U_{H_2O} - W_{diss,12}$$

Die Tabellen 9-17 und 9-15 enthalten keine Werte für die innere Energie. Diese muss berechnet werden aus:

$$\Delta U_{H_2O} = m[u_2 - u_1] = m[(h_2 - p_2 v) - (h_1 - p_1 v)]$$

Aus der Bedingung $v$ = konstant ermittelt man den Dampfanteil $x_2$ im Zustand 2 und mit diesem dann die Enthalpie $h_2$ im Nassdampfgebiet.

$$v_1 = v_{2,x} = v'(100\ °C) + x_2(v'' - v')_{100\ °C}$$

$$x_2 = \frac{v_1 - v'(100\ °C)}{(v'' - v')_{100\ °C}} = \frac{(0{,}474429 - 0{,}00104346)\ m^3/kg}{(1{,}671860 - 0{,}00104346)\ m^3/kg} = 0{,}2833$$

$$h_2 = h'(100\ °C) + x_2(h'' - h')_{100\ °C} = 419{,}099\frac{kJ}{kg} + 0{,}2833(2675{,}57 - 419{,}099)\frac{kJ}{kg} = 1058{,}36\frac{kJ}{kg}$$

Der Druck $p_2$ ergibt sich mit $p(t_s = 100\ °C) = 1{,}01418\ bar$ als der zu 100 °C gehörige Sättigungsdruck aus Tabelle 9-15.

$$u_2 = h_2 - p_2 v = 1058{,}36\frac{kJ}{kg} - 1{,}01418 \cdot 10^5\ \frac{N}{m^2} \cdot 0{,}474429\frac{m^3}{kg} = 1010{,}244\frac{kJ}{kg}$$

$$u_1 = h_1 - p_1 v = 2961{,}13\frac{kJ}{kg} - 5 \cdot 10^5\ \frac{N}{m^2} \cdot 0{,}474429\frac{m^3}{kg} = 2723{,}92\frac{kJ}{kg}$$

$$\Delta U_{H_2O} = m(u_2 - u_1) = 6{,}3234\ kg \cdot (1010{,}244 - 2723{,}92)\ kJ/kg = -10.836{,}26\ kJ/kg$$

$$Q_{12} = \Delta U_{St} + \Delta U_{H_2O} - W_{diss,12} = (-9288 - 10.836{,}26 - 120)\ kJ = \underline{\underline{-20.244{,}26\ kJ}}$$

An den Ergebnissen sieht man unmittelbar, dass Nassdampf/überhitzter Dampf in einem vorgegebenen Temperaturintervall deutlich mehr Wärme speichern kann als Gase. Deshalb geben Dampfturbinen deutlich mehr Energie ab als Gasturbinen bei vergleichbaren Arbeitsmittelparametern.

**Aufgabe 4-3:** Energiebilanz zur Ermittlung des Getriebewirkungsgrades

Ein 250-kW-Motor gibt seine Leistung über ein Getriebe an eine Arbeitsmaschine ab. Bei stationärem Betrieb werden durch das Getriebe stündlich 1000 kg Öl gepumpt, das sich dabei um 20 K erwärmt. Die mittlere spezifische Wärmekapazität des Öls betrage 1,675 kJ/(kg K). An der jeweils auf gleicher Höhe liegenden Ein- und Austrittsöffnung habe das Öl gleiche Geschwindigkeit. Der Getriebekasten soll als ideal wärmeisoliert angesehen werden.

a) Welche Leistung in kW steht an der Abtriebswelle zum Antrieb der Arbeitsmaschine zur Verfügung?
b) Wie groß ist der Getriebewirkungsgrad?

Gegeben:

Öl: $\dot{m}_{Öl} = 1000\ kg/h$ $\quad \overline{c}_{Öl} = 1{,}675\ kJ/(kg\ K)$ $\quad \Delta t = 20\ K$

$P_{an} = 250\ kW$

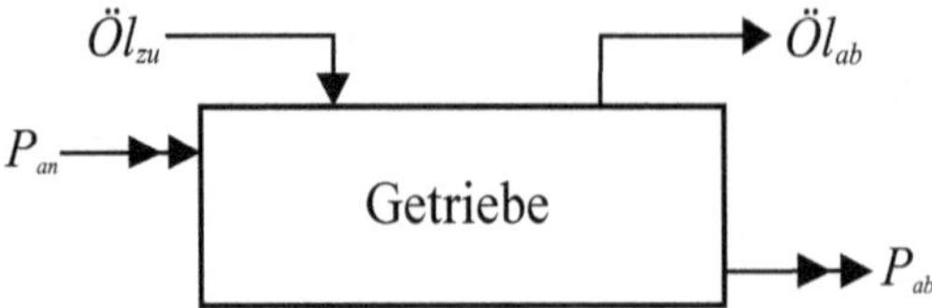


**Abb. 4-3:** Darstellung eines gekühlten Getriebes als offenes System.

Vorüberlegungen:
Mit dem gegebenen Ölstrom über die Systemgrenze Getriebegehäuse mit Zu- und Ablauf ist das hier vorliegende System leicht als offen zu erkennen. Analysiert wird ein Arbeitsprozess.

Gleichung (4-6a) nimmt bezogen auf die Bedingungen der Aufgabenstellung die Form an $P = \dot{m} \cdot (h_2 - h_1)$ mit folgenden Vereinfachungen:

$\dot{Q}_{12} = 0$ wegen adiabater Systemwände

$\frac{1}{2}\left(c_2^2 - c_1^2\right) = 0$ gleiche Ölgeschwindigkeit am Ein- und Austritt

$g(z_2 - z_1) = 0$ Ein- und Austritt liegen auf gleicher Höhe

Über die Systemgrenze wird die Antriebsleistung von 250 kW als zugeführte Leistung transportiert (positiver Bilanzbeitrag) und die Abtriebsleistung in noch unbekannter Höhe abgeführt (negativer Bilanzbeitrag), so dass $P = P_{an} - P_{ab}$.

Die Systemgrenze wird hier an die Innenseite des Getriebegehäuses gelegt, damit zur einfachen thermodynamischen Beschreibung des Systems nur die Eigenschaften des Getriebeöls und nicht die Eigenschaften des Getriebekastens betrachtet werden müssen.

**Lösung:**

a) Leistung an der Abtriebswelle

$$P_{an} - P_{ab} = \dot{m}_{Öl}(h_2 - h_1) = \dot{m}_{Öl} \cdot \overline{c}_{Öl} \cdot \Delta t \qquad \rightarrow \qquad P_{ab} = P_{an} - \dot{m}_{Öl} \cdot \overline{c}_{Öl} \cdot \Delta t$$

$$P_{ab} = 250\,\text{kW} - \frac{1000\,\text{kg}}{3600\,\text{s}} \cdot 1{,}675 \frac{\text{kJ}}{\text{kg K}} \cdot 20\,\text{K} \approx \underline{\underline{240{,}7\,\text{kW}}}$$

b) Berechnung des Getriebewirkungsgrades

$$\eta_{\text{Getriebe}} = \frac{P_{ab}}{P_{an}} = \frac{240{,}7\,\text{kW}}{250{,}0\,\text{kW}} = 0{,}963$$

Mit 96,3 % Getriebewirkungsgrad liegt hier ein relativ hoher Wirkungsgrad vor, der in der Regel nur von Getrieben mit gerade verzahnten Zahnrädern erreicht wird. Leider verursachen diese Getriebe relativ starke Geräuschemissionen. In Kraftfahrzeugen setzt man daher auf geräuschärmere, schräg verzahnte Getrieberäder, die aber wegen des längeren Gleitweges beim Zahneingriff einen schlechteren Wirkungsgrad aufweisen (ca. 82 bis 85 %).

**Aufgabe 4-4:** Energiebereitstellung durch fallendes Wasser
Einer kleinen, mit fallendem Wasser betriebenen Turbine strömen 4,2 $m^3/s$ Wasser zu. Das Wasser stamme aus einem sehr großen See, dessen Spiegel 15,8 m über dem Austrittsquerschnitt der Turbine liegt. Die Austrittsgeschwindigkeit des Wassers aus der Turbine betrage bei drallfreier Betrachtung 3,2 m/s. Außerdem sind für das Wasser eine Dichte von 1000 $kg/m^3$ und eine mittlere spezifische Wärmekapazität von 4,187 kJ/(kg K) gegeben.

a) Wie groß ist die an der Turbine abgegebene Leistung in kW bei reibungsfreier Strömung?
b) Berechnen Sie die Verminderung der Leistungsabgabe, wenn 35 % der potentiellen Energie des fallenden Wassers infolge von Druckverlusten zu Wärme dissipieren!
c) Welche Temperaturdifferenz in Kelvin tritt bei Aufgabenteil b) auf?

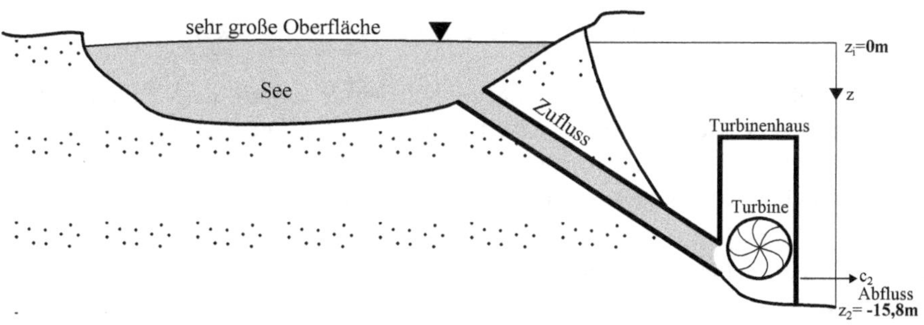


**Abb. 4-4:** Skizze zur Energiebereitstellung durch fallendes Wasser.

Gegeben:

| | | |
|---|---|---|
| Seeoberfläche: | Index „1“: $z_1 = 0{,}0$ m | $c_1 = 0{,}0$ m/s |
| Turbinenaustritt: | Index „2“: $z_2 = -15{,}8$ m | $c_2 = 3{,}2$ m/s |
| Wasser: $\rho = 1000$ kg/m³ | $\overline{c}_W = 4{,}187$ kJ/(kg K) | $\dot{V} = 4{,}2$ m³/s |

Vorüberlegungen:
Es handelt sich um ein offenes System mit Zu- und Ablauf. Der Druck bleibt während des Prozesses konstant. Es wird ein Arbeitsprozess analysiert, da Leistung über die Systemgrenze tritt. Wir verwenden hier eine Energiebilanzgleichung in spezifischer Form, weil mit spezifischen Werten über die Skalierung mit dem Massenstrom eine vorteilhafte Basis zur Untersuchung von Anlagen unterschiedlicher Größe geschaffen wird. Bezogen auf die Aufgabenstellung nimmt die Energiebilanzgleichung

$q_{12} + w_{t,12} + w_{diss,12} = (h_2 - h_1) + \frac{1}{2}\left(c_2^2 - c_1^2\right) + g(z_2 - z_1)$ folgende Gestalt an:

$w_{t,12} + w_{diss,12} = \frac{1}{2}\left(c_2^2 - c_1^2\right) + g(z_2 - z_1)$. Darin sind als Modellannahmen enthalten:

| | |
|---|---|
| $q_{12} = 0$ | kein Wärmetransport über die Rohrwände und das Turbinengehäuse |
| $h_2 - h_1 = 0$ | keine Energiezufuhr an das Arbeitsmittel Wasser |

Die Geschwindigkeit $c_1$ des Arbeitsmittels Wasser ist in der Aufgabenstellung versteckt implizit gegeben. Mit dem Hinweis auf die sehr große Oberfläche des Sees wird angedeutet, dass wir die Geschwindigkeit der sinkenden Wasseroberfläche kaum wahrnehmen können.

**Lösung:**

a) Leistungsabgabe bei reibungsfreier Strömung ( $w_{diss,12} = 0$ )

$$w_{t,12} = \frac{1}{2}\left(c_2^2 - c_1^2\right) + g(z_2 - z_1) = \frac{1}{2}\cdot 3{,}2^2\,\frac{\text{m}^2}{\text{s}^2} + 9{,}80665\,\frac{\text{m}}{\text{s}^2}\cdot(-15{,}8\,\text{m}) = -149{,}825\,\frac{\text{m}^2}{\text{s}^2}$$

$$P = \dot{m}\cdot w_{t,12} = \rho\cdot\dot{V}\cdot w_{t,12} = 1000\,\frac{\text{kg}}{\text{m}^3}\cdot 4{,}2\,\frac{\text{m}^3}{\text{s}}\cdot(-149{,}825\,\frac{\text{m}^2}{\text{s}^2}) = \underline{\underline{-629{,}265\,\text{kW}}}$$

b) verminderte Leistungsabgabe bei Berücksichtigung der Rohrreibung

$$w_{diss,12} = 0{,}35\cdot g\cdot\Delta z = 0{,}35\cdot 9{,}80665\,\frac{\text{m}}{\text{s}^2}\cdot(-15{,}8\,\text{m}) = -54{,}23\,\frac{\text{m}^2}{\text{s}^2}$$

$$P = \dot{m}\cdot(w_{t,12} - w_{diss,12}) = 4200\,\frac{\text{kg}}{\text{s}}\cdot\left(-149{,}825 - (-54{,}23)\right)\frac{\text{m}^2}{\text{s}^2} = \underline{\underline{-401{,}499\,\text{kW}}}$$

Eine theoretische Analyse zur Wirkung der Rohrreibung würde zeigen, dass maximal zwei Drittel der potentiellen Energie zur Leistungsabgabe nutzbar sind. Diese Grenze kann etwas angehoben werden, wenn am Turbinenaustritt ein Diffusor angebracht wird, doch dann setzt Kavitation meist schnell eine neue Grenze in der Nähe des hier angegebenen Potentials.

c) Erwärmung des Wassers durch Rohrreibung

$$w_{diss,12} = q_{12} = \overline{c}_W\cdot\Delta t$$

$$\Delta t = \frac{|\,w_{diss,12}\,|}{\overline{c}_W} = \frac{54{,}23\,\frac{\text{m}^2}{\text{s}^2}}{4187\,\text{Nm/(kg K)}} = \frac{54{,}23\,\frac{\text{m}^2}{\text{s}^2}}{4187\,\frac{\text{kg m}^2}{\text{s}^2\,\text{kg K}}} = \underline{\underline{0{,}013\,\text{K}}}$$

Diese Temperaturdifferenz ist kaum messbar!

**Aufgabe 4-5:** Erwärmen von Wasser in Wasserkocher

Ein Wasserkocher mit einer Anschlussleistung von 2000 W bestehe aus einer elektrischen Herdplatte und einem Wassergefäß. Die Herdplatte besitze einen elektrischen Wirkungsgrad von 97 %, das heißt 3 % des eingesetzten elektrischen Stroms entfallen auf die Erwärmung der elektrischen Anschlüsse und Wärmeverluste an die Bodenfläche. Im Wassergefäß werden 1,5 Liter Leitungswasser mit 8 °C bei einem Luftdruck von 1035 mbar in genau 6 Minuten zum Sieden gebracht. In der Zeit bis zum Sieden entstehen Wärmeverluste über die nicht isolierten Wände des Wassergefäßes. Für den eingesetzten Strom sind 26 ct/kWh zu bezahlen. Außerdem sind als Stoffwerte für das Wasser eine Dichte von 1000 kg/m³ und eine mittlere spezifische Wärmekapazität von 4,19 kJ/(kg K) zu verwenden. Zwischen Herdplatte und Boden des Wassergefäßes bestehe ein idealer thermischer Kontakt ohne zusätzlichen Wärmewiderstand.

a) Welche Kosten in Cent entstehen für das Aufkochen des Wassers?
b) Welche Wärmeverluste in kWh entstehen über Wände der Wasserkanne und welche Kosten verursachen diese Verluste?
c) Welche Kosten würden für das Aufkochen des Wassers entstehen, wenn man das Wassergefäß an den Außenwänden ideal isolieren (adiabate Gefäßwände) könnte und in welcher Zeit würde das Wasser dann sieden?

d) Sie wollen mit dem in der Aufgabenstellung oben beschriebenen Wasserkocher genau 1 ℓ Wasser von 8 °C auf 80 °C (Zubereitung grüner Tee) erwärmen. Nach welcher Zeit müssten Sie ihn ausschalten, wenn Sie vereinfachend ansetzen, dass sich die Wärmeverluste über das Wassergefäß direkt proportional zum Temperaturunterschied zur Umgebung verhalten?

Gegeben:

| | | | |
|---|---|---|---|
| $V_W = 0{,}0008\ \text{m}^3$ | $\rho_W = 1000\ \text{kg/m}^3$ | $\overline{c}_W = 4{,}19\ \text{kJ/(kg K)}$ | $t_W = 8\ °\text{C}$ |
| $P_{el} = 1000\ \text{W}$ | $\tau = 360\ \text{s}$ | Tarif = 26 ct/kWh | $p_L = 1035\ \text{mbar}$ |
| $\eta_{el} = 0{,}97$ | | | |

Vorüberlegungen:

Es handelt sich um ein offenes System, denn das zu erwärmende Wasser im Wasserkocher steht über die Ausgießöffnung im direkten Kontakt zur Umgebung. Die Systemgrenze wird über die das aufzukochende Wasser umschließende Innenseite der Wand des Wassergefäßes gezogen, über die systemgrenze tritt so die elektrische Nettoleistung der Herdplatte (positiver Bilanzbeitrag) und entlang der Gefäßwände die Wärmeverluste an die Umgebung während der Aufwärmzeit (negativer Bilanzbeitrag).

Zugeschnitten auf diese Bedingungen entsteht aus Gleichung (4-7a):

$$W_{el} + Q_V = H_2 - H_1 \qquad W_{el} + Q_V = \rho_W \cdot V_W \cdot \overline{c}_W \cdot (t_s(p_L) - t_W)$$

Danach ergeben sich die Wärmeverluste der Kanne als Differenz aus der im Idealfall benötigten Energie für das Aufkochen bis zum Sieden ($H_2 - H_1$) und der dem Wasser zugeführten elektrischen Arbeit als $W_{el} = P_{el} \cdot \eta_{el} \cdot \tau$.

Die Siedetemperatur hängt vom Luftdruck $p_L$ ab. Den funktionalen Zusammenhang kann man den Tabellen 9-15 mit $t_s = t_s(p)$ oder 9-16 mit $p = p(t_s)$ entnehmen. Die lineare Interpolation ist wegen des kleineren Interpolationsintervalls für die Werte in Tabelle 9-15 genauer.

$$t_2 = t_s(1{,}035\ \text{bar}) = 100\ °\text{C} + \frac{(1{,}03500 - 1{,}01418)\ \text{bar}}{(1{,}43376 - 1{,}01418)\ \text{bar}} \cdot (110\ °\text{C} - 100\ °\text{C}) \approx \underline{\underline{100{,}5\ °\text{C}}}$$

**Lösung:**

a) Kosten für das Aufkochen von Wasser (Anschlussleistung!)

$$W_{el} = P_{el} \cdot \tau = 2000\ \text{W} \cdot 360\ \text{s} \cdot \frac{h}{3600\ \text{s}} = \underline{\underline{0{,}2\ \text{kWh}}} \qquad \text{Kosten} = 0{,}2\ \text{kWh} \cdot 26\ \text{ct/kWh} = \underline{\underline{5{,}2\ \text{ct}}}$$

b) Wärmeverluste der Wasserkanne

Masse des zu erwärmenden Wassers:

$$m_W = \rho_W \cdot V = 1000\ \text{kg/m}^3 \cdot 0{,}0015\ \text{m}^3 = 1{,}5\ \text{kg}$$

$$Q_V = m_W \cdot \overline{c}_w \cdot (t_s(p_L) - t_W) - \eta_{el} \cdot W_{el}$$

$$Q_V = 1{,}5\ \text{kg} \cdot 4{,}19\ \text{kJ/(kg K)} \cdot 92{,}5\ \text{K} - 0{,}97 \cdot 0{,}2\ \text{kWh} \approx \underline{\underline{-0{,}03251\ \text{kWh}}}$$

$$\text{Kosten} = \frac{|Q_V| \cdot \text{Tarif}}{\eta_{\text{el}}} = \frac{0{,}03251\ \text{kWh} \cdot 26\ \text{ct/kWh}}{0{,}97} = \underline{\underline{0{,}8714\ \text{ct}}}$$

$$\text{Anteil Wärmeverluste Kanne} = \frac{|Q_V|}{\eta_{\text{el}} \cdot W_{el}} = \frac{0{,}03251\ \text{kWh}}{0{,}97 \cdot 0{,}2\ \text{kWh}} = \underline{\underline{0{,}1676}}$$

c) Kosten und Zeit für das Aufkochen mit ideal isolierter Kanne

$$\text{Kosten} = W_{el} \cdot \text{Tarif} = \frac{m_W \cdot \bar{c}_w \cdot (t_s(p_L) - t_W)}{\eta_{el}} \cdot \text{Tarif}$$

$$\text{Kosten} = \frac{1{,}5\,\text{kg} \cdot 4{,}19\,\text{kJ/(kg K)} \cdot 92{,}5\,\text{K} \cdot 26\,\text{ct/kWh}}{0{,}97 \cdot 3600\,\text{s}} = \underline{\underline{4{,}33\,\text{ct}}}$$

$$\tau = \frac{m_W \cdot \bar{c}_w \cdot (t_s(p_L) - t_W)}{\eta_{el} \cdot P_{el}} = \frac{1{,}5\,\text{kg} \cdot 4{,}19\,\text{kJ/(kg K)} \cdot 92{,}5\,\text{K}}{0{,}97 \cdot 2000\,\text{W}} \approx 300\,\text{s} = \underline{\underline{5\,\text{Minuten}}}$$

d) Zeit für das Erwärmen von 1 ℓ Wasser auf $t_{W2}$ = 80 °C

$$\eta_{el} \cdot W_{el} + Q_V = \rho_W \cdot V_W \cdot \bar{c}_W \cdot (t_{W2} - t_{W1}) \qquad \eta_{el} \cdot P_{el} \cdot \tau \cdot (1 - 0{,}1676) = \rho_W \cdot V_W \cdot \bar{c}_W \cdot (t_{W2} - t_W)$$

$$\tau = \frac{\rho_W \cdot V_W \cdot \bar{c}_W \cdot (t_{W2} - t_{W1})}{\eta_{el} \cdot P_{el} \cdot (1 - 0{,}1676)} = \frac{1000\,\text{kg/m}^3 \cdot 0{,}001\,\text{m}^3 \cdot 4{,}19\,\text{kJ/(kg K)} \cdot 72\,\text{K}}{0{,}97 \cdot 2\,\text{kW} \cdot 0{,}8324} = 186{,}815\,\text{s} \approx \underline{\underline{3{,}1\,\text{Minuten}}}$$

**Aufgabe 4-6:** Reifenfüllung

Ein Autoreifen, in dem der Druck auf 2,2 bar abgefallen ist, soll aufgepumpt werden. Vor dem Aufpumpen besitze die Luft im Reifen genau wie die Umgebung eine Temperatur von 8 °C. Das Reifenvolumen während des Füllvorgangs soll als konstant angesehen werden und betrage 20 Liter. Die Luft zum Aufpumpen wird aus einem sehr großen Druckbehälter, der Luft der konstanten Temperatur von 17 °C enthält, über das Ventil in den Reifen geleitet. Luft kann hier als ideales Gas mit einer Gaskonstante von 287 J/(kg K) behandelt werden.

a) Welche Luftmasse wurde eingefüllt, wenn der Reifendruck nach einiger Zeit und vollständigem Temperaturausgleich mit der Umgebung 3 bar beträgt?
b) Berechnen Sie Lufttemperatur und Reifendruck unmittelbar nach Beendigung des Füllvorganges! Während des Füllvorganges soll kein Wärmeaustausch mit der Umgebung stattfinden!

Gegeben:

| | | | |
|---|---|---|---|
| $V$ = 0,02 m³ | $R_L$ = 287 J/(kg K) | κ = 1,4 (Luft als zweiatomiges Gas) | |
| $t_U$ = 8 °C | $t_{DB}$ = 17 °C | | |
| $p_1$ = 2,2 bar | $t_1$ = 8 °C | $p_3$ = 3,0 bar | $t_3$ = 8 °C |

Vorüberlegungen:

Für die Lösung dieser Aufgabe sind drei Zustände zu untersuchen:

| | |
|---|---|
| 1. Ausgangszustand: | eindeutig bestimmt durch gegebene Werte für $p$, $T$ und $V$, Masse kann durch Gleichung (2-1) für ideales Gas bestimmt werden |
| 2. Übergangszustand: | besteht unmittelbar nach verlustfreier Einfüllung und endet durch die Annahmen in der Aufgabenstellung zu Beginn des Wärmeaustausch mit der Umgebung, Volumen bekannt (Reifenausdehnung wird vernachlässigt), aber Druck und Temperatur unbekannt |

3. Gleichgewichtszustand: Wärmeaustausch mit Umgebung abgeschlossen, Reifenfüllung besitzt Umgebungstemperatur, thermodynamischer Zustand durch Druck, Temperatur und Volumen eindeutig bestimmt, so dass mit Gleichung (2-1) die Luftmasse berechnet werden kann.

Die Luftmasse $m_2$ entspricht der Masse $m_3$. Aus der Differenz kann die nachgefüllte Luftmasse $\Delta m$ errechnet werden. Das Reifeninnere stellt thermodynamisch ein geschlossenes System dar, während des Prozesses ändern sich aber innere Energie und Systemmasse, so dass auch beide Größen zu bilanzieren sind. Der Druckbehälter ist optisch geschlossen, stellt thermodynamisch aber ein offenes System dar. Mit dem Hinweis „sehr großer Behälter" soll zum Ausdruck gebracht werden, dass trotz Entnahme einer (sehr kleinen) Luftmenge der Druck im Behälter praktisch konstant bleibt und dadurch hier die Enthalpie die maßgebliche Bilanzgröße ist.

Für die Bestimmung der Luftmasse mit Gleichung (2-1) sind statt der gegebenen Celsiustemperaturen die thermodynamischen Temperaturen zu verwenden. Dies erweist sich auch der Übersichtlichkeit in den Berechnungsformeln wegen als sinnvoll bei der Ermittlung von innerer Energie und Enthalpie.

**Lösung:**

a) eingefüllt Luftmasse aus Massenbilanz

$$m_1 = \frac{p_1 V}{R_L T_1} = \frac{2{,}2 \cdot 10^5 \text{ N/m}^2 \cdot 0{,}02 \text{ m}^3}{287 \text{ Nm/(kg K)} \cdot 281{,}15 \text{ K}} = 0{,}05453 \text{ kg}$$

$$m_3 = \frac{p_3 V}{R_L T_3} = \frac{3{,}0 \cdot 10^5 \text{ N/m}^2 \cdot 0{,}02 \text{ m}^3}{287 \text{ Nm/(kg K)} \cdot 281{,}15 \text{ K}} = 0{,}07436 \text{ kg}$$

$$\Delta m = m_3 - m_1 = 0{,}07436 \text{ kg} - 0{,}05453 \text{ kg} = \underline{\underline{0{,}01983 \text{ kg}}}$$

b) Temperatur und Reifendruck aus Energiebilanz

Die Energiebilanz kann so aufgestellt werden, dass die unbekannte Temperatur $T_2$ als einzige unbekannte Größe auftritt. Eine Auflösung nach $T_2$ liefert die Lufttemperatur im Reifen, mit der dann wiederum nach Formel (2-1) der Reifendruck bestimmt werden kann. Die Änderung der inneren Energie der im Reifen eingeschlossenen Luft von 1 nach 2 erfolgt einerseits durch Zunahme der Masse und andererseits durch die Temperatur der eingefüllten Luft. Deshalb müssen für beide Zustände jeweils Masse und spezifische innere Energie bestimmt werden. In Summe entspricht die Zunahme der inneren Energie der Enthalpie der zugeführten Luft.

$$\Delta U = H \qquad \leftrightarrow \qquad m_2 u_2 - m_1 u_1 = (m_2 - m_1) \cdot h_{DB} \qquad (m_2 = m_3)$$

Für die Berechnung der inneren Energie der Luft im Zustand 1 und 2 nehmen wir Bezug auf eine beliebig gewählte Temperatur $T_0$, bei der $u = u_0$ sei.

$$u_1 = u_0 + c_V (T_1 - T_0) \qquad u_2 = u_0 + c_V (T_2 - T_0) \qquad u_{DB} = u_0 + c_V (T_{DB} - T_0)$$

Die spezifische Enthalpie der eingefüllten Luft berechnet sich nach Gleichung (3-3) aus:

$$h_{DB} = u_{DB} + p \cdot v = u_{DB} + R_L \cdot T_{DB} = u_0 + c_V (T_{DB} - T_0) + R_L \cdot T_{DB}$$

Innere Energie in Zustand 1 und 2 sowie Enthalpie der Luft im Druckbehälter eingesetzt in die Energiebilanz führt auf:

$$m_2\left(u_0 + c_V(T_2 - T_0)\right) - m_1\left(u_0 + c_V(T_1 - T_0)\right) = (m_2 - m_1)\left(u_0 + c_V(T_{DB} - T_0) + R_L \cdot T_{DB}\right)$$

Die Auflösung nach der unbekannten Temperatur $T_2$ ergibt:

$$T_2 = \frac{(m_2 - m_1) \cdot T_{DB} \cdot (c_V + R_L) + m_1 c_V T_1}{m_2 c_V}$$

mit

$$c_V = \frac{1}{\kappa - 1} R_L = \frac{1}{0{,}4} \cdot 287 \frac{\mathrm{J}}{\mathrm{kg\,K}} = 717{,}5 \frac{\mathrm{J}}{\mathrm{kg\,K}}$$

$$T_2 = \frac{0{,}01983\,\mathrm{kg} \cdot 290{,}15\,\mathrm{K} \cdot (717{,}5 + 287)\,\mathrm{J/(kg\,K)} + 0{,}05453\,\mathrm{kg} \cdot 717{,}5\,\mathrm{J/(kg\,K)} \cdot 281{,}15\,\mathrm{K}}{0{,}07436\,\mathrm{kg} \cdot 717{,}5\,\mathrm{J/(kg\,K)}}$$

$$T_2 = \frac{16.799{,}637\,\mathrm{J}}{53{,}3533\,\mathrm{J/K}} = \underline{\underline{314{,}87\,\mathrm{K}}} \qquad \underline{\underline{t_2 = 41{,}72\,°\mathrm{C}}}$$

$$p_2 = \frac{m_2 R_L T_2}{V} = \frac{0{,}07436\,\mathrm{kg} \cdot 287\,\mathrm{J/(kg\,K)} \cdot 314{,}87\,\mathrm{K}}{0{,}02\,\mathrm{m}^3} \approx \underline{\underline{3{,}36\,\mathrm{bar}}}$$

**Aufgabe 4-7:** Strömungsprozess Drosselung

In einer wärmedichten, horizontalen Rohrleitung ströme reibungsfrei Luft (ideales Gas mit Gaskonstante 287 J/(kg K), konstanter Isentropenexponent 1,4) von 25 °C und 1 bar mit einer Strömungsgeschwindigkeit von 1 m/s. Zur Druckminderung sei an einer Stelle eine Drossel angebracht, die einen Druckverlust von 250 mbar verursacht. Die Änderung der kinetischen Energie durch unterschiedliche Strömungsgeschwindigkeiten vor und nach der Drosselstelle kann vernachlässigt werden.

a) Welche Zustandsänderung beschreibt den Prozess?
b) Wie hoch ist die Temperatur nach der Drosselstelle?
c) Mit welcher Berechtigung kann man die Änderung der kinetischen Energie vernachlässigen?

Gegeben:

$T_1 = 298{,}15$ K (25 °C) $\quad p_1 = 1$ bar $\quad p_2 = p_1 - \Delta p = (1 - 0{,}25)$ bar $= 0{,}75$ bar

$R_L = 287$ J/(kg K) $\quad \kappa = 1{,}4 \quad c_1 = 1$ m/s

Vorüberlegungen:

In dem gegebenen offenen System mit adiabaten Systemwänden wird ein stationärer Fließprozess (Strömungsprozess) untersucht. Den Kontrollraum legt man zweckmäßigerweise zur Begrenzung des Einflusses der sich an der Drosselstelle bildenden Wirbel so fest, dass sowohl Zulauf (Index 1) als auch Ablauf (Index 2) hinreichend weit von der Drosselstelle entfernt liegen.

Für die Lösung setzt man vorteilhaft die auf den Massenstrom bezogene Energiebilanz (4-6b) für das offene System ein.

**Lösung:**

a) Untersuchung der Zustandsänderung

$$q_{12} + w_{t,12} = (h_2 - h_1) + \frac{1}{2}\left(c_2^{\,2} - c_1^{\,2}\right) + g(z_2 - z_1)$$

$q_{12} = 0$ adiabate Rohrleitungswände

$w_{t,12} = 0$ Strömungsprozess

$g(z_2 - z_1) = 0$ horizontale Rohrleitung

$(c_2^{\,2} - c_1^{\,2}) \approx 0$ Strömungsgeschwindigkeiten ungefähr gleich groß

$0 + 0 = (h_2 - h_1) + 0 + 0$ führt auf $h_2 = h_1$

Zustandsänderungen mit konstant bleibender Enthalpie heißen isenthalp, in genügendem Abstand hinter der Drosselstelle ist die Enthalpie genauso hoch wie davor.

Hinweis: Die obigen Ausführungen besagen nicht, dass die Enthalpie während des gesamten Prozesses der Drosselung unverändert bleibt. Zwischen den Querschnitten 1 und 2 wird die Luft zunächst unter Abnahme der Enthalpie beschleunigt und danach verzögert unter Zunahme der Enthalpie.

b) Berechnung der Temperatur $T_2$ nach der Drosselstelle

Der Zustand nach der Drosselstelle ist beschrieben durch $p_2 = 0{,}75$ bar und $h_2 = h_1$. Kann man für Luft die kalorische Zustandsgleichung (3-2) als bekannt voraussetzen, wäre daraus die Temperatur $T_2$ berechenbar. Für Luft im Realgaszustand ist $h = h(T, p)$ in der Literatur dokumentiert. Mit der den Sachverhalt wesentlich vereinfachenden Annahme des Vorliegens von idealem Gas gilt $h = h(T)$ und daraus folgt bei $h_2 = h_1$ auch $T_2 = T_1 = 298{,}15$ K.

Für das reale Gas mit $h = h(T, p)$ folgt bei Druckänderung durch Drosselung gleichermaßen eine Temperaturänderung (Joule-Thomson-Effekt).

c) Einfluss der Änderung der kinetischen Energie

Kontinuitätsgleichung für Strömungsprozess $\dot{m} = \text{konstant}$

Für $c << a$ = Schallgeschwindigkeit kann man noch von konstanter Gasdichte ausgehen, also $\rho_1 \cdot c_1 \cdot A_1 = \rho_2 \cdot c_2 \cdot A_2$. Wegen $A_1 = A_2$ folgt dann

$$c_2 = c_1 \cdot \frac{\rho_1}{\rho_2} = c_1 \cdot \frac{p_1 \cdot T_2}{p_2 \cdot T_1}$$

Für die Berechnung der Strömungsgeschwindigkeit $c_2$ wird die noch unbekannte Temperatur $T_2$ benötigt. Dazu liefert die Bilanzgleichung (4-6b) den Zusammenhang

$(h_2 - h_1) + \frac{1}{2}\left(c_2^{\,2} - c_1^{\,2}\right) = 0$ und in Verbindung mit der kalorischen Zustandsgleichung $h = h(T)$

oder $h_2 - h_1 = c_p (T_2 - T_1)$, wobei $c_p = \frac{\kappa}{\kappa - 1} \cdot R_L = \frac{1{,}4}{0{,}4} \cdot 287 \frac{\text{J}}{\text{kg K}} = 1004{,}5 \frac{\text{J}}{\text{kg K}}$ ist, entsteht dann

$$T_2 = T_1 - \frac{\left(c_2^{\,2} - c_1^{\,2}\right)}{2 \cdot c_p}$$

Aus der Kontinuitätsgleichung gewinnen wir für $T_2$: $T_2 = \frac{c_2}{c_1} \cdot \frac{p_2}{p_1} \cdot T_1$

Gleichsetzen liefert eine quadratische Gleichung für $c_2$, die in Normalform $x^2 + px + q = 0$ gebracht für die bekannte $p$, $q$-Lösungsformel zugänglich ist.

$$\frac{c_1^2}{2c_p} - \frac{c_2^2}{2c_p} + T_1 = \frac{p_2}{p_1} \cdot \frac{T_1}{c_1} \cdot c_2 \quad \rightarrow \quad \frac{c_2^2}{2c_p} - \frac{p_2}{p_1} \cdot \frac{T_1}{c_1} \cdot c_2 + \frac{c_1^2}{2c_p} - T_1 = 0$$

$$c_2^2 + \frac{p_2}{p_1} \cdot \frac{T_1}{c_1} \cdot 2c_p \cdot c_2 - (c_1^2 + 2c_p \cdot T_1) = 0$$

$$(c_2)_{1,2} = -\frac{p_2}{p_1} \cdot \frac{T_1}{c_1} \cdot c_p \pm \sqrt{\left(\frac{p_2}{p_1} \cdot \frac{T_1}{c_1} \cdot c_p\right)^2 + c_1^2 + 2c_p \cdot T_1}$$

$$(c_2)_{1,2} = -\frac{0{,}75\,\text{bar}}{1{,}00\,\text{bar}} \cdot \frac{298{,}15\,\text{K}}{1\,\text{m/s}} \cdot 1004{,}5\,\frac{\text{kg m}^2/\text{s}^2}{\text{kg K}} \pm \sqrt{(5{,}045358566 \cdot 10^{10} + 1 + 598983{,}35)\,\text{m}^2/\text{s}^2}$$

$\underline{\underline{c_2 = 1{,}333283\,\text{m/s}}}$ (die andere, negative Lösung entfällt aus physikalischen Gründen!)

Anteilig gesehen, erscheint die Erhöhung der Geschwindigkeit $c_2$ nicht unbedeutend, aber eingesetzt in die Bestimmungsgleichung für $T_2$ zeigt sich aber, dass die Temperatur praktisch unverändert bleibt (die Temperaturänderung beträgt 0,01 K).

$$T_2 = \frac{c_2}{c_1} \cdot \frac{p_2}{p_1} \cdot T_1 = \frac{1{,}333283\,\text{m/s}}{1\,\text{m/s}} \cdot \frac{0{,}75\,\text{bar}}{1{,}00\,\text{bar}} \cdot 298{,}15\,\text{K} \approx \underline{\underline{298{,}14\,\text{K}}}$$

Wegen der Wirbelbildung unmittelbar hinter der Drosselstelle tritt die bei reibungsfreier Strömung eigentlich zu erwartende Zunahme der kinetischen Energie trotz deutlicher Druckabsenkung nicht ein.

Insgesamt bleibt festzustellen, dass die Vernachlässigung der Änderung der kinetischen Energie unter den Bedingungen, die in der Aufgabenstellung genannt sind, gerechtfertigt ist. Die hier unterstellte Modellvorstellung ideales Gas und reibungsfreie Strömung versagt bei höheren Drücken und niedrigeren Temperaturen. Dann ist tatsächlich $h = h(T, p)$ zu berücksichtigen.

**Aufgabe 4-8:** Strömungsprozess – dynamische Temperatur

Man betrachte einen festen Körper aus sehr gut die Wärme leitenden Material, der sich horizontal mit einer Geschwindigkeit $c_1$ in einer Luftatmosphäre bewegt und durch den Luftwiderstand auf die Geschwindigkeit null abgebremst wird. Die spezifische Wärmekapazität für konstanten Druck für die Luft sei konstant und betrage 1004,5 J/(kg K). Der Körper sei so klein und so gut leitend, dass er immer die Temperatur der Luft an der Staupunktfläche annimmt.

a) Welche Temperatur erreicht der Körper, wenn er eine Ausgangstemperatur von 25 °C und eine Geschwindigkeit von 44,8 m/s besitzt?

b) Welche Temperatur erreicht der Körper, wenn er eine Ausgangstemperatur von –56,5 °C und eine Geschwindigkeit von 4480 m/s besitzt?

Gegeben:

$c_p = 1004{,}5$ J/(kg K) $\quad c_2 = 0 \quad$ a) $\quad c_1 = 44{,}80$ m/s $\quad t_1 = +25{,}0$ °C

b) $\quad c_1 = 4480$ m/s $\quad t_1 = -56{,}5$ °C

Vorüberlegungen:

Für die thermodynamischen Untersuchungen ist es unerheblich, ob sich ein Körper in ruhender Luft bewegt oder ob ein ruhender Körper von Luft mit entsprechender Geschwindigkeit umspült wird. Von letzterem gehen wir in Übereinstimmung mit den bisher vorgenommenen Festlegungen zum Kontrollraum eines offenen Systems aus.

Die gedachte Kontrollraumgrenze wird so gelegt, dass die Austrittsfläche (Index 2) mit dem Staupunkt des Körpers zusammenfällt. Für die Analyse gehen wir wie in vorangegangener Aufgabe von der auf den Massenstrom bezogenen Energiebilanz (4-6b) aus.

**Lösung:**

$$q_{12} + w_{t,12} = (h_2 - h_1) + \frac{1}{2}\left(c_2^{\,2} - c_1^{\,2}\right) + g(z_2 - z_1)$$

$q_{12} = 0$ adiabates System

$w_{t,12} = 0$ Strömungsprozess

$g(z_2 - z_1) = 0$ horizontale Bahn

$$h_2 - h_1 = \frac{1}{2}\left(c_1^{\,2} - c_2^{\,2}\right) \quad \rightarrow \quad 2c_p(t_2 - t_1) = c_1^{\,2} - c_2^{\,2} \quad \rightarrow \quad t_2 = t_1 + \frac{c_1^{\,2} - c_2^{\,2}}{2c_p}$$

a) $$t_2 = 25\,°\mathrm{C} + \frac{(44{,}8\ \mathrm{m/s})^2 \cdot (\mathrm{kg\ K})}{2009\ \mathrm{kg\ m^2/s^2}} \approx \underline{\underline{26\,°\mathrm{C}}}$$

Dies entspricht etwa der Situation Abschuss einer Kugel mit einer Luftpistole.

b) $$t_2 = -56{,}5\,°\mathrm{C} + \frac{(4480\ \mathrm{m/s})^2 \cdot (\mathrm{kg\ K})}{2009\ \mathrm{kg\ m^2/s^2}} \approx \underline{\underline{9933{,}7\,°\mathrm{C}}}$$

Dies entspricht etwa der Situation beim Eindringen eines Meteoriten in die Erdumlaufbahn.

Insbesondere das Ergebnis der Aufgabe b) macht deutlich, warum die meisten Meteoriten in der Erdatmosphäre verglühen noch ehe sie den Erdboden erreichen.

Die hier errechneten Temperaturen $t_2$ nennt man auch dynamische Temperaturen. Entsprechende Effekte sind zu berücksichtigen, wenn man die Temperatur eines strömenden Gases mit einem an einem festen Ort angebrachten Temperaturmessgerät messen will.

# 5 Zweiter Hauptsatz der Thermodynamik

## 5.1 Definition der Entropie und Hauptaussagen

Der zweite Hauptsatz der Thermodynamik stellt ebenso wie der erste Hauptsatz eine Erfahrungstatsache dar, die sich nicht dadurch beweisen lässt, dass man sie auf andere Sätze, auch nicht auf den ersten Hauptsatz, zurückführt. Aber alle daraus ableitbaren Folgerungen werden in praxi ausnahmslos bestätigt. Ein einziges Resultat eines Experimentes, das im Widerspruch zum zweiten Hauptsatz steht, würde diesen umstoßen, aber ein solches Experiment ist bis heute nicht gelungen.

Nach dem ersten Hauptsatz wäre grundsätzlich jeder der Energieerhaltung genügender Prozess unabhängig von seiner Richtung zu verwirklichen. Der zweite Hauptsatz schränkt nun mit seinen Aussagen zur Richtung spontan ablaufender Prozesse den ersten Hauptsatz ein.

Bringt man zwei Systeme unterschiedlicher Temperatur miteinander in Kontakt, laufen Austauschvorgänge ab und nach hinreichend langer Zeit stellt sich ein neuer Gleichgewichtszustand ein. Bis zum Erreichen dieses Gleichgewichts werden in kontinuierlicher Folge Nichtgleichgewichtszustände durchlaufen. Aus Erfahrung wissen wir, dass die Ausgleichsvorgänge stets in einer Richtung ablaufen, nämlich vom Körper höherer Temperatur zum Körper niederer Temperatur, und danach nicht mehr umkehrbar sind (sie sind *irreversibel*).

Historisch wurde der zweite Hauptsatz als Prinzip der Nichtumkehrbarkeit der natürlichen (wegen der Reibung irreversiblen) Prozesse zuerst an sehr speziellen Beispielen erläutert. Rudolf J. E. Clausius erklärte 1850: *Wärme kann nie von selbst von einem Körper niedriger Temperatur auf einen Körper höherer Temperatur übergehen.* Der französische Mathematiker und Physiker Henri Poincaré erläuterte die Worte „von selbst" durch folgenden Hinweis: *Es ist unmöglich, Wärme von einem kälteren an einen wärmeren Körper übergehen zu lassen, wenn nicht gleichzeitig ein Verbrauch an Arbeit stattfindet.* Schließlich beschrieb Max Planck den zweiten Hauptsatz der Thermodynamik 1897 so: *Es ist unmöglich, eine periodisch arbeitende Maschine zu konstruieren, die weiter nichts bewirkt, als eine Last zu heben und e i n e m Wärmebehälter dauernd Wärme zu entziehen.*

Zum Zeitpunkt ihrer Formulierung stellten die heute eher trivial klingenden Sätze eine Revolution in der Physik dar, denn sie beendeten etliche fruchtlose Versuche, die innere Energie der Umgebung (Lufthülle der Erde oder Wasser der Ozeane) zur Gewinnung von Arbeit heranzuziehen! Ein Schiff kann eben nicht dem Wasser dauernd Wärme entziehen, um daraus Arbeit zum Antrieb der Schiffsschraube unter Zurücklassung eines Streifens kalten Wassers zu gewinnen. Wilhelm Ostwald bezeichnete eine solche Maschine als Perpetuum mobile zweiter Art und stellte in Übereinstimmung mit der Erfahrung fest: *Ein Perpetuum mobile zweiter Art ist nicht möglich.* Der Gedanke aber, die in der Umgebung gespeicherte Energie in Nutzarbeit umzuwandeln, ist bis in die heutigen Tage so verführerisch, dass „Erfinder" immer wieder hoffen, ein Perpetuum mobile zweiter Art zur Lösung der Energieprobleme der Menschheit verwirklichen zu können.

DOI 10.1515/9783110530513-006

Der zweite Hauptsatz der Thermodynamik trennt die nicht ausführbaren Prozesse (unmögliche Prozesse) von den in der Natur spontan irreversibel mit Dissipation ablaufenden Prozessen (mögliche Prozesse). *Reversible* Prozesse sind lediglich in Modellvorstellungen idealisierte Grenzfälle der natürlichen (irreversiblen) Prozesse, die nur theoretisch verlustlos und unendlich langsam ablaufen.

Die quantitative Erfassung der Erfahrungen zur Irreversibilität erfordert eine mathematische Formulierung. Dazu definiert man – rein mathematischen Überlegungen folgend – eine neue *kalorische Zustandsgröße*, die *Entropie S*. Diese Entropie ist keine in der Natur vorkommende, sondern eine abstrakte Rechengröße, deren Wert allerdings berechnet werden kann aus makroskopisch messbaren Eigenschaften des betrachteten Systems, so dass für jedes System eine Zustandsgröße $S$ existiert. Weil die Wärme $Q$ und die dissipierte Arbeit $W_{diss}$ Prozessgrößen sind, müssen sie, um die Qualität einer Zustandsgröße zu erhalten, über einen geeigneten integrierenden Faktor zu einem vollständigen Differential umgewandelt werden. Dieser integrierende Faktor lautet $1/T$. So können wir die Entropie mit $Q = Q_{rev} + W_{diss}$ definieren als

$$S = \frac{Q}{T} \quad \text{oder massespezifisch} \quad s = \frac{S}{m} = \frac{q}{T} \tag{5-1a}$$

$$\mathrm{d}S = \frac{\mathrm{d}Q}{T} \qquad \mathrm{d}s = \frac{\mathrm{d}q}{T} \tag{5-1b}$$

$$[S] = 1\frac{\mathrm{kJ}}{\mathrm{K}} \qquad [s] = 1\frac{\mathrm{kJ}}{\mathrm{kg\,K}}$$

Zunächst ist darauf hinzuweisen, dass nach Definition (5-1b) die Entropie am absoluten Nullpunkt nicht als numerischer Absolutwert angegeben werden kann (Division durch Null!). Walter Hermann Nernst hat 1906 einen weiteren für die Thermodynamik wichtigen Erfahrungssatz formuliert. Danach ist es unmöglich, durch irgendeinen Prozess mit einer endlichen Anzahl von Schritten die Temperatur eines Systems auf null Kelvin zu senken (Nernst´sches Wärmetheorem[14]). Vor diesem Hintergrund hat Max Planck 1912 vorgeschlagen, der Entropie am absoluten Temperaturnullpunkt ($T = 0$ K) den Wert $S = 0$ J/K zuzuordnen, so dass auch an jedem anderen Punkt ein Absolutwert für die Entropie bestimmt werden kann. Für technische Berechnungen ist aber meist nur die Änderung der Entropie bedeutsam und man betrachtet ohnehin nur Entropiedifferenzen.

Die Entropie eines Systems ändert sich *(*d*S)*, wenn Wärme über die Systemgrenze transportiert wird *(*d*Q)* oder wenn Energie im Inneren des Systems dissipiert *(*d$W_{diss}$*)*. Analoges gilt bei offenen Systemen für den Entropiestrom $\dot{S}$, hier kommt jedoch noch zusätzlich der mögliche Stofftransport für die Änderung der Entropie des Systems in Frage.

$$\mathrm{d}S = \frac{\mathrm{d}Q}{T} + \frac{\mathrm{d}W_{diss}}{T} \quad \rightarrow \tag{5-2}$$

$$\mathrm{d}S = \mathrm{d}S_{q,12} + \mathrm{d}S_{i,12} \quad \text{oder} \quad \mathrm{d}\dot{S} = \mathrm{d}\dot{S}_{q,12} + \mathrm{d}\dot{S}_{i,12} \tag{5-3a}$$

$$S_2 - S_1 = S_{q,12} + S_{i,12} \quad \text{oder} \quad \dot{S}_2 - \dot{S}_1 = \dot{S}_{q,12} + \dot{S}_{i,12} \tag{5-3b}$$

---

[14] Manchmal wird dies wegen der zentralen Bedeutung für die Thermodynamik als dritter Hauptsatz bezeichnet, hat aber nicht denselben Charakter wie der erste und zweite Hauptsatz.

Die mit der Wärme transportierte Entropie $S_{q,12}$ ist positiv, wenn dem System Wärme zugeführt wird, negativ bei Wärmeabfuhr und bei adiabaten Systemen Null.

$$S_{q,12} = \int_1^2 \frac{\mathrm{d}Q}{T} \begin{matrix} > \\ = \\ < \end{matrix} 0 \tag{5-4}$$

Die durch Dissipation bewirkte Entropieerzeugung („Entropieproduktion") $S_{i,12}$ hat bei allen natürlichen (zwangsläufig mit Dissipation verbundenen) Prozessen ein positives Vorzeichen, für den theoretisch auftretenden Fall des reversiblen Prozesses (Vernachlässigung der Dissipation) den Wert Null. Eine negative Entropieproduktion ist hingegen ausgeschlossen.

$$S_{i,12} = \int_1^2 \frac{\mathrm{d}W_{diss}}{T} \geq 0 \tag{5-5}$$

$S_{i,12}$ ist damit ein Kriterium, mit dem unmögliche von möglichen Prozessen unterschieden werden können, denn es ist:

$S_{i,12} > 0$ natürlich ablaufender, nicht vollständig umkehrbarer (irreversibler) Prozess
$S_{i,12} = 0$ reversibler (umkehrbarer) Prozess = theoretischer Grenzfall ($W_{diss} = 0$)
$S_{i,12} < 0$ nicht natürlich ablaufender = „unmöglicher" Prozess

Eine Verminderung der Entropie ($\mathrm{d}S < 0$) ist in Übereinstimmung mit dem zweiten Hauptsatz nur möglich, wenn der Energietransport über die Systemgrenze (Wärmeabgabe oder Stofftransport) die Entropieproduktion im Inneren des Systems übersteigt. Dabei muss erwähnt werden, dass die Wärmeabfuhr eines Systems definitionsgemäß immer an seine Umgebung erfolgt und damit die Entropie der Umgebung erhöht. Entropie wird also auch nicht vernichtet.
Die Entropie eines Systems ändert sich nach den Bilanzgleichungen (5-3) durch Zu- und Abfuhr von Entropie über die Systemgrenze infolge von Wärme- und/oder Stofftransporten sowie mit der Entropieproduktion in seinem Inneren durch Dissipationsvorgänge. Die Entropiebilanz unterscheidet sich insofern von den nach dem ersten Hauptsatz der Thermodynamik formulierten Bilanzgleichungen für Masse und Energie, als sie mit der Entropieproduktion ein Quellglied besitzt. Daher kann man für die Entropie in der Regel keine Erhaltungsgleichungen formulieren, was auch als *Unsymmetrie von Energieumwandlungen* bezeichnet wird.
Eine wichtige Ausnahme bilden jedoch die reversiblen, ohne Entropieproduktion erfolgenden Zustandsänderungen. Hier folgt die Entropiebilanz einer Erhaltung und die so gewonnene zusätzliche Bedingung ist vielfach eine entscheidende Voraussetzung, um bestimmte Probleme überhaupt lösen zu können. Bei reversiblen Prozessen ($S_{i,12} = 0$) im adiabaten System ($\mathrm{d}Q = 0$) ist nach (5-3a) folglich $\mathrm{d}S = 0$, das heißt die Entropie bleibt konstant (isentrope Zustandsänderung).
In (vollständig) abgeschlossenen Systemen kann es wegen fehlender energetischer und stofflicher Wechselwirkung mit der Umgebung keine Zu- oder Abfuhr von Entropie über die Systemgrenze geben. Die Entropie eines solchen Systems nimmt durch spontan ablaufende Ausgleichsvorgänge (chemische Reaktionen, Vermischung durch Diffusion, Konzentrationsausgleich, Temperatur- und Druckausgleich) nur zu. Der Endzustand ist ein neuer Gleichge-

wichtszustand und durch das Vorliegen der maximal möglichen Entropie $S_{max}$ in einem stationären Zustand ($\mathrm{d}S/\mathrm{d}\tau = 0$) bestimmt.
Zur Analyse der Ausgleichsvorgänge muss das abgeschlossene System in Teilsysteme aufgespalten werden. Betrachtet man zum Beispiel die Mischung einer bestimmten Menge heißen Wassers (Temperatur $T_1$) mit einer bestimmten Menge kalten Wassers (Temperatur $T_2$) gibt das heiße Wasser bis zum Erreichen der Mischungstemperatur $T_M$ eine bestimmte Wärmemenge $Q$ ($Q < 0$) ab, die das kalte Wasser in gleicher Höhe entsprechend aufnimmt ($Q > 0$). Unterstellen wir die Abwesenheit von Reibung ($S_{i,12} = 0$) folgt aus (5-3a)

$$\mathrm{d}S = -\frac{\mathrm{d}Q}{T_1} + \frac{\mathrm{d}Q}{T_2} = \mathrm{d}Q \cdot \frac{T_1 - T_2}{T_1 \cdot T_2} \qquad (5\text{-}6)$$

Wegen $T_1 > T_2$ ist immer von $(T_1 - T_2)/T_1 \cdot T_2 > 0$ auszugehen und damit von $dS > 0$ (also Entropiezunahme), so dass der Mischungsprozess nicht mehr umkehrbar (irreversibel) ist. Er wäre nur dann reversibel ($\mathrm{d}S > 0$), wenn $T_1 = T_2$ und deshalb $(T_1 - T_2)/T_1 \cdot T_2 = 0$. Aus Erfahrung wissen wir aber, dass bei Temperaturgleichgewicht kein Temperaturausgleich stattfinden kann.

Auf oben beschriebene Tatsache[15] gründeten einige Philosophen die *Theorie vom Wärmetod.* Mit dem Hinweis, dass jede Entwicklung zum Stillstand komme, wenn im Universum alle Ausgleichsvorgänge abgelaufen und somit das Entropiemaximum erreicht sei, wurde das „Ende der Welt“ herbeigerechnet. In einem statischen Systemzustand wäre auch keine Zeit messbar, weil Zeitmessung nur sinnvoll ist, wenn gerichtete Vorgänge spontan ablaufen. Der Ablauf von Zeit ist also mit Entropiewachstum verknüpft. Ganz eifrige Anhänger dieser Theorie glaubten sogar einen mathematischen Gottesbeweis gefunden zu haben, denn wo ein Zeitenende, da auch ein Anfang. Die tatsächliche Anwendung der Prinzipien der Thermodynamik auf diesen Sachverhalt ist indessen sehr ernüchternd, denn bei der Prüfung, ob das zu Grunde liegende Modell den zu beurteilenden Sachverhalt hinreichend gut beschreibt, muss man sich sehr schnell der Frage stellen, ob unser Universum im thermodynamischen Sinne ein (vollständig) abgeschlossenes System ist. Dies kann nicht schlüssig dargelegt werden und deshalb ist diese Art der Modellbildung zurückzuweisen. Unbeantwortet bleibt außerdem die Frage, ob die Entropie ein Monopol dafür besitzt, der Zeit eine Richtung aufzuprägen. Auch die Expansion unseres Universums in der Gravitationsblase kann geeignet sein, nach unserem Raum-Zeit-Verständnis die Zeitrichtung einseitig positiv festzulegen.

Der so nützlichen Rechengröße Entropie haftet ihrer abstrakten Natur wegen leider der Makel einer fehlenden Anschaulichkeit an. Außerdem wird der Begriff Entropie in vielen anderen Fachdisziplinen mit inhaltlich teilweise anderer Bedeutung verwendet, so dass viele Unsicherheiten bei der Abgrenzung bestehen. Deshalb haben einige Ingenieure selbst nach etlichen Jahren Berufserfahrung immer noch eine gewisse Scheu, numerische Auswertungen zum zweiten Hauptsatz der Thermodynamik mit der Größe Entropie durchzuführen. Alternativ hat man schon früher versucht, den Sachverhalt durch Größen zu beschreiben, die der Vorstellungswelt des Ingenieurs entgegen kommen. Gustav Zeuner entwickelte in Analogie

[15] Im Jahr 1865 veröffentlichte Rudolf J.E. Clausius unter dem Titel: “Über verschiedene für die Anwendungen bequeme Formen der Hauptgleichungen der mechanischen Wärmetheorie“ in den Annalen der Physikalischen Chemie einen Aufsatz, in dem erstmalig der Entropiebegriff eingeführt wurde. Diese Arbeit enthält jedoch auch Aussagen, die Energie der Welt sei konstant und die Welt strebe einem Entropiemaximum zu. Dies ist unbeschadet der großen Verdienste von Clausius völlig zu recht kritisiert worden.

zur Mechanik das Modell des „Wärmegewichtes = $Q/T$ “. Der Wärmeübergang von einem wärmeren zu einem kälteren Körper wurde mit dem Herabfallen einer Wassermasse verglichen, wobei die Fallhöhe ihre Entsprechung in der Temperaturdifferenz zwischen warmen und kalten Körper fand.

Gelegentlich wird im Bemühen um Anschaulichkeit der Begriff der Entropie als „Maß für die Unordnung“ interpretiert. Dies knüpft daran an, dass die Entropie mit abnehmender Temperatur sinkt und als Grenzwert am absoluten Nullpunkt den Wert Null annehmen würde. Am absoluten Nullpunkt besäße ein idealer Kristall die größtmögliche Ordnung, denn die Teilchen könnten keine thermischen Bewegungen mehr ausführen. Mit höher werdender Temperatur stiege aber die Bewegungsfreiheit der Teilchen. Im festen Zustand schwingen die Teilchen im Kristall um ihre Ruhelage. Ein jeweils signifikanter Zuwachs an Bewegungsmöglichkeiten ergibt sich beim Übergang von fester zu flüssiger und mit weiter steigender Temperatur beim Übergang von flüssiger zu gasförmiger Phase. So nimmt mit größer werdender Temperatur die „Ordnung“ des betrachteten Systems ab bzw. die „Unordnung“ zu.

Die Summe der Entropien aller an einem nichtumkehrbaren Vorgang beteiligten Körper nimmt stets zu. Die Entropie kann auch als Maß für die Wahrscheinlichkeit eines Zustandes aufgefasst werden. Steigt die Entropie eines Systems, hat es einen wahrscheinlicheren Zustand eingenommen.

## 5.2 Hauptgleichungen der Thermodynamik

Mit dem ersten Hauptsatz der Thermodynamik sind bei reversiblen Prozessen für geschlossene und offene System folgende Bilanzgleichungen in differentieller Form gefunden worden:

$$\mathrm{d}U = \mathrm{d}Q - p\mathrm{d}V \quad \text{(geschlossene Systeme)}$$

$$\mathrm{d}H = \mathrm{d}Q + V\mathrm{d}p \quad \text{(offene Systeme)}$$

Bemerkenswert an diesen differentiell aufgeschriebenen Bilanzgleichungen ist, dass sie gleichzeitig aus vollständigen Differentialen für die Zustandsgrößen innere Energie $U$, Enthalpie $H$, Druck $p$ und Volumen $V$ sowie unvollständigen Differentialen für die Prozessgröße Wärme $Q$ zusammengesetzt sind. Eine Verbindung dieser Bilanzgleichungen aus dem ersten Hauptsatz mit dem zweiten Hauptsatz ist bei reversiblen Prozessen über Formel (5-1b) herzustellen, denn dann gilt $\mathrm{d}Q = T{\cdot}\mathrm{d}S$ gilt. Daraus entstehen die Hauptgleichungen der Thermodynamik

$$\mathrm{d}U = T\mathrm{d}S - p\mathrm{d}V \quad \text{(geschlossene Systeme)} \tag{5-7}$$

$$\mathrm{d}H = T\mathrm{d}S + V\mathrm{d}p \quad \text{(offene Systeme)} \tag{5-8}$$

Diese Gleichungen enthalten nur vollständige Differentiale und können einfacher integriert werden.

## 5.3 Berechnung der Entropie für ideales Gas

Für **geschlossene Systeme** gilt ausgehend vom ersten Hauptsatz für reversible Prozesse unabhängig von der Art der Zustandsänderung $\mathrm{d}q = \mathrm{d}u + p\mathrm{d}v$ und damit gemäß (5-1b) für die Entropie des idealen Gases:

$$\mathrm{d}s = \frac{\mathrm{d}q}{T} = \frac{\mathrm{d}u}{T} + \frac{p\mathrm{d}v}{T} = c_v \frac{\mathrm{d}T}{T} + \frac{R_i \cdot T}{v \cdot T}\mathrm{d}v$$

$$s_2 - s_1 = c_v \ln\frac{T_2}{T_1} + R\ln\frac{v_2}{v_1} \tag{5-9}$$

Spezialfall:

feste Wände $(v_2 = v_1)$ *isochor*: $\frac{v_2}{v_1} = 1$ und $\ln 1 = 0$

$$s_2 - s_1 = c_V \ln\frac{T_2}{T_1} \tag{5-10}$$

Für **offene Systeme** gilt entsprechend $\mathrm{d}q = \mathrm{d}h - v\mathrm{d}p$ und damit wiederum nach (5-1b) für die Entropie des idealen Gases:

$$\mathrm{d}s = \frac{\mathrm{d}q}{T} = \frac{\mathrm{d}h}{T} - \frac{v\mathrm{d}p}{T} = \frac{c_p\mathrm{d}T}{T} - R\frac{\mathrm{d}p}{p}$$

$$s_2 - s_1 = c_p \ln\frac{T_2}{T_1} - R\ln\frac{p_2}{p_1} \tag{5-11}$$

Spezialfall:

keine technische Arbeit, konstanter Druck $(p_1 = p_2)$ *isobar:* $\frac{p_2}{p_1} = 1$ und $\ln 1 = 0$

$$s_2 - s_1 = c_p \ln\frac{T_2}{T_1} \tag{5-12}$$

Die Entropie und die Entropieänderung eines idealen Gases kann nicht direkt gemessen werden, aber – wie obige Formeln zeigen – hängen Entropie und Entropieänderungen ausschließlich von messbaren Größen ab!

## 5.4 Ausgewählte Anwendungen

### 5.4.1 Der irreversible Vorgang der Drosselung

Bei strömenden Medien tritt durch Reibung zwischen den einzelnen Fluidteilchen und an den Begrenzungswänden ein Druckverlust auf (natürlicher irreversibler Prozess). Dieser Druckverlust ist bei höheren Geschwindigkeiten an Rohrverengungen besonders groß. Rohrverengungen (Blende, Klappe, Ventil) werden daher zur Druckabsenkung als *Drosseln* eingesetzt. Drosseln erweisen sich auch als hilfreich bei der Messung von Volumenströmen.

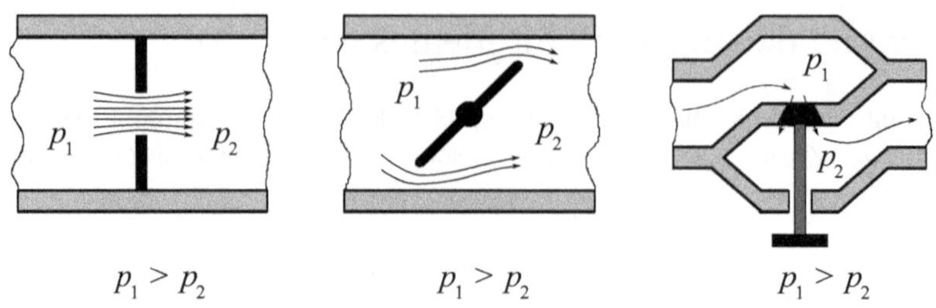


**Abb. 5-1:** Technische Anwendungen der Drosselung.

Für ein strömendes Fluid ist nach dem ersten Hauptsatz für offene Systeme anzusetzen:

$$q_{12} + w_{i,12} = (h_2 - h_1) + \frac{1}{2}(c_2^2 - c_1^2) + g(z_2 - z_1)$$

Für die Drosselung sollen darüber hinaus folgende Annahmen gelten:

- kein Wärme- und Arbeitstransport über die Systemgrenze $q_{12} = 0 \qquad w_{i,12} = 0$
- Strömungsgeschwindigkeit vor Drosselstelle ist etwa gleich der Geschwindigkeit nach der Drosselstelle ( $c_1 \approx c_2$ )
- die Strömung erfolgt in einem waagerechten Rohr ( $z_1 = z_2$ )

Mit diesen Annahmen folgt für die Drosselung $h_1 = h_2$ oder d$h$ = 0 und das heißt, die Drosselung läuft *isenthalp* ab. Aus $h_1 = h_2$ folgt für ideales Gas außerdem $T_1 = T_2$, da Enthalpie in diesem Modell eine reine Temperaturfunktion ist.
Aus Gleichung (5-8) folgt mit d$h$ = 0:

$$ds = -\frac{v}{T}dp = -\frac{R}{p}dp$$

$$\Delta s = s_2 - s_1 = -\int_1^2 R\frac{dp}{p} = -R\ln\frac{p_2}{p_1} = R\ln\frac{p_1}{p_2} \tag{5-13}$$

Dieses Ergebnis könnten wir für ideales Gas auch mit der Annahme $T$ = konstant aus Gleichung (5-11) gewonnen haben.
Der Nachweis für $\Delta s > 0$ ist wegen $p_1 > p_2$ und daraus folgend $\ln(p_1 / p_2) > 0$ erbracht. Außerdem folgt für $\Delta s = s_{q,12} + s_{i,12}$ mit $s_{q,12} = 0$ der unmittelbare Nachweis, dass die Entropieproduktion ein positives Vorzeichen hat ( $s_{i,12} > 0$ ).

Aus Formel (5-5) leiten wir für die Berechnung der Dissipationsenergie *für konstante Temperatur* bei der Drosselung von *idealem Gas* ab:

$$W_{diss,12} = T \cdot S_{i,12} = T \cdot m \cdot s_{i,12}$$

In Verbindung mit Gleichung (5-13) entsteht daraus die Beziehung

$$W_{diss,12} = m \cdot R \cdot T \cdot \ln\frac{p_1}{p_2} \quad \text{oder} \quad P_{diss,12} = \dot{m} \cdot R \cdot T \cdot \ln\frac{p_1}{P_2} \tag{5-14}$$

## 5.4.2 Mischung und Diffusion

John Dalton beschäftigte bei der Untersuchung des Gasgemisches Luft die Frage, warum im Laufe der Zeit keine Entmischung stattfindet, bei der sich der schwerere Sauerstoff mit $M_{O_2} \approx 32$ kg/kmol unten und der leichtere Stickstoff mit $M_{N_2} \approx 28$ kg/kmol oben absetzt. Die Erfahrung zeigt, dass Mischung und Diffusion von Gasen nicht umkehrbare Vorgänge sind. Deshalb muss nach dem zweiten Hauptsatz der Thermodynamik eine berechenbare Entropiezunahme vorliegen, die wir mit folgendem Modell tatsächlich nachweisen:

In einem adiabaten Raum mit dem Volumen $V$ sollen sich die beiden idealen Gase 1 und 2 mit ihren Massen $m_1$ und $m_2$ sowie ihren Gaskonstanten $R_1$ und $R_2$ befinden, den sie mit der gemeinsamen Temperatur $T$ und dem gemeinsamen Druck $p$ durch die Teilvolumina $V_1$ und $V_2$ gerade ausfüllen. Die innere Energie $U$ eines solchen Systems bleibt konstant und damit auch seine Temperatur (ideales Gas). Nach den Dalton´schen Gesetzen verhält sich jedes Gas nach vollständiger Mischung so als würde es allein den ganzen Raum ausfüllen. Praktisch haben dann die beiden Gase jeweils an einer isothermen Expansion teilgenommen:

Gas 1: $p, V_1 \rightarrow p_1, V$ $\qquad p_1 = \frac{V_1}{V} p = r_1 \cdot p$ (vergleiche Formel (2- 8))

Gas 2: $p, V_2 \rightarrow p_2, V$ $\qquad p_2 = \frac{V_2}{V} p = r_2 \cdot p$

Eine gewisse Analogie zur isenthalpen Drosselung von idealem Gas bei konstanter Temperatur entsteht durch die Vorstellung, dass jeweils ein Gas die Drossel darstellt, durch die das andere Gas expandiert. Danach nehmen die Entropien eines jeden Gases nach Maßgabe von Formel (5-13) zu.

$$\Delta S_1 = m_1 R_1 \ln\frac{p}{p_1} \quad \text{und} \quad \Delta S_2 = m_2 R_2 \ln\frac{p}{p_2} \quad \rightarrow \quad \Delta S_{i,12} = \Delta S_1 + \Delta S_2$$

Die Entropie*zunahme* bei der isothermen Mischung idealer Gase entspricht der Summe der Entropien der Komponenten des Gemisches, wenn das Verhältnis von Gesamtdruck zu Partialdruck bei $T$ = konstant für jeden Gemischbestandteil in Formel (5-11) eingesetzt wird.

Gleichung (5-11) ist gleichzeitig die Grundlage zur Berechnung der Entropien vor der Mischung zwischen einem gewählten Bezugszustand ($p_0$, $T_0$) und dem Zustand ($p$, $T$).

Die Gesamtentropie des Gasgemisches setzt sich aus den Entropien der einzelnen Gemischbestandteile vor der Mischung und der Entropiezunahme durch isotherme Mischung zusammen.

$$S(p,T) = m_1\left[c_{p1}\ln\frac{T}{T_0} - R_1\ln\frac{p}{p_0} + s_1(p_0,T_0)\right] + m_2\left[c_{p2}\ln\frac{T}{T_0} - R_2\ln\frac{p}{p_0} + s_2(p_0,T_0)\right]$$
$$+ m_1 R_1 \ln\frac{p}{p_1} + m_2 R_2 \ln\frac{p}{p_2}$$

Eine einfache Umformung der Glieder mit „ln“ ergibt schließlich Formel (5-15):

$$S(p,T) = m_1\left[c_{p1}\ln\frac{T}{T_0} - R_1\ln\frac{p_1}{p_0} + s_1(p_0,T_0)\right] + m_2\left[c_{p2}\ln\frac{T}{T_0} - R_2\ln\frac{p_2}{p_0} + s_2(p_0,T_0)\right]$$

Das Mischen von gleichen Flüssigkeiten unterschiedlicher Temperatur ist ebenfalls ein irreversibler Vorgang. Dazu betrachten wir eine Flüssigkeit mit der Masse $m$ und der Temperatur $T_1$, die isobar in einem adiabaten Gefäß gemischt wird mit derselben Flüssigkeit, die wiederum die gleiche Masse $m$, aber die von $T_1$ verschiedene Temperatur $T_2$ besitzt. Für den Mischungsvorgang wird hier nachfolgend die spezifische Wärmekapazität der Flüssigkeit als konstant vorausgesetzt. Die Entropieänderung des aus beiden Flüssigkeitsanteilen bestehenden Gesamtsystems bezieht sich auf den Übergang der jeweiligen Ausgangszustände 1 und 2 auf den Mischungszustand $M$ als Endzustand.

$$S_M - S = m\left[(s_M - s_1) + (s_M - s_2)\right]$$

Gleichung (5-8) führt mit d$p$ = 0 und Division durch $m$ auf

$$\mathrm{d}s = \frac{\mathrm{d}h}{T} = c_p \cdot \frac{\mathrm{d}T}{T}$$

$$\int_1^M \mathrm{d}s = c_p \int_1^M \frac{\mathrm{d}T}{T} \quad \rightarrow \quad s_M - s_1 = c_p \cdot \ln \frac{T_M}{T_1}$$

$$\int_2^M \mathrm{d}s = c_p \int_2^M \frac{\mathrm{d}T}{T} \quad \rightarrow \quad s_M - s_2 = c_p \cdot \ln \frac{T_M}{T_2}$$

$$S_M - S = m \cdot c_p \left( \ln \frac{T_M}{T_1} + \ln \frac{T_M}{T_2} \right) = m \cdot c_p \ln \frac{T_M^2}{T_1 \cdot T_2}$$

Berechnung der Mischungstemperatur aus den beiden Ausgangstemperaturen über den Ansatz $Q_{ab} = |\,Q_{auf}\,|$ („1“ = heiß und „2“ = kalt)

$$m \cdot c_p (T_1 - T_M) = m \cdot c_p (T_M - T_2) \quad \rightarrow \quad (T_1 - T_M) = (T_M - T_2) \qquad T_M = \frac{T_1 + T_2}{2}$$

$$S_M - S = m \cdot c_p \ln \frac{(T_1 + T_2)^2}{4 \cdot T_1 \cdot T_2}$$

Nach dem zweiten Hauptsatz muss die Entropieänderung positiv sein, da es sich um einen irreversiblen Vorgang in einem adiabaten System handelt. Dies ist genau dann der Fall, wenn

$$\ln \frac{(T_1 + T_2)^2}{4 \cdot T_1 \cdot T_2} > 0 \quad \rightarrow \quad (T_1 + T_2)^2 > 4 \cdot T_1 \cdot T_2 \rightarrow \quad T_1^2 + T_2^2 > 2 \cdot T_1 \cdot T_2$$

$$T_1^2 - 2 \cdot T_1 \cdot T_2 + T_2^2 > 0 \quad \rightarrow \quad (T_1 - T_2)^2 > 0$$

Diese Bedingung ist stets erfüllt, solange $T_1 \neq T_2$ ist. Die Entropieänderung verschwindet nur bei $T_1 = T_2$. In genau diesem Fall wäre der Mischungsvorgang reversibel.

### 5.4.3 Folgerungen aus Exergie und Anergie der Wärme

Nach dem streng auf dem Energieerhaltungsprinzip beruhenden ersten Hauptsatz der Thermodynamik entsteht zunächst der Eindruck, alle Energien seien durch ihre wechselseitige

Umwandelbarkeit gleichwertig. Nach dem zweiten Hauptsatz sind aber für das Ingangsetzen von Prozessen die gewaltigen, in der Atmosphäre gespeicherten Energien praktisch nutzlos. Man kann sie nicht zum Antrieb von Fahrzeugen oder zum Heizen einsetzen. Wir wissen außerdem, dass uns keine Zauberformel den Strom zurückbringt, den eine Glühbirne „verbraucht" hat. Natürlich wurde diese Energie nicht vernichtet, sondern vom Zustand geringer Entropie in einen neuen Gleichgewichtszustand mit höherer Entropie überführt (schlichter ausgedrückt: die gewandelte Energie steckt jetzt im „Wärmesumpf" der Umgebung).

Mit dem zweiten Hauptsatz nehmen wir also zur Kenntnis, dass die Eigenschaften der Umgebung die Energieumwandlung beeinflussen und sich nicht alle Energieformen beliebig in andere Energieformen umwandeln lassen (Unsymmetrie bei den Energieumwandlungen). Mechanische und elektrische Energien gehören zu den Energieformen, die sich bei unterstellter reversibler Prozessführung unbeschränkt in jede andere Energieform umwandeln lassen. Thermische Energien können dagegen nur insoweit genutzt werden, als dass sie sich nicht im thermodynamischen Gleichgewicht mit der Umgebung befinden. Wenn Temperatur und Druck des am Energiewandlungsprozess beteiligten Mediums den Werten der Umgebung entsprechen, ist das Umwandlungspotential erschöpft. Der zweite Hauptsatz setzt hier eine obere Grenze durch den reversiblen Prozess, bei dem keine Entropieproduktion anfällt. Darüber hinausführende Energieumwandlungen sind als Perpetuum mobile zweiter Art ausgeschlossen. Für Energie gibt es somit zwei Qualitätsklassen: Energien, deren vollständige Umwandelbarkeit durch den zweiten Hauptsatz nicht beschränkt werden sowie Energien, die nur bis zum Erreichen der Umgebungstemperatur und dem Umgebungsdruck (thermodynamisches Gleichgewicht mit Umgebung) umwandelbar sind.

Der Anteil einer Energie $E$, der in Übereinstimmung mit dem zweiten Hauptsatz der Thermodynamik vollständig in eine beliebige andere Energie umgewandelt werden kann, wird als Exergie[16] $E_{Ex}$ (Nutzenergie) bezeichnet, der Anteil, der bei der Energieumwandlung zur Erhöhung der Entropie der Umgebung führt, als Anergie $E_{An}$ (Verlustenergie).

$$E = E_{Ex} + E_{An} \quad \text{und wenn} \quad E = Q \quad \rightarrow \quad Q = Q_{Ex} + Q_{An} \tag{5-16}$$

Aus dem ersten Hauptsatz (Energieerhaltung) folgt, dass bei einem Prozess die Summe aus Exergie und Anergie stets konstant bleibt. Alle irreversiblen Prozesse sind mit Exergieverlusten, mit der Umwandlung von Exergie in Anergie, verbunden. Im theoretischen Modell reversibler Prozess wird der Grenzfall einer mit Null zu bilanzierenden Anergie abgebildet. Die Verwandlung von Anergie in Exergie wäre ein Perpetuum mobile zweiter Art.

Die gelegentlich auch in Vorlesungsskripten verwendeten Formulierungen, die die Konsequenzen aus dem zweiten Hauptsatz der Thermodynamik so beschreiben, dass die Umwandlung von Arbeit in Wärme stets vollständig, von Wärme in Arbeit aber immer nur unvollständig erfolgen könne, sind nur zum Teil richtig. Schon Max Planck verwies auf das Beispiel eines unter Arbeitsabgabe expandierenden idealen Gases, dessen Abkühlung beständig durch Zufuhr von Wärme höherer Temperatur ausgeglichen wird. Da die innere Energie eines idealen Gases nur von seiner Temperatur abhängt, bleibt diese bei dem beschriebenen Prozess konstant und man kann deshalb feststellen, dass die zugeführte Wärme vollständig in Arbeit umgewandelt wird.

---

16 Dieser Begriff wurde 1956 als Ausdruck für die technische Arbeitsfähigkeit eines Systems von Zoran Rant (1904-1972) eingeführt.

Aus ökonomischer Sicht sind die unbeschränkt umwandelbaren Energien wertvoller als jene, deren Umwandelbarkeit durch den zweiten Hauptsatz begrenzt wird. Exergie kann man verkaufen, Anergie dagegen nicht!

Die mathematische Formulierung des Exergiebegriffes geht davon aus, dass alle thermodynamischen Systeme gegenüber ihrer Umgebung ein bestimmtes Arbeitsvermögen besitzen, solange sich ihr Zustand von dem der Umgebung unterscheidet. Wird dieser Zustand der Umgebung angeglichen, baut sich dieses Arbeitsvermögen ab und kann als Nutzarbeit zur Verfügung stehen. Die maximale Nutzarbeit ist gewinnbar, wenn das System ohne das Auftreten von Dissipation (reversibel) in den Umgebungszustand überführt wird. Die hier gemeinte Umgebung ist nicht identisch mit der natürlichen Umwelt, denn die Erdatmosphäre befindet sich nicht im thermodynamischen Gleichgewicht. Fast überall tritt ein durch Sonneneinstrahlung ausgelöster Stoff- und Energietransport auf. Die thermodynamische Umgebung ist ein Modell eines ruhenden, sich im thermodynamischen Gleichgewicht befindlichen Systems, das je nach den zu bewertenden Prozessen die entsprechende natürliche Umgebung mit konstant bleibenden Zustandsgrößen hinreichend genau nachbildet. Dabei wird stets angenommen, dass Energie- und Stofftransport in die Umgebung im Verhältnis zu ihrem Gesamtpotential so klein sind, dass sich die Zustandsgrößen der Umgebung nicht ändern.

Der Carnotfaktor (Formel (8-6)) und die Tatsache, dass für technische Prozesse der Energiebereitstellung durch Umwandlung von Wärme die minimale Temperatur durch die Umgebung vorgegeben ist, ergeben für Exergie und Anergie bei jeweils konstanter Temperatur für Wärmezu- sowie Wärmeabfuhr noch folgende Zusammenhänge:

$$Q_{Ex} = \eta_{th,C} \cdot Q = \left(1 - \frac{T_U}{T_{\max}}\right) \cdot Q \tag{5-17}$$

$$Q_{An} = \frac{T_U}{T_{\max}} \cdot Q \tag{5-18}$$

Aus (5-17) ist unmittelbar zu sehen, dass die Exergie der Wärme mit steigender Temperatur $T_{max}$ zunimmt, Wärme bei höherer Temperatur ist also wertvoller als Wärme bei niedriger Temperatur. Ein guter Ingenieur wird immer bemüht sein, die Exergie der Wärme so gut wie möglich zu nutzen.

Lässt man HEL („Heizöl extra leicht" – je nach Versteuerung Dieseltreibstoff oder Heizöl) einfach in der Umgebung abbrennen, entsteht mit der Aufwärmung der Umgebung Anergie ohne Nutzen. Verbrennt die gleiche Menge Heizöl in einer Hausheizung, entsteht am Ende des Prozesses die gleiche Menge Anergie, wir haben aber durch eine angenehme Zimmertemperierung bei kaltem Wetter davon profitiert. Unter exergetischen Aspekten ist dies – obwohl häufig praktiziert – suboptimal, da eine Hochtemperaturwärme (Verbrennungstemperatur bis 1600 °C) für einen Niedertemperaturzweck (Vorlauftemperatur der Heizung 85 °C) eingesetzt wird. Eine exergetisch weit bessere Nutzung wäre in einem Blockheizkraftwerk möglich, bei dem ein Dieselmotor (Hochtemperaturwärme) über einen verbundenen Generator Strom (Exergie) erzeugt und der verbleibende Exergiegehalt der Motorabwärme dann für eine Hausheizung (Niedertemperaturwärme) genutzt wird. Auch in diesem Prozess wird das Heizöl komplett in Anergie verwandelt, aber unter Stiftung eines höheren Nutzens als bei der reinen Raumbeheizung. Jedoch ist die technisch effizienteste Lösung auch die investiv teuerste und nicht überall sind alle bereit, für jede Energieumwandlung einen hohen, volkswirtschaftlich durchaus sinnvollen Investitionsaufwand zu akzeptieren. Nicht selten unterbleiben aber selbst betriebswirtschaftlich rentierliche Investitionen, weil Wissen und Problembewusstsein fehlen.

Wird der Wärmestrom $\dot{Q}$ nicht – wie in (5-17) und (5-18) vorausgesetzt – bei konstanter Temperatur zugeführt, sondern bei veränderlicher Temperatur im Intervall $T_U \leq T \leq T_{\max}$, zerlegt man für die Berechnung der Exergie die Wärmezufuhr in differentielle Teilintervalle $\mathrm{d}\dot{Q}$ und integriert das Differential (5-17)

$$\mathrm{d}\dot{Q}_{Ex} = \left(1 - \frac{T_U}{T_{\max}}\right)\mathrm{d}\dot{Q} \quad \rightarrow \quad \dot{Q}_{Ex,12} = \dot{Q}_{12} - T_U \cdot \int_1^2 \frac{\mathrm{d}\dot{Q}}{T}$$

In Verbindung mit (5-3a) entstehen dann die Berechnungsgleichungen für die Exergie und Anergie der Wärme

$$\dot{Q}_{Ex,12} = \dot{Q}_{12} - T_U\left[\left(\dot{S}_2 - \dot{S}_1\right) - \dot{S}_{i,12}\right] \tag{5-19}$$

$$\dot{Q}_{An,12} = \dot{Q}_{12} - \dot{Q}_{Ex,12} \tag{5-20}$$

Bei ingenieurtechnisch zu bewertenden Energieumwandlungsprozessen spielen stationäre Fließprozesse eine herausragende Rolle, auf die noch kurz eingegangen werden soll.

Die Exergie eines stationär strömenden Fluids ist der Betrag der reversiblen technischen Arbeit, die das Fluid höchstens verrichten kann, wenn es aus seinem Anfangszustand 1 mit der Umgebung U reversibel ins Gleichgewicht gebracht wird ($W_{diss} = 0$).

$$Q_{1U,rev} + W_{t,1U} = H_U - H_1 + \frac{m}{2}\left(c_U^2 - c_1^2\right) + mg(z_U - z_1)$$

Für die Exergie des Fluids ist nur die Wärmezu- oder Wärmeabfuhr bis zur konstant bleibenden Umgebungstemperatur $T_U$ relevant. Bei Vernachlässigung der Änderung der Strömungsgeschwindigkeiten und Höhenunterschiede vereinfacht sich obige Gleichung zu

$$Q_{1U,rev} + W_{t,1U} = H_U - H_1$$

Für die reversible Wärmeübertragung bei konstanter Umgebungstemperatur $T_U$ gilt

$$Q_{1U,rev} = T_U(S_U - S_1)$$

Bei reversibler Überführung von Zustand 1 in den Umgebungszustand freiwerdende Exergie (technische Arbeitsfähigkeit) $E_{Ex,1}$ ist identisch zur gewonnenen technischen Arbeit $W_{t,1U}$

$$W_{t,1U} \equiv -E_{Ex,1} = H_U - H_1 - T_U(S_U - S_1)$$

Die Berechnung der Exergie und Anergie im Zustand 1 ist damit wie folgt möglich:

$$E_{Ex,1} = H_1 - H_U - T_U(S_1 - S_U) \tag{5-21}$$

$$E_{An,1} = H_U + T_U(S_1 - S_U) \tag{5-22}$$

Im Zustand 1 setzt sich die Enthalpie $H_1$ zusammen aus Exergie und Anergie.

$$H_1 = E_{Ex,1} + E_{An,1} = H_1 - H_U - T_U(S_1 - S_U) + H_U + T_U(S_1 - S_2) = H_1$$

Zwischen zwei Zuständen 1 und 2 beträgt die Exergiedifferenz der Enthalpien $H_1$ und $H_2$

$$E_{Ex,2} - E_{Ex,1} = [H_2 - H_U - T_U(S_2 - S_U)] - [H_1 - H_U - T_U(S_1 - S_U)]$$

$$E_{Ex,2} - E_{Ex,1} = H_2 - H_1 - T_U(S_2 - S_1) \qquad (5\text{-}23)$$

Die Bereitstellung der Formeln (5-17) bis (5-23) gestattet jetzt auch eine genauere Bewertung der Güte von Energieumwandlungen. Der thermische Wirkungsgrad einer Wärmekraftmaschine, der Wärme mit der Absicht zugeführt wird, Arbeit zu gewinnen, setzt den erzielten Nutzen ins Verhältnis zum Aufwand

$$\eta_{th} = \frac{\text{Nutzen}}{\text{Aufwand}} = \frac{W}{Q_{zu}}$$

Diese Wirkungsgraddefinition lässt außer Acht, dass der Umwandlung von Wärme in Arbeit a priori durch die nicht beeinflussbaren Umgebungsbedingungen Grenzen gesetzt sind, so dass die tatsächliche Güte des Prozesses und der Anlage nur unvollkommen beurteilt werden kann. Einen unmittelbaren Maßstab könnte man aber gewinnen, wenn man die abgegebene Nutzleistung zu der unter den vorliegenden Umgebungsbedingungen maximal erzielbaren Leistung ins Verhältnis setzt. Dies führt auf die Definition eines exergetischen Wirkungsgrades $\eta_{ex}$

$$\eta_{ex} = \frac{\text{nutzbare Exergie}}{\text{zugeführte Exergie}} = \frac{E_{EX,nutz}}{E_{Ex,zu}} \qquad (0 < \eta_{ex} \le 1) \qquad (5\text{-}24)$$

Der exergetische Wirkungsgrad ist ein Maß dafür, wie viel Arbeitsfähigkeit bei dem betrachteten Prozess verloren geht. Mit Berücksichtigung eines bei der Umwandlung entstandenen Exergieverlustes $E_{Ex,V}$ errechnet sich die nutzbare Exergie aus

$$E_{Ex,nutz} = E_{Ex,zu} - E_{Ex,V}$$

so dass für Formel (5-24) folgt

$$\eta_{ex} = \frac{E_{Ex,zu} - E_{Ex,V}}{E_{Ex,zu}} = 1 - \frac{E_{Ex,V}}{E_{Ex,zu}} \qquad (5\text{-}25)$$

Der Exergieverlust $E_{Ex,V}$ ist hier nicht identisch mit Anergie $E_{An}$, sondern muss immer als Verlust in Hinsicht auf die jeweilige Zweckbestimmung des Prozesses gesehen werden. So können durchaus arbeitsfähige Energieanteile (beispielsweise die Exergie von ungewollten Wärmeverlusten) als Verlust verbucht werden. Es gibt so gut wie keine technische Einrichtung, bei der alle das System verlassende Exergieströme als Nutzen zu interpretieren wären.

Der exergetische Wirkungsgrad erreicht seinen maximalen Wert $\eta_{ex,max} = 1$, wenn kein Exergieverlust auftritt und somit der Prozess reversibel ($S_{i,12} = 0$) das Arbeitsmedium in den Umgebungszustand führt.

Die Definitionsformeln (5-24) und (5-25) bilden den exergetischen Wirkungsgrad nur mit allgemeinen Kategorien ab. Für die Bewertung konkreter Prozesse müssen zugeführte Exergie und Nutzleistung aus dem Prozessablauf bestimmt werden. Was also im speziellen Fall den Inhalt von Zähler und Nenner der Quotienten der Gleichungen (5-24) und (5-25) ausmacht, hängt in starkem Maße von den Untersuchungszielen und der konkreten Prozessführung ab. Dies kann bei einem komplexen Zusammenwirken mehrerer Teilsysteme zu erheblichen Schwierigkeiten führen bis hin zur manchmal notwendigen Feststellung, dass der exergetische Wirkungsgrad zur Charakterisierung der Qualität bestimmter Prozesse versagt.

Werden alle das System verlassende Exergieströme auf die dem Bilanzraum zugeführten Exergieströme bezogen, tritt das Problem auf, dass die durch irreversible Prozesse verursachten Exergieverluste Anergie sind und somit nicht als das System verlassende Exergieströme bilanziert werden. Der auf dieser Basis errechnete exergetische Wirkungsgrad gibt an, wie weit der Prozess vom Idealfall der reversiblen Prozessführung entfernt ist, sagt jedoch nichts darüber aus, ob das Exergieangebot tatsächlich maximal bis zum Umgebungszustand genutzt wird. Damit ist das Ziel verfehlt, mit dem exergetischen Wirkungsgrad einen Energiewandler an seiner Effektivität zu messen, die er unter gleichen äußeren Umgebungsbedingungen maximal haben könnte.

Zentral für das Verständnis von Exergie und Anergie ist, dass diese beiden Zustandsgrößen sich nicht „objektiv", sondern nur unter Berücksichtigung der jeweiligen Umgebung bestimmen lassen, etwa wie der Wert eines Glases Trinkwasser, der in der Wüste sicherlich deutlich höher als an einem klaren Gebirgsbach ist. Ein Druckluftbehälter mit einem Druck von 5 bar und Umgebungstemperatur enthält in einer Umgebung von 1 bar eine gewisse Exergie, in der Umgebung von 5 bar nur Anergie und in einer Umgebung von 10 bar enthält er wieder Exergie.

## 5.5 Verstehen durch Üben: Zweiter Hauptsatz

**Aufgabe 5-1:** Richtung des Wärmestroms bei Energiewandlung
Ein Elektromotor gebe eine Wellenleistung $P_W$ ab, wenn ihm eine elektrische Leistung $P_{el}$ zugeführt wird. Diskutieren Sie die mögliche Bedeutung der in Abbildung 5-2 eingezeichneten Wärmeströme nach den Hauptsätzen der Thermodynamik für den stationären Betrieb!

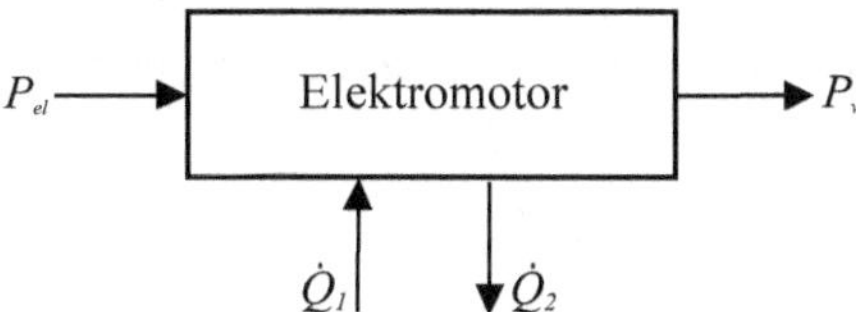


**Abb. 5-2:** Elektromotor mit schematischer Darstellung der Energieströme.

Gegeben:

$P_{el}$, $P_W$, $\dot{Q}_1$ und $\dot{Q}_2$ als Bilanzgrößen nach Abbildung 5-2

Vorüberlegung:

Der Elektromotor stellt ein thermodynamisch geschlossenes System dar, über dessen Grenzen elektrische Leistung, mechanische Leistung und *e i n* (resultierender) Wärmestrom $\dot{Q}$ transportiert werden. Im stationären Zustand besitzt dieses System eine konstante innere Energie *U*.

**Lösung:**

$$\frac{dU}{d\tau} = \dot{Q} + P_W + P_{el} = 0 \qquad \text{(stationärer Zustand nach Abbildung 5-2)}$$

$$-P_W = P_{el} + \dot{Q}$$

Mit diesem Befund könnten wir in völliger Übereinstimmung zum ersten Hauptsatz der Thermodynamik die abgegebene Wellenleistung durch Beheizung des Motors steigern. Die Betrachtung der Entropie nach Maßgabe von Gleichung (5-3a) führt aber auf die Aussage

$d\dot{S} = \dot{S}_{q,12} + \dot{S}_{i,12} = 0$ (im stationären Zustand bleibt die Entropie konstant und $d\dot{S} = 0$ )

Da nach den Vorüberlegungen im Unterschied zu Abbildung 5-2 nur ein Wärmestrom die Systemgrenze überschreitet, ist unter Bezugnahme auf (5-3a)

$$\dot{S}_{q,12} = \frac{\dot{Q}}{T} = -\dot{S}_{i,12} \quad \rightarrow \quad \dot{Q} = -T \cdot \dot{S}_{i,12} \leq 0$$

Nach dem zweiten Hauptsatz kann der Wärmestrom nur abgeführt werden, die in Abbildung 5-2 angegebene Richtung des Wärmestroms $\dot{Q}_1$ ist also falsch! Es entspricht auch der Erfahrung, dass die durch den elektrischen Widerstand in den Motorwicklungen und die durch mechanische Reibung erzeugte Wärme spontan als dissipierte Energie an die Umgebung abgegeben wird ( $\dot{Q}_2$ ).

**Aufgabe 5-2:** Nachweis der Irreversibilität bei Fließen eines Gleichstroms

Ein elektrischer Leiter weise zwischen zwei Punkten einen elektrischen Potentialunterschied von 20 V auf und besitze genau wie die Umgebung eine Temperatur von 15 °C sowie einen elektrischen Widerstand von 2 Ω.

a) Welche Wärme in kJ ist innerhalb einer Stunde dem Leiterabschnitt zu entziehen, wenn er von einem zeitlich konstanten Gleichstrom durchflossen wird und seine Temperatur sich nicht ändern soll?

b) Weisen Sie nach, dass der Stromfluss im gekühlten Leiter ein irreversibler Vorgang ist!

Gegeben:

$U = 20$ V $\quad R = 2\ \Omega \quad T = 288{,}15$ K $\quad \tau = 3600$ s

Vorüberlegungen:

1. Wenn der Leiter eine konstante Temperatur behalten soll, darf sich sein Zustand zeitlich nicht ändern. Die elektrische Leistung und alle anderen Zustandsgrößen dürfen also nicht von der Zeit $\tau$ abhängen. Daher muss man für einen stationären Prozess den der elektrischen Leistung adäquaten Wärmestrom abführen.
2. $P_{el}$ wird dem Leiter zugeführt und dissipiert infolge seines elektrischen Widerstandes vollständig im Leiter zu Wärme. $\dot{Q}_{12} = -P_{el}$
3. Aus der Physik sind folgende Formeln bekannt:

   $P_{el} = U \cdot I$ und $U = R \cdot I$ führt auf $P_{el} = \dfrac{U^2}{R}$

**Lösung:**

a) stündlich abzuführende Wärme gemäß Vorüberlegung 1: $P_{el} = -\dot{Q}_{12}$

$$P_{el} = \frac{U^2}{R} = \frac{400\ \text{V}^2}{2\ \Omega} = 200\ \text{W} \qquad \dot{Q}_{12} = -200\ \text{W} \qquad Q_{12} = \dot{Q}_{12} \cdot \tau = -200\ \text{W} \cdot 3600\ \text{s} = \underline{\underline{-720\ \text{kJ}}}$$

b) Irreversibilitätsnachweis über positive Entropieproduktion ausgehend von Gleichung (5-3)

$$d\dot{S} = d\dot{S}_{q,12} + d\dot{S}_{i,12}$$

Wegen $d\dot{S} = 0$ (stationärer Prozess) folgt $\dot{S}_{i,12} = -\dot{S}_{q,12}$ und damit ist

$$\dot{S}_{i,12} = -\frac{\dot{Q}_{12}}{T} = -\frac{(-200\,\mathrm{W})}{288{,}15\,\mathrm{K}} = +0{,}694\frac{\mathrm{W}}{\mathrm{K}} > 0$$

Der Nachweis für die Irreversibilität des Prozesses ist mit positiver Entropieproduktion erbracht. Dies ist hier auch leicht einsehbar, denn eine Umkehrung würde uns aus Erfahrung ohnehin als absurd erscheinen. Noch niemand hat beobachtet, dass bei Wärmezufuhr in einem elektrischen Leiter ein Strom fließt!

**Aufgabe 5-3:** Irreversibilitäten bei Eisschmelze und Mischen von Warm- und Kaltwasser
In einem ersten Schritt schmelzen 20 kg Wassereis von –15 °C in einer Umgebung von $t_U$ = +15 °C zu Wasser von +15 °C bei physikalischem Normdruck. In einem zweiten Schritt wird dieses Wasser mit 30 kg 90 °C heißen Wassers bei konstantem Druck in einem adiabaten Gefäß gemischt, so dass sich eine Gleichgewichtstemperatur $t_M$ einstellt.

Die mittleren spezifischen Wärmekapazitäten seien für Eis mit 2,04 kJ/(kg K) und für Wasser mit 4,19 kJ/(kg K), die Schmelzenthalpie mit 333,5 kJ/kg gegeben.

a) Welche Wärmemenge in kJ wird im ersten Schritt der Umgebung entzogen?
b) Weisen Sie nach, dass der Schmelzvorgang im ersten Schritt ein irreversibler Vorgang ist!
c) Bestimmen Sie die Mischungstemperatur im zweiten Schritt in °C und weisen Sie nach, dass dies ein nicht umkehrbarer Vorgang ist!

Gegeben:

$m_E = 20$ kg  $\sigma_{H_2O} = 333{,}5$ kJ/kg  $\bar{c}_E = 2{,}04$ kJ/(kg K)  $t_E = -15$ °C  $t_U = t_{W1} = +15$ °C

$m_{W1} = m_E = 20$ kg  $\bar{c}_W = 4{,}19$ kJ/(kg K)

$m_{W2} = 30$ kg  $t_{W2} = 90$°C  $p_n = 1{,}01325$ bar

Vorüberlegungen:

1. Die Schmelztemperatur für das Eis beträgt bei physikalischem Normdruck $t_0 = 0$ °C oder $T_0 = 273{,}15$ K.
2. Bei Temperaturdifferenzen in den Formeln können wir thermodynamische Temperaturen in K und Celsiustemperaturen in °C gleichberechtigt verwenden. Die Verwendung von Celsiustemperaturen bringt Vorteile, wenn eine der Temperaturen 0 °C entspricht. Bei den Formeln für die Entropie mit dem Formelzeichen $T$ ist immer die thermodynamische Temperatur in K einzusetzen!
3. Die bei beiden Vorgängen vorliegenden Irreversibilitäten entstehen nicht durch Entropieproduktion infolge von Dissipation, sondern durch Ausgleichsvorgänge und können durch die Entropiezunahme beim Wärmetausch nachgewiesen werden. ($\Delta S = S_{auf} + S_{ab}$)

**Lösung:**

a) die der Umgebung entzogene Wärme

Der Entzug von Wärme aus der Umgebung ist nur möglich, weil man in der Ausgangssituation ein System betrachtet, das eine unter der Umgebungstemperatur liegende Temperatur aufweist.

$$|Q| = m_E\left[\bar{c}_E(t_0 - t_E) + \sigma_{H_2O} + \bar{c}_W(t_{W1} - t_0)\right]$$

$$|Q| = 20\,\text{kg}\cdot\left[2{,}04\,\text{kJ/(kg K)}\cdot 15\,\text{K} + 333{,}5\,\text{kJ/kg} + 4{,}19\,\text{kJ/(kg K)}\cdot 15\,\text{K}\right] = \underline{\underline{8.539\,\text{kJ}}}$$

b) Der Umgebung wird bei $T_U = 288{,}15$ K die in a) errechnete Wärme entzogen, die Umgebung erfährt also eine Entropieverminderung gemäß

$$S_{ab} = \frac{-Q}{T_U} = \frac{-8.539\,\text{kJ}}{288{,}15\,\text{K}} = -29{,}634\,\frac{\text{kJ}}{\text{K}}$$

Das Eis und nach Schmelzen das unter Umgebungstemperatur liegende Wasser nimmt Wärme aus der Umgebung auf und erfährt eine entsprechende Entropiezunahme nach Maßgabe

$$s = \int_1^2 \frac{\mathrm{d}q}{T} = \bar{c}\int_1^2 \frac{\mathrm{d}T}{T} = \bar{c}\cdot\ln\frac{T_2}{T_1}$$

$$S_{auf} = m_E\left[\bar{c}_E\int_{T_E}^{T_0}\frac{\mathrm{d}T}{T} + \frac{\sigma_{H_2O}}{T_0} + \bar{c}_W\int_{T_0}^{T_U}\frac{\mathrm{d}T}{T}\right] = m_e\left[\bar{c}_E\ln\frac{T_0}{T_E} + \frac{\sigma_{H_2O}}{T_0} + \bar{c}_W\ln\frac{T_U}{T_0}\right]$$

$$S_{auf} = 20\,\text{kg}\left[2{,}04\,\frac{\text{kJ}}{\text{kg K}}\ln\frac{273{,}15\,\text{K}}{258{,}15\,\text{K}} + \frac{333{,}5\,\text{kJ/kg}}{273{,}15\,\text{K}} + 4{,}19\,\frac{\text{kJ}}{\text{kg K}}\ln\frac{288{,}15\,\text{K}}{273{,}15\,\text{K}}\right] = +31{,}203\,\frac{\text{kJ}}{\text{K}}$$

$$\Delta S = S_{auf} + S_{ab} = 31{,}203\,\frac{\text{kJ}}{\text{K}} - 29{,}634\,\frac{\text{kJ}}{\text{K}} = \underline{\underline{+1{,}569\,\frac{\text{kJ}}{\text{K}} > 0}}$$

Das erhaltene Ergebnis sagt aus, dass der Schmelzvorgang und das anschließende Erwärmen auf Umgebungstemperatur nicht von allein rückgängig zu machen ist. Es entspricht auch keineswegs der Erfahrung, dass das Wasser von sich aus Wärme an die Umgebung zurückgibt, damit wieder Eis von –15 °C entstehen kann.

c) Ansatz zur Bestimmung der Mischungstemperatur $t_m$: $Q_{auf} = |Q_{ab}|$

$$m_{W1}\bar{c}_W(t_m - t_{W1}) = m_{W2}\bar{c}_W(t_{W2} - t_m) \qquad \text{mit } \bar{c}_W = \text{konstant}$$

$$t_m = \frac{m_{W1}t_{W1} + m_{W2}t_{W2}}{m_{W1} + m_{W2}} = \frac{20\,\text{kg}\cdot 15\,°\text{C} + 30\,\text{kg}\cdot 90\,°\text{C}}{20\,\text{kg} + 30\,\text{kg}} = \underline{\underline{60\,°\text{C}}}$$

Entropiezuwachs beim Mischen von „kaltem“ und „warmen“ Wasser

$$\Delta S = m_{W1}\bar{c}_W\int_{T_{W1}}^{T_m}\frac{dT}{T} + m_{W2}\bar{c}_W\int_{T_{W2}}^{T_m}\frac{dT}{T}$$

$$\Delta S = 20\,\text{kg}\cdot 4{,}19\,\frac{\text{kJ}}{\text{kg K}}\ln\frac{333{,}15\,\text{K}}{288{,}15\,\text{K}} + 30\,\text{kg}\cdot 4{,}19\,\frac{\text{kJ}}{\text{kg K}}\ln\frac{333{,}15\,\text{K}}{363{,}15\,\text{K}} = \underline{\underline{+1{,}32\,\frac{\text{kJ}}{\text{K}}}}$$

Mit diesem Ergebnis wird bestätigt, dass das Mischen von gleichartigen Flüssigkeiten mit unterschiedlicher Temperatur ein irreversibler Vorgang ist. Noch nie wurde wirklich beobachtet, dass sich Wasser mit einer Temperatur von 60 °C von allein in zwei Bereiche mit 15 °C und 90 °C aufteilt. Dennoch kursierte vor einigen Jahren die Meldung über eine Erfindung spezieller Membranen mit der Fähigkeit, Wassermoleküle mit sehr hoher Geschwindigkeit durchzulassen und solche mit niedriger Geschwindigkeit zurückzuhalten. Gäbe es eine solche Membran tatsächlich, könnte man die unterschiedliche Geschwindigkeit einzelner Wassermoleküle gemäß Geschwindigkeitsverteilung bei einer mittleren Temperatur nutzen, um quasi von allein Temperaturunterschiede zu generieren.

**Aufgabe 5-4:** Untersuchung einer adiabaten Entspannung in einer Düse
In einem Gutachten wird eine Beschleunigung von Luft von Null auf 550 m/s durch eine adiabate Düse beschrieben, wobei der Ausgangsdruck von 4,21 bar auf physikalischen Normdruck fallen soll. Die Ausgangstemperatur der Luft betrage 85 °C, ihre Gaskonstante sei mit 287 J/(kg K) gegeben. Nehmen Sie zu dieser Aussage des Gutachtens auf der Basis der Hauptsätze der Thermodynamik Stellung!

Gegeben:

| | | |
|---|---|---|
| $c_1 = 0$ | $c_2 = 550$ m/s | $R_L = 287$ J/(kg K) |
| $t_1 = 85$ °C | $p_1 = 4{,}21$ bar | $p_2 = 1{,}01325$ bar (physikalischer Normdruck) |

Vorüberlegungen:

1. Luft kann hier als zweiatomiges, ideales Gas behandelt werden (Isentropenexponent $\kappa = 1{,}4$) womit für die spezifische Wärmekapazität folgt

$$c_{p,L} = \frac{\kappa}{\kappa - 1} R_L = \frac{1{,}4}{0{,}4} \cdot 287 \frac{\text{J}}{\text{kg K}} = 1004{,}5 \frac{\text{J}}{\text{kg K}}$$

2. Hier wird ein stationärer Fließprozess ($w_{t,12} = 0$) im adiabaten System ($q_{12} = 0$) beschrieben. Wir unterstellen eine horizontale Lage der Düse ($z_1 = z_2$), so dass der erste Hauptsatz für offene System in folgender Form aufgeschrieben werden kann

$$0 = (h_2 - h_1) + \frac{1}{2}(c_2^2 - c_1^2) \quad \leftrightarrow \quad 2(h_1 - h_2) = c_2^2 - c_1^2 \quad \leftrightarrow \quad 2 \cdot c_{p,L}(t_1 - t_2) = c_2^2 - c_1^2$$

Der hier analysierte Fließprozess unterscheidet sich von einer rein isentropen Zustandsänderung um den Betrag der Strömungsenergie. Daher wäre ein Ansatz

$$T_2 = T_1 \left( \frac{p_2}{p_1} \right)^{\frac{\kappa - 1}{\kappa}}$$ an dieser Stelle falsch!

3. Die Düse ist ein offenes, adiabates System. Die Bilanzgleichung (5-3b) für die Entropie verwenden wir für die Lösung in massen*strom*spezifischer Form. Dann folgt mit $s_{q,12} = 0$ wegen der adiabaten Systemgrenze $s_2 - s_1 = 0 + s_{i,12}$. Der zweite Hauptsatz ist erfüllt, wenn die massenstromspezifische Entropieproduktion $s_{i,12} \geq 0$ ist.

**Lösung:**

Temperatur $t_2$ am Düsenaustritt nach dem ersten Hauptsatz

$$t_2 = t_1 - \frac{c_2^2 - c_1^2}{2c_{p,L}} = 85\,°\text{C} - \frac{550^2\ (\text{m/s})^2}{2 \cdot 1004{,}5\ \text{J/(kg K)}} = -65{,}6\,°\text{C}$$

Bei Vorliegen von Temperaturdifferenzen können ohne weiteres Celsiustemperaturen verwendet werden, jedoch ist in den nachfolgenden Formeln für die Entropie auf thermodynamische Temperaturskala umzurechnen, so dass $T_1 = 358{,}15$ K und $T_2 = 207{,}55$ K.

Entropieproduktion nach dem zweiten Hauptsatz in Verbindung mit Gleichung (5-11)

$$s_{i,12} = s_2 - s_1 = c_{p,L} \ln\frac{T_2}{T_1} - R_L \ln\frac{p_2}{p_1}$$

$$s_{i,12} = 1004{,}5\,\frac{\text{J}}{\text{kg K}} \cdot \ln\frac{207{,}55\ \text{K}}{358{,}15\ \text{K}} - 287\,\frac{\text{J}}{\text{kg K}} \cdot \ln\frac{1{,}01325\ \text{bar}}{4{,}21\ \text{bar}} = \underline{\underline{-139{,}26\,\frac{\text{J}}{\text{kg K}} < 0}}$$

Dieser Befund steht im Widerspruch zum zweiten Hauptsatz, das Gutachten ist in Bezug auf diese Tatsache und alle daraus gefolgerten Schlüsse fehlerhaft!

**Aufgabe 5-5:** Dissipation an einer Normblende bei Massenstrommessung

Mit einer nach DIN ISO 5167 gefertigten kreisförmigen Messblende vom Durchmesser 20 mm soll in einer Sauerstoffleitung eine Durchflussmessung zur Bestimmung des Massenstroms durchgeführt werden. In dem hier zu untersuchenden Fall kann man von inkompressibler Strömung eines idealen Gases ausgehen und für die Massenstromberechnung die Formel $\dot{m} = \alpha \cdot A_{Bl} \cdot \sqrt{2 \cdot \rho_{O_2} \cdot \Delta p}$ verwenden. Die Durchflusszahl α ist als kalibrierte Gerätekonstante mit $\alpha = 0{,}9855$ gegeben. Der statische Druck wurde zuvor in der Leitung mit einer Sonde zu 125 kPa, die Temperatur zu 17 °C gemessen.

a) Welcher Massenstrom in kg/h ergibt sich, wenn über der Blende eine Druckdifferenz von 11 mm Wassersäule abfällt? (Dichte Wasser 1,0 kg/l)

b) Welche Leistung in mW wird durch die Messung dissipiert?

Gegeben:

$d_{Bl} = 20$ mm $\quad \alpha = 0{,}9855 \quad \rho_{H_2O} = 1.000\,\frac{\text{kg}}{\text{m}^3} \quad h = 0{,}011$ m

$T = 290{,}15$ K $\quad p = 125.000$ Pa

Vorüberlegungen:

1. Gaskonstante Sauerstoff mit Molekülmasse aus Stoffwerttabelle

$$R_{O_2} = \frac{R_m}{M_{O_2}} = \frac{8{,}3144621\ \text{kJ/(kmol K)}}{31{,}9988\ \text{kg/kmol}} = 0{,}2598367\ \frac{\text{kJ}}{\text{kg K}}$$

2. Dichte des Sauerstoffs unter Betriebsbedingungen

$$\rho_{O_2} = \frac{p}{R_{O_2} \cdot T} = \frac{125.000 \text{ N/m}^2}{259{,}8367 \text{ Nm/(kg K)} \cdot 290{,}15 \text{ K}} = 1{,}658 \frac{\text{kg}}{\text{m}^3}$$

3. Druckabfall in der Blende

$$\Delta p = \rho_{H_2O} \cdot g \cdot h = 1.000 \text{ kg/m}^3 \cdot 9{,}80665 \text{ m/s}^2 \cdot 0{,}011 \text{ m} = 107{,}87315 \text{ Pa}$$

**Lösung:**

a) Berechnung Massenstrom aus Messung mit Lochblende

$$\dot{m} = \alpha \cdot \frac{\pi}{4} \cdot d_{Bl}^2 \cdot \sqrt{2 \cdot \rho_{O_2} \cdot \Delta p}$$

$$\dot{m} = 0{,}9855 \cdot \frac{\pi}{4} \cdot 0{,}02^2 \text{ m}^2 \cdot \sqrt{2 \cdot 1{,}658 \frac{\text{kg}}{\text{m}^3} \cdot 107{,}87315 \frac{\text{kg m}}{\text{s}^2 \text{ m}^2}}$$

$$\dot{m} = 0{,}005855587 \frac{\text{kg}}{\text{s}} \cdot \frac{3600 \text{ s}}{\text{h}} = \underline{\underline{21{,}08 \frac{\text{kg}}{\text{h}}}}$$

b) durch Messung hervorgerufene Dissipation nach Formel (5-14)

$$P_{diss,12} = \dot{m} \cdot R \cdot T \cdot \ln \frac{p_1}{P_2}$$

$$P_{diss,12} = 0{,}005855587 \frac{\text{kg}}{\text{s}} \cdot 259{,}86367 \frac{\text{J}}{\text{kg K}} \cdot 290{,}15 \text{ K} \cdot \ln \frac{125.000{,}00 \text{ Pa}}{124.892{,}13 \text{ Pa}} = \underline{\underline{381{,}18 \text{ mW}}}$$

**Aufgabe 5-6:** Mischung von Gasen als irreversibler Vorgang

3,80 kg Stickstoff werden bei 1 bar und 10 °C isobar und isotherm mit 1,20 kg Sauerstoff gemischt.

a) Welche Entropien in kJ/K besaßen die Massen von Stickstoff und Sauerstoff vor der Mischung?
b) Welche Entropie in kJ/K besitzt die Mischung aus Stickstoff und Sauerstoff?
c) Wie hoch ist die Entropieproduktion in kJ/K durch die Mischung?

Hinweis: Für die Berechnung der Entropien von Gasen wird die Entropie in einem Bezugszustand benötigt. Verwenden Sie

- für Stickstoff $s_0(p_0 = 1 \text{ bar}, t_0 = 25\,°\text{C}) = +6{,}8390 \text{ kJ/(kg K)}$
- für Sauerstoff $s_0(p_0 = 1 \text{ bar}, t_0 = 25\,°\text{C}) = -0{,}0008 \text{ kJ/(kg K)}$

Gegeben:

$m_{N_2} = 3{,}8 \text{ kg}$ $m_{O_2} = 1{,}2 \text{ kg}$ $p = 1 \text{ bar}$ $T = 283{,}15 \text{ K}$

Bezugszustand: $p_0 = 1 \text{ bar}$ $T_0 = 298{,}15 \text{ K}$

Vorüberlegungen:
Mit dieser Aufgabe gehen wir der von John Dalton aufgeworfenen Frage zu einer möglichen Entmischung von Luft nach. Aus Erfahrung wissen wir, dass die Luftzusammensetzung auch in höheren Schichten konstant ist und keine Entmischung durch Ablagerung des schwereren Sauerstoffs in den tieferen Schichten stattfindet.

Für beide Gemischkomponenten könnten die benötigten Gaskonstanten und spezifischen Wärmekapazitäten Tabellen entnommen werden. Die Kenntnis der Molekülmassen ermöglicht bei idealem Gas auch eine rechnerische Bestimmung.

Stickstoff:

$$R_{N_2} = \frac{R_m}{M_{N_2}} = \frac{8{,}3144621 \text{ kJ/(kmol K)}}{28{,}0135 \text{ kg/kmol}} = 0{,}296802 \frac{\text{kJ}}{\text{kg K}}$$

$$c_{p,N_2} = \frac{\kappa}{\kappa - 1} R_{N_2} = \frac{1{,}4}{0{,}4} \cdot 0{,}296802 \frac{\text{kJ}}{\text{kg K}} = 1{,}0388069 \frac{\text{kJ}}{\text{kg K}}$$

Sauerstoff:

$$R_{O_2} = \frac{R_m}{M_{O_2}} = \frac{8{,}3144621 \text{ kJ/(kmol K)}}{31{,}9988 \text{ kg/kmol}} = 0{,}2598367 \frac{\text{kJ}}{\text{kg K}}$$

$$c_{p,O_2} = \frac{\kappa}{\kappa - 1} R_{O_2} = \frac{1{,}4}{0{,}4} \cdot 0{,}2598367 \frac{\text{kJ}}{\text{kg K}} = 0{,}9094285 \frac{\text{kJ}}{\text{kg K}}$$

Die Gaskonstante des Gemisches muss mit den Masseanteilen aus den Gaskonstanten der Komponenten Stickstoff und Sauerstoff errechnet werden.

$$\mu_{N_2} = \frac{m_{N_2}}{m_{N_2} + m_{O_2}} = \frac{3{,}8 \text{ kg}}{5{,}0 \text{ kg}} = 0{,}76 \qquad \mu_{O_2} = \frac{m_{O_2}}{m_{N_2} + m_{O_2}} = \frac{1{,}2 \text{ kg}}{5{,}0 \text{ kg}} = 0{,}24$$

$$R_M = \mu_{N_2} \cdot R_{N_2} + \mu_{O_2} \cdot R_{O_2} = (0{,}76 \cdot 0{,}296802 + 0{,}24 \cdot 0{,}2598367) \frac{\text{kJ}}{\text{kg K}} = 0{,}2879303 \frac{\text{kJ}}{\text{kg K}}$$

Die gegebenen Mischungsverhältnisse entsprechen etwa denen, die wir in der Umgebungsluft finden. Insofern ist der erhaltene Wert für die Gaskonstante des Gasgemisches plausibel.

Achtung! Gegeben wurden Celsiustemperaturen, die für das Einsetzen in die benötigten Formeln in die thermodynamische Temperaturskala umgerechnet werden müssen.

**Lösung:**
a) Entropien der einzelnen Komponenten bei 1 bar und 283,15 K

$$S_{N_2} = m_{N_2} \left( c_{p,N_2} \cdot \ln \frac{T}{T_0} - R_{N_2} \cdot \ln \frac{p}{p_0} + s_{0,N_2} \right) \quad \text{mit} \quad \ln \frac{p}{p_0} = \ln 1 = 0$$

$$S_{N_2} = 3{,}80 \text{ kg} \cdot \left( 1{,}0388069 \frac{\text{kJ}}{\text{kg K}} \cdot \ln \frac{283{,}15 \text{ K}}{298{,}15 \text{ K}} - 0 + 6{,}8390 \frac{\text{kJ}}{\text{kg K}} \right)$$

$$S_{N_2} = 3{,}80 \text{ kg} \cdot 6{,}7853769 \frac{\text{kJ}}{\text{kg K}} = \underline{\underline{25{,}7844 \frac{\text{kJ}}{\text{K}}}}$$

$$S_{O_2} = m_{O_2}\left(c_{p,O_2} \cdot \ln\frac{T}{T_0} - R_{O_2} \cdot \ln\frac{p}{p_0} + s_{0,O_2}\right) \quad \text{mit} \quad \ln\frac{p}{p_0} = \ln 1 = 0$$

$$S_{O_2} = 1{,}20\ \text{kg} \cdot \left(0{,}9094285\ \frac{\text{kJ}}{\text{kg K}} \cdot \ln\frac{283{,}15\ \text{K}}{298{,}15\ \text{K}} - 0 - 0{,}0008\ \frac{\text{kJ}}{\text{kg K}}\right)$$

$$S_{O_2} = 1{,}20\ \text{kg} \cdot (-0{,}0477446)\ \frac{\text{kJ}}{\text{kg K}} = \underline{\underline{-\,0{,}0572936\ \frac{\text{kJ}}{\text{K}}}}$$

b) Entropie des Gemisches aus Formel (5-15)

Die benötigten Partialdrücke im Gasgemisch werden nach Formel (2-24) mit Raumanteilen berechnet, die wiederum mit den gegebenen Massenanteilen nach Formel (2-23) bestimmbar sind. Hier verwenden wir aber einen erweiterten Ansatz mit Bezug auf die Formeln (2-27) und (2-4).

$$M_M = \frac{R_m}{R_M} \quad \text{und} \quad M_i = \frac{R_m}{R_i} \quad \text{führt auf} \quad r_i = \mu_i\ \frac{R_i}{R_M}$$

$$p_{N_2} = p \cdot r_{N_2} = p \cdot \mu_{N_2} \cdot \frac{R_{N_2}}{R_M} = 1\ \text{bar} \cdot 0{,}76 \cdot \frac{0{,}296802\ \text{kJ/(kg K)}}{0{,}2879303\ \text{kJ/(kg K)}} = 0{,}7834\ \text{bar}$$

$$p_{O_2} = p \cdot r_{O_2} = p \cdot \mu_{O_2} \cdot \frac{R_{O_2}}{R_M} = 1\ \text{bar} \cdot 0{,}24 \cdot \frac{0{,}2598367\ \text{kJ/(kg K)}}{0{,}2879303\ \text{kJ/(kg K)}} = 0{,}2166\ \text{bar}$$

Kontrolle: $p_{N_2} + p_{O_2} = p$ 0,7834 bar + 0,2166 bar = 1 bar

$$S_M(p,T) =$$

$$m_{N_2}\left[c_{p,N_2}\ \ln\frac{T}{T_0} - R_{N_2}\ \ln\frac{p_{N_2}}{p_0} + s_{N_2}(p_0,T_0)\right] + m_{O_2}\left[c_{pO_2}\ \ln\frac{T}{T_0} - R_{O_2}\ \ln\frac{p_{O_2}}{p_0} + s_{O_2}(p_0,T_0)\right]$$

$$S_M(1\ \text{bar}, 283{,}15\ \text{K}) =$$

$$3{,}8\ \text{kg} \cdot \left[1{,}0388069\ \frac{\text{kJ}}{\text{kg K}}\ln\frac{283{,}15\ \text{K}}{298{,}15\ \text{K}} - 0{,}296802\ \frac{\text{kJ}}{\text{kg K}}\ln\frac{0{,}7834\ \text{bar}}{1\ \text{bar}} + 6{,}839\ \frac{\text{kJ}}{\text{kg K}}\right] +$$

$$1{,}2\ \text{kg} \cdot \left[0{,}9094285\ \frac{\text{kJ}}{\text{kg K}}\ln\frac{283{,}15\ \text{K}}{298{,}15\ \text{K}} - 0{,}2598367\ \frac{\text{kJ}}{\text{kg K}}\ln\frac{0{,}2166\ \text{bar}}{1\ \text{bar}} - 0{,}0008\ \frac{\text{kJ}}{\text{kg K}}\right]$$

$$S_M(1\ \text{bar}, 283{,}15\ \text{K}) = (26{,}059753 + 0{,}411034)\ \text{kJ/K} = \underline{\underline{26{,}47079\ \text{kJ/K}}}$$

c) Entropieproduktion bei Mischung

$$\Delta S_{N_2} = m_{N_2} R_{N_2}\ \ln\frac{p}{p_{N_2}} \quad \text{und} \quad \Delta S_{O_2} = m_{O_2} R_{O_2}\ \ln\frac{p}{p_{O_2}} \quad \rightarrow \quad S_i = \Delta S_{N_2} + \Delta S_{O_2}$$

$$S_i = 3{,}8\,\text{kg} \cdot 0{,}296802\,\frac{\text{kJ}}{\text{kg K}} \cdot \ln\frac{1\,\text{bar}}{0{,}7834\,\text{bar}} + 1{,}2\,\text{kg} \cdot 0{,}2598367\,\frac{\text{kJ}}{\text{kg K}} \cdot \ln\frac{1\,\text{bar}}{0{,}2166\,\text{bar}}$$

$S_i \approx \underline{\underline{0{,}7523\,\text{kJ/K} > 0}}$ die Mischung von diesen beiden Gasen ist irreversibel!!

Alternativ wäre auch eine Berechnung möglich, bei der man von der Entropie nach erfolgter Mischung die Entropien der einzelnen Komponenten vor der Mischung subtrahiert. Dies führen wir zur Kontrolle aus und erhalten:

$$S_1 = S_M - S_{N_2} - S_{O_2} = (26{,}47079 - 25{,}78443 + 0{,}05729)\,\text{kJ/K} \approx \underline{\underline{0{,}74365\ \text{kJ/K}}}$$

**Aufgabe 5-7:** Steigerung der Exergie durch Wärmezufuhr

In einem Wärmeübertrager, der isobar eine Wärmeleistung von 1000 kW überträgt, treten 2 kg/s Helium (ideales Gas) mit einer Temperatur von 10 °C und einem Druck von 1,5 MPa ein. Der Umgebungsdruck betrage 100 kPa und die Umgebungstemperatur 20 °C. Unter Vernachlässigung von kinetischer und potentieller Energie sind die Exergie des Heliumstromes vor Eintritt in den Wärmeübertrager und sein Exergiezuwachs nach der Erwärmung zu ermitteln!

Gegeben:

| | | |
|---|---|---|
| $\dot{m} = 2\,\text{kg/s}$ | $T_1 = 283{,}15\,\text{K}$ | $p_1 = 1{,}5\,\text{MPa}$ |
| $\dot{Q} = 1000\,\text{kW}$ | $T_U = 293{,}15\,\text{K}$ | $p_{amb} = 0{,}1\,\text{MPa}$ |

Vorüberlegungen:

Helium ist ein einatomiges Gas, das sich hier wie ideales Gas verhält. Der Isentropenexponent ist daher konstant mit $\kappa = 1{,}67$ anzugeben. Die Rechnung soll mit einer gerundeten Molekülmasse von 4,00 kg/kmol durchgeführt werden.

$$R_{He} = \frac{R_m}{M_{He}} = \frac{8{,}3144621\,\text{kJ/(kmol K)}}{4{,}00\,\text{kg/kmol}} = 2{,}077265\,\frac{\text{kJ}}{\text{kgK}}$$

$$c_p = \frac{\kappa}{\kappa - 1} \cdot \frac{R_m}{M_{He}} = \frac{1{,}67}{0{,}67} \cdot \frac{8{,}3144621\,\text{kJ/(kmol K)}}{4{,}0026\,\text{kg/kmol}} = 5{,}178\,\frac{\text{kJ}}{\text{kg K}}$$

**Lösung:**

$$\dot{Q} = \dot{m} \cdot c_p (T_2 - T_1) \quad \rightarrow \quad T_2 = \frac{\dot{Q}}{\dot{m} \cdot c_p} + T_1$$

$$T_2 = \frac{1000\text{kW}}{2\,\text{kg/s} \cdot 5{,}178\text{kJ/(kgK)}} + 283{,}15\text{K} = 379{,}71\text{K}$$

$\dot{E}_{Ex,He,1} = \dot{H}_1 - \dot{H}_U - T_U(\dot{S}_1 - \dot{S}_U)$ Exergiestrom am Zulauf des Wärmetauschers

Berechnung der einzelnen Terme des Helium-Exergiestromes:

$$\dot{H}_1 - \dot{H}_U = \dot{m} \cdot c_p (T_1 - T_U) = 2 \frac{\text{kg}}{\text{s}} \cdot 5{,}178 \frac{\text{kJ}}{\text{kg K}} \cdot (283{,}15 - 293{,}15)\,\text{K} = -103{,}56\,\text{kW}$$

$$T_U (\dot{S}_1 - \dot{S}_U) = T_U \cdot \dot{m} \cdot (c_p \ln \frac{T_1}{T_U} - R_{He} \ln \frac{p_1}{p_U})$$

$$T_U (\dot{S}_1 - \dot{S}_U) = 293{,}15\,\text{K} \cdot 2 \frac{\text{kg}}{\text{s}} \cdot \left( 5{,}178 \frac{\text{kJ}}{\text{kg K}} \ln \frac{283{,}15\,\text{K}}{293{,}15\,\text{K}} - 2{,}077265 \frac{\text{kJ}}{\text{kg K}} \ln \frac{1{,}5\,\text{MPa}}{0{,}1\,\text{MPa}} \right)$$

$$T_U (\dot{S}_1 - \dot{S}_U) = -3403{,}50\,\text{kW}$$

$$\dot{E}_{Ex,He,1} = -103{,}56\ \text{kW} - (-3403{,}50\ \text{kW}) = \underline{\underline{3299{,}94\ \text{kW}}}$$

Exergiezuwachs nach Übertragung der Wärmeleistung

$$\dot{E}_{Ex,He,2} - \dot{E}_{Ex,He,1} = \dot{H}_2 - \dot{H}_1 - T_U \cdot (\dot{S}_2 - \dot{S}_1) = \dot{m} \left[ c_p (T_2 - T_1) - T_U \cdot c_p \ln \frac{T_2}{T_1} \right]$$

$$\dot{E}_{Ex,He,2} - \dot{E}_{Ex,He,1} = 1000\,\text{kW} - 293{,}15\,\text{K} \cdot 2 \frac{\text{kg}}{\text{s}} \cdot 5{,}178 \frac{\text{kJ}}{\text{kg K}} \cdot \ln \frac{379{,}71\,\text{K}}{283{,}15\,\text{K}} = \underline{\underline{109{,}18\,\text{kW}}}$$

Obwohl eine Wärmeleistung von 1000 kW an das Helium über den Wärmetauscher übertragen wurde, nimmt seine Arbeitsfähigkeit in einer Umgebung von 20 °C nur um rund 109 kW zu. Die Exergie des Heliumstromes im Zustand 1 resultiert aus $p_1 >> p_{amb}$, die im Ausgangszustand um 10 K niedrigere Temperatur im Verhältnis zur Umgebung ist eine Exergie im gegenläufigen Sinn.

**Aufgabe 5-8:** Exergetischer Wirkungsgrad von Otto- und Joule-Prozess
Zu berechnen ist der thermische sowie exergetische Wirkungsgrad des jeweils reversiblen Otto-Prozesses und Joule-Prozesses bei folgenden Ansaugbedingungen in der Umgebung: $t_1 = t_U = 20$ °C und $p_1 = p_{amb} = 1$ bar. Für beide Kreisprozesse soll die maximale Prozesstemperatur mit $T_3 = T_{max} = 1046{,}96$ K vorgegeben sein, für den Otto-Prozess sei bei einem Verdichtungsverhältnis von 7 ein maximaler Prozessdruck von 25 bar für den Joule-Prozess einmal ein maximales Druckverhältnis von 12 und einmal eines von 25 gegeben. Für beide Prozesse ist als Arbeitsmittel Luft mit einer Gaskonstante $R_L = 287$ J/(kg K) zu verwenden.

Hinweis: Das erfolgreiche Bearbeiten dieser Aufgabe setzt Kenntnisse zu den Kreisprozessen voraus, die in Kapitel 8 zum Wiederholen angeboten werden!

Gegeben:

$T_1 = T_U = 293{,}15$ K    $p_1 = 1$ bar    $T_3 = T_{max} = 1046{,}96$ K

$R_L = 287$ J/(kg K)    Luft als zweiatomiges Gas: $\kappa = 1{,}4$

Otto-Prozess: $\varepsilon = 7$    $p_3 = 25$ bar    Joule-Prozess: $\pi = 12$ und $\pi = 25$

Vorüberlegungen:
Die gewonnene spezifische Exergie ist bei beiden Kreisprozessen die spezifische Kreisprozessarbeit:

$w = c_v (T_1 - T_2 + T_3 - T_4)$ im Otto-Prozess

$w = c_p (T_1 - T_2 + T_3 - T_4)$ im Joule-Prozess

Die jeweils aufgewendeten Exergien sind die spezifischen Exergien für die reversibel zugeführte Wärme 2 → 3, deren Berechnung auf der Basis der Formel (5-19) erfolgt. Wegen vorausgesetzter Reversibilität ist $s_{i,23} = 0$.

$q_{Ex,23} = q_{23} - T_u (s_3 - s_2)$ woraus dann jeweils für die Kreisprozesse folgt:

$$q_{Ex,23} = c_V (T_3 - T_2) - T_U \cdot c_V \cdot \ln \frac{T_3}{T_2} \quad \text{für den Otto-Prozess (Gleichraumprozess)}$$

$$q_{Ex,23} = c_p (T_3 - T_2) - T_U \cdot c_p \cdot \ln \frac{T_3}{T_2} \quad \text{für den Joule-Prozess}$$

Im Sinne von Formel (5-24) ist bei Berücksichtigung konstanter spezifischer Wärmekapazitäten für die Berechnung des exergetischen Wirkungsgrades nun anzusetzen

$$\eta_{ex} = \frac{w}{q_{Ex,23}} = \frac{T_1 - T_2 + T_3 - T_4}{T_3 - T_2 - T_U \ln \frac{T_3}{T_2}}$$

Nach (8-14) für den Otto-Prozess oder (8-26) für den Joule-Prozess gilt ferner

$$\eta_{th} = 1 - \frac{T_4 - T_1}{T_3 - T_2} \quad \text{oder} \quad \eta_{th}(T_3 - T_2) = T_3 - T_2 - T_4 + T_1 = T_1 - T_2 + T_3 - T_4$$

$$\eta_{ex} = \frac{\eta_{th}(T_3 - T_2)}{T_3 - T_2 - T_U \ln \frac{T_3}{T_2}} = \frac{\eta_{th}}{1 - \frac{T_U}{T_3 - T_2} \cdot \ln \frac{T_3}{T_2}}$$

Aus dieser abgeleiteten Berechnungsvorschrift erkennt man, dass der exergetische Wirkungsgrad hier stets größer ist als der thermische. Dies darf bei dieser Art der Bilanzierung nicht verwundern. Wir setzen die Kreisprozessarbeit beim thermischen Wirkungsgrad ins Verhältnis zur zugeführten Wärme und beim exergetischen Wirkungsgrad hier ins Verhältnis zum exergetischem Anteil der zugeführten Wärme. Würde man zum Beispiel beim Joule-Prozess als Nutzen den erzeugten elektrischen Strom (100 % Exergie) ansetzen, fielen die exergetischen Wirkungsgrade deutlich niedriger als die thermischen Wirkungsgrade aus. Die analytischen Aussagen beim exergetischen Wirkungsgrad stehen also immer im Kontext dessen, was als Nutzen und Aufwand ins Verhältnis gesetzt wird!

**Lösung:**
Die Ermittlung der Prozessparameter für den **Otto-Prozess** folgt Aufgabe 8-2.1, so dass wir hier nur folgende Ergebnisse übernehmen:

$T_2 = 638{,}45\ \text{K}$ $\qquad \underline{\underline{\eta_{th,GR} = 0{,}5408}}$

Für den exergetischen Wirkungsgrad ergibt sich damit

$$\eta_{ex,GR} = \frac{0{,}5408}{1 - \dfrac{293{,}15\,\text{K}}{1046{,}96\,\text{K} - 638{,}45\,\text{K}} \cdot \ln \dfrac{1046{,}96\,\text{K}}{638{,}45\,\text{K}}} = \underline{\underline{0{,}8384}}$$

Exergieverluste treten auf durch die gegenüber Umgebungszustand höheren Abgasparameter $p_4 = 1{,}64\,\text{bar}$ und $T_4 = 480{,}72\,\text{K}$.

$$w = c_v(T_1 - T_2 + T_3 - T_4) = \frac{1}{0{,}4} \cdot 0{,}287\ \frac{\text{kJ}}{\text{kg K}}(293{,}15 - 638{,}45 + 1046{,}96 - 480{,}72)\ \text{K} = 158{,}52\ \frac{\text{kJ}}{\text{kg}}$$

Für den **Joule-Prozess** werden thermischer Wirkungsgrad nach Formel (8-26) und die Temperatur nach der Verdichtung $T_2$ mit der Gleichung für die entsprechende isentrope Zustandsänderung sowie die Abgastemperatur $T_4$ berechnet aus

$$\eta_{th} = 1 - \frac{1}{\pi^{\frac{\kappa-1}{\kappa}}} \quad \text{und} \quad T_2 = T_1 \cdot \pi^{\frac{\kappa-1}{\kappa}} \quad \text{sowie} \quad T_4 = T_1 \cdot \frac{T_3}{T_2}$$

Damit können für die beiden vorgegeben Fälle folgende Ergebnisse festgehalten werden:

$\pi = 12$:

$$\eta_{th,J} = 1 - \frac{1}{12^{\frac{0,4}{1,4}}} = 0{,}5083$$

$$T_2 = 293{,}15\,\text{K} \cdot 12^{\frac{0,4}{1,4}} = 596{,}25\,\text{K} \qquad T_4 = 293{,}15\,\text{K} \cdot \frac{1046{,}96\,\text{K}}{596{,}25\,\text{K}} = 514{,}74\,\text{K}$$

$$\eta_{ex,J} = \frac{0{,}5083}{1 - \dfrac{293{,}15\,\text{K}}{1046{,}96\,\text{K} - 596{,}25\,\text{K}} \cdot \ln \dfrac{1046{,}96\,\text{K}}{596{,}25\,\text{K}}} = \underline{\underline{0{,}8020}}$$

$$w = c_p(T_1 - T_2 + T_3 - T_4) = \frac{1{,}4}{0{,}4} \cdot 0{,}287\,\frac{\text{kJ}}{\text{kg K}}(293{,}15 - 596{,}25 + 1046{,}96 - 514{,}74)\,\text{K} = 230{,}15\,\frac{\text{kJ}}{\text{kg}}$$

$\pi = 25$:

$\eta_{th} = 0{,}6014$ $\qquad T_2 = 735{,}36\,\text{K}$ $\qquad T_4 = 417{,}37\,\text{K}$ $\qquad$ (Rechnung wie oben)

$$\eta_{ex,Joule} = \frac{0{,}6014}{1 - \dfrac{293{,}15\,\text{K}}{1046{,}96\,\text{K} - 735{,}36\,\text{K}} \cdot \ln \dfrac{1046{,}96\,\text{K}}{735{,}36\,\text{K}}} = \underline{\underline{0{,}9008}}$$

$$w = c_p(T_1 - T_2 + T_3 - T_4) = \frac{1{,}4}{0{,}4} \cdot 0{,}287\,\frac{\text{kJ}}{\text{kg K}}(293{,}15 - 735{,}36 + 1046{,}96 - 417{,}37)\,\text{K} = 188{,}22\,\frac{\text{kJ}}{\text{kg}}$$

Die hier erhaltenen Ergebnisse stellen wegen der sehr abstrakten Aufgabenstellung in Bezug auf die Interpretationsmöglichkeiten des exergetischen Wirkungsgrades einen sehr theoretischen Befund dar. Die angebotene Exergie wird als benötigte Hochtemperaturwärme in diesen Prozessen relativ gut genutzt.

# 6 Thermisches Verhalten von reinen Stoffen bei Phasenübergängen

## 6.1 Phasengleichgewichtskurven im *p, T*-Diagramm

Reine Stoffe sind reale Stoffe mit einheitlichem Teilchenaufbau (Atome, Moleküle). Darunter fallen alle chemischen Elemente und darüber hinaus alle chemischen Verbindungen, die thermisch stabil sind. Keine reinen Stoffe stellen dagegen zum Beispiel dar:

- Luft (Gasgemisch)
- Messing (Legierung aus 58 – 95 % Kupfer, 5 – 40 % Zink und 0 – 2 % Mangan)
- Gusseisen (Eisen-Kohlenstoffverbindung)

Reine Stoffe können fest, flüssig oder gasförmig sein. Ein Phasendiagramm beschreibt für ein abgeschlossenes System den Existenzbereich dieser drei Phasen in Abhängigkeit von Druck und Temperatur. Einphasengebiete erscheinen als Fläche, Zweiphasengebiete als Linien und das Dreiphasengebiet nur als Punkt (*Tripelpunkt* Index *Tr*). Für jeden Stoff existiert ein charakteristisches Paar ($p_{Tr}$, $t_{Tr}$), bei dem jeweils die feste, flüssige und gasförmige Phase nebeneinander existieren und im thermodynamischen Gleichgewicht stehen. Eine auch nur marginale Veränderung von Druck oder Temperatur im Tripelpunkt bewirkt, dass zumindest eine Phase sofort verschwindet.

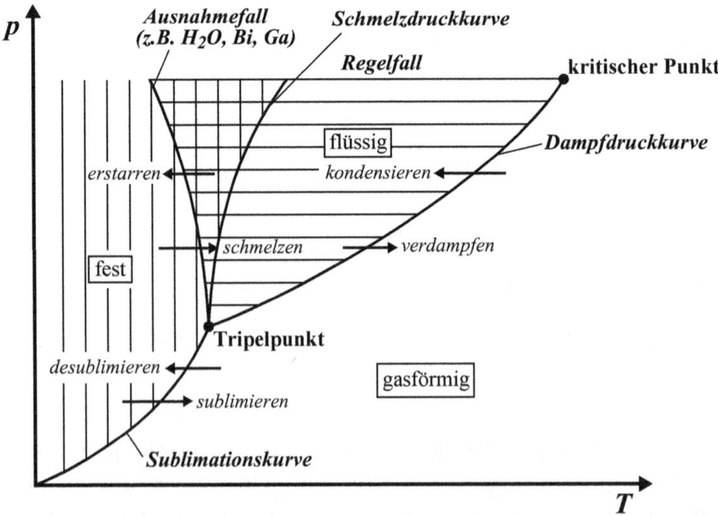


**Abb. 6-1:** Prinzipschema eines Phasendiagramms für einen reinen Stoff.

DOI 10.1515/9783110530513-007

In den Einphasengebieten können Druck und Temperatur innerhalb eines weiten Bereiches unabhängig voneinander variieren, ohne dass ein Phasenwechsel stattfindet. Ein bei einer bestimmten Konstellation von Druck und Temperatur auftretender Phasenübergang vollzieht sich nicht gleichzeitig an allen Teilen des Stoffes. Zwischen seinem Beginn und Ende existieren alte und neue Phase mit jeweils veränderlichen Anteilen nebeneinander (Zweiphasengebiet). In einem solchen Zweiphasengebiet bestehen zwischen Druck und Temperatur feste, funktionale Zusammenhänge ($t = t(p)$ oder die Umkehrfunktion $p = p(t)$), so dass dabei nur noch Druck *oder* Temperatur als unabhängige Variable auftreten.

Nach Abbildung 6-1 können folgende Phasenübergänge, bei denen sich Eigenschaften der Stoffe wie Volumen, Enthalpie und Entropie sprunghaft ändern, auftreten:

- von fest zu flüssig (schmelzen) über die Schmelzdruckkurve
- von flüssig zu fest (erstarren) über die Schmelzdruckkurve
- von flüssig zu gasförmig (verdampfen) über die Dampfdruckkurve
- von gasförmig zu flüssig (kondensieren) über die Dampfdruckkurve
- von fest zu gasförmig (sublimieren) über die Sublimationskurve
- von gasförmig zu fest (desublimieren) über die Sublimationskurve

Die Trennlinie der Gebiete flüssig und gasförmig zwischen Tripelpunkt und kritischen Punkt nennt man *Dampfdruckkurve.* Zu jeder Temperatur zwischen $T_{Tr}$ und $T_k$ gehört genau ein Druck, bei dem die Flüssigkeit verdampft. Diesen Druck nennt man Dampfdruck oder Sättigungsdruck $p_s$. Aus der Abbildung 6-1 geht hervor, dass die Funktion $p_s = p_s(T_s)$ mathematisch eineindeutig ist und folglich gleichermaßen gilt: Zu jedem Druck zwischen $p_{Tr}$ und $p_k$ gibt es genau eine Temperatur $T_s$, bei der die Flüssigkeit verdampft $T_s = T_s(p_s)$. Für den reinen Stoff Wasser enthält die Tabelle 9-15 im Anhang eine Wertetabelle für $t_s = t_s(p_s)$ und für $p_s = p_s(T_s)$ ist entsprechendes aus Tabelle 9-16 zu entnehmen.

Da für alle reinen Stoffe der Dampfdruck mit zunehmender Temperatur stark steigt, werden Dampfdruckgleichungen bevorzugt angegeben in der Form

$$\frac{p_s}{p} = e^{f(T)} \quad \text{oder} \quad \ln\frac{p_s}{p} = f(T) \tag{6-1}$$

Um Zustandsgleichungen vorteilhaft in dimensionsloser Form darstellen zu können, greift man auf sogenannte reduzierte Zustandsgrößen (Index $r$), das heißt auf die jeweiligen Eigenschaften im kritischen Punkt bezogene Zustandsgrößen, zurück.

$$p_r = \frac{p}{p_k} \qquad T_r = \frac{T}{T_k} \qquad v_r = \frac{v}{v_k} \tag{6-2}$$

Mit (6-2) können Dampfdruckgleichungen, die die Messwerte des Dampfdrucks für bestimmte reine Stoffe im gesamten Temperaturbereich $T_{Tr} < T < T_k$ sehr genau wiedergeben, bereitgestellt werden in der Form:

$$\ln p_r = \frac{1}{T_r} \cdot \sum_{i=1}^{l} a_i (1 - T_r)^{n_i} \tag{6-3}$$

Bereits mit $l = 4$ bis 6 Reihengliedern ergeben sich Dampfdrücke in technisch hinreichender Genauigkeit. Die Koeffizienten $a_i$ und die Exponenten $n_i$ in Gleichung (6-3) können aus Messwerten für jeden reinen Stoff berechnet werden. Beispiele dazu enthält Tabelle 6-1.

**Tab. 6-1:** Koeffizienten und Exponenten für Dampfdruckgleichungen (6-3) im Temperaturbereich $T_{Tr} < T < T_k$ Quelle: Baehr; Kabelac: Thermodynamik – Grundlagen und technische Anwendungen, Springer-Verl., 16. Auflage 2016.

| **Methan $CH_4$** | | **Propan $C_3H_8$** | | **Wasser $H_2O$** | |
|---|---|---|---|---|---|
| $T_{Tr}$ = 90,694 K | | $T_{Tr}$ = 85,525 K | | $T_{Tr}$ = 273,16 K | |
| $T_k$ = 190,564 K | | $T_k$ = 369,89 K | | $T_k$ = 647,096 K | |
| $p_k$ = 45,992 bar | | $p_k$ = 42,512 bar | | $p_k$ = 220,64 bar | |
| $a_1$ = −6,036219 | $n_1$ = 1,0 | $a_1$ = −6,7722 | $n_1$ = 1,0 | $a_1$ = −7,85951783 | $n_1$ = 1,0 |
| $a_2$ = +1,409353 | $n_2$ = 1,5 | $a_2$ = +1,6938 | $n_2$ = 1,5 | $a_2$ = +1,84408259 | $n_2$ = 1,5 |
| $a_3$ = −0,4945199 | $n_3$ = 2,0 | $a_3$ = −1,3341 | $n_3$ = 2,2 | $a_3$ = −11,7866497 | $n_3$ = 3,0 |
| $a_4$ = −1,443048 | $n_4$ = 4,5 | $a_4$ = −3,1876 | $n_4$ = 4,8 | $a_4$ = +22,6807411 | $n_4$ = 3,5 |
| | | $a_5$ = +0,949379 | $n_5$ = 6,2 | $a_5$ = −15,9618719 | $n_5$ = 4,0 |
| | | | | $a_6$ = +1,80122502 | $n_6$ = 7,5 |

Oberhalb des *kritischen Punktes* (Index *k*) gehen die Phasen stetig ohne Durchschreiten eines Zweiphasengebietes ineinander über. Technisch wird dies unter anderem realisiert im Benson-Kessel bei der Dampferzeugung in Wärmekraftwerken oberhalb des kritischen Druckes für Wasser. Hier kommt es in den Verdampferrohren zu einer sehr raschen und stetigen Volumenzunahme. Ein Zweiphasengebiet von siedender Flüssigkeit und trocken gesättigtem Dampf, wie man es bei der Dampferzeugung mit unterkritischem Druck beobachten kann, sieht man nicht. Im kritischen Punkt gleichen sich alle Eigenschaften von Flüssigkeit und Dampf vollständig, auch der Brechungsindex. Deshalb kann man die flüssige von der gasförmigen Phase auch optisch nicht mehr unterscheiden.
Bedeutung hat der kritische Punkt auch für die Gasverflüssigung durch Druckerhöhung. Verdichtet man ein Gas bei einer Temperatur oberhalb seiner kritischen Temperatur $t_k$, so tritt bei keinem noch so hohen Druck eine Verflüssigung ein.

**Tab. 6-2:** Kritische Zustandsdaten einiger Stoffe.

| Stoff | $t_k$ in °C | $p_k$ in bar | $v_k$ in m³/kg |
|---|---|---|---|
| Quecksilber Hg | 1400,00 | 1056,00 | 0,0002 |
| Wasser $H_2O$ | 373,946 | 220,64 | 0,0031056 |
| Chlor Cl | 143,85 | 77,00 | 0,00175 |
| Ammoniak $NH_3$ | 132,45 | 11,28 | 0,00425 |
| Propan $C_3H_8$ | 96,74 | 42,512 | 0,00442 |
| Kohlendioxid $CO_2$ | 31,06 | 73,825 | 0,002145 |
| Methan $CH_4$ | − 82,59 | 45,992 | 0,006165 |
| Sauerstoff $O_2$ | −118,57 | 50,430 | 0,00233 |
| Kohlenmonoxid CO | −140,20 | 34,990 | 0,00332 |
| Stickstoff $N_2$ | −147,00 | 34,000 | 0,00322 |
| Wasserstoff $H_2$ | −239,91 | 12,960 | 0,03230 |
| Helium He | −267,90 | 2,275 | 0,0145 |

Man glaubte daher früher, dass es so genannte permanente (also nicht zu verflüssigende) Gase gäbe. Erst als man technisch in der Lage war, diese Gase unter ihre jeweilige kritische Temperatur zu kühlen, gelang es diese durch Druckerhöhung zu verflüssigen. Die Daten in Tabelle 6-2 zeigen, dass Chlor, Ammoniak, Propan und Kohlendioxid der Höhe der kritischen Temperatur wegen direkt durch Kompression bei den gegebenen klimatischen Umgebungsbedingungen verflüssigt werden können. Methan, Sauerstoff, Kohlenmonoxid, Stickstoff müssen erst durch

adiabate Drosselung unter $t_k$ gekühlt werden, um sie durch Druckerhöhung flüssig zu machen. Den größten Aufwand verursacht die Verflüssigung von Helium. Dort muss man mit flüssigem Wasserstoff vorkühlen.
Die funktionalen Zusammenhänge bei der Dampfdruckkurve werden im Alltag unter anderem im Schnellkochtopf genutzt. Mit dem Garen von Gemüse wird dessen Verdaulichkeit verbessert. Je höher dabei die Temperatur, desto schneller werden die Zellulose enthaltenden Zellwände zerstört und der Garzweck erreicht, mitunter bei zu hohen Temperaturen allerdings um den Preis der thermischen Zersetzung von Vitaminen. Moderne Schnellkochtöpfe[17] besitzen zwei oder mehrere Kochstufen mit unterschiedlichen Druckniveaus und entsprechenden Siedetemperaturen:

- Schonkochstufe bei 1,3 bar mit einer Temperatur von ca. 107 °C
- Schnellkochstufe bei 2 bar mit einer Temperatur von ca. 120 °C

Die *Schmelzdruckkurve* als funktionaler Zusammenhang zwischen Druck und Temperatur beim Schmelzen und Erstarren trennt die Gebiete fest und flüssig. Sie beginnt bei niedrigen Drücken im Tripelpunkt. Wird das Schmelzen bei immer niedrigeren Drücken durchgeführt, erreicht man schließlich mit dem Tripeldruck $p_{Tr}$ einen Druck, unterhalb dessen kein Schmelzen mehr möglich ist. Der Begriff Trockeneis für festes Kohlendioxid rührt daher, dass es bei normalen Umgebungsbedingungen sofort ohne zu schmelzen in den gasförmigen Zustand übergeht. (Vergleichen Sie dazu Tripeldruck und Tripeltemperatur in Tabelle 6-3!)

**Tab. 6-3:** Zustandsdaten im Tripelpunkt für Wasser und Kohlendioxid.

| **Stoff** | **$p_{Tr}$ in bar** | **$t_{Tr}$ in °C** |
|---|---|---|
| Kohlendioxid $CO_2$ | 5,18 | – 56,6 |
| Wasser $H_2O$ | 0,00611657 | + 0,01 |

Offen ist bis heute, ob für die Schmelzdruckkurve ein Abschluss wie der kritische Punkt bei der Dampfdruckkurve existiert. Ein Phasenübergang fest-flüssig oder flüssig-fest ohne Durchlaufen eines Schmelzgebietes ist bislang noch nicht beobachtet worden. Die Schmelzdruckkurve besitzt für die meisten Stoffe einen positiven Anstieg, jedoch für einige Stoffe, wie zum Beispiel Wasser oder die chemischen Elemente Wismut und Gallium, einen negativen Anstieg. Positiver Anstieg der Schmelzdruckkurve bedeutet, dass mit steigenden Drücken die Schmelztemperatur zunimmt. Für die meisten Reinstoffe erhöht sich die Schmelztemperatur mit wachsendem Druck geringfügig. Für die in Abbildung 6-1 als Ausnahmefälle gekennzeichneten Stoffe trifft dies nicht zu, dort verringert sich die Schmelztemperatur bei Druckerhöhung etwas. Die Ausnahmesituation bei Wasser führt dann dazu, dass Eis bei nicht zu niedrigen Temperaturen durch Druckerhöhung flüssig wird. Deshalb bestehen im Straßenverkehr besondere Rutschgefahren durch Bildung eines Gleitfilms aus Wasser immer bei Temperaturen zwischen 0 und –5 °C. Auch das Gleiten von Schlittschuhkufen auf Eis wird gern auf die Eisverflüssigung durch Druckerhöhung zurückgeführt. Tatsächlich funktioniert das Schlittschuhlaufen nicht allein auf dieser Basis[18].

---

17 Der Schnellkochtopf wurde von Denis Papin schon 1679 erfunden als Methode für die Armenspeisung. Gekocht wurde in einem Druckbereich von 6 bis 8 bar, also bei Temperaturen zwischen 160 und 170 °C. Damit war man in der Lage, aus Knochen Gelatine zu kochen, die Papin für ebenso nahrhaft hielt wie Fleisch.

18 Aktuelle Untersuchungen zur Physik des Schlittschuhlaufens legen nahe, dass die beim Gleiten der Kufen entstehende Reibungswärme den größten Anteil an den Verflüssigungseffekten hat.

Erwärmt man einen Festkörper isobar unterhalb seines Tripeldruckes, dampft er ohne Bildung von Schmelzflüssigkeit an der Oberfläche ab. Diesen Phasenwechsel nennt man *Sublimation*. Sublimation ist an kalten, aber sonnigen Wintertagen, an denen die Schneedecke auch ohne zu schmelzen abnimmt, zu beobachten. Der umgekehrte Vorgang heißt *Desublimation*. Reif in kalten Winternächten ist Desublimation von Wasserdampf in der Luft (Luftfeuchtigkeit). Sublimation und Desublimation spielen in der Weltraum- und der Vakuumtechnik eine besondere Rolle und sind traditionell Arbeitsgebiet der Physik. Die Technische Thermodynamik konzentriert sich vor allem auf Verdampfungs- und Kondensationsvorgänge von fluiden Arbeitsmitteln. Schmelz- und Erstarrungsvorgänge spielen eher am Rande eine Rolle und werden deshalb hier auch nur sehr kurz behandelt. Größere Aufmerksamkeit schenkt man diesen Vorgängen in der Metallurgie bei der Herstellung metallischer Werkstoffe, die aber meist auch keine reinen Stoffe darstellen.

## 6.2 Phasenübergang fest-flüssig und flüssig-fest

Wird einem festen Körper kontinuierlich Energie bei konstantem Druck zugeführt, beginnt er bei einer ganz bestimmten Temperatur, der Schmelztemperatur $t_{Sch}$, flüssig zu werden. Bei weiterer Wärmezufuhr, beispielsweise durch Verbleiben in einer Umgebung mit einer Temperatur oberhalb der Schmelztemperatur, bildet sich bei Koexistenz von festem und flüssigem Stoff zunehmend Flüssigkeit zu Lasten des Feststoffs bis schließlich nur noch Flüssigkeit vorliegt. Das Koexistenzgebiet von Flüssigkeit und Feststoff bezeichnet man als Schmelzgebiet. Während des Schmelzens steigt die Temperatur nicht, denn die zugeführte Energie wird zum Aufbrechen der kristallinen Ordnung im Festkörper benötigt. Die Moleküle selber werden dabei nicht aufgetrennt. Während im festen Zustand das Volumen eine feste Form hat, passt sich das Volumen der Flüssigkeit dem Raum an (die Form ist unbeständig). Die Energiemenge zum Aufbrechen der kristallinen Ordnung ist für jeden Stoff charakteristisch und heißt Schmelzenthalpie $\sigma$.

**Tab. 6-4:** Schmelztemperatur und Schmelzenthalpie verschiedener Stoffe bei $p = 1{,}01325$ bar.

| Stoff | $t_{Sch}$ in °C | $\sigma$ in kJ/kg |
|---|---|---|
| Äthylalkohol $C_2H_5OH$ | – 114,2 | 108,0 |
| Ammoniak $NH_3$ | – 77,9 | 339,0 |
| Wasser $H_2O$ | 0,0 | 333,5 |
| Quecksilber Hg | – 38,9 | 11,3 |
| Blei Pb | 327,3 | 23,9 |
| Kupfer Cu | 1083,0 | 209,3 |

Beim Erstarren wird die kristalline Struktur als energieärmster Zustand wieder hergestellt und die Schmelzenthalpie (= Erstarrungsenthalpie) in gleicher Höhe frei. Theoretisch erfolgt dies wiederum bei der Schmelztemperatur, die man in diesem Fall Gefriertemperatur nennt. Praktisch kühlen Flüssigkeiten mitunter auf Temperaturen unterhalb ihrer Gefriertemperatur ab, ohne zu erstarren (*unterkühlte Flüssigkeit, unterkühlte Schmelze*). Das Impfen mit kleinsten Kristallisationskeimen oder das Übertragen von Impulsen durch Erschütterungen löst dann jedoch unter Freisetzung der Erstarrungsenthalpie die spontane Kristallisation aus. Unterkühlte Flüssigkeiten nehmen daher einen metastabilen Zustand ein. Das Fehlen von Kristallisationskeimen macht sich vor allem bei Flüssigkeiten mit sehr hohem Reinheitsgrad und sehr glatten Oberflächen ihrer Abfüllgefäße bemerkbar. Der Effekt der raschen Freisetzung der Erstarrungsenthalpie unterkühlter Flüssigkeiten durch Impfen mit Keimen nutzen die so genannten Handwärmer.

Betrachten Sie die in Kapitel 3.4 angegebenen spezifischen Wärmekapazitäten für Eis und flüssiges Wasser, um eine Bestätigung dafür zu erhalten, dass sich die thermophysikalischen Eigenschaften von Stoffen beim Phasenübergang *sprunghaft* ändern.

## 6.3 Isobare Verdampfung und Kondensation

Führt man einer Flüssigkeit bei konstantem Druck Energie zu, steigt ihr Dampfdruck. Hat der Dampfdruck den Umgebungsdruck erreicht, entspricht der Druck in den Dampfblasen dem Umgebungsdruck und die Flüssigkeit siedet bei der Siedetemperatur $t_S$. Bei fortgesetzter Energiezufuhr beginnt dann die siedende Flüssigkeit (bei konstantem Druck) zu verdampfen. Während des Verdampfungsvorganges steigt die Temperatur nicht, denn es wird Energie zur Auflockerung des molekularen Zusammenhalts und wegen der starken Volumenzunahme beim Übergang vom flüssigen in den gasförmigen Zustand auch für die notwendige Volumenänderungsarbeit gegen den Umgebungsdruck benötigt. Die aufzubringende *Verdampfungsenthalpie r* hängt vom Druck ab und setzt sich aus zwei Anteilen zusammen:

$$r(p) = \varphi_V + \psi_V \qquad (6\text{-}4)$$

Darin bedeuten:

$\varphi_V$ innere Verdampfungsenthalpie zur Auflockerung des molekularen Zusammenhalts

$\psi_V$ äußere Verdampfungsenthalpie für Arbeit gegen den Umgebungsdruck

Als *Siedeverzug* bezeichnet man den metastabilen Zustand der Überhitzung von Flüssigkeiten über ihre Siedetemperatur hinaus beim Fehlen von entsprechenden Keimen. Kleinste Erschütterungen können bei diesem nicht ungefährlichem Zustand zur Folge haben, dass sich in Sekundenschnelle eine große Gasblase bildet, die explosionsartig dem Gefäß entweicht.

Beim *Kondensieren* wird umgekehrt der gleiche Energiebetrag frei (Verdampfungsenthalpie = *Kondensationsenthalpie*).

Abbildung 6-2 zeigt schematisch in zylindrischen Verdampfungsgefäßen mit reibungsfrei beweglichen Kolben als Symbol für den konstanten Druck den isobaren Verdampfungsvorgang in seinen einzelnen bei stetiger Wärmezufuhr aufeinander folgenden Etappen. Die nummerierten Zylinder markieren jeweils einen bestimmten Zustand bei der Verdampfung.

Der Zustand 1 wird durch Flüssigkeit mit einer Temperatur unterhalb ihrer zum entsprechenden Druck gehörigen Siedetemperatur charakterisiert. Bei laufender Wärmezufuhr steigen bei konstantem Druck zunächst Temperatur und Volumen bis zu dem Zeitpunkt, bei dem die Siedetemperatur $t_S$ erreicht wird und die Verdampfung gerade einsetzt. Wir kennzeichnen diesen in Zylinder 2 festgehaltenen Zustand mit einem Beistrich am Formelzeichen ($V'$ bedeutet: Volumen der *siedenden Flüssigkeit*). Die Höhe der Siedetemperatur $t_S$ und das zugehörige spezifische Volumen $v'$ (Dichte $\rho'$) sind für jeden Stoff charakteristisch und von ihrem Umgebungsdruck abhängig. Weitere Wärmezufuhr führt dann zum schrittweisen Verdampfen mit Volumenzunahme, ohne dass sich die Temperatur ändert. Ein solcher Zustand heißt *Nassdampf* und ist in Zylinder 3 abgebildet. Siedendes Wasser und (trocken gesättigter) Dampf stehen als zwei Phasen im thermodynamischen Gleichgewicht (Zweiphasengebiet).

Nach vollständiger Verdampfung erreichen wir unter weiterer Volumenzunahme bei konstanter Temperatur wieder ein Einphasengebiet, das man *trocken gesättigten Dampf* oder *Sattdampf* (Kennzeichnung dieses Zustandes durch zwei Beistriche am Formelzeichen) nennt. Bei fortgesetzter isobarer Wärmezufuhr beginnen auch wieder Volumen *und* Temperatur zu wachsen. Diesen Zustand (Zylinder 5) bezeichnet man als *überhitzten Dampf (Heißdampf)*.

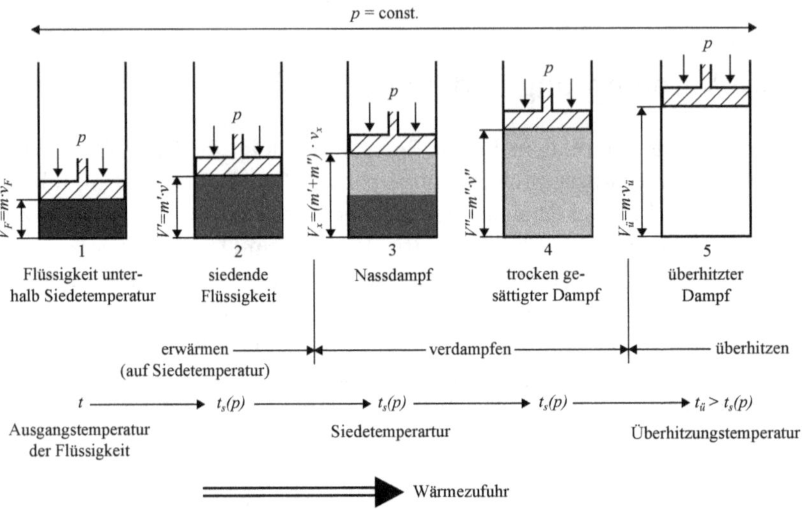


**Abb. 6-2:** Bezeichnungen für Wasser im Ein- und Zweiphasengebiet.

Der hier beschriebene Verdampfungsvorgang läuft für jeden Druck im Bereich $p_{Tr} < p < p_k$ in immer gleicher Form ab. Bei Drücken $p > p_k$ lässt sich eine Verdampfung mit einem Koexistenzgebiet von flüssiger und gasförmiger Phase (Zweiphasengebiet) nicht beobachten.

Die Zustandsgrößen in den Einphasengebieten können durch (leider komplizierte) Zustandsgleichungen sehr genau in Abhängigkeit von Druck und Temperatur berechnet werden. Die wissenschaftliche Forschung zur Verbesserung der Zustandsgleichungen wird von einer internationalen Arbeitsgemeinschaft (*IAPWS = International Association for the Properties of Water and Steam*) koordiniert. Für den industriell technischen Gebrauch wurden 1997 unter dem Namen „*Industrial Formulation*" spezielle zugeschnittene Zustandsgleichungen erarbeitet, die unter dem Namen IAPWS-IF 97 veröffentlicht wurden. Ihre Nutzung erfordert immer noch einen leistungsfähigen PC. In vielen Fällen reicht aber der Rückgriff auf Wasserdampftafeln, die auch auszugsweise im Anhang in den Tabellen 9-15 bis 9-17 abgedruckt sind. In der Regel listen in den Wasserdampftafeln in Abhängigkeit von Druck und Temperatur auf: spezifische Volumina, Enthalpien und Entropien von siedender Flüssigkeit, trocken gesättigtem Dampf und überhitztem Dampf. Die inneren Energien werden aus der Definitionsgleichung unter Verwendung der tabellierten Enthalpien und spezifischen Volumina sowie dem jeweiligen Druck errechnet, in einigen Tafeln sind diese Werte auch direkt angegeben.

Der genaue thermodynamische Zustand im Zweiphasengebiet kann bei konstant bleibendem Druck und konstanter Temperatur aus diesen beiden Größen nicht errechnet werden. Für die Zustandsbestimmung benötigt man eine weitere (Zustands)größe, den Dampfanteil $x$, der die Masse des trocken gesättigter Dampfes ins Verhältnis zur Gesamtmasse aus trocken gesättigten Dampf und siedender Flüssigkeit setzt.

$$x = \frac{m''}{m' + m''} \qquad \text{(Dampfanteil)} \qquad (6\text{-}5a)$$

$$1 - x = \frac{m'}{m' + m''} \qquad \text{(Flüssigkeitsanteil, Kondensatanteil)} \qquad (6\text{-}5b)$$

Die Definitionsgleichung (6-5a) legt für den Dampfanteil $x$ einen Wertebereich zwischen null und eins fest. Es bedeuten:

| | |
|---|---|
| $x = 0$ | Zustand siedende Flüssigkeit (Einphasengebiet) |
| $0 < x < 1$ | Zustand Nassdampf (Zweiphasengebiet) |
| $x = 1$ | Zustand trocken gesättigter Dampf (Einphasengebiet) |

Die Zustandsgrößen im Zweiphasengebiet sind nun bei bekanntem Dampfanteil $x$ über den Ansatz bestimmbar:

$$(m' + m'') \cdot v_x = m' \cdot v' + m'' \cdot v'' \qquad (6\text{-}6)$$

Gleichung (6-6) führt in Verbindung mit (6-5a) auf die Berechnungsformel

$$v_x = v' + x(v'' - v') \qquad (6\text{-}7a)$$

Der Ansatz (6-3) gilt auch für alle anderen Zustandsgrößen im Nassdampfgebiet, so dass wir ergänzend zu (6-4a) festhalten können:

$$h_x = h' + x(h'' - h') \qquad (6\text{-}7b)$$

$$u_x = u' + x(u'' - u') \qquad (6\text{-}7c)$$

$$s_x = s' + x(s'' - s') \qquad (6\text{-}7d)$$

Den Zustand Nassdampf kennzeichnen wir durch den Index $x$.

Die Verdampfungsenthalpie $r$ kann mit den Werten aus der Wasserdampftafel wegen der konstant bleibenden Temperatur $t_S$ geschrieben werden als

$$r = r(p) = h'' - h' = \int_{s'}^{s''} T_S \cdot ds = T_S(s'' - s') \qquad [T_S] = 1\,\text{K} \qquad (6\text{-}8)$$

Mit steigendem Druck fällt die Verdampfungsenthalpie. In Verbindung mit (6-4) und der Definition für die Enthalpie (3-3) ist bei Berücksichtigung von (6-8) nun auch innere und äußere Verdampfungsenthalpie einer Berechnung zugänglich.

$$r = \varphi_V + \psi_V = (u'' - u') + p(v'' - v')$$

Daraus folgt für die

- innere Verdampfungsenthalpie $\varphi_V = u'' - u'$ (Auflockerung molekularer Zusammenhang)
- äußere Verdampfungsenthalpie $\psi_V = p(v'' - v')$ (Volumenänderungsarbeit gegen Umgebungsdruck)

## 6.4 Verstehen durch Üben: Phasenübergang fest-flüssig

**Aufgabe 6.4-1:** Energiebilanz mit vollständigem Phasenübergang fest-flüssig
10 kg Eis mit einer Temperatur von –0,5 °C soll durch elektrische Beheizung in Wasser mit einer Temperatur von +0,5 °C umgewandelt werden. Für die Bilanzierung sind folgende Stoffwerte zu verwenden:

mittlere spezifische Wärmekapazität von Eis: 2,04 kJ/(kg K)

Schmelzenthalpie von Eis: 333,5 kJ/kg

mittlere spezifische Wärmekapazität von Wasser 4,19 kJ/(kg K)

a) Welche elektrische Heizenergie in kWh wäre für die oben beschriebene Umwandlung erforderlich, wenn Verluste an die Umgebung unberücksichtigt bleiben?
b) Welche Temperatur erreicht das Eiswasser, wenn man noch einmal zusätzlich die in (a) errechnete Heizenergie zur weiteren Aufheizung einsetzt?
c) Mit welcher Masse Wasser von 20 °C müssten die 10 kg Eis von –0,5 °C gemischt werden, damit Wasser von + 0,5 °C entsteht?

Gegeben:
$m_E = 10$ kg $\qquad \bar{c}_E = 2{,}04\,\text{kJ/(kg K)} \qquad t_E = -0{,}5\,°\text{C} \qquad \sigma_E = 333{,}5\,\text{kJ/kg}$

$\bar{c}_W = 4{,}19\,\text{kJ/(kg K)} \qquad t_W = +0{,}5\,°\text{C}$

Vorüberlegungen:
Es findet ein Phasenübergang fest-flüssig statt, so dass die Grundgleichung der Kalorik (3-30) entsprechend um die Schmelzenthalpie zu erweitern ist. Die Schmelztemperatur beträgt $t_{Sch} = 0\,°\text{C}$.

**Lösung:**

a) $Q = m_E[\bar{c}_E(t_{Sch} - t_E) + \sigma_E + \bar{c}_W(t_W - t_{Sch})]$

$$Q = 10\,\text{kg} \cdot [2{,}04\frac{\text{kJ}}{\text{kg K}} \cdot (0\,°\text{C} - (-0{,}5\,°\text{C})) + 333{,}5\frac{\text{kJ}}{\text{kg}} + 4{,}19\frac{\text{kJ}}{\text{kg K}} \cdot 0{,}5\,\text{K}]$$

$$Q = 10{,}2\,\text{kJ} + 3335\,\text{kJ} + 20{,}95\,\text{kJ} = 3366{,}15\,\text{kWs} \cdot \frac{\text{h}}{3600\text{s}} = \underline{\underline{0{,}935\,\text{kWh}}}$$

Aus den Anteilen für die benötigte Energie kann man erkennen, dass der mit Abstand größte Anteil für das Aufbringen der Schmelzenthalpie benötigt wird.

b) $Q = m_E \cdot \bar{c}_W \cdot (t_x - t_W) \quad \rightarrow \quad t_x = t_W + \dfrac{Q}{m_E \cdot \bar{c}_W}$

$$t_x = 0{,}5\,°\text{C} + \frac{3366{,}15\,\text{kJ}}{10\,\text{kg} \cdot 4{,}19\,\text{kJ/(kg K)}} = 0{,}5\,°\text{C} + 80{,}34\,\text{K} \approx \underline{\underline{81\,°\text{C}}}$$

Die Verflüssigung von Eis ist sehr energieintensiv. Die zum Schmelzen von Eis benötigte Energie reicht zum Aufwärmen der gleichen Menge Wasser von 0 auf 80 °C!

c) $t_M = +0{,}5\,°\text{C}$ $\qquad t_{WW} = 20\,°\text{C}$ (Index WW = Warmwasser)

$$m_W \bar{c}_W (t_{WW} - t_M) = m_E [\bar{c}_E (t_{Sch} - t_E) + \sigma_E + \bar{c}_W (t_M - t_{Sch})] \qquad \text{Energiebilanz } |Q_{ab}| = Q_{auf}$$

$$m_W = \frac{m_E [\bar{c}_E t_{Sch} - \bar{c}_E t_E + \sigma_E + \bar{c}_W t_M - \bar{c}_W t_{Sch}]}{\bar{c}_W (t_{WW} - t_M)} = \frac{m_E [-\bar{c}_E t_E + \sigma_E + \bar{c}_W t_M]}{\bar{c}_W (t_{WW} - t_M)}$$

$$(\bar{c}_E t_{Sch} = 0 \quad \text{und} \quad \bar{c}_W t_{Sch} = 0)$$

$$m_W = \frac{10\,\text{kg}[-2{,}04\,\frac{\text{kJ}}{\text{kg K}} \cdot (-0{,}5\,°\text{C}) + 333{,}5\,\frac{\text{kJ}}{\text{kg}} + 4{,}19\,\frac{\text{kJ}}{\text{kg K}} \cdot 0{,}5\,\text{K}]}{4{,}19\,\frac{\text{kJ}}{\text{kg K}} (20\,°\text{C} - 0{,}5\,°\text{C})} \approx \underline{\underline{41{,}2\,\text{kg}}}$$

Grundsätzlich kann man hier auch die thermodynamischen Temperaturen ansetzen. Dann gehen allerdings die Rechenvorteile $\bar{c}_E t_{Sch} = 0$ und $\bar{c}_W t_{Sch} = 0$ verloren, denn die Schmelztemperatur ist jetzt zu bilanzieren mit $T_{Sch} = 273{,}15$ K!

$$m_W = \frac{m_E [\bar{c}_E T_{Sch} - \bar{c}_E T_E + \sigma_E + \bar{c}_W T_M - \bar{c}_W T_{Sch}]}{\bar{c}_W (T_{WW} - T_M)}$$

Ein Fehler entsteht häufig, wenn man in die unter Nutzung von $t_{Sch} = 0$ °C abgleitete Formel thermodynamische Temperaturen einsetzt $\quad m_W = \dfrac{m_E [-\bar{c}_E t_E + \sigma_E + \bar{c}_W t_M]}{\bar{c}_W (t_{WW} - t_M)}$ !

Unter Nutzung des Ergebnisses von a) wäre die Bilanz auch einfacher zu formulieren:

$$Q = m_W \bar{c}_W (t_{WW} - t_M)$$

$$m_W = \frac{Q}{\bar{c}_W (t_{WW} - t_M)} = \frac{3366{,}15\,\text{kJ}}{4{,}19\,\text{kJ/(kg K)} \cdot (20\,°\text{C} - 0{,}5\,°\text{C})} \approx \underline{\underline{41{,}2\,\text{kg}}}$$

**Aufgabe 6.4-2:** Energiebilanz mit unvollständigem Phasenübergang fest-flüssig
Ein 900 g schweres Aluminiumgefäß besitze die Anfangstemperatur von 0 °C und enthalte 1,4 kg Eis von 0 °C. Welche Temperatur stellt sich im Gefäß ein, wenn Verluste an die Umgebung unberücksichtigt bleiben und

a) 2 kg Wasser mit 100 °C
b) 1 kg Wasser mit 100 °C $\qquad$ hinzu gegeben werden?

Stoffwerte: $\sigma_E = 333{,}5\,\frac{\text{kJ}}{\text{kg}}$ $\qquad \bar{c}_W = 4{,}19\,\frac{\text{kJ}}{\text{kg K}}$ $\qquad \bar{c}_{Al} = 0{,}908\,\frac{\text{kJ}}{\text{kg K}}$

Gegeben: (Stoffwerte wie oben)

$m_{Al} = 0{,}9\,\text{kg}$ $\qquad t_{Al} = 0\,°\text{C}$ $\qquad t_E = 0\,°\text{C}$ $\qquad t_W = 100\,°\text{C}$

a) $m_W = 2\,\text{kg}$ oder

b) $m_W = 1\,\text{kg}$

Vorüberlegungen:
Hier wird eine Energiebilanz mit Beteiligung des Anteils aus dem Gefäß benötigt, die in Erweiterung der Übungsaufgaben aus Kapitel 3 nun auch noch die Schmelzenthalpie enthält. Wegen der auftretenden Temperaturdifferenzen können wir Celsiustemperaturen verwenden. Dies bleibt auch dann gültig, wenn die Glieder einzeln ausmultipliziert werden.

**Lösung:**
Energiebilanz gemäß Ansatz $|Q_{ab}| = Q_{auf}$

$$m_W \bar{c}_W (t_W - t_M) = m_{Al} \bar{c}_{Al} (t_M - t_{Al}) + m_E \sigma_E + m_E \bar{c}_W (t_M - t_E)$$

Damit stellt sich folgende Gleichgewichtstemperatur $t_M$ ein:

$$t_M = \frac{m_W \bar{c}_W t_W + m_{Al} \bar{c}_{Al} t_{Al} - m_E \sigma_E + m_E \bar{c}_W t_E}{(m_E + m_W) \bar{c}_W + m_{Al} \bar{c}_{Al}} = \frac{m_W \bar{c}_W t_W - m_E \sigma_E}{(m_E + m_W) \bar{c}_W + m_{Al} \bar{c}_{Al}}$$

$$m_{Al} \bar{c}_{Al} t_{Al} = 0 \quad \text{und} \quad m_E \bar{c}_W t_E = 0$$

a) $m_W = 2\,\text{kg}$

$$t_M = \frac{2\,\text{kg} \cdot 4{,}19\,\text{kJ/(kg K)} \cdot 100\,°\text{C} - 1{,}4\,\text{kg} \cdot 333{,}5\,\text{kJ/kg}}{(1{,}4 + 2)\,\text{kg} \cdot 4{,}19\,\text{kJ/(kg K)} + 0{,}908\,\text{kJ/(kg K)}} \approx \underline{\underline{24{,}64\,°\text{C}}}$$

b) $m_W = 1\,\text{kg}$

$$t_M = \frac{1\,\text{kg} \cdot 4{,}19\,\text{kJ/(kg K)} \cdot 100\,°\text{C} - 1{,}4\,\text{kg} \cdot 333{,}5\,\text{kJ/kg}}{(1{,}4 + 1)\,\text{kg} \cdot 4{,}19\,\text{kJ/(kg K)} + 0{,}908\,\text{kJ/(kg K)}} \approx \underline{\underline{-4{,}405\,°\text{C}}} \quad ???$$

Wir bestimmen hier eine Temperatur, die nach dem 2. Hauptsatz der Thermodynamik gar nicht erreicht werden kann. Die Rechnung in Aufgabenteil b) enthält den Fehler, dass bei dieser Konstellation das Eis nicht wie im Aufgabenteil a) vollständig aufschmilzt. Dies war jedoch eine zentrale Annahme, die wir (unbewusst) mit dem Ansatz für die Energiebilanz aufgeschrieben haben. Die Masse $m_{Sch}$ des geschmolzenen Eises ergibt sich für b) aus

$$m_{Sch} \cdot \sigma_E = m_W \bar{c}_W (t_W - t_{Sch}) \quad \rightarrow \quad m_{Sch} = \frac{m_W \bar{c}_W (t_W - t_{Sch})}{\sigma_E} = \frac{419\,\text{kJ}}{333{,}5\,\text{kJ/kg}} = 1{,}2564\,\text{kg}$$

Die nicht geschmolzene Masse Eis bei 0 °C beträgt damit:

1,4000 kg – 1,2564 kg = 0,1436 kg

Im Krug befinden sich also 1,2564 kg Wasser mit 0 °C und 143,6 g Eis mit 0 °C!

Beim Formulieren von Energiebilanzen mit Phasenübergängen ist immer sorgfältig auf die Vollständigkeit oder Unvollständigkeit des Phasenübergangs zu achten!

**Aufgabe 6.4-3:** Phasenübergang im Thermosbehälter
In einem Thermosbehälter mit einem Fassungsvermögen von einem Liter werde ein Eiswürfel von 1,5 cm Kantenlänge (Dichte Eis 902 kg/m³) und einer Temperatur von –1 °C gelegt. Wenn der Behälter geschlossen wird, sei der Rest des Behälters mit Umgebungsluft (Gaskonstante 287 Nm/(kg K) von 20 °C und 1 bar gefüllt. Für Eis ist die mittlere spezifische

Wärmekapazität von 2,04 kJ/(kg K), für Wasser ein Wert von 4,19 kJ/(kg K) anzunehmen. Die Schmelzenthalpie des Eises betrage 333,5 kJ/kg.

a) Welche Temperatur stellt sich im Inneren des Behälters ein, wenn der Behälter zunächst als ideal isoliert betrachtet wird und keine Wärme aus der Umgebung aufnimmt?
b) Wie viel Prozent Vakuum entstehen dann im Behälter?
c) Nach wie vielen Stunden herrscht im Behälter vollständig die Umgebungstemperatur von 20 °C, wenn die gesamte Zeit über ein konstanter Wärmestrom von 15 mW von der Umgebung ins Behälterinnere fließt?

Gegeben:

Eis: $\rho_E = 902 \text{ kg/m}^3$ $\quad V_E = (1{,}5 \text{ cm})^3 = 3{,}375 \text{ cm}^3$

$\bar{c}_E = 2{,}04 \text{ kJ/(kg K)}$

$\sigma_E = 333{,}5 \text{ kJ/kg}$ $\quad t_E = -1\,°\text{C}$

Luft: $V_L = 996{,}625 \text{ ml}$ $\quad p = 1 \text{ bar}$ $\quad T = 293{,}15 \text{ K}$ $\quad R_L = 287 \text{ Nm/(kg K)}$

Vorüberlegungen:

Nach Verschließen des Behälters teilt sich das Fassungsvermögen auf in das Volumen Eis und das Volumen der eingeschlossenen Luft.

Bei $t_0 = 0\,°\text{C}$ findet ein Phasenübergang statt. In Abhängigkeit vom Energiepotential der eingeschlossenen Luft ist für den Fall einer idealen Wärmeisolierung im Aufgabenteil a) zu überprüfen, ob der Phasenübergang vollständig oder unvollständig erfolgt.

**Lösung:**

a) Gleichgewichtstemperatur bei adiabater Umhüllung aus Energie zum Schmelzen des Eises

$$Q_E = m_E(\bar{c}_E(t_0 - t_E) + \sigma_E) \qquad \text{mit } m_E = \rho_E \cdot V_E = 902 \text{ kg/m}^3 \cdot 3{,}375 \cdot 10^{-6} \text{ m}^3 = 3{,}04425 \text{ g}$$

$$Q_E = 3{,}04425 \cdot 10^{-3} \text{kg} \cdot (2{,}04 \frac{\text{kJ}}{\text{kg K}} \cdot 1 \text{ K} + 333{,}5 \frac{\text{kJ}}{\text{kg}}) = 0{,}0062103 \text{ kJ} + 1{,}0152574 = 1{,}0214677 \text{ kJ}$$

Energie zur Abkühlung der Luft auf 0 °C:

$$m_L = \frac{p \cdot V_L}{R_L \cdot T} = \frac{1 \cdot 10^5 \text{ N/m}^2 \cdot 996{,}625 \cdot 10^{-6} \text{ m}^3}{287 \text{ Nm/(kg K)} \cdot 293{,}15 \text{ K}} = 1{,}185 \text{ g}$$

$$c_{V,L} = \frac{1}{\kappa - 1} R_L = \frac{1}{0{,}4} \cdot 287 \frac{\text{J}}{\text{kg K}} = 717{,}5 \frac{\text{J}}{\text{kg K}}$$

$$Q_L = m_L \cdot c_{V,L}(t_L - t_0) = \frac{1{,}185 \text{ kg}}{1000} \cdot 717{,}5 \frac{\text{J}}{\text{kg K}} \cdot 20 \text{ K} = 17{,}00475 \text{ J}$$

Wegen $Q_E > Q_L$ schmilzt das Eis durch Abkühlung der eingeschlossenen Luft nicht vollständig, so dass im Gefäß bei idealer Wärmeisolierung 0 °C herrschen.

b) Berechnung des Vakuums gemäß Definitionsformel (1-7)

$$p = \frac{m_L R_L T}{V_L} = \frac{1{,}185 \cdot 10^{-3}\ \text{kg} \cdot 287\ \text{J/(kg K)} \cdot 273{,}15\ \text{K}}{996{,}625 \cdot 10^{-6}\ \text{m}^3} = 93{,}21\ \text{kPa} = 0{,}9321\ \text{bar}$$

$$Va = \frac{\Delta p}{p} = \frac{(1 - 0{,}9321)\ \text{bar}}{1\ \text{bar}} = \underline{\underline{0{,}0679}} \quad \text{ca. 6,8 \% Vakuum!}$$

c) Wärme für den vollständigen Temperaturausgleich im Thermosgefäß entspricht der Wärme zur Umwandlung von Eis bei –1 °C zu Wasser von +20 °C

$$Q = m_E(c_E(t_0 - t_E) + \sigma_E + c_W(t_L - t_0))$$

$$Q = 1{,}0214677\ \text{kJ} + 3{,}04425 \cdot 10^{-3}\ \text{kg} \cdot 4{,}19 \frac{\text{kJ}}{\text{kg K}} \cdot 20\ \text{K} = 1{,}2765759\ \text{kJ}$$

$$\tau = \frac{Q}{\dot{Q}} = \frac{1276{,}5759\ \text{Ws}}{0{,}015\ \text{W}} = 85.105{,}06\ \text{s}$$ mit 1 h = 3.600 s folgt die Zahl der Stunden mit

$$\tau = 85.105{,}06\ \text{s} : 3.600\ \text{s/h} = \underline{\underline{23{,}64\ \text{h}}}$$

Nach einem Tag hat sich bei konstantem Wärmestrom der Inhalt des Thermosbehälters auf Umgebungstemperatur erwärmt. Tatsächlich wird der Wärmestrom mit zunehmender Verringerung des Temperaturgradienten auch kleiner, so dass der vollständige Temperaturausgleich etwas länger als knapp einen Tag dauern wird.

## 6.5 Verstehen durch Üben: Verdampfung und Kondensation

**Aufgabe 6.5-1:** Berechnung des Dampfdrucks für Wasser bei einer bestimmten Temperatur

Ermitteln Sie den Dampfdruck für Wasser in bar bei einer Temperatur von 184,07 °C

a) durch geschlossene Integration der Clausius-Clapeyronschen Gleichung $\frac{\mathrm{d}p}{\mathrm{d}T} = \frac{r(p_s)}{T_s \cdot (v'' - v')}$

b) mit Hilfe der Gleichung (6-3)

c) mit Hilfe der Wasserdampftafel IAPWS-IF 97 im Anhang des Buches!

Gegeben:

$T_s = 457{,}22\ \text{K}$

Vorüberlegungen:

Die geschlossene Integration der Clausius-Clapeyronschen Gleichung gelingt mit folgenden Voraussetzungen:

1. $v' \ll v''$ (ist vor allem bei niedrigen Drücken erfüllt)
2. $p \cdot v'' = R_i \cdot T$ (trocken gesättigter Dampf wird wie ideales Gas behandelt)
3. $r \neq r(p)$ (Verdampfungsenthalpie sei keine Funktion des Drucks)

   Für die praktische Bestimmung werden wir von den Werten aus der Wasserdampftafel bei der gegebenen Sättigungstemperatur ausgehen.

Zur Anwendung der Gleichung (6-3) greifen wir auf die gegebenen Größen in Tabelle 6-1 zurück.

Für den kritischen Punkt bei Wasser gemäß Wasserdampftafel im Anhang des Buches anzusetzen: $p_k = 220{,}64$ bar, $t_k = 373{,}946$ °C ($T_k = 647{,}096$ K).

**Lösung:**

a) Clausius-Clapeyronsche Gleichung mit den Vereinfachungen aus den Vorüberlegungen

$$\frac{\mathrm{d}p}{\mathrm{d}T} = \frac{r(p)}{T\cdot(v''-v')} \quad\rightarrow\quad \frac{\mathrm{d}p}{\mathrm{d}T} = \frac{r(p)}{T\cdot v''} \quad\rightarrow\quad \frac{\mathrm{d}p}{\mathrm{d}T} = \frac{r(p)\cdot p}{T\cdot R_{H_2O}\cdot T_s} = \frac{r(p)\cdot p}{R_{H_2O}\cdot T^2}$$

$$\int_{p_k}^{p_s}\frac{\mathrm{d}p}{p} = \frac{r}{R_{H_2O}}\int_{T_k}^{T_s}\frac{dT}{T^2} \quad\rightarrow\quad \ln\frac{p_s}{p_k} = \frac{r}{R_{H_2O}}\cdot\left(\frac{1}{T_k}-\frac{1}{T_s}\right) \quad\rightarrow\quad p_s(T_s) = p_k\cdot e^{\frac{r}{R_{H_2O}}\left(\frac{1}{T_k}-\frac{1}{T_s}\right)}$$

$r$(184,07 °C) müsste nach Tabelle 9-15 zwischen den Temperaturstützstellen 180 °C und 190 °C linear interpoliert werden. Genauere Werte liefert ein Blick in Tabelle 9-16. Dort ist dem Sättigungsdruck von 11 bar eine Sättigungstemperatur von 184,07 °C zugeordnet. Dies ist zunächst auch schon die Lösung für Teilaufgabe c). Im Hinblick auf die benötigte Verdampfungsenthalpie verwenden wir zur Berechnung von $r$(184,07 °C) auch die Werte aus Tabelle 9-16:

$$r(184{,}07\text{ °C}) = (h''-h')_{184{,}07\text{ °C}} = (2780{,}67-781{,}198)\text{ kJ/kg} = 1999{,}472\text{ kJ/kg}$$

Gaskonstante Wasser mit gerundeter Molekülmasse für Wasser:

$$R_{H_2O} = \frac{R_m}{M_{H_2O}} = \frac{8{,}3144621\text{ kJ/(kmol K)}}{18\text{ kg/kmol}} = 0{,}4619146\,\frac{\text{kJ}}{\text{kg K}}$$

Aus Gründen der Übersichtlichkeit ist es sinnvoll, in einem Zwischenschritt den Exponenten für die $e$-Funktion zu berechnen und zu prüfen, ob dieser dimensionslos ist.

$$p_s(T_s) = p_k\cdot e^{f(T_s)} \qquad f(T_s) = \frac{r}{R_{H_2O}}\cdot\left(\frac{1}{T_k}-\frac{1}{T_s}\right)$$

$$f(T_s) = \frac{1999{,}472\,\text{kJ/kg}}{0{,}4619146\,\text{kJ/(kg K)}}\cdot\left(\frac{1}{647{,}096\,\text{K}}-\frac{1}{457{,}22\,\text{K}}\right) = -2{,}777981455$$

$$p_s(184{,}07\,\text{°C}) = 220{,}64\,\text{bar}\cdot e^{-2{,}777981455} = \underline{\underline{13{,}716\,\text{bar}}}$$

b) Dampfdruckgleichung (6-3) für Wasser gemäß Tabelle 6-1

$$T_r = \frac{T_s}{T_k} = \frac{457{,}22\,\text{K}}{647{,}096\,\text{K}} = 0{,}706572131 \qquad (1-T_r) = 0{,}293427868$$

$$\ln\frac{p_s}{p_k} = \frac{1}{T_r}\cdot\left(a_1(1-T_r)^{n_1} + a_2(1-T_r)^{n_2} + a_3(1-T_r)^{n_3} + a_4(1-T_r)^{n_4} + a_5(1-T_r)^{n_5} + a_6(1-T_r)^{n_6}\right)$$

Mit den Werten aus Tabelle 6-1 ergibt sich nach Einsetzen und Summation:

$$\ln\frac{p_s}{p_k} = \frac{1}{0{,}706572131}\cdot(-2{,}118622312) = -2{,}998451565$$

$$p_s(184{,}07\,°\text{C}) = p_k \cdot e^{-2{,}998451565} = 220{,}64\,\text{bar}\cdot 0{,}04986422 = \underline{\underline{11{,}002\,\text{bar}}}$$

Durch den Rückgriff auf die Wasserdampftafel für Teilaufgabe a) wissen wir, dass dieser berechnete Wert schon sehr genau ist.

c) Dampfdruck durch Interpolation der Werte in Tabelle 9-15

Formal würde man eine lineare Interpolation des Dampfdrucks zwischen den Temperaturen 180 °C und 190 °C ansetzen. So würde folgen:

$$p_s(t_s = 184{,}07\,°\text{C}) = 10{,}0263\,\text{bar} + \frac{4{,}07\,\text{K}}{10\,\text{K}}(12{,}5502 - 10{,}0263)\,\text{bar} = \underline{\underline{11{,}054\,\text{bar}}}$$

Dieses Ergebnis kann auch als Anschauungsbeispiel für den Genauigkeitsverlust (Verlust signifikanter Stellen) bei der linearen Interpolation der Tafelwerte interpretiert werden.

**Aufgabe 6.5-2:** Verdampfungsenthalpie in Abhängigkeit vom Druck

Zu untersuchen ist die vollständige isobare Verdampfung von jeweils 1 kg siedenden Wassers bei 1 bar und bei 10 bar.

a) Welches Volumen in $\text{cm}^3$ nehmen das siedende Wasser und der trocken gesättigte Dampf für die beiden gegebenen Drücke ein?
b) Welche Temperatur in °C herrscht jeweils nach erfolgter vollständiger Verdampfung?
c) Berechnen Sie für beide Drücke die innere und äußere Verdampfungsenthalpie!
d) In welcher Zeit (Minuten) erfolgt die Verdampfung bei 1 bar, wenn eine Heizleistung von 2 kW zur Verfügung steht und dabei keine Verluste entstehen?
e) Wie viele kWh sind bei verlustloser Umwandlung einzusetzen, wenn aus 1 kg Wasser von 8 °C Dampf von 400 °C bei konstantem Druck von 1 bar entstehen soll und welches Volumen nimmt der Dampf dann ein?

Gegeben:

$p_1 = 1\,\text{bar}$ $\quad p_2 = 10\,\text{bar}$ $\quad m = 1\,\text{kg}$ $\quad \dot{Q} = 2\ \text{kW}$

$t_W = 8\,°\text{C}$ $\quad t_D = 400\,°\text{C}$

Vorüberlegungen:

Für die Untersuchung sind folgende Werte aus den Wasserdampftafeln zu entnehmen:

Tabelle 9-16 (Druck $p$ ist Führungsgröße)

| $p_1 = 1$ bar $\quad t_s(1\text{ bar}) = 99{,}6059$ °C | $p_2 = 10$ bar $\quad t_s(10\text{ bar}) = 179{,}886$ °C |
|---|---|
| $v' = 0{,}00104315\ \text{m}^3/\text{kg}$ | $v' = 0{,}00112723\ \text{m}^3/\text{kg}$ |
| $v'' = 1{,}69402\ \text{m}^3/\text{kg}$ | $v'' = 0{,}194349\ \text{m}^3/\text{kg}$ |
| $h' = 417{,}436\,\text{kJ/kg}$ | $h' = 762{,}683\,\text{kJ/kg}$ |
| $h'' = 2674{,}95\,\text{kJ/kg}$ | $h'' = 2777{,}12\,\text{kJ/kg}$ |

Tabelle 9-17 (überhitzter Dampf, weil $t_D = 400°C > t_s(1\,\text{bar}) = 99{,}6059°C$)

$p_1 = 1\,\text{bar}$ und $t_D = 400\,°C$: $\qquad h_ü = 3278{,}54\,\frac{\text{kJ}}{\text{kg}} \qquad v_ü = 3{,}10272\,\frac{\text{m}^3}{\text{kg}}$

**Lösung:**

a) Volumina vor der Verdampfung der siedenden Flüssigkeit $m = m'$ und $V' = m \cdot v'$

$$V'(1\,\text{bar}) = 1\,\text{kg} \cdot 0{,}00104315\,\frac{\text{m}^3}{\text{kg}} = \underline{\underline{1.043{,}15\,\text{cm}^3}}$$

$$V'(10\,\text{bar}) = 1\,\text{kg} \cdot 0{,}00112723\,\frac{\text{m}^3}{\text{kg}} = \underline{\underline{1.127{,}23\,\text{cm}^3}}$$

Volumina des trocken gesättigten Dampfes $m = m''$ und $V'' = m \cdot v''$

$$V''(1\,\text{bar}) = 1\,\text{kg} \cdot 1{,}69402\,\frac{\text{m}^3}{\text{kg}} = \underline{\underline{1.694.020\,\text{cm}^3}}$$

$$V''(10\,\text{bar}) = 1\,\text{kg} \cdot 0{,}194349\,\frac{\text{m}^3}{\text{kg}} = 0{,}194349\,\text{m}^3 \cdot \frac{10^6\,\text{cm}^3}{1\,\text{m}^3} = \underline{\underline{194.349\,\text{cm}^3}}$$

b) Die Verdampfung erfolgt jeweils bei Siedetemperatur, die auch noch der trocken gesättigte Dampf besitzt.

$p_1 = 1\,\text{bar} \qquad t_s(1\,\text{bar}) = 99{,}6059\,°C$

$p_2 = 10\,\text{bar} \qquad t_s(10\,\text{bar}) = 179{,}886\,°C$

c) Berechnung der Verdampfungsenthalpien

Verdampfungsenthalpie gesamt $\qquad r(p) = h'' - h'$

äußere Verdampfungsenthalpie $\qquad \psi_V(p) = p(v'' - v')$

innere Verdampfungsenthalpie $\qquad \varphi_V = u'' - u' = (h'' - h') - p(v'' - v') = r - \psi_V$

$$r(1\,\text{bar}) = (2.674{,}95 - 417{,}436)\,\text{kJ/kg} = \underline{\underline{2.257{,}514\,\text{kJ/kg}}}$$

$$\psi_V(1\,\text{bar}) = 10^2\,\text{kN/m}^2 \cdot (1{,}69402 - 0{,}00104315)\,\text{m}^3/\text{kg} = \underline{\underline{169{,}298\,\text{kJ/kg}}}$$

$$\varphi_V(1\,\text{bar}) = (2.257{,}514 - 169{,}298)\,\text{kJ/kg} = \underline{\underline{2.088{,}216\,\text{kJ/kg}}}$$

$$r(10\,\text{bar}) = (2.777{,}12 - 762{,}683)\,\text{kJ/kg} = \underline{\underline{2.014{,}437\,\text{kJ/kg}}}$$

$$\psi_V(10\,\text{bar}) = 10^3\,\text{kN/m}^2 \cdot (0{,}194349 - 0{,}00112723)\,\text{m}^3/\text{kg} = \underline{\underline{193{,}222\,\text{kJ/kg}}}$$

$$\varphi_V(10\,\text{bar}) = (2.014{,}437 - 193{,}222)\,\text{kJ/kg} = \underline{\underline{1.821{,}13\,\text{kJ/kg}}}$$

Die Verdampfungsenthalpie $r$ als Summe von innerer und äußerer Verdampfungsenthalpie sinkt mit zunehmendem Druck. Auf den ersten Blick erscheint dieser Befund widersprüchlich, da man mit höherem Druck auch einen größeren Anteil Volumenänderungsarbeit gegen den Umgebungsdruck erwartet. In der Tat können Sie an den hier erhaltenen Ergebnissen für die äußere Verdampfungsenthalpie nachvollziehen, dass dieser Anteil bei steigendem Druck entsprechend höher ist. Mit wachsendem Druck nimmt allerdings gleichzeitig die innere Verdampfungsenthalpie in hohem Maße ab, so dass sich in der Gesamttendenz sinkende Werte ergeben. In Wärmekraftwerken bemüht man sich deshalb zur Steigerung der Energieeffizienz bei möglichst hohem Druck zu verdampfen. Steigert man den Druck über den kritischen Druck hinaus entfällt die Verdampfungsenthalpie als aufzubringende Energie für die Dampferzeugung vollständig.

d) für die vollständige Verdampfung benötigte Zeit

$$\tau = \frac{Q}{\dot{Q}} = \frac{m \cdot (h'' - h')}{\dot{Q}} = \frac{m \cdot r}{\dot{Q}} = \frac{1\,\text{kg} \cdot 2.257{,}514\,\text{kWs/kg}}{2\,\text{kW}} = 1.128{,}757\,\text{s} = \underline{\underline{18{,}81\,\text{min}}}$$

Für das Verdampfen einer Flüssigkeit wird mehr Energie benötigt als für das Schmelzen und als für das Erhitzen bis Siedetemperatur. Vergleichen Sie dazu die Schmelzenthalpie Wasser und die für das Erhitzen bis Siedetemperatur benötigte Wärme von Wasser in Aufgabe 4-5.

e) Die Energie für die Umwandlung von Wasser in Dampf setzt sich hier zusammen aus der benötigten Wärme zur Erhitzung bis Siedetemperatur + Verdampfungsenthalpie + Überhitzung des Dampfes.

$$Q = m \cdot [\bar{c}_W \cdot (t_S - t_W) + r(p) + (h_ü - h'')]_{1\text{bar}}$$

$$Q = 1\,\text{kg} \cdot [4{,}19 \frac{\text{kJ}}{\text{kg K}} \cdot 91{,}606\,\text{K} + 2.257{,}514 \frac{\text{kJ}}{\text{kg}} + (3278{,}54 - 2674{,}95) \frac{\text{kJ}}{\text{kg}}]$$

$$Q = 2 \cdot (383{,}829\ \text{kJ} + 2.257{,}514\ \text{kJ} + 603{,}59\ \text{kJ} = 6.489{,}866\,\text{kWs} \cdot \frac{1\,\text{h}}{3600\,\text{s}} = \underline{\underline{1{,}803\,\text{kWh}}}$$

Da Masse und Druck während des gesamten Prozesses konstant bleiben, kann man die benötigte Wärme auch aus der Differenz der Enthalpien im Endzustand (überhitzter Dampf bei 400 °C) und Anfangszustand (Enthalpie des Wassers bei 8 °C) ermitteln. Dann folgt:

$$Q = m \cdot [h_ü - h_W] = m \cdot [h_ü - \bar{c}_W \cdot (t_W - 0\,°\text{C})]$$

$$Q = 1\,\text{kg} \cdot [3278{,}54\ \text{kJ/kg} - 4{,}19\ \text{kJ/(kg K)} \cdot 8\,\text{K}] = 3245{,}02\ \text{kJ} = \underline{\underline{0{,}9014\ \text{kWh}}}$$

In dieser Rechnung haben wir Ungenauigkeiten in der Differenzbildung bei der Enthalpie des siedenden Wassers ausgeschlossen. In die erste Rechnung geht für die Enthalpie des siedenden Wassers den Wert der Wasserdampftafel von 417,436 kJ/kg ein, andererseits haben wir aber als Endzustand des Teilprozesses Erwärmung Wasser bis Siedetemperatur gerechnet:
$h' = \bar{c}_W (t_S(p) - 0\,°\text{C}) = 4{,}19\ \text{kJ/(kg K)} \cdot 99{,}6059\ \text{K} = 417{,}34872\ \text{kJ/kg}$
Die Abweichungen ergeben sich aus den Unsicherheiten bei der Festlegung der mittleren spezifischen Wärmekapazität des Wassers, der Wert 4,19 kJ/(kg K) ist nur ein gerundeter Wert.

**Aufgabe 6.5-3:** Nassdampf bei Wärmezufuhr und Wärmeabfuhr
Bestimmen Sie für die nachfolgend aufgeführten Prozesse jeweils das Volumen in Litern und die Temperatur in °C im Endzustand!

a) 1 kg Nassdampf mit einem Anteil von 80 % flüssigen Wassers wird isobar bei 10 MPa eine Wärme von 826 kJ/kg zugeführt!
b) 1 kg Nassdampf mit einem Anteil von 80 % flüssigen Wassers wird isobar bei 10 MPa eine Wärme von 1422 kJ/kg zugeführt!

c) 2 m³ Nassdampf mit 95 % Dampfanteil wird bei 8 MPa isobar 6.000 kJ Wärme entzogen!
d) 2 m³ Nassdampf mit 95 % Dampfanteil wird bei 8 MPa isobar 160 MJ Wärme entzogen!

Allgemeine Hinweise:
Verwenden Sie zur Kennzeichnung des Anfangszustandes den Index „*A*" und für den Endzustand den Index „*E*". Üben Sie das Aufsuchen von Werten in der Wasserdampftafel, die in den Tabellen 9-15 bis 9-17 auszugsweise wiedergegeben sind.
Sowohl für die isobare Wärmezufuhr als auch für den isobaren Wärmeentzug ist immer entsprechend zu prüfen, ob bei Wärmezufuhr die Taulinie als Grenze zwischen Nassdampfgebiet (Zweiphasengebiet) und dem Gebiet des überhitzten Dampfes (Einphasengebiet) oder bei Wärmeentzug die Siedelinie als Grenze zwischen Nassdampfgebiet und dem Gebiet Flüssigkeit (Einphasengebiet) überschritten wird.

**Lösung:**
**Isobare Wärmezufuhr im Zweiphasengebiet für $p = 100$ bar und $m = 1$ kg**

a) gegeben: $q_{zu} = 826$ kJ/kg $\quad x_A = 0{,}2$

(80 % flüssiges Wasser im Dampf bedeuten nach Definitionsgleichung (6-5a) 20 % Dampfanteil!)

$$q_{zu} = h_E - h_A \quad \text{und damit} \quad h_E = h_A + q_{zu}$$

$$h_A = h'(100\,\text{bar}) + x_A (h'' - h')_{100\,\text{bar}}$$

$$h_A = 1407{,}87\,\frac{\text{kJ}}{\text{kg}} + 0{,}2(2725{,}47 - 1407{,}87)\,\frac{\text{kJ}}{\text{kg}} = 1671{,}39\,\frac{\text{kJ}}{\text{kg}} \qquad \text{(Tabelle 9-16)}$$

$$h_E = h_A + q_{zu} = 1671{,}39\,\frac{\text{kJ}}{\text{kg}} + 826\,\frac{\text{kJ}}{\text{kg}} = 2497{,}39\,\frac{\text{kJ}}{\text{kg}}$$

$h_E < h''(100\,\text{bar}) \;\rightarrow$ Endzustand liegt im Nassdampfgebiet mit $\underline{\underline{t_E = t_s(100\,\text{bar}) \approx 311\,°\text{C}}}$

Für die Bestimmung des Volumens im Endzustand wird der Dampfanteil $x_E$ im Endzustand benötigt, den wir aus der Bedingung $h_E = h_x(100\,\text{bar}) = h' + x_E(h'' - h')_{100\,\text{bar}}$ gewinnen:

$$x_E = \frac{h_E - h'(100\,\text{bar})}{(h'' - h')_{100\,\text{bar}}} = \frac{(2504{,}39 - 1407{,}87)\,\text{kJ/kg}}{(2725{,}47 - 1407{,}87)\,\text{kJ/kg}} = 0{,}8322 \qquad \text{(Tabelle 9-16)}$$

$$V_E = m \cdot v_E = m \cdot \left[v'(100\,\text{bar}) + x_E(v'' - v')_{100\,\text{bar}}\right]$$

$$V_E = 1\,\text{kg} \cdot [0{,}00145262 + 0{,}8322(0{,}0180336 - 0{,}00145262)]\,\frac{\text{m}^3}{\text{kg}} = \underline{\underline{15{,}25\,\ell}} \qquad \text{(Tabelle 9-16)}$$

b) gegeben: $q_{zu} = 1422$ kJ/kg $\quad x_A = 0{,}2$

$$h_E = h_A + q_{zu} = 1671{,}39\,\frac{\text{kJ}}{\text{kg}} + 1422\,\frac{\text{kJ}}{\text{kg}} = 3093{,}39\,\frac{\text{kJ}}{\text{kg}}$$

$h_E > h''(100\,\text{bar}) \;\rightarrow$ Endzustand liegt im Gebiet überhitzter Dampf

Temperatur und spezifisches Volumen müssen aus den Werten für $p = 100$ bar in Tabelle 9-17 (in der Regel durch Interpolation) bestimmt werden. In diesem Beispiel entfällt die Interpolation, denn bei Inkaufnahme eines minimalen Rundungsfehlers ist

$t = 400\ °\text{C}$: $h = 3097{,}38$ kJ/kg und damit $\underline{\underline{t_E = 400\ °\text{C}}}$ und $v_E = 0{,}0264393\ \text{m}^3/\text{kg}$

$$V_E = m \cdot v_E = 1\ \text{kg} \cdot 0{,}0264393\ \text{m}^3/\text{kg} \approx \underline{\underline{26{,}44\ \ell}}$$

Bei isobarer Wärmezufuhr nimmt der Dampfanteil im Nassdampf solange zu, bis die gesamte Masse in trocken gesättigten Dampf umgewandelt wurde. Bei fortgesetzter Wärmezufuhr überhitzt der Dampf. Das Volumen nimmt bei Wärmezufuhr stetig zu, besonders rasant ist die Volumenzunahme bei Überhitzung.

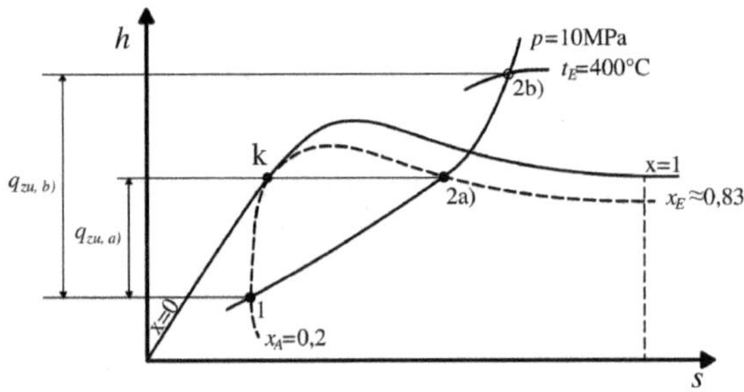


**Abb. 6-3:** Zustandsänderungen für Aufgabenteil a) und b) im Mollier *h,s*-Diagramm.

**Isobarer Wärmeentzug im Zweiphasengebiet für $p = 80$ bar und $x_A = 0{,}95$**

c) gegeben: $Q_{ab} = 6000\ \text{kJ}$ | $V = 2\ \text{m}^3$

Um bequem mit massespezifischen Größen arbeiten zu können, muss zunächst die Masse des Nassdampfes bestimmt werden.

$$m = \rho_x \cdot V = \frac{V}{v_x} = \frac{V}{v'(80\ \text{bar}) + x_A\,(v'' - v')_{80\ \text{bar}}}$$

$$m = \frac{2\ \text{m}^3}{0{,}00138466\ \text{m}^3/\text{kg} + 0{,}95 \cdot (0{,}0235275 - 0{,}00138466)\ \text{m}^3/\text{kg}} = 89{,}2\ \text{kg}$$

$$|\,q_{ab}\,| = \frac{|\,Q_{ab}\,|}{m} = \frac{6000\ \text{kJ}}{89{,}2\ \text{kg}} = 67{,}2646\,\frac{\text{kJ}}{\text{kg}}$$

$$h_A = h'(80\ \text{bar}) + x_A\,(h'' - h')_{80\ \text{bar}}$$

$$h_A = 1317{,}08\,\frac{\text{kJ}}{\text{kg}} + 0{,}95(2758{,}61 - 1317{,}08)\,\frac{\text{kJ}}{\text{kg}} = 2686{,}53\,\frac{\text{kJ}}{\text{kg}}$$

$$h_E = h_A - |\,q_{ab}\,| = 2686{,}53\,\frac{\text{kJ}}{\text{kg}} - 67{,}2646\,\frac{\text{kJ}}{\text{kg}} = 2619{,}27\,\frac{\text{kJ}}{\text{kg}}$$

$h_E > h'(80\ \text{bar})$ $\rightarrow$ Endzustand liegt im Nassdampfgebiet mit $\underline{\underline{t_E = t_s(80\ \text{bar}) \approx 295\ °\text{C}}}$

Für die Bestimmung des Volumens im Endzustand wird der Dampfanteil $x_E$ im Endzustand benötigt, den wir aus der Bedingung $h_E = h_x(80\,\text{bar}) = h'(80\,\text{bar}) + x_E(h'' - h')_{80\,\text{bar}}$ gewinnen:

$$x_E = \frac{h_E - h'(80\,\text{bar})}{(h'' - h')_{80\,\text{bar}}} = \frac{(2619{,}27 - 1317{,}08)\,\text{kJ/kg}}{(2758{,}61 - 1317{,}08)\,\text{kJ/kg}} = 0{,}9033$$

Der Wärmeentzug bewirkt eine Abnahme des Dampfanteils.

$$V_E = m \cdot v_E = m \cdot \left[v'(80\,\text{bar}) + x_E(v'' - v')_{80\,\text{bar}}\right]$$

$$V_E = 89{,}2\,\text{kg} \cdot \left[0{,}00138466\,\frac{\text{m}^3}{\text{kg}} + 0{,}9033 \cdot \left(0{,}0235275\,\frac{\text{m}^3}{\text{kg}} - 0{,}00138466\,\frac{\text{m}^3}{\text{kg}}\right)\right] = \underline{\underline{1{,}908\,\text{m}^3}}$$

Das Volumen des Nassdampfes hat sich um etwa 4,6 % verringert.

d) gegeben: $Q_{ab} = 160.000\,\text{kJ}$ $V = 2\,\text{m}^3$

Die Masse des Nassdampfes und die Enthalpie im Anfangszustand übernehmen wir aus Aufgabe c).

$$|q_{ab}| = \frac{|Q_{ab}|}{m} = \frac{160.000\,\text{kJ}}{89{,}2\,\text{kg}} = 1793{,}72\,\frac{\text{kJ}}{\text{kg}}$$

$$h_E = h_A - |q_{ab}| = 2686{,}53\,\frac{\text{kJ}}{\text{kg}} - 1793{,}72\,\frac{\text{kJ}}{\text{kg}} = 892{,}81\,\frac{\text{kJ}}{\text{kg}}$$

$h_E < h'(80\,\text{bar})$ $\rightarrow$ Endzustand liegt im Einphasengebiet Flüssigkeit bei 80 bar!

Für die Bestimmung der Temperatur und des spezifischen Volumens sind die Werte in Tabelle 9-17 für eine entsprechende lineare Interpolation zu verwenden ($h_E$ = 892,81 kJ/kg liegt bei 80 bar zwischen 200 °C und 250 °C).

$$t_E = 200\,°\text{C} + \frac{(892{,}81 - 855{,}061)\,\text{kJ/kg}}{(1085{,}66 - 855{,}061)\,\text{kJ/kg}} \cdot (250\,°\text{C} - 200\,°\text{C}) = \underline{\underline{208{,}18\,°\text{C}}}$$

$$v_E(80\,\text{bar}; 208{,}18\,°\text{C}) =$$

$$0{,}0011501\,\frac{\text{m}^3}{\text{kg}} + \frac{(892{,}81 - 855{,}061)\,\text{kJ/kg}}{(1085{,}66 - 855{,}061)\,\text{kJ/kg}}(0{,}00124475 - 0{,}0011501)\,\frac{\text{m}^3}{\text{kg}} = 0{,}001165564\,\frac{\text{m}^3}{\text{kg}}$$

$$V_E = m \cdot v_E = 89{,}2\,\text{kg} \cdot 0{,}001165564\,\text{m}^3/\text{kg} \approx \underline{\underline{103{,}97\,\ell}}$$

**Aufgabe 6.5-4:** Isochore Zustandsänderungen mit Dampf

Ein fester Behälter, dessen Temperaturausdehnung vernachlässigt werden soll, sei jeweils vollständig gefüllt mit 2 kg eines Fluides unter einem gegebenen Druck $p_1$. Über eine innen liegende elektrische Heizwendel werde Wärme zugeführt, so dass der Druck im Behälter auf $p_2$ steigt. Untersuchen Sie für die nachfolgenden Konstellationen welche Wärme in kWh für den jeweiligen Drucksprung zuzuführen ist und welche Temperatur in °C dann das Fluid besitzt!

a) Nassdampf 1 bar und x = 0,2 auf 5 bar
b) Nassdampf 215 bar und x = 0,2 auf 220 bar
c) Überhitzter Dampf 50 bar, 400 °C auf 80 bar

Gegeben:
$m = 2$ kg   Stoffwerte und Vorüberlegungen werden für jede Teilaufgabe neu bestimmt!

**Lösung:**
a) isochore Druckerhöhung von Nassdampf mit $x = 0{,}2$
Tabelle 9-16 für $p = 1$ bar:

$v' = 0{,}00104315\ \text{m}^3/\text{kg}$   $h' = 417{,}436\ \text{kJ/kg}$   $u' = h' - p \cdot v' = 417{,}332\ \text{kJ/kg}$
$v'' = 1{,}69402\ \text{m}^3/\text{kg}$   $h'' = 2674{,}95\ \text{kJ/kg}$   $u'' = h'' - p \cdot v'' = 2505{,}55\ \text{kJ/kg}$

Tabelle 9-16 für $p = 5$ bar:

$v' = 0{,}00109256\ \text{m}^3/\text{kg}$   $h' = 640{,}185\ \text{kJ/kg}$   $u' = h' - p \cdot v' = 639{,}639\ \text{kJ/kg}$
$v'' = 0{,}374804\ \text{m}^3/\text{kg}$   $h'' = 2748{,}11\ \text{kJ/kg}$   $u'' = h'' - p \cdot v'' = 2560{,}71\ \text{kJ/kg}$
$Q = m \cdot (u_2 - u_1) = U_2 - U_1$

Bei $U_2$ ergibt sich der Dampfanteil $x_2$ aus der Bedingung $v(p_1) = v(p_2)$:

$$x_2 = \frac{v_1' - v_2'}{v_2'' - v_2'} + x_1 \frac{v_1'' - v_1'}{v_2'' - v_2'}$$

$$x_2 = \frac{(0{,}00104315 - 0{,}00109256)\ \text{m}^3/\text{kg}}{(0{,}374804 - 0{,}00109256)\ \text{m}^3/\text{kg}} + 0{,}2 \cdot \frac{(1{,}69402 - 0{,}00104315)\ \text{m}^3/\text{kg}}{(0{,}374804 - 0{,}00109256)\ \text{m}^3/\text{kg}} = 0{,}905902$$

Es ist plausibel, dass der Dampf bei isochorer Wärmezufuhr trockener wird, da entsprechend viel siedende Flüssigkeit verdampft.

$$U_2 = 2\ \text{kg} \cdot [639{,}639 + 0{,}905902(2560{,}71 - 639{,}639)]\ \text{kJ/kg} = 4759{,}88\ \text{kJ}$$
$$U_1 = 2\ \text{kg} \cdot [417{,}332 + 0{,}2(2505{,}55 - 417{,}332)]\ \text{kJ/kg} = 1669{,}95\ \text{kJ}$$
$$Q = U_2 - U_1 = (4759{,}88 - 1669{,}95)\ \text{kJ} = 3089{,}93\ \text{kJ} \approx \underline{\underline{0{,}8513\ \text{kWh}}}$$

Die Temperatur des Nassdampfes entspricht der Siedetemperatur $\underline{\underline{t_s(5\ \text{bar}) = 151{,}836\ °\text{C}}}$

b) isochore Druckerhöhung von Nassdampf mit $x = 0{,}2$ und $v_x < v_k = 0{,}00310559\ \text{m}^3/\text{kg}$
Tabelle 9-16 für $p = 215$ bar:
$v' = 0{,}002360016\ \text{m}^3/\text{kg}$   $h' = 1932{,}81\ \text{kJ/kg}$   $u' = h' - p \cdot v' = 1882{,}07\ \text{kJ/kg}$
$v'' = 0{,}00446300\ \text{m}^3/\text{kg}$   $h'' = 2282{,}18\ \text{kJ/kg}$   $u'' = h'' - p \cdot v'' = 2186{,}22\ \text{kJ/kg}$

$$v_x = v' + x(v'' - v') = 0{,}002360016\ \frac{\text{m}^3}{\text{kg}} + 0{,}2(0{,}004463 - 0{,}002360016)\ \frac{\text{m}^3}{\text{kg}} = 0{,}002780612\ \frac{\text{m}^3}{\text{kg}}$$

Tabelle 9-16 für $p = 220$ bar:
$v' = 0{,}00275039\ \text{m}^3/\text{kg}$   $h' = 2021{,}92\ \text{kJ/kg}$   $u' = h' - p \cdot v' = 1961{,}41\ \text{kJ/kg}$
$v'' = 0{,}00357662\ \text{m}^3/\text{kg}$   $h'' = 2164{,}18\ \text{kJ/kg}$   $u'' = h'' - p \cdot v'' = 2085{,}49\ \text{kJ/kg}$

$$x_2 = \frac{(0{,}00236016 - 0{,}00275039)\ \text{m}^3/\text{kg}}{(0{,}00357662 - 0{,}00275039)\ \text{m}^3/\text{kg}} + 0{,}2 \cdot \frac{(0{,}004463 - 0{,}00236016)\ \text{m}^3/\text{kg}}{(0{,}00357662 - 0{,}00275039)\ \text{m}^3/\text{kg}} = 0{,}03665$$

Für unterkritische spezifische Volumina sinkt der Dampfanteil bei isochorer Wärmezufuhr!

$U_2 = 2\,\text{kg} \cdot [1961{,}41 + 0{,}03665(2085{,}49 - 1961{,}41)]\,\text{kJ/kg} = 3931{,}91\,\text{kJ}$

$U_1 = 2\,\text{kg} \cdot [182{,}07 + 0{,}03665(2186{,}22 - 1882{,}07)]\,\text{kJ/kg} = 3885{,}80\,\text{kJ}$

$Q = U_2 - U_1 = (3931{,}91 - 3885{,}80)\,\text{kJ} = 46{,}11\,\text{kJ} \approx \underline{\underline{0{,}0128\,\text{kWh}}}$

Die Temperatur des Nassdampfes entspricht der Siedetemperatur $\underline{\underline{t_s(220\,\text{bar}) = 373{,}707\,°\text{C}}}$

c) isochore Wärmezufuhr bei überhitztem Dampf ($p_1$ = 50 bar, $t_1$ = 400 °C, $p_2$ = 80 bar)
Tabelle 9-17:

$h_1(50\,\text{bar}, 400\,°\text{C}) = 3196{,}59\,\text{kJ/kg} \qquad v_1(50\,\text{bar}, 400\,°\text{C}) = 0{,}0578398\,\text{m}^3/\text{kg}$

$$u_1(50\,\text{bar}, 400\,°\text{C}) = 3196{,}59\,\text{kJ/kg} - 50 \cdot 10^2\,\frac{\text{kN}}{\text{m}^2} \cdot 0{,}05788398\,\frac{\text{m}^3}{\text{kg}} = 2907{,}4\,\frac{\text{kJ}}{\text{kg}}$$

Mit $v_1(50\,\text{bar}, 400\,°\text{C}) = v_2(80\,\text{bar}, t = ?)$ erhält man durch lineare Interpolation für die Temperatur des überhitzten Dampfes nach der isochoren Wärmezufuhr:

$$t_2 = 700\,°\text{C} + \frac{(0{,}0578398 - 0{,}0548251)\,\text{m}^3/\text{kg}}{(0{,}0579325 - 0{,}0548251)\,\text{m}^3/\text{kg}}(750\,°\text{C} - 700\,°\text{C}) = 700\,°\text{C} + 0{,}97 \cdot 50\,\text{K} = \underline{\underline{748{,}51\,°\text{C}}}$$

Für die Enthalpie im Zustand 2 ermitteln wir auf gleichem Wege:

$$h_2(80\,\text{bar}, 748{,}51\,°\text{C}) = 3882{,}42\,\frac{\text{kJ}}{\text{kg}} + 0{,}97 \cdot (4002{,}86 - 3882{,}42)\,\frac{\text{kJ}}{\text{kg}} = \underline{\underline{3999{,}25\,\frac{\text{kJ}}{\text{kg}}}}$$

$$v_2(80\,\text{bar}, 748{,}51\,°\text{C}) = 0{,}0548251\,\frac{\text{m}^3}{\text{kg}} + 0{,}97 \cdot (0{,}0579325 - 0{,}0548251)\,\frac{\text{m}^3}{\text{kg}} = \underline{\underline{0{,}0578393\,\frac{\text{m}^3}{\text{kg}}}}$$

$$u_2(80\,\text{bar}, 748{,}51\,°\text{C}) = 3999{,}25\,\text{kJ/kg} - 80 \cdot 10^2\,\frac{\text{kN}}{\text{m}^2} \cdot 0{,}05783933\,\frac{\text{m}^3}{\text{kg}} = 3536{,}54\,\frac{\text{kJ}}{\text{kg}}$$

$Q = U_2 - U_1 = 2\,\text{kg} \cdot (3536{,}54 - 2907{,}40)\,\text{kJ} = 1258{,}28\,\text{kJ} \approx \underline{\underline{0{,}3495\,\text{kWh}}}$

**Aufgabe 6.5-5:** Aufplatzen einer Dampfleitung
In der Dampfleitung eines Dampferzeugers befinde sich

a) Nassdampf mit einem Dampfanteil von 30 % bei 30 bar oder
b) siedende Flüssigkeit von 315 °C

Im Kesselhaus herrsche der Umgebungsdruck von 1014 mbar. Auf das Wievielfache steigt das jeweilige Dampfvolumen, wenn die betreffende Leitung plötzlich aufreißt?

Gegeben:

$p_{amb} = 1{,}014\,\text{bar}$    a) $x = 0{,}3$    $p(t_s) = 30\,\text{bar}$

b) $x = 0$    $t_s(p) = 315\,°\text{C}$

Vorüberlegungen:

Der in der Aufgabenstellung beschriebene Prozess ist durch zwei Gleichgewichtszustände gekennzeichnet:

Zustand 1: In der Dampfleitung ist Energie gespeichert und die Leitung stellt gegenüber der Umgebung ein geschlossenes System dar. Damit ist hier die innere Energie $u$ zu bilanzieren.

Zustand 2: Beim Aufplatzen der Leitung liegt die gespeicherte Energie bei konstant bleibendem Umgebungsdruck vor, das System ist deshalb als offen zu betrachten

Der vom Zustand 1 in Zustand 2 verlaufende Prozess führt von einem geschlossenen System in ein offenes, so dass gilt: $u_1 = h_2(p_{amb})$.

Die Untersuchung kann unabhängig von der Größe des Leitungssystems mit massenspezifischen Werten ausgeführt werden. Folgende Werte sind der Wasserdampftafel zu entnehmen:

$p(t_s) = 30$ bar Tabelle 9-16 (druckgeführt):

$v' = 0{,}00121670\ \text{m}^3/\text{kg}$ $v'' = 0{,}0666641\ \text{m}^3/\text{kg}$

$h' = 1008{,}37\ \text{kJ/kg}$ $h'' = 2803{,}26\ \text{kJ/kg}$

$t_s = 315\ °\text{C}$ Tabelle 9-15 (temperaturgeführt) mit $p = 105{,}558$ bar

$v' = 0{,}00147239\ \text{m}^3/\text{kg}$ $h' = 1431{,}63\ \text{kJ/kg}$

$p_{amb} = 1{,}014$ bar

könnte als druckgeführter Wert aus Tabelle 9-16 interpoliert werden. Ein Blick in die Tabelle 9-15 zeigt aber, das der zur Siedetemperatur 100 °C gehörige Druck 1,014 bar beträgt. Der Genauigkeit halber übernehmen wir hier die Werte aus Tabelle 9-15.

$v' = 0{,}00104346\ \text{m}^3/\text{kg}$ $v'' = 1{,}67186\ \text{m}^3/\text{kg}$

$h' = 419{,}099\ \text{kJ/kg}$ $h'' = 2675{,}57\ \text{kJ/kg}$

**Lösung:**

a) Nassdampfleitung

Zustand 1: in der Dampfleitung gespeicherte innere Energie – geschlossenes System

$$u_1 = h_1 - p \cdot v_1 \qquad h_1 = h_x(30\ \text{bar}) = h'(30\ \text{bar}) + x_1 (h'' - h')_{30\ \text{bar}}$$

$$v_1 = v_x(30\ \text{bar}) = v'(30\ \text{bar}) + x_1 (v'' - v')_{30\ \text{bar}}$$

$$h_1 = 1008{,}37\ \text{kJ/kg} + 0{,}3(2803{,}26 - 1008{,}37)\ \text{kJ/kg} = 1546{,}84\ \text{kJ/kg}$$

$$v_1 = 0{,}00121670\ \text{m}^3/\text{kg} + 0{,}3(0{,}0666641 - 0{,}00121670)\ \text{m}^3/\text{kg} = 0{,}0208509\ \text{m}^3/\text{kg}$$

$$u_1 = 1546{,}84\ \text{kJ/kg} - 30 \cdot 10^5\ \text{N/m}^2 \cdot 0{,}0208509\ \text{m}^3/\text{kg} = 1484{,}29\ \text{kJ/kg}$$

Zustand 2: geplatzte Leitung, konstanter Umgebungsdruck – offenes System

$$u_1 = h_2 = h_x(1{,}014\ \text{bar}) = h'(1{,}014\ \text{bar}) + x_2 (h'' - h')_{1{,}014\ \text{bar}}$$

Unbekannt für Zustand 2 ist zunächst der Dampfanteil $x_2$, der sich bestimmen lässt aus:

$$x_2 = \frac{u_1 - h'(1{,}014\ \text{bar})}{(h'' - h')_{1{,}014\ \text{bar}}} = \frac{(1484{,}29 - 419{,}099)\ \text{kJ/kg}}{(2675{,}57 - 419{,}099)\ \text{kJ/kg}} = 0{,}4721$$

Mit dem nun bekannten Dampfanteil des Nassdampfes in Zustand 2 kann man sein spezifisches Volumen errechnen mit:

$$v_2 = v_x(1{,}014 \text{ bar}) = v'(1{,}014 \text{ bar}) + x_2(v'' - v')_{1{,}014 \text{ bar}}$$

$$v_2 = 0{,}00104346 \text{ m}^3/\text{kg} + 0{,}4721 \cdot (1{,}67186 - 0{,}00104346)\text{ m}^3/\text{kg} = 0{,}7898359 \text{ m}^3/\text{kg}$$

$$\text{Volumenzunahme: } \frac{v_2}{v_1} = \frac{0{,}7898359 \text{ m}^3/\text{kg}}{0{,}0208509 \text{ m}^3/\text{kg}} = \underline{\underline{37{,}88}}$$

Das Volumen des Leitungsinhaltes nimmt knapp 38-fach zu!

b) siedendes Wasser bei 315 °C ($p_S(t_S)$ = 105,558 bar)

Zustand 1: in der Dampfleitung gespeicherte innere Energie

$$u_1 = h_1 - p \cdot v_1 \qquad h_1 = h'(315\text{ °C}) = 1431{,}63 \text{ kJ/kg}$$

$$v_1 = v'(315\text{ °C}) = 0{,}00147239 \text{ m}^3/\text{kg}$$

$$u_1 = 1431{,}63 \text{ kJ/kg} - 105{,}558 \cdot 10^5 \text{ N/m}^2 \cdot 0{,}00147239 \text{ m}^3/\text{kg} = 1416{,}09 \text{ kJ/kg}$$

$$x_2 = \frac{u_1 - h'(1{,}014 \text{ bar})}{(h'' - h')_{1{,}014 \text{ bar}}} = \frac{(1416{,}09 - 419{,}099)\text{ kJ/kg}}{(2675{,}57 - 419{,}099)\text{ kJ/kg}} = 0{,}4418$$

Aus dem siedenden Wasser beim Druck von 105,558 bar ist beim Aufplatzen der Dampfleitung Nassdampf bei 1,014 bar mit einem Dampfanteil von 44,18 % geworden

$$v_2 = 0{,}00104346 \text{ m}^3/\text{kg} + 0{,}4418(1{,}67186 - 0{,}00104346)\text{ m}^3/\text{kg} = 0{,}7392102 \text{ m}^3/\text{kg}$$

$$\text{Volumenzunahme: } \frac{v_2}{v_1} = \frac{0{,}7392102 \text{ m}^3/\text{kg}}{0{,}00147239 \text{ m}^3/\text{kg}} = \underline{\underline{502{,}08}}$$

mehr als 500-fache Steigerung!!

Die Rechnungen zeigen, dass beim Bersten von Dampfleitungen in Kesselhäusern immer mit lebhafter Nachverdampfung zu rechnen ist. Die damit einhergehende Erhöhung des Dampfanteiles führt bei solchen Havarien mitunter zu erheblichen Sichtbehinderungen. Nachverdampfung tritt auch infolge des Druckverlustes von Regelventilen in Kondensatleitungen auf. Dann ist auf eine passende Dimensionierung der Kondensatleitung zu achten, denn die Volumenzunahme durch Dampf kann in den Leitungen zu unzulässig hohen Strömungsgeschwindigkeiten führen. Die Berechnung solcher Phänomene ist jedoch aufwändig, es handelt sich um eine instationäre Mehrphasenströmung.

**Aufgabe 6.5-6:** Maximale Saughöhe von Wasser

In einem Saugrohr wird durch Evakuieren von Luft ein Unterdruck erzeugt und eine Wassersäule wie in Abbildung 6-4 dargestellt durch die Wirkung des äußeren Umgebungsdruckes um den Betrag $h_s$ nach oben gedrückt. Berechnen Sie die maximal mögliche Saughöhe $h_{s,max}$ für die beiden Luftdruckwerte $p_{L,1}$ = 1,0 bar und $p_{L,2}$ = 0,9 bar. Stellen Sie die entsprechende Funktion mit diesen beiden Drücken für den Definitionsbereich 10 °C ≤ $t$ ≤ 90 °C dar!

Gegeben:

$p_{L,1}$ = 1,0 bar und $p_{L,2}$ = 0,9 bar als Parameter für $h_{s,\max} = h_{s,mat}(t)$

Vorüberlegungen:
Vergleichen Sie diese Aufgabenstellung hier mit Aufgabe 1-5 Luftdruckmessung nach Torricelli. Auch dort bildet sich am geschlossenen Teil der Glasröhre kein absolutes Vakuum, sondern Quecksilberdampf entsprechend vorliegendem Sättigungsdruck, was wir aber dort vernachlässigt haben!

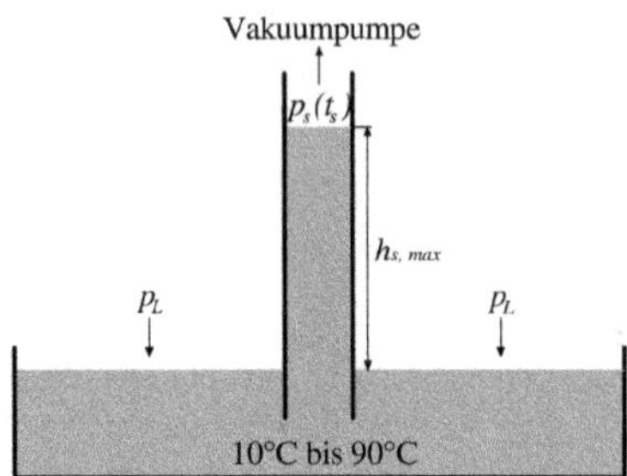


**Abb. 6-4:** Prinzipschema für das Ansaugen von Wasser.

Als Unterdruck in der Saugleitung stellt sich der zur jeweiligen Wassertemperatur gehörige Sättigungsdruck $p_s(t)$ ein, der aus der Wasserdampftafel entnommen werden kann. Die Dichte des Wassers errechnet sich aus dem Kehrwert des spezifischen Volumens „siedende Flüssigkeit" bei $p_s(t_s)$. Damit erhalten wir folgende Ausgangswerte:

**Tab. 6-5:** Ausgangswerte für die Berechnung der in 6.5-4 gesuchten Funktion gemäß Tabelle 9-15.

| $t_s$ in °C | $p_s(t_s)$ in bar | $v'(t_s)$ in m³/kg | $\rho'(t_s)$ in kg/m³ |
|---|---|---|---|
| 10 | 0,0122818 | 0,00100035 | 999,650 |
| 20 | 0,0233921 | 0,00100184 | 998,163 |
| 30 | 0,0424669 | 0,00100441 | 995,609 |
| 40 | 0,0738443 | 0,00100788 | 992,182 |
| 50 | 0,123523 | 0,00101214 | 988,006 |
| 60 | 0,199458 | 0,00101711 | 983,178 |
| 70 | 0,312006 | 0,00102276 | 977,746 |
| 80 | 0,474147 | 0,00102904 | 971,780 |
| 90 | 0,701824 | 0,00103594 | 965,307 |

**Lösung:**

$p_L \cdot A = p_s(t_s) \cdot A + m \cdot g$ (Kräftegleichgewicht)

mit $m = \rho \cdot V = \rho' \cdot h_{s,\max} \cdot A$ folgt aus dem Kräftegleichgewicht aufgelöst nach $h_{s,max}$

$$h_{s,\max} = \frac{p_L - p_s(t_s)}{\rho' \cdot g}$$

Im vorgegebenen Definitionsbereich berechnen wir hier nur den besten und den schlechtesten Fall für die maximale Saughöhe:

Bester Fall:

$$h_{s,\max}(p_{L1} = 1\,\text{bar}, t = 10\,°\text{C}) = \frac{(1 - 0{,}0122818) \cdot 10^5\ \text{N/m}^2}{999{,}65\ \text{kg/m}^3 \cdot 9{,}80665\ \text{m/s}^2} = \underline{\underline{10{,}0754\ \text{m}}}$$

Schlechtester Fall:

$$h_{s,\max}(p_{L,2} = 0{,}9 \text{ bar}, t = 90\ °\text{C}) = \frac{(0{,}9 - 0{,}701824) \cdot 10^5 \text{ N/m}^2}{965{,}307 \text{ kg/m}^3 \cdot 9{,}80665 \text{ m/s}^2} = \underline{\underline{2{,}09346 \text{ m}}}$$

Abbildung 6-5 zeigt, dass man Wasser saugend nur bis zu einer Höhe von 10 m fördern kann. Die Fördergrenze stellt der jeweilige Verdampfungsdruck bei der vorliegenden Wassertemperatur dar. Bei Erreichen des Verdampfungsdruckes wird nur Wasserdampf und keine Flüssigkeit mehr angesaugt.

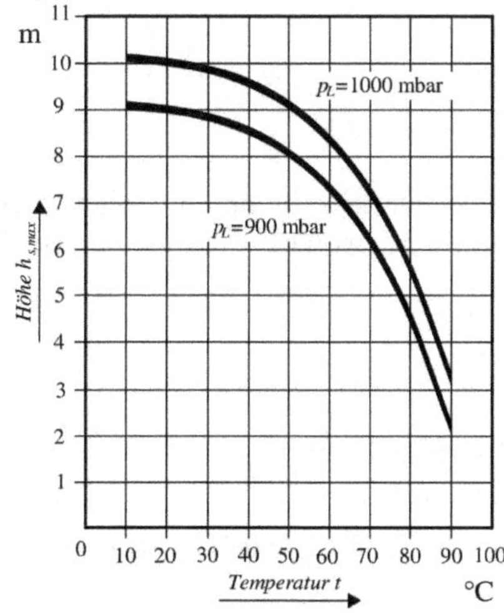


**Abb. 6-5:** Maximale Saughöhe von Wasser als Funktion der Temperatur.

**Aufgabe 6.5-7:** Abhitzekessel zur Dampferzeugung
Ein ölbefeuerter Dampfkessel, der mit 14,4 t/h siedendem Wasser von 10 bar beaufschlagt wird und isobar Dampf mit einer Temperatur von 250 °C erzeugt, soll durch einen Abhitzekessel ersetzt werden. Zur Verfügung steht bei einem Druck von 1 bar ein gereinigtes und teilweise getrocknetes Abgas mit einer Temperatur von 520 °C und folgender Zusammensetzung: $CO_2$: 15 Vol %; $O_2$: 12 Vol %; $N_2$: 68 Vol %; $H_2O$: 5 Vol %. Aus technologischen Gründen darf das Abgas im Abhitzekessel nur bis auf 310 °C abgekühlt werden. Das Abgas soll hier als ideales Gasgemisch behandelt werden!

a) Welche Wärmeleistung in MW muss der Abhitzekessel übertragen?
b) Wie viel $m^3$ Dampf von 250 °C werden in einer Stunde produziert?
c) Welcher Massenstrom Abgas muss den Abhitzekessel durchlaufen?

Gegeben:
Abgas als Heizmedium: $p_l = 1$ bar $t_1' = 520$ °C $t_1'' = 310$ °C

Zusammensetzung:

$r_{CO_2} = 0{,}15$ $\quad r_{O_2} = 0{,}12$ $\quad r_{N_2} = 0{,}68$ $\quad r_{H_2O} = 0{,}05$

$\sum_{i=1}^{4} r_1 = 1$ (Kontrolle der Volumenanteile)

Molekülmassen aus Tabelle 9-10 in kg/kmol für Berechnung der Gaskonstanten des Gasgemisches und der spezifischen Wärmekapazität des hier gegebenen Abgases:

$CO_2$: 44,0098 $\quad O_2$: 31,999 $\quad N_2$: 28,0134 $\quad H_2O$: 18,01528

Wasser/Dampf als Kühlmedium: $p_2 = 10 \text{ bar} = \text{konstant}$ $\quad t_2'' = 250\ °\text{C}$

$\dot{m}_2 = 14{,}4 \text{ t/h} = 4 \text{ kg/s}$

Vorüberlegungen:

Die im Abhitzekessel zu übertragende Wärmeleistung kann nur dampfseitig ermittelt werden, denn nur hier sind alle zur Berechnung erforderlichen Werte gegeben bzw. ermittelbar. Benötigt werden:

1. Enthalpie für siedendes Wasser bei 10 bar: (Tabelle 9-16)
   $h'(10 \text{ bar}) = 762{,}683 \text{ kJ/kg}$ $\quad t_s(10 \text{ bar}) = 179{,}886\ °\text{C}$

2. Enthalpie und spezifisches Volumen für Dampf bei 10 bar und 250 °C:
   wegen $t_s(10 \text{ bar}) < 250°\text{C}$ überhitzter Dampf aus Tabelle 9-17
   $h(10 \text{ bar}, 250\ °\text{C}) = 2943{,}22 \text{ kJ/kg}$ $\quad v(10 \text{ bar}, 250\ °\text{C}) = 0{,}232739 \text{ m}^3/\text{kg}$

**Lösung:**

a) Wärmeleistung des Abhitzekessels:

$$\dot{Q} = \dot{m}_2 \cdot [h(10 \text{ bar}, 250\ °\text{C}) - h'(10 \text{ bar})] = 4\,\frac{\text{kg}}{\text{s}} \cdot [2943{,}22 - 762{,}683]\,\frac{\text{kJ}}{\text{kg}} = \underline{\underline{8{,}722 \text{ MW}}}$$

b) produziertes Dampfvolumen

$$V = \dot{V} \cdot \tau = \dot{m} \cdot v \cdot \tau = 4\,\frac{\text{kg}}{\text{s}} \cdot 0{,}232739\,\frac{\text{m}^3}{\text{kg}} \cdot 3600 \text{ s} = \underline{\underline{3351{,}44 \text{ m}^3}}$$

c) Abgasmassenstrom $\dot{m}_1$ aus $\dot{Q} = \dot{m}_1 \cdot c_1 \cdot (t_1' - t_1'')$ mit $c_1$ als mittlere spezifische Wärmekapazität eines Gasgemisches bei konstantem Druck $c_1 = c_{p,M}$ (für ideales Gas entfällt eine Mittlung über der Temperatur)

Die spezifische Wärmekapazität für konstanten Druck des als ideales Gasgemisch vorliegenden Abgases wird vorteilhaft über die Berechnung der molaren Wärmekapazitäten ermittelt, da dann die hier gegebenen Volumenprozente nicht in Masseprozente umgerechnet werden müssen. Benötigt wird lediglich die scheinbare Molekülmasse des Gasgemisches $M_M$ nach Formel (2-22).

$$M_M = r_{CO_2} M_{CO_2} + r_{O_2} M_{O_2} + r_{N_2} M_{N_2} + r_{H_2O} M_{H_2O}$$

$$M_M = (0{,}15 \cdot 44{,}0098 + 0{,}12 \cdot 31{,}999 + 0{,}68 \cdot 28{,}0134 + 0{,}05 \cdot 18{,}01528) \text{ kg/kmol} = 30{,}391226 \text{ kg/kmol}$$

$c_{p,M} = \dfrac{c_{p,m,M}}{M_M}$ mit den Indizes: $p$ = konstanter Druck, $m$ = molar und $M$ = Mischung

Mit (3-22) und (3-20) sowie den dort angegebenen Werten für die molare Wärmekapazität können wir ansetzen:

$$c_{p,m,M} = (r_{O_2} + r_{N_2}) \cdot \frac{7}{2} \cdot R_m + (r_{H_2O} + r_{CO_2}) \cdot \frac{9}{2} \cdot R_m = R_m \cdot [3{,}5 \cdot (r_{O_2} + r_{N_2}) + 4{,}5 \cdot (r_{H_2O} + r_{CO_2})]$$

$$c_{p,m,M} = 8{,}3144621 \frac{\text{kJ}}{\text{kmol K}} [3{,}5(0{,}12 + 0{,}68) + 4{,}5(0{,}05 + 0{,}15)] = 30{,}76351 \frac{\text{kJ}}{\text{kmol K}}$$

$$c_{p,M} = \frac{c_{p,m,M}}{M_M} = \frac{30{,}76351\ \text{kJ/(kmol K)}}{30{,}391226\ \text{kg/kmol}} \approx 1{,}01225 \frac{\text{kJ}}{\text{kg K}}$$

Bei der Ermittlung der molaren Wärmekapazität des idealen Gasgemisches haben wir Wasser ($H_2O$) als ideales Gas behandelt. Dies ist gerechtfertigt, denn Wasser liegt zwischen 520 °C und 310 °C bei dem maßgeblichen Partialdruck $p_{H_2O} = r_{H_2O} \cdot p = 0{,}05 \cdot 1\ \text{bar} = 0{,}05\ \text{bar}$ als sehr stark überhitzter Dampf vor, der dann vereinfachend als ideales Gas behandelt wird!

$$\dot{m}_1 = \frac{\dot{Q}}{c_{p,M} \cdot (t_1' - t_1'')} = \frac{8.722\ \text{kW}}{1{,}01225\ \text{kWs/(kg K)} \cdot (520\ °\text{C} - 310\ °\text{C})} = \underline{\underline{41{,}030719\ \text{kg/s}}}$$

**Aufgabe 6.5-8:** Brüdenverdichtung

Die Brüdenverdichtung ist ein Verfahren zur Wärmerückgewinnung bei Destillations- und Eindampfungsprozessen, bei denen thermisch einzelne Bestandteile aus einer Lösung (oder Emulsion) abgetrennt werden. Wirtschaftlich ist das Verfahren vor allem dann interessant, wenn dabei nur geringe Druckdifferenzen zu überwinden sind, zum Beispiel bei Lösungen mit geringen Siedepunkterhöhungen. Das technische Verfahren illustriert Abbildung 6-6.

Durch Wärmezufuhr wird aus der im Behälter befindlichen Lösung Dampf (Brüdendampf oder einfach Brüden genannt) ausgetrieben, der anschließend in einem Verdichter auf höheren Druck gebracht wird. Mit dem höheren Druck steigt für den Dampf auch die Siede-(bzw. die Kondensations)temperatur. Ein Wärmetauscher im Bereich der Flüssigkeit kühlt jetzt den verdichteten Dampf, der dabei seine Kondensationsenthalpie an die Flüssigkeit abgibt und so die externe Wärmezufuhr zum großen Teil ersetzt. Die Kondensationstemperatur des Brüdendampfes muss für eine erfolgreiche technische Realisierung etwa 15 bis 20 K höher sein als die Siedetemperatur der Lösung.

Das hier beschriebene Prinzip soll zur Eindampfung eines galvanischen Abwassers eingesetzt werden. Aus dem Galvanisierbecken laufe ein Abwasserstrom von 0,1 kg/s bei 19,5 °C und 0,8 bar dem beheizten Behälter zu und heize sich dort bis Siedetemperatur auf. Der Verdichter saugt einen an der Flüssigkeitsoberfläche verdampfenden Sattdampfstrom von 0,09 kg/s ab, der isentrop auf 100 kPa verdichtet wird. Nach Passieren des Wärmeübertragers wird dieser Massenstrom als gekühltes Destillat (reines Wasser) aus der Anlage abgeführt.

Das aufkonzentrierte Abwasser verlässt die Anlage im Siedezustand. Vereinfachend soll unterstellt werden, dass sich das aufkonzentrierte Abwasser thermophysikalisch wie Wasser verhält und die mittlere spezifische Wärmekapazität mit 4,19 kJ/(kg K) angesetzt werden kann.

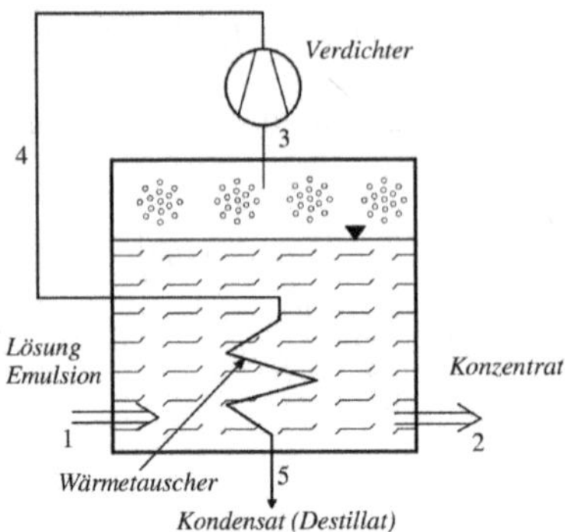


**Abb. 6-6:** Prinzip der Brüdenverdichtung.

a) Welche Leistung in kW muss der Verdichter aufbringen und welche Celsiustemperatur erreicht der isentrop verdichtete Dampf?

b) Welche Enthalpie und welche Celsiustemperatur besitzt das Destillat?

c) Welcher Wärmestrom würde für die Eindampfung ohne Brüdenverdichtung benötigt?

d) Welcher externe Wärmestrom ist mit Brüdenverdichtung noch erforderlich?

e) Welcher Wärmestrom ist nötig, um den Strom für den Verdichterantrieb in einem Wärmekraftwerk herzustellen? Gehen Sie dabei von 35 % durchschnittlichen Wirkungsgrad für eine Stromerzeugung auf der Basis fossiler Brennstoffe aus!

Gegeben: (Indizes nach Nummer des Zustandes in Abbildung 6-6)

$\dot{m}_1 = 0{,}1\ \text{kg/s}$ $\qquad$ $\dot{m}_3 = \dot{m}_4 = \dot{m}_5 = 0{,}09\ \text{kg/s}$

$t_1 = 19{,}5\ °\text{C}$ $\qquad$ $\bar{c}_W = 4{,}19\ \text{kJ/(kg K)}$

$p_1 = p_2 = p_3 = 0{,}8\ \text{bar}$ $\qquad$ $p_4 = p_5 = 1{,}0\ \text{bar}$

Vorüberlegungen:
Zur Beantwortung der Fragen a) bis d) werden die Enthalpien der Prozesszustände 1 bis 5 benötigt. Die Zustandsdaten 2 (siedende Flüssigkeit bei 0,8 bar) und 3 (trocken gesättigter Dampf bei 0,8 bar können direkt aus der Wasserdampftafel (Tabelle 9-16 druckgeführt) entnommen werden.

$t_2 = t_s(p_2) = t_s(0{,}8\ \text{bar}) = 93{,}4854\ °\text{C}$ $\qquad$ $h_2 = h'(p_2) = h(0{,}8\ \text{bar}) = 391{,}639\ \text{kJ/kg}$

$h_3 = h''(p_3) = h''(0{,}8\ \text{bar}) = 2665{,}18\ \text{kJ/kg}$ $\qquad$ $s_3 = s''(p_3) = s(0{,}8\ \text{bar}) = 7{,}4339\ \text{kJ/(kg K)}$

Der Massenstrom für das abfließende Kondensat folgt aus der Massenstrombilanz:

$$\dot{m}_1 = \dot{m}_2 + \dot{m}_3 \quad \rightarrow \quad \dot{m}_2 = \dot{m}_1 - \dot{m}_3 = 0{,}1\ \text{kg/s} - 0{,}09\ \text{kg/s} = 0{,}01\ \text{kg/s}$$

Die zu- und abgeführten Energieströme sind nach Abbildung 6-6 mit einem Kontrollraum, der durch die Behälterwände begrenzt wird, wie folgt zu bilanzieren:

$$\dot{H}_1 + \dot{H}_4 = \dot{H}_2 + \dot{H}_3 + \dot{H}_5 \quad \rightarrow \quad \dot{m}_1 h_1 + \dot{m}_4 h_4 = \dot{m}_2 h_2 + \dot{m}_3 h_3 + \dot{m}_5 h_5$$

**Lösung:**

Ermittlung der Prozessparameter in den Zustandspunkten 1 bis 5:

Zustand 1: Rückrechnung aus isobarer Wärmezufuhr bis $t_s(p_K)$ $h_2 - h_1 = \bar{c}_W (t_s(p_2) - t_1)$

$$h_1 = h_2 - \bar{c}_W (t_s(p_2) - t_1) = 391{,}639 \frac{\text{kJ}}{\text{kg}} - 4{,}19 \frac{\text{kJ}}{\text{kg K}} (93{,}4854\,°\text{C} - 19{,}5\,°\text{C}) = 81{,}640 \frac{\text{kJ}}{\text{kg}}$$

Zustand 4:

Mit der Energiezufuhr durch die isentrope Verdichtung überhitzt der trocken gesättigte Dampf von ursprünglich 0,8 bar auf 1 bar. Der Zustandspunkt (p = 1 bar; s = 7,4339 kJ/(kg K)) liegt im Gebiet überhitzter Dampf.

$$s_3 = s''(p_3 = 0{,}8\,\text{bar}) = s_4 = s(p_4 = 1\,\text{bar}) = 7{,}4399\,\text{kJ/(kg K)}$$

Tabelle 9-17 zeigt für 1 bar, dass der Zustand 4 im Temperaturbereich zwischen 110 °C und 120 °C liegen muss. Eine Interpolation über die Entropie ergibt für die

Enthalpie $h_4 = h(s = 7{,}4339\,\text{kJ/(kg K)})$

$$= 2696{,}32\,\frac{\text{kJ}}{\text{kg}} + \frac{(7{,}4339 - 7{,}4154)\,\text{kJ/(kg K)}}{(7{,}4676 - 7{,}4154)\,\text{kJ/(kg K)}} \cdot (2716{,}61 - 2696{,}32)\frac{\text{kJ}}{\text{kg}} = 2703{,}51\,\frac{\text{kJ}}{\text{kg}}$$

Temperatur $t_4 = t(s = 7{,}4339\,\text{kJ/(kg K)})$

$$= 110\,°\text{C} + \frac{(7{,}4339 - 7{,}4154)\,\text{kJ/(kg K)}}{(7{,}4676 - 7{,}4154)\,\text{kJ/(kg K)}} \cdot (120\,°\text{C} - 110\,°\text{C}) = 113{,}54\,°\text{C}$$

Zustand 5:

Die Enthalpie wird aus der Energiebilanz bestimmt unter Verwendung von $\dot{m}_3 = \dot{m}_4 = \dot{m}_5$

$$h_5 = \frac{\dot{m}_1 h_1 + \dot{m}_3 (h_4 - h_3) - \dot{m}_2 h_2}{\dot{m}_3}$$

$$h_5 = \frac{0{,}1\,\frac{\text{kg}}{\text{s}} \cdot 81{,}64\,\frac{\text{kJ}}{\text{kg}} + 0{,}09\,\frac{\text{kg}}{\text{s}}\,(2703{,}51 - 2665{,}18)\,\frac{\text{kJ}}{\text{kg}} - 0{,}01\,\frac{\text{kg}}{\text{s}} \cdot 391{,}639\,\frac{\text{kJ}}{\text{kg}}}{0{,}09\,\text{kg/s}} = 85{,}5257\,\frac{\text{kJ}}{\text{kg}}$$

a) (mechanische) Leistung des Verdichters

Die Temperatur des verdichteten Dampfes haben wir schon ermittelt mit $\underline{\underline{t_4 = 113{,}54\,°\text{C}.}}$

$$P = \dot{W}_{t,34} = \dot{m}_3 (h_4 - h_3) = 0{,}09\,\frac{\text{kg}}{\text{s}} \cdot (2703{,}51 - 2665{,}18)\,\frac{\text{kJ}}{\text{kg}} \approx \underline{\underline{3{,}45\,\text{kW}}}$$

b) Temperatur und Enthalpie des Destillates

Die Enthalpie des Destillates haben wir schon ermittelt mit $\underline{\underline{h_5 = 85{,}5257\,\text{kJ/kg}}}$

Für die Temperatur verwenden wir folgenden Ansatz:

$$h'(1\,\text{bar}) - h_5 = \bar{c}_W\,(t_s(1\,\text{bar}) - t_5) \qquad h'(1\,\text{bar}) = 417{,}436\,\frac{\text{kJ}}{\text{kg}} \text{ und } t_s(1\,\text{bar}) = 99{,}6059\,°\text{C}$$

$$t_5 = t_s(1\,\text{bar}) - \frac{h'(1\,\text{bar}) - h_5}{\bar{c}_W} = 99{,}6059\,°\text{C} - \frac{(417{,}436 - 85{,}5257)\,\text{kJ/kg}}{4{,}19\,\text{kJ/(kg K)}} = \underline{\underline{20{,}39\,°\text{C}}}$$

Alternativ könnte man die Temperatur durch Interpolation über die Enthalpie $h_5$ mit den in Tabelle 9-17 für 1 bar gegebenen Werten ermitteln. Dabei ergibt sich dann

$$t_5 = 20\,°\text{C} + \frac{(85{,}5257 - 84{,}0118)\,\text{kJ/kg}}{(104{,}928 - 84{,}0118)\,\text{kJ/kg}} \cdot (25\,°\text{C} - 20\,°\text{C}) = \underline{\underline{20{,}36\,°\text{C}}}$$

Auffallend ist, dass die hier ermittelte Temperatur deutlich unterhalb der Siedetemperatur $t_s(0{,}8\text{ bar}) = 93{,}4854$ °C, aber noch geringfügig oberhalb der Abwassereintrittstemperatur von 19,5 °C liegt. Für die praktische Erreichung dieser Temperatur würde man – eine ideale thermische Schichtung der Flüssigkeit im Behälter unterstellt – eine unrealistisch große Wärmetauscherfläche benötigen. Wir haben dieses Resultat erzwungen mit der Annahme, dass das aufkonzentrierte Abwasser den Kontrollraum im Zustand siedende Flüssigkeit verlässt.

c) benötigter Wärmestrom ohne Brüdenverdichtung bei Prozessdruck von 0,8 bar

$$\dot{Q} = \dot{m}_1 \cdot (h''(0{,}8\,\text{bar}) - h_1) = 0{,}1\,\frac{\text{kg}}{\text{s}} \cdot (2665{,}18 - 81{,}64)\,\frac{\text{kJ}}{\text{kg}} = \underline{\underline{258{,}354\,\text{kW}}}$$

d) bei Einsatz der Brüdenverdichtung noch erforderliche externe Wärmeleistung

$$\dot{Q} = \dot{m}_1 \cdot (h''(0{,}8\text{ bar}) - h_1 - \dot{m}_3 \cdot (h_4 - h_5) = 258{,}354\text{ kW} - 0{,}09\,\frac{\text{kg}}{\text{s}}(2703{,}51 - 85{,}5257)\,\frac{\text{kJ}}{\text{kg}}$$
$$= \underline{\underline{22{,}735\text{ kW}}}$$

Die Brüdenverdichtung reduziert die für den Eindampfvorgang erforderliche Wärmeleistung erheblich. Zur Mobilisierung des Einsparpotentials müssen allerdings die Investitionskosten für den Verdichter und die Kosten für seinen Betrieb aufgebracht werden. Im Regelfall ergeben sich sehr kurze Amortisationszeiten.

e) erforderliche Wärmeleistung für die Bereitstellung einer elektrischen Leistung von 3,4497 kW zum Betrieb des Verdichters bei einem angenommenen Gesamtwirkungsgrad von 35 % für ein Wärmekraftwerk

$$\eta = \frac{P_{el}}{\dot{Q}} \qquad \dot{Q} = \frac{P_{el}}{\eta} = \frac{3{,}4497\,\text{kW}}{0{,}35} = \underline{\underline{9{,}8563\,\text{kW}}}$$

Für die mit den gegebenen Rahmenbedingungen vorgenommene energiewirtschaftliche Bewertung stehen 258,354 kW erforderliche Wärmeleistung für die Eindampfung dem Aufwand von (22,735 + 9,8563) kW gegenüber, der bei der Brüdenverdichtung entsteht. Volkswirtschaftlich ist dies also immer zu rechtfertigen, betriebswirtschaftlich können aber durchaus noch weitere (entgegenstehende) Aspekte relevant sein.

**Aufgabe 6.5-9:** Dampfentspannung in Turbine

60.000 m³/h Frischdampf mit einer Temperatur von 550 °C und 150 bar entspannen polytrop in einer Turbine in den Nassdampfbereich auf einen Gegendruck von 5 bar und einen Dampfanteil von 97 %. Die Turbine treibt einen Generator zur Stromerzeugung an. Der Nassdampf kondensiert anschließend isobar in einem Kondensator zur siedenden Flüssigkeit und die frei werdende Wärme wird in einer Fernwärmeversorgung genutzt.

a) Welche Wellenleistung in MW stellt die Turbine dem Generator zur Verfügung?
b) Welchen inneren Wirkungsgrad besitzt die Turbine?
c) Welche Wärme in GW wird der Fernwärmeversorgung zur Verfügung gestellt?
d) Wie viel m³ siedendes Wasser verlassen den Kondensator stündlich?
e) Welche Leistung in MW müsste eine Speisewasserpumpe mit einem isentropen Wirkungsgrad von 85 % besitzen, um den Druck im Kondensatstrom von 5 bar wieder auf Frischdampfdruck von 150 bar zu erhöhen und welche Temperatur besitzt der Kondensatstrom dann?

Gegeben:

| | | |
|---|---|---|
| $\dot{V} = 60.000\ \mathrm{m^3/h}$ | $t_F = 550\ °\mathrm{C}$ | $p_F = 150\ \mathrm{bar}$ |
| $\eta_{SP} = 0{,}85$ | $x_K = 0{,}97$ | $p_K = 5\ \mathrm{bar}$ |

Vorüberlegungen:

In Wärmekraftwerken nennt man den der Turbine zugeführten Dampf Frischdampf, die zugehörigen Zustandsdaten heißen Frischdampfparameter.

Die an der Turbine abgegebene Wellenleistung errechnet sich aus dem Massenstrom des Frischdampfes und der Enthalpiedifferenz für die tatsächliche Entspannung in der Turbine:

$$P = \dot{m}_F \cdot \Delta h_{real} = \dot{m} \cdot (h_F - h_K)_{real} \qquad \text{(reale Entspannung = polytrope Entspannung)}$$

Der innere Wirkungsgrad für eine Dampfturbine ist in Formel (8-45) gegeben als

$$\eta_i = \frac{\Delta h_{real}}{\Delta h_{is}}$$

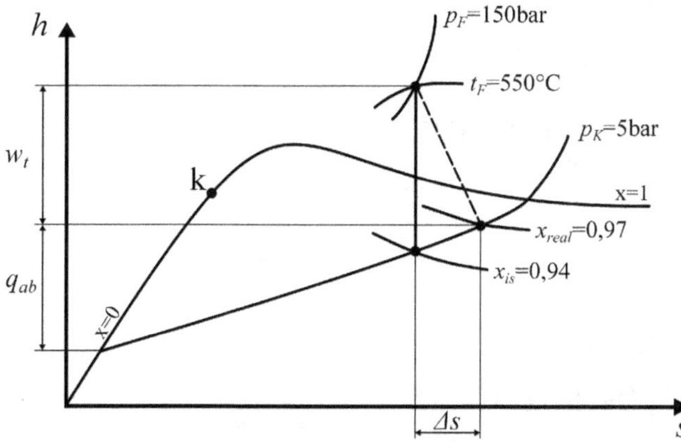


**Abb. 6-7:** Zustandsänderungen der Aufgabe 6.5-7 im Mollier *h,s*-Diagramm.

Wegen $t_F(150\ \text{bar}) = 550\ °\text{C} > t_s(150\ \text{bar}) = 342{,}158\ °\text{C}$ ist der bei 150 bar und 550 °C vorliegende Frischdampf überhitzt und Zahlenwerte der Tabelle 9-17 zu entnehmen:

$v = 0{,}229451\ \text{m}^3/\text{kg}$ $h = 3450{,}47\ \text{kJ/kg}$ $s = 6{,}5230\ \text{kJ/(kg K)}$

Bei Kondensationsdruck $p_K = 5$ bar soll nach Aufgabenstellung Nassdampf mit $x = 0{,}97$ vorliegen. In Tabelle 9-16 lesen wir dazu folgende Daten ab: $t_s(5\ \text{bar}) = 151{,}836\ °\text{C}$

$v'(5\ \text{bar}) = 0{,}00109256\,\text{m}^3/\text{kg}$ $h'(5\ \text{bar}) = 640{,}185\ \text{kJ/kg}$ $h''(5\ \text{bar}) = 2748{,}11\ \text{kJ/kg}$

$s'(5\ \text{bar}) = 1{,}8606\ \text{kJ/(kg K)}$ $s''(5\ \text{bar}) = 6{,}8206\ \text{kJ/(kg K)}$

**Lösung:**

a) Wellenleistung der Turbine

$$P = \dot{m} \cdot \Delta h_{real} = \dot{m}(h_F - h_{K,real})$$

$$\dot{m} = \frac{\dot{V}}{v} = \frac{60.000\ \text{m}^3/3600\ \text{s}}{0{,}0229451\ \text{m}^3/\text{kg}} = 726{,}3715\ \text{kg/s}$$

$$h_k = h' + x_k(h'' - h') = 640{,}185\frac{\text{kJ}}{\text{kg}} + 0{,}97 \cdot (2748{,}11 - 640{,}185)\frac{\text{kJ}}{\text{kg}} = 2684{,}8723\frac{\text{kJ}}{\text{kg}}$$

$$P = 726{,}3715\frac{\text{kg}}{\text{s}} \cdot (3450{,}47 - 2684{,}8723)\frac{\text{kJ}}{\text{kg}} = \underline{\underline{556{,}1\ \text{MW}}}$$

b) innerer Wirkungsgrad der Dampfturbine

isentrope Entspannung ist Entspannung des Fluids bei konstanter Entropie!

$$\eta_i = \frac{\Delta h_{real}}{\Delta h_{is}} = \frac{h_F - h_{K,real}}{h_F - h_{K,is}}$$

Für konstante Entropie folgt: $s(150\ \text{bar}, 550\ °\text{C}) = s_x(5\ \text{bar}) = s' + x_{is}(s'' - s')$ und damit

$$x_{is} = \frac{s(150\ \text{bar}, 550\ °\text{C}) - s'}{s'' - s'} = \frac{(6{,}5230 - 1{,}8606)\ \text{kJ/(kg K)}}{(6{,}8206 - 1{,}8606)\ \text{kJ/(kg K)}} = 0{,}94$$

$$h_{K,is} = h_x(5\ \text{bar}, x_{is} = 0{,}94) = h'(5\ \text{bar}) + x_{is}(h'' - h')_{5\ \text{bar}}$$

$$h_{K,is} = 640{,}185\frac{\text{kJ}}{\text{kg}} + 0{,}94 \cdot (2748{,}11 - 640{,}185)\frac{\text{kJ}}{\text{kg}} = 2621{,}6345\frac{\text{kJ}}{\text{kg}}$$

$$\eta_i = \frac{(3450{,}47 - 2684{,}8723)\ \text{kJ/kg}}{(3450{,}47 - 2621{,}6345)\ \text{kJ/kg}} = \underline{\underline{0{,}9237}}$$

c) Wärmeabgabe an Fernwärmeversorgung

$$\dot{Q} = \dot{m}(h_{K,real} - h'(5\ \text{bar}) = 726{,}3715\frac{\text{kg}}{\text{s}} \cdot (2684{,}8723 - 640{,}185)\frac{\text{kJ}}{\text{kg}} \approx \underline{\underline{1{,}49\ \text{MW}}}$$

d) Volumenstrom siedenden Wassers, der den Kondensator verlässt

$$\dot{V} = \dot{m} \cdot v'(5\text{ bar}) = 726{,}3715\,\frac{\text{kg}}{\text{s}} \cdot 0{,}00109256\,\frac{\text{m}^3}{\text{kg}} = 0{,}79356\,\frac{\text{m}^3}{\text{s}} \cdot \frac{3600\text{ s}}{1\text{ h}} = \underline{\underline{2856{,}82\,\frac{\text{m}^3}{\text{h}}}}$$

e) Leistung der Speisewasserpumpe und Temperatur des Kondensats

$$P_{SP} = \frac{\dot{W}_{t,is}}{\eta_{SP}} = \frac{\int_{p_K}^{p_F} \dot{V}\mathrm{d}p}{\eta_{SP}} = \frac{\dot{V} \cdot (p_F - p_K)}{\eta_{SP}} = \frac{2856{,}82\,\text{m}^3 \cdot 145 \cdot 10^5\,\text{N/m}^2}{3600\,\text{s} \cdot 0{,}85} \approx \underline{\underline{13{,}537\,\text{MW}}}$$

Wir unterstellen dabei, dass das Kondensat inkompressibles Wasser ist und damit der Volumenstrom nicht vom Druck abhängt.

Der Anteil der benötigten Leistung der Speisewasserpumpe, die in Kraftwerken immer vor dem Dampferzeuger geschaltet ist, beträgt hier

$$\frac{13{,}537\,\text{MW}}{556{,}1\,\text{MW}} \approx 0{,}0243 \text{ also etwa 2,43 \%!}$$

$$\dot{Q} = P_{SP} = \dot{m} \cdot \bar{c}_W \left(t_{SP,K} - t_s(5\text{ bar})\right)$$

$$t_{SP,K} = t_s(5\text{ bar}) + \frac{P_{SP}}{\dot{m} \cdot \bar{c}_W} = 151{,}836\,°\text{C} + \frac{11{,}537\,\text{MW}}{726{,}3715\,\text{kg/s} \cdot 4190\,\text{J/(kg K)}} = \underline{\underline{155{,}627\,°\text{C}}}$$

Der Massenstrom wurde aus Teilaufgabe a) übernommen und für die mittlere spezifische Wärmekapazität des Kondensats wurde der Wert 4,19 kJ/(kg K) für Wasser angesetzt.

# 7 Kompressoren

## 7.1 Thermodynamische Grundlagen

Kompressoren (Verdichter) erhöhen den Druck von Gasen durch Zufuhr von Arbeit und werden als *Verdrängermaschinen* (Hubkolben- und Rotationskolbenverdichter) oder als *Turbomaschinen* (Turbokompressoren, Gebläse, Ventilatoren) gebaut. Bei Verdrängermaschinen beruht die Verdichtung auf dem Einschließen einer bestimmten Gasmenge und der anschließenden Verkleinerung des Raumes. Die Turbomaschinen arbeiten nach dem Prinzip einer starken Beschleunigung des Gases in einem Laufrad (Rotor) und Verdichtung durch Abbremsen in einem nachgeschalteten Diffusor. Je nach Laufradform unterscheidet man die Radialverdichter von den Axialverdichtern. Verdrängermaschinen und Turbomaschinen weisen jeweils bezüglich der Höhe der Förderströme sowie bezüglich der Höhe der erreichbaren Drücke Charakteristika auf. Kolbenverdichter bewältigen nur kleine Durchsätze (bis etwa 200 kg/h), können aber sehr hohe Drücke (bis 3000 bar) liefern. Turbomaschinen bewirken wesentlich niedrigere Drucksprünge, dafür aber mit viel höherem Durchsatz. Ventilatoren oder Lüfter haben Förderdrücke von bis zu 1,1 bar, Gebläse zwischen 1,1 und 3 bar. Auch Turbokompressoren liefern nur kleine Drucksprünge, können aber durch eine stufenweise Aneinanderreihung auch Druckerhöhungen auf das 30-fache erreichen (Verdichtersatz bei Gasturbinen).

Verdichter sorgen beim Gastransport für die notwendige treibende Druckdifferenz (Erdgaspipelines) oder ermöglichen chemische Reaktionen, die unter hohem Druck ablaufen (Ammoniaksynthese aus Wasserstoff und Stickstoff). Verdichtete Gase setzt man auch ein, um pneumatische Stellantriebe an Ventilen zu bewegen oder um Druckluftwerkzeuge anzutreiben. Im Unterschied zum Verdichter wird bei einem durch einen Druckluftmotor angetriebenen Schrauber oder bei einem Presslufthammer durch einen fortwährenden Strom expandierenden Gases mechanische Arbeit frei. Diese Abläufe unterliegen denselben thermodynamischen Gesetzmäßigkeiten wie bei der Verdichtung, im thermodynamischen Modell unterscheiden sich Verdichter und Druckluftmotor nur im Vorzeichen für die über die Systemgrenze tretende Arbeit.

Besonders anschaulich gestaltet sich die Erklärung der Zusammenhänge am Beispiel des Kolbenverdichters.

Das Einlassventil öffnet selbsttätig, sobald der Druck im Zylinder unter den Druck in der Saugleitung sinkt und das Auslassventil öffnet, wenn der Druck im Zylinder den der Druckleitung übersteigt. In Abbildung 7-1 ist ein Zylinder ohne schädlichen Raum dargestellt, d. h. der Kolben soll in der linken Endlage (äußerer oder oberer Totpunkt) den Zylinderdeckel gerade berühren, so dass der Zylinderinhalt auf null sinkt. Praktisch ist das nicht zu verwirklichen und wir werden deshalb dieses Modell später noch verfeinern.

DOI 10.1515/9783110530513-008

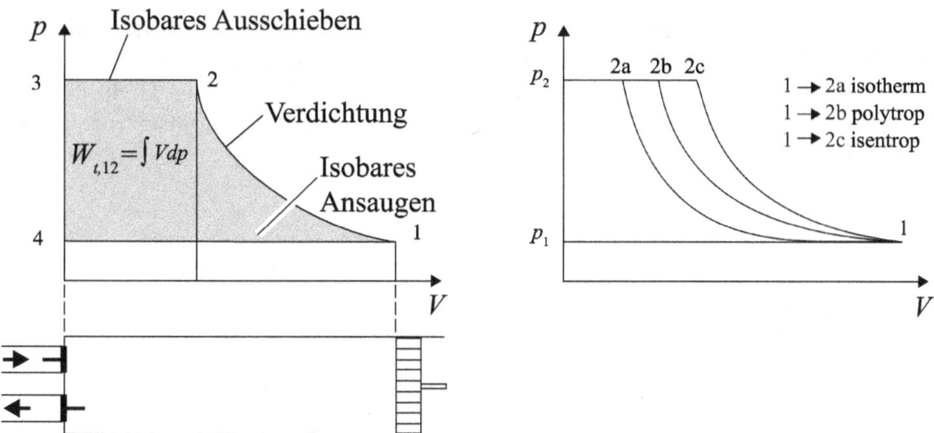


**Abb. 7-1:** Darstellung der prinzipiellen Arbeitsweise eines Kolbenverdichters ohne Schadraum im $p, V$-Diagramm.

Die Darstellung zeigt den Kolben in der rechten Endlage (innerer oder unterer Totpunkt). Zuvor war er vom äußeren Totpunkt nach rechts gewandert, dabei hatte sich mit Unterschreiten des Ansaugdruckes das Saugventil geöffnet und es wurde Arbeitsmittel angesaugt. Bei der Bewegungsumkehr des Kolbens schließt das Saugventil, so dass das im Zylinder eingeschlossene Arbeitsmittel bis zum Erreichen des in der Druckleitung herrschenden Drucks $p_2$ verdichtet wird und nach Öffnen des Auslassventils ausgeschoben werden kann.

Die vom Kolben während eines Arbeitsspiels am Zylinderinhalt aufzubringende Arbeit kann nach Abbildung 7-1 über dem Zylinder als technische Arbeit berechnet werden.

$$W_{t,12} = \int_1^2 V \mathrm{d}p \qquad \text{oder} \qquad w_{t,12} = \int_1^2 v \mathrm{d}p \tag{7-1}$$

Das $p, V$-Diagramm in Abbildung 7-1 liefert über den skizzierten Verlauf von $1 \rightarrow 2$ zunächst noch keine genauen Aussagen über die Art der Zustandsänderung bei der Verdichtung. Der Verdichtungsverlauf kann grundsätzlich beschrieben werden durch die theoretischen Grenzfälle isotherme oder isentrope Zustandsänderung sowie durch die die tatsächlichen Verhältnisse ganz gut abbildende polytrope Zustandsänderung. Eine parallele Betrachtung der Verdichtung im $T,s$-Diagramm liefert einen konkreteren Aufschluss über die Natur der Zustandsänderung bei der Verdichtung.

Abbildung 7-2 enthält die Darstellung der Isotherme (unendlich langsame Verdichtung bei jeweils vollständigem Wärmeaustausch mit der Umgebung) und der Isentrope (verlustlose/dissipationsfreie Verdichtung im adiabaten Zylinder = reversibel) als idealisierte Grenzfälle. Die reale Verdichtung erfolgt polytrop mit $1 < n < \kappa$ (u.a. Wärmeabfuhr über die Zylinderwand und damit Verringerung der Entropie). Modelliert man eine adiabate Verdichtung mit Verbleib der Reibungswärme im Zylinder (adiabate Verdichtung mit adiabaten Zylinderwänden), setzt man $n > \kappa$ an.

Wie man aus der Abbildung (7-2) ferner erkennt, hat man für eine fest vorgegebene Druckerhöhung von $p_1$ auf $p_2$ bei der isothermen Verdichtung den kleinsten Arbeitsaufwand. Dies wird daher häufig – unabhängig von der fehlenden Möglichkeit einer technischen Realisierung – als Vergleichsmaßstab bei der Betrachtung der Effizienz von Verdichtern zu Grunde gelegt. Bei polytroper oder isentroper Verdichtung muss für gleiche Druckerhöhung dem Gas mehr Arbeit zugeführt werden. Der Unterschied wird umso größer, je höher das Druckverhältnis $p_2/p_1$ ist. Kompressoren arbeiten heute in der Regel mit sehr hohen Drehzahlen, so dass sich selbst bei gekühlten Maschinen[19] ein polytroper, in der Nähe der Isentrope liegender Verdichtungsverlauf ergibt.

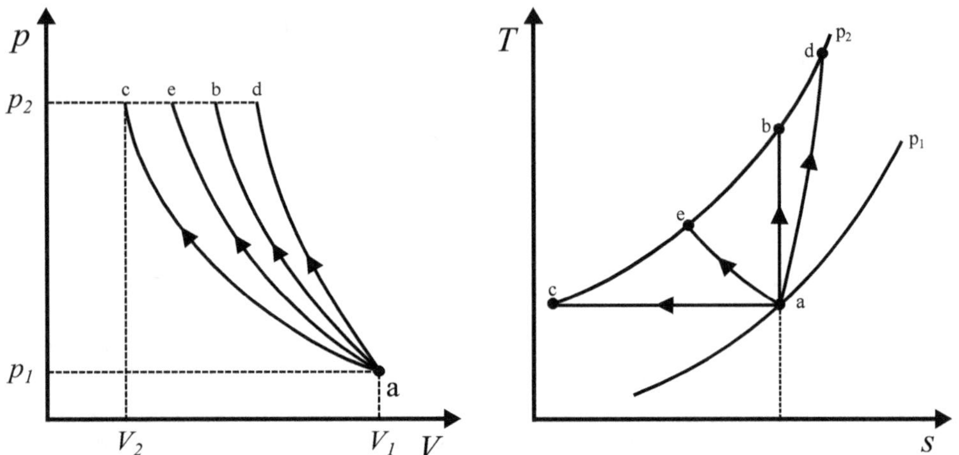


**Abb. 7-2:** $p,V$-Diagramm und $T,s$-Diagramm für die Verdichtung eines Gases vom Druck $p_1$ auf $p_2$
a → b isentrope Verdichtung; a → d adiabate Verdichtung (mit Reibung) $n > \kappa$
a → c isotherme Verdichtung; a → e polytrope Verdichtung (Zylinderwandkühlung) $1 < n < \kappa$.

In wirklichen Verdichtern entsteht Reibungsarbeit. Bei Kolbenverdichtern wird diese hervorgerufen durch Reibung der Kolbenringe an den Zylinderwänden, durch Beschleunigung, Verzögerung sowie Verwirbelung des Gases im Zylinder, durch den Drosselverlust an den Ein- und Ausströmventilen und durch die Lagerreibung. In Strömungsmaschinen ist die Dissipation durch die entstehenden Druckverluste im Rotor und Stator, durch Wirbelbildung und durch Stoßverluste sowie wiederum durch die Lagerreibung relevant.

Die Reibungsarbeit selber zerfällt (an der Systemgrenze) in einen inneren und einen äußeren Teil. Die *äußere* Reibungsarbeit gelangt nicht in den Arbeitsraum der Maschine, in dem das Gas verdichtet oder entspannt wird, sondern erwärmt über die wärmedurchlässigen Wandungen der Konstruktion die Umgebung bzw. ein Kühlmittel (gekühlte Zylinderwände). Die *innere* Reibungsarbeit erhöht die innere Energie des Gases und beeinflusst damit die Art der ablaufenden Zustandsänderung bei der Verdichtung.

Für die thermodynamische Modellbildung ist daher die Unterscheidung in wirkliche Maschinen und ideale Maschinen sehr wichtig. In einer *idealen Arbeitsmaschine* wird die Kupplungsarbeit vollständig dem Gasstrom zugeführt. In einer *idealen Kraftmaschine* (umgekehrte Energieflussrichtung) ist die dem Gasstrom entnommene Arbeit vollständig an der Maschinenwelle verfügbar. Eine *wirkliche Arbeitsmaschine* überträgt dagegen an den Gasstrom nur den um die äußere Reibungsarbeit verringerten Teil der Kupplungsarbeit. Die innere Reibungsarbeit be-

---

[19] Die Zylinderwandkühlung soll durch intensive Wärmeabfuhr die Temperatur des verdichteten Gases möglichst konstant halten und so die aufwandsarme isotherme Verdichtung zumindest ansatzweise realisieren.

wirkt, dass die Verdichtung nicht reversibel isotherm oder isentrop abläuft, sondern der Zustandsverlauf durch eine Polytrope beschrieben werden muss.

In den folgenden Betrachtungen konzentrieren wir uns auf ideale Maschinen. Die Effekte der Reibung berücksichtigen wir bedarfsweise durch einen entsprechenden polytropen Verlauf der Verdichtung bei den Arbeitsmaschinen bzw. der Entspannung bei den Kraftmaschinen (Endpunkt der Zustandsänderung stimmt mit der wirklichen Maschine überein). Außerdem wollen wir immer annehmen, dass die Maschinen über adiabate Wände verfügen, so dass aus der masseunabhängigen Bilanzgleichung des ersten Hauptsatzes für offene Systeme

$$q_{12} + w_{t,12} = (h_2 - h_1) + \frac{1}{2}(c_2^2 - c_1^2) + g(z_2 - z_1)$$

und den Annahmen:

(1) $q_{12} = 0$ (Verdichteraußenhülle adiabat)

(2) $c_2 = c_1$ (Zu- und Abströmgeschwindigkeit gleich)

(3) $z_2 = z_1$ (keine Höhenunterschiede bei Zu- und Abströmung)

folgt

$$w_{t,12} = h_2 - h_1 \quad \text{(reales und halbideales Gas sowie Dampf)} \qquad (7\text{-}2a)$$

$$w_{t,12} = c_p(T_2 - T_1) \quad \text{(perfektes Gas)} \qquad (7\text{-}2b)$$

Für die Modellannahmen zum Gas sei auf Tabelle 3-2 verwiesen. Aus Gleichung (7-2b) ergibt sich bei perfektem Gas je nach Zustandsänderung für die spezifische Arbeit eines Verdichters:

$$w_{t,12} = R_i T_1 \cdot \ln \frac{p_2}{p_1} \quad \text{(isotherm)} \qquad (7\text{-}3a)$$

$$w_{t,12} = \frac{\kappa}{\kappa - 1} \cdot R_i T_1 \cdot \left[\left(\frac{p_2}{p_1}\right)^{\frac{\kappa-1}{\kappa}} - 1\right] \quad \text{(isentrop)} \qquad (7\text{-}3b)$$

$$w_{t,12} = \frac{n}{n - 1} \cdot R_i T_1 \cdot \left[\left(\frac{p_2}{p_1}\right)^{\frac{n-1}{n}} - 1\right] \quad \text{(polytrop)} \qquad (7\text{-}3c)$$

Die Berechnungsformeln (7-3) zeigen, dass die Kompressionsarbeit nicht von der absoluten Höhe des Enddruckes, sondern vom Druckverhältnis $p_2/p_1$ (Verdichterdruckverhältnis $\pi_V$) abhängt. Eine Verdichtung von Luft von 1 auf 10 bar wird bei gleicher Ausgangstemperatur und Menge genauso viel Arbeit benötigen wie von 10 auf 100 bar. Aber die Verdichtung von Luft von 1 auf 10 bar erfordert mehr Energie als die Verdichtung der gleichen Menge von 2 auf 18 bar (bei gleicher Ausgangstemperatur).

## 7.2 Schadraumverhältnis und Füllungsgrad bei Kolbenverdichtern

Mit Rücksicht auf die Anordnung der Ventile im Zylinder und um zu vermeiden, dass der Kolben am Zylinderdeckel anstößt, ist es bei technisch tatsächlich ausgeführten Zylindern nicht möglich, das Gasvolumen im Zylinder beim Ausschieben auf null zu bringen. Im Zylinder verbleibt immer ein Restvolumen verdichtetes, nicht in die Druckleitung geschobenes Gas. Man beschreibt dieses Restvolumen als Schadvolumen und definiert das Schadraumverhältnis $\varepsilon_S$. Seine Größe kennzeichnet man durch das Verhältnis des schädlichen Raumes $V_S$ zum Hubvolumen $V_H$ (vergleiche Abbildung 7-3).

$$\varepsilon_S = \frac{V_S}{V_H} \tag{7-4}$$

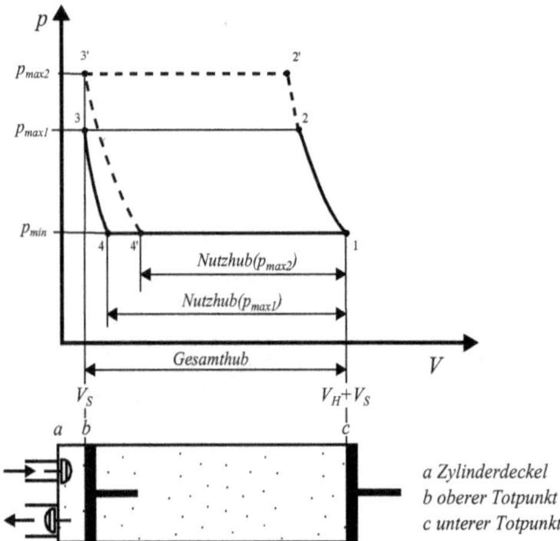


**Abb. 7-3:** Wirkung des schädlichen Raumes im Zylinder des Verdichters und Füllungsverlust.

Bei Rückgang des Kolbens während des Ansaugens expandiert zunächst die im schädlichen Raum expandierte Gasmenge längs der Kurve 3-4, so dass sich das Ansaugen frischen Gases nur auf den Teil 4-1 des Hubes erstreckt. Der Hub für das Ausschieben 2-3 endet am inneren Totpunkt, so dass der schädliche Raum wiederum verdichtetes Gas enthält. Durch die Rückexpansion des im schädlichen Raum enthaltenen Gasrestes werden sowohl die angesaugte Luftmenge als auch der Nutzhub verkleinert. Unterstellt man für Kompression und Expansion jeweils den gleichen Polytropenexponenten, ergibt sich für die tatsächliche Arbeit

$$W = \frac{n}{n-1} p_1 V_1 \left[ \left( \frac{p_2}{p_1} \right)^{\frac{n-1}{n}} - 1 \right] - \frac{n}{n-1} p_1 V_4 \left[ \left( \frac{p_2}{p_1} \right)^{\frac{n-1}{n}} - 1 \right] = \frac{n}{n-1} p_1 V_A \left[ \left( \frac{p_2}{p_1} \right)^{\frac{n-1}{n}} - 1 \right]$$

Das Volumen $V_A$ nennt man nutzbares Ansaugvolumen, es ergibt sich aus

$$V_A = V_1 - V_4$$

Der Kompressor verhält sich also in Bezug auf Förderleistung und Arbeitsbedarf wie ein Kompressor ohne schädlichen Raum mit dem verminderten Hubvolumen $V_A$. Der schädliche

Raum vermindert die Leistung und macht für eine gegebene Förderung einen größeren Kompressor (Zylinder) erforderlich, der mehr Reibung durch größere Reibungsflächen verursacht und ergo auch höhere Verluste hat. Der relative Schadraum macht bei Ventilverdichtern 1-2 %, bei Schiebeverdichtern 3-4 % des Hubvolumens aus.

Da sich der Schadraum bei unterschiedlichen Druckverhältnissen verschieden stark auf das angesaugte Volumen auswirkt, untersucht man diesen Einfluss mit einem volumetrischen Wirkungsgrad $\lambda_F$ (auch Füllungsgrad genannt), der durch das Verhältnis von nutzbaren Ansaugvolumen zu Hubvolumen gekennzeichnet ist. Nach Abbildung 7-3 folgt dann

$$\lambda_F = \frac{V_A}{V_H} = \frac{V_1 - V_4}{V_1 - V_3} \tag{7-5}$$

Erfolgt die polytrope Rückexpansion mit dem Polytropenexponenten $n_R$, kann der Zusammenhang zwischen Füllungsgrad $\lambda_F$ und Druckverhältnis $p_2/p_1$ dargestellt werden aus:

$V_1 = V_H + V_3$ (Abbildung 7-3) und $V_3 = \varepsilon_S \cdot V_H$ (Definition 7-4) sowie

$\frac{V_4}{V_3} = \left(\frac{p_2}{p_1}\right)^{\frac{1}{n_R}}$ (polytrope Zustandsänderung nach Abbildung 7-3)

Eingesetzt in Formel (7-5) entsteht der Zusammenhang

$$\lambda_F = \frac{V_1 - V_4}{V_H} = \frac{V_H + V_3 - V_3\left(\frac{p_2}{p_1}\right)^{\frac{1}{n_R}}}{V_H} = \frac{V_H + \varepsilon_S V_H - \varepsilon_S V_H \cdot \left(\frac{p_2}{p_1}\right)^{\frac{1}{n_R}}}{V_H}$$

$$\lambda_F = 1 - \varepsilon_S\left[\left(\frac{p_2}{p_1}\right)^{\frac{1}{n_R}} - 1\right] \tag{7-6}$$

Nach Formel (7-6) nimmt der Füllungsgrad $\lambda_F$ mit wachsendem Druckverhältnis sowie wachsendem Schadraum ab und kann unter ungünstigen Bedingungen sogar den Wert Null annehmen. Bei mehrstufiger Verdichtung ist wegen des geringeren Druckverhältnisses in den einzelnen Stufen die Rückexpansion geringer und damit der Füllungsgrad $\lambda_F$ größer. In den höheren Stufen ist das Schadvolumen außerdem stets geringer, da man mit kleineren Hüben und geringeren Kolbendurchmessern auskommt. Für die Beurteilung des Füllungsgrades bei mehrstufigen Verdichtern ist also immer die erste Stufe maßgeblich.

Der Füllungsgrad gemäß Formel (7-6) berücksichtigt beim Ansaugen des Gases keine Drosselverluste und vernachlässigt die Temperaturerhöhung des Gases durch erwärmte Zylinderwände. Auch Gasverluste durch Leckagen zwischen Kolben und Zylinderwand werden vernachlässigt. Diese Effekte (Aufheizungsgrad $\lambda_A$, Durchsatzgrad $\lambda_D$) gehen in den Liefergrad $\lambda_L$ ein, der die tatsächlich geförderte Gasmasse $m$ ins Verhältnis setzt zu der Gasmasse, die den Hubraum im Ansaugzustand füllen würde.

$$\lambda_L = \lambda_A \cdot \lambda_D = \frac{m}{\rho_1 \cdot V_H} \tag{7-7}$$

## 7.3 Wirkungsgrade von Kompressoren

Etwa 80 % der Gesamtkosten im Lebenszyklus eines Kompressors sind Energiekosten. Deshalb sind konkrete Angaben zu Wirkungsgraden von Kompressoren besonders wichtig. Leider müssen wir uns hier mit einer Vielzahl unterschiedlicher Wirkungsgraddefinitionen mit jeweils spezieller Aussagekraft auseinandersetzen.

Aus rein thermodynamischer Sicht unterscheiden wir die polytropen oder hydraulischen Wirkungsgrade von den isentropen. Für die adiabate Kompression liefert der polytrope Wirkungsgrad stets einen höheren Zahlenwert als der isentrope.

Die polytropen Wirkungsgrade liefern ihre Aussage aus der durch Irreversibilitäten hervorgerufenen Zunahme der Entropie. Man vergleicht den durch den realen Prozess entstandenen Entropiezuwachs mit dem, der bei einer isothermen Zustandsänderung auf den gleichen Enddruck auftreten würde. Die isotherme Zustandsänderung als Sonderfall einer polytropen Zustandsänderung (Polytropenexponent $n = 1$) verursacht immer die größtmögliche Entropiedifferenz. Charakteristisch für polytrope Wirkungsgrade ist, dass realer und idealer Fall durch jeweils die gleiche Zustandsänderung, nämlich die Polytrope, beschrieben wird.

Setzt man dagegen die technische Arbeit einer idealen Maschine ins Verhältnis zur tatsächlich aufgewendeten technischen Arbeit in einer realen Maschine (also jeweils Enthalpiedifferenzen), führt dies zu einer völlig anderen Definition von Wirkungsgraden. Als Parameter setzen wir nachfolgend besonders auf das Verdichterdruckverhältnis $\pi_V = p_{max}/p_{min} = p_2/p_1$ und das maximale Temperaturverhältnis $\tau_{max} = T_{max}/T_{min} = T_{2,real}/T_1$.

### Isentroper Wirkungsgrad für adiabate Kompressoren

$$\eta_{V,is} = \frac{w_{t,is}}{w_{t,real}} = \frac{h_{2,is} - h_1}{h_{2,real} - h_1} = \frac{c_p \cdot (T_{2,is} - T_1)}{c_p \cdot (T_{2,real} - T_1)} = \frac{\frac{T_{2,is}}{T_1} - 1}{\frac{T_{2,real}}{T_1} - 1} = \frac{\pi_V^{\frac{\kappa-1}{\kappa}} - 1}{\pi_V^{\frac{n-1}{n}} - 1} = \frac{\pi_V^{\frac{\kappa-1}{\kappa}} - 1}{\tau_{\max} - 1} \quad \text{(7-8a)}$$

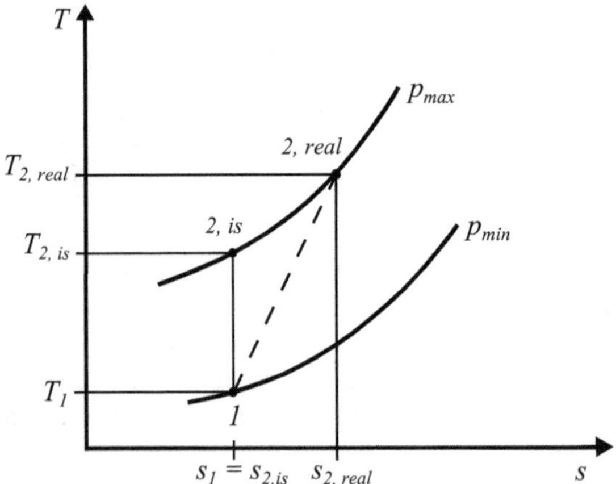


**Abb. 7-4:** Definition des isentropen Verdichterwirkungsgrades nach Formel (7-8).

Der von Zustandspunkt 1 zu 2,*real* gestrichelt eingezeichnete Verlauf ist ein fiktiver. Durch Messungen kennen wir jeweils nur Start- und Zielpunkt der real ablaufenden Verdichtung.

Bei der Berechnung des isentropen Verdichterwirkungsgrades entstehen durch die Vernachlässigung von Realgaseffekten systematische Fehler bei den kalorischen Zustandsgrößen, die sich aber meist – zumindest teilweise – gegenseitig aufheben. Für die Ermittlung des isentropen Wirkungsgrades folgen daraus geringere Abweichungen als das nach den beobachteten Fehlern für Enthalpie und Entropie zu befürchten wäre.

**Isothermer Wirkungsgrad für gekühlte Kompressoren**

$$\eta_{V,isoth} = \frac{w_{t,isoth}}{w_{t,real}} = \frac{R_i \cdot T_1 \cdot \ln\frac{p_2}{p_1}}{\frac{n}{n-1} \cdot R_i \cdot T\left(\pi_V^{\frac{n-1}{n}} - 1\right)} = \frac{(n-1)\cdot \ln\frac{p_2}{p_1}}{n \cdot (\pi_V^{\frac{n-1}{n}} - 1)} = \frac{(n-1)\cdot \ln\frac{p_2}{p_1}}{n \cdot (\tau_{\max} - 1)} \qquad (7\text{-}8b)$$

# 7.4 Effizienzsteigerung durch Mehrstufigkeit

Um die Verdichtung von Gas mit möglichst geringem Energieaufwand zu bewerkstelligen, versucht man die polytrope Verdichtung durch eine stufenweise Ausführung dem Verlauf der isothermen Verdichtung anzunähern. Zunächst verdichtet man polytrop bis zu einem Zwischendruck, um anschließend das durch die Verdichtung erwärmte Gas in einem Wärmetauscher wieder auf die ursprüngliche Ansaugtemperatur zu kühlen. Nach Erreichen der Ansaugtemperatur wird wieder polytrop verdichtet (siehe Abbildung (7-5)). Die grau unterlegte Fläche im Diagramm stellt dann die erzielte Aufwandsersparnis dar. Gleichzeitig wird mit der abgestuften Verdichtung erreicht, dass die Verdichtungsendtemperaturen unterhalb einer technisch beherrschbaren Grenze bleiben (Temperaturfestigkeit des Materials und Verzunderung des Verdichteröls!) können.

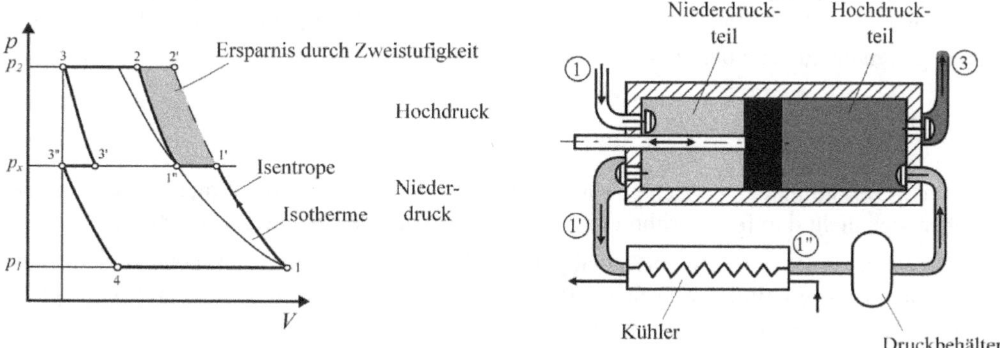


**Abb. 7-5:** Aufwandsersparnis durch zweistufige polytrope Verdichtung.

Die erforderliche Arbeit für die zweistufig ausgelegte Verdichtung errechnet sich nun nach Addition der Einzelaufwendungen in der ersten und zweiten Stufe aus:

$$w_{t,12} = \frac{n}{n-1} R \cdot T_1 \left[ \left(\frac{p_x}{p_1}\right)^{\frac{n-1}{n}} + \left(\frac{p_2}{p_x}\right)^{\frac{n-1}{n}} - 2 \right] \qquad (7\text{-}9)$$

Abbildung 7-5 stellt einen sogenannten doppeltwirkenden Kolbenverdichter dar. Durch den im Zylinder vorlaufenden Kolben wird das Gas im sich verkleinernden Zylinderraum verdichtet. Bei Überschreitung eines eingestellten Drucks öffnet das Druckventil am rechten Ende des Zylinders und presst das Gas in die Druckleitung (3). Auf der anderen Kolbenseite vergrößert sich gleichzeitig der Zylinderraum, so dass ein Unterdruck entsteht, der Frischgas bei geöffnetem Saugventil ansaugt. Beim Zurückgehen des Kolbens wird nun am linken Ende des Zylinders das angesaugte Frischgas in eine Druckleitung gepresst, während auf der rechten Seite das vorverdichtete und (auf Ausgangstemperatur) rückgekühlte Gas angesaugt wird. Der Druckbehälter vergleichmäßigt den pulsierenden Massenstrom für eine kontinuierliche Ansaugung auf der rechten Seite. Der Antrieb des Verdichters erfolgt über das hier nicht dargestellte Zusammenwirken von Motor, Schwungrad und Kolbenstange.

Formel (7-9) geht davon aus, dass das verdichtete Gas nach jeder Verdichtungsstufe wieder isobar auf seine Ausgangstemperatur zurückgekühlt wird und der Polytropenexponent stets konstant bleibt (also nicht stufenabhängig ist). Forderungen an die Festlegung der Höhe des Zwischendruckes $p_x$ sind hier noch nicht gestellt. Praktisch ergeben sich zwei Optionen: Entweder Zwischendruck $p_x$ nach Bedarf eines weiteren Verbrauchers wählen oder Zwischendruck $p_x$ mit dem Ziel fixieren, den Arbeitsaufwand für die Verdichtung zu minimieren (in Abbildung 7-5 also eine möglichst große Fläche für die Ersparnis zu generieren). Zur Verwirklichung der ersten Option orientiert man sich allein an den technischen Erfordernissen der Drucknachfrage, bei der zweiten Option geht es um die Minimierung des Energieaufwandes. Dabei führt

$$\frac{dw_{t,12}}{dp_x} = 0 \quad \text{auf} \quad p_x^2 = p_1 \cdot p_2 \quad \text{oder} \quad \text{auf} \quad \frac{p_x}{p_1} = \frac{p_2}{p_x}$$

Für einen minimalen Arbeitsaufwand bei der Verdichtung muss in jeder Druckstufe das gleiche Stufendruckverhältnis vorliegen. Dies gilt auch für den Fall, dass mehr als zwei Stufen vorgesehen sind. Bei $z$ Stufen und $p_e$ als geforderten Enddruck sowie einem Anfangsdruck von $p_a$ geht man aus von dem konstanten Stufendruckverhältnis

$$\pi_{V,S,opt} = \frac{p_x}{p_a} = \sqrt[z]{\frac{p_e}{p_a}} \tag{7-10}$$

Hinweis: Die optimalen Zwischendrücke für die Minimierung des Verdichtungsaufwandes ergeben sich nicht durch das arithmetische, sondern durch das geometrische Mittel!

Die Berechnung der spezifischen Arbeit gemäß (7-9) mit einer Stufenzahl von $z$ und konstantem Stufendruckverhältnis bei isobarer Rückkühlung des verdichteten Gases auf Ansaugtemperatur nach jeder Zwischenstufe vereinfacht sich jetzt zu

$$w_{t,12} = \frac{n}{n-1} R \cdot T_1 \left[ z \cdot \left(\pi_{V,S,opt}\right)^{\frac{n-1}{n}} - z \right] \tag{7-11}$$

Theoretisch könnte man den isothermen Zustandsverlauf bei der Verdichtung eines Gases mit einer unendlichen Zahl von Verdichtungsstufen und entsprechender Zwischenkühlung nachbilden. Praktisch muss man sich jedoch auf eine endliche Zahl von Verdichtungsstufen festlegen. Meist erfordert die Festigkeit des Materials, aus dem der Verdichter gefertigt ist, und die Verwendung eines bestimmten Verdichteröls die Begrenzung der maximalen Verdichtungstemperatur in einer Stufe. Darf eine bestimmte Temperatur $T_{max}$ nicht überschritten werden, kann man bei gleichzeitiger Forderung nach möglichst geringem Arbeitsaufwand ausgehen von:

$$\frac{p_{\max}}{p_a} = \left(\frac{T_{\max}}{T_a}\right)^{\frac{n}{n-1}} \tag{7-12}$$

Daraus folgt nun wegen $\frac{p_{\max}}{p_a} = \sqrt[z]{\frac{p_e}{p_a}} \quad \rightarrow \quad \ln\frac{p_{\max}}{p_a} = \frac{1}{z}\cdot\ln\frac{p_e}{p_a}$

$$z = \frac{\ln\frac{p_e}{p_a}}{\ln\frac{p_{\max}}{p_a}} \tag{7-13}$$

Die Ausführung von Formel (7-13) liefert in der Regel keine ganzzahligen Werte von $z$. Man rundet daher immer zum nächsten ganzzahligen Wert für $z$ auf und berechnet damit das Stufendruckverhältnis neu, das dann unter dem anfangs aus (7-12) ermittelten Wert liegt, so dass die maximal zulässigen Temperaturen nicht überschritten werden.

Für die Auswahl der Anzahl der Stufen $z$ und die konkrete Vorgabe der Zwischendrücke $p_x$ kann es verschiedene Gründe geben:

- Nachfrage unterschiedlicher Druckniveaus durch die angeschlossenen Verbraucher
- Notwendigkeit der Begrenzung der Verdichtungsendtemperaturen (Verzunderung des Verdichteröls)
- Steigerung der Energieeffizienz durch Optimierung von Laufzeit (Energiekosten) und Anzahl der Stufen

Neben der hier beschriebenen mehrstufigen Ausführung mit Zwischenkühlung bemüht man sich durch intensive Zylinderwandkühlung und durch Einspritzen von Kühlflüssigkeiten in den Arbeitsraum des Verdichters um eine Annäherung des realen an den isothermen Verdichtungsverlauf, um den Energiebedarf für die Verdichtung so gering wie möglich zu halten.
Der Zusammenhang zwischen der spezifischen jeweils auf 1 kg Arbeitsmittel bezogen Betrachtung und der erforderlichen Leistung des Verdichters ergibt sich aus

$$P = \dot{m}\cdot w_{t,12} = \rho\cdot\dot{V}\cdot w_{t,12} \tag{7-14}$$

Ein Verdichter saugt durch die festen Geometrien im Einlauf stets den gleichen Volumenstrom an. Der zugehörige Massenstrom ändert sich jedoch mit der Dichte des angesaugten Gases. Die Dichte hängt wiederum von Druck und Temperatur ab. Deshalb unterliegt die Leistung eines Verdichters nach (7-14) Schwankungen bei Druck- und/oder Temperaturänderungen des angesaugten Gases.

Die Norm DIN 1945 (ISO 1217) Verdrängerkompressoren: Thermodynamische Abnahme- und Leistungsversuche (Anhang F) legt als Referenzzustand die jeweiligen Eintrittsparameter für Abnahmeversuche zum Leistungsnachweis wie folgt fest:

$p = 1$ bar $\quad t = 20$ °C $\quad p_{H_2O} = 0\,\text{kPa}$ (trocken) $\quad$ Kühlwasser: $t = 20$ °C

Mit diesen Festlegungen kann man Angebots- und Lieferumfang für geförderten Volumenstrom und Leistungsbedarf objektiv vergleichen. Der spezifischen Leistung $w$ in kW/(m³/h)

als Kennzahl, die die aufgenommene Leistung ins Verhältnis zum geförderten Volumenstrom setzt, kommt bei diesen Vergleichen eine Schlüsselrolle zu. Ein allseits gut bekanntes Analogon wäre der Kraftstoffverbrauch eines Fahrzeugs in Litern pro gefahrenen 100 km.

Zunächst ist bei den auf DIN 1945 fußenden Abnahmeversuchen darauf zu achten, Abweichungen der Versuchsbedingungen vom Referenzzustand so gering wie möglich zu halten. Bei unvermeidbaren Abweichungen müssen nutzbarer Volumenstrom und spezifischer Leistungsbedarf auf die Referenzbedingungen umgerechnet werden. Dies kann geschehen durch eine geeignete Variation der Versuchsparameter, so dass man sich den Referenzzustand durch eine Interpolation nähern kann, oder durch entsprechende Umrechnungen. Für die Ermittlung des spezifischen Leistungsbedarfes und des geförderten Volumenstroms im Referenzzustand sind dann die Abweichungen des Isentropenexponenten, des Druckverhältnisses, der Feuchte, der Kühlmitteltemperatur und der Wellendrehzahl funktional zu untersuchen. Beim spezifischen Leistungsbedarf ist zusätzlich noch der Eintrittsdruck zu berücksichtigen.

Für die Massenstrombilanzen werden die geförderten Volumina auf den Ansaugzustand bezogen. Praktisch verwendet man dazu den physikalischen Normzustand nach DIN 1343 (Normvolumen $V_n$) oder den Referenzzustand nach DIN 1945 (Standardvolumen $V_S$).

Normvolumen: $$V_n = \frac{\rho_s \cdot V_S}{\rho_n} = \frac{p_S}{p_n} \cdot \frac{T_n}{T_S} \cdot V_S = \frac{1{,}00000\,\text{bar}}{1{,}01325\,\text{bar}} \cdot \frac{273{,}15\,\text{K}}{293{,}15\,\text{K}} \cdot V_S = 0{,}919591 \cdot V_S$$

Standardvolumen: $$V_S = \frac{\rho_n \cdot V_n}{\rho_S} = \frac{p_n}{p_S} \cdot \frac{T_S}{T_n} \cdot V_n = \frac{1{,}01325\,\text{bar}}{1{,}00000\,\text{bar}} \cdot \frac{293{,}15\,\text{K}}{273{,}15\,\text{K}} \cdot V_S = 1{,}08744 \cdot V_n$$

Dies bedeutet: Sind die Standardkubikmeter nach DIN 1945 zahlenmäßig bekannt, muss man für die Normkubikmeter nach DIN 1343 von einen um etwa 8 % geringeren Wert ausgehen. Zur Abschätzung der Standardkubikmeter aus den Normkubikmetern geht man von einem circa 8,7 % höherem Wert aus.

## 7.5 Verstehen durch Üben: Kompressoren

**Aufgabe 7-1:** Einfluss der Zustandsänderung auf benötigte Leistung und Betriebskosten
Ein Luftstrom von 100 Normkubikmetern pro Stunde (Gaskonstante 287 J/(kg K), ideales Gas) wird bei 15 °C und einen Druck von 1 bar angesaugt und in einem idealen Verdichter in einer Stufe auf 64 bar verdichtet. Zu berechnen sind für isothermen, isentropen und polytropen ($n$ = 1,35) Verdichtungsverlauf folgende Parameter:

a) die jeweiligen Verdichtungsendtemperaturen in °C
b) die jeweiligen durch Saugstutzen und Druckleitung nach Verdichtung durchgesetzten Luftströme in m³/h
c) die jeweils benötigten Antriebsleistungen des Verdichters und die abzuführenden Wärmeströme in kW für alle oben genannten Verdichtungsverläufe
d) die Betriebskosten des Verdichters aus Stromkosten bei 0,24 €/kWh und Kühlwasserkosten von 1,85 €/m³ bei einer erlaubten Kühlwassererwärmung von 12 K!

Für das Kühlwasser ist die mittlere spezifische Wärmekapazität mit 4,19 kJ/(kg K) und die Dichte mit 1000 kg/m³ anzusetzen.

Gegeben:

Luft: $p_1 = 1$ bar $t_1 = 15$ °C $p_2 = 64$ bar $R_L = 287$ J/(kg K) $\dot{V} = 100\ \mathrm{m_n^3/h}$

Wasser: $\bar{c}_W = 4{,}19\,\mathrm{kJ/(kgK)}$ $\rho_W = 1000\ \mathrm{kg/m^3}$ $\Delta t = 12\ \mathrm{K}$

Stromtarif: *Preis* = 0,24 €/kWh

Vorüberlegungen:

1. Luft ist hier als ideales Gas zu behandeln, obwohl der Druck von $p_2 = 64$ bar schon die Verwendung von Realgasfaktoren nahelegt. Als quasi-zweiatomiges Gas besitzt Luft einen Isentropenexponenten von $\kappa = 1{,}4$.
2. Für alle Formeln (7-x) sind die Temperaturen der thermodynamischen Temperaturskala zu verwenden, so dass die in °C geforderten Temperaturen umgerechnet werden müssen mit der Zahlenwertgleichung $\{t\} = \{T\} - 273{,}15$ .
3. Wegen der vom Verdichtungsverlauf unabhängigen Ansaugbedingungen ist der Luftstrom im Ansaugstutzen immer gleich und errechnet sich unter Berücksichtigung der definierten Bedingungen des physikalischen Normzustandes

$$\dot{m} = \frac{p_n \cdot V_n}{R_L \cdot T_n} \quad \text{und} \quad \dot{V}_1 = \frac{\dot{m} \cdot R_L \cdot T_1}{p_1} \quad \text{schließlich zu} \quad \dot{V}_1 = \frac{p_n}{p_1} \cdot \frac{T_1}{T_n} \cdot \dot{V}_n$$

$$\dot{V}_1 = \frac{1{,}01325\ \mathrm{bar}}{1{,}00000\ \mathrm{bar}} \cdot \frac{288{,}15\ \mathrm{K}}{273{,}15\ \mathrm{K}} \cdot 100\ \frac{\mathrm{m^3}}{\mathrm{h}} = \underline{\underline{106{,}89\ \frac{\mathrm{m^3}}{\mathrm{h}}}}$$

**Lösung:**

a) Berechnung der Verdichtungsendtemperaturen

isotherm: $T_1 = 288{,}15$ K $\underline{\underline{t_1 = t_2 = 15{,}00\ °\mathrm{C}}}$

isentrop: $$\frac{T_2}{T_1} = \left(\frac{p_2}{p_1}\right)^{\frac{\kappa-1}{\kappa}} \qquad T_2 = T_1\left(\frac{p_2}{p_1}\right)^{\frac{\kappa-1}{\kappa}} = 288{,}15\ \mathrm{K} \cdot 64^{\frac{0,4}{1,4}} = 945{,}52\ \mathrm{K} \qquad \underline{\underline{t_2 = 672{,}37\ °\mathrm{C}}}$$

polytrop: $$\frac{T_2}{T_1} = \left(\frac{p_2}{p_1}\right)^{\frac{n-1}{n}} \qquad T_2 = T_1\left(\frac{p_2}{p_1}\right)^{\frac{n-1}{n}} = 288{,}15\ \mathrm{K} \cdot 64^{\frac{0,35}{1,35}} = 847{,}01\ \mathrm{K} \qquad \underline{\underline{t_2 = 573{,}86\ °\mathrm{C}}}$$

Die höchste Endtemperatur tritt bei der isentropen Verdichtung auf, hier würde sich daher zumindest theoretisch die höchste thermische Belastung des Kompressors ergeben.

Die isentrope Verdichtung im adiabaten Zylinder erfolgt reversibel, also reibungsfrei. Berücksichtigt man die real auftretende Reibung durch polytrope Verdichtung muss die Entropie des Systems steigen und wegen der nicht abführbaren Reibungswärme die Endtemperatur über der im isentropen Verdichtungsverlauf erreichbaren Temperatur liegen. Thermodynamisch wird diese Situation durch die Wahl eines Polytropenexponenten $n > \kappa$ modelliert (vergleiche dazu Abbildung 7-2). Bei hinreichend gekühlten Zylinderwänden hingegen kann die Temperatur unter der für die isentrope Verdichtung im adiabaten Zylinder liegen. Das Sinken der Entropie ist ein Maß für den Umfang der Wärmeabfuhr. Modelliert wird dies durch Polytropenexponenten im Bereich $1 < n < \kappa$. Eine vollständige Wärmeabfuhr würde den isothermen Verlauf der Kompression ($n = 1$) nachbilden.

Die Endtemperaturen sind hier in diesem Beispiel abgesehen von der technisch ohnehin nicht umsetzbaren isothermen Verdichtung für eine einstufige technische Realisierung zu hoch (Ölverzunderung!), so dass man mehrere Verdichtungsstufen vorsehen müsste (vergleiche dazu Aufgabe 7-3).

b) angesaugte und verdichtete Volumenströme

Aus den Vorüberlegungen übernehmen wir das Ergebnis für die immer gleich unabhängig vom Verdichtungsverlauf angesaugten (eintretenden) Volumenströme.

$$\dot{V}_1 = 106{,}89\,\frac{\text{m}^3}{\text{h}}$$

Die Höhe der verdichteten (austretenden) Luftvolumenströme hängt bei konstantem Enddruck von 64 bar von der Verdichtungstemperatur $T_2$ und somit vom Verdichtungsverlauf ab.

$$\dot{V}_2 = \frac{\dot{m} \cdot R_L \cdot T_2}{p_2}$$ mit dem errechneten Massenstrom im physikalischen Normzustand

$$\dot{m} = \frac{p_n \cdot \dot{V}_n}{R_L \cdot T_n} = \frac{101325\ \text{N/m}^2 \cdot 100\ \text{m}^3/\text{h}}{287\ \text{Nm/(kg K)} \cdot 273{,}15\ \text{K}} = 129{,}25\,\frac{\text{kg}}{\text{h}}$$

isotherm: $$\dot{V}_2 = \frac{129{,}25\ \text{kg/h} \cdot 287\ \text{J/(kg K)} \cdot 288{,}15\ \text{K}}{64 \cdot 10^5\ \text{N/m}^2} = 1{,}67\,\frac{\text{m}^3}{\text{h}}$$

isentrop: $$\dot{V}_2 = \frac{129{,}25\ \text{kg/h} \cdot 287\ \text{J/(kg K)} \cdot 945{,}52\ \text{K}}{64 \cdot 10^5\ \text{N/m}^2} = 5{,}48\,\frac{\text{m}^3}{\text{h}}$$

polytrop: $$\dot{V}_2 = \frac{129{,}25\ \text{kg/h} \cdot 287\ \text{J/(kg K)} \cdot 847{,}01\ \text{K}}{64 \cdot 10^5\ \text{N/m}^2} = 4{,}91\,\frac{\text{m}^3}{\text{h}}$$

c) die Antriebsleistungen für die Kompression und abzuführende Wärmen hängen für den Luftstrom von 129,25 kg/h von der konkreten Zustandsänderung bei der Verdichtung ab:

isotherm:

$$w_{t,12} = R_L T_1 \cdot \ln\frac{p_2}{p_1} = 287\,\frac{\text{J}}{\text{kg K}} \cdot 288{,}15\ \text{K} \cdot \ln\left(\frac{64\ \text{bar}}{1\ \text{bar}}\right) = 343{,}94\,\frac{\text{kJ}}{\text{kg}}$$

$$P = \dot{m} \cdot w_{t,12} = \frac{129{,}25\ \text{kg}}{3600\ \text{s}} \cdot 343{,}94\,\frac{\text{kJ}}{\text{kg}} = 12{,}348\ \text{kW}$$

$$\dot{Q} = \dot{m} \cdot q_{ab} = \dot{m} \cdot R_L T_1 \ln\frac{p_1}{p_2} = \frac{129{,}25\ \text{kg}}{3600\ \text{s}} \cdot 287\,\frac{\text{J}}{\text{kg K}} \cdot 288{,}15\ \text{K} \cdot \ln\frac{1\ \text{bar}}{64\ \text{bar}} = -12{,}348\ \text{kW}$$

isentrop mit $\kappa = 1{,}40$:

$$w_{t,12} = \frac{\kappa}{\kappa - 1} \cdot R_L T_1 \cdot \left[ \left( \frac{p_2}{p_1} \right)^{\frac{\kappa-1}{\kappa}} - 1 \right] = \frac{1{,}40}{0{,}40} \cdot 0{,}287 \frac{\text{kJ}}{\text{kg K}} \cdot 288{,}15\,\text{K} \cdot \left[ 64^{\frac{0{,}40}{1{,}40}} - 1 \right] = \underline{\underline{660{,}33 \frac{\text{kJ}}{\text{kg}}}}$$

$$P = \dot{m} \cdot w_{t,12} = \frac{129{,}25\,\text{kg}}{3600\,\text{s}} \cdot 660{,}33 \frac{\text{kJ}}{\text{kg}} = \underline{\underline{23{,}708\,\text{kW}}}$$

$\dot{Q} = \underline{\underline{0}}$ (zentrale Forderung der Modellbildung!)

polytrop mit $n = 1{,}35$:

$$w_{t,12} = \frac{n}{n - 1} \cdot R_L T_1 \left[ \left( \frac{p_2}{p_1} \right)^{\frac{n-1}{n}} - 1 \right] = \frac{1{,}35}{0{,}35} \cdot 0{,}287 \frac{\text{kJ}}{\text{kg K}} \cdot 288{,}15\,\text{K} \cdot \left[ 64^{\frac{0{,}35}{1{,}35}} - 1 \right] = \underline{\underline{618{,}65 \frac{\text{kJ}}{\text{kg}}}}$$

$$P = \dot{m} \cdot w_{t,12} = \frac{129{,}25\,\text{kg}}{3600\,\text{s}} \cdot 618{,}65 \frac{\text{kJ}}{\text{kg}} = \underline{\underline{22{,}211\,\text{kW}}}$$

$$\dot{Q} = \dot{m} \cdot c_n (T_2 - T_1) = \dot{m} \cdot \frac{R_L}{\kappa - 1} \cdot \frac{n - \kappa}{n - 1} \cdot (T_2 - T_1)$$

$$\dot{Q} = \frac{129{,}25\,\text{kg}}{3600\,\text{s}} \cdot \frac{287\,\text{J/(kg K)}}{0{,}4} \cdot \frac{1{,}35 - 1{,}4}{1{,}35 - 1} \cdot (847{,}01 - 288{,}15)\,\text{K} = \underline{\underline{-2{,}057\,\text{kW}}}$$

Wie nach Theorie zu erwarten, haben wir die niedrigste Antriebsleistung, die gleichzeitig eine Mindestleistung für die geforderte Verdichtung markiert, bei der isothermen Kompression ermittelt. Für diesen theoretischen Grenzfall ist jedoch auch der höchste Betrag an Wärme abzuführen. Wegen der Trägheit beim Wärmetransport würde ein solcher Verdichtungsvorgang extrem langsam ablaufen. Der isentrope Verdichtungsverlauf als weiterer theoretischer Grenzfall liefert den höchsten Verdichtungsaufwand. Da definitionsgemäß keine Wärme über die Systemgrenze treten darf, müsste dieser Vorgang unendlich schnell ablaufen. Die hier betrachtete polytrope Verdichtung liegt zwischen beiden theoretischen Grenzfällen, aber in deutlicher Nähe zur isentropen Verdichtung. Die mit dem Polytropenexponenten modellierte Teilkühlung über die Systemgrenze führt auch schon zur Verringerung des Verdichtungsaufwandes.

d) Betriebskosten $K_B$ = Stromkosten $K_E$ + Kühlwasserkosten $K_W$

Stromkosten $K_E$ für $\tau = 1$ h und *Preis* = 0,24 €/kWh: $K_E = P \cdot \tau \cdot 0{,}24$ €/kWh

isotherm: $K_E = 12{,}348\,\text{kW} \cdot 1\,\text{h} \cdot 0{,}24$ €/kWh = 2,96 €

isentrop: $K_E = 23{,}708\,\text{kW} \cdot 1\,\text{h} \cdot 0{,}24$ €/kWh = 5,69 €

polytrop: $K_E = 22{,}211\,\text{kW} \cdot 1\,\text{h} \cdot 0{,}24$ €/kWh = 5,33 €

Kühlwasserkosten für $\tau = 1$ h und *Preis* = 1,85 €/m³: $K_W = \dot{V}_W \cdot \tau \cdot 1{,}85\ €/\text{m}^3$

Energiebilanz: abzuführende Wärme = aufgenommene Wärme vom Kühlwasser:

$$\left|\dot{Q}\right| = \dot{m}_W \cdot \overline{c}_W \cdot \Delta t = \rho_W \cdot \dot{V}_W \cdot \overline{c}_W \cdot \Delta t \qquad \dot{V}_W = \frac{\left|\dot{Q}\right|}{\rho_W \cdot \overline{c}_W \cdot \Delta t}$$

Kosten für das benötigte Kühlwasser mit einem Preis von 1,85 €/m³ :

$$K_W = \frac{\left|\dot{Q}\right|}{\rho_W \cdot \overline{c}_W \cdot \Delta t} \cdot \tau \cdot 1{,}85\ €/\text{m}^3$$

isotherm: $K_W = \dfrac{12{,}348\,\text{kW}}{1000\,\text{kg/m}^3 \cdot 4{,}19\,\text{kJ/(kg K)} \cdot 12\,\text{K}} \cdot 1\,\text{h} \cdot 1{,}85\,€/\text{m}^3 = 1{,}64\,€$

isentrop: $K_W = 0$

polytrop: $K_W = \dfrac{2{,}057\,\text{kW}}{1000\,\text{kg/m}^3 \cdot 4{,}19\,\text{kJ/(kg K)} \cdot 12\,\text{K}} \cdot 1\,\text{h} \cdot 1{,}85\,€/\text{m}^3 = 0{,}27\,€$

Gesamtkosten:

isotherm: $K_B = 2{,}96\ € + 1{,}64\ € = \underline{\underline{4{,}60\ €}}$

isentrop: $K_B = 5{,}69\ € + 0{,}00\ € = \underline{\underline{5{,}69\ €}}$

polytrop: $K_B = 5{,}33\ € + 0{,}27\ € = \underline{\underline{5{,}60\ €}}$

**Aufgabe 7-2:** Erreichbare Endzustände bei gegebener Leistung und Füllungsgrad
Mit einer effektiv nutzbaren Verdichterleistung von 10 kW werden pro Sekunde 30 Liter Helium im physikalischen Normzustand einstufig verdichtet. Der eingesetzte Verdichter habe ein Schadraumverhältnis von 0,025.

a) Welche Enddrücke in bar und welche Endtemperaturen in °C werden jeweils erreicht, wenn man einen isothermen, isentropen und einen polytropen ($n = 1{,}70$) Verdichtungsverlauf unterstellt?
b) Wie viele Stufen für die Verdichtung sind vorzusehen, wenn man die Temperatur von 85 °C bei der polytropen Verdichtung unter keinen Umständen überschreiten will?
c) Welche Füllungsgrade treten auf, wenn man für die Rückexpansion jeweils die gleichen Zustandsänderungen wie bei der Verdichtung unterstellt?

Gegeben:

$P = 10$ kW — physikalischer Normzustand: $p_n = 1{,}01325$ bar — $T_n = 273{,}15$ K

$\dot{V} = 0{,}03\ \text{m}^3/\text{s}$ — $n = 1{,}7$ — $\varepsilon_S = 0{,}025$

Vorüberlegungen:

1. Helium ist ein Edelgas und damit einatomig, so dass für den Isentropenexponenten $\kappa = 1{,}67$ anzusetzen ist. Die Voraussetzungen für die Behandlung als ideales Gas sind hier erfüllt.
2. Die gesuchten Temperaturen sind in °C anzugeben, zu rechnen ist mit thermodynamischen Temperaturen in K!

**Lösung:**

a) Verdichtungsenddrücke in bar und Endtemperaturen in °C

isotherm:

$$P = \dot{m} \cdot w_{t,12} = \frac{p_n \dot{V}}{R_{He} T_n} \cdot R_{He} T_n \ln \frac{p_2}{p_1}$$

$$\ln \frac{p_2}{p_1} = \frac{P}{p_n \dot{V}} = \frac{10.000\ \mathrm{W}}{101325\ \mathrm{N/m^2} \cdot 0{,}03\ \mathrm{m^3/s}} = 3{,}2897442 \text{ (dimensionslos!)}$$

$$p_2 = p_1 \cdot e^{3{,}2897442} = 1{,}01325\,\mathrm{bar} \cdot 26{,}835998 = \underline{\underline{27{,}192\,\mathrm{bar}}}$$

$$t_2 = t_1 = \underline{\underline{0\ °\mathrm{C}}}$$

isentrop:

$$P = \dot{m} \cdot w_{t,12} = \frac{p_n \dot{V}}{R_{He} \cdot T_n} \cdot \frac{\kappa}{\kappa - 1} \cdot R_{He} T_n \cdot \left[ \left( \frac{p_2}{p_1} \right)^{\frac{\kappa-1}{\kappa}} - 1 \right]$$

$$\left( \frac{p_2}{p_1} \right)^{\frac{\kappa-1}{\kappa}} = \frac{\kappa - 1}{\kappa} \cdot \frac{P}{p_n \cdot \dot{V}} + 1 = \frac{0{,}67}{1{,}67} \cdot 3{,}2897442 + 1 = 2{,}3198375$$

$$p_2 = p_1 \cdot 2{,}3198375^{\frac{1{,}67}{0{,}67}} = 1{,}01325\ \mathrm{bar} \cdot 8{,}1454788 = \underline{\underline{8{,}2534067\ \mathrm{bar}}}$$

$$\frac{T_{2,is}}{T_1} = \left( \frac{p_2}{p_1} \right)^{\frac{\kappa-1}{\kappa}} \qquad T_{2,is} = T_n \left( \frac{p_2}{p_n} \right)^{\frac{\kappa-1}{\kappa}}$$

$$T_{2,is} = 273{,}15\ \mathrm{K} \cdot \left( \frac{8{,}2534067\ \mathrm{bar}}{1{,}01325\ \mathrm{bar}} \right)^{\frac{0{,}67}{1{,}67}} = 633{,}66\ \mathrm{K} \quad \underline{\underline{(t_{2,is} = 360{,}51\ °\mathrm{C})}}$$

polytrop:

$$P = \dot{m} \cdot w_{t,12} = \frac{p_n \dot{V}}{R_{He} T_n} \cdot \frac{n}{n - 1} R_{He} T_n \cdot \left[ \left( \frac{p_2}{p_1} \right)^{\frac{n-1}{n}} - 1 \right]$$

$$\left( \frac{p_2}{p_1} \right)^{\frac{n-1}{n}} = \frac{n - 1}{n} \cdot \frac{P}{p_n \cdot \dot{V}} + 1 = \frac{0{,}70}{1{,}70} \cdot 3{,}2897442 + 1 = 2{,}3546006$$

$$p_2 = p_1 \cdot 2{,}3546006^{\frac{1{,}7}{0{,}7}} = 1{,}01325\ \mathrm{bar} \cdot 8{,}0025355 = \underline{\underline{8{,}1085691\ \mathrm{bar}}}$$

$$\frac{T_{2,po}}{T_1} = \left( \frac{p_2}{p_1} \right)^{\frac{n-1}{n}} \qquad T_{2,po} = T_n \left( \frac{p_2}{p_n} \right)^{\frac{n-1}{n}}$$

$$T_{2,po} = 273{,}15\ \mathrm{K} \cdot \left( \frac{8{,}1085691\ \mathrm{bar}}{1{,}10325\ \mathrm{bar}} \right)^{\frac{0{,}7}{1{,}7}} = 643{,}16\ \mathrm{K} \quad \underline{\underline{(t_{2,po} = 370{,}01\ °\mathrm{C})}}$$

Kommentar zu den Ergebnissen:
Die isentrope Verdichtung verläuft definitionsgemäß ohne Reibung verlustlos. Praktisch ist das nicht umzusetzen. Verbleibt die durch Reibung bei der Verdichtung entstehende Reibungswärme im System (adiabate Zylinderwände: hier modelliert durch $n = 1{,}7$) liefert die Rechnung für eine konstante effektive Verdichterleistung in Übereinstimmung mit der Erfahrung höhere Verdichtungstemperaturen, aber niedrigere Enddrücke!

b) Anzahl der benötigten Stufen bei maximal möglicher Temperatur von 85 °C bei polytroper Verdichtung ergibt nach Formel (7-13) in Verbindung mit Formel (7-12)

$$z = \frac{\ln \frac{p_2}{p_n}}{\ln \frac{p_{\max}}{p_n}} = \frac{\ln \frac{p_2}{p_n}}{\frac{n}{n-1} \cdot \ln\left(\frac{T_{\max}}{T_n}\right)} = \frac{\ln \frac{8{,}1086 \text{ bar}}{1{,}01325 \text{ bar}}}{\frac{1{,}7}{0{,}7} \cdot \ln\left(\frac{358{,}15 \text{ K}}{273{,}15 \text{ K}}\right)} = \frac{2{,}0797622}{0{,}6579748} \approx 3{,}16 \rightarrow \textbf{4 Stufen!}$$

c) Ermittlung der Füllungsgrade nach Formel (7-6) $\lambda_F = 1 - \varepsilon_S \left[ \left( \frac{p_2}{p_1} \right)^{\frac{1}{nR}} - 1 \right]$

isotherm: $n_R = 1$ $\quad \lambda_F = 1 - 0{,}025(26{,}835989 - 1) = \underline{\underline{0{,}3541}}$

Der hohe Enddruck und die isotherme Rückexpansion des im Zylinder verbliebenen Restgases bewirken einen niedrigen Füllungsgrad, das heißtes wird entsprechend weniger frisches Helium angesaugt!

isentrop: $n_R = 1{,}67$ $\quad \lambda_F = 1 - 0{,}025(8{,}1454791^{\frac{1}{1{,}67}} - 1) = \underline{\underline{0{,}9372193}}$

polytrop: $n_R = 1{,}70$ $\quad \lambda_F = 1 - 0{,}025(8{,}0025355^{\frac{1}{1{,}70}} - 1) = \underline{\underline{0{,}940033}}$

Für den isentropen und polytropen Verlauf der Rückexpansion ergeben sich wegen der niedrigen Druckverhältnisse recht hohe Füllungsgrade.

**Aufgabe 7-3:** Auswirkungen einer mehrstufigen Verdichtung auf Kompressorleistung
Welche spezifische Kompressorarbeit in kJ/kg ist für die isentrope Verdichtung von Luft (Gaskonstante Luft 287 J/(kg·K), ideales Gas) von 1 bar auf 64 bar erforderlich, wenn folgende Verdichtungsverläufe vorgegeben werden:

a) einstufig bis 64 bar
b) zweistufig mit Zwischendruck bei 32 bar (arithmetisches Mittel)
c) zweistufig mit Zwischendruck bei 8 bar (geometrisches Mittel)
d) sechsstufig mit konstantem Druckverhältnis von 2 ($2^6 = 64$)
e) unendliche viele Stufen (isotherm)
f) um durch die Zahl der Stufen den Mehraufwand für die isentrope Verdichtung auf maximal 5 % des Bestwertes (isotherme Verdichtung) zu begrenzen?

Die Ansaugtemperatur der Luft betrage 15 °C. Nach jeder Verdichtungsstufe werde die verdichtete Luft wieder isobar auf 15 °C zurückgekühlt. Welche Temperaturen in °C stellen sich in den einzelnen Verdichterstufen ein? Untersuchen Sie außerdem die Entwicklung des Füllungsgrades bei einem angenommenen Schadraumverhältnis von 0,0175 und isentroper Rückexpansion der Luft. Bei welchem Verdichtungsenddruck würde der Füllungsgrad auf null sinken?

Gegeben:

$p_1 = 1$ bar $\quad p_2 = 64$ bar $\quad R_L = 287$ J/(kg K) $\quad \kappa = 1{,}4$ (zweiatomiges ideales Gas)

$t_1 = 15$ °C $\rightarrow$ $T_1 = 288{,}15$ K $\quad \varepsilon_S = 0{,}0175$

Vorüberlegungen:

(1.) und (2.) aus Aufgabe 7-1 gelten hier gleichfalls.

**Lösung:**

a) einstufige Verdichtung

$$\frac{T_2}{T_1} = \left(\frac{p_2}{p_1}\right)^{\frac{\kappa-1}{\kappa}} \qquad T_2 = T_1\left(\frac{p_2}{p_1}\right)^{\frac{\kappa-1}{\kappa}} = 288{,}15\,\text{K} \cdot 64^{\frac{0,4}{1,4}} = 945{,}52\,\text{K} \qquad \underline{\underline{t_2 = 672{,}37\,°\text{C}}}$$

$$w_{t,12} = \frac{\kappa}{\kappa-1} \cdot R_L T_1 \cdot \left[\left(\frac{p_2}{p_1}\right)^{\frac{\kappa-1}{\kappa}} - 1\right] = \frac{1{,}40}{0{,}40} \cdot 0{,}287 \frac{\text{kJ}}{\text{kg K}} \cdot 288{,}15\,\text{K} \cdot \left[64^{\frac{0,40}{1,40}} - 1\right] = \underline{\underline{660{,}33 \frac{\text{kJ}}{\text{kg}}}}$$

$$\lambda_F = 1 - \varepsilon_S\left[\left(\frac{p_2}{p_1}\right)^{\frac{1}{\kappa}} - 1\right] = 1 - 0{,}0175\left[\left(\frac{64\,\text{bar}}{1\,\text{bar}}\right)^{\frac{1}{1,4}} - 1\right] = \underline{\underline{0{,}6762}}$$

b) zweistufig bei Zwischendruck von 32 bar

Berechnung der Druckverhältnisse:

$$\frac{p_z}{p_1} = \frac{32\,\text{bar}}{1\,\text{bar}} = 32 \qquad \frac{p_2}{p_z} = \frac{64\,\text{bar}}{32\,\text{bar}} = 2$$

Druckverhältnisse sind nicht gleich!

spezifische technische Arbeit für isentrope Kompression (zweistufig):

$$w_{t,12} = \frac{\kappa}{\kappa-1} \cdot R_L \cdot T_1\left[\left(\frac{p_z}{p_1}\right)^{\frac{\kappa-1}{\kappa}} + \left(\frac{p_2}{p_z}\right)^{\frac{\kappa-1}{\kappa}} - 2\right]$$

$$w_{t,12} = \frac{1{,}4}{0{,}4} \cdot 0{,}287 \frac{\text{kJ}}{\text{kg K}} \cdot 288{,}15\,\text{K}\left[\left(\frac{32}{1}\right)^{\frac{0,4}{1,4}} + \left(\frac{64}{32}\right)^{\frac{0,4}{1,4}} - 2\right] = \underline{\underline{553{,}08\,\text{kJ/kg}}}$$

Wegen der verschieden großen Zwischendruckverhältnisse ist für die Berechnung der spezifischen technischen Arbeit die Formel vom Typ (7-9) heranzuziehen. Eine Vereinfachung gemäß (7-11) kann hier nicht angewendet werden.

Verdichtungsendtemperatur in der ersten Stufe

$$T_e = 288{,}15\,\text{K} \cdot \left(\frac{32\,\text{bar}}{1\,\text{bar}}\right)^{\frac{0,4}{1,4}} = 775{,}64\,\text{K} \qquad \underline{\underline{t_e = 502{,}49\,°\text{C}}}$$

Verdichtungsendtemperatur in der zweiten Stufe

$$T_e = 288{,}15\,\text{K} \cdot \left(\frac{64\,\text{bar}}{32\,\text{bar}}\right)^{\frac{0,4}{1,4}} = 351{,}26\,\text{K} \qquad \underline{\underline{t_e = 78{,}11\,°\text{C}}}$$

Für den Füllungsgrad $\lambda_F$ ist die erste Stufe maßgeblich, daher ist das Druckverhältnis von 32 in Formel (7-6) einzusetzen:

$$\lambda_F = 1 - \varepsilon_S \left[\left(\frac{p_z}{p_1}\right)^{\frac{1}{\kappa}} - 1\right] = 1 - 0{,}0175 \left[\left(\frac{32\,\text{bar}}{1\,\text{bar}}\right)^{\frac{1}{1,4}} - 1\right] = \underline{\underline{0{,}8095}}$$

c) zweistufige Verdichtung mit gleichen Druckverhältnissen

$$\frac{p_z}{p_1} = \sqrt[z]{\frac{p_e}{p_a}} = \sqrt[2]{\frac{64\,\text{bar}}{1\,\text{bar}}} = 8 \qquad \text{nach Formel (7-10) für } z = 2 \text{ Stufen}$$

$$\frac{p_z}{p_1} = \frac{8\,\text{bar}}{1\,\text{bar}} = 8 \qquad \frac{p_2}{p_z} = \frac{64\,\text{bar}}{8\,\text{bar}} = 8 \qquad \text{Druckverhältnisse sind gleich!}$$

$$w_{t,12} = \frac{\kappa}{\kappa - 1} \cdot R_L \cdot T_1 \left[2 \cdot \left(\frac{p_z}{p_1}\right)^{\frac{\kappa-1}{\kappa}} - 2\right] = \frac{1{,}4}{0{,}4} \cdot 287 \frac{\text{J}}{\text{kg K}} \cdot 288{,}15\,\text{K} \left[2 \cdot \left(\frac{8\,\text{bar}}{1\,\text{bar}}\right)^{\frac{0,4}{1,4}} - 2\right] = \underline{\underline{469{,}74 \frac{\text{kJ}}{\text{kg}}}}$$

Wegen der gleich großen Zwischendruckverhältnisse kann für die Berechnung der spezifischen technischen Arbeit die Formel vom Typ (7-11) angewendet werden. Dieser hier erhaltene Wert für die spezifische technische Arbeit mit gleich großen Druckverhältnissen entspricht einem Minimum für die zweistufige isentrope Verdichtung. Tatsächlich ist der ermittelte Aufwand auch im Verhältnis zu Aufgabenteil b) deutlich niedriger.

Die Endtemperaturen nach der jeweiligen Verdichtungsstufe sind wegen des gleichen Druckverhältnisses auch gleich und betragen:

$$T_e = 288{,}15\,\text{K} \cdot \left(\frac{8\,\text{bar}}{1\,\text{bar}}\right)^{\frac{0,4}{1,4}} = 521{,}97\,\text{K} \qquad \underline{\underline{t_e = 248{,}82\,°\text{C}}}$$

Der Füllungsgrad gemäß Formel (7-6) bestimmt sich mit einem Druckverhältnis von 8 zu

$$\lambda_F = 1 - \varepsilon_S \left[\left(\frac{p_z}{p_1}\right)^{\frac{1}{\kappa}} - 1\right] = 1 - 0{,}0175 \left[\left(\frac{8\,\text{bar}}{1\,\text{bar}}\right)^{\frac{1}{1,4}} - 1\right] = \underline{\underline{0{,}9402}}$$

d) sechsstufig mit konstantem Druckverhältnis

$$\frac{p_z}{p_1} = \sqrt[z]{\frac{p_e}{p_a}} = \sqrt[6]{\frac{64\text{ bar}}{1\text{ bar}}} = 2 \qquad \text{nach Formel (7-10) für } z = 6 \text{ Stufen}$$

$$w_{t,12} = \frac{\kappa}{\kappa-1} R_L T_1 \left[ 6 \cdot \left(\frac{p_z}{p_1}\right)^{\frac{\kappa-1}{\kappa}} - 6 \right] = \frac{1,4}{0,4} \cdot 287 \frac{\text{J}}{\text{kg K}} \cdot 288,15\text{ K} \left[ 6 \cdot \left(\frac{2\text{ bar}}{1\text{ bar}}\right)^{\frac{0,4}{1,4}} - 6 \right] = \underline{\underline{380,36\ \frac{\text{kJ}}{\text{kg}}}}$$

Man beachte den mit größerer Stufenzahl nun noch weiter reduzierbaren Verdichtungsaufwand!

Analog zu c) ergeben sich jetzt die Endtemperaturen nach je einer Verdichtungsstufe zu

$$T_e = 288,15\text{ K} \cdot \left(\frac{2\text{ bar}}{1\text{ bar}}\right)^{\frac{0,4}{1,4}} = 351,26\text{ K} \qquad \underline{\underline{t_e = 78,11\,°\text{C}}}$$

Der Füllungsgrad gemäß Formel (7-6) bestimmt sich mit einem Druckverhältnis von 2 zu

$$\lambda_F = 1 - \varepsilon_S \left[ \left(\frac{p_z}{p_1}\right)^{\frac{1}{\kappa}} - 1 \right] = 1 - 0,0175 \left[ \left(\frac{2\text{ bar}}{1\text{ bar}}\right)^{\frac{1}{1,4}} - 1 \right] = \underline{\underline{0,9888}}$$

Der Füllungsgrad für die sechsstufige Verdichtung ist gegenüber dem der zweistufigen Verdichtung noch einmal um fast 5 Prozentpunkte gestiegen!

e) unendlich viele Stufen

Die Realisierung von unendlich vielen Stufen liefe auf ein Druckverhältnis von 1 hinaus. Damit bliebe die Verdichtungsendtemperatur beim Wert der Ausgangstemperatur. Dies entspräche einer isothermen Verdichtung, so dass das Ergebnis von Aufgabe 7-1 für den isothermen Verdichtungsverlauf übernommen werden kann.

$$w_{t,12} = R_L T_1 \cdot \ln \frac{p_2}{p_1} = 0,287 \frac{\text{kJ}}{\text{kg K}} 288,15\text{ K} \cdot \ln 64 = \underline{\underline{343,93\ \text{kJ/kg}}}$$

Der Füllungsgrad gemäß Formel (7-6) erreicht einen Wert von 1, also 100 %.

Praktisch kann man wegen der „unendlich vielen“ Verdichterstufen und der gegen unendlich strebenden Zeit für den vollständigen Temperaturausgleich einen Kompressor mit isothermer Verdichtung nicht bauen. Betrachtet man jedoch die Ergebnisse dieser Aufgabe für die Fälle a) bis d) wird sichtbar, wie man sich mit Erhöhung der Stufenzahl dem besten Fall einer isothermen Verdichtung nähern kann. Außerdem zeigt der Vergleich von b) und c) den Unterschied zwischen einem beliebig gewählten und einem optimierten Druckverhältnis zur Minimierung des Arbeitsaufwandes.

Als weiteres Argument für die Mehrstufigkeit einer Verdichtung mag die kontinuierliche Verbesserung des Füllungsgrades $\lambda_F$ dienen. Dazu wenden wir uns noch einmal der eingangs gestellten Frage nach dem Verdichtungsdruck für den Füllungsgrad $\lambda_F = 0$ zu. Aus der Formel (7-6) entsteht dann

$$\frac{P_2}{p_1} = \left(\frac{1}{\varepsilon_S} + 1\right)^{\kappa} \qquad p_2 = p_1 \left(\frac{1}{\varepsilon_S} + 1\right)^{\kappa} = 1\text{ bar} \cdot \left(\frac{1}{0,0175} + 1\right)^{1,4} = \underline{\underline{295,32\text{ bar}}}$$

Für die praktische Verdichtung auf Drücke, die höher sind als der soeben ausgerechnete Grenzdruck für den Füllungsgrad von null, muss man ganz zwangsläufig mehrere Stufen vorsehen.

f) Anzahl der benötigten Stufen bei vorgegebenem Verdichtungsaufwand
$w \leq 1{,}05 \cdot w_{isotherm} = 1{,}05 \cdot 343{,}94\ \text{kJ/kg} = 361{,}13\ \text{kJ/kg}$

$$w = \frac{\kappa}{\kappa - 1} R_L \cdot T_1 \cdot \left[ z \cdot \left( \frac{p_e}{p_a} \right)^{\frac{1}{z} \cdot \frac{\kappa - 1}{\kappa}} - z \right] \qquad \frac{w \cdot (\kappa - 1)}{\kappa \cdot R_L \cdot T_1} = z \cdot \left( \frac{p_e}{p_a} \right)^{\frac{1}{z} \cdot \frac{\kappa - 1}{\kappa}} - z$$

$$\frac{w \cdot (\kappa - 1)}{\kappa \cdot R_L \cdot T_1} = \frac{361{,}13\ \text{kJ/kg} \cdot 0{,}4}{1{,}4 \cdot 0{,}287\ \text{kJ/(kg K)} \cdot 288{,}15\ \text{K}} = 1{,}247656412$$

und dann die numerisch zu lösende Gleichung

$$f(z) = z \cdot 64^{\frac{0{,}285714285}{z}} - z - 1{,}247656412 = 0$$

Für eine regula falsi werden auf der Basis der Ergebnisse von c) und d) folgende zwei Startwerte geschätzt:

$z = 10$: $f(z) = +0{,}014074437$ und $z = 13$: $f(z) = -0{,}003405492$

Die weitere Intervallschachtelung führt schließlich auf $z = 12{,}277$ also 13 Stufen!

Das Stufendruckverhältnis beträgt damit:

$$\pi = \sqrt[z]{\frac{p_e}{p_a}} = \sqrt[13]{\frac{64\ \text{bar}}{1\ \text{bar}}} = 1{,}377$$

Kontrollrechnung für den Verdichtungsaufwand:

$$w = \frac{\kappa}{\kappa - 1} R_L T_1 \left( z \cdot \pi^{\frac{1}{z} \cdot \frac{\kappa - 1}{\kappa}} - z \right) = \frac{1{,}4}{0{,}4} \cdot 287 \frac{\text{J}}{\text{kg K}} \cdot 288{,}15\ \text{K} \cdot \left( 13 \cdot 64^{0{,}0219780221} - 13 \right) = 360{,}14 \frac{\text{kJ}}{\text{kg}}$$

**Aufgabe 7-4:** Wirkungsgrad und Verbesserung der Effizienz eines Verdichters

Ein trockener Luftvolumenstrom von 92 m³/h (1020 mbar, 18 °C) werde einstufig auf 65,28 bar verdichtet. Am Verdichteraustritt habe man die Temperatur von 524,8 °C gemessen. (Gaskonstante Luft 287 J/(kg K)

a) Werden die Zylinderwände gekühlt?
b) Welche elektrische Leistung in kW nimmt der Verdichter auf?
c) Welchen Volumenstrom in m³/h fördert und welche spezifische Leistung in kWh/m³ (Bezug Standardkubikmeter) benötigt der Kompressor nach DIN 1945?
d) Wie hoch ist der Wirkungsgrad des Kompressors?
e) Wie groß ist die maximal mögliche Leistungsreduktion in kW für eine zweistufige Verdichtung und welchen Wirkungsgrad hätte der Kompressor dann?

Gegeben:

| | | | |
|---|---|---|---|
| $p_1 = 1{,}02$ bar | $p_2 = 65{,}28$ bar | $T_1 = 291{,}15$ K | $T_2 = 797{,}95$ K |
| $\dot{V}_1 = 92\ \mathrm{m^3/h}$ | $R_L = 287$ J/(kg K) | $\kappa = 1{,}4$ (größtenteils zweiatomiges Gas) | |

Vorüberlegungen:

Bei angenommener adiabater Zylinderwand kann die Verdichtung im besten Fall isentrop (reibungsfrei) verlaufen. Insofern ist die Endtemperatur einer isentropen Verdichtung ein Indikator dafür, welche Eigenschaft die betreffende Systemgrenze besitzt. Ist die tatsächliche Verdichtungsendtemperatur höher, liegt reibungsbehaftete Verdichtung im adiabaten Zylinder vor, ist sie niedriger, müssen die Zylinderwände gekühlt sein. Ein anderer Indikator wäre der Polytropenexponent $n$, der für eine gekühlte Zylinderwand (Wärmeabfuhr über die Systemgrenze) im Intervall $1 \leq n < \kappa$ liegen müsste.

Die spezifische Leistung $w = P/\dot{V}$, $[w] = 1\ \mathrm{kW/(m^3/h)} = 1\ \mathrm{kW{\cdot}h/m^3} = 1\ \mathrm{kWh/m^3}$ sollte nicht verwechselt werden mit der spezifischen technischen Arbeit $w_{t,12}$, $[w_{t,12}] = 1$ kJ/kg. Die Referenzgrößen nach DIN 1945 lauten: $p = 1$ bar, $T = 293{,}15$ K.

Die maximal mögliche Effizienzsteigerung bei zweistufiger Verdichtung (größtmögliche Leistungsreduktion) ergibt sich, wenn der geforderte Drucksprung in zwei gleiche Druckverhältnisse geteilt und das Arbeitsmittel nach der ersten Druckstufe auf Ausgangstemperatur zurück gekühlt wird ($T_x = T_1$).

$$\pi_V = \frac{p_{\max}}{p_{\min}} = \frac{65{,}28\ \mathrm{bar}}{1{,}02\ \mathrm{bar}} = 64 \qquad \pi_V = \pi_1 \cdot \pi_2 = \frac{p_x}{p_{\min}} \cdot \frac{p_{\max}}{p_x} = 8 \cdot 8 = 64 \quad \text{mit } \pi_1 = \pi_2 = \sqrt{\pi_V}$$

Zu Studienzwecken erscheint es sinnvoll außerdem noch zu untersuchen, welche Leistungsreduktion sich ergäbe, wenn die Rückkühlung unterbliebe.

**Lösung:**

a) isentrope Verdichtungsendtemperatur und Polytropenexponent

$$T_{2,is} = T_1 \cdot \left(\frac{p_2}{p_1}\right)^{\frac{\kappa-1}{\kappa}} = 291{,}15\ \mathrm{K} \cdot \left(\frac{65{,}28\ \mathrm{bar}}{1{,}02\ \mathrm{bar}}\right)^{\frac{0{,}4}{1{,}4}} = \underline{\underline{955{,}36\ \mathrm{K}}}$$

Die isentrope Verdichtungsendtemperatur beträgt 682,21 °C und liegt höher als die gegebenen 524,8 °C.

Gleichung (2-19) liefert für den Polytropenexponenten

$$n = \frac{\ln\frac{p_1}{p_2}}{\ln\frac{p_1}{p_2} - \ln\frac{T_1}{T_2}} = \frac{\ln\frac{1{,}02\ \mathrm{bar}}{65{,}28\ \mathrm{bar}}}{\ln\frac{1{,}02\ \mathrm{bar}}{65{,}28\ \mathrm{bar}} - \ln\frac{291{,}15\ \mathrm{K}}{797{,}95\ \mathrm{K}}} \approx \underline{\underline{1{,}32}} \qquad 1 \leq n = 1{,}32 < \kappa = 1{,}4$$

Mit beiden Rechnungen ist gezeigt, dass die über die Zylinderwände Wärme abgeführt wird. Dies hat Konsequenzen für die Berechnung des Wirkungsgrades.

b) aufgenommene elektrische Leistung des Kompressors

$$P = \rho \cdot \dot{V}_1 \cdot w_{t,12} = \frac{p_1}{R_L \cdot T_1} \cdot \dot{V}_1 \cdot \frac{n}{n-1} \cdot R_L \cdot T_1 \cdot \left[ \left( \frac{p_2}{p_1} \right)^{\frac{n-1}{n}} - 1 \right]$$

$$P = \frac{102\,\text{kN/m}^2 \cdot 92\,\text{m}^3 \cdot 1{,}32}{3600\,\text{s} \cdot 1{,}32} \cdot \left[ 64^{\frac{0{,}32}{1{,}32}} - 1 \right] = \underline{\underline{18{,}717\,\text{kW}}}$$

c) Kennzahlen nach DIN 1945

Der unter Referenzbedingungen geförderte Volumenstrom ergibt sich aus der Gleichheit der Massenströme $\dot{m} = \rho \cdot V$

$$\frac{p_1}{R_L \cdot T_1} \cdot \dot{V}_1 = \frac{p_S}{R_L \cdot T_S} \cdot \dot{V}_S \qquad \dot{V}_S = \frac{p_1}{p_S} \cdot \frac{T_S}{T_1} \cdot \dot{V}_1 = \frac{1{,}02\,\text{bar}}{1{,}00\,\text{bar}} \cdot \frac{293{,}15\,\text{K}}{291{,}15\,\text{K}} \cdot 92\,\frac{\text{m}^3}{\text{h}} = \underline{\underline{94{,}484616\,\frac{\text{m}^3}{\text{h}}}}$$

$$P = p_S \cdot \dot{V}_S \cdot \frac{n}{n-1} \cdot \left[ (\pi_V)^{\frac{n-1}{n}} - 1 \right] = 10^5\,\frac{\text{N}}{\text{m}^2} \cdot \frac{94{,}484616\,\text{m}^3}{3600\,\text{s}} \cdot \frac{1{,}32}{0{,}32} \cdot \left[ 64^{\frac{0{,}32}{1{,}32}} - 1 \right] = \underline{\underline{18{,}845\,\text{kW}}}$$

$$w = \frac{P}{\dot{V}_S} = \frac{18{,}845\,\text{kW}}{94{,}484616\,\text{m}^3/\text{h}} = \underline{\underline{0{,}1995\,\frac{\text{kWh}}{\text{m}^3}}}$$

d) Wirkungsgrad des Kompressors

Bei gekühlten Zylinderwänden wird der Wirkungsgrad auf die isotherm erforderliche Arbeit bezogen, also

$$\eta_{V,isoth} = \frac{w_{t,12,isotherm}}{w_{t,12,polytrop}} = \frac{R_L \cdot T_1 \cdot \ln \pi_V}{n/(n-1) \cdot R_L \cdot T_1 \cdot \left(\pi_V^{(n-1)/n} - 1\right)} = \frac{(n-1) \cdot \ln \pi_V}{n \cdot \left(\pi_V^{(n-1)/n} - 1\right)} = \frac{0{,}32 \cdot \ln 64}{1{,}32 \cdot 1{,}740702} \approx \underline{\underline{0{,}5792}}$$

e) Effizienzsteigerungen durch zweistufige Verdichtung

Für die spezifische Kompressorarbeit mit zwei gleichen Druckstufen und isobarer Zwischenkühlung auf Ausgangstemperatur kann angesetzt werden:

$$w_{K,ZK} = \frac{n}{n-1} R \cdot T_1 \left( \pi_1^{\frac{n-1}{n}} - 1 \right) + \frac{n}{n-1} R \cdot T_x \left( \pi_2^{\frac{n-1}{n}} - 1 \right) \quad \text{mit } T_x = T_1 \quad \text{(isobare Rückkühlung)}$$

$$w_{K,ZK} = \frac{n}{n-1} \cdot R \cdot T_1 \cdot \left( \pi_1^{\frac{n-1}{n}} + \pi_2^{\frac{n-1}{n}} - 2 \right) = \frac{n}{n-1} \cdot R \cdot T_1 \cdot \left( \pi_1^{\frac{n-1}{n}} + \left( \frac{\pi_V}{\pi_1} \right)^{\frac{n-1}{n}} - 2 \right) \qquad (\pi_2 = \pi_V / \pi_1)$$

Eine maximale Ersparnis $\boldsymbol{\Delta w_{K,ZK}}$ für die Kompressorarbeit als Differenz des Aufwandes für einstufige und zweistufige Verdichtung liegt vor, wenn $\pi_1 = \pi_2 = \sqrt{\pi_V}$ :

$$\Delta w_{K,ZK} = \frac{n}{n-1} R T_1 \left( (\pi_V^{\frac{n-1}{n}} - 1) - (\pi_1^{\frac{n-1}{n}} + \left( \frac{\pi_V}{\pi_1} \right)^{\frac{n-1}{n}} - 2) \right)$$

$$\Delta w_{K,ZK} = \frac{n}{n-1} R_L \cdot T_1 \left( \pi_V^{\frac{n-1}{n}} + 1 - \left(\sqrt{\pi_V}\right)^{\frac{n-1}{n}} - \left(\sqrt{\pi_V}\right)^{\frac{n-1}{n}} \right) = \frac{n}{n-1} R_L \cdot T_1 \left( \pi_V^{\frac{n-1}{n}} - 2\pi_V^{\frac{n-1}{2n}} + 1 \right)$$

$$\Delta w_{K,ZK} = \frac{n}{n-1} R_L \cdot T_1 \left( \pi_V^{\frac{n-1}{2n}} - 1 \right)^2 \quad \text{und} \quad \Delta P = \rho_1 \cdot \dot{V}_1 \cdot \Delta w_{K,ZK} = p_1 \cdot \dot{V}_1 \cdot \frac{n}{n-1} \left( \pi_V^{\frac{n-1}{2n}} - 1 \right)^2$$

$$\Delta P = 10^5 \text{ N/m}^2 \cdot 92 \frac{\text{m}^3}{3600 \text{ s}} \cdot \frac{1{,}32}{0{,}32} \cdot \left( 64^{\frac{0{,}32}{2{,}64}} - 1 \right)^2 = \underline{\underline{4{,}530 \text{ kW}}}$$

Knapp ein Viertel der Antriebsleistung könnte eingespart werden!

Für den Wirkungsgrad wäre jetzt anzusetzen:

$$\eta_{V,isoth} = \frac{w_{t,12,isotherm}}{w_{t,12,polytrop}} = \frac{(n-1) \cdot \ln \pi_V}{n \cdot \left( 2 \cdot \left(\sqrt{\pi_V}\right)^{(n-1)/n} - 2 \right)} = \frac{0{,}32 \cdot \ln 64}{1{,}32 \cdot 1{,}3110131} \approx \underline{\underline{0{,}7690}}$$

**Aufgabe 7-5:** Leistungsersparnis durch Mehrstufigkeit

Ein Volumenstrom von 720 m³/h Kohlendioxid (ideales Gas, mittlere spezifische Wärmekapazität 960,00 J/(kg K)) mit einer Temperatur von 14 °C und einem Druck von 100 kPa soll in einem Kolbenkompressor auf einen Druck von 15,625 bar verdichtet werden.

a) Welche Celsiustemperatur wird jeweils zum Ende der Verdichtung für isentropen und polytropen ($n$ = 1,32) Verdichtungsverlauf erreicht?
b) Welche Antriebsleistung in kW benötigt jeweils der Kompressor für die isentrope und polytrope Verdichtung?
c) Welche Leistungsersparnis in kW kann bei einer dreistufigen isentropen Kompression anstelle der einstufigen Verdichtung maximal erzielt werden?
d) Welche Leistungsersparnis in kW ist maximal erreichbar, wenn man anstelle der einstufigen polytropen Verdichtung drei Stufen vorsieht und durch Zylinderwandkühlung eine polytrope Verdichtung mit $n$ = 1,20 realisiert?

Untersuchen Sie, wie viele Verdichtungsstufen jeweils erforderlich sind, wenn sowohl bei der polytropen Verdichtung des adiabaten Zylinders ($n$ = 1,32) als auch bei der polytropen Verdichtung mit gekühlten Zylinderwänden ($n$ = 1,20) aus Sicherheitsgründen die Temperatur von 95 °C nicht überschritten werden darf!

Gegeben:

| | | |
|---|---|---|
| $p_1 = 100\,\text{kPa} = 1\,\text{bar}$ | $T_1 = 287{,}15\,\text{K}$ (14 °C) | $p_2 = 15{,}625\,\text{bar}$ |
| $t_{max} = 95\,°\text{C}$ | $\dot{V} = 720\,\text{m}^3/\text{h} = 0{,}2\,\text{m}^3/\text{s}$ | $\bar{c}_p = 960{,}00 \frac{\text{J}}{\text{kg K}}$ |
| $n = 1{,}32$ (adiabater Zylinder) | $n = 1{,}20$ (gekühlter Zylinder) | |

Vorüberlegungen:

Die gegebenen Größen sind teilweise mit 5 signifikanten Stellen gegeben, so dass man bei den Ergebnissen gleichfalls so runden sollte, Zwischenergebnisse werden jedoch in höherer Genauigkeit abgebildet.

Die benötigte Gaskonstante für Kohlendioxid ($CO_2$) ermittelt man aus der universeller Gaskonstante und der gerundeten Molekülmasse (Genauigkeit ausreichend).

$$R_{CO_2} = \frac{R_m}{M_{CO_2}} = \frac{8314{,}4621\ \text{J/(kmol K)}}{44\ \text{kg/kmol}} = 188{,}96505\,\frac{\text{J}}{\text{kg K}}$$

Kohlendioxid besteht aus drei in einem Molekül angeordneten Atomen und soll nach Aufgabenstellung als ideales Gas behandelt werden. Der Isentropenexponent beträgt nach kinetischer Gastheorie für ideales Gas hier $\kappa = 1{,}286$. Mit diesem theoretischen Wert bewegt man sich jedoch an der Grenze des Zulässigen im Modell ideales Gas, da dreiatomige Gase wegen ihrer Molekülstruktur nur sehr grob der Vorgabe der in einem Punkt konzentrierten Masse entsprechen. Wenn man wie hier über eine für den relevanten Druck- und Temperaturbereich gemittelte spezifische Wärmekapazität verfügt, ist eine Berechnung des Isentropenexponenten vorteilhaft.

$$\overline{\kappa} = \frac{\overline{c}_p}{\overline{c}_p - R_{CO_2}} = \frac{960\ \text{J/(kg K)}}{960\ \text{J/(kg K)} - 188{,}96505\ \text{J/(kg K)}} = 1{,}245$$

Dieser Wert ist kleiner als der theoretische (temperaturunabhängige) Wert. Während des Verdichtungsprozesses steigen Druck und Temperatur. Wir wissen, dass der Isentropenexponent im Allgemeinen mit steigender Temperatur fällt und finden in diesem Umstand einen Hinweis zur Plausibilität des mittleren Wertes $\overline{\kappa}$ für den im Prozess angesprochenen Druck- und Temperaturbereich.

**Lösung:**

a) Verdichtungsendtemperaturen:

$$\text{isentrop: } T_2 = T_1 \left(\frac{p_2}{p_1}\right)^{\frac{\kappa-1}{\kappa}} = 287{,}15\ \text{K} \cdot \left(\frac{15{,}625\ \text{bar}}{1\ \text{bar}}\right)^{\frac{0{,}245}{1{,}245}} = \underline{\underline{493{,}22\ \text{K} \approx 220{,}07\ °\text{C}}}$$

$$\text{polytrop: } T_2 = T_1 \left(\frac{p_2}{p_1}\right)^{\frac{n-1}{n}} = 287{,}15\ \text{K} \cdot \left(\frac{15{,}625\ \text{bar}}{1\ \text{bar}}\right)^{\frac{0{,}32}{1{,}32}} = \underline{\underline{559{,}14\ \text{K} \approx 285{,}99\ °\text{C}}}$$

Man beachte bei den Zustandsgleichungen die Notwendigkeit zur Verwendung der thermodynamischen Temperatur! Gemäß Aufgabenstellung müssen die Temperaturen anschließend in °C umgerechnet werden.

b) erforderliche Antriebsleistung $P = \dot{m} \cdot w_{t,12}$ nach Formel (7-14)

Ermittlung des Arbeitsmittelmassenstroms:

$$\dot{m} = \frac{p_1 \cdot \dot{V}}{R_{CO_2} \cdot T_1} = \frac{1 \cdot 10^5\ \text{N/m}^2 \cdot 0{,}2\ \text{m}^3\text{/s}}{188{,}96505\ \text{Nm/(kg K)} \cdot 287{,}15\ \text{K}} = 0{,}3685867\,\frac{\text{kg}}{\text{s}}$$

Der Massenstrom ist unabhängig von der Art der Zustandsänderung. Im Prinzip kann man sowohl die Zustandsdaten von Punkt 1 als auch die von 2 nutzen, bei Punkt 1 greift man allerdings auf gegebene Werte zurück, was die Sicherheit für die Genauigkeit der Rechnung erhöht.

Ermittlung der erforderlichen Kompressorleistung aus der spezifischen Verdichterarbeit:

isentrop: $w_{t,12,is} = \frac{\kappa}{\kappa - 1} R_{CO_2} T_1 \left[ \left( \frac{p_2}{p_1} \right)^{\frac{\kappa-1}{\kappa}} - 1 \right]$

$$w_{t,12,is} = \frac{1{,}245}{0{,}245} \cdot 188{,}96505 \frac{\text{J}}{\text{kg K}} \cdot 287{,}15\,\text{K} \left[ 15{,}625^{\frac{0{,}245}{1{,}245}} - 1 \right] = 197{,}875 \frac{\text{kJ}}{\text{kg}}$$

$$P = \dot{m} \cdot w_{t,12,is} = 0{,}3685867\ \text{kg/s} \cdot 197{,}875\ \text{kJ/kg} = \underline{\underline{72{,}934\ \text{kW}}}$$

polytrop: $w_{t,12,po} = \frac{n}{n - 1} R_{CO_2} T_1 \left[ \left( \frac{p_2}{p_1} \right)^{\frac{n-1}{n}} - 1 \right]$

$$w_{t,12,po} = \frac{1{,}32}{0{,}32} \cdot 188{,}96505 \frac{\text{J}}{\text{kg K}} \cdot 287{,}15\,\text{K} \left[ 15{,}625^{\frac{0{,}32}{1{,}32}} - 1 \right] = 212{,}010 \frac{\text{kJ}}{\text{kg}}$$

$$P = \dot{m} \cdot w_{t,12,po} = 0{,}3685867\ \text{kg/s} \cdot 212{,}010\ \text{kJ/kg} = \underline{\underline{78{,}144\ \text{kW}}}$$

c) maximale Leistungsersparnis bei dreistufiger isentroper Verdichtung
Maximale Leistungsersparnis wird erzielt, wenn in jeder Stufe ein gleiches Druckverhältnis herrscht (vergleiche Formel 7-8) und isobar auf Ausgangstemperatur zurück gekühlt wird.

$$\frac{p_z}{p_1} = \sqrt[z]{\frac{p_e}{p_1}} = \sqrt[3]{15{,}625} = 2{,}5$$

In analoger Anwendung von Formel 7-9 ergibt sich die notwendige Antriebsleistung bei der dreistufigen isentropen Verdichtung aus:

$$w_{t,12} = \frac{\kappa}{\kappa - 1} \cdot R_{CO_2} T_1 \cdot \left[ 3 \cdot \left( \frac{p_z}{p_1} \right)^{\frac{\kappa-1}{\kappa}} - 3 \right]$$

$$w_{t,12} = \frac{1{,}245}{0{,}245} \cdot 188{,}96505 \frac{\text{J}}{\text{kg K}} \cdot 287{,}15\,\text{K} \left[ 3 \cdot 2{,}5^{0{,}1967872} - 3 \right] = 163{,}451\,\text{kJ/kg}$$

$$P = \dot{m} \cdot w_{t,12} = 0{,}3685867\ \text{kg/s} \cdot 163{,}451\ \text{kJ/kg} = 60{,}246\ \text{kW}$$

Ersparnis durch dreistufige Verdichtung bei Rückkühlung auf Ausgangstemperatur nach Erreichen des Zwischendruckes:

$$\Delta P = P_{\text{einstufig}} - P_{\text{dreistufig}} = (72{,}934 - 60{,}246)\,\text{kW} = \underline{\underline{12{,}688\,\text{kW}}}$$

d) Die dreistufige polytrope Verdichtung ist mit dem Polytropenexponenten für die gekühlte Zylinderwand ($n$ = 1,20) zu berechnen!

$$w_{t,12} = \frac{1{,}20}{0{,}20} \cdot 188{,}96505 \frac{\text{J}}{\text{kg K}} \cdot 287{,}15\,\text{K} \left[ 3 \cdot 2{,}5^{0{,}1666666} - 3 \right] = 161{,}149\,\text{kJ/kg}$$

$$P = \dot{m} \cdot w_{t,12} = 0{,}3685867\ \text{kg/s} \cdot 161{,}149\ \text{kJ/kg} = 59{,}397\ \text{kW}$$

$$\Delta P = P_{\text{einstufig}} - P_{\text{dreistufig}} = (78{,}144 - 59{,}397)\,\text{kW} = \underline{\underline{18{,}747\,\text{kW}}}$$

Anzahl der erforderlichen Stufen für polytrope Verdichtung im adiabaten Zylinder ($n = 1{,}32$)

$$\frac{p_{\max}}{p_1} = \left(\frac{T_{\max}}{T_1}\right)^{\frac{n}{n-1}} = \left(\frac{368{,}15\,\text{K}}{287{,}15\,\text{K}}\right)^{\frac{1{,}32}{0{,}32}} = 2{,}7871$$

(Achtung! $t_{max} = 95\ °\text{C} \rightarrow T_{max} = 368{,}15\ \text{K}$)

$$z = \frac{\ln \frac{p_2}{p_1}}{\ln \frac{p_{\max}}{p_1}} = \frac{\ln 15{,}625}{\ln 2{,}7871} = 2{,}68$$

Formel (7-13) liefert in der Regel eine gebrochen rationale Zahl für die Stufenzahl $z$. Für die Festlegung der Stufenzahl muss entsprechend aufgerundet werden, hier also sind **drei Stufen** vorzusehen.

Anzahl der erforderlichen Stufen für polytrope Verdichtung im gekühlten Zylinder ($n = 1{,}20$)

$$\frac{p_{\max}}{p_1} = \left(\frac{T_{\max}}{T_1}\right)^{\frac{n}{n-1}} = \left(\frac{368{,}15\,\text{K}}{287{,}15\,\text{K}}\right)^{\frac{1{,}20}{0{,}20}} = 4{,}4412$$

$$z = \frac{\ln \frac{p_2}{p_1}}{\ln \frac{p_{\max}}{p_1}} = \frac{\ln 15{,}625}{\ln 4{,}4412} = 1{,}84 \qquad \rightarrow \textbf{zwei Stufen}$$

Zur Gewährleistung der maximalen Verdichtungstemperatur von 95 °C könnte die Kühlung der Zylinderwände in diesem Beispiel eine Verdichtungsstufe ersetzen.

**Aufgabe 7-6:** Mehrstufige Kompression eines Gasgemisches
Ein zweistufig arbeitender Kolbenkompressor verdichte pro Sekunde 50 Liter EANX-32 (Gasgemisch für Taucher mit 32 % Sauerstoff und 68 % Stickstoff) polytrop mit einem Polytropenexponenten von 1,35. Im Ausgangszustand liege EANX-32 bei 17 °C und 1020 mbar vor. Die Hälfte des verdichteten Massenstromes wird bei 12,5 bar geliefert, die andere Hälfte bei 32,5 bar. Das bei 12,5 bar gelieferte EANX-32 wird in ein Gasverteilnetz mit einem maximalen Prüfdruck von 40 bar eingespeist. Über dieses Netz werden verschiedene, diskontinuierlich entnehmende Verbraucher versorgt. Beim Betrieb des Kompressors muss sichergestellt sein, dass zu keiner Zeit durch fortwährende Einspeisung bei fehlender Entnahme der Prüfdruck von 40 bar überschritten wird. Dies soll auch gelten, wenn sämtliche Sicherheitseinrichtungen am Kompressor ausfallen. Der Lieferant des Kompressors schreibt, dass der dort aufgestellte Kompressor ein Schadraumverhältnis von 0,0275 besitze und deshalb eine Gasförderung oberhalb des Prüfdruckes gar nicht möglich sei.

a) Welche Stromkosten sind theoretisch (das heißt ohne Berücksichtigung weiterer Verluste) für den elektrisch angetriebenen Verdichter bei 16 Stunden Betrieb zu veranschlagen, wenn für eine kWh Strom 26 Eurocent berechnet werden?
b) Wie viel Normkubikmeter (physikalischer Normzustand) EANX-32 werden in 16 Stunden verdichtet?
c) Nehmen Sie zu der Aussage des Lieferanten Stellung!

Gegeben:

$T_1 = 290{,}15$ K (17 °C) $p_1 = 1{,}02$ bar $p_2 = 12{,}5$ bar $p_3 = 32{,}5$ bar

$\dot{V} = 50$ l/s $= 0{,}05$ m$^3$/s Stromtarif 26 ct/kWh $n = 1{,}35$ $\varepsilon_S = 0{,}0275$

EANX-32 (Verwendung des Index „M" für Gasge*m*isch): $r_{O_2} = 0{,}32$ $r_{N_2} = 0{,}68$

(ohne weitere Angaben beziehen sich Prozentangaben bei Gasgemischen immer auf Vol %)

Vorüberlegungen:

1. Die Gaskonstante des Gemisches muss gemäß gegebener Zusammensetzung ermittelt werden, im Gemisch treten nur zweiatomige Gase auf, so dass der Isentropenexponent mit $\kappa = 1{,}40$ angenommen werden kann.
2. Der physikalische Normzustand ist durch $T_n = 273{,}15$ K und $p_n = 1{,}01325$ bar definiert.
3. Gerundete Molekülmassen: Sauerstoff 32 kg/kmol und Stickstoff 28 kg/kmol

   $r_{O_2} + r_{N_2} = 1$
4. Für die Bestimmung der Gaskonstanten des Gasgemisches aus seinen Komponenten sind die jeweiligen (und hier nicht gegebenen) Masseanteile relevant. Die Umrechnung der gegebenen Volumenprozente auf Masseprozente kann man mit folgender Anwendung der Theorie umgehen:

   scheinbare Molekülmasse für EANX-32:

$$M_M = r_{O_2} M_{O_2} + r_{N_2} M_{N_2} = 0{,}32 \cdot 32 \frac{\text{kg}}{\text{kmol}} + 0{,}68 \cdot 28 \frac{\text{kg}}{\text{kmol}} = 29{,}28 \frac{\text{kg}}{\text{kmol}}$$

$$R_M = \frac{R_m}{M_M} = \frac{8314{,}4621\ \text{J/(kmol K)}}{29{,}28\ \text{kg/kmol}} = 283{,}96387 \frac{\text{J}}{\text{kg K}}$$

   (universelle Gaskonstante siehe Kapitel 1.3)

**Lösung:**

Ermittlung des Massenstroms für die erste Verdichtungsstufe:

$$\dot{m}_1 = \frac{p_1 \dot{V}}{R_M T_1} = \frac{1{,}02 \cdot 10^5\ \text{N/m}^2 \cdot 0{,}05\ \text{m}^3/\text{s}}{283{,}96387\ \text{Nm/(kg K)} \cdot 290{,}15\ \text{K}} = 61{,}8991 \cdot 10^{-3}\ \text{kg/s}$$

a) Ermittlung der Stromkosten aus Leistungsbedarf in beiden Verdichtungsstufen:

$$P_1 = \dot{m}_1 \cdot \frac{n}{n-1} \cdot R_M T_1 \cdot \left[ \left( \frac{p_2}{p_1} \right)^{\frac{n-1}{n}} - 1 \right] \quad \text{und} \quad P_2 = \frac{\dot{m}_1}{2} \cdot \frac{n}{n-1} \cdot R_M T_1 \cdot \left[ \left( \frac{p_3}{p_2} \right)^{\frac{n-1}{n}} - 1 \right]$$

$$P_1 = \frac{61{,}8991\,\text{kg}}{1000\,\text{s}} \cdot \frac{1{,}35}{0{,}35} \cdot 283{,}96387 \frac{\text{J}}{\text{kg K}} \cdot 290{,}15\,\text{K} \cdot \left[ \left( \frac{12{,}5\,\text{bar}}{1{,}02\,\text{bar}} \right)^{\frac{0{,}35}{1{,}35}} - 1 \right] = 17{,}998\,\text{kW}$$

$$P_2 = \frac{61{,}8991\,\text{kg}}{2 \cdot 1000\,\text{s}} \cdot \frac{1{,}35}{0{,}35} \cdot 283{,}96387 \frac{\text{J}}{\text{kg K}} \cdot 290{,}15\,\text{K} \cdot \left[ \left( \frac{32{,}5\,\text{bar}}{12{,}5\,\text{bar}} \right)^{\frac{0{,}35}{1{,}35}} - 1 \right] = 2{,}765\,\text{kW}$$

Die zweite Verdichtungsstufe erfordert deutlich weniger Leistung als die erste. Der zu verdichtende Massenstrom ist hier halbiert. Trotz eines hohen absoluten Druckes $p_3$ ist das Druckverhältnis der zweiten Stufe niedrig. Beachten Sie aber, dass hier die Festlegung der Druckstufen den (willkürlichen) Forderungen der Nachfrager folgt, ein minimalen Verdichtungsaufwand ermöglichendes Druckverhältnis müsste gemäß (7-10) liegen bei

$$\frac{p_2}{p_1} = \sqrt{\frac{32{,}5\,\text{bar}}{1{,}02\,\text{bar}}} = 5{,}645$$

Ermittlung der Kosten für elektrischen Antrieb in 16 Stunden (Kosten = Leistung·Zeit·Tarif):

$$(P_1 + P_2) \cdot \tau \cdot \text{Tarif} = (17{,}998 + 2{,}765)\ \text{kW} \cdot 16\ \text{h} \cdot 0{,}26\ \text{€/kWh} = \underline{\underline{86{,}37\ \text{€}}}$$

b) verdichtete Normkubikmeter für den Zeitraum von 16 Stunden aus dem Ansatz $\dot{m} = \frac{p_n \cdot \dot{V}}{R_M T_n}$ folgt für den Volumenstrom $\dot{V} = \frac{\dot{m} \cdot R_M \cdot T_n}{p_n}$

$$\dot{V} = \frac{61{,}8991\,\text{kg} \cdot 283{,}96387\,\text{J/(kg K)} \cdot 273{,}15\,\text{K}}{1000\,\text{s} \cdot 101325\,\text{N/m}^2} = 0{,}047384 \frac{\text{m}_\text{n}^3}{\text{s}}$$

$$V = \dot{V} \cdot \tau = 0{,}047384 \frac{\text{m}^3}{\text{s}} \cdot 16\,\text{h} \cdot \frac{3600\,\text{s}}{\text{h}} = \underline{\underline{2729{,}32\ \text{m}_\text{n}^3}}$$

c) Prüfung Aussage des Lieferanten mit Formel (7-6) zum Füllungsgrad

$$\lambda_F = 0 \iff \frac{p_2}{p_1} = \left( \frac{1}{\varepsilon_S} + 1 \right)^n = \left( \frac{1}{0{,}0275} + 1 \right)^{1{,}35} = 132{,}68$$

$$p_2 = \left( \frac{p_2}{p_1} \right) \cdot p_1 = 132{,}68 \cdot 1{,}02\ \text{bar} = \underline{\underline{135{,}33\ \text{bar}}}$$

Bei einer Störung des Ventils auf der Druckseite des Kompressors und fehlender Abnahme von Verbrauchern könnte bis zu einem Druck von über 135 bar EANX-32 in die Leitung gepumpt werden. Auf die Aussage des Lieferanten sollten Sie sich hier nicht verlassen!

**Aufgabe 7-7:** Untersuchung eines gekühlten Verdichters

Ein Volumenstrom von 150 ℓ/s Sauerstoff beim Druck von 1013 mbar und einer Temperatur von 16 °C wird angesaugt und in einem gekühlten Verdichter adiabat auf 4,41 bar komprimiert. Dabei wird eine Endtemperatur von 100 °C erreicht, ohne Kühlung des Verdichters hätte der Sauerstoffstrom am Austritt eine Temperatur von 215 °C.

a) Welche Leistung in kW muss zur Kompensation der inneren Reibung aufgebracht werden?
b) Welche Leistung in kW würde für einen ungekühlten Verdichter benötigt und welchen isentropen Wirkungsgrad hätte er?
c) Welche Leistung in kW ist für den gekühlten Verdichter erforderlich? Wie wäre sinnvoll ein Wirkungsgrad für den gekühlten Verdichter zu bestimmen?

Gegeben:

| | | |
|---|---|---|
| $p_1 = 1{,}013$ bar | $T_1 = 289{,}15$ K (16 °C) | $\dot{V}_1 = 0{,}15\ \mathrm{m^3/s}$ |
| $p_2 = 4{,}410$ bar | $T_{2,\mathrm{mK}} = 373{,}15$ K (100 °C) | $T_{2,\mathrm{oK}} = 488{,}15$ K (215 °C) |

Vorüberlegungen:

Sauerstoff ist unter den gegebenen Bedingungen als ideales Gas anzusehen. Die Molekülmasse des zweiatomigen Gases kann auf 32 kg/kmol gerundet werden, der Isentropenexponent beträgt $\kappa = 1{,}4$. Damit folgt:

$$R_{O_2} = \frac{R_m}{M_{O_2}} = \frac{8314{,}4621\ \mathrm{J/(kmol\ K)}}{32\ \mathrm{kg/kmol}} = 259{,}8269\ \frac{\mathrm{J}}{\mathrm{kg\ K}}$$

$$\dot{m} = \frac{p_1 \cdot \dot{V}_1}{R_{O_2} \cdot T_1} = \frac{101325\ \mathrm{N/m^2} \cdot 0{,}15\ \mathrm{m^3/s}}{259{,}8269\ \mathrm{Nm/(kg\,K)} \cdot 289{,}15\ \mathrm{K}} = 0{,}20225\ \frac{\mathrm{kg}}{\mathrm{s}}$$

Bedeutung der Indizes: $mK$ = mit Kühlung $oK$ = ohne Kühlung

**Lösung:**

a) Leistung zur Kompensation der inneren Reibung

Die innere Reibungsleistung $P_R$ entspricht der polytrop zugeführten Wärme bei der Verdichtung und tritt unabhängig von einer möglichen Kühlung auf! Der Polytropenexponent für den ungekühlten Verdichter $n_{oK}$ (adiabater Zylinder) wird aus den gegebenen Temperaturen und Drücken ermittelt und muss die Bedingung $n > \kappa$ erfüllen.

$$\frac{T_{2,oK}}{T_1} = \left(\frac{p_2}{p_1}\right)^{\frac{n_{oK}-1}{n_{oK}}} \quad \rightarrow \quad n_{oK} = \frac{\ln\frac{p_2}{p_1}}{\ln\frac{p_2}{p_1} - \ln\frac{T_{2,oK}}{T_1}} = \frac{\ln\frac{4{,}41\ \mathrm{bar}}{1{,}013\ \mathrm{bar}}}{\ln\frac{4{,}41\ \mathrm{bar}}{1{,}013\ \mathrm{bar}} - \ln\frac{488{,}15\ \mathrm{K}}{289{,}15\ \mathrm{K}}} = 1{,}5528$$

$$P_R = \dot{Q}_R = \dot{m} \cdot c_n (T_{2,oK} - T_1)$$

mit der „polytropen Wärmekapazität $c_n = c_V \dfrac{n_{oK} - \kappa}{n_{oK} - 1} = \dfrac{R_{O_2}}{\kappa - 1} \cdot \dfrac{n_{oK} - \kappa}{n_{oK} - 1}$

$$P_R = 0{,}20225 \frac{\mathrm{kg}}{\mathrm{s}} \cdot \frac{259{,}8269\ \mathrm{J/(kg\,K)}}{0{,}4} \cdot \frac{1{,}5528 - 1{,}4}{1{,}5528 - 1} \cdot (488{,}15 - 289{,}15)\ \mathrm{K} = \underline{\underline{7{,}226\ \mathrm{kW}}}$$

b) Leistung und isentroper Wirkungsgrad des ungekühlten Verdichters

Die erforderliche Leistung des ungekühlten Verdichters $P_{oK}$ wird aus der polytrop reversibel zugeführten Leistung $P_{t,12}$ und der Reibungsleistung $P_R$ ermittelt.

$$P_{t,12} = \dot{m} \cdot w_{t,12} = \dot{m} \cdot \frac{n}{n-1} \cdot R_{O_2} T_1 \cdot \left[ \left( \frac{p_2}{p_1} \right)^{\frac{n-1}{n}} - 1 \right]$$

$$P_{t,12} = 0{,}20225 \frac{\text{kg}}{\text{s}} \cdot \frac{1{,}5528}{0{,}5528} \cdot 259{,}8269 \frac{\text{J}}{\text{kg K}} \cdot 289{,}15\,\text{K} \cdot \left[ \left( \frac{4{,}410\,\text{bar}}{1{,}013\,\text{bar}} \right)^{\frac{0{,}5528}{1{,}5528}} - 1 \right] = 29{,}374\,\text{kW}$$

$$P_{oK} = P_{t,12} + P_R = 29{,}374\,\text{kW} + 7{,}226\,\text{kW} = \underline{\underline{36{,}6\,\text{kW}}}$$

Für die Berechnung des isentropen Wirkungsgrades unterstellen wir ideales Gasverhalten sowie konstante spezifische Wärmekapazität und erhalten

$$\eta_{V,is} = \frac{w_{is}}{w_{real}} = \frac{h_{2,is} - h_1}{h_{2,real} - h_1} = \frac{T_{2,is} - T_1}{T_{2,real} - T_1}$$

und mit der isentropen Verdichtungsendtemperatur

$$T_{2,is} = T_1 \left( \frac{p_2}{p_1} \right)^{\frac{\kappa-1}{\kappa}} = 289{,}15\,\text{K} \cdot \left( \frac{4{,}41\,\text{bar}}{1{,}013\,\text{bar}} \right)^{\frac{0{,}4}{1{,}4}} = 440{,}20\,\text{K}$$

$$\eta_{V,is} = \frac{440{,}20\,\text{K} - 289{,}15\,\text{K}}{488{,}15\,\text{K} - 289{,}15\,\text{K}} = \underline{\underline{0{,}759}}$$

c) Leistung und Wirkungsgrad des gekühlten Verdichters

Die benötigte Leistung des gekühlten Verdichters $P_{mK}$ ergibt sich wiederum aus der reversibel polytrop zugeführten Leistung (Polytrope mit Kühlung) und der Reibungsleistung $P_R$.

Zunächst muss der Polytropenexponent für die polytrope Verdichtung mit Kühlung bestimmt werden. Aus Abbildung 7-2 wissen wir, dass jetzt $1 < n < \kappa$ gelten muss!

$$\frac{T_{2,mK}}{T_1} = \left( \frac{p_2}{p_1} \right)^{\frac{n_{mK}-1}{n_{mK}}} \quad \rightarrow \quad n_{mK} = \frac{\ln \frac{p_2}{p_1}}{\ln \frac{p_2}{p_1} - \ln \frac{T_{2,mK}}{T_1}} = \frac{\ln \frac{4{,}41\,\text{bar}}{1{,}013\,\text{bar}}}{\ln \frac{4{,}41\,\text{bar}}{1{,}013\,\text{bar}} - \ln \frac{373{,}15\,\text{K}}{289{,}15\,\text{K}}} = 1{,}2097$$

$$P_{t,12} = \dot{m} \cdot w_{t,12} = \dot{m} \cdot \frac{n_{mK}}{n_{mK} - 1} \cdot R_{O_2} T_1 \cdot \left[ \left( \frac{p_2}{p_1} \right)^{\frac{n-1}{n}} - 1 \right]$$

$$P_{t,12} = 0{,}20225 \frac{\text{kg}}{\text{s}} \cdot \frac{1{,}2097}{0{,}2097} \cdot 259{,}8269 \frac{\text{J}}{\text{kg K}} \cdot 289{,}15\,\text{K} \cdot \left[ \left( \frac{4{,}410\,\text{bar}}{1{,}013\,\text{bar}} \right)^{\frac{0{,}2097}{1{,}2097}} - 1 \right] = 29{,}374\,\text{kW}$$

$$P_{mK} = P_{t,12} + P_R = 25{,}459\,\text{kW} + 7{,}226\,\text{kW} = \underline{\underline{32{,}685\,\text{kW}}}$$

Die durch die Kühlung des Verdichters bewirkte Leistungsbedarfsminderung beträgt damit

$$\Delta P = P_{oK} - P_{mK} = 36{,}6\,\text{kW} - 32{,}685\,\text{kW} = \underline{\underline{3{,}915\,\text{kW}}}$$

Im besten Fall würde die Kühlung dazu führen können, dass man quasi isotherm verdichtet. Zur Definition eines Wirkungsgrades kann man deshalb hier sinnvoll die für die isotherme Verdichtung erforderliche Leistung ins Verhältnis zur tatsächlich benötigten Leistung des gekühlten Verdichters setzen. So definiert sich der isotherme Verdichterwirkungsgrad durch

$$\eta_{V,isoth} = \frac{P_{isoth}}{P_{mK}} \quad \text{mit} \quad P_{isoth} = \dot{m} \cdot w_{t,12} = \dot{m} \cdot R_{O_2} \cdot T_1 \ln \frac{p_2}{p_1}$$

$$P_{isoth} = 0{,}20225 \frac{\text{kg}}{\text{s}} \cdot 259{,}8269 \frac{\text{J}}{\text{kg K}} \cdot 289{,}15\,\text{K} \cdot \ln \frac{4{,}41\,\text{bar}}{1{,}013\,\text{bar}} = 22{,}351\,\text{kW}$$

$$\eta_{V,isoth} = \frac{22{,}351\,\text{kW}}{32{,}685\,\text{kW}} = \underline{\underline{0{,}6838}}$$

# 8 Kreisprozesse für Wärmekraftmaschinen

Die heute noch übliche Bezeichnung „Wärmekraftmaschine“ ist historisch gewachsen, im Sinne einer ordnenden wissenschaftlichen Terminologie jedoch falsch. Zur Hervorbringung von Kräften setzt man Schraubstöcke oder hydraulische Pressen ein. Die „Kraftmaschinen“ und insbesondere die hier behandelten Wärmekraftmaschinen stellen keine Kräfte zur Verfügung, sondern mechanische Energie als Arbeit im Sinne von Kraft mal Weg. Alle sogenannten Kraftmaschinen wandeln thermische Energie des Arbeitsmediums zu einem aus den Prinzipien des zweiten Hauptsatzes bestimmbaren Teil in mechanische Energie als gewünschte Nutzenergie um. Ihre Umkehrung sind die „Arbeitsmaschinen“ (Pumpen, Verdichter), die die ihnen zugeführte mechanische Energie an das Arbeitsmedium weitergeben und dessen Energiegehalt erhöhen.

Bei einem thermodynamischen Prozess wird ein Fluid als Arbeitsmittel durch Energiezufuhr oder -abfuhr von einem Zustand 1 in einen Zustand 2 überführt. Die Zustände sind jeweils durch ihre Zustandsgrößen Druck, Temperatur und Volumen charakterisiert. Würde man ausgehend vom Zustand 2 die Zustandsänderungen genau umgekehrt bis zum Zustand 1 zurücklaufen lassen, wäre die im Hinweg gewonnene Energie in Menge und Qualität unter Vernachlässigung sämtlicher Verluste wieder vollständig dafür einzusetzen. Um dies zu umgehen und um zugleich den Prozess beliebig oft wiederholen zu können, ist in einem Kreisprozess das Arbeitsmittel auf einem anderen Zustandsweg als zuvor in den Ausgangszustand zurück zu versetzen. Dazu muss das Arbeitsmittel eine zyklische Folge von Zustandsänderungen durchlaufen. Kreisprozesse aus thermodynamischer Sicht sind also möglich, wenn:

- mindestens drei (in der Regel vier bis fünf) einfache Zustandsänderungen in einer zyklischen Folge durchgeführt werden
- bei mindestens einem Vorgang Wärme zugeführt *und* bei mindestens einem Vorgang Wärme abgeführt wird
- der Anfangszustand immer wieder erreicht wird

Zur Untersuchung von konkreten Anlagen, die Wärme in mechanische Energie oder vermittelst eines Generators in elektrische Energie (Strom) umwandeln, legt man für die tatsächlich ablaufenden irreversiblen Prozesse vereinfachende reversible Zustandsänderungen so fest, dass die wirklichen Vorgänge in der Anlage möglichst gut modelliert werden. Ein solches Modell nennen wir thermodynamischen Vergleichsprozess.

Um mit einfachen, mathematisch geschlossen lösbaren Gleichungen arbeiten zu können, werden bei allen thermodynamischen Vergleichsprozessen die wirklichen Verhältnisse sehr stark vereinfacht. In der Regel geht man dabei von folgenden Voraussetzungen aus:

- Beschränkung der Betrachtung auf die in den Hauptaggregaten der Anlage ablaufenden Prozesse
- reversible thermodynamische Zustandsänderungen (gelegentlich erfolgen Modifikationen zur Berücksichtigung von Irreversibilitäten unter Inkaufnahme, dass die mathematisch einfache Beschreibung verloren geht)
- isobare Vorgänge in den Apparaten zur Wärmeübertragung (keine Druckverluste)
- alle Anlagenteile nach außen hin ideal thermisch isoliert (adiabate Systemgrenze)

DOI 10.1515/9783110530513-009

Für jede konkrete Bauart einer Wärmekraftmaschine existiert ein Vergleichsprozess mit jeweils charakteristischen Zustandsänderungen. Bei den Anlagentypen unterscheidet man:

- *Wärmekraftanlagen*, bei denen der Umwandlungsprozess in einer gegenüber der Umgebung *geschlossenen Konstruktion* stattfindet, das Arbeitsmittel im Kreislauf geführt und Wärme bei möglichst hoher Temperatur zugeführt sowie bei möglichst tiefer Temperatur abgeführt wird. Eine wichtige Wärmekraftanlage ist das Dampfkraftwerk (Clausius-Rankine-Prozess).
- *Verbrennungskraftanlagen*, die die meist chemisch gebundene Brennstoffenergie durch Reaktion mit Luftsauerstoff innerhalb der Anlage als Wärme freisetzen und anschließend in Arbeit umwandeln. Zum formalen Schließen des Kreislaufes werden die heißen Verbrennungsgase nicht auf Ausgangstemperatur zurückgekühlt, sondern in die Umgebung entlassen und dem Prozess ständig frisches Arbeitsmittel im Ausgangszustand zugeführt. Wichtige Beispiele dafür sind die Kolbenmotoren (Otto- und Seiliger-Prozess) sowie die Gasturbinen (Joule-Prozess).

Die thermodynamischen Vergleichsprozesse können der starken Modellvereinfachung wegen nicht die Basis für die detaillierte konstruktive Auslegung von Wärmekraftmaschinen bilden. Die Kreisprozessanalyse liefert aber auf zwei Ebenen sehr wichtige Informationen. Erstens gestattet sie Aussagen zur grundsätzlich erforderlichen Größe einer Wärmekraftanlage bei jeweils gewünschter Leistung. Die Größe einer Anlage bestimmt nicht unwesentlich ihre Herstellungskosten, die man so niedrig wie möglich halten möchte. Zweitens ist die Effizienz der Energieumwandlungen in geplanten oder schon ausgeführten Anlagen mit dem Ziel zu beurteilen, Möglichkeiten zur Verbesserung der Wirtschaftlichkeit durch Senkung der Betriebskosten (Brennstoffkosten) zu finden. Die Kreisprozesse liefern als thermodynamische Modelle zwar nur grundsätzliche Aussagen zu den mit gewählten Parametern erwartbaren Wirkungsgraden, die aber zum Verständnis des Gesamtzusammenhangs unverzichtbar sind. Die Optimierung des tatsächlichen Anlagenbetriebs muss dann auf der Basis weiter verfeinerter Modelle erfolgen.

Mit Hilfe von Vergleichsprozessen sind Vergleiche möglich zwischen:

- einem realen Verhalten und dementsprechenden idealen Vergleichsprozess
- den verschiedenen Vergleichsprozessen
- verschiedenen Druck- und Temperaturverhältnissen bei einem Vergleichsprozess

Die Energiebilanz für eine Wärmekraftmaschine führt in Übereinstimmung mit dem ersten Hauptsatz der Thermodynamik zu der Aussage, dass sich die Kreisprozessarbeit als Differenz zwischen zugeführter und abgeführter Wärme ergeben muss.

$$q_{zu} = w + |q_{ab}| \qquad \rightarrow \qquad w = q_{zu} - |q_{ab}| \tag{8-1}$$

Der Bezug zum zweiten Hauptsatz ist bei (8-1) gegeben durch die unabhängig von inneren Wärmeverlusten im Prozess erfolgende systembedingte Wärmeabfuhr, die bei Erreichen der Umgebungstemperatur endet. Wärme kann also niemals vollständig in Arbeit umgewandelt werden.

Zur Bewertung der Effizienz bei der Umwandlung von Wärme in mechanische Energie definieren wir einen thermodynamischen Wirkungsgrad für den Kreisprozess $\eta_{th}$ in der Form

$$\eta_{th} = \frac{\text{Nutzen}}{\text{Aufwand}} = 1 - \frac{\text{Verlust}}{\text{Aufwand}} \qquad \eta_{th} = \frac{w}{q_{zu}} = 1 - \frac{|q_{ab}|}{q_{zu}} \tag{8-2}$$

Der Begriff *Wirkungsgrad* wird in der Technik als Verhältnis abgegebener *Nutzleistung* zu *aufgewendeter Leistung* verwendet und charakterisiert die Umwandlungseffizienz in einem ganz bestimmten Augenblick, zum Beispiel, wenn die Maschine im „Bestpunkt“ arbeitet. Betrachtet man hingegen die Umwandlungsgüte einer Anlage in einem bestimmten Zeitraum unter Berücksichtigung von Anfahr- und Abfahrvorgängen wird die zur Verfügung gestellte *Arbeit* ins Verhältnis gesetzt zum gesamt eingesetzten Brennstoff (*Arbeit*), was man unter dem Begriff *Nutzungsgrad* fasst.

Die Verwendung spezifischer Größen für die Arbeit in Formel (8-2) lässt zunächst den Bezug zur physikalischen Größe Leistung nicht erkennen. Der Zusammenhang wird erst deutlich, wenn man die durchgesetzten Massenströme des Arbeitsmittels einbezieht.

$$P = \dot{m} \cdot w \qquad \dot{Q}_{zu} = \dot{m} \cdot q_{zu} \tag{8-3}$$

$$\eta_{th} = \frac{P}{\dot{Q}_{zu}} \tag{8-4}$$

Thermodynamische Kreisprozesse untersucht man vorteilhaft unabhängig von der Anlagengröße durch Verwendung massenspezifischer Variablen. Die bei einem bestimmten Zustandsverhalten geforderte Leistung wird dann gemäß (8-3) durch die Höhe des umlaufenden Massenstroms des Arbeitsmittels bestimmt, der seinerseits wieder Grundlage für die Dimensionierung der Anlagen ist.

## 8.1 Der Carnot-Prozess als Vorbild für alle Wärmekraftmaschinen

Der historisch älteste Kreisprozess ist der Carnot-Prozess. Er wurde 1824 von Carnot zum Studium der Vorgänge in der Watt´schen Dampfmaschine vorgeschlagen. Ausgangspunkt für die Analyse von Carnot war die Frage, welche thermodynamischen Zustandsänderungen in welcher Reihenfolge überhaupt ablaufen müssten, damit aus einer gegebenen Wärmemenge das Maximum an Arbeit gewonnen werden kann. Die Untersuchungen von Carnot waren nicht auf eine speziell konstruierte Wärmekraftmaschine abgestellt und die gewonnenen Erkenntnisse zur Güte der Umwandlung von thermischer Energie gelten deshalb für jede beliebige Wärmekraftmaschine. Carnot stellte als Erster fest, dass unabhängig vom Arbeitsmittel zur Gewinnung von Arbeit aus Wärme mindestens zwei Energiespeicher mit jeweils unterschiedlichem Temperaturniveau zur Verfügung stehen müssen und dass aus bereitgestellter Wärme das Maximum an Arbeit nur dann gewinnbar ist, wenn Temperaturänderungen in einem rechtsläufigen Prozess ausschließlich in Folge von *Volumenänderungen* eintreten. Wärme darf also nur *bei konstanten Temperaturen* dem Arbeitsmittel zugeführt oder von diesem abgegeben werden. Dies ist jedoch ein theoretischer Anspruch, der sich technisch nicht umsetzen lässt. Isotherme Zustandsänderungen laufen der Trägheit des Wärmeübergangs wegen sehr langsam ab. Der thermische Wirkungsgrad des Carnot-Prozesses gibt aber zuverlässig den höchst möglichen Wirkungsgrad einer Maschine an, die bei vorgegebener minimaler und maximaler Prozesstemperatur aus Wärme mechanische Arbeit gewinnt. Damit hat der Carnotfaktor eine Messlattenfunktion für alle Wärmekraftprozesse, denn hier wird – völlig unabhängig vom Arbeitsmittel und der Art der Maschine – der theoretisch im besten Fall zu erreichende thermische Wirkungsgrad ermittelt. Außerdem lieferte Carnot eine weitere wichtige Erkenntnis für die erfolgreiche Realisierung von Wärmekraftanlagen. Das Arbeitsmittel muss für einen akzeptablen Anlagenwirkungsgrad vor der Wärmezufuhr *verdichtet* werden. Nicht von ungefähr sprechen wir bei Motoren vom Verdichtungsverhältnis als Effizienzmerkmal.

## 8.1.1 Thermodynamische Grundlagen

Die Prozessführung folgt rechtslaufend folgenden vier reversiblen Zustandsänderungen:

$1 \rightarrow 2$ isotherme Kompression mit Wärmeabfuhr
$2 \rightarrow 3$ isentrope Kompression
$3 \rightarrow 4$ isotherme Expansion mit Wärmezufuhr
$4 \rightarrow 1$ isentrope Expansion

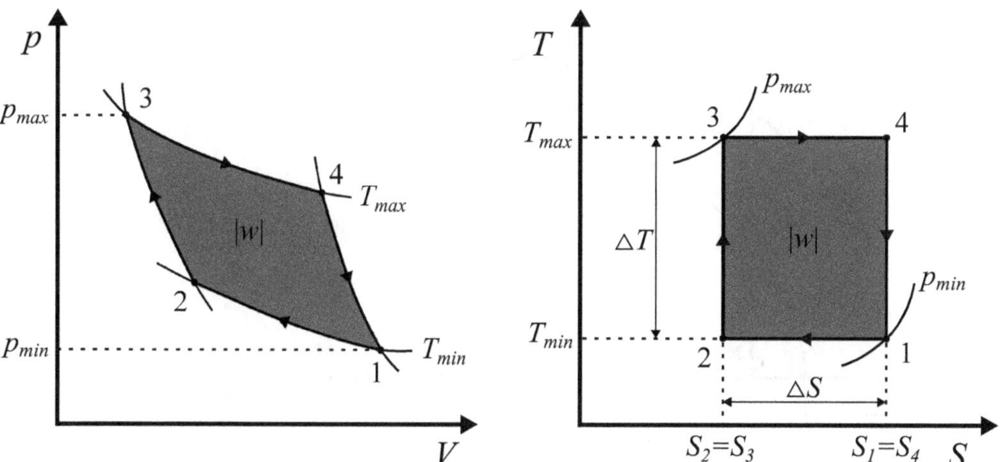


**Abb. 8-1:** Zustandsverläufe beim Carnot-Prozess im *p,V*- und *T,s*-Diagramm.

Aus dem *T,s*-Diagramm kann für die Bestimmung des thermischen Wirkungsgrades des Carnot-Prozesses entnommen werden: $s_4 - s_3 = s_1 - s_2 = \Delta s$ und so folgt für

$$q_{zu} = q_{34} = T_{\max}(s_4 - s_3) = T_{\max} \cdot \Delta s \qquad \text{(isotherm zugeführte Wärme)}$$

$$q_{ab} = q_{12} = -T_{\min}(s_1 - s_2) \qquad |q_{ab}| = T_{\min} \cdot \Delta s \qquad \text{(isotherm abgeführte Wärme)}$$

die spezifische Kreisprozessarbeit

$$|w| = q_{zu} - |q_{ab}| = (T_{\max} - T_{\min}) \cdot \Delta s \qquad \text{(8-5a)}$$

und der thermische Wirkungsgrad (Carnotfaktor)

$$\eta_{th,C} = \frac{w}{q_{zu}} = \frac{(T_{\max} - T_{\min}) \cdot \Delta s}{T_{\max} \cdot \Delta s} = 1 - \frac{T_{\min}}{T_{\max}} \qquad 0 < \eta_{th,C} < 1 \qquad \text{(8-6a)}$$

Formel (8-6a) unterstellt reversible Prozessführung. Die tatsächlich zwangsläufig auftretenden Umwandlungsverluste haben immer niedrigere Wirkungsgrade als die nach (8-6a) berechneten zur Folge. (8-6a) zeigt außerdem, dass die eingesetzten Arbeitsmittel in der Betrachtung von Carnot keinen Einfluss auf den Wirkungsgrad haben. Der thermische Wirkungsgrad steigt ausschließlich mit fallender minimaler und mit wachsender maximaler Temperatur. Da $T_{\min} = 0$ K aus naturgesetzlichen Gründen nicht erreichbar, ist $\eta_{th} = 1$ nicht möglich! Ohne Temperaturgefälle ($T_{\min} = T_{\max}$) ergibt sich immer $\eta_{th} = 0$!

Wegen $w = \eta_{th,C} \cdot q_{zu}$ ist ferner in Zusammenhang mit (8-6a) unmittelbar zu schlussfolgern, dass Wärme nicht vollständig in Arbeit überführbar sein kann (vergleiche dazu 5.4.3 Folgerungen aus Exergie und Anergie der Wärme).

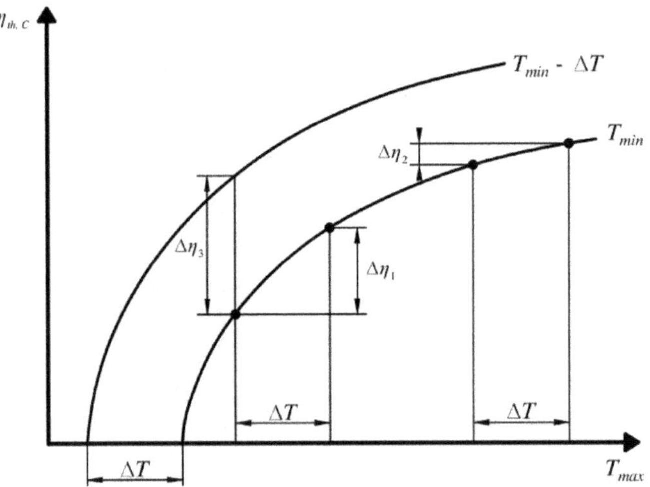


**Abb. 8-2:** Carnotfaktor als Funktion der maximalen Prozesstemperatur.

Nach Abbildung 8-2 wächst der Carnotfaktor für steigende maximale Temperaturen stetig, allerdings zu höheren Temperaturen hin mit einem immer geringeren Anstieg. Die Erhöhung des Wirkungsgrades um einen festen Betrag $\Delta\eta$ bei steigenden maximalen Temperaturen muss mit immer höherem Aufwand erkauft werden oder der ökonomische Nutzen von steigenden oberen Prozesstemperaturen wird beim Überschreiten bestimmter Temperaturgrenzen immer geringer. Außerdem ist es effizienter, die minimale Prozesstemperatur um $\Delta T$ abzusenken als die maximale Prozesstemperatur um den gleichen Betrag $\Delta T$ zu erhöhen (vergleiche $\Delta\eta_3$ und $\Delta\eta_1$ in Abbildung 8-2). Für die Absenkung von $T_{min}$ setzt der Umgebungszustand aber praktisch Grenzen (zweiter Hauptsatz!).

## 8.1.2 Prozesscharakteristik mit idealem Gas als Arbeitsmittel

Die Entropieänderung $\Delta s$ eines idealen Gases als Funktion eines Druckverhältnisses für eine isotherme Zustandsänderung spezifiziert Formel (5-11), so dass für die Kreisprozessarbeit nach Formel (8-5a) geschrieben werden kann

$$\Delta s = s_4 - s_3 = R \cdot \ln \frac{p_3}{p_4} \quad \rightarrow \quad w = R \cdot (T_{\max} - T_{\min}) \ln \frac{p_3}{p_4} \tag{8-7}$$

Für von Anlagengrößen unabhängige Untersuchungen definiert man folgende für die Werkstoffauswahl und Bemessung der einzelnen Bauteile bedeutsame dimensionslose Größen:

dimensionslose Kreisprozessarbeit $\omega = \frac{w}{RT_{min}}$

dimensionsloses maximales Druckverhältnis $\pi = \frac{p_{max}}{p_{min}} \equiv \frac{p_3}{p_1}$

dimensionslose maximale Temperatur $\tau_{max} = \frac{T_{max}}{T_{min}}$

Achtung! $\tau_{max}$ steht hier als Variable nicht für die Größe „Zeit"!

Der thermische Wirkungsgrad des Carnot-Prozesses gemäß (8-6a) ergibt sich damit zu

$$\eta_{th,C} = 1 - \frac{1}{\tau_{max}} \tag{8-6b}$$

Wir haben das maximale Druckverhältnis $\pi = p_3/p_1$ eingeführt, in Formel (8-7) tritt jedoch das Druckverhältnis $p_3/p_4$ auf. Mit einer einfachen Umformung und der Tatsache, dass zwischen 1 und 4 eine isentrope Zustandsänderung abläuft, können wir doch $p_3/p_4$ mit den dimensionslosen Kenngrößen $\tau$ und $\pi$ ausdrücken:

$$\frac{p_3}{p_4} = \frac{p_3}{p_1} \cdot \frac{p_1}{p_4} = \frac{p_3}{p_1} \cdot \left(\frac{T_1}{T_4}\right)^{\frac{\kappa}{\kappa-1}} = \pi \cdot \left(\frac{1}{\tau_{max}}\right)^{\frac{\kappa}{\kappa-1}}$$

Damit kann nun auch die spezifische Kreisprozessarbeit nach Formel (8-5a) als dimensionslose Größe beschrieben werden durch:

$$\omega = (\tau_{max} - 1) \cdot (\ln \pi - \frac{\kappa}{\kappa - 1} \ln \tau_{max}) \tag{8-5b}$$

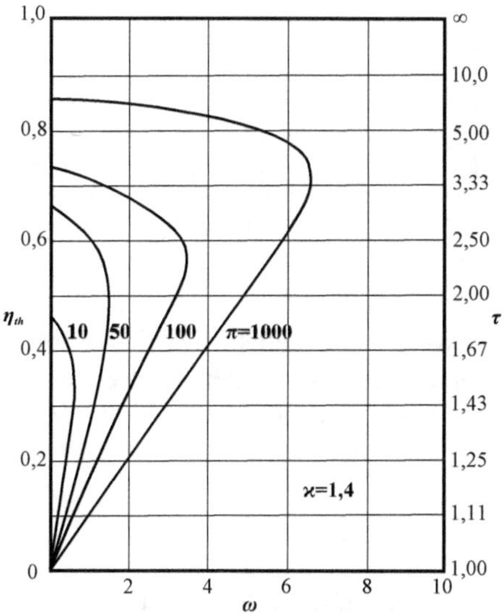


**Abb. 8-3:** Kreisprozesscharakteristik für den Carnot-Prozess mit dimensionslosen Größen und bei einem Isentropenexponenten $\kappa = 1,4$.

Wie Abbildung (8-3) zeigt, sind die Parameterlinien $\tau_{max}$ = konstant mit den Geraden $\eta_{th,C}$ identisch. Demgegenüber verlaufen die Parameterlinien $\pi$ = konstant als Kurven wegen des nichtlinearen funktionellen Zusammenhangs zwischen $\omega$ und $\tau_{max}$ sowie $\pi$. Jede $\pi$-Linie weist zwei Schnittpunkte mit der Ordinatenachse (zwei Nullstellen für Gleichung (8-5b)) auf. Beide Nullstellen können physikalisch als Grenzfälle des Carnot-Prozesses gedeutet werden.

Der Grenzfall $\tau_{max} = 1$ bedeutet, dass unabhängig vom gewählten Druckverhältnis $\pi$ die Wärmezufuhr und Wärmeabfuhr bei gleicher Temperatur $T = T_{max} = T_{\min}$ erfolgt, so dass der Carnotfaktor und die spezifische Kreisprozessarbeit jeweils den Wert Null annehmen.

Im Grenzfall $\tau_{max} = \pi^{(\kappa-1)/\kappa}$ erstreckt sich die isentrope Expansion und Kompression über den gesamten zur Verfügung stehenden Druckbereich, so dass sich ein Zustandsverlauf ergibt, der durch zwei unendlich dicht liegende Isentropen gekennzeichnet ist und damit weder Wärmezufuhr noch Wärmeabfuhr möglich sind. Die spezifische Kreisprozessarbeit würde wiederum den Wert Null annehmen, der thermische Wirkungsgrad den theoretisch für ein vorgegebenes Druckverhältnis $\pi$ höchst möglichen Wert von

$$\eta_{th,C,\max} = 1 - \frac{1}{\pi^{\frac{\kappa-1}{\kappa}}}$$

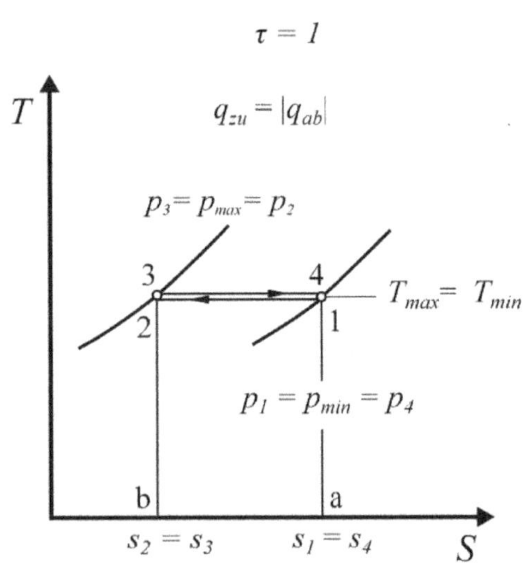

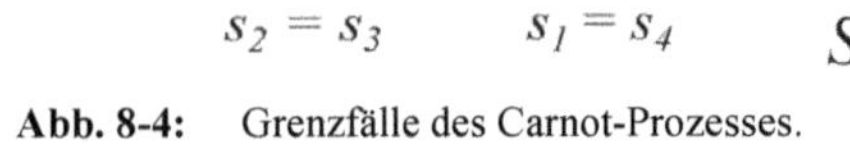

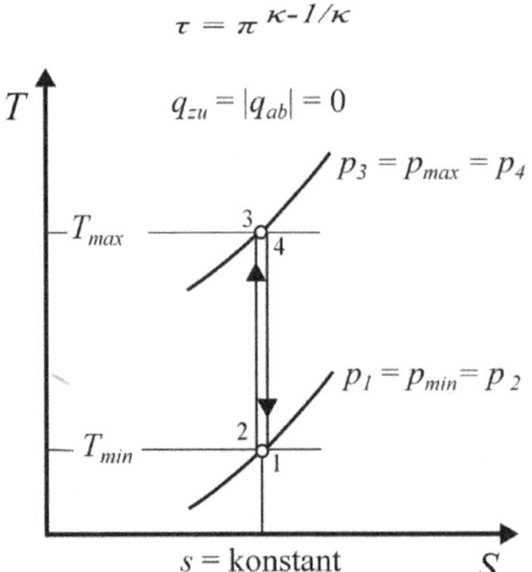


**Abb. 8-4:** Grenzfälle des Carnot-Prozesses.

Zwischen diesen beiden Grenzfällen kann $\tau$ für jeden Wert von $\pi$ beliebig variiert werden. Für jedes maximale Druckverhältnis existiert ein Optimum des maximalen Temperaturverhältnisses $\tau_{opt}$, für das die Kreisprozessarbeit zum Maximum wird. Rechnerisch ist dies zu ermitteln durch

$$\left(\frac{\partial \omega}{\partial \tau}\right)_{\pi} = 0 \quad \rightarrow \quad \ln \pi - \frac{\kappa}{\kappa - 1} \cdot (\ln \tau_{opt} + \frac{\tau_{opt} - 1}{\tau_{opt}}) = 0$$

Diese transzendente Beziehung kann man nur mit numerischen Routinen lösen. Aus der Abbildung der Kreisprozesscharakteristik ist aber zu entnehmen, dass sich das Maximum der Kreisprozessarbeit mit Erhöhung des maximalen Druckverhältnisses $\pi$ zu höheren maximalen Temperaturverhältnissen $\tau$ verschiebt. Eine nach dem Carnot-Prozess arbeitende Wärmekraftanlage kann hohe Temperaturgefälle nur im Zusammenhang mit hohen Druckverhältnissen ausnutzen. Für hohe Drücke bei hohen Temperaturen stehen – wenn überhaupt – nur wenige und sehr teure Werkstoffe zur Verfügung, so dass eine technische Realisierung unwirtschaftlich wird. Reduziert man aber das maximale Druckverhältnis auf technisch beherrschbare Werte, nimmt mit dem thermischen Wirkungsgrad auch die Kreisprozessarbeit sehr schnell ab. Neben den technisch nicht zu verwirklichenden isothermen Zustandsänderungen für ideales Gas existieren also weitere Gründe von der Realisierung einer Wärmekraftanlage mit idealem Gas als Arbeitsmittel nach dem Carnot-Prozess Abstand zu nehmen. Wenn man für den Carnot-Prozess anstelle des idealen Gases ein reales Fluid, z.B. Wasser, als Arbeitsmittel einsetzen würde, ließen sich die isothermen Zustandsänderungen in Form der isobar-isothermen Verdampfung und Kondensation relativ problemlos verwirklichen. Allerdings müsste sich hier die Prozessführung auf Drücke unterhalb des kritischen Druckes beschränken mit der Folge niedriger thermischer Wirkungsgrade. Außerdem gibt es erhebliche technische Schwierigkeiten, den Nassdampf bis zum Gleichgewichtspunkt siedendes Wasser zu verdichten. Die Entspannung von trocken gesättigtem Dampf im Nassdampfgebiet ist technisch nur zu realisieren bis zu einem Dampfanteil von 85 %, was sich bei dem Versuch der Verwirklichung des Carnot-Prozesses im Nassdampfgebiet als weitere Hürde erweist.

Die reversible Prozessführung beim Carnot-Prozess führt auf die Bedingung $\oint \mathrm{d}s = 0$ und damit auf $\oint \frac{\mathrm{d}q}{T} = \frac{q_{zu}}{T_{\max}} - \frac{|q_{ab}|}{T_{\min}} = 0$ woraus schließlich folgt $|q_{ab}| = \frac{T_{\min}}{T_{\max}} \cdot q_{zu}$

Das zeigt, dass die Wärme auch bei reversibler Prozessführung niemals vollständig in Kreisprozessarbeit umgewandelt werden kann. Besitzt die minimale Temperatur im best möglichem Fall das Niveau der Umgebungstemperatur ($T_{min} = T_U$) entspricht die abzuführende Wärme der technisch nicht mehr nutzbaren Anergie nach (5-18).

Betrachtet man im Unterschied zum Carnot-Prozess Kreisprozesse, die die wichtigsten thermodynamischen Zustandsänderungen in technisch funktionsfähigen Wärmekraftmaschinen nachbilden, fallen die bei Wärmezufuhr und Wärmeabfuhr jeweils nicht konstant bleibenden Temperaturen auf.

$$q_{12} = q_{ab} = \int_1^2 T\mathrm{d}s = \overline{T}_{ab}(s_2 - s_1) = \overline{T}_{ab} \cdot \Delta s \tag{8-8a}$$

$$q_{34} = q_{zu} = \int_3^4 T\mathrm{d}s = \overline{T}_{zu}(s_4 - s_3) = \overline{T}_{zu} \cdot \Delta s \tag{8-8b}$$

Der wie auch immer geartete funktionale Zusammenhang mit der Temperatur in den Formeln (8-8) kann wie gezeigt über den Mittelwertsatz der Integralrechnung zurückgeführt werden auf eine mittlere Temperatur bei Wärmeabfuhr $\overline{T}_{ab}$ und eine mittlere Temperatur bei Wärmezufuhr $\overline{T}_{zu}$, wobei stets $\overline{T}_{zu} < T_{\max}$ und $\overline{T}_{ab} > T_{\min}$ gilt. Der thermische Wirkungsgrad eines Kreisprozesses mit zu- und abgeführter Wärme nach den Formeln (8-8) ist daher immer kleiner als der Carnotprozess mit gleicher minimaler und maximaler Prozesstemperatur.

$$\eta_{th} = 1 - \frac{\overline{T}_{ab}}{\overline{T}_{zu}} < \eta_{th,C} \tag{8-9}$$

### 8.1.3 Verstehen durch Üben: Carnot-Prozess

**Aufgabe 8.1-1:** Umwandlungsgrad von Wärme in Arbeit und Beeinflussung Carnotfaktor
In einer Kesselanlage werden stündlich 500 kWh Wärme bei 300 °C bereitgestellt. Die Umgebungstemperatur betrage 20 °C.

a) Welche mechanische Leistung in kW kann man daraus maximal erzeugen?
b) Hebt eine Temperaturerhöhung auf der „warmen" oder eine Temperaturerniedrigung auf der „kalten" Seite um die jeweils gleiche Temperaturdifferenz $\Delta T$ den Wirkungsgrad stärker an?

Gegeben:

$T_{zu} = T_{max} = 573{,}15$ K $\quad T_{ab} = T_{min} = 293{,}15$ K $\quad$ (thermodynamische Temperaturen verwenden!)

$Q_{zu} = 500$ kWh $\quad \tau = 1$ h

**Lösung:**

a) Der Carnotfaktor nach Formel (8-6a) enthält die gesuchte mechanische Leistung.

$$\eta_{th,C} = \frac{P_{mech} \cdot \tau}{Q_{zu}} = 1 - \frac{T_{ab}}{T_{zu}} \qquad P_{mech} = \frac{Q_{zu}}{\tau} \cdot \eta_{th,C} = \frac{Q_{zu}}{\tau} \cdot \left(1 - \frac{T_{ab}}{T_{zu}}\right) = \frac{500\,\text{kWh}}{1\,\text{h}} \cdot \left(1 - \frac{293{,}15\,\text{K}}{573{,}15\,\text{K}}\right) = \underline{\underline{244{,}264\,\text{kW}}}$$

Wenn Ihnen jemand eine „Erfindung" präsentiert, nach der eine Maschine unter den gegebenen Bedingungen eine höhere mechanische Leistung erbringt, können Sie dies getrost zurückweisen und zu den Akten legen.

b) Verhältnis des Carnotfaktors an „warmer" und „kalter" Seite um jeweils $\Delta T$

warme Seite erhöht um $\Delta T$ $\qquad$ kalte Seite erniedrigt um $\Delta T$

$$\eta_{th}^{w} = \frac{T_{max} + \Delta T - T_{min}}{T_{max} + \Delta T} \qquad \eta_{th}^{k} = \frac{T_{max} - (T_{min} - \Delta T)}{T_{max}} = \frac{T_{max} + \Delta T - T_{min}}{T_{max}}$$

$$\frac{\eta_{th}^{k}}{\eta_{th}^{w}} = \frac{[T_{max} + \Delta T - T_{min}]}{T_{max}} \cdot \frac{(T_{max} + \Delta T)}{[T_{max} + \Delta T - T_{min}]} = \frac{T_{max} + \Delta T}{T_{max}} > 1$$

Die Temperaturerniedrigung auf der „kalten Seite" ist zur Steigerung des Wirkungsgrades immer effizienter als gleiche Temperaturerhöhung auf der „warmen Seite". Praktisch kann man aber für die „kalte Seite" im besten Fall den Umgebungszustand einstellen ohne Chancen unterhalb der Umgebungstemperatur zu arbeiten (2. Hauptsatz der Thermodynamik).

**Aufgabe 8.1-2:** Carnotfaktor bei verschiedenen minimalen und maximalen Temperaturen
Immer wieder werden Vorschläge unterbreitet, in den Äquatorialzonen der Weltmeere die Temperaturunterschiede des Meerwassers für die Gewinnung von Arbeit heranzuziehen. In diesen Zonen besitzt das Meerwasser an der Oberfläche Temperaturen bis zu 30 °C, in 500 m Tiefe dagegen 8 °C.

a) Mit welchem Wirkungsgrad könnte eine Anlage zur Nutzung der thermischen Schichtung im Meer maximal arbeiten?
b) Welchen Wirkungsgrad nach Carnot würde eine Gasturbine erreichen, die das Arbeitsmittel bei 15 °C ansaugt (minimale Prozesstemperatur) und eine höchste Prozesstemperatur von 1250 °C erreicht?

Gegeben:

a) $T_{\min} = 281{,}15$ K $\quad T_{\max} = 303{,}15$ K $\qquad$ b) $T_{\min} = 288{,}15$ K $\quad T_{\max} = 1523{,}15$ K

Celsiustemperaturen für die Verwendung in Formel (8-6a) in thermodynamische Temperaturen (K) umrechnen!

**Lösung:**

a) $\eta_{th,C} = 1 - \frac{T_{\min}}{T_{\max}} = 1 - \frac{281{,}15\,\text{K}}{303{,}15\,\text{K}} = \underline{\underline{0{,}0726}}$ $\qquad$ b) $\eta_{th,C} = 1 - \frac{T_{\min}}{T_{\max}} = 1 - \frac{288{,}15\,\text{K}}{1523{,}15\,\text{K}} = \underline{\underline{0{,}8108}}$

Der Wirkungsgrad einer baulich in 500 m Tiefe ragenden Konstruktion zur Nutzung der thermischen Schichtung im Meerwasser könnte maximal 7,26 % betragen. Eine praktische Umsetzung würde außerdem wegen der zwangsläufig auftretenden Verluste noch einmal zu erheblichen Wirkungsgradeinbußen führen. Dann ist der Energieaufwand zur Herstellung einer solchen Anlage höher als der Energiegewinn über ihre Lebensdauer. Aber insbesondere wenn Kosten auftragsgemäß eine untergeordnete Rolle spielen, wird immer wieder ernsthaft versucht, Temperaturunterschiede in der Umgebung zur Energiegewinnung auszunutzen. Vor einigen Jahren entwickelten US-Forscher zum Beispiel den Prototyp eines Unterwasserfahrzeugs, das die benötigte Energie aus einem thermischen Aufladesystem bezieht. Dieses System besteht aus zehn Röhren, in denen sich wachsartige Phasenwechselmaterialien befinden. Wenn das Unterwasserfahrzeug in warmes Wasser aufsteigt, schmilzt und expandiert dieses Material, während es beim Absinken in kälteres Wasser durch Erstarrung kontrahiert. Dies bewirkt Druckänderungen in einem Öl, das einen hydraulischen Motor antreibt und Akkus zur Energiespeicherung für den energieautarken Betrieb des autonomen Unterwasserfahrzeugs auflädt.

Erwartungsgemäß liegt der Carnotfaktor für die Gasturbine deutlich höher als bei der Anlage gemäß Aufgabenteil a). Wenn man aber bedenkt, dass es derzeit nur sehr wenige Gasturbinen gibt, die im Betrieb bei dieser minimalen und maximalen Prozesstemperatur einen elektrischen Wirkungsgrad von 40 % nachweisen können, hat man einen ersten Hinweis darauf, welches Wirkungsgradpotential theoretisch noch mobilisiert werden könnte.

**Aufgabe 8.1-3:** Prozessanalyse mit verschiedenen Arbeitsmitteln

Ein rechtslaufender Carnot-Prozess mit einem Gas Arbeitsmittelstrom von 10 kg/s wird mit einer maximalen Prozesstemperatur von 1250 °C realisiert. Der Ausgangszustand für das Arbeitsmittel sei mit einem Druck von 1 bar und 15 °C gegeben. Daran schließt sich eine isotherme Verdichtung auf 5 bar an. Bestimmen Sie Druck, Volumen und Temperatur in allen Eckpunkten des Carnot-Prozesses, die zu- und abzuführenden Wärmeströme in kW, die Anlagenleistung in kW sowie den thermischen Wirkungsgrad für den Fall, dass das Arbeitsmittel sich wie ideales Gas verhält und einmal Luft mit der Gaskonstante $R_L$ = 287 J/(kg K) und einmal das Edelgas Helium ist!

Gegeben:

$\dot{m} = 10$ kg/s

$p_1 = 1$ bar $\quad T_1 = T_2 = T_{min} = 288{,}15$ K $\quad T_3 = T_4 = T_{max} = 1523{,}15$ K $\quad p_2 = 5$ bar

(zu den Druckbezeichnungen und den Parametern „max“ sowie „min“ vergleiche Abbildung 8-1)

Vorüberlegungen:

1. Luft als Arbeitsmittel ist ein zweiatomiges Gas mit dem Isentropenexponenten $\kappa = 1{,}4$.
2. Helium ist ein einatomiges Gas mit der Molekülmasse $M_{He} = 4{,}003$ kg/kmol (siehe Stoffwerttabelle) und dem Isentropenexponenten $\kappa = 1{,}67$. Für die Gaskonstante folgt dann

$$R_{He} = \frac{R_m}{M_{He}} = \frac{8{,}3144621\,\text{kJ/(kmol K)}}{4{,}003\,\text{kg/kmol}} = 2{,}0770577\,\frac{\text{kJ}}{\text{kg K}}$$

3. Gegeben ist ein Massenstrom, aus dem ein Volumenstrom für das Arbeitsmittel ermittelt werden kann. In der Aufgabenstellung ist nach Volumina gefragt, so dass wir an den gesuchten Zustandspunkten das Volumen ermitteln, das dem Volumenstrom in einer Sekunde entspricht!

**Lösung:**

Für eine gute Übersicht empfiehlt es sich, die Prozessparameter in einer Tabelle zusammen zu stellen. Die gegebenen Größen sind fett eingetragen, alle weiteren Größen werden dann nach Rechenfortschritt ergänzt. In Tabelle 8-1 sind die Berechnungsergebnisse quasi vorweggenommen, die zugehörige Rechnung kann im Folgenden sukzessive nachvollzogen werden.

Zur Kontrolle kann man in den Tabellen Zeile für Zeile prüfen, ob das Produkt $p \cdot V / T$ jeweils konstant ist.

**Tab. 8-1:** Zustandsdaten für die Eckpunkte des Carnot-Prozesses für Luft und Helium nach Aufgabe 8.1-3.

| Luft | $p$ in bar | $V$ in m³ | $T$ in K | He | $p$ in bar | $V$ in m³ | $T$ in K |
|---|---|---|---|---|---|---|---|
| 1 | **1,00** | 8,2699 | **288,15** | 1 | **1,00** | 59,850 | **288,15** |
| 2 | **5,00** | 1,65398 | **288,15** | 2 | **5,00** | 11,970 | **288,15** |
| 3 | 1697,87 | 0,025745 | **1523,15** | 3 | 317,23 | 0,99728 | **1523,15** |
| 4 | 339,57 | 0,12873 | **1523,15** | 4 | 63,447 | 4,9863 | **1523,15** |

Volumen im Zustandspunkt 1 und 2 aus der Grundgleichung für ideales Gas

$$V_1 = \frac{m \cdot R_i \cdot T_1}{p_1} \qquad V_2 = \frac{m \cdot R_i \cdot T_2}{p_2}$$

Luft:

$$V_1 = \frac{10\,\text{kg} \cdot 287\,\text{J/(kg K)} \cdot 288{,}15\,\text{K}}{1 \cdot 10^5\,\text{N/m}^2} = \underline{\underline{8{,}2699\,\text{m}^3}}$$

$$V_2 = \frac{10\,\text{kg} \cdot 287\,\text{J/(kg K)} \cdot 288{,}15\,\text{K}}{5 \cdot 10^5\,\text{N/m}^2} = \underline{\underline{1{,}65398\,\text{m}^3}}$$

Helium:

$$V_1 = \frac{10\,\text{kg} \cdot 2077{,}0577\,\text{J/(kg K)} \cdot 288{,}15\,\text{K}}{1 \cdot 10^5\,\text{N/m}^2} = \underline{\underline{59{,}850\,\text{m}^3}}$$

$$V_2 = \frac{10\,\text{kg} \cdot 2077{,}0577\,\text{J/(kg K)} \cdot 288{,}15\,\text{K}}{5 \cdot 10^5\,\text{N/m}^2} = \underline{\underline{11{,}97\,\text{m}^3}}$$

Druck und Volumen im Zustandspunkt 4: $4 \rightarrow 1$ isentrope Zustandsänderung

$$p_4 = p_1 \left(\frac{T_4}{T_1}\right)^{\frac{\kappa}{\kappa-1}} \qquad V_4 = V_1 \left(\frac{T_1}{T_4}\right)^{\frac{1}{\kappa-1}}$$

Luft:

$$p_4 = 1\,\text{bar} \cdot \left(\frac{1523{,}15\,\text{K}}{288{,}15\,\text{K}}\right)^{\frac{1{,}4}{0{,}4}} = \underline{\underline{339{,}57\,\text{bar}}} \qquad V_4 = 8{,}2699\,\text{m}^3 \cdot \left(\frac{288{,}15\,\text{K}}{1523{,}15\,\text{K}}\right)^{\frac{1}{0{,}4}} = \underline{\underline{0{,}12873\,\text{m}^3}}$$

Helium:

$$p_4 = 1\,\text{bar} \cdot \left(\frac{1523{,}15\,\text{K}}{288{,}15\,\text{K}}\right)^{\frac{1{,}67}{0{,}67}} = \underline{\underline{63{,}447378\,\text{bar}}}$$

$$V_4 = 59{,}85\,\text{m}^3 \cdot \left(\frac{288{,}15\,\text{K}}{1523{,}15\,\text{K}}\right)^{\frac{1}{0{,}67}} = \underline{\underline{4{,}9863\,\text{m}^3}}$$

Druck und Volumen für Zustandspunkt 3 $2 \rightarrow 3$ isentrope Zustandsänderung

Luft $$p_3 = p_2 \left(\frac{T_3}{T_2}\right)^{\frac{\kappa}{\kappa-1}} = 5\,\text{bar} \cdot \left(\frac{1523{,}15\,\text{K}}{288{,}15\,\text{K}}\right)^{\frac{1{,}4}{0{,}4}} = \underline{\underline{1697{,}87\,\text{bar}}}$$

$$V_3 = V_2 \left(\frac{T_2}{T_3}\right)^{\frac{1}{\kappa-1}} = 1{,}65398\,\text{m}^3 \cdot \left(\frac{288{,}15\,\text{K}}{1523{,}15\,\text{K}}\right)^{\frac{1}{0{,}4}} = \underline{\underline{0{,}025745\,\text{m}^3}}$$

Helium (für $p_3$ und $V_3$ werden hier jeweils alternative Rechenwege aufgezeigt)
Für die isentropen Zustandsänderungen $4 \rightarrow 1$ und $2 \rightarrow 3$ gilt nämlich:

$$\frac{T_4}{T_1} = \frac{T_3}{T_2} = \left(\frac{p_4}{p_1}\right)^{\frac{\kappa-1}{\kappa}} = \left(\frac{p_3}{p_2}\right)^{\frac{\kappa-1}{\kappa}} \qquad \text{woraus folgt: } \frac{p_4}{p_1} = \frac{p_3}{p_2}$$

$$p_3 = p_2 \cdot \frac{p_4}{p_1} = 5\,\text{bar} \cdot \frac{63{,}447378\,\text{bar}}{1\,\text{bar}} = \underline{\underline{317{,}23689\,\text{bar}}}$$

Das Volumen des Heliums in Zustandspunkt 3 errechnen wir aus der Gleichung (2-1)

$$V_3 = \frac{m \cdot R_{He} \cdot T_3}{p_3} = \frac{10\,\text{kg} \cdot 2077{,}0577\,\text{Nm/(kg K)} \cdot 1523{,}15\,\text{K}}{317{,}23 \cdot 10^5\,\text{N/m}^2} = \underline{\underline{0{,}99728\,\text{m}^3}}$$

zugeführter Wärmestrom bei $T_{\max} = 1523{,}15$ K:

Luft:

$$\dot{Q}_{34} = \dot{m} \cdot R_L \cdot T_3 \cdot \ln\frac{p_3}{p_4}$$

$$\dot{Q}_{34} = 10\,\text{kg/s} \cdot 287\,\frac{\text{J}}{\text{kgK}} \cdot 1523{,}15\,\text{K} \cdot \ln\frac{1697{,}87\,\text{bar}}{339{,}57\,\text{bar}} = \underline{\underline{7.035{,}61\,\text{kW}}}$$

Helium:

$$\dot{Q}_{34} = \dot{m} \cdot R_{He} \cdot T_3 \cdot \ln\frac{p_3}{p_4}$$

$$\dot{Q}_{34} = 10\,\text{kg/s} \cdot 2077{,}0577\,\frac{\text{J}}{\text{kgK}} \cdot 1523{,}15\,\text{K} \cdot \ln\frac{317{,}23\,\text{bar}}{63{,}447\,\text{bar}} = \underline{\underline{50.917{,}31\,\text{kW}}}$$

abgeführte Wärme bei $T_{\min} = 288{,}15$ K

Luft: $$\dot{Q}_{12} = \dot{m} \cdot R_L \cdot T_1 \cdot \ln\frac{p_1}{p_2} = 10\,\text{kg/s} \cdot 287\,\frac{\text{J}}{\text{kg K}} \cdot 288{,}15\,\text{K} \cdot \ln\frac{1\,\text{bar}}{5\,\text{bar}} = \underline{\underline{-1.330{,}99\,\text{kW}}}$$

Helium:

$$\dot{Q}_{12} = \dot{m} \cdot R_{He} \cdot T_1 \cdot \ln\frac{p_1}{p_2}$$

$$\dot{Q}_{12} = 10\,\text{kg/s} \cdot 2077{,}0577\,\frac{\text{J}}{\text{kg K}} \cdot 288{,}15\,\text{K} \cdot \ln\frac{1\,\text{bar}}{5\,\text{bar}} = \underline{\underline{-9.632{,}55\,\text{kW}}}$$

Anlagenleistung: $P = \dot{W} = \dot{Q}_{34} - \left|\dot{Q}_{12}\right|$

Luft: $P = (7.035{,}61 - 1.330{,}9)\,\text{kW} = \underline{\underline{5.704{,}62\,\text{kW}}}$

Helium: $P = (50.917{,}31 - 9.632{,}55)\,\text{kW} = \underline{\underline{41.284{,}76\,\text{kW}}}$

thermischer Wirkungsgrad nach Formel (8-4):

Luft:

$$\eta_{th} = \frac{P}{\dot{Q}_{zu}} = \frac{P}{\dot{Q}_{34}} = \frac{5.704{,}62\,\text{kW}}{7.035{,}61\,\text{kW}} = \underline{\underline{0{,}8108}} \qquad \text{oder} \qquad \eta_{th} = 1 - \frac{T_{\min}}{T_{\max}} = 1 - \frac{288{,}15\,\text{K}}{1523{,}15\,\text{K}} = \underline{\underline{0{,}8108}}$$

Dieses Ergebnis kennen wir übrigens schon aus Aufgabe 8.1-2.

Helium:

$$\eta_{th} = \frac{P}{\dot{Q}_{zu}} = \frac{P}{\dot{Q}_{34}} = \frac{41.284{,}76\,\text{kW}}{50.917{,}31\,\text{kW}} = \underline{\underline{0{,}8108}} \qquad \text{oder} \qquad \eta_{th} = 1 - \frac{T_{\min}}{T_{\max}} = 1 - \frac{288{,}15\,\text{K}}{1523{,}15\,\text{K}} = \underline{\underline{0{,}8108}}$$

Bei gleichem thermischem Wirkungsgrad von 81,08 % (gleiches maximales Temperaturverhältnis $\tau_{max} \approx 5{,}286$) ist die Kreisprozessarbeit für das Arbeitsmittel Helium deutlich höher. Auch das im Verhältnis zu Luft deutlich niedrigere Druckverhältnis ($\pi_{He} = 317{,}23$ im Vergleich zu Luft $\pi_L = 1697{,}87$) spricht für Helium als Arbeitsmittel. Die mehr als 7fach höheren Volumina für Helium mit entsprechenden Konsequenzen für die Baugröße einer zu planenden Anlage wären als Nachteil anzusprechen. Thermodynamisch nicht erhoben, aber für eine geplante Verwirklichung von erheblicher Bedeutung, sind die hohen Beschaffungskosten für Helium im Vergleich zu der praktisch frei verfügbaren Luft.

Die hier gewählten Parameter ergeben Druckverhältnisse, die sowohl für Luft als auch für Helium deutlich zu niedrig sind, um das angebotene Temperaturgefälle für die Kreisprozessarbeit optimal zu nutzen. Das optimale Druckverhältnis für die maximale Kreisprozessarbeit bei gegebenem maximalen Temperaturverhältnis kann man bestimmen aus der Gleichung:

$$\ln\pi - \frac{\kappa}{\kappa-1}(\ln\tau + \frac{\tau-1}{\tau}) = 0 \quad \rightarrow \quad \ln\pi = \frac{\kappa}{\kappa-1}(\ln\tau + \frac{\tau-1}{\tau})$$

Luft: $$\ln\pi_L = \frac{1{,}4}{0{,}4}(\ln 5{,}286 + \frac{4{,}286}{5{,}286}) = 8{,}66559 \quad \rightarrow \quad \underline{\underline{\pi_L = 5.799{,}8654}}$$

Helium: $$\ln\pi_{He} = \frac{1{,}67}{0{,}67}(\ln 5{,}286 + \frac{4{,}286}{5{,}286}) = 6{,}1712 \quad \rightarrow \quad \underline{\underline{\pi_{He} = 478{,}77483}}$$

Die jetzt errechneten optimalen Druckverhältnisse können aber mangels Verfügbarkeit entsprechend belastbarer Werkstoffe technisch nicht realisiert werden.

Mit der hier gegebenen minimalen und maximalen Prozesstemperatur arbeiten moderne Gasturbinen. Die durchgeführte Prozessanalyse liefert uns neben den ohnehin nicht lösbaren Aufgaben, verlustfrei isotherm und isentrop Volumenänderungen zu bewirken, mit den erforderlichen Druckverhältnissen einen weiteren Grund, warum es nicht gelingt, eine auf dem Carnot-Prozess beruhende Wärmekraftmaschine zu konstruieren.

**Aufgabe 8.1-4:** Carnot-Prozess mit Nassdampf als Arbeitsmittel

Für 10 kg Nassdampf ist ein reversibler Rechtsprozess nach Carnot zwischen einer maximalen Temperatur von 300 °C und einer minimalen Temperatur von 30 °C zu beurteilen. Die isobar/isotherme Wärmezufuhr soll zwischen Siede- und Taulinie erfolgen. Ausgangspunkt für den Prozess (Zustandspunkt 1) sei (unabhängig von einer technischen Realisierbarkeit) ein Nassdampf von 30 °C, der isentrop bis zum Erreichen der Siedelinie verdichtet wird.

a) Skizzieren Sie mit Kennzeichnung der Kreisprozessarbeit $w$ den Prozessverlauf im $T,s$-Diagramm!
b) Welcher Dampfanteil wird nach der isentropen Entspannung und welcher vor der isentropen Verdichtung erreicht?
c) Wie hoch sind Carnotfaktor und die spezifische Kreisprozessarbeit in kJ/kg?
d) Welches Volumen in m³ nimmt das Arbeitsmittel im Prozess maximal ein?

Gegeben:
$T_{max} = 573{,}15$ K (300 °C) $T_{min} = 303{,}15$ K (30 °C) $m = 10$ kg

Der Wasserdampftafel IAPWS-IF 97 entnehmen wir folgende Werte

30 °C: $v' = 0{,}00100441\ \text{m}^3/\text{kg}$ $v'' = 32{,}8816\ \text{m}^3/\text{kg}$

$h' = 125{,}745\ \text{kJ/kg}$ $h'' = 2555{,}58\ \text{kJ/kg}$

$s' = 0{,}43679\ \text{kJ/(kg K)}$ $s'' = 8{,}4521\ \text{kJ/(kg K)}$

300 °C: $v' = 0{,}00140442\ \mathrm{m^3/kg}$ $v'' = 0{,}0216631\ \mathrm{m^3/kg}$

$h' = 1344{,}77\ \mathrm{kJ/kg}$ $h'' = 2749{,}57\ \mathrm{kJ/kg}$

$s' = 3{,}2547\ \mathrm{kJ/(kg\,K)}$ $s'' = 5{,}7058\ \mathrm{kJ/(kg\,K)}$

**Lösung:**

a) Skizze des Prozessverlaufes im *T,s*-Diagramm

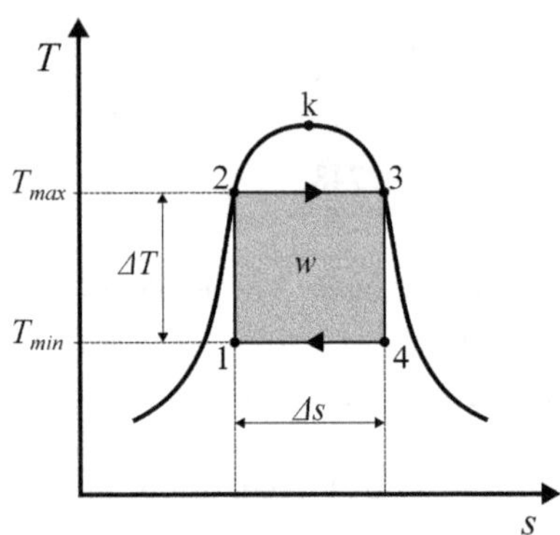


**Abb. 8-5:** Carnot-Prozess im Nassdampfgebiet.

b) Dampfanteile

nach isentroper Entspannung $s_3 = s_4 = s''(300\,°\mathrm{C}) = \text{konstant}$:

$$s_{4,x} = s'(30\ °\mathrm{C}) + x_4(s'' - s')_{30\,°\mathrm{C}} = s''(300\ °\mathrm{C})$$

$$x_4 = \frac{s''(300\,°\mathrm{C}) - s'(30\,°\mathrm{C})}{s''(30\,°\mathrm{C}) - s'(30\,°\mathrm{C})} = \frac{(5{,}7058 - 0{,}43679)\ \mathrm{kJ/(kgK)}}{(8{,}4521 - 0{,}43679)\ \mathrm{kJ/(kgK)}} = \underline{\underline{0{,}65737}}$$

vor isentroper Verdichtung $s_2 = s_1 = s'(300\,°\mathrm{C}) = \text{konstant}$:

$$s_{1x} = s'(30\ °\mathrm{C}) - x_1(s'' - s')_{30\,°\mathrm{C}} = s'(300\ °\mathrm{C})$$

$$x_1 = \frac{s'(300\ °\mathrm{C}) - s'(30\ °\mathrm{C})}{s''(30\ °\mathrm{C}) - s'(30\ °\mathrm{C})} = \frac{(3{,}2547 - 0{,}43679)\ \mathrm{kJ/(kg\,K)}}{(8{,}4521 - 0{,}43679)\ \mathrm{kJ/(kg\,K)}} = \underline{\underline{0{,}35157}}$$

c) Carnotfaktor und spezifische Kreisprozessarbeit

$$\eta_{th} = 1 - \frac{T_{\min}}{T_{\max}} = 1 - \frac{303{,}15\ \mathrm{K}}{573{,}15\ \mathrm{K}} = \underline{\underline{0{,}47}}$$ gemäß Formel (8-6a)

Für die spezifische Kreisprozessarbeit ergeben sich zwei Berechnungsmöglichkeiten:

1) nach *T,s*-Diagramm: *W* = von Zustandskurven eingeschlossenes Rechteck

$$w = \Delta T \cdot \Delta s = (T_{\max} - T_{\min}) \cdot (s''(300\ °\mathrm{C}) - s'(300\ °\mathrm{C}))$$

$$w = 270\ \mathrm{K} \cdot (5{,}706 - 3{,}255)\frac{\mathrm{kJ}}{\mathrm{kg\,K}} = \underline{\underline{661{,}77\frac{\mathrm{kJ}}{\mathrm{kg}}}}$$

2) Bilanz nach erstem Hauptsatz der Thermodynamik $w = q_{zu} - |q_{ab}|$ mit

$$q_{zu} = h''(300\,°C) - h'(300\,°C) = r(300\,°C) = (2749{,}57 - 1344{,}77)\frac{kJ}{kg} = 1404{,}80\frac{kJ}{kg}$$

$$|q_{ab}| = h_{14x}(30\,°C) - h_{1,x}(30\,°C) = (x_4 - x_1)\cdot(h'' - h')_{30\,°C}$$

$$|q_{ab}| = (0{,}65737 - 0{,}35157)\cdot(2555{,}58 - 125{,}745)\frac{kJ}{kg} = 743{,}04\frac{kJ}{kg}$$

$$w = q_{zu} - |q_{ab}| = 1404{,}80\frac{kJ}{kg} - 743{,}04\frac{kJ}{kg} = \underline{\underline{661{,}76\frac{kJ}{kg}}}$$

$$W = m\cdot w = 10\ kg\cdot 661{,}76\ kJ/kg = \underline{\underline{6.617{,}6\ kJ}}$$

d) Das größte Volumen des Arbeitsmittels tritt im Zustandspunkt 4 auf.

$$V_4 = m\cdot v_{4,x} = m\cdot\left(v' + x_4(v'' - v')\right)_{30\,°C}$$

$$V_1 = 10\ kg\cdot\left(0{,}00100441 + 0{,}65737(32{,}8816 - 0{,}00100441)\right)\frac{m^3}{kg} = \underline{\underline{216{,}16\ m^3}}$$

Kommentar:

Die Schwierigkeit isotherme Zustandsänderungen technisch zu ermöglichen, entfällt hier im Nassdampfgebiet durch die isobar/isotherme Verdampfung und Kondensation. Allerdings können Verdichtungen und Expansionen im Nassdampfgebiet mit Dampfanteilen unterhalb von $x = 0{,}85$ nicht realisiert werden, so dass wir auch für dieses Beispiel an die Grenzen der technischen Machbarkeit geraten.

**Aufgabe 8.1-5:** Optimierung der Druck- und Temperaturverhältnisse
Zu untersuchen sei eine nach dem Carnot-Prozess arbeitende Wärmekraftmaschine mit einer minimalen Prozesstemperatur von 15 °C und einer maximalen von 920 °C. Der minimale Prozessdruck sei mit 1 bar gegeben, der maximale Prozessdruck in der Maschine mit 200 bar. Das Arbeitsmittel ist Luft als ideales Gas mit der Gaskonstante $R_L = 287$ J/(kg K).

a) Wie hoch ist der thermische Wirkungsgrad?
b) Welche Leistung in kW kann diese Maschine zur Verfügung stellen, wenn ein Arbeitsmittelstrom von 10 kg/s durchgesetzt wird?
c) Bestimmen Sie den Arbeitspunkt für diese Anlage in der Kreisprozesscharakteristik!
d) Welches Temperaturverhältnis wäre für das gegebene Druckverhältnis in Bezug auf die Kreisprozessarbeit optimal?
e) Welcher Carnotfaktor und welche Leistung können unter den Bedingungen von d) erreicht werden?

Gegeben:

$T_1 = T_2 = 288{,}15\,\text{K}$ (15 °C) $T_3 = T_4 = 1193{,}15\,\text{K}$ (920 °C)

$p_1 = 1\,\text{bar}$ $p_3 = 200\,\text{bar}$

$R_L = 287\,\frac{\text{J}}{\text{kg K}}$ (Luft mit $\kappa = 1{,}4$) $\dot{m} = 10\,\text{kg/s}$

Vorüberlegungen:

Gegenüber Aufgabe 8.1-3 sind Drücke und Temperaturen auf ein Niveau abgesenkt, auf dem eine technische Realisierung theoretisch denkbar wäre.

Zur Bestimmung des Arbeitspunktes in der Prozesscharakteristik (Abbildung 8-3) ermitteln wir

$$\pi = \frac{p_{\max}}{p_{\min}} = \frac{200\,\text{bar}}{1\,\text{bar}} = 200 \quad \text{und} \quad \tau_{\max} = \frac{T_{\max}}{T_{\min}} = \frac{1193{,}15\,\text{K}}{288{,}15\,\text{K}} = 4{,}1407253$$

Aus der Prozesscharakteristik wird deutlich, dass die hier gegenüber Aufgabe 8.1-3 abgesenkten Parameter zu deutlichen Einbußen bei thermischen Wirkungsgrad und Kreisprozessarbeit (als Maß für Anlagenleistung) führen. Gleichzeitig ist erkennbar, dass Druck- und Temperaturverhältnis zur Steigerung der Kreisprozessarbeit noch besser abgestimmt werden können.

**Lösung:**

a) thermischer Wirkungsgrad

$$\eta_{th} = 1 - \frac{T_{\min}}{T_{\max}} = 1 - \frac{288{,}15\,\text{K}}{1193{,}15\,\text{K}} = \underline{\underline{0{,}7584964}} \quad \text{oder} \quad \eta_{th} = 1 - \frac{1}{\tau_{\max}} = 1 - \frac{1}{4{,}1407253} = \underline{\underline{0{,}7584964}}$$

b) Leistung in kW

$$p_2 = p_3 \cdot \left(\frac{T_2}{T_3}\right)^{\frac{\kappa}{\kappa-1}} = 200\,\text{bar} \cdot \left(\frac{288{,}15\,\text{K}}{1193{,}15\,\text{K}}\right)^{3{,}5} = 1{,}384403\,\text{bar}$$

$$p_4 = p_1 \cdot \frac{p_3}{p_2} = 1\,\text{bar} \cdot \frac{200\,\text{bar}}{1{,}384403\,\text{bar}} = 144{,}46661\,\text{bar}$$

$$q_{zu} = q_{34} = RT_3 \cdot \ln\frac{p_3}{p_4} = 287\,\frac{\text{J}}{\text{kg K}} \cdot 1193{,}15\,\text{K} \cdot \ln\frac{200\,\text{bar}}{144{,}46661\,\text{bar}} = 111{,}38317\,\frac{\text{kJ}}{\text{kg}}$$

$$q_{ab} = q_{12} = RT_1 \cdot \ln\frac{p_1}{p_2} = 287\,\frac{\text{J}}{\text{kg K}} \cdot 288{,}15\,\text{K} \cdot \ln\frac{1{,}000\,\text{bar}}{1{,}384403\,\text{bar}} = -26{,}89944\,\frac{\text{kJ}}{\text{kg}}$$

$$w = q_{zu} + q_{ab} = q_{zu} - |q_{ab}| = (111{,}38317 - 26{,}89944)\,\frac{\text{kJ}}{\text{kg}} = 84{,}48373\,\frac{\text{kJ}}{\text{kg}}$$

$$P = \dot{m} \cdot w = 10\,\frac{\text{kg}}{\text{s}} \cdot 84{,}48373\,\frac{\text{kJ}}{\text{kg}} = 844{,}8373\,\text{kW} \approx \underline{\underline{845\,\text{kW}}}$$

c) Kreisprozesscharakteristik gemäß Abbildung 8-3:
Über die Berechnung der dimensionslosen Kreisprozessarbeit $\omega$ bestätigen wir noch einmal das Ergebnis aus Aufgabenteil (b).

$$\omega = (\tau_{max} - 1) \cdot (\ln \pi - \frac{\kappa}{\kappa - 1} \ln \tau_{max}) = 3{,}1407253 \cdot (\ln 200 - 3{,}5 \cdot \ln 4{,}1407253) = 1{,}021580$$

$$w = R \cdot T_{min} \cdot \omega = 0{,}287 \frac{\text{kJ}}{\text{kg K}} \cdot 288{,}15\ \text{K} \cdot 1{,}02158 = 84{,}48373\ \text{kJ/kg} \qquad \text{(Vergleiche (b))}$$

Mit den Parametern $\omega$ und $\tau_{max}$ kann der Arbeitspunkt in der grafisch dargestellten Prozesscharakteristik entsprechend eingezeichnet werden. Der thermische Wirkungsgrad kann auf der rechten Ordinate mit 0,76 abgelesen werden.

d) optimales Temperaturverhältnis bei vorgegebenem Druckverhältnis $\pi = 200$

$$\ln \pi - \frac{\kappa}{\kappa - 1}(\ln \tau_{max} + \frac{\tau_{max} - 1}{\tau_{max}}) = 0 \qquad \rightarrow \qquad \frac{0{,}4}{1{,}4} \ln 200 - \ln \tau_{max} - \frac{\tau_{max} - 1}{\tau_{max}} = 0$$

$$1{,}513805 - \ln \tau_{max} - \frac{\tau_{max} - 1}{\tau_{max}} = 0 \qquad \text{(Lösung durch Iteration nach Newton)}$$

Der Startwert für die Iteration $\tau_{max}$ =2,80 wird aus Kreisprozesscharakteristik geschätzt!
Iterationsformel:

$$\tau_{max}^{(n+1)} = \tau_{max}^{(n)} - \frac{f(\tau_{max})}{f'(\tau_{max})} \qquad f(\tau_{max}) = 1{,}513805 - \ln \tau_{max} - \frac{\tau_{max} - 1}{\tau_{max}} \qquad f'(\tau_{max}) = -\frac{1}{\tau_{max}} - \frac{1}{\tau_{max}^2}$$

zwei Iterationsschritte liefern: $\tau_{max} = 2{,}4955$ als optimales Temperaturverhältnis für $\pi = 200$

e) thermischer Wirkungsgrad und Leistung bei optimiertem Temperaturverhältnis

$$\eta_{th} = 1 - \frac{1}{\tau_{max}} = 1 - \frac{1}{2{,}4955} = \underline{\underline{0{,}5992}} \qquad \text{mit der optimierten maximalen Temperatur}$$

$$T_{max} = \tau_{max} \cdot T_{min} = 2{,}4955 \cdot 288{,}15\ \text{K} \approx 719{,}08\ \text{K} \approx 445{,}93\ °\text{C}$$

$$\omega = (\tau_{max} - 1) \cdot (\ln \pi - \frac{\kappa}{\kappa - 1} \ln \tau_{max}) \qquad \omega = 1{,}4955 \cdot (5{,}2983174 - 3{,}5 \cdot \ln 2{,}4955) = 3{,}136969$$

$$w = R \cdot T_{min} \cdot \omega = 0{,}287 \frac{\text{kJ}}{\text{kg K}} \cdot 288{,}15 K \cdot 3{,}136969 = 259{,}42436 \frac{\text{kJ}}{\text{kg}}$$

$$P = \dot{m} \cdot w = 10 \frac{\text{kg}}{\text{s}} \cdot 259{,}42436 \frac{\text{kJ}}{\text{kg}} = 2.594{,}2436\ \text{kW} \approx \underline{\underline{2{,}6\ \text{MW}}}$$

Für eine Anlagenleistung, die in einem vernünftigen Verhältnis zur Anlagengröße steht, benötigt man bei angestrebter Realisierung des Carnot-Prozesses sehr hohe Druckverhältnisse, die konstruktiv nur mit großem Aufwand zu beherrschen sind. Für $\pi = 200$ und $t_{min} = 15$ °C führt eine obere Prozesstemperatur von 920 °C auf einen fantastischen Wirkungsgrad von 75,8 %, die Anlagenleistung beträgt aber nur magere 845 kW. Bei festgehaltenem Druckverhältnis kann man in diesem Fall die Leistung durch Optimierung des Temperaturregimes noch auf ca. 2,6 MW steigern, allerdings unter Inkaufnahme eines auf knapp 60 % fallenden Wirkungsgrades.

## 8.2 Vergleichsprozesse für Motoren mit innerer Verbrennung

Alle Verbrennungsmotoren mit innerer Verbrennung gewinnen mechanische Arbeit (Leistung) nach dem gleichen Grundprinzip: Zunächst Kompression und Wärmezufuhr, dann Expansion und Wärmeabfuhr. Die der Wärmezufuhr vorangehende Verdichtung ist notwendig, um ein hohes Temperaturgefälle zu erzielen (vergleiche dazu Ausführungen im Kapitel 8.1 zur Rolle der Verdichtung für die Prozessführung beim Carnot-Prozess). Der historisch älteste Gasmotor von Lenoir (1864) arbeitete ohne Verdichtung, erzielte aber durch die Verbrennung unverdichteten Gemisches (Gas und Luft) auch nur eine sehr kleine Drucksteigerung, geringe Expansionsarbeit und dadurch sehr schlechte Wirkungsgrade.

Alle Kolbenmotoren sind offene, pulsierend durchströmte Systeme. In den Vergleichsprozessen modelliert man sie jedoch thermodynamisch als Maschinen mit einem im Kreislauf zirkulierenden Arbeitsmittel, das zyklisch ohne mengenmäßige oder chemische Veränderung bestimmte Zustandsänderungen durchläuft. Die wichtigsten ablaufenden Arbeitsprozesse werden zunächst stark vereinfacht und auf ihren thermodynamischen Kern reduziert. So sind die einfachsten Modelle für den Motorprozess geschlossene, innerlich reversible Kreisprozesse mit Wärmezufuhr sowie -abfuhr und wie folgt charakterisiert:

- die chemische Umwandlung der Kraftstoffenergie infolge innerer Verbrennung wird durch eine entsprechende äußere Wärmezufuhr ersetzt
- der Ladungswechsel wird modelliert durch eine entsprechende Wärmeabfuhr eines im Kreislauf geführten Arbeitsmittels
- als Arbeitsmittel wird Luft als thermisch und kalorisch ideales Gas (perfektes Gas) verwendet

Die einheitliche Verwendung von Luft als ideales Gas sowohl für das Brennstoff-Luft-Gemisch als auch später für das Abgas führt zur Berechnung von zu hohen Wirkungsgraden und zu hohen Prozesstemperaturen, liefert aber für den Vergleichsprozess analytisch geschlossen auswertbare Formeln, die die Diskussion des Einflusses verschiedener Prozessparameter zulassen.

Im Hinblick auf den Ladungswechsel wird bei Otto- und Dieselmotoren zwischen dem 2-Takt-Spiel und dem 4- Takt-Spiel unterschieden.

Die reversiblen Vergleichsprozesse bei den Hubkolbenmotoren nehmen aber vor allem auf die unterschiedlichen Brennverfahren für den Kraftstoff Bezug. Eine durch Fremdzündung eingeleitete Verbrennung des Kraftstoffes mit rasantem Druckanstieg im Ottomotor modelliert man im Otto-Prozess. Wird der Kraftstoff wie in Dieselmotoren in hoch verdichtete Luft mit einer Temperatur oberhalb der Kraftstoffzündtemperatur eingespritzt, bildet dies die Basis für den Diesel- und den Seiliger-Prozess.

In allen Hubkolbenmotoren finden Kompression und Expansion in einem Zylinder statt, in dem der Kolben mit einem Kurbeltrieb hin und her bewegt wird. Die beiden Extrempositionen, die der Kolben dabei einnimmt, nennen wir unteren (inneren) und oberen (äußeren) Totpunkt. Das Volumen zwischen den beiden Totpunkten bezeichnet man als *Hubvolumen* $V_H$, das im oberen Totpunkt verbleibende Restvolumen heißt *Kompressionsvolumen* $V_K$.

Beim 2-Takt-Spiel erfolgt der Ladungswechsel durch Schlitze im unteren Bereich des Zylinders, wenn der Kolben diese überstreicht und das Abgas durch das einströmende Frischgas verdrängt wird. Beim 4-Takt-Spiel erfolgt das Ausschieben der verarbeiteten und Ansaugen der frischen Ladung über die Verdrängerwirkung des Kolbens mit Hilfe von Ventilen. Viertaktmotoren besitzen jeweils ein oder mehrere Auslass- und Einlassventile, die jeweils programmgemäß vor und nach den Totpunkten öffnen und schließen. Ein frühes Öffnen des Auslassventils führt zu Verlusten bei der Expansionsarbeit, verringert aber auch die Ausschiebearbeit. Ein spätes Schließen des Einlassventils verbessert die Luftfüllung des Zylinders und erhöht das Motordrehmoment bzw. die Zylinderleistung.

Das Arbeitsspiel eines Viertaktmotors umfasst zwei Kurbelwellenumdrehungen, ein Zweitaktmotor benötigt hingegen nur eine Umdrehung. Der Zusammenhang zwischen der Leistung $P$ des Motors und der spezifischen Kreisprozessarbeit $w$ unter Berücksichtigung der Masse des umlaufenden Arbeitsmittels und der Drehzahl $n_D$ ergibt sich demnach aus

für den Viertaktmotor $$P = m \cdot w \cdot \frac{n_D}{2} = \rho \cdot V \cdot w \cdot \frac{n_D}{2} \qquad \text{(8-10a)}$$

für den Zweitaktmotor $$P = m \cdot w \cdot n_D = \rho \cdot V \cdot w \cdot n_D \qquad \text{(8-10b)}$$

In den Übungen werden wir uns häufig auf die Parameter zur Beeinflussung der spezifischen Kreisprozessarbeit $w$ beschränken, nehmen aber mit Formeln (8-10) zur Kenntnis, dass auch die Drehzahl $n_D$ Einfluss auf die Motorleistung hat. Das Volumen ist durch den konstruktiv festgelegten Arbeitsraum eines Motors fest vorgegeben. Die Masse des Arbeitsmittels und damit die Motorleistung werden dann aber über seine Dichte beeinflusst. Die Dichte eines Gases wiederum wird durch Druck und Temperatur und gegebenenfalls durch seine Feuchtigkeit bestimmt (feuchte Luft ist leichter als trockene). Normwerte für einen exakten und vergleichbaren Leistungsnachweis eines Motors enthält die weltweit gültige Norm ISO 15500 (Tabelle 9-8).

Für die Ausführungen in den nachfolgenden Kapiteln 8.2.1 bis 8.2.3 halte man sich stets vor Augen, dass ein wirklicher Ottomotor nicht nach dem Gleichraumprozess und ein wirklicher Dieselmotor nicht nach dem Gleichdruckprozess oder nach einem aus Gleichraum- und Gleichdruckprozess kombinierten Prozess, dem Seiliger-Prozess, funktionieren. Es handelt sich immer um starke Idealisierungen, die es uns ermöglichen, technische Abläufe in den Motoren anhand von Idealprozessen zu begreifen und so Erfordernisse realer Prozesse zu berücksichtigen. Eine Gleichraumverbrennung ist praktisch nicht realisierbar, weil sie unendlich schnell, also schlagartig, stattfinden müsste. Eine Gleichdruckverbrennung wäre nur in einem nach Maßgabe der Kolbenbewegung gleichermaßen sehr schnell ablaufendem Prozess, der langsam startet, im Verlauf dann immer intensiver wird und schließlich schlagartig endet, zu realisieren.

Der Gleichraumprozess beschreibt den bestmöglichen Prozess, den man bei einem vorgegebenen Verdichtungsverhältnis erreichen kann (typisch für Ottomotoren). Der Gleichdruckprozess hingegen ist der bestmögliche Prozess, den man bei einem vorgegebenen Maximaldruck erreichen kann (typisch für Dieselmotoren).

### 8.2.1 Gleichraumprozess als Vergleichsprozess für Ottomotoren

Der Ottomotor wurde erstmals 1876 von Nicolaus August Otto[20] als Viertaktmotor realisiert. Der zugehörige thermodynamische Vergleichsprozess erklärt die grundsätzliche Funktionsweise und beschreibt den Einfluss der wichtigsten konstruktiv wählbaren Parameter.

Zustandspunkt 1 markiert die vollständige Füllung des Zylinders mit dem zündfähigen Kraftstoff-Luft-Gemisch von Umgebungstemperatur und atmosphärischem Druck (Abschluss des Saughubes). Bei flüssigen Kraftstoffen kann das Gemisch entweder vor dem Zylinder in einem Vergaser (Vergasermotor) oder durch Einspritzen des Kraftstoffes in den Zylinder während des Saughubes (Einspritzmotor) gebildet werden. Der Otto-Prozess als thermodynamischer Vergleichsprozess geht indessen für die gesamte Prozessführung (also auch nach der Verdichtung und Verbrennung) einheitlich – mit dem Begriff Arbeitsmittel gekennzeichnet – von Luft als perfektes Gas aus. Längs der Isentrope 1 → 2 wird das Gemisch (im Vergleichsprozess das Arbeitsmittel) vom Anfangsvolumen $V_1 = V_K + V_H$ auf das Kompressionsvolumen $V_2 = V_K$ verdichtet. Im oberen Totpunkt erfolgt – ausgelöst vom Zündfunken – eine schlagartige Verbrennung. Modellhaft unterstellt man eine von außen zugeführte Verbrennungswärme, wobei der Druck des sonst unveränderten Gases von Punkt 2 auf 3 steigt (isochore Drucksteigerung durch Wärmezufuhr – *Gleichraumprozess*). Beim Zurückgehen des Kolbens expandiert das Gas längs der Isentrope 3 → 4. Den in Zustandspunkt 4 beginnenden Auslass denken wir uns ersetzt durch den Entzug einer Wärmemenge bei konstantem Volumen, wobei der Druck im Zustandsverlauf von Punkt 4 nach Punkt 1 sinkt.

Im Ottomotor wird daher näherungsweise ein rechtslaufender Prozess mit zwei Isentropen und zwei Isochoren verwirklicht.

- 1 → 2 isentrope Verdichtung
- 2 → 3 isochore Wärmezufuhr von außen und damit Drucksteigerung bis zum maximalen Prozessdruck (anstelle der tatsächlich stattfindenden inneren Verbrennung)
- 3 → 4 isentrope Expansion
- 4 → 1 isochore Wärmeabfuhr unter Druckminderung an die Umgebung (anstelle des tatsächlich stattfindenden Austauschs Verbrennungsgas – frisches Kraftstoff-Luft-Gemisch)

Die Wärmezufuhr und Wärmeabfuhr erfolgt nach dem vorliegenden Modell bei konstantem Volumen (daher die Bezeichnung Gleichraumprozess), wenn der Kolben im oberen und unteren Totpunkt „verharrt". Es gilt die Bedingung

$$v_1 = v_4 \quad \text{und} \quad v_2 = v_3 \tag{8-11}$$

$$q_{zu} = q_{23} = c_V (T_3 - T_2) > 0 \qquad \text{(isochor zugeführte Wärme)}$$

$$q_{ab} = q_{41} = c_V (T_1 - T_4) < 0 \qquad |q_{ab}| = q_{14} = c_V (T_4 - T_1) > 0 \qquad \text{(isochor abgeführte Wärme)}$$

Die spezifische Kreisprozessarbeit für den Gleichraumprozess errechnet sich aus:

$$w = q_{zu} - |q_{ab}| = c_V (T_3 - T_2) - c_V (T_4 - T_1) \tag{8-12}$$

---

[20] Nicolaus August Otto (1832-1891) wird oft als Erfinder des „Ottomotors" erwähnt. Tatsächlich verbesserte er schon vorliegende, aber nicht funktionstüchtige Motoren, so dass diese zuverlässig arbeiteten. Er verhalf dem Viertaktprinzip zum Durchbruch. Im Ausland wird – anders als bei Dieselmotoren – der Begriff Ottomotor nicht verwendet (englisch: spark ignition (or: SI) engine; deutsch: Ottomotor).

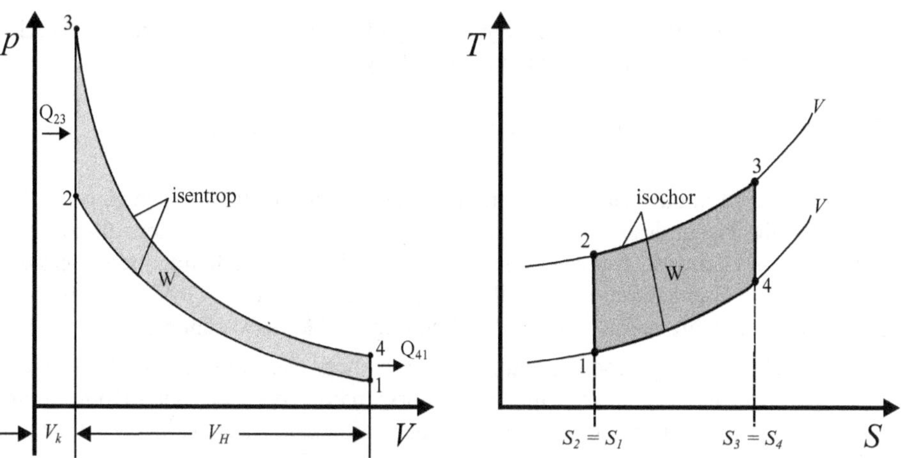


**Abb. 8-6:** Zustandsverläufe beim Gleichraumprozess im $p,V$- und $T,s$-Diagramm.

Definition des Verdichtungsverhältnisses $\varepsilon$ aus dem Verhältnis der Volumina vor und nach der Kompression (Quotient aus dem größten und kleinsten Volumen des Arbeitsraumes):

$$\varepsilon = \frac{V_1}{V_2} = \frac{V_K + V_H}{V_K} = \frac{v_1}{v_2} \tag{8-13}$$

Thermodynamischer Wirkungsgrad des Gleichraumprozesses $\eta_{th,GR}$

$$\eta_{th,GR} = 1 - \frac{|q_{ab}|}{q_{zu}} = 1 - \frac{T_4 - T_1}{T_3 - T_2} = 1 - \frac{T_1}{T_2} = 1 - \frac{1}{\varepsilon^{\kappa-1}} \tag{8-14}$$

**Kommentar zur Formel (8-14):**
Unmittelbar aus der Definition (8-2) abgeleitet und daher universell gültig:

$$\eta_{th,GR} = 1 - \frac{|q_{ab}|}{q_{zu}}$$

Für ideales Gas mit konstanten spezifischen Wärmekapazitäten folgt dann

$$\eta_{th,GR} = 1 - \frac{T_4 - T_1}{T_3 - T_2}$$

Reversible Prozessführung (isentrope Verdichtung und Entspannung) führt auf (8-14)

$$\varepsilon^{\kappa-1} = \left(\frac{v_1}{v_2}\right)^{\kappa-1} = \frac{T_2}{T_1} = \left(\frac{v_4}{v_3}\right)^{\kappa-1} = \frac{T_3}{T_4} \quad \rightarrow \quad \frac{T_2}{T_1} = \frac{T_3}{T_4} \quad \rightarrow \quad \frac{T_4}{T_1} = \frac{T_3}{T_2}$$

$$\eta_{th,GR} = 1 - \frac{T_1\left(\frac{T_4}{T_1} - 1\right)}{T_2\left(\frac{T_3}{T_2} - 1\right)} = 1 - \frac{T_1}{T_2} = 1 - \frac{1}{\varepsilon^{\kappa-1}}$$

**Hinweis 1**: Formelsammlungen bezeichnen oft die minimale Prozesstemperatur im Carnot-Prozess mit $T_1$ und die maximale mit $T_2$ mit der Gefahr der Verwechselung von Formel (8-6) und Formel (8-14). Der Carnotfaktor ist eine Funktion von *minimaler* und *maximaler*

Prozesstemperatur, der thermodynamische Wirkungsgrad des Gleichraumprozesses errechnet sich aus der Temperatur *vor* und *nach* der Verdichtung!

**Hinweis 2**: Analoge Zusammenhänge treten beim Joule-Prozess (Kapitel 8.3) auf.

Die Annahme, dass die Ladung für den Ottomotor hier nur aus Luft mit Idealgasverhalten besteht und reversible Zustandsänderungen durchläuft, ergibt höhere Wirkungsgrade als in der Realität mit entsprechenden Motoren erzielbar sind. Dadurch entstehen jedoch übersichtliche Gleichungen, die eine schnelle Beurteilung zulassen, in welcher Größenordnung der Wirkungsgrad fällt oder steigt, wenn sich das Verdichtungsverhältnis verändert.

Der thermodynamische Wirkungsgrad des Otto-Prozesses hängt nach Formel (8-14) – abgesehen vom Isentropenexponenten $\kappa$ – nur vom Temperaturverhältnis der isentropen Kompression ab und kann auch über das Verdichtungsverhältnis $\varepsilon$ ausgedrückt werden. Höher verdichtende Motoren weisen einen entsprechend höheren Wirkungsgrad auf. Das Verdichtungsverhältnis ist bei Ottomotoren allerdings begrenzt durch die Selbstentzündungstemperatur des Gemisches, die bei der isentropen Verdichtung nicht erreicht werden darf, da sonst die Verbrennung schon während der Kompression einsetzen würde. Dabei zündet dann das Gemisch nicht programmgemäß vollständig in dem Augenblick, in dem der Kolben den oberen Totpunkt erreicht, sondern teilweise schon vorher. Im Kolben wird dann durch die Volumenzunahme eines zu zeitig verbrannten Anteils des Gemisches der noch unverbrannte Rest isentrop auf sehr hohe Temperatur verdichtet. Beim Überschreiten der Zündtemperatur tritt nach einer kleinen Zeitspanne (Zündverzug) Selbstzündung ein. Der schon stark verdichtete Gemischrest kommt augenblicklich auf sehr hohen Druck, der sich nicht mehr stetig ausbreitet, sondern in Druckwellen, die das bekannte, so genannte „klopfende“ Geräusch erzeugen. Klopfende Verbrennung bedeutet hohe Belastung, die nach kurzer Zeit Motorschäden verursacht. Je nach Konstruktion des Motors und der Kraftstoffqualität liegt die Klopfgrenze moderner Ottomotoren heute bei durchschnittlichen Verdichtungsverhältnissen zwischen 10 und 12 (der Motor des Porsche Panamera $\varepsilon = 14$). Die Selbstentzündungstemperatur des Kraftstoffes kann man mit Additiven erhöhen.

Der Otto-Prozess ist der thermodynamisch günstigste Prozess, der in einer arbeitsraumbildenden Maschine technisch verwirklicht werden kann.

### 8.2.2 Gleichdruckprozess als Vergleichsprozess für das Prinzip des Dieselmotors (klassischer Diesel-Prozess)

Die Beschränkung des Verdichtungsdruckes durch die Entzündungstemperatur des Gemisches entfällt bei Dieselmotoren, in denen die Verbrennungsluft durch hohe Verdichtung über die Entzündungstemperatur des Kraftstoffes hinaus erhitzt und der Kraftstoff unmittelbar bevor der Kolben im Zylinder den oberen Totpunkt erreicht feinst verteilt in die heiße Luft eingespritzt wird. Temperaturen von 700 °C bis 900 °C der heißen Luft reichen aus, um den Kraftstoff beginnend von den Oberflächen her zu verdampfen und das Dampf-Luft-Gemisch zu zünden. Die im Ottomotor erforderlichen Zündkerzen werden nicht benötigt, nur für den Kaltstart sind Zündhilfen, zum Beispiel in Form von Glühkerzen, notwendig. Den Druck hält man während des gesamten Einspritzvorganges möglichst konstant (Wärmezufuhr bei konstantem Druck – *Gleichdruckprozess*). Beim Vergleichsprozess für den von Rudolf Diesel erfundenen Motor geht man daher näherungsweise von einem Prozess mit zwei Isentropen, einer isobaren Wärmezufuhr und einem isochoren Druckabbau durch Wärmeentzug aus.

Für den Dieselprozess werden rechtslaufend folgende Zustandsänderungen angesetzt:

$1 \rightarrow 2$ isentrope Verdichtung
$2 \rightarrow 3$ isobare Wärmezufuhr bei maximalem Prozessdruck
$3 \rightarrow 4$ isentrope Expansion
$4 \rightarrow 1$ isochore Druckminderung mit Wärmeabfuhr

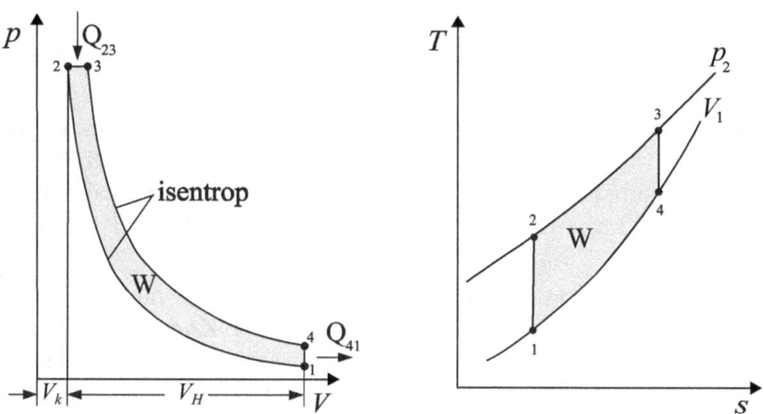


**Abb. 8-7:** Zustandsverläufe beim Gleichdruckprozess im $p,V$- und $T,s$-Diagramm.

Die Interpretation von Abbildung 8-7 führt für den reinen Gleichdruckprozess auf folgende Zusammenhänge:

$$q_{zu} = q_{23} = c_p (T_3 - T_2) > 0 \qquad \text{(isobar zugeführte Wärme)}$$

$$q_{ab} = q_{41} = c_V (T_1 - T_4) < 0 \qquad |q_{ab}| = q_{14} = c_V (T_4 - T_1) > 0 \qquad \text{(isochor abgeführte Wärme)}$$

Die spezifische Kreisprozessarbeit für den Gleichdruckprozess ergibt sich dann aus:

$$w = q_{zu} - |q_{ab}| = c_p (T_3 - T_2) - c_V (T_4 - T_1) \tag{8-15}$$

Die isentrope Verdichtung von $1 \rightarrow 2$ erfolgt analog zum Gleichraumprozess, nur werden jetzt im Endzustand höhere Drücke und Temperaturen angestrebt. Die Tatsache, dass beim Gleichraumprozess ein Brennstoff-Luft-Gemisch, beim Gleichdruckprozess reine Luft verdichtet wird, spielt dabei keine Rolle, denn in beiden Vergleichsprozessen verwendet man das Arbeitsmittel Luft als ideales Gas. Das Verdichtungsverhältnis $\varepsilon$ ist auch hier wieder gemäß (8-13) definiert.

Zur Beschreibung des Verhaltens des Dieselmotors wird zusätzlich das *Einspritzverhältnis* $\rho$ als Verhältnis der Volumina nach und vor der isobaren Eindüsung des Kraftstoffes definiert.

$$\rho = \frac{V_3}{V_2} \tag{8-16}$$

Das Einspritzverhältnis $\rho$ ist ein Maß für die isobare Wärmezufuhr und wegen $V_3 > V_2$ immer bei Werten oberhalb von eins ($\rho > 1$). Mit dem Gesetz von Gay-Lussac gilt

$$\rho = \frac{V_3}{V_2} = \frac{T_3}{T_2} \qquad \text{und damit} \quad T_3 = \rho \cdot T_2$$

Ein steigendes Einspritzverhältnis $\rho$ führt wegen entsprechend größerer Temperatur $T_3$ und $q_{zu} = c_p(T_3 - T_2)$ zu höherer isobarer Wärmezufuhr.

Der thermodynamische Wirkungsgrad des Gleichdruckprozesses $\eta_{th,GD}$ steigt mit wachsendem Verdichtungsverhältnis $\varepsilon$, ist aber noch – wie Formel (8-17) zeigt – vom Einspritzverhältnis $\rho$ abhängig. Ein fallendes Einspritzverhältnis $\rho$ (also eine geringere Wärmezufuhr) führt zu steigendem thermodynamischen Wirkungsgrad.

$$\eta_{th,GD} = 1 - \frac{|q_{ab}|}{q_{zu}} = 1 - \frac{|q_{14}|}{q_{23}} = 1 - \frac{(T_4 - T_1)}{\kappa(T_3 - T_2)} = 1 - \frac{1}{\varepsilon^{\kappa-1}} \cdot \frac{\rho^{\kappa} - 1}{\kappa(\rho - 1)} \tag{8-17}$$

Die gegenläufige Tendenz gilt für die Kreisprozessarbeit. Sie steigt mit größerer Wärmezufuhr, so dass man für beide Parameter ein Optimum finden muss!

Bei gleichem Verdichtungsverhältnis $\varepsilon$ ist der thermodynamische Wirkungsgrad des Gleichdruckprozesses nach (8-14) niedriger als der des Gleichraumprozesses nach (8-17). Da man aber wegen der nicht vorhandenen Klopfgefahr das Verdichtungsverhältnis $\varepsilon$ beim Dieselmotor höher ansetzen darf, kann dieser Unterschied der Wirtschaftlichkeit verringert werden.

Die ursprüngliche Absicht einer Approximation des Carnot-Prozesses mit isothermer Wärmezufuhr bei der Verbrennung musste Rudolf Diesel[21] bei der Konstruktion seines neuen „Wärmemotors" aufgeben zugunsten der mechanisch einfachen Gleichdruckverbrennung, die er 1897 erstmals erfolgreich verwirklichen konnte. Bei zurückgehendem Kolben wurde die Kraftstoffzufuhr so geregelt, dass der Druck während der Verbrennung konstant blieb. Erst später, als man technisch Drücke oberhalb von 75 bar beherrschte, konnte man das Prinzip der reinen Gleichdruckverbrennung nach Diesel verlassen, um den Wirkungsgrad noch weiter zu steigern. Diese Dieselmotoren analysiert man mit dem Seiliger-Prozess.

### 8.2.3 Der Seiliger-Prozess als Vergleichsprozess für Dieselmotoren

Der amerikanische Ingenieur Myron Seiliger schlug 1922 einen thermodynamischen Vergleichsprozess vor, bei dem die Wärmezufuhr durch die Verbrennung von Zustandspunkt 2 nach 3 bei konstantem Volumen bis zum zulässigem, vom Werkstoff noch beherrschbaren Höchstdruck durchgeführt wird und die weitere Verbrennung von 3 nach 4 dann bei konstantem Druck erfolgt. Dieses Vorgehen entspricht einer Überlagerung von Gleichraum- und Gleichdruckverbrennung. Deshalb heißt der Seiliger-Prozess auch gemischter Prozess.

Der reversible Seiliger-Prozess als thermodynamischer Vergleichsprozess ist geeignet, das Verhalten moderner Dieselmotoren ohne Motoraufladung zu beschreiben und durch folgende Zustandsänderungen für das Arbeitsmittel Luft als ideales Gas rechtslaufend definiert:

$1 \rightarrow 2$ isentrope Kompression
$2 \rightarrow 3$ isochore Wärmezufuhr bis zum maximalen Prozessdruck
$3 \rightarrow 4$ isobare Wärmezufuhr bei maximalem Prozessdruck
$4 \rightarrow 5$ isentrope Expansion
$5 \rightarrow 1$ isochore Wärmeabfuhr

---

21 Rudolf Christian Karl Diesel (1858-1913), deutscher Ingenieur, Erfinder des Dieselmotors (Patent: Arbeitsverfahren und Ausführungsart für Verbrennungskraftmaschinen, 1893)

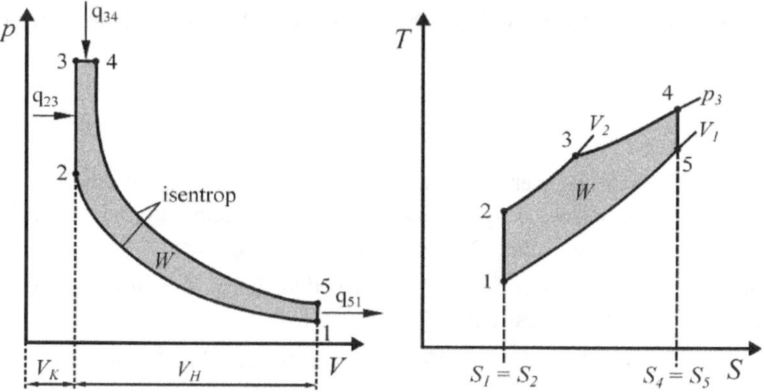


**Abb. 8-8:** Zustandsverläufe beim Seiliger-Prozess im *p,V*- und *T,s*-Diagramm.

Die Interpretation von Abbildung 8-8 führt für den Seiliger-Prozess auf folgende Zusammenhänge:

$$q_{zu,V} = q_{23} = u_3 - u_2 = c_V(T_3 - T_2) > 0 \qquad \text{(isochor zugeführte Wärme)}$$

$$q_{zu,p} = q_{34} = h_4 - h_3 = c_p(T_4 - T_3) > 0 \qquad \text{(isobar zugeführte Wärme)}$$

$$q_{zu} = q_{23} + q_{34} = (u_3 - u_2) + (h_4 - h_3) \qquad \text{(gesamt zugeführte Wärme)}$$

$$q_{ab} = q_{51} = c_V(T_1 - T_5) < 0 \qquad |q_{ab}| = q_{15} = c_V(T_5 - T_1) > 0 \quad \text{(isochor abgeführte Wärme)}$$

Damit ergibt sich die spezifische Kreisprozessarbeit für den Seiliger-Prozess aus:

$$w = q_{zu} - |q_{ab}| = c_V(T_3 - T_2) + c_p(T_4 - T_3) - c_V(T_5 - T_1) \tag{8-18}$$

$$w = \frac{1}{\kappa - 1} R_L \cdot (T_1 - T_2 + T_3 - T_5 + \kappa(T_4 - T_3))$$

Die isentrope Verdichtung von $1 \rightarrow 2$ erfolgt analog zum Gleichraumprozess, so dass die Definition für das Verdichtungsverhältnis $\varepsilon$ gemäß (8-13) übernommen werden kann. Als Maß für die *isochore* Wärmezufuhr führen wir das *Drucksteigerungsverhältnis* $\xi$ ein.

$$\xi = \frac{p_3}{p_2} = \frac{T_3}{T_2} \tag{8-19}$$

Je größer das Drucksteigerungsverhältnis $\xi$, desto größer fällt wegen $T_3 = \xi \cdot T_2$ und $q_{23} = c_v(T_3 - T_2)$ die isochore Wärmezufuhr aus.

Die Definition des *Einspritzverhältnisses (Füllungsgrad)* nach Formel (8-16) muss gemäß Abbildung 8-8 modifiziert werden. Das Verhältnis der Volumina bei Ende und zu Beginn der isobaren Wärmezufuhr unter Verwendung von (8-19) und des maximalen Temperaturverhältnisses $\tau_{max} = T_4/T_1$ ergibt sich aus

$$\rho = \frac{V_4}{V_3} = \frac{T_4}{T_3} = \frac{\tau_{\max}}{\xi} \cdot \frac{1}{\varepsilon^{\kappa-1}} \tag{8-20}$$

Der thermodynamische Wirkungsgrad des Seiliger-Prozesses ist mit den oben definierten Kennzahlen darstellbar durch

$$\eta_{th,S} = 1 - \frac{1}{\varepsilon^{\kappa-1}} \cdot \frac{\rho^{\kappa} \cdot \xi - 1}{(\xi - 1) + \kappa \cdot \xi(\rho - 1)} \qquad (8\text{-}21)$$

und steigt mit wachsendem Verdichtungsverhältnis $\varepsilon$ und sinkendem Einspritzverhältnis $\rho$, wie wir es schon beim Gleichdruckprozess gesehen haben. Ein signifikant steigendes Drucksteigerungsverhältnis $\xi$ führt zu einem geringen Anstieg des Wirkungsgrades.

Formel (8-21) enthält jeweils als Spezialfall die Formeln für den thermodynamischen Wirkungsgrad des Otto-Prozesses (8-14) und des Diesel-Prozesses (8-17).

Otto-Prozess: keine isobar zugeführte Wärme, damit $\rho = 1$ eingesetzt in (8-21) liefert

$$\eta_{th,GR} = 1 - \frac{1}{\varepsilon^{\kappa-1}} \qquad \text{siehe (8-14)}$$

Diesel-Prozess: keine isochor zugeführte Wärme, damit $\xi = 1$ eingesetzt in (8-21) liefert

$$\eta_{th,GD} = 1 - \frac{1}{\varepsilon^{\kappa-1}} \cdot \frac{\rho^{\kappa} - 1}{\kappa(\rho - 1)} \qquad \text{siehe (8-17)}$$

Bei gleichem Verdichtungsverhältnis ist der Wirkungsgrad im Gleichdruckprozess niedriger als im Gleichraumprozess. Praktisch werden aber Dieselmotoren für viel höhere Verdichtungsverhältnisse ausgelegt, so dass der Kraftstoffbedarf bei Dieselmotoren nach dem Seiliger-Prozess gegenüber Ottomotoren etwa 25 % niedriger ist.

Langsam laufende Dieselmotoren (< 500 $\text{min}^{-1}$) wie Schiffs-Großdieselmotoren arbeiten mit Verdichtungsverhältnissen bei $\varepsilon = 12$. Mittelschnellläufer weisen Verdichtungsverhältnisse von 12 bis 14 und Schnellläufer zwischen 16 und 24 auf ($\varepsilon = 24$ nur für PKW-Motoren mit indirekter Einspritzung („Kammer"-Motoren)). Hohe Verdichtungsverhältnisse haben auch sehr hohe maximale Prozessdrücke zur Folge. Diese Spitzendrücke müssen von der Konstruktion (dicke Wandungen) und dem Material abgefangen werden.

Dieselmotoren verfügen heute fast ausnahmslos über eine Aufladung. Die Prozessanfangsdrücke sind deshalb gegenüber dem Atmosphärendruck bereits deutlich erhöht, so dass man keine konstante Erhöhung des Verdichtungsverhältnisses, sondern durch konstruktive Maßnahmen variable Verdichtungsverhältnisse in Abhängigkeit vom Lastzustand des Motors im laufenden Betrieb anstrebt.

## 8.2.4 Verstehen durch Üben: Vergleichsprozesse für Motoren

**Aufgabe 8.2-1:** Prozessparameter beim reversiblen Gleichraumprozess
Das Hubvolumen sämtlicher Zylinder eines Ottomotors betrage 6 Liter, das Kompressionsvolumen 1 Liter. Das Arbeitsmittel Luft mit einer Gaskonstante von 287 J/(kg K) werde mit einer Temperatur von 20 °C bei einem Druck von 1 bar angesaugt, der maximale Prozessdruck soll 25 bar betragen.

a) Berechnen Sie die fehlenden Drücke, spezifischen Volumina und Temperaturen in den Eckpunkten des Prozesses!
b) Welche Leistung in kW gibt der Motor als Viertaktmotor bei einer Drehzahl von 1800 $\text{min}^{-1}$ ab?

c) Welche Wärme in kJ ist jeweils in einem Prozesszyklus zu- und abzuführen?
d) Wie groß ist der thermische Wirkungsgrad, wenn Luft sich hier wie perfektes Gas verhält?

Gegeben:

| | | | |
|---|---|---|---|
| $V_K = 0{,}001\ \text{m}^3$ | $V_H = 0{,}006\ \text{m}^3$ | $t_1 = 20\ °\text{C}$ | $R_L = 287\ \text{Nm/(kg K)}$ |
| $p_1 = 1\ \text{bar}$ | $p_3 = 25\ \text{bar}$ | $n_D = 1800\ \text{min}^{-1}$ | |

Für ein ganz überwiegend zweiatomiges Gasgemisch wie Luft ist der Isentropenexponent mit $\kappa = 1{,}4$ anzusetzen!

**Lösung:**
a) fehlende Prozessparameter in den Eckpunkten

Von zentraler Bedeutung ist die Bestimmung des Verdichtungsverhältnisses $\varepsilon$. Achten Sie auf die Definition (8-13). In der Aufgabenstellung kann $V_1$ und $V_2$ oder $V_H$ und $V_K$ gegeben sein!

$$\varepsilon = \frac{v_1}{v_2} = \frac{V_K + V_H}{V_K} = \frac{1\ell + 6\ell}{1\ell} = 7$$

Weiterer Hinweis:
Es ist der Übersichtlichkeit und Effizienz wegen zweckmäßig, sich eine Tabelle zu den Prozessparametern in den Eckpunkten anzulegen. Darin werden zuerst die gegebenen Größen (hier fett) eingetragen. Anschließend ist an jenen Zustandspunkten, an denen zwei Zustandsgrößen bekannt sind, die dritte fehlende zu bestimmen. Aus den Zustandsdiagrammen zum Prozess erkennt man außerdem, welche Größen wo konstant bleiben. Diese werden nun in die Tabelle eingetragen (hier kursiv). Danach kann man Schritt für Schritt unter Berücksichtigung der jeweiligen Zustandsänderungen die noch fehlenden Größen errechnen. Das Ausfüllen der Tabelle gewährleistet, dass keine Größe „vergessen" wird. In der Tabelle 8-2 sind diese Schritte nun schon zusammenfassend vollzogen, die zugehörigen Berechnungen sind im Lösungsteil a) weiter unten aufgeführt.

**Tab. 8-2:** Prozessparameter für Otto-Prozess nach Aufgabe 8-2.1.

| | ***p* in bar** | ***v* in m³/kg** | ***T* in K** |
|---|---|---|---|
| **1** | **1,00** | 0,8413 | **293,15** |
| **2** | 15,24 | 0,1202 | 638,45 |
| **3** | **25,00** | *0,1202* | 1046,96 |
| **4** | 1,64 | *0,8413* | 480,72 |

Die spezifischen Volumina können mit der Grundgleichung für ideales Gas ermittelt werden:

$$v_1 = \frac{R_L \cdot T_1}{p_1} = \frac{287\ \text{Nm/(kg K)} \cdot 293{,}15\ \text{K}}{1 \cdot 10^5\ \text{N/m}^2} = \underline{\underline{0{,}8413\ \text{m}^3/\text{kg}}} \qquad v_4 = v_1 \quad (p,V\text{-Diagramm (8-6)})$$

$$v_2 = \frac{v_1}{\varepsilon} = \frac{0{,}8413\ \text{m}^3/\text{kg}}{7} = \underline{\underline{0{,}1202\ \text{m}^3/\text{kg}}} \qquad v_3 = v_2 \quad (p,V\text{-Diagramm (8-6)})$$

$1 \rightarrow 2$ isentrope Verdichtung (Poisson'sche Gleichung)

$$\frac{p_2}{p_1} = \left(\frac{v_1}{v_2}\right)^{\kappa} \qquad p_2 = p_1 \cdot \varepsilon^{\kappa} = 1\,\text{bar} \cdot 7^{1,4} = 15{,}245345\,\text{bar} \approx \underline{\underline{15{,}24\,\text{bar}}}$$

$$\frac{T_2}{T_1} = \left(\frac{v_1}{v_2}\right)^{\kappa-1} \qquad T_2 = T_1 \cdot \varepsilon^{\kappa-1} = 293{,}15\,\text{K} \cdot 7^{0,4} = \underline{\underline{638{,}45\,\text{K}}} \approx 365{,}3\,°\text{C}$$

oder:

$$\frac{p_1 \cdot V_1}{T_1} = \frac{p_2 \cdot V_2}{T_2} \qquad T_2 = T_1 \cdot \frac{p_2 \cdot V_2}{p_1 \cdot V_1} \qquad T_2 = 293{,}15\,\text{K}\,\frac{15{,}245345\,\text{bar} \cdot 1\,l}{1\,\text{bar} \cdot 7\,l} = \underline{\underline{638{,}45\,\text{K}}}$$

Die Temperatur nach Abschluss des Verdichtungsvorgangs $T_2$ wurde hier im Wesentlichen aus gegebenen Größen ermittelt. Alternativ wäre auch mit der Grundgleichung für ideales Gas möglich

$$T_2 = \frac{p_2 \cdot v_2}{R_L} = \frac{15{,}24 \cdot 10^5\,\text{N/m}^2 \cdot 0{,}1202\,\text{m}^3/\text{kg}}{287\,\text{Nm/(kg K)}} = \underline{\underline{638{,}27\,\text{K}}}$$

Die Verwendung von zuvor errechneten und gerundeten Werten führt hier auch schon zu kleinen Rundungsfehlern!

$2 \rightarrow 3$ isochore Zustandsänderung (Gesetz von Gay-Lussac)

$$\frac{T_3}{T_2} = \frac{p_3}{p_2} \qquad T_3 = T_2 \frac{p_3}{p_2} = 638{,}45\,\text{K} \cdot \frac{25\,\text{bar}}{15{,}245345\,\text{bar}} = \underline{\underline{1046{,}96\,\text{K}}} \approx 773{,}8\,°\text{C}$$

$3 \rightarrow 4$ isentrope Entspannung: wegen $v_2 = v_3$ und $v_4 = v_1$ gilt auch

$$\frac{T_2}{T_1} = \left(\frac{v_1}{v_2}\right)^{\kappa-1} = \left(\frac{v_4}{v_3}\right)^{\kappa-1} = \frac{T_3}{T_4} \qquad \frac{p_2}{p_1} = \left(\frac{v_1}{v_2}\right)^{\kappa} = \left(\frac{v_4}{v_3}\right)^{\kappa} = \frac{p_3}{p_4}$$

$$T_4 = T_3 \cdot \frac{T_1}{T_2} = 1046{,}96\,\text{K} \cdot \frac{293{,}15\,\text{K}}{638{,}45\,\text{K}} = \underline{\underline{480{,}72\,\text{K}}} \approx 207{,}6\,°\text{C}$$

$$p_4 = p_3 \cdot \frac{p_1}{p_2} = 25\,\text{bar} \cdot \frac{1\,\text{bar}}{15{,}245345\,\text{bar}} \approx \underline{\underline{1{,}64\,\text{bar}}}$$

b) Leistung des Viertaktmotors (gemäß Formel (8-10))

$$P = m \cdot w \cdot \frac{n_D}{2} = \frac{p_1 V_1}{R_L \cdot T_1} \cdot \frac{1}{\kappa - 1} R_L \cdot (T_1 - T_2 + T_3 - T_4) \cdot \frac{n_D}{2}$$

$$P = \frac{10^5\,\text{N/m}^2 \cdot 7 \cdot 10^{-3}\,\text{m}^3}{293{,}15\,\text{K}} \cdot \frac{1}{0{,}4} \cdot (293{,}15 - 638{,}45 + 1046{,}96 - 480{,}72)\,\text{K} \cdot \frac{1800}{2 \cdot 60\,\text{s}} \approx \underline{\underline{19{,}78\,\text{kW}}}$$

c) zu- und abgeführte Wärmen für einen Prozesszyklus

$$Q_{zu} = m \cdot c_V \cdot (T_3 - T_2) = \frac{p_1 \cdot V_1}{R \cdot T_1} \cdot \frac{R}{\kappa - 1} \cdot (T_3 - T_2) = \frac{1 \cdot 10^5 \text{ N/m}^2 \cdot 0{,}007 \text{ m}^3}{293{,}15 \text{ K} \cdot 0{,}4} \cdot (1046{,}96 - 638{,}45) \text{ K} = \underline{\underline{2{,}438 \text{ kJ}}}$$

$$Q_{ab} = \frac{p_1 \cdot V_1}{R \cdot T_1} \cdot \frac{R}{\kappa - 1} \cdot (T_1 - T_4) = \frac{1 \cdot 10^5 \text{ N/m}^2 \cdot 0{,}007 \text{ m}^3}{293{,}15 \text{ K} \cdot 0{,}4} (293{,}15 - 480{,}72) \text{ K} = \underline{\underline{-1{,}120 \text{ kJ}}}$$

d) thermodynamischer Wirkungsgrad für Gleichraumprozess
Mit den errechneten Parametern ergeben sich folgende drei Möglichkeiten:

$$\eta_{th} = 1 - \frac{1}{\varepsilon^{\kappa-1}} = 1 - \frac{1}{7^{0{,}4}} = \underline{\underline{0{,}5408}} \quad \text{oder} \quad \eta_{th} = 1 - \frac{T_1}{T_2} = 1 - \frac{293{,}15 \text{ K}}{638{,}45 \text{ K}} = \underline{\underline{0{,}5408}} \quad \text{oder}$$

$$\eta_{th} = 1 - \frac{|Q_{ab}|}{Q_{zu}} = 1 - \frac{|-1{,}12 \text{ kJ}|}{2{,}438 \text{ kJ}} = \underline{\underline{0{,}5406}} \quad \text{(Rundungsfehler!)}$$

**Aufgabe 8.2-2:** Verminderung der Motorleistung bei veränderten Ansaugbedingungen
Ein Viertakt-Ottomotor für einen Flugzeugantrieb arbeite mit einem Verdichtungsverhältnis von 8,5 und gebe bei einer Drehzahl von 2000 min$^{-1}$ am Boden (Lufttemperatur 20 °C und Luftdruck 1013 mbar, Gaskonstante $R_L$ = 287 J/(kg K)) eine Leistung von 600 kW ab.

a) Welche Wärmeleistung in kW ist dem Motor zuzuführen, damit diese Nutzleistung abgegeben werden kann?
b) Ermitteln Sie mit dem Gleichraumprozess für das Arbeitsmittel Luft welche Leistung der Motor in einer Höhe von 6000 m abgibt, wenn für die Änderung des Druckes mit der Höhe eine isentrope Schichtung der Luft unterstellt wird?

Gegeben:

| | | | |
|---|---|---|---|
| $R_L$ = 287 J/(kg K) | ($\kappa$ = 1,4) | $T_0$ = 293,15 K | $p_0$ = 1,013 bar |
| $P_0$ = 600 kW | $n_D$ = 2000 min$^{-1}$ | Viertaktmotor | $\varepsilon$ = 8,5 |

**Lösung:**

a) zuzuführende Wärmeleistung aus thermischen Wirkungsgrad nach Formel (8-14)

$$\eta_{th} = 1 - \frac{1}{\varepsilon^{\kappa-1}} = \frac{P_0}{Q_{zu}} \quad \rightarrow \quad Q_{zu} = \frac{P_0}{1 - \frac{1}{\varepsilon^{\kappa-1}}} = \frac{600 \text{ kW}}{1 - \frac{1}{8{,}5^{0{,}4}}} = \underline{\underline{1043{,}2 \text{ kW}}}$$

b) verminderte Nutzleistung durch verminderten Ansaugstrom in $h$ = 6000 m Höhe

$$P_{(z=0)} = \rho_{(z=0)} \cdot V \cdot w \cdot \frac{n_D}{2} = \rho_{(z=0)} \cdot V \cdot \left(1 - \frac{1}{\varepsilon^{\kappa-1}}\right) \cdot q_{zu} \cdot \frac{n_D}{2}$$

$$P_{(z=h)} = \rho_{(z=h)} \cdot V \cdot w \cdot \frac{n_D}{2} = \rho_{(z=h)} \cdot V \cdot \left(1 - \frac{1}{\varepsilon^{\kappa-1}}\right) \cdot q_{zu} \cdot \frac{n_D}{2}$$

Die zugeführte Wärme $q_{zu}$ beim Otto-Prozess entstammt der Verbrennungsenergie, die unabhängig von der Flughöhe als konstant zur Verfügung gestellt wird. Für die isentrope Luftschichtung kann angesetzt werden:

$$p \cdot v^{\kappa} = \frac{p}{\rho^{\kappa}} = \text{konstant} \qquad \rightarrow \qquad \frac{\rho}{\rho_0} = \left(\frac{p}{p_0}\right)^{\frac{1}{\kappa}}$$

Unter Berücksichtigung aller konstanten Parameter ergibt damit sich folgender Zusammenhang

$$\frac{P_{z=h}}{P_{z=0}} = \frac{\rho_{z=h}}{\rho_{z=0}} = \left(\frac{p}{p_0}\right)^{\frac{1}{\kappa}} \qquad (\rho_{z=0} = \rho_0)$$

Betrachtet man die differentiell kleine Druckänderung d$p$ über der differentiell kleinen Änderung der Höhe d$z$, kann die Dichte $\rho$ als konstant angesehen werden, so dass

$$\frac{dp}{dz} = -\rho \cdot g \quad \rightarrow \quad dp = -\rho_0 \cdot \left(\frac{p}{p_0}\right)^{\frac{1}{\kappa}} \cdot g \cdot dz \quad \rightarrow \quad dz = -\frac{p_0^{\frac{1}{\kappa}}}{\rho_0 \cdot g} \cdot p^{-\frac{1}{\kappa}} \cdot dp$$

$$\int_0^h dz = -\frac{p_0^{\frac{1}{\kappa}}}{\rho_0 \cdot g} \int_{p_0}^{p} p^{-\frac{1}{\kappa}} dp = -\frac{p_0^{\frac{1}{\kappa}}}{\rho_0 \cdot g} \cdot \frac{\kappa}{\kappa - 1}\left[p^{\frac{\kappa-1}{\kappa}} - p_0^{\frac{\kappa-1}{\kappa}}\right] = \frac{p_0}{\rho_0 \cdot g} \cdot \frac{\kappa}{\kappa-1} \cdot \left[1 - \left(\frac{p}{p_0}\right)^{\frac{\kappa-1}{\kappa}}\right]$$

Hinweise: $-\frac{1}{\kappa} + 1 = \frac{\kappa - 1}{\kappa}$ $\qquad p_0^{\frac{1}{\kappa}} \cdot p_0^{\frac{\kappa-1}{\kappa}} = p_0$

$$h = \frac{R_L \cdot T_0}{g} \cdot \frac{\kappa}{\kappa - 1} \cdot \left[1 - \left(\frac{p}{p_0}\right)^{\frac{\kappa-1}{\kappa}}\right] \qquad \text{mit} \quad \frac{p_0}{\rho_0} = R_L \cdot T_0$$

$$\left(\frac{p}{p_0}\right)^{\frac{\kappa-1}{\kappa}} = 1 - \frac{g \cdot h}{R_L \cdot T_0} \cdot \frac{\kappa - 1}{\kappa} \qquad \left(\frac{p}{p_0}\right)^{\frac{1}{\kappa}} = \left(1 - \frac{g \cdot h}{R_L \cdot T_0} \cdot \frac{\kappa - 1}{\kappa}\right)^{\frac{1}{\kappa - 1}}$$

$$\frac{P(z=h)}{P(z=0)} = \left(\frac{p}{p_0}\right)^{\frac{1}{\kappa}} = \left(1 - \frac{9{,}80665\,\text{ms}^{-2} \cdot 6000\,\text{m} \cdot 0{,}4}{287\,\text{Nm/(kg K)} \cdot 293{,}15\,\text{K} \cdot 1{,}4}\right)^{2{,}5} = 0{,}5727611$$

$$P(z=h) = 600\,\text{kW} \cdot 0{,}5727611 \approx \underline{\underline{344\,\text{kW}}}$$

Der Leistungsverlust in größeren Flughöhen ist erheblich. Um die Leistung des Motors dort zu steigern, muss die angesaugte Luft mit Hilfe eines vom Motor angetriebenen Laders auf einen höheren Ladedruck (praktisch bis 1,2 bar) vorverdichtet werden.

Beim Fliegen greift man allerdings nicht auf eine isentrope Schichtung der Atmosphäre zurück, sondern maßgebend ist die Normatmosphäre DIN ISO 2533. Auf dieser Basis funktionieren auch die barometrischen Höhenmesser zur Ermittlung der Flughöhe.

International werden Flughöhen in Fuß (ft) angegeben. In Deutschland sind jedoch abweichend davon beim Segelflug und beim Fallschirmsprigen Höhenangaben in Metern üblich.

**Aufgabe 8.2-3:** Prozessparameter beim reversiblen Gleichdruckprozess
Bei einem Gleichdruckprozess mit Luft ($R_L$ = 287 J/(kg K)) wird bei einem Verdichtungsverhältnis von 20 eine Wärmemenge von 1500 kJ pro kg trockener Luft zugeführt. Der Anfangszustand sei mit 300 K und 0,1 MPa gegeben. Berechnen Sie die Drücke *p,* die spezifischen Volumina *v,* und die Temperaturen *T* in allen vier Eckpunkten des Prozesses sowie den thermodynamischen Wirkungsgrad und die spezifische Kreisprozessarbeit! Welche theoretische Leistung könnte ein entsprechender Viertaktmotor bei 2000 Umdrehungen pro Minute und 6 Liter Hubraum abgegeben?

Gegeben:

(Luft: $R_L = 287$ J/(kg K); $\kappa = 1{,}4$) $V_H = 0{,}006\ \text{m}^3$ $n_D = 2000\ \text{min}^{-1}$

$\varepsilon = 20$ $q_{zu} = 1500$ kJ/kg $T_1 = 300$ K $p_1 = 0{,}1$ MPa

**Lösung:**

**Tab. 8-3:** Prozessparameter für Diesel-Prozess gemäß Aufgabe 8-2.3 (vergleiche Hinweise 8.2-1).

| | ***p* in bar** | ***v* in m³/kg** | ***T* in K** |
|---|---|---|---|
| **1** | **1,00** | 0,86100 | **300,00** |
| **2** | 66,29 | 0,04305 | 994,33 |
| **3** | *66,29* | 0,107702 | 2487,60 |
| **4** | 3,60 | *0,861003* | 1083,09 |

Berechnung der Zustandspunkte:

$$v_1 = \frac{R_L \cdot T_1}{p_1} = \frac{287\,\text{Nm/(kg}\cdot\text{K)} \cdot 300\,\text{K}}{0{,}1 \cdot 10^6\,\text{N/m}^2} = \underline{\underline{0{,}861\,\text{m}^3/\text{kg}}} \qquad v_2 = \frac{v_1}{\varepsilon} = \frac{0{,}861\,\text{m}^3/\text{kg}}{20} = \underline{\underline{0{,}04305\,\text{m}^3/\text{kg}}}$$

$$p_2 = p_1(\varepsilon)^\kappa = 0{,}1\,\text{MPa} \cdot 20^{1{,}4} = \underline{\underline{6{,}629\,\text{MPa}}} \qquad T_2 = T_1 \cdot \varepsilon^{\kappa-1} = 300\,\text{K} \cdot 20^{0{,}4} = \underline{\underline{994{,}33\,\text{K}}}$$

$$q_{zu} = c_p(T_3 - T_2) \qquad T_3 = \frac{q_{zu} \cdot (\kappa - 1)}{\kappa \cdot R_L} + T_2 = \frac{1500\,\text{kJ/kg} \cdot 0{,}4}{1{,}4 \cdot 0{,}287\,\text{kJ/(kg}\cdot\text{K)}} + 994{,}33\,\text{K} = \underline{\underline{2487{,}6\,\text{K}}}$$

$$v_3 = v_2 \cdot \frac{T_3}{T_2} = 0{,}04305\,\text{m}^3/\text{kg} \cdot \frac{2487{,}6\,\text{K}}{994{,}33\,\text{K}} = \underline{\underline{0{,}1077\,\text{m}^3/\text{kg}}}$$

$$T_4 = T_3 \cdot \left(\frac{v_3}{v_4}\right)^{\kappa-1} = 2487{,}6\,\text{K} \cdot \left(\frac{0{,}1077}{0{,}861}\right)^{0{,}4} = \underline{\underline{1083{,}09\,\text{K}}}$$

$$p_4 = p_3 \cdot \left(\frac{v_3}{v_4}\right)^{\kappa} = 6{,}628\,\text{MPa} \cdot \left(\frac{0{,}1077}{0{,}861}\right)^{1{,}4} = \underline{\underline{0{,}36\,\text{MPa}}}$$

thermischer Wirkungsgrad nach Formel (8-17):

$$\rho = \frac{v_3}{v_2} = \frac{T_3}{T_2} \qquad \rho = \frac{0{,}1077\,\frac{\text{m}^3}{\text{kg}}}{0{,}04305\,\frac{\text{m}^3}{\text{kg}}} = 2{,}502 \quad \text{oder} \quad \rho = \frac{2487{,}6\,\text{K}}{994{,}33\,\text{K}} = 2{,}502$$

$$\eta_{th} = 1 - \frac{1}{\varepsilon^{\kappa-1}} \cdot \frac{\rho^\kappa - 1}{\kappa(\rho - 1)} \qquad \eta_{th} = 1 - \frac{1}{20^{0{,}4}} \cdot \frac{2{,}502^{1{,}4} - 1}{1{,}4 \cdot 1{,}502} = \underline{\underline{0{,}625}} \qquad \text{oder}$$

$$\eta_{th} = 1 - \frac{|q_{ab}|}{q_{zu}} = 1 - \frac{c_V (T_4 - T_1)}{q_{zu}} = 1 - \frac{\frac{R_L}{\kappa - 1} \cdot (T_4 - T_1)}{q_{zu}} = 1 - \frac{\frac{0{,}287 \text{ kJ/(kg K)}}{0{,}4} \cdot (1083{,}09 \text{ K} - 300 \text{ K})}{1500 \text{ kJ/kg}} = \underline{\underline{0{,}625}}$$

spezifische Kreisprozessarbeit nach Formel (8-15):

$$|q_{ab}| = \frac{R_L}{\kappa - 1} \cdot (T_4 - T_1) = \frac{0{,}287 \text{ kJ/(kg} \cdot \text{K)}}{0{,}4} (1083{,}09 - 300) \text{K} = 561{,}87 \frac{\text{kJ}}{\text{kg}}$$

$$w = q_{zu} - |q_{ab}| = (1500 - 561{,}87) \text{kJ/kg} = \underline{\underline{938{,}13 \text{kJ/kg}}}$$

theoretische Leistungsabgabe des Motors nach Formel (8-10a): $P = m \cdot w \cdot \frac{n_D}{2}$

die Masse des umlaufenden Arbeitsmittels wird bestimmt aus:

$$m = \frac{p_1 \cdot V_1}{R_L \cdot T_1} = \frac{1 \cdot 10^5 \text{ N/m}^2 \cdot 0{,}0063158 \text{m}^3}{287 \text{ Nm/(kg K)} \cdot 300 \text{ K}} = 7{,}3354 \cdot 10^{-3} \text{ kg}$$

wobei sich $V_1$ mit Formel (8-13) in Verbindung mit Abbildung 8-7 ermitteln lässt aus:

$$V_1 = \frac{V_H}{1 - \frac{1}{\varepsilon}} = \frac{0{,}006 \text{ m}^3}{1 - \frac{1}{20}} = 0{,}0063158 \text{m}^3$$

$$P = 7{,}3354 \cdot 10^{-3} \text{ kg} \cdot 938{,}13 \text{ kJ/kg} \cdot \frac{2000}{2 \cdot 60 \text{ s}} = \underline{\underline{114{,}69 \text{kW}}}$$

Heute gebaute Dieselmotoren arbeiten nicht – wie hier unterstellt – nach dem reinen Gleichdruckprinzip, wie es Rudolf Diesel verwirklicht hatte. Moderne, hoch belastbare Werkstoffe und ausgefeilte Konstruktionen gestatten, dass ein Teil der Wärmezufuhr isochor erfolgt. Die isochore Wärmezufuhr stellt das effizienteste technisch realisierbare Verfahren für die Wärmezufuhr dar. Mit der nächsten Aufgabe wollen wir deshalb untersuchen, welches Verbesserungspotential damit noch mobilisierbar ist.

**Aufgabe 8.2-4:** Vergleich Diesel- und Seiliger-Prozess
Unter den Bedingungen der vorangegangenen Aufgabe 8.2-3 soll nun ein Seiliger-Prozess durchgeführt werden, bei dem die Wärme bis zu einem Druck von 12 MPa isochor zugeführt wird. Das Hubvolumen des Viertaktmotors betrage wiederum 6 Liter.

a) Berechnen Sie die Drücke *p,* die spezifischen Volumina *v,* und die Temperaturen *T* in allen Eckpunkten des Prozesses sowie den thermodynamischen Wirkungsgrad und die spezifische Kreisprozessarbeit!
b) Welche theoretische Leistung gibt ein entsprechender Viertaktmotor bei 2000 Umdrehungen in der Minute ab?
c) Wie ändern sich die Parameter von (a) und (b), wenn die Ansaugtemperatur von 300 K auf 273,15 K fällt?
d) Wie ändern sich die Parameter von (a) und (b), wenn das Verdichtungsverhältnis von $\varepsilon = 20$ auf $\varepsilon = 24$ gesteigert wird?

Hinweis: Die vorherige Bearbeitung von Aufgabe 8.2-3 wird angeraten!

Gegeben:

$p_3 = p_4 = 12{,}0 MPa$ (sonst wie Dieselprozess in 8.2-3)

**Lösung:**

**Tab. 8-4:** Prozessparameter des Seiliger-Prozesses nach Aufgabe 8.2-4 ($\varepsilon = 20$).

| | *p* in bar | *v* in m³/kg | *T* in K |
|---|---|---|---|
| **1** | **1,00** | 0,86100 | **300,00** |
| **2** | 66,29 | 0,04305 | 994,33 |
| **3** | **120,00** | *0,04305* | 1800,00 |
| **4** | **120,00** | 0,06500 | 2717,80 |
| **5** | 3,22 | *0,86100* | 966,00 |

a) Berechnung der Zustandspunkte unter Berücksichtigung der Ergebnisse aus 8.2-3:

$v_2 = v_3$ und $v_5 = v_1$

$$T_3 = \frac{p_3 \cdot v_3}{R_L} = \frac{120 \cdot 10^5\ \text{N/m}^2 \cdot 0{,}04305\ \text{m}^3/\text{kg}}{287\ \text{Nm/(kg K)}} = \underline{\underline{1800\ \text{K}}}$$

$$q_{23} = c_V(T_3 - T_2) = \frac{R_L}{\kappa - 1}(T_3 - T_2) = \frac{0{,}287\ \text{kJ}}{0{,}4\ \text{kg K}}(1800 - 994{,}33)\,\text{K} = 578{,}07\ \text{kJ/kg}$$

$$q_{zu} = q_{23} + q_{34} \qquad q_{34} = q_{zu} - q_{23} = 1500\ \frac{\text{kJ}}{\text{kg}} - 578{,}07\ \frac{\text{kJ}}{\text{kg}} = 921{,}93\ \frac{\text{kJ}}{\text{kg}}$$

$$q_{34} = c_p(T_4 - T_3) = \frac{\kappa}{\kappa - 1} R_L (T_4 - T_3)$$

$$T_4 = \frac{q_{34} \cdot (\kappa - 1)}{R_L \cdot \kappa} + T_3 = \frac{921{,}93\ \frac{\text{kJ}}{\text{kg}} \cdot 0{,}4}{0{,}287\ \frac{\text{kJ}}{\text{kg K}} \cdot 1{,}4} + 1800\ \text{K} = \underline{\underline{2717{,}8\ \text{K}}}$$

$$v_4 = \frac{R_L \cdot T_4}{p_4} = \frac{0{,}287\ \frac{\text{kJ}}{\text{kg K}} \cdot 2717{,}8\ \text{K}}{12 \cdot 10^6\ \text{N/m}^2} = \underline{\underline{0{,}065\ \frac{\text{m}^3}{\text{kg}}}}$$

$$p_5 = p_4 \left(\frac{v_4}{v_5}\right)^{\kappa} = 12\ \text{MPa} \left(\frac{0{,}065\ \text{m}^3/\text{kg}}{0{,}861\ \text{m}^3/\text{kg}}\right)^{1{,}4} = \underline{\underline{0{,}322\ \text{MPa}}}$$

$$T_5 = \frac{p_5 \cdot v_5}{R_L} = \frac{0{,}322 \cdot 10^6\ \text{N/m}^2 \cdot 0{,}861\ \text{m}^3/\text{kg}}{287\ \text{Nm/(kg K)}} = \underline{\underline{966\ \text{K}}}$$

thermodynamischer Wirkungsgrad nach Formel (8-21):

$$\xi = \frac{T_3}{T_2} = \frac{1800\ \text{K}}{994{,}33\ \text{K}} = 1{,}81 \qquad \rho = \frac{T_4}{T_3} = \frac{2717{,}8\ \text{K}}{1800\ \text{K}} = 1{,}5099$$

$$\eta_{th} = 1 - \frac{1}{\varepsilon^{\kappa-1}} \cdot \frac{\rho^{\kappa} \cdot \xi - 1}{(\xi - 1) + \kappa\xi(\rho - 1)} = 1 - \frac{1}{20^{0{,}4}} \cdot \frac{1{,}5099^{1{,}4} \cdot 1{,}81 - 1}{0{,}81 + 1{,}4 \cdot 1{,}81 \cdot 0{,}5099} = \underline{\underline{0{,}681}} \quad \text{oder}$$

$$\eta_{th} = 1 - \frac{|q_{ab}|}{q_{zu}} = 1 - \frac{c_V (T_5 - T_1)}{q_{zu}} = 1 - \frac{\frac{0{,}287 \text{ kJ}}{0{,}4 \text{ kg K}} \cdot (966 \text{ K} - 300 \text{ K}))}{1500 \text{ kJ/kg}} = 1 - \frac{477{,}855 \text{ kJ/kg}}{1500 \text{ kJ/kg}} = \underline{\underline{0{,}681}}$$

spezifische Kreisprozessarbeit nach Formel (8-18):

$$w = q_{zu} - |q_{ab}| = 1500 \text{kJ/kg} - 477{,}855 \text{kJ/kg} = \underline{\underline{1022{,}145 \text{kJ/kg}}}$$

Der thermodynamische Wirkungsgrad ist beim Seiliger-Prozess – gleiche zugeführte Wärme vorausgesetzt – höher als beim klassischen Diesel-Prozess (in diesem Beispiel 5,6 Prozentpunkte). Es treten aber höhere Drücke und Temperaturen auf, die durch Konstruktion und Material aufgefangen werden müssen. Die Kreisprozessarbeit vergrößert sich mit Erhöhung von Druck und Temperatur gleichfalls.

b) Die Masse des umlaufenden Arbeitsmittels beträgt nach Aufgabe 8.2-3 $m = 7{,}3354$ g. Die theoretische Leistungsabgabe des Motors beträgt deshalb mit Formel (8-10a)

$$P = 7{,}3354 \cdot 10^{-3} \text{ kg} \cdot 1022{,}145 \text{ kJ/kg} \cdot \frac{2000}{2 \cdot 60 \text{ s}} = \underline{\underline{124{,}96 \text{ kW}}}$$

Nun soll diskutiert werden, wie Wirkungsgrad, spezifische Kreisprozessarbeit und theoretische Leistungsabgabe des Motors durch Variation bestimmter Eingangsparameter beeinflussbar sind.

c) Wirkung der Absenkung der Ansaugtemperatur
Eine Rechnung mit $T_1 = 273{,}15$ K anstelle der ursprünglich gegebenen 300 K führt auf die in Tabelle 8-5 aufgeführten Zustandswerte.

**Tab. 8-5:** Prozessparameter des Seiliger-Prozesses nach Aufgabe 8.2-4 ($T_1 = 273{,}15$ K).

| | ***p* in bar** | ***v* in m³/kg** | ***T* in K** |
|---|---|---|---|
| **1** | **1,00** | 0,78400 | **273,15** |
| **2** | 66,29 | 0,03920 | 905,34 |
| **3** | **120,00** | *0,03920* | 1639,02 |
| **4** | **120,00** | 0,06238 | 2608,24 |
| **5** | 3,47 | *0,78400* | 947,63 |

Daraus ergeben sich für Wirkungsgrad und spezifische Kreisprozessarbeit folgende Konsequenzen:

$$q_{ab} = c_V (T_5 - T_1) = \frac{0{,}287 \text{ kJ/(kg K)}}{0{,}4} (947{,}63 - 273{,}15) \text{ K} = 483{,}94 \frac{\text{kJ}}{\text{kg}}$$

$$\eta_{th} = 1 - \frac{|q_{ab}|}{q_{zu}} = 1 - \frac{483{,}94 \text{ kJ/kg}}{1500{,}0 \text{ kJ/kg}} = \underline{\underline{0{,}6774}}$$

$$w = q_{zu} - |q_{ab}| = 1500 \text{ kJ/kg} - 483{,}94 \text{ kJ/kg} = \underline{\underline{1016{,}06 \text{ kJ/kg}}}$$

Sowohl Wirkungsgrad als auch spezifische Kreisprozessarbeit sinken leicht. Interessant ist jedoch der Einfluss auf die theoretische Leistungsabgabe des Motors.

$$m = \frac{p_1 \cdot V_1}{R_L \cdot T_1} = \frac{1 \cdot 10^5 \text{ N/m}^2 \cdot 0{,}0063158 \text{ m}^3}{287 \text{ Nm/(kg K)} \cdot 273{,}15 \text{ K}} = 0{,}0080565 \text{ kg}$$

$$P = m \cdot w \cdot \frac{n_D}{2} = 8{,}0565 \cdot 10^{-3} \text{ kg} \cdot 1016{,}06 \frac{\text{kJ}}{\text{kg}} \cdot \frac{2000}{2 \cdot 60 \text{ s}} = \underline{\underline{136{,}43 \text{ kW}}}$$

Mit der bei niedrigen Temperaturen über die höheren Dichten möglichen größeren Massen des Arbeitsmittels steigt die theoretische Leistungsabgabe des Motors signifikant. Konsequenterweise geht deshalb die Norm ISO 15550 für den Leistungsvergleich von Motoren von 298,15 K als feste Ansaugtemperatur aus. Vergleichen Sie dazu auch Tabelle 9-8.

d) Wirkung der Anhebung des Verdichtungsverhältnisses
Eine Rechnung mit $\varepsilon = 24$ führt auf die in Tabelle 8-6 zusammengefassten Ergebnisse.

**Tab. 8-6:** Prozessparameter des Seiliger-Prozesses nach Aufgabe 8.2-4 ($\varepsilon = 24$).

| | $p$ in bar | $v$ in $m^3$/kg | $T$ in K |
|---|---|---|---|
| **1** | **1,00** | 0,86100 | **300,00** |
| **2** | 85,56 | 0,035877 | 1069,56 |
| **3** | **120,00** | *0,035877* | 1500,08 |
| **4** | **120,00** | 0,064236 | 2685,84 |
| **5** | 3,17 | *0,86100* | 951,00 |

Die im Prozess abzuführende Wärme mit

$$|q_{ab}| = c_V (T_5 - T_1) = \frac{1}{0{,}4} \cdot 0{,}287 \frac{\text{kJ}}{\text{kg K}} \cdot (951 - 300) \text{K} = \underline{\underline{467{,}09 \text{ kJ/kg}}}$$

erniedrigt sich geringfügig, entsprechend steigen thermodynamischer Wirkungsgrad und Kreisprozessarbeit. Bemerkenswert ist ferner das Absinken des Druckes $p_5$, denn hieraus deuten sich Grenzen für die Verdichtungshöhe an, wenn man die Motoraufladung nutzen will.

$$\eta_{th} = 1 - \frac{|q_{ab}|}{q_{zu}} = 1 - \frac{467{,}09 \text{ kJ/kg}}{1500 \text{ kJ/kg}} = 0{,}6886$$

$$w = q_{zu} - |q_{ab}| = (1500 - 467{,}09) \frac{\text{kJ}}{\text{kg}} = 1032{,}91 \frac{\text{kJ}}{\text{kg}}$$

Besondere Aufmerksamkeit verdient wieder der Einfluss auf die theoretische Leistungsabgabe des Motors:

$$V_1 = \frac{V_H}{1 - \frac{1}{\varepsilon}} = \frac{0{,}006 \text{ m}^3}{1 - \frac{1}{24}} = 0{,}0062607 \text{m}^3$$

$$m = \frac{p_1 \cdot V_1}{R_L \cdot T_1} = \frac{1 \cdot 10^5 \text{ N/m}^2 \cdot 0{,}0062607 \text{ m}^3}{287 \text{ Nm/(kg K)} \cdot 300 \text{ K}} = 7{,}2717 \cdot 10^{-3} \text{ kg}$$

$$P = m \cdot w \cdot \frac{n_D}{2} = 7{,}2717 \cdot 10^{-3}\ \text{kg} \cdot 1032{,}91 \frac{\text{kJ}}{\text{kg}} \cdot \frac{2000}{2 \cdot 60\ \text{s}} = \underline{\underline{125{,}18\ \text{kW}}}$$

Die Erhöhung des Verdichtungsverhältnisses von 20 auf 24 (also um 20 %) bewirkt bei sonst unveränderten Bedingungen hier nur noch eine Steigerung der theoretischen Leistungsabgabe von 124,96 kW auf 125,18 kW. Auch an dieser Stelle wird deutlich, dass weitere Erhöhungen des Verdichtungsverhältnisses technisch nicht unbedingt sinnvoll sind, wenn man gleichzeitig die Option der Motoraufladung nutzen kann.

**Aufgabe 8.2-5:** Berechnung Dieselmotor nach dem Seiliger-Prozess

Für einen nach dem Seiliger-Prozess zu berechnenden Dieselmotor mit 4 Litern Hubraum und einem Verdichtungsverhältnis von 20 werde ein prozessinterner Höchstdruck von 110 bar und eine Höchsttemperatur von 2600 °C unterstellt. Der Ansaugdruck betrage 1 bar, die Ansaugtemperatur 30 °C. Der Kraftstoff besitze einen Heizwert von 42.000 kJ/kg, als Arbeitsmittel ist Luft als ideales Gas mit einer Gaskonstante von 287 J/(kg K) zu verwenden.

a) Wie viel g Kraftstoff sind je kg trockener Luft zuzuführen, damit die Höchsttemperatur nicht überschritten wird? Wie viel Prozent entfallen auf die Gleichraum- und wie viel Prozent auf die Gleichdruckverbrennung?
b) Wie groß sind die spezifische Kreisprozessarbeit in kJ/kg und der thermodynamische Wirkungsgrad?
c) Wie groß ist die Leistung eines entsprechenden Viertakt-Motors bei $n_D$ = 1800 Umdrehungen pro Minute?

Hinweis: Beachten Sie, dass $V_H = V_1 - V_2$ gilt.

Gegeben:

| | | | |
|---|---|---|---|
| $t_1 = 30\ °\text{C}$ | $p_1 = 1\ \text{bar}$ | $t_{max} = t_4 = 2600\ °\text{C}$ | $p_{max} = p_3 = p_4 = 110\ \text{bar}$ |
| $\varepsilon = 20$ | $V_H = 0{,}004\ \text{m}^3$ | $n_D = 1800\ \text{min}^{-1} = 30\ \text{s}^{-1}$ | |

| | | |
|---|---|---|
| Arbeitsmittel Luft | $R_L = 287\ \text{J/(kg K)}$ | $\kappa = 1{,}4$ (zweiatomiges Gas) |
| Kraftstoff: | $H_u = 42.000\ \text{kJ/kg}$ (internationaler Standard für Dieselkraftstoff) | |

Vorüberlegungen:

Zur Lösung der Aufgabe werden die Zustandsgrößen Druck, Temperatur und Volumen nicht an allen Eckpunkten des Kreisprozesses benötigt. Trotzdem ist eine Übersichtstabelle (siehe Tabelle 8-7) mit den genannten Zustandsgrößen sinnvoll, weil der Prozess damit effektiv Schritt für Schritt nachgerechnet werden kann. Wir tragen zunächst nur die gegebenen Größen ein (fett) und ergänzen später je nach Rechenfortschritt.

**Tab. 8-7:** Zusammenfassung der Zustandsgrößen für Seiliger-Prozess in Aufgabe 8-2.5.

| | *p* in bar | *T* in K | *V* in Litern |
|---|---|---|---|
| **1** | **1,000** | **303,15** | 4,2105263 |
| **2** | 66,30 | 1004,77 | 0,2105263 |
| **3** | **110,00** | 1667,05 | 0,2105263 |
| **4** | **110,00** | **2873,15** | 0,3628407 |
| **5** | 3,5557 | 1077,73 | 4,2105263 |

Außerdem werden die spezifischen Wärmekapazitäten für das Arbeitsmittel benötigt. Sie werden vorab ermittelt aus:

$$c_V = \frac{1}{\kappa - 1} R_L = \frac{1}{0{,}4} \cdot 287 \frac{\text{J}}{\text{kg K}} = 717{,}5 \frac{\text{J}}{\text{kg K}}$$

$$c_p = \frac{\kappa}{\kappa - 1} R_L = \frac{1{,}4}{0{,}4} \cdot 287 \frac{\text{J}}{\text{kg K}} = 1004{,}5 \frac{\text{J}}{\text{kg K}}$$

**Lösung:**

Berechnung der Zustandsgrößen in den Eckpunkten des Seiliger-Prozesses (vergleiche Abbildung (8-8))

Die Zustandsgrößen Druck und Temperatur sind für den Eckpunkt 1 und 4 gegeben und brauchen nicht berechnet werden.

$$p_2 = p_1 \cdot \varepsilon^{\kappa} = 1\,\text{bar} \cdot 20^{1,4} = 66{,}3\,\text{bar} \qquad T_2 = T_1 \cdot \varepsilon^{\kappa-1} = 303{,}15\,\text{K} \cdot 20^{0,4} = 1004{,}77\,\text{K}$$

$$p_3 = 110\,\text{bar (gegeben)} \qquad T_3 = T_2 \frac{p_3}{p_2} = 1004{,}77\,\text{K} \cdot \frac{110\,\text{bar}}{66{,}3\,\text{bar}} = 1667{,}05\,\text{K}$$

Für die Berechnung des Zustandspunktes 5 ist es sinnvoll, das Volumen einzubeziehen, denn es gilt $V_1 = V_5$. Das Volumen $V_1$ ist nicht direkt gegeben, kann aber mit dem gegebenen Hubvolumen ermittelt werden aus:

$$V_H = V_1 - V_2 \quad \text{und} \quad \varepsilon = \frac{V_1}{V_2} \quad \rightarrow \quad V_H = V_1 (1 - \frac{1}{\varepsilon}) \qquad V_1 = \frac{V_H}{1 - \frac{1}{\varepsilon}} = \frac{20}{19} V_H = 4{,}2105263\,\text{Liter}$$

$$V_K = V_2 = V_3 = V_1 - V_H = 0{,}2105263\,\text{Liter} \qquad V_4 = V_3 \frac{T_4}{T_3} = 0{,}3628407\,\text{Liter (isobar)}$$

$$\frac{T_5}{T_4} = \left(\frac{V_4}{V_5}\right)^{\kappa-1} \qquad T_5 = T_4 \left(\frac{V_4}{V_5}\right)^{\kappa-1} = 2873{,}15\,\text{K} \cdot \left(\frac{0{,}3628407}{4{,}2105263}\right)^{0,4} = 1077{,}73\,\text{K}$$

Alternativ kann die Temperatur im Punkt 5 auch errechnet werden mit:

$$T_5 = T_1 \cdot \rho^{\kappa} \cdot \xi = T_1 \cdot \left(\frac{T_4}{T_3}\right)^{\kappa} \cdot \frac{T_3}{T_2} = 303{,}15\,\text{K} \cdot \left(\frac{2873{,}15\,\text{K}}{1667{,}05\,\text{K}}\right)^{1,4} \cdot \frac{1667{,}05\,\text{K}}{1004{,}77\,\text{K}} = 1077{,}73\,\text{K}$$

$$\frac{p_5}{p_4} = \left(\frac{T_5}{T_4}\right)^{\frac{\kappa}{\kappa-1}} \qquad p_5 = p_4 \left(\frac{T_5}{T_4}\right)^{\frac{\kappa}{\kappa-1}} = 110\,\text{bar} \cdot \left(\frac{1077{,}73\,\text{K}}{2873{,}15\,\text{K}}\right)^{3,5} = 3{,}5557\,\text{bar}$$

a) Kraftstoff für Gleichraum- und Gleichdruckverbrennung

2 → 3 isochore Verbrennung $m_{Br} H_u = m_L \cdot q_{zu,V} = m_L \cdot c_V (T_3 - T_2)$

$$\frac{m_{Br}}{m_L} = \frac{c_V (T_3 - T_2)}{H_u} = \frac{0{,}7175\,\text{kJ/(kg K)} \cdot (1667{,}05 - 1004{,}77)\,\text{K}}{42.000\,\text{kJ/kg}} = 0{,}011314$$

11,314 g auf 1 kg Luft!

3 → 4 isobare Verbrennung $m_{Br} H_u = m_L q_{zu,p} = m_L c_p (T_4 - T_3)$

$$\frac{m_{Br}}{m_L} = \frac{c_V (T_4 - T_3)}{H_u} = \frac{1{,}0045\,\text{kJ/(kg K)} \cdot (2873{,}15 - 1667{,}05)\,\text{K}}{42.000\,\text{kJ/kg}} = 0{,}0288459$$

28,846 g auf 1 kg Luft!

Anteil Gleichraumverbrennung $\dfrac{11{,}314\,\text{g}}{11{,}314\,\text{g} + 28{,}846\,\text{g}} = 0{,}2817$ ca. 28 %

Anteil Gleichdruckverbrennung $\dfrac{28{,}846\,\text{g}}{40{,}16\,\text{g}} = 0{,}7183$ ca. 72 %

Die hier errechneten Anteile für Gleichraum- und Gleichdruckverbrennung sind kein Optimum. Vom Grundsatz sollte man einen hohen Gleichraumanteil anstreben, da diese Art der Prozessführung den höchsten Wirkungsgrad aufweist. Heute liegen die technisch realisierten Anteile bei etwa 40 % für Gleichraum- und 60 % für Gleichdruckverbrennung.

b) spezifische Kreisprozessarbeit und thermischer Wirkungsgrad

abgeführte Wärme: $|q_{51}| = c_V (T_5 - T_1) = 0{,}7175 \dfrac{\text{kJ}}{\text{kg K}} (1077{,}73 - 303{,}15)\,\text{K} = 555{,}76833 \dfrac{\text{kJ}}{\text{kg}}$

zugeführte Wärme: $q_{23} = c_V (T_3 - T_2) = 0{,}7175 \dfrac{\text{kJ}}{\text{kg K}} (1667{,}05 - 1004{,}77)\,\text{K} = 475{,}1859 \dfrac{\text{kJ}}{\text{kg}}$

$$q_{34} = c_p (T_4 - T_3) = 1{,}0045 \frac{\text{kJ}}{\text{kg K}} (2873{,}15 - 1667{,}05)\,\text{K} = 1211{,}5275 \frac{\text{kJ}}{\text{kg}}$$

Kreisprozessarbeit $\underline{\underline{w = q_{zu} - |q_{ab}| = q_{23} + q_{34} - |q_{51}| = 1130{,}9451 \dfrac{\text{kJ}}{\text{kg}}}}$

Wirkungsgrad: $\eta_{th} = 1 - \dfrac{|q_{ab}|}{q_{zu}} = 1 - \dfrac{555{,}76833\,\text{kJ/kg}}{(475{,}1859 + 1211{,}5275)\,\text{kJ/kg}} = \underline{\underline{0{,}6705}}$

c) Motorleistung bei 30 Umdrehungen pro Sekunde

$$P = m \cdot w \cdot \frac{n_D}{2} = \frac{p_1 V_1}{R_L T_1} \cdot w \cdot \frac{n_D}{2}$$

$$P = \frac{1 \cdot 10^5 \,\frac{\text{N}}{\text{m}^2} \cdot 4{,}2105263 \cdot 10^{-3}\,\text{m}^3}{287\,\frac{\text{Nm}}{\text{kg K}} \cdot 303{,}15\,\text{K}} \cdot 1130{,}9451\,\frac{\text{kJ}}{\text{kg}} \cdot 15\,\text{s}^{-1} = \underline{\underline{82{,}097\,\text{kW}}}$$

**Aufgabe 8.2-6:** Thermischer Wirkungsgrad des reversiblen Otto- und Seiliger-Prozesses
Leiten Sie die Berechnungsformel für den thermodynamischen Wirkungsgrad des reversiblen Seiliger-Prozesses aus der Definitionsgleichung (8-1) für den thermodynamischen Wirkungsgrad allgemein unter Verwendung der Kennzahlen Einspritzverhältnis $\rho$ und Drucksteigerungsverhältnis $\xi$ ab!

Analysieren Sie die funktionale Abhängigkeit des thermodynamischen Wirkungsgrades vom Verdichtungsverhältnis beim Otto- und beim Seiliger-Prozess! Für den Seiliger-Prozess sei ein Einspritzverhältnis von 1,5 und ein Drucksteigerungsverhältnis von 1,8 gegeben!

Hinweis: Zur effizienten Vorgehensweise erinnere man sich noch einmal den Prozessverlauf des Seiliger-Prozesses im $p, V$- und $T, s$- Diagramm nach Abbildung 8-8!

Gegeben:

$$\eta_{th} = 1 - \frac{|q_{ab}|}{q_{zu}} \qquad \rho = \frac{V_4}{V_3} = \frac{T_4}{T_3} = 1{,}5 \qquad \xi = \frac{p_3}{p_2} = \frac{T_3}{T_2} = 1{,}8$$

**Lösung:**

$$|q_{ab}| = c_V (T_5 - T_1) \qquad q_{zu} = c_V [(T_3 - T_2) + \kappa (T_4 - T_3)]$$

$$\eta_{th,S} = 1 - \frac{T_5 - T_1}{(T_3 - T_2) + \kappa (T_4 - T_3)} = 1 - \frac{T_1 \left( \frac{T_5}{T_1} - 1 \right)}{T_2 \left[ \left( \frac{T_3}{T_2} - 1 \right) + \kappa \left( \frac{T_4}{T_2} - \frac{T_3}{T_2} \right) \right]} = 1 - \frac{1}{\varepsilon^{\kappa - 1}} \cdot \frac{\frac{T_5}{T_1} - 1}{(\xi - 1) + \kappa \left( \frac{T_4}{T_2} - \frac{T_3}{T_2} \right)}$$

- Umformung des Terms $T_5/T_1$:

  aus $\frac{T_2}{T_1} = \left( \frac{v_1}{v_2} \right)^{\kappa - 1} = \varepsilon^{\kappa - 1}$ und $\rho = \frac{T_4}{T_3}$ sowie $\xi = \frac{T_3}{T_2}$ folgt $\xi \cdot \rho \cdot \varepsilon^{\kappa - 1} = \frac{T_3}{T_2} \cdot \frac{T_4}{T_3} \cdot \frac{T_2}{T_1} = \frac{T_4}{T_1}$

  mit der isentropen Expansion 4 → 5

  $\frac{T_5}{T_4} = \left( \frac{V_4}{V_5} \right)^{\kappa - 1}$ ergibt sich $\frac{T_5}{T_1} = \left( \frac{T_5}{T_4} \right) \cdot \left( \frac{T_4}{T_1} \right) = \left( \frac{V_4}{V_5} \right)^{\kappa - 1} \cdot (\xi \cdot \rho \cdot \varepsilon^{\kappa - 1})$

- Umformung des Terms $V_4/V_5$ durch:

$$\rho = \frac{V_4}{V_3} \quad \text{und} \quad \frac{1}{\varepsilon} = \frac{V_2}{V_1} = \frac{V_3}{V_5} \quad \text{so dass folgt} \quad \frac{V_4}{V_5} = \frac{V_4}{V_3} \cdot \frac{V_3}{V_5} = \rho \cdot \frac{1}{\varepsilon}$$

$$\frac{T_5}{T_1} = \left(\rho \cdot \frac{1}{\varepsilon}\right)^{\kappa-1} \cdot \left(\xi \cdot \rho \cdot \varepsilon^{\kappa-1}\right) = \rho^{\kappa} \cdot \xi$$

- Umformung des Terms $\left(\frac{T_4}{T_2} - \frac{T_3}{T_2}\right)$ $\quad \left(\frac{T_4}{T_2} - \frac{T_3}{T_2}\right) = \frac{1}{T_2} \cdot T_3 \cdot \left(\frac{T_4}{T_3} - 1\right) = \xi(\rho - 1)$

Die Lösung ergibt nun durch die Zusammenfassung

$$\eta_{th,S} = 1 - \frac{1}{\varepsilon^{\kappa-1}} \cdot \frac{\frac{T_5}{T_1} - 1}{(\xi - 1) + \kappa\left(\frac{T_4}{T_2} - \frac{T_3}{T_2}\right)} = \underline{\underline{1 - \frac{1}{\varepsilon^{\kappa-1}} \cdot \frac{\rho^{\kappa} \cdot \xi - 1}{(\xi - 1) + \kappa \cdot \xi \cdot (\rho - 1)}}}$$

Für den thermischen Wirkungsgrad des Otto-Prozesses ergeben sich mit $\varepsilon = 10$ und $\varepsilon = 20$:

$$\eta_{th} = 1 - \frac{1}{\varepsilon^{\kappa-1}} = 1 - \frac{1}{10^{0,4}} = \underline{\underline{0{,}6019}} \qquad \eta_{th} = 1 - \frac{1}{20^{0,4}} = \underline{\underline{0{,}6983}}$$

Bei Ottomotoren kann nach den Ausführungen in 8.2.1 das Verdichtungsverhältnis nicht beliebig gesteigert werden. Wenn man als technische Grenze ein Verdichtungsverhältnis von 10 unterstellt, liegen die nach dem Otto-Prozess maximal erreichbaren Wirkungsgrade bei 60 %. Eine theoretische Verdopplung des Verdichtungsverhältnisses auf 20 würde formal auf einen Wirkungsgrad von circa 70 % führen (siehe Abbildung 8-9). Also abgesehen von der durch das Brennverfahren und die Kraftstoffeigenschaften gegebenen Grenze für die Verdichtung von $\varepsilon = 10$ wäre oberhalb dieses Wertes ein Bereich angesprochen, wo zusätzliche Aufwendungen nur noch zu geringen Wirkungsgradsteigerungen führen würden. Aber bis zu einem Verdichtungsverhältnis von $\varepsilon = 10$ kann die Erhöhung von $\varepsilon$ den Wirkungsgrad signifikant steigern.

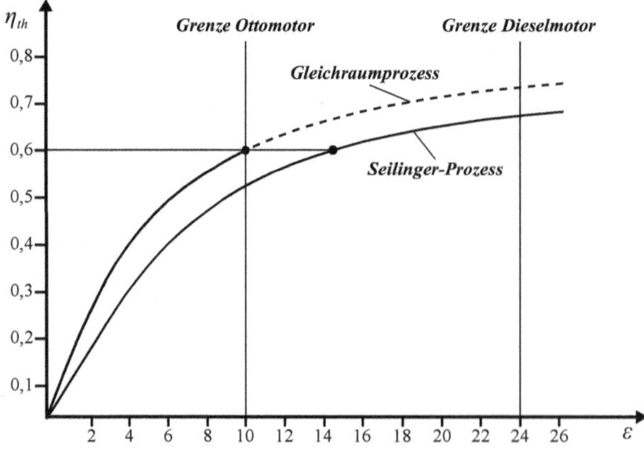


**Abb. 8-9:** Vergleich der thermodynamischen Wirkungsgrade von Otto- und Seiliger-Prozess.

Für den thermodynamischen Wirkungsgrad des Seiliger-Prozesses ergeben sich mit $\varepsilon = 10$, $\varepsilon = 20$ sowie $\varepsilon = 24$ unter Berücksichtigung von $\rho = 1{,}5$ und $\xi = 1{,}8$:

$$\eta_{th,S} = 1 - \frac{1}{\varepsilon^{\kappa-1}} \cdot \frac{\rho^{\kappa} \cdot \xi - 1}{(\xi - 1) + \kappa \cdot \xi(\rho - 1)} = 1 - \frac{1}{10^{0,4}} \cdot \frac{1{,}5^{1,4} \cdot 1{,}8 - 1}{0{,}8 + 1{,}4 \cdot 1{,}8 \cdot 0{,}5} = \underline{\underline{0{,}5796}}$$

$$\eta_{th,S} = 1 - \frac{1}{20^{0,4}} \cdot \frac{1{,}5^{1,4} \cdot 1{,}8 - 1}{0{,}8 + 1{,}4 \cdot 1{,}8 \cdot 0{,}5} = \underline{\underline{0{,}6813}} \qquad \eta_{th,S} = 1 - \frac{1}{24^{0,4}} \cdot \frac{1{,}5^{1,4} \cdot 1{,}8 - 1}{0{,}8 + 1{,}4 \cdot 1{,}8 \cdot 0{,}5} = \underline{\underline{0{,}7038}}$$

Der thermische Wirkungsgrad des Seiliger-Prozesses ist bei gleichen Verdichtungsverhältnissen jeweils niedriger als der des Otto-Prozesses, jedoch können hier deutlich höhere Verdichtungsverhältnisse technisch realisiert werden. Schon $\varepsilon = 12$ führt unter den Bedingungen der Aufgabe 8.2-6 beim Seiliger-Prozess zu einem Wirkungsgrad von knapp 61 %. Der Vergleich der bei $\varepsilon = 20$ und $\varepsilon = 24$ erzielbaren Wirkungsgrade macht aber deutlich, dass man sich einem Bereich nähert, in dem hoher Mehraufwand nur noch geringe Wirkungsgradzuwächse zeitigt. Außerdem ist zu bedenken, dass die Steigerung des Verdichtungsverhältnisses ein Absinken des Abgasdruckes zur Folge hat mit negativen Wirkungen für eine mögliche Motoraufladung. Daher werden bei Dieselmotoren heute Verdichtungsverhältnisse über $\varepsilon = 24$ praktisch nicht angestrebt, um den verbleibenden Druck im Abgas für die Motoraufladung zu nutzen.

**Aufgabe 8.2-7:** Berechnung Dieselmotor nach modifiziertem Seiliger-Prozess

Der Kreisprozess eines Dieselmotors mit dem Arbeitsmittel Luft als ideales Gas ($R_L = 287$ J/(kg K)) soll sich aus folgenden Zustandsänderungen zusammensetzen:

$1 \rightarrow 2$ polytrope Verdichtung mit $n = 1{,}35$
$2 \rightarrow 3$ isochore Wärmezufuhr
$3 \rightarrow 4$ isobare Wärmezufuhr
$4 \rightarrow 5$ polytrope Expansion mit $n = 1{,}45$
$5 \rightarrow 1$ isochore Wärmeabfuhr

Der Zustand im Ausgangspunkt sei mit $t_1 = 45$ °C und $p_1 = 0{,}835$ bar gegeben, der maximale Prozessdruck soll 8,6 MPa betragen, das Verdichtungsverhältnis $\varepsilon = 16$. Durch Verbrennung wird insgesamt eine Wärme von 1730 kJ/kg zugeführt.

a) Skizzieren Sie den Prozess im $p,V$- und $T,s$-Diagramm unter Beachtung der Polytropenexponenten!
b) Berechnen Sie für alle Eckpunkte im Prozess die fehlenden spezifischen Volumina $v$, die Drücke $p$ und die Temperaturen $T$!
c) Wie hoch ist die spezifische Kreisprozessarbeit?
d) Wie hoch ist der thermodynamische Wirkungsgrad?

Gegeben:

$p_1 = 0{,}835$ bar $\quad t_1 = 45$ °C (318,15 K) $\quad p_3 = p_4 = 86$ bar $\quad q_{zu} = 1730$ kJ/kg $\quad \varepsilon = 16$
Luft: $R_L = 287$ J/(kg K) ($\kappa = 1{,}40$) sowie $\quad n = 1{,}35$ (Kompression)
$n = 1{,}45$ (Expansion)

**Lösung:**

a) Diagramme

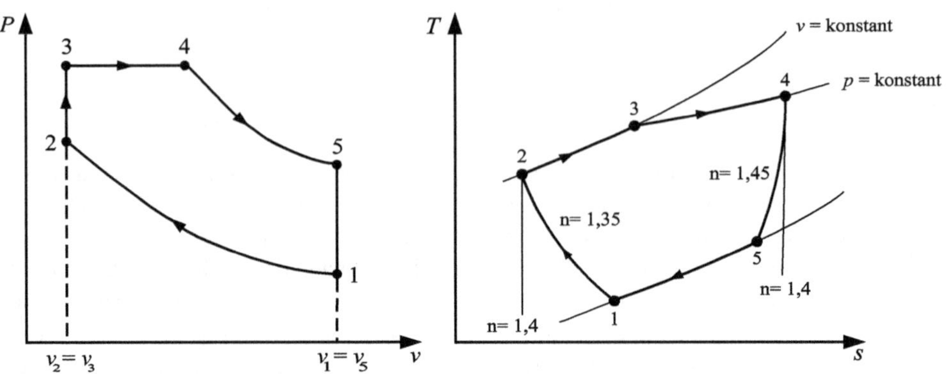


**Abb. 8-10:** Zustandsverläufe in $p,V$- und $T,s$-Diagramm gemäß Aufgabe 8.2-7.

b) Zustandsdaten in den Eckpunkten

$$v_1 = \frac{R_L \cdot T_1}{p_1} = \frac{287\ \text{Nm/(kg}\cdot\text{K)}\cdot 318{,}15\ \text{K}}{0{,}835 \cdot 10^5\ \text{N/m}^2} = \underline{\underline{1{,}093\ \text{m}^3/\text{kg}}} \qquad v_5 = v_1 = \underline{\underline{1{,}093\ \text{m}^3/\text{kg}}}$$

$$\varepsilon = \frac{v_1}{v_2} \qquad v_2 = \frac{v_1}{\varepsilon} = \frac{1{,}093\ \text{m}^3/\text{kg}}{16} = \underline{\underline{0{,}068\ \text{m}^3/\text{kg}}} \qquad v_3 = v_2 = \underline{\underline{0{,}068\ \text{m}^3/\text{kg}}}$$

$$T_3 = \frac{p_3 \cdot v_3}{R_L} = \frac{86 \cdot 10^5\ \frac{\text{N}}{\text{m}^2} \cdot 0{,}068\ \frac{\text{m}^3}{\text{kg}}}{287\ \text{Nm/(kg}\cdot\text{K)}} = \underline{\underline{2037{,}6\ \text{K}(\approx 1764{,}5\ ^\circ\text{C})}}$$

1 → 2 polytrope Kompression mit $n = 1{,}35$:

$$\frac{T_1}{T_2} = \left(\frac{v_2}{v_1}\right)^{n-1} = \left(\frac{1}{\varepsilon}\right)^{n-1} \qquad \frac{p_2}{p_1} = \left(\frac{v_1}{v_2}\right)^{n} = \varepsilon^n$$

$$T_2 = T_1 \cdot \varepsilon^{n-1} = 318{,}15\ \text{K} \cdot 16^{0{,}35} = \underline{\underline{839{,}6\ \text{K}(\approx 566{,}5\ ^\circ\text{C})}} \qquad p_2 = p_1 \cdot \varepsilon^n = 0{,}835\,\text{bar} \cdot 16^{1{,}35} = \underline{\underline{35{,}26\,\text{bar}}}$$

2 → 3 isochore Wärmezufuhr:

$$q_{23} = \frac{v_2}{\kappa - 1}(p_3 - p_2) = \frac{0{,}068\ \text{m}^3/\text{kg}}{0{,}4}(86 - 35{,}26) \cdot 10^5\ \frac{\text{N}}{\text{m}^2} = \underline{\underline{862{,}58\ \frac{\text{kJ}}{\text{kg}}}}$$

3 → 4 isobare Wärmezufuhr:

$$q_{34} = q_{zu} - q_{23} \qquad q_{34} = (1730 - 862{,}58)\frac{\text{kJ}}{\text{kg}} = \underline{\underline{867{,}42\ \frac{\text{kJ}}{\text{kg}}}}$$

$$q_{34} = \frac{\kappa}{\kappa - 1} R_L (T_4 - T_3)$$

$$T_4 = T_3 + \frac{q_{34} \cdot (\kappa - 1)}{R_L \cdot \kappa} = 2037{,}6\,\mathrm{K} + \frac{867{,}42 \frac{\mathrm{kJ}}{\mathrm{kg}} \cdot 0{,}4}{0{,}287 \frac{\mathrm{kJ}}{\mathrm{kg\,K}} \cdot 1{,}4} = \underline{\underline{2901{,}13\,\mathrm{K} (\approx 2628\,°\mathrm{C})}}$$

$$v_4 = \frac{R_L \cdot T_4}{p_4} = \frac{287 \frac{\mathrm{Nm}}{\mathrm{kgK}} \cdot 2901{,}13\,\mathrm{K}}{86 \cdot 10^5\ \mathrm{N/m^2}} = \underline{\underline{0{,}097\,\mathrm{m^3/kg}}}$$

4 → 5 polytrope Expansion

$$\frac{p_4}{p_5} = \left(\frac{v_5}{v_4}\right)^n \qquad p_5 = p_4 \left(\frac{v_4}{v_5}\right)^n = 86\ \mathrm{bar} \cdot \left(\frac{0{,}097\ \mathrm{m^3/kg}}{1{,}093\ \mathrm{m^3/kg}}\right)^{1{,}45} = \underline{\underline{2{,}57\ \mathrm{bar}}}$$

$$\frac{T_4}{T_5} = \left(\frac{v_5}{v_4}\right)^{n-1} \qquad T_5 = T_4 \left(\frac{v_4}{v_5}\right)^{n-1} = 2901{,}13\ \mathrm{K} \cdot \left(\frac{0{,}097\ \mathrm{m^3/kg}}{1{,}093\ \mathrm{m^3/kg}}\right)^{0{,}45} = \underline{\underline{975{,}52\ \mathrm{K} (\approx 702{,}4\ °\mathrm{C})}}$$

c) Kreisprozessarbeit

$$w = q_{zu} - |q_{ab}| = q_{12} + q_{23} + q_{34} + q_{45} + q_{51}$$

$$q_{zu} = q_{23} + q_{34} = 1730\,\mathrm{kJ/kg} \qquad q_{ab} = q_{12} + q_{45} + q_{51}$$

polytrop

$$q_{12} = c_n (T_2 - T_1) = \frac{1}{\kappa - 1} R_L \cdot \frac{n - \kappa}{n - 1} (T_2 - T_1)$$

$$q_{12} = \frac{1}{0{,}4} \cdot 287 \frac{\mathrm{J}}{\mathrm{kg\,K}} \cdot \frac{1{,}35 - 1{,}4}{0{,}35} (839{,}6 - 318{,}15)\ \mathrm{K} = \underline{\underline{-53{,}45\ \mathrm{kJ/kg}}}$$

$$q_{45} = c_n (T_5 - T_4) = \frac{1}{0{,}4} \cdot 287 \frac{\mathrm{J}}{\mathrm{kg\,K}} \cdot \frac{1{,}45 - 1{,}4}{0{,}45} (975{,}52 - 2901{,}13)\ \mathrm{K} = \underline{\underline{-153{,}51\,\mathrm{kJ/kg}}}$$

isochor

$$q_{51} = \frac{1}{\kappa - 1} R_L (T_1 - T_5) = \frac{1}{0{,}4} \cdot 287 \frac{\mathrm{J}}{\mathrm{kg \cdot K}} (318{,}15 - 975{,}52)\mathrm{K} = \underline{\underline{-471{,}66\ \mathrm{kJ/kg}}}$$

$$w = (-53{,}45 + 1730 - 153{,}51 - 471{,}66)\ \mathrm{kJ/kg} = \underline{\underline{1051{,}38\ \mathrm{kJ/kg}}}$$

d) thermodynamischer Prozesswirkungsgrad

$$\eta_{th} = \frac{w}{q_{zu}} = \frac{1051{,}38\,\mathrm{kJ/kg}}{1730\,\mathrm{kJ/kg}} = \underline{\underline{0{,}607}}$$

# 8.3 Der Joule-Prozess als Vergleichsprozess für Gasturbinen

## 8.3.1 Der reversible thermodynamische Vergleichsprozess

Als Gasturbine bezeichnet man allgemein eine Anlage, die aus Verdichter, Brennkammer, Expansionsteil sowie eventuell Luftvorwärmer und Kühler besteht. Die Turbine im engeren Sinne ist nur der Expansionsteil der Anlage. Die Nutzleistung der Gesamtanlage kann über eine Kupplung von der Maschinenwelle zum Antrieb elektrischer Generatoren oder industriell genutzter Kompressoren abgegeben werden. Eine wichtige Anwendung ist auch die Lieferung von Druckluft für Belüftungssysteme und schließlich auch die Erzeugung eines Reaktionsvortriebes für Flugzeuge durch die kinetische Energie beschleunigter Abgase.

Ein erstes Patent auf eine Gasturbine wurde 1791 John Barber (England) erteilt. Aber erst im 20. Jahrhundert mit der Verfügbarkeit hochtemperaturbeständiger Werkstoffe sowie nach Entwicklung verlustarmer Verdichter- und Turbinenschaufeln konnten Gasturbinen erfolgreich in Betrieb genommen werden. Heute findet man eine Vielzahl von Bauarten und Schaltungen für Gasturbinen vor. Diese Mannigfaltigkeit gestattet eine optimale Anpassung an die Nachfragesituation, birgt aber auch die Gefahr einer unzweckmäßigen Wahl des thermodynamischen Prozesses.

Gasturbinen kommen also sowohl für mobile Systeme (Flugzeugantriebe) als auch für schnell laufende Arbeitsmaschinen (Generator-, Verdichter- oder Pumpenantriebe) zur Anwendung. Die für Flugzeuge konstruierten Gasturbinen zeichnen sich durch geringes Gewicht aus. Für den stationären Einsatz am Boden richtet man eine stabile Konstruktion auf Dauerbelastung aus, das Gewicht spielt dann eine eher untergeordnete Rolle. Bei Massivbauweise (heavy frame) folgen die entsprechend größeren Scheiben- und Gehäusequerschnitte den Temperaturänderungen aber langsamer, was für schnelle und häufige Starts problematisch ist. Deshalb setzt man zur Stromerzeugung bei Spitzenlast in Gaskraftwerken sogenannte Flugturbinenderivate ein. Diese Turbinen besitzen die typischen Konstruktionsmerkmale der Triebwerke. Die günstigen Starteigenschaften prädestinieren sie zum Abfahren von kurzzeitig vorhandenen Lastspitzen oder zur Notstromerzeugung.

Eine spezielle Form der Gasturbinenanlage (ohne Brennkammer) sind die Turboladerantriebe im Motorenbau.

Der Joule-Prozess als Vergleichsprozess für Gasturbinen modelliert die tatsächlichen Abläufe mit folgenden Vereinfachungen:

- reversibler Prozessverlauf für ideales Gas und Isentropenexponent $\kappa$ = konstant
- ideale thermische Isolierung von Verdichter und Turbine
- Vernachlässigung durch strömungsbedingten Druckverluste
- keine Berücksichtigung der in der Brennkammer eintretenden stofflichen und mengenmäßigen Änderung des Arbeitsmittels

Eine Gasturbinenanlage saugt das Arbeitsmittel (in der Regel Umgebungsluft) an und verdichtet es auf den Brennkammerdruck. In der Brennkammer verbrennt der eingesetzte Brennstoff direkt im verdichteten Luftstrom bei annähernd konstantem Druck. Das heiße Verbrennungsgas wird anschließend in der Turbine unter Arbeitsabgabe auf Umgebungsdruck entspannt und strömt schließlich in die Umgebung aus. Die eigentliche Turbine (Expansionsteil der Anlage) ist durch eine Welle mit dem Verdichter verbunden, an den sie etwa zwei Drittel ihrer Leistung abgibt, so dass nur circa ein Drittel dann als Nutzleistung der Gasturbinenanlage zur Verfügung gestellt werden kann.

Eine nach Abbildung 8-11 beschriebene Gasturbinenanlage ist ein offenes System. Die thermodynamischen Untersuchungen im Joule-Prozess als maßgeblichen Vergleichsprozess gehen aber von einem geschlossenen System aus, in dem Luftansaugung und Abgasleitung kurzgeschlossen sind und die Wärme nicht durch innere Verbrennung in der Brennkammer entsteht, sondern dem System von außen zugeführt werden muss. Auch die Wärmeabfuhr wird als Wärmeentzug des zirkulierenden Arbeitsmittels aufgefasst, tatsächlich erfolgt ein Tausch von heißem Abgas gegen frische Umgebungsluft.

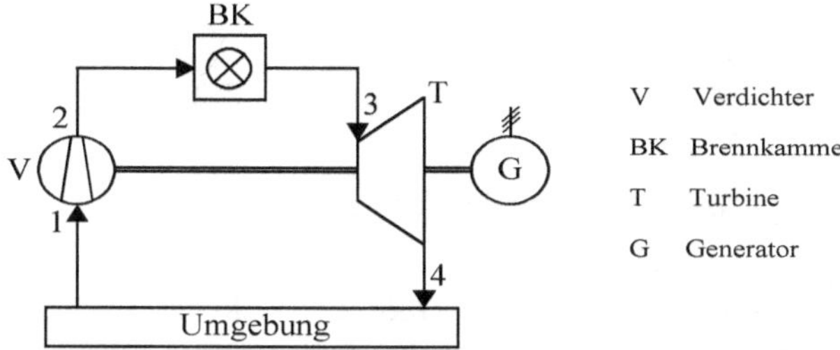


**Abb. 8-11:** Schaltbild einer einfachen offenen Gasturbinenanlage.

Der *einstufige, offene Joule-Prozess* ist durch folgende reversible Zustandsänderungen gekennzeichnet:

| | | |
|---|---|---|
| $1 \rightarrow 2$ | isentrope Kompression | (Verdichter) |
| $2 \rightarrow 3$ | isobare Wärmezufuhr | (Brennkammer) |
| $3 \rightarrow 4$ | isentrope Expansion | (Gasturbine) |
| $4 \rightarrow 1$ | isobare Wärmeabfuhr | (Austausch mit der Umgebung) |

Der Begriff „einstufig" bezieht sich hier auch auf den Umstand, dass Verdichtung und Entspannung ohne eine Zwischenkühlung oder Zwischenerhitzung betrachtet werden.

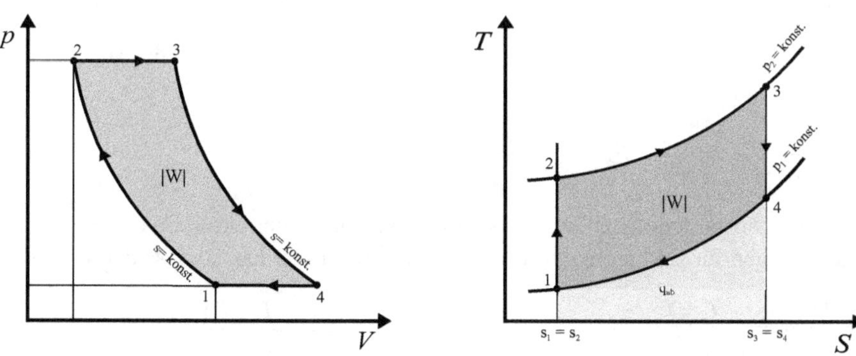


**Abb. 8-12:** Zustandsverläufe beim Joule-Prozess im *p,V*- und *T,s*-Diagramm.

Für die im Prozess zu- und abgeführten Wärmen ergeben sich folgende Zusammenhänge:

$$q_{zu} = q_{23} = h_3 - h_2 = c_p(T_3 - T_2) > 0 \qquad \text{(isobar zugeführte Wärme)}$$

$$q_{ab} = q_{41} = h_1 - h_4 = c_p(T_1 - T_4) < 0 \qquad \text{(isobar abgeführte Wärme)}$$

$$|q_{ab}| = q_{14} = h_4 - h_1 = c_p(T_4 - T_1) > 0$$

Die *spezifische Kreisprozessarbeit* $w$ für den Joule-Prozess ist in Abbildung 8-12 farblich hervorgehoben und kann bestimmt werden aus:

$$w = q_{zu} - |q_{ab}| = (h_3 - h_2) - (h_4 - h_1) = c_p(T_1 - T_2 + T_3 - T_4) \tag{8-22}$$

Wichtige Prozessparameter sind das *Druckverhältnis* $\pi$ aus dem Verhältnis der Drücke nach und vor der Verdichtung (maximaler zu minimalem Prozessdruck) sowie das *maximale Temperaturverhältnis* $\tau_{max}$ aus dem Verhältnis von maximaler und minimaler Prozesstemperatur:

$$\pi = \frac{p_{\max}}{p_{\min}} = \frac{p_2}{p_1} \qquad \tau_{\max} = \frac{T_{\max}}{T_{\min}} = \frac{T_3}{T_1} \tag{8-23}$$

Mit (8-23) lässt sich die spezifische Kreisprozessarbeit auch berechnen aus:

$$w = \frac{\kappa}{\kappa - 1} R T_1 \left[ \left( \pi^{\frac{\kappa-1}{\kappa}} - 1 \right) \cdot \left( \tau_{\max} \cdot \frac{1}{\pi^{\frac{\kappa-1}{\kappa}}} - 1 \right) \right] \qquad [w] = 1\,\text{kJ/kg} \tag{8-24}$$

Achtung! In dieser Formel wird $\pi$ nicht als Kreiskonstante und $\tau$ nicht als Formelzeichen für die Zeit verwendet.

Die spezifische Nutzarbeit des Joule-Prozesses wächst mit dem Verhältnis von minimaler zu maximaler Prozesstemperatur und dem Verdichterdruckverhältnis. Die minimale Prozesstemperatur ist durch die Umgebungsbedingungen weitgehend festgelegt, die maximale Prozesstemperatur ergibt sich aus der gerade noch zulässigen Materialbelastung.

Im Gegensatz zum Carnot-Prozess erfolgen die Zu- und Abfuhr von Wärme nicht mehr ausschließlich bei maximaler und minimaler Arbeitsmitteltemperatur, sondern jeweils über einen bestimmten Temperaturbereich, der durch die isobaren Zustandsänderungen $2 \rightarrow 3$ sowie $4 \rightarrow 1$ überstrichen wird. Das Wirkungsgradverhalten des Joule-Prozesses ist demgemäß beschrieben durch einen Ansatz mit thermodynamischen Mitteltemperaturen $\overline{T}$ für Wärmezu- und Wärmeabfuhr.

$$\eta_{th} = 1 - \frac{\overline{T}_{ab}}{\overline{T}_{zu}} \tag{8-25}$$

$$\overline{T}_{zu} = \overline{T}_{23} = \frac{h_3 - h_2}{s_3 - s_2} \quad \text{und} \quad \overline{T}_{ab} = \overline{T}_{41} = \frac{h_4 - h_1}{s_4 - s_1}$$

Für ideales Gas mit konstanten spezifischen Wärmekapazitäten (perfektes Gas) können hier die Zustandsgleichungen für Enthalpie und Entropie eingeführt werden, so dass dann folgt

$$\overline{T}_{zu} = \frac{c_p \cdot (T_3 - T_2)}{c_p \cdot \ln \frac{T_3}{T_2}} = \frac{T_3 - T_2}{\ln \frac{T_3}{T_2}} \qquad \overline{T}_{ab} = \frac{c_p \cdot (T_4 - T_1)}{c_p \cdot \ln \frac{T_4}{T_1}} = \frac{T_4 - T_1}{\ln \frac{T_4}{T_1}}$$

Damit ist festzuhalten, dass wegen $\overline{T}_{zu} < T_{\max} = T_3$ und $\overline{T}_{ab} > T_{\min} = T_1$ der thermische Wirkungsgrad des Joule-Prozesses *stets kleiner* ist als der des Carnot-Prozesses mit den gleichen Grenztemperaturen $T_{max}$ und $T_{min}$. Positiv auf die Höhe der mittleren Temperatur der Wärmezufuhr und damit auf den Wirkungsgrad wirkt sich die Tatsache aus, dass die Verbrennungsluft durch ihre vorherige Verdichtung schon vorgewärmt ist. Eine weitere mit der Steigerung der mittleren Temperatur bei der Wärmezufuhr einhergehende Verbesserung des Wirkungsgrades beim Joule-Prozess erreicht man durch Regeneration (siehe Kapitel 8.3.4).

Der *thermodynamische Wirkungsgrad des Joule-Prozesses* als Verhältnis von Nutzen zu Aufwand hängt nachfolgender Formel zur Folge nur vom Druckverhältnis $\pi$ und vom Isentropenexponenten $\kappa$ ab. Der Betrag der zugeführten Wärmemenge hat keinen Einfluss.

$$\eta_{th,J} = 1 - \frac{|q_{ab}|}{q_{zu}} = 1 - \frac{T_4 - T_1}{T_3 - T_2} = 1 - \frac{T_1}{T_2} = 1 - \frac{1}{\pi^{\frac{\kappa-1}{\kappa}}} = 1 - \pi^{\frac{1-\kappa}{\kappa}} \tag{8-26}$$

Kommentar zur Formel (8-26):

Unmittelbar aus der Definition (8-2) abgeleitet und daher universell gültig:

$$\eta_{th,J} = 1 - \frac{|q_{ab}|}{q_{zu}}$$

Für ideales Gas mit konstanten spezifischen Wärmekapazitäten folgt dann

$$\eta_{th,J} = 1 - \frac{T_4 - T_1}{T_3 - T_2}$$

Reversible Prozessführung (isentrope Verdichtung und Entspannung) führt dann auf (8-25)

$$\pi^{\frac{\kappa-1}{\kappa}} = \left(\frac{p_2}{p_1}\right)^{\frac{\kappa-1}{\kappa}} = \frac{T_2}{T_1} = \left(\frac{p_3}{p_4}\right)^{\frac{\kappa-1}{\kappa}} = \frac{T_3}{T_4} \quad \rightarrow \quad \frac{T_2}{T_1} = \frac{T_3}{T_4} \quad \rightarrow \quad \frac{T_4}{T_1} = \frac{T_3}{T_2}$$

$$\eta_{th,J} = 1 - \frac{T_1\left(\frac{T_4}{T_1} - 1\right)}{T_2\left(\frac{T_3}{T_2} - 1\right)} = 1 - \frac{T_1}{T_2} = 1 - \frac{1}{\pi^{\frac{\kappa-1}{\kappa}}}$$

**Hinweis 1:** Formelsammlungen bezeichnen oft die minimale Prozesstemperatur im Carnot-Prozess mit $T_1$ und die maximale mit $T_2$ mit der Gefahr der Verwechslung von Formel (8-3) und Formel (8-26). Der Carnotfaktor ist eine Funktion von *minimaler* und *maximaler* Prozesstemperatur, der thermodynamische Wirkungsgrad des Joule-Prozesses errechnet sich aus der Temperatur *vor* und *nach* der Verdichtung!

**Hinweis 2:** Analoge Zusammenhänge treten beim Otto-Prozess (Kapitel 8.2.1) auf.

### 8.3.2 Die Kreisprozesscharakteristik des Joule-Prozesses

Die charakteristischen Zusammenhänge beim Joule-Prozess untersucht man unabhängig von der tatsächlichen Anlagengröße mit den schon in (8-23) definierten dimensionslosen Größen und der dimensionslosen spezifischen Kreisprozessarbeit $\omega$

$$\omega = \frac{w}{R \cdot T_1} \quad \rightarrow \quad \omega = \frac{\kappa}{\kappa - 1} \cdot \left(1 - \frac{1}{\pi^{\frac{\kappa-1}{\kappa}}}\right) \cdot \left(\tau - \pi^{\frac{\kappa-1}{\kappa}}\right) \tag{8-27}$$

Die in Abbildung 8-13 aufgezeichnete Charakteristik verdeutlicht den Einfluss des Druckverhältnisses $\pi$ auf den thermischen Wirkungsgrad $\eta_{th,J}$. Von besonderer Bedeutung sind aber auch die Parameterlinien $\tau$ = konstant, die jeweils zwei Schnittpunkte mit der Ordinatenachse haben. Mathematisch bedeutet dies, dass die Kreisprozessarbeit auch ein Maximum durchlaufen muss, das man findet durch

$$\left(\frac{\partial \omega}{\partial \pi}\right)_\tau = 0 \quad \rightarrow \quad \pi_{opt} = \tau_{max}^{\frac{\kappa}{2(\kappa-1)}}$$

Mit dieser Beziehung wird für jedes Temperaturverhältnis ein optimales Druckverhältnis bestimmt, für das die Kreisprozessarbeit ein Maximum annimmt. Die Höhe des Temperaturverhältnisses wird praktisch begrenzt durch die Temperaturfestigkeit der zur Verfügung stehenden Werkstoffe. Die Kreisprozesscharakteristik zeigt außerdem, dass wenn die Erhöhung der Kreisprozessarbeit und gleichzeitig die Steigerung des Wirkungsgrades angestrebt werden, Druckverhältnis *und* Temperaturverhältnis zu erhöhen sind.

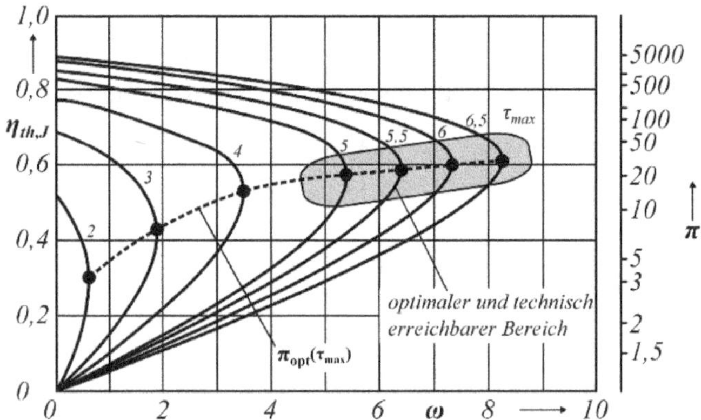


**Abb. 8-13:** Kreisprozesscharakteristik für den Joule-Prozess mit dimensionslosen Größen und bei einem Isentropenexponenten $\kappa = 1{,}4$.

Auch ohne Verwendung der dimensionslosen Kreisprozesscharakteristik kann man dieses Ergebnis ableiten. Nach der Formel für den thermischen Wirkungsgrad wäre zu vermuten, dass die Verdichtungsendtemperatur $T_2$ möglichst hoch zu wählen ist, um einen großen Wirkungsgrad zu erreichen. Für den Extremfall einer so hohen Verdichtung, dass mit der Verdichtungsendtemperatur bereits die Maximaltemperatur $T_3$ erreicht ist, könnte dem Prozess isobar keine Wärme mehr zugeführt werden (Konsequenz: Prozessarbeit = 0). Wenn bei maximalem thermischem Wirkungsgrad keine Prozessarbeit mehr gewinnbar ist, muss ein anderes Kriterium für ein optimales Druckverhältnis $\pi$ gefunden werden. Ohne Verdichtung ($T_2 = T_1$) könnte ebenfalls keine Prozessarbeit mehr verrichtet werden. Für die Wahl der Verdichtungsendtemperatur $T_2$ ergibt sich hieraus das Optimierungsproblem nach *maximaler Prozessarbeit bei vorgegebener Temperatur* $T_3$.

Mit $\frac{T_1}{T_2} = \frac{T_4}{T_3}$ oder $T_4 = \frac{T_3 \cdot T_1}{T_2}$ folgt aus Formel (8-22) $|w| = c_p\left(T_1 - T_2 + T_3 - \frac{T_3 T_1}{T_2}\right)$ die maximale spezifische Kreisprozessarbeit in Abhängigkeit von der Verdichtungsendtemperatur $T_2$ nach den Regeln der Differentialrechnung

$$\frac{d|w|}{dT_{2,opt}} = c_p \left( -1 - \frac{0 \cdot T_2 - 1 \cdot T_3 T_1}{T_{2,opt}^2} \right) = 0 \quad \rightarrow \quad 1 = \frac{T_3 T_1}{T_{2,opt}^2}$$

$$T_{2,opt} = \sqrt{T_1 T_3} \tag{8-28a}$$

Mit $T_1 = T_2 \dfrac{T_4}{T_3}$ folgt aus (8-28a) $T_{2,opt}^2 = T_3 \cdot T_1 = T_3 \cdot T_{2,opt} \cdot \dfrac{T_4}{T_3}$ die einfache Bedingung

$$T_{2,opt} = T_4 \tag{8-28b}$$

Die spezifische Kreisprozessarbeit beim Joule-Prozess erreicht ein Maximum, wenn die Verdichtungsendtemperatur nach der Bedingung (8-28a) aus der maximal und minimal möglichen Prozesstemperatur bestimmt wird oder der Abgastemperatur des Arbeitsmittels beim Verlassen der Turbine entspricht (8-28b).

Das optimale Druckverhältnis ergibt sich aus der isentropen Zustandsgleichung für Druck und Temperatur sowie mit Formel (8-28a) nun aus

$$\frac{p_{2,opt}}{p_1} = \pi_{opt} = \left( \frac{T_{2,opt}}{T_1} \right)^{\frac{\kappa}{\kappa-1}} = \left( \frac{\sqrt{T_3 \cdot T_1}}{T_1} \right)^{\frac{\kappa}{\kappa-1}} = \left( \sqrt{\frac{T_3}{T_1}} \right)^{\frac{\kappa}{\kappa-1}} = \tau_{\max}^{\frac{\kappa}{2(\kappa-1)}} \tag{8-29}$$

Der in der Turbine eingesetzte Werkstoff begrenzt die maximale Temperatur $T_3$ des Prozesses und ist damit für die Realisierung einer Anlage eine fest vorgegebene Größe. Der thermische Wirkungsgrad steigt mit Erhöhung der Arbeitsmitteltemperatur bei Turbineneintritt unmittelbar nach Verlassen der Brennkammer, was aber zu einer zusätzlichen thermischen Belastung der Turbinenschaufeln führt. Um die zulässige Materialtemperatur (derzeit ca. 930 °C) einzuhalten, werden die Turbinenschaufeln mit Luft gekühlt. Die Kühlluft tritt auf der Schaufeloberfläche aus kleinen Bohrungen aus und legt sich als dünner, isolierender Film über die Schaufeln. Eine Überschreitung der zulässigen Werkstofftemperatur um nur 15 K reduziert die Lebensdauer der Schaufeln bereits um die Hälfte. Je höher man die Turbineneintrittstemperatur wählt, desto umfangreicher muss gekühlt werden, d. h. desto mehr Kühlluft wird benötigt. In der Regel werden etwa 20 % der vom Verdichter komprimierten Luft an der Brennkammer vorbeigeleitet und für Kühl- und Dichtungsaufgaben eingesetzt. Die Energie für die Verdichtung der nicht in der Brennkammer eingesetzten Luft kann nur zum Teil zurückgewonnen werden und mindert deshalb den Wirkungsgrad. Nach oben ist die Verfügbarkeit von Kühlluft jedoch eingeschränkt, weil man bei den hohen Prozesstemperaturen zur Vermeidung der Bildung von Stickoxiden auch in der Brennkammer einen Luftüberschuss benötigt. Eine effiziente Schaufelkühlung ermöglicht heute bei stationären Turbinen Eintrittstemperaturen von 1100 °C bis 1250 °C, bei Flugzeugtriebwerken ca. 1600 °C.

### 8.3.3 Annäherung an den realen Prozess

Die *wirkliche Verdichtung* und *wirkliche Expansion* erfolgt nicht isentrop, sondern polytrop mit Entropiezunahme. Die daraus resultierenden Endtemperaturen liegen höher als die nach dem isentropen Modell berechneten. Das reale Zustandsverhalten bei Verdichtung und Expansion ist sehr kompliziert. Außerdem sind innere Verluste, wie zum Beispiel Radreibungsverluste zwischen Laufrad und Fluid, Spaltverluste durch Rückströmung von einem Teil des geförderten Fluids, hydraulische Verluste durch Reibung und Strömungsablösung zu berücksichtigen.

Die Darstellung im *T,s*-Diagramm zeigt nur den durch Messungen zu ermittelnden Anfangs- und Endzustand bei Verdichtung und Expansion, die auch maßgeblich sind für die Definition von Gütegraden (auch isentrope oder innere Wirkungsgrade genannt). Diese Gütegrade sind ein Maß für die Höhe der Verluste und spiegeln als vereinfachendes Modell das in der Realität ablaufende Zustandsverhalten wieder. Bei guten, modernen Verdichtern in Gasturbinen liegen die Gütegrade zwischen 0,87 und 0,91, für den Expansionsteil werden die Gütegrade mit Werten zwischen 0,91 und 0,93 angegeben. Zur Definition der Gütegrade verwendet man für

**die Verdichtung $\eta_V$** **die Entspannung $\eta_T$**

$$\eta_V = \frac{\Delta h_{V,is}}{\Delta h_{V,real}} \qquad \eta_T = \frac{\Delta h_{T,real}}{\Delta h_{T,is}} \tag{8-30}$$

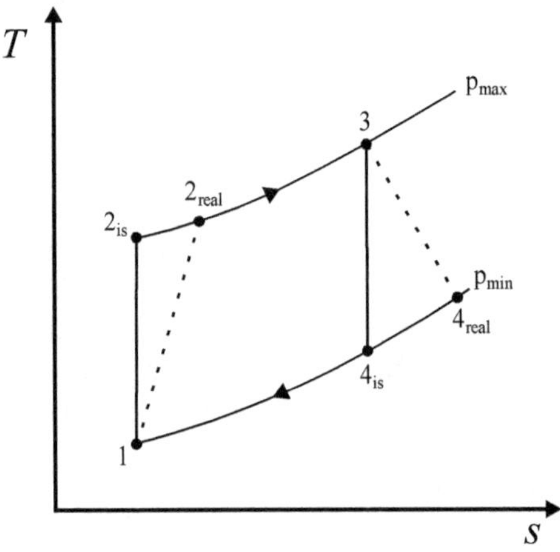


**Abb. 8-14:** Darstellung der Verdichtung und Entspannung im *T,s*-Diagramm bei isentroper Prozessführung (verlustlos) und unter Berücksichtigung von dissipativen Effekten (verlustbehaftet).

Für ideales Gas mit konstanter spezifischer Wärmekapazität ergibt sich aus den Definitionen von (8-30)

$$\eta_V = \frac{c_p \cdot \Delta T_{is}}{c_p \cdot \Delta T_{real}} = \frac{T_{2,is} - T_1}{T_{2,real} - T_1} \qquad \eta_T = \frac{c_p \cdot \Delta T_{real}}{c_p \cdot \Delta T_{is}} = \frac{T_3 - T_{4,real}}{T_3 - T_{4,is}}$$

Für diese Berechnungsformeln müssen die Endtemperaturen bei Verdichtung und Entspannung gemessen werden. Die Temperaturen bei den entsprechenden isentropen Zustandsänderungen lassen sich berechnen durch

$$T_{2,is} = T_1 \left( \frac{p_{max}}{p_{min}} \right)^{\frac{\kappa-1}{\kappa}} = T_1 \cdot \pi^{\frac{\kappa-1}{\kappa}} \qquad T_{4,is} = T_3 \left( \frac{p_{min}}{p_{max}} \right)^{\frac{\kappa-1}{\kappa}} = T_3 \cdot \frac{1}{\pi^{\frac{\kappa-1}{\kappa}}}$$

Bei gegebenen Gütegraden können die realen Temperaturen bestimmt werden aus

$$\eta_V = \frac{T_1\left(\pi^{\frac{\kappa-1}{\kappa}} - 1\right)}{T_{2,real} - T_1} \qquad T_{2,real} = T_1 + \frac{T_1}{\eta_V}\left(\pi^{\frac{\kappa-1}{\kappa}} - 1\right)$$

$$\eta_T = \frac{T_3 - T_{4,real}}{T_3\left[1 - \left(\frac{1}{\pi}\right)^{\frac{\kappa-1}{\kappa}}\right]} \qquad T_{4,real} = T_3 - \eta_T \cdot T_3\left(1 - \frac{1}{\pi^{\frac{\kappa-1}{\kappa}}}\right)$$

Damit ergibt sich für die spezifische Verdichterarbeit $\Delta h_{V,real}$ und die spezifische Turbinenarbeit $\Delta h_{T,real}$

$$\Delta h_{V,real} = c_p(T_{2,real} - T_1) = \frac{\Delta h_{V,is}}{\eta_V} \qquad \Delta h_{T,real} = c_p \cdot (T_3 - T_{4,real}) = \Delta h_{T,is} \cdot \eta_T$$

sowie mit den jeweils durch den Verdichter und die Turbine durchgesetzten Massenströmen des Arbeitsmittels

$$P_{V,real} = \dot{m}_V \cdot \Delta h_{V,real} = \dot{m}_V \cdot \frac{\Delta h_{V,is}}{\eta_V} \qquad P_{T,real} = \dot{m}_T \cdot \Delta h_{T,real} = \dot{m}_T \cdot \Delta h_{T,is} \cdot \eta_T \qquad (8\text{-}31)$$

Für die Formeln (8-31) sind unbedingt die unterschiedlichen Massenströme zu beachten. Der Massenstrom des verdichteten Arbeitsmittels $\dot{m}_V$ gelangt entweder als Verbrennungsluft oder als benötigte Kühlluft für die Brennkammerwände und Turbinenschaufeln in die Turbine. In der Brennkammer wird noch der Brennstoffmassenstrom $\dot{m}_{Br}$ eingespeist, so dass in der Turbine $\dot{m}_T = \dot{m}_V + \dot{m}_{Br}$ berücksichtigt werden muss.

Aus der Sicht des Joule-Prozesses mit konstantem Arbeitsmittelstrom wird die nutzbare Leistung einer Gasturbinenanlage $P_N$ mit (8-22) berechnet aus

$$P_N = \dot{m} \cdot w = \dot{m} \cdot c_p(T_1 - T_2 + T_3 - T_4) = \dot{m} \cdot (w_T - w_V) \qquad (8\text{-}32)$$

Mit Berücksichtigung der unterschiedlichen Massenströme und einer nicht isentropen Prozessführung bestimmt sich die Leistung einer Gasturbinenanlage aus den getrennten Bilanzkreisen der Formeln (8-31)

$$P_N = P_{T,real} - P_{V,real}$$

Zur *Leistungssteigerung von Gasturbinen* kommt gemäß (8-32) zunächst die Erhöhung der Enthalpie der durchgesetzten Massenströme in Betracht. Dabei ist zu unterscheiden zwischen Maßnahmen, die eine Erhöhung des Massenstroms am Verdichtereintritt zur Folge haben (Ansaugluftkühlung, aber auch Leistungsbegrenzer für Winterbetrieb) und Maßnahmen, die den Enthalpiestrom in der Brennkammer erhöhen (z. B. Cheng Cycle). Daneben existieren mehrere Schaltungsvarianten, um die real ablaufenden Prozesse bei Verdichtung und Entspannung dem idealen Prozess durch Mehrstufigkeit anzunähern (Zwischenkühlung der Luft im Verdichter zur Ersparnis von Verdichterarbeit und Zwischenerhitzung des Arbeitsgases bei der Entspannung in der Turbine).

Im *Wirkungsgrad einer realen Gasturbinenanlage* auf Basis des Joule-Prozesses $\eta_J$ werden nicht nur die durch die Gütegrade modellierten Verluste berücksichtigt, sondern außerdem:

- Leck- und Kühlverluste
- Auswirkungen von Änderungen der Massenströme in der Gasturbinenanlage ($\dot{m}_V \neq \dot{m}_{BK} \neq \dot{m}_T$)
- Einflüsse der sich im Prozessverlauf ändernden Fluidzusammensetzung (Luft → Verbrennungsgas)
- Realgasverhalten des Fluids ($\kappa_V \neq \kappa_T$)

Der *elektrische Wirkungsgrad einer Gasturbinenanlage* $\eta_{el}$ ist definiert als Quotient aus abgegebener Nutzleistung $P_N$ der Gasturbinenanlage und zugeführter Brennstoffwärme auf der Basis des unteren Heizwertes.

$$\eta_{el} = \frac{P_N}{\dot{Q}_{zu,Br}} = \frac{P_{T,real} - P_{V,real}}{\dot{m}_{Br} \cdot H_u} \tag{8-33}$$

Die die Nutzleistung $P_N$ bestimmenden Leistungen im Expansionsteil und im Kompressor der Gasturbinenanlage werden durch die Formeln (8-31) beschrieben. Rund *zwei Drittel* der von der reinen Turbine bereitgestellten Leistung wird wieder für die Verdichtung benötigt, so dass in der Gasturbinenanlage nur rund ein Drittel der in der reinen Turbine freigesetzten Leistung für die Nutzung zur Verfügung steht.

Für den Aufwand in Form von zugeführter Brennstoffwärme ergibt sich mit $H_u$ als unteren Heizwert des Brennstoffs

$$\dot{Q}_{zu} = \dot{m}_{Br} \cdot H_u = \dot{m}_{Br} \cdot \bar{c}_{p,Br}(T_3 - T_{2,real})$$

Eine Kette multiplikativ verknüpfter und nachfolgend kurz skizzierter Wirkungsgradfaktoren gestattet die Errechnung des elektrischen Wirkungsgrades einer Gasturbinenanlage unter weitgehend realen Betriebsbedingungen mit:

$$\eta_{el} = \eta_m \cdot \eta_A \cdot \eta_Z \cdot \eta_G \cdot \frac{\dot{m}_T \cdot \Delta h_{T,is} \cdot \eta_T - \dot{m}_V \Delta h_{V,is} / \eta_V}{\dot{m}_{BK} \cdot (h_3 - h_{2,real})} \tag{8-34}$$

*Der mechanische Wirkungsgrad* $\eta_m$ berücksichtigt Verluste durch Lagerreibung und durch die Arbeitsaufnahme von Ölpumpen, die direkt von der Turbinenwelle angetrieben werden. Typische Größenordnungen sind $\eta_m \geq 0{,}99$, bei kleinen Gasturbinenanlagen auch $< 0{,}99$.

*Der Ausbrandgrad der Brennkammer* $\eta_A$ mit $\dot{m}_{BK}$ als mittleren Massenstrom in der Brennkammer berücksichtigt Brennkammerverluste durch unvollständigen Ausbrand und Wärmestrahlung.

$$\eta_A \approx \frac{\dot{m}_{BK}(h_3 - h_{2,real})}{\dot{m}_{Br} \cdot H_u} \qquad 0{,}995 \leq \eta_A \leq 0{,}997$$

Der *Wirkungsgrad* $\eta_z$ steht für Abweichungen durch das Realgasverhalten und Massenstromänderungen sowie für Kühl- und Leckverluste. Oftmals liegt dieser Wirkungsgrad im Bereich von $0{,}92 \leq \eta_z \leq 0{,}97$.

*Der Generatorwirkungsgrad* $\eta_G$ berücksichtigt Verluste durch die Abführung der in den Wicklungen des Generators erzeugten Stromwärme und liegt in der Regel im Bereich von $0{,}985 \leq \eta_G \leq 0{,}990$, bei kleineren Generatoren auch schon mal $< 0{,}985$.

Der nach (8-34) ermittelte *elektrische Wirkungsgrad* wird als elektrischer Bruttowirkungsgrad ermittelt, das heißt im Zähler steht die an den Klemmen anliegende elektrische Leistung (= Bruttoleistung) und im Nenner wird die Brennstoffleistung ausgewiesen.

Die Netzabgabeleistung (= Nettoleistung) ergibt sich aus Bruttoleistung abzüglich Eigenbedarf, den man über den Eigenbedarfswirkungsgrad $\eta_{eig}$ berücksichtigt. Typische Eigenbedarfswirkungsgrade liegen im Bereich $0{,}984 \leq \eta_{eig} \leq 0{,}989$. Als Eigenbedarf einer Anlage zählen nur die zum unmittelbaren Betrieb der Anlage erforderlichen Leistungen wie zum Beispiel Pumpen, Lüfter und Steuerungen, nicht aber zum Beispiel die Beleuchtung des Werksgeländes.

## 8.3.4 Regeneration zur Steigerung des Wirkungsgrades

Zur *Verbesserung des thermischen Prozesswirkungsgrades beim Joule-Prozess* kann man auf die *Regeneration* zurückgreifen. Bei nicht sehr hohen Druckverhältnissen $\pi$ ist die nach der Expansion im Turbinenteil erreichte Abgastemperatur $T_4$ wesentlich höher als die Temperatur $T_2$, mit der das Arbeitsmittel den Verdichter verlässt. In einem Wärmetauscher kann Wärme von den heißen Abgasen an die kühlere verdichtete Luft übertragen werden. Die Wiederverwendung der bei einem Teilprozess vom Arbeitsmittel abgegebenen Wärme zur Aufheizung des gleichen Arbeitsmittels bei einem anderen geeigneten Teilprozess nennt man Regeneration. Man bezeichnet die Regeneration als *vollständig,* wenn gemäß Abbildung 8-15 die Abgaswärme (reversible Wärmeübertragung ohne Wärmewiderstand vorausgesetzt) bis zur Temperatur des Arbeitsmittels nach der Verdichtung ausgenutzt wird. Dann gilt

$$T_2 = T_{4'} \quad \text{und} \quad T_4 = T_{2'}$$

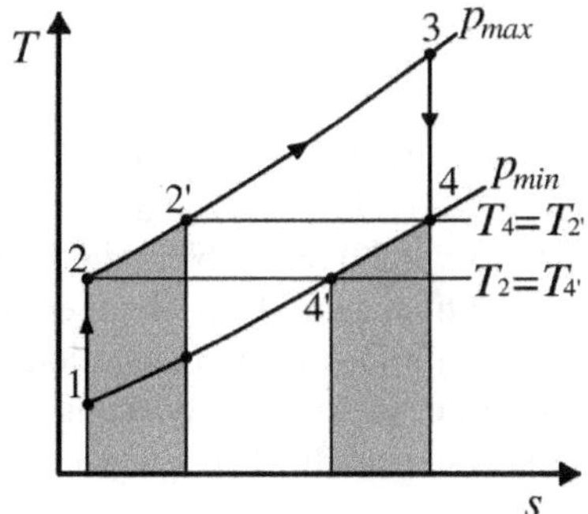


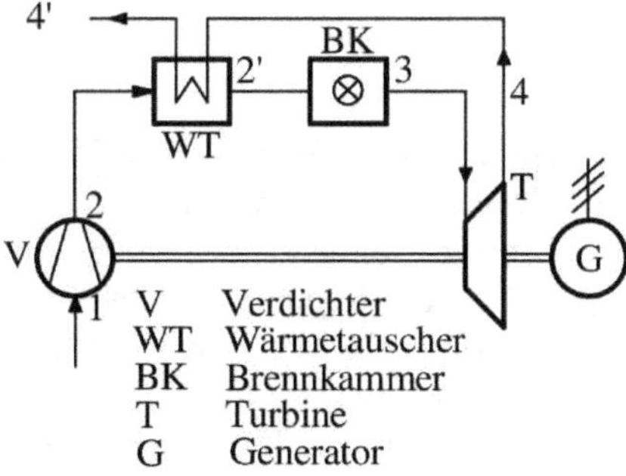


**Abb. 8-15:** Joule-Prozess mit prozessinterner idealer und vollständiger Wärmeübertragung.

In der Brennkammer ist jetzt unter Brennstoffersparnis nur noch die Wärme zuzuführen

$$q_{Br} = c_p (T_3 - T_{2'}) = c_p \cdot T_{2'} (\frac{T_3}{T_{2'}} - 1) \qquad \text{mit } T_{2'} = T_4 \tag{8-35}$$

An die Umgebung abgeführt wird die entsprechend verringerte Abgaswärme

$$q_{ab} = c_p (T_{4'} - T_1) = c_p \cdot T_1 (\frac{T_{4'}}{T_1} - 1) \qquad \text{mit } T_{4'} = T_2 \tag{8-36}$$

Der thermische Wirkungsgrad des Joule-Prozesses bei Regeneration $\eta_{th,JR}$ wird nun mit (8-36) und (8-35) errechnet aus

$$\eta_{th,JR} = 1 - \frac{|q_{ab}|}{q_{zu}} = 1 - \frac{c_p \cdot T_1(\frac{T_2}{T_1} - 1)}{c_p \cdot T_{2'}(\frac{T_3}{T_{2'}} - 1)}$$

Nach Abbildung 8-15 gelten für das Druckverhältnis $\pi$ folgende Temperaturbeziehungen:

$$\left(\frac{p_2}{p_1}\right)^{\frac{\kappa-1}{\kappa}} = \pi^{\frac{\kappa-1}{\kappa}} = \frac{T_2}{T_1} = \frac{T_3}{T_4} = \frac{T_3}{T_{2'}}$$

Damit ist der thermische Wirkungsgrad des vollständig regenerierten Joule-Prozesses $\eta_{th,JR}$ zunächst bestimmbar aus der Beziehung:

$$\eta_{th,JR} = 1 - \frac{c_p \cdot T_1(\frac{T_2}{T_1} - 1)}{c_p \cdot T_{2'}(\frac{T_2}{T_1} - 1)} = 1 - \frac{T_1}{T_{2'}} = 1 - \frac{T_1}{T_2} \cdot \frac{T_2}{T_{2'}} = 1 - \frac{T_2}{T_{2'}} \cdot \frac{1}{\pi^{\frac{\kappa-1}{\kappa}}} \quad (8\text{-}37)$$

Nach Formel (8-37) verbessert die Regeneration den thermischen Wirkungsgrad des Joule-Prozesses nach Maßgabe des Temperaturverhältnisses $T_2 / T_{2'}$ und so den Brennstoffnutzungsgrad bei unveränderter spezifischer Kreisprozessarbeit. Ausgedrückt durch die für die Charakteristik des Joule-Prozesses maßgeblichen dimensionslosen Größen (8-23) ergibt sich für den vollständig regenerierten Joule-Prozess aus Formel (8-37):

$$\eta_{th,JR} = 1 - \frac{\pi^{\frac{\kappa-1}{\kappa}}}{\tau_{\max}} \quad (8\text{-}38)$$

Wie der Vergleich von Formel (8-26) für den einfachen Joule-Prozess mit (8-38) deutlich macht, ist der thermische Wirkungsgrad beim regenerierten Joule-Prozess nicht nur vom Druckverhältnis $\pi$, sondern auch vom maximalen Temperaturverhältnis $\tau$ abhängig. Nach Formel (8-38) ist die Regeneration nur für kleine Druckverhältnisse und hohe Temperaturverhältnisse vorteilhaft. Mit abnehmenden Druckverhältnissen nimmt die Regenerationsfähigkeit des Prozesses zu. Im theoretischem Grenzfall $\pi = 1$ ist der thermische Wirkungsgrad nur noch vom maximalen Temperaturverhältnis abhängig und entspricht dem Carnotfaktor. Die Kreisprozessarbeit wäre jedoch in diesem Fall Null.

Die vollständige Regeneration lässt sich technisch nicht verwirklichen, denn zur Wärmeübertragung mit endlichen Wärmetauscherflächen ist ein Temperaturgefälle $\Delta T$ erforderlich. Daraus folgen dann die Bedingungen für die Ein- und Austrittstemperaturen am Wärmetauscher

$$T_{WT,E} = T_{4'} > T_2 \quad \text{und} \quad T_{WT,A} = T_{2'} < T_4$$

Mit steigendem Regenerationsgrad vergrößern sich die erforderlichen Heizflächen des Wärmeübertragers und damit steigen Kosten und Druckverluste. Zwischen 1940 und 1960 wurde die Regeneration insbesondere bei Brennstoffmangelsituationen häufig angewendet. Später verließ man wegen des apparativen Aufwandes, der erhebliche Investitionskosten verursacht, und wegen der preisgünstigen Verfügbarkeit von Brennstoffen dieses Prinzip wieder. Trotz der heute relativ hohen Brennstoffpreise und der im Sinne eines nachhaltigen Wirtschaftens gebotenen ressourcenschonenden Energiewandlung wendet man sich aktuell nicht so stark dem Thema Regeneration zu, weil die heute mit niedrigen Druckverhältnissen einhergehende Hochtemperatur-Abgaswärme auch andere sinnvolle Nutzungen zum Beispiel in GuD-Schaltungen oder bei der Kraft-Wärme-Kopplung ermöglichen.

## 8.3.5 Verstehen durch Üben: Joule-Prozess

**Aufgabe 8.3-1:** Optimierung der Prozessparameter beim einfachen Joule-Prozess
Ein Joule-Prozess arbeite zwischen $t_{min}$ = 20 °C und $t_{max}$ = 1350 °C. Für das Arbeitsmittel sind $\kappa$ = 1,4 und eine spezifische Wärmekapazität von $c_p$ = 1,018 kJ/(kg K) anzusetzen.

a) Berechnen Sie eine Verdichtungsendtemperatur so, dass die Kreisprozessarbeit maximal wird und bestimmen Sie das zugehörige Druckverhältnis sowie den thermischen Wirkungsgrad! Wie hoch ist die Temperatur nach der Expansion?
b) Legen Sie bei gleichen minimalen und maximalen Prozesstemperaturen nun ein Druckverhältnis von $\pi$ = 12 zu Grunde! Wie verändern sich thermischer Wirkungsgrad, Kreisprozessarbeit und Temperatur nach der Expansion? Auf welchen Wert lässt sich der Wirkungsgrad bei idealer vollständiger Regeneration steigern?
c) Legen Sie ein Druckverhältnis von $\pi$ = 25 zu Grunde! Kann man eine Regeneration durchführen und wie verändern sich die Parameter im Verhältnis zu a) und b)?
d) Welches Druckverhältnis wäre zu wählen, wenn bei gleichen maximalen und minimalen Prozesstemperaturen eine spezifische Kreisprozessarbeit von 540 kJ/kg erzielt werden soll?

Gegeben:

$T_1 = T_{min} = 293{,}15$ K ($t_1 = 20$ °C) $T_3 = T_{max} = 1623{,}15$ K ($t_3 = 1350$ °C)

$c_p = 1{,}018$ kJ/(kg K) $\kappa = 1{,}4$

**Lösung:**

a) maximale Kreisprozessarbeit über optimales Druckverhältnis $\pi_{opt}$

$$T_{2,opt} = \sqrt{T_1 \cdot T_3} = \sqrt{293{,}15\,\mathrm{K} \cdot 1623{,}15\,\mathrm{K}} = \underline{\underline{689{,}8\,\mathrm{K} \approx 416{,}7\,°\mathrm{C}}}$$ nach Formel (8-28a)

$$\pi_{opt} = \left(\frac{T_{2,opt}}{T_1}\right)^{\frac{\kappa}{\kappa-1}} = \left(\frac{689{,}8\,\mathrm{K}}{293{,}15\,\mathrm{K}}\right)^{\frac{1,4}{0,4}} = 19{,}985 \approx \underline{\underline{20}}$$ $$T_4 = T_2 = 689{,}80\,\mathrm{K}$$

(dies ist die Bedingung für das Maximum nach Formel (8-28b))

$$\eta_{th,J} = 1 - \frac{1}{\pi^{\frac{\kappa-1}{\kappa}}} = 1 - \frac{T_1}{T_2} = 1 - \frac{293{,}15\,\mathrm{K}}{689{,}8\,\mathrm{K}} = \underline{\underline{0{,}575}}$$ nach Formel (8-26)

$$|w| = c_p\left(T_1 - T_2 + T_3 - T_4\right) = 1{,}018\frac{\mathrm{kJ}}{\mathrm{kg\,K}}(293{,}15 - 689{,}80 + 1623{,}15 - 689{,}80)\,\mathrm{K} = \underline{\underline{546{,}36\,\mathrm{kJ/kg}}}$$

b) $\pi = 12$ (Druckverhältnis unterhalb vom optimalen Druckverhältnis)

$$\eta_{th} = 1 - \frac{1}{\pi^{\frac{\kappa-1}{\kappa}}} = 1 - \frac{1}{12^{0,2857143}} = \underline{\underline{0,508}}$$ gegenüber a) $\eta_{th} \downarrow$ weil $\pi \downarrow$

$$T_2 = T_1 \cdot \pi^{\frac{\kappa-1}{\kappa}} = 293,15\,\text{K} \cdot 2,033937 = \underline{\underline{596,25\,\text{K}}} \qquad T_4 = \frac{T_3 \cdot T_1}{T_2} = \frac{1623,15\,\text{K} \cdot 293,15\,\text{K}}{596,25\,\text{K}} = \underline{\underline{798,03\,\text{K}}}$$

$T_4 > T_2$: Regeneration machbar, da Abgastemperatur höher als Verdichtungsendtemperatur!
Durch vollständige Regeneration verbessert sich der Wirkungsgrad auf:

$$\eta_{th,JR} = 1 - \frac{T_2}{T_{2'}} \cdot \frac{1}{\pi^{\frac{\kappa-1}{\kappa}}} = 1 - \frac{596,25\,\text{K}}{798,03\,\text{K}} \cdot \frac{1}{12^{0,2857143}} = \underline{\underline{0,633}}$$ nach Formel (8-37)

Alternativ kann die Rechnung auch mit Formel (8-38) ausgeführt werden. Dazu muss noch das Temperaturverhältnis $\tau$ bestimmt werden.

$$\tau_{\max} = \frac{T_{\max}}{T_{\min}} = \frac{1623,15\,\text{K}}{293,15\,\text{K}} = 5,537 \qquad \eta_{th,JR} = 1 - \frac{\pi^{\frac{\kappa-1}{\kappa}}}{\tau_{\max}} = 1 - \frac{12^{\frac{0,4}{1,4}}}{5,537} = \underline{\underline{0,633}}$$

Die spezifische Kreisprozessarbeit wird von der Regeneration nicht berührt, aber sie ist in b) niedriger als in a), da das Druckverhältnis $\pi$ niedriger ist!

$$|w| = c_p(T_1 - T_2 + T_3 - T_4) = 1,018\frac{\text{kJ}}{\text{kg K}}(293,15 - 596,25 + 1623,15 - 798,03)\,\text{K} = \underline{\underline{531,63\,\text{kJ/kg}}}$$

c) $\pi = 25$ (Druckverhältnis oberhalb vom optimalen Druckverhältnis)

$$\eta_{th,J} = 1 - \frac{1}{\pi^{\frac{\kappa-1}{\kappa}}} = 1 - \frac{1}{25^{\frac{0,4}{1,4}}} = \underline{\underline{0,601}}$$ $\eta_{th} \uparrow$ weil $\pi \uparrow$

$$T_2 = T_1 \cdot \pi^{\frac{\kappa-1}{\kappa}} = 293,15\,\text{K} \cdot 2,5084846 = \underline{\underline{735,36\,\text{K}}}$$

$$T_4 = \frac{T_3 \cdot T_1}{T_2} = \frac{1623,15\,\text{K} \cdot 293,15\,\text{K}}{735,36\,\text{K}} = \underline{\underline{647,06\,\text{K}}}$$

$T_4 < T_2$: Regeneration nicht möglich, da Temperatur nach Expansion kleiner als Verdichtungsendtemperatur!

Obwohl das Druckverhältnis $\pi$ nochmals gegenüber a) angehoben wurde, kann keine Steigerung der spezifischen Kreisprozessarbeit erreicht werden!

$$|w| = c_p(T_1 - T_2 + T_3 - T_4) = 1,018\frac{\text{kJ}}{\text{kg K}}(293,15 - 735,36 + 1623,15 - 647,06)\,\text{K} = \underline{\underline{543,49\,\text{kJ/kg}}}$$

Mit steigendem Druckverhältnis $\pi$ steigt der Wirkungsgrad des Prozesses. Wird jedoch das optimale Druckverhältnis überschritten wächst die Kreisprozessarbeit nicht mehr, sondern nimmt ab! Bei Druckverhältnissen, die deutlich unter dem optimalem Druckverhältnis liegen (hier im Beispiel $\pi = 12$), ist eine Regeneration möglich!

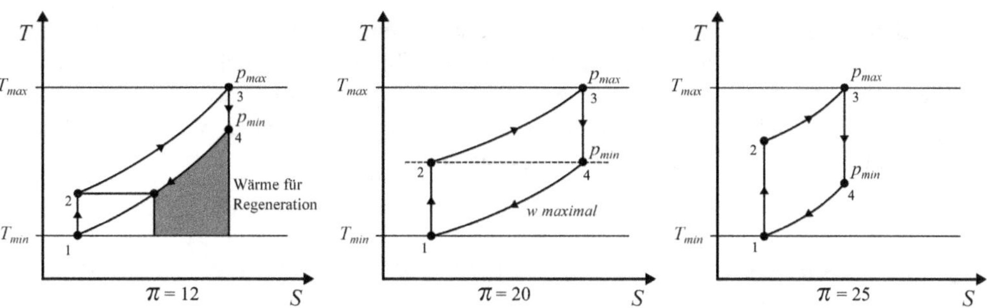


**Abb. 8-16:** Konsequenzen aus unterschiedlichen Druckverhältnissen beim Joule-Prozess.

d) erforderliches Druckverhältnis $\pi$ für $w$ = 540 kJ/kg unter Verwendung von Formel (8-24)

$$\frac{w}{c_p \cdot T_1} = \left(\pi^{\frac{\kappa-1}{\kappa}} - 1\right)\left(\frac{\tau_{\max}}{\pi^{\frac{\kappa-1}{\kappa}}} - 1\right)$$ zur Vereinfachung setzen wir ferner $a = \pi^{\frac{\kappa-1}{\kappa}}$

Die Lösung dieser Gleichung muss iterativ erfolgen, wir wählen dazu das Newton´sche Iterationsverfahren mit der Iterationsformel:

$$a^{(n+1)} = a^{(n)} - \frac{f(a^{(n)})}{f'(a^{(n)})}$$ mit dem Startwert $a^{(1)} = 2{,}65 \approx 30^{\frac{0,4}{1,4}}$

$$\frac{540\ \text{kJ/(kg K)}}{1{,}018\ \text{kJ/(kg K)} \cdot 293{,}15\ \text{K}} = (a-1)\cdot\left(\frac{\tau_{\max}}{a} - 1\right) = \tau_{\max} - a - \frac{\tau_{\max}}{a} + 1$$ mit $\tau_{max}$ = 5,537 folgt:

$$1{,}8094896 = 6{,}537 - a - \frac{5{,}537}{a}$$

$$f(a) = -a - \frac{5{,}537}{a} + 4{,}7275104 = 0 \qquad f'(a) = -1 + \frac{5{,}537}{a^2}$$

$$a^{(2)} = 2{,}65 - \frac{(-0{,}0119236)}{(-0{,}2115344)} = 2{,}5936328$$

$$a^{(3)} = 2{,}5936328 - \frac{(-0{,}0009659)}{(-0{,}1768906)} = 2{,}5881724$$

$$a^{(3)} = 2{,}58817248 - \frac{(-0{,}0000094)}{(-0{,}1734138)} = 2{,}5881182 \qquad a \approx 2{,}588 \qquad \pi = a^{\frac{1,4}{0,4}} = \underline{\underline{27{,}89}}$$

**Aufgabe 8.3-2:** Berücksichtigung einer irreversiblen Verdichtung und Entspannung

Für einen Joule-Prozess mit Luft als Arbeitsmittel (Gaskonstante 287 J/(kg K), perfektes Gas) zwischen 15 °C und 1250 °C und einem Druckverhältnis von 27 sollen gemäß den Angaben eines Gasturbinenherstellers eine Verdichtung mit einem isentropen Wirkungsgrad von 87 % und die (irreversible) Entspannung mit einem isentropen Wirkungsgrad von 91 % berücksichtigt werden.

a) Berechnen Sie die Verdichtungs- und Entspannungsendtemperatur sowohl für den reversiblen als auch für den durch die gegebenen Irreversibilitäten modifizierten Joule-Prozess
b) Wie hoch sind jeweils die spezifische Verdichter- und die Turbinenarbeit?
c) Wie verändern sich spezifische Kreisprozessarbeit und thermischer Wirkungsgrad durch die Modifizierung des reversiblen Kreisprozesses?

Gegeben:

$T_1 = T_{min} = 288{,}15$ K (15 °C) $T_3 = T_{max} = 1523{,}15$ K (1250 °C) $\pi = 27$

$R_L = 287$ J/(kg K) $\kappa$ 1,4 (Grundwissen)

$\eta_V = 0{,}87$ $\eta_T = 0{,}91$

Vorüberlegungen:

Für den reversiblen Joule-Prozess können die entsprechenden Ergebnisse aus Aufgabe 8.3-1 übernommen werden.

Die für Aufgabe 8.3-1 erwähnten Vorüberlegungen gelten auch hier vollumfänglich.

**Lösung:**

a) Verdichtungsendtemperatur $T_2$ und Entspannungsendtemperatur $T_4$

reversibler Prozess mit isentroper Verdichtung und Entspannung (siehe 8.3-1):

$$T_{2,is} = T_1 \cdot \pi^{\frac{\kappa-1}{\kappa}} = 288{,}15\ \text{K} \cdot 27^{\frac{0,4}{1,4}} = \underline{\underline{738{,}89\ \text{K}}} \qquad T_{4,is} = \frac{T_3}{\pi^{\frac{\kappa-1}{\kappa}}} = \frac{1523{,}15\ \text{K}}{27^{\frac{0,4}{1,4}}} = 593{,}99\ \text{K}$$

modifizierter Prozess mit realer Verdichtung und Entspannung

$$\eta_V = \frac{T_{2,is} - T_1}{T_{2,real} - T_1} \quad \rightarrow \quad T_{2,real} = T_1 + \frac{T_{2,is} - T_1}{\eta_V} = 288{,}15\ \text{K} + \frac{(738{,}89 - 288{,}15)\ \text{K}}{0{,}87} = \underline{\underline{806{,}24\ \text{K}}}$$

oder auch nach Formel (8-30):

$$T_{2,real} = T_1 + \frac{T_1}{\eta_V}\left(\pi^{\frac{\kappa-1}{\kappa}} - 1\right) = 288{,}15\ \text{K} + \frac{288{,}15\ \text{K}}{0{,}87}\left(27^{\frac{0,4}{1,4}} - 1\right) = \underline{\underline{806{,}24\ \text{K}}}$$

$$T_{4,real} = T_3 - \eta_T \cdot T_3\left(1 - \frac{1}{\pi^{\frac{\kappa-1}{\kappa}}}\right) = 1523{,}15\ \text{K} - 0{,}91 \cdot 1523{,}15\ \text{K} \cdot \left(1 - \frac{1}{27^{\frac{0,4}{1,4}}}\right) = \underline{\underline{677{,}62\ \text{K}}} \quad \text{(Formel (8-30))}$$

b) spezifische Verdichterarbeit $w_V = \Delta h_V$ und spezifische Turbinenarbeit $w_T = \Delta h_T$

reversibler Joule-Prozess:

$$w_V = \Delta h_{V,is} = h_{2,is} - h_1 = c_p (T_{2,is} - T_1) = 1{,}0045\ \frac{\text{kJ}}{\text{kg K}}(738{,}89 - 288{,}15)\ \text{K} = \underline{\underline{452{,}77\ \frac{\text{kJ}}{\text{kg}}}}$$

$$w_T = \Delta h_T = h_{4,is} - h_3 = c_p (T_{4,is} - T_3) = 1{,}0045\ \frac{\text{kJ}}{\text{kg K}}(593{,}99 - 1523{,}15)\ \text{K} = \underline{\underline{-933{,}34\ \frac{\text{kJ}}{\text{kg}}}}$$

Hinweis: Hier wird die strenge thermodynamische Formelschreibweise verwendet, wonach sich die Kreisprozessarbeit $w$ ergibt aus $w = w_V + w_T$. Die abgegebene Kreisprozessarbeit $w$ erscheint gemäß der Vorzeichenvereinbarung als negativer Wert. Gebräuchlich ist auch eine Schreibweise mit Bezug auf die reinen Beträge $|w| = |w_T| - w_V$. Bei Einbezug der durchgesetzten Massenströme entsteht dann daraus $P = P_T - P_V = (\dot{m}_L + \dot{m}_{Br}) \cdot |w_T| - \dot{m}_L \cdot w_V$

modifizierter Joule-Prozess:

$$w_{V,real} = \Delta h_{V,real} = h_{2,real} - h_1 = c_p(T_{2,real} - T_1) = 1{,}0045\,\frac{\text{kJ}}{\text{kg K}}(806{,}24 - 288{,}15)\,\text{K} = \underline{\underline{520{,}42\,\frac{\text{kJ}}{\text{kg}}}}$$

$$w_{T,real} = \Delta h_{T,real} = h_{4,is} - h_3 = c_p(T_{4,real} - T_3) = 1{,}0045\,\frac{\text{kJ}}{\text{kg K}}(677{,}62 - 1523{,}15)\,\text{K} = \underline{\underline{-849{,}33\,\frac{\text{kJ}}{\text{kg}}}}$$

c) spezifische Kreisprozessarbeit w und thermischer Wirkungsgrad $\eta_{th,J}$

reversibler Joule-Prozess

$$w = w_{V,is} + w_{T,is} = 452{,}77\ \text{kJ/kg} - 933{,}34\ \text{kJ/kg} = \underline{\underline{-480{,}57\ \text{kJ/kg}}}$$

Dem Betrage nach hatten wir dieses Ergebnis schon in Aufgabe 8.3-1 erhalten aus $w = q_{zu} - |q_{ab}|$. Mit $q_{zu} = 787{,}79\,\text{kJ/kg}$ errechnet sich der thermische Wirkungsgrad zu:

$$\eta_{th,J} = \frac{|w|}{q_{zu}} = \frac{480{,}57\,\text{kJ/kg}}{787{,}79\,\text{kJ/kg}} = 0{,}610 \quad \text{(vergleiche 8.3-1)}$$

modifizierter Joule-Prozess

$$w = w_{V,real} + w_{T,real} = 520{,}42\ \text{kJ/kg} - 849{,}33\ \text{kJ/kg} = \underline{\underline{-328{,}91\ \text{kJ/kg}}}$$

Die abgegebene Kreisprozessarbeit entspricht der Nutzarbeit, die an der Turbinenwelle der Gasturbinenanlage verfügbar ist. Hier ist dies nur 39 % der unmittelbar in den Turbinenstufen abgegebenen Arbeit, 61 % werden für die Verdichtung der Luft benötigt! Bei hohem Luftbedarf zur Kühlung der Brennkammerwände und Turbinenschaufeln gilt die Faustregel: Etwa zwei Drittel der in den Turbinenstufen zur Verfügung gestellten Leistung wird für die Verdichtung der Luft (Eigenbedarf) auf der Läuferwelle wieder benötigt. Beim Turbinenstart muss die eine Verdichtung von Luft als Vorleistung erfolgen (Anwurfmotor).

Zur Berechnung des thermischen Wirkungsgrades müssen wir auf die universelle Formel aus der Definition zurückgreifen, die speziell auf den reversiblen Fall zugeschnittenen Formeln

$\eta_{th,J} = 1 - \frac{T_1}{T_2} = 1 - \frac{1}{\pi^{\frac{\kappa-1}{\kappa}}}$ gelten nicht, auch dann nicht, wenn für $T_2 = T_{2,real}$ eingesetzt würde!!

Die mit der Entropieerhöhung einhergehende Dissipation von Energie führt zur Erwärmung der verdichteten Luft. In der Brennkammer ist deshalb bis zum Erreichen der maximalen Prozesstemperatur nur noch zuzuführen:

$$q_{zu} = c_p(T_3 - T_{2,real}) = 1{,}0045\ \text{kJ/(kg K)} \cdot (1523{,}15\ \text{K} - 806{,}24\ \text{K}) = 720{,}14\ \text{kJ/kg}$$

Hier sehen wir, dass Dissipation von Energie nicht automatisch Erzeugung von Anergie bedeutet. Anergie wäre nur der Teil der hier dissipierten Energie, der wegen nicht adiabater Systemgrenzen am Verdichter als Wärme an die Umgebung abgegeben wird.

Der thermische Wirkungsgrad des modifizierten Joule-Prozesses berechnet sich aus:

$$\eta_{th,J} = \frac{|w|}{q_{zu}} = \frac{328{,}91\,\text{kJ/kg}}{720{,}14\,\text{kJ/kg}} = \underline{\underline{0{,}4567}}$$

Der theoretische Wirkungsgrad für die verlustfreie, reversible Prozessführung von ca. 61 % fällt allein durch die Berücksichtigung der Irreversibilitäten bei Verdichtung und Entspannung um mehr als 15 Prozentpunkte!

**Aufgabe 8.3-3:** Einfluss des Luftdrucks auf die Turbinenleistung
Untersuchen Sie den Einfluss der Höhe des Aufstellungsortes einer Turbine auf die Turbinenleistung, in dem Sie davon ausgehen, dass die Turbinenleistung direkt proportional zum Luftdruck (Gaskonstante $R_L$ = 287 J/(kg K)) angesetzt werden kann. Der Zusammenhang zwischen geodätischer Höhe und Luftdruck soll durch die barometrische Höhenformel gegeben sein. Für $h = 0$ gelte der Druck $p_0$ = 101,325 kPa und eine Temperatur von 15 °C.

a) Für welche Höhe über $h = 0$ ist mit einer Leistungsverringerung von 2 % zu rechnen?
b) Zur vertraglichen Abnahme der Leistung von Luftverdichtern und Gasturbinen verwendet man in der Praxis nicht die barometrische Höhenformel, sondern die *Internationale Normatmosphäre (INA)* nach *DIN ISO 2533* und definiert die Leistung für die gewünschte Höhe. Vergleichen Sie die für jeweils eine Höhe von 200 m und 2000 m den Wert für die Luftdichte, den Sie nach barometrischer Höhenformel errechnen, mit dem, den man DIN ISO 2533 entnehmen kann! (Auszug aus DIN ISO 2533 siehe Anhang)

Gegeben:
Luft: $R_L$ = 287 J/(kg K) $p_0$ = 101325 N/m² $T_0$ = 288,15 K

Vorüberlegung:
Bestimmung der Luftdichte für $h = 0$ nach Grundgleichung für ideales Gas:

$$\rho_0 = \frac{p_0}{R_L \cdot T_0} = \frac{101325\,\text{N/m}^2}{287\,\text{N/(kg K)} \cdot 288{,}15\,\text{K}} = 1{,}2252\frac{\text{kg}}{\text{m}^3}$$

DIN ISO 2533 gibt anstelle des oben gerade errechneten Wertes der Dichte für Luft $\rho(h = 0)$ = 1,22500 kg/m³ an. Dieser Unterschied resultiert aus der Verwendung von $R_L$ = 287,05287 J/(kg K) in der Norm anstelle des hier in der Aufgabenstellung gegebenen Wertes von $R_L$ = 287 J/(kg K)!

Die Normbezugsbedingungen für Gasturbinen werden durch DIN 4342 auf einen Luftdruck von 1,013 bar, 15 °C und relative Luftfeuchte von 60 % festgelegt, DIN ISO 2533 verwendet als Druck auf der Höhe null $p_0$ = 1,01325 bar.

**Lösung:**
In Aufgabe 8.2-2 haben wir eine isentrope Schichtung der Atmosphäre unterstellt. Hier entwickeln wir den theoretischen Zusammenhang zwischen geodätischer Höhe und Abnahme

der Luftdichte durch fallenden Druck für konstante Temperatur (barometrische Höhenformel). Für kleine Höhenunterschiede kann eine solche Annahme durchaus gerechtfertigt sein!

$$p \cdot v = \frac{p}{\rho} = \text{konstant} \quad \rightarrow \quad \rho = \rho_0 \frac{p}{p_0}$$

Betrachtet man die differentiell kleine Druckänderung d$p$ über der differentiell kleinen Änderung der Höhe d$z$, kann die Luftdichte als konstant angesehen werden, so dass

$$\frac{dp}{dh} = -\rho \cdot g \quad \rightarrow \quad \frac{dp}{dh} = -\rho_0 \cdot \frac{p}{p_0} \cdot g \quad \rightarrow \quad \frac{dp}{p} = -\frac{\rho_0}{p_0} \cdot g \cdot dh$$

Die nun nach den Veränderlichen getrennte Differentialgleichung kann integriert werden:

$$\ln p = -\frac{\rho_0}{p_0} \cdot g \cdot h + C \quad \rightarrow \quad p = e^{-\frac{\rho_0}{p_0} g \cdot h + C} = e^{-\frac{\rho_0}{p_0} gh} \cdot e^c = C \cdot e^{-\frac{\rho_0}{p_0} g \cdot h}$$

Bestimmung der frei wählbaren Konstante $C$ über die Randbedingung $p(h = 0) = p_0$

$$p_0 = e^0 \cdot e^c \qquad e^c = p_0$$

Die spezielle Lösung der Differentialgleichung lautet also: $p = p_0 \cdot e^{-\frac{\rho_0}{p_0} \cdot g \cdot h}$

Nebenrechnung:

$$\frac{\rho_0}{p_0} \cdot g \cdot h = \frac{1{,}2252 \text{ kg/m}^3}{101325 \text{ N/m}^2} \cdot 9{,}80665 \frac{\text{m}}{\text{s}^2} \cdot h = 0{,}000188579892 \text{ m}^{-1} \cdot h = \frac{h}{8433{,}133 \text{ m}}$$

Die Abhängigkeit des Luftdruckes $p$ von der Höhe $h$ kann nun dargestellt werden als

$$\frac{p}{p_0} = e^{-\frac{h}{8433{,}133 \text{ m}}}$$

Ansatz für die Turbinenleistung $P_T = \dot{m} \cdot w = \rho(p) \cdot \dot{V} \cdot w$

Die Höhe des Aufstellortes der Gasturbine beeinflusst über den Luftdruck (Dichte der angesaugten Luft) auch ihre Leistung. In sehr guter Näherung kann die Gasturbinenleistung direkt proportional zum Luftdruck angesetzt werden, also Leistung $P_T \sim$ Luftdruck $p(h)$.

$$\frac{P_T(h)}{P_T(h=0)} = \frac{p(h)}{p_0} = e^{-\frac{h}{8433{,}133 \text{ m}}}$$

a) Höhenunterschied zur Verringerung der Turbinenleistung um 2 %

$$\frac{P_T(h)}{P_T(h=0)} = e^{-\frac{h}{8433{,}133 \text{ m}}} = 0{,}98 \qquad \ln 0{,}98 = -\frac{h}{8433{,}133 \text{ m}}$$

$$h = -\ln 0{,}98 \cdot 8433{,}133 \text{ m} = \underline{\underline{170{,}37 \text{ m}}}$$

b) Vergleich der Luftdichten

Für konstante Temperatur von $T_0 = 288{,}15$ K ergeben sich in den vorgegeben Höhen folgende Drücke und daraus die folgenden Dichten für Luft:

$$p(h) = p_0 \cdot e^{-\frac{h}{8433{,}133\ \mathrm{m}}} \qquad \rho(h) = \frac{p(h)}{R_L \cdot T_0}$$

$$p(h = 200\ \mathrm{m}) = 101325\ \mathrm{N/m^2} \cdot e^{-\frac{200\ \mathrm{m}}{8433{,}133\ \mathrm{m}}} = 98.950{,}25\ \mathrm{Pa}$$

$$\rho(h = 200\ \mathrm{m}) = \frac{98.950{,}25\ \mathrm{N/m^2}}{287\ \mathrm{Nm/(kg\,K)} \cdot 288{,}15\ \mathrm{K}} = \underline{\underline{1{,}1965101 \frac{\mathrm{m^3}}{\mathrm{kg}}}}$$

$$p(h = 2000\ \mathrm{m}) = 101325\ \mathrm{N/m^2} \cdot e^{-\frac{2000\ \mathrm{m}}{8433{,}133\ \mathrm{m}}} = 79.931{,}77\ \mathrm{Pa}$$

$$\rho(h = 2000\ \mathrm{m}) = \frac{79.931{,}77\ \mathrm{N/m^2}}{287\ \mathrm{Nm/(kg\,K)} \cdot 288{,}15\ \mathrm{K}} = \underline{\underline{0{,}9665379 \frac{\mathrm{m^3}}{\mathrm{kg}}}}$$

DIN ISO 2533 gibt für eine Höhe von 200 m die Luftdichte mit $\rho_L = 1{,}20165$ kg/m³ (Abweichung barometrische Höhenformel ca. 0,4 %) und für 2000 m mit $\rho_L = 1{,}00655$ kg/m³ (Fehler ca. 4 %) an. Für nicht zu große Höhenunterschiede (bis zu 200 m) kann die barometrische Höhenformel brauchbare Näherungen liefern. Die auf der Basis der barometrischen Höhenformel errechneten Dichten sind tendenziell zu niedrig, da die Temperatur in höheren Luftschichten erfahrungsgemäß abnimmt (DIN ISO 2533 unterstellt etwa 6,5 K pro 1000 m) und so die Annahme einer konstanten Temperatur zu immer größeren Fehlern führt. Auch die Fallbeschleunigung verringert sich mit zunehmender Höhe.

**Aufgabe 8.3-4:** Zwischenerhitzung und isentrope Gütegrade

Die in (8-17) abgebildete Gasturbinenanlage mit Zwischenerhitzung (4 → 5) habe für den realen Prozess einen Gesamtwirkungsgrad von 32,7 %. Luft werde mit einer Temperatur von 15 °C angesaugt und im Verdichter von 1 auf 25 bar verdichtet, tritt mit diesem Druck in die Turbine 1 ein und entspannt dort auf 5 bar. Die isobare Wärmezufuhr erfolge bei 5 bar und das erneut erhitzte Gas trete mit 5 bar in Turbine 2 ein, um auf 1 bar zu expandieren. Die Luft verlasse die Turbine 2 mit 664 °C, die Temperatur nach dem Verdichter betrage 528 °C. Das Arbeitsmittel Luft besitze für den gesamten Prozess eine konstante spezifische Wärmekapazität von $c_p = 1{,}0045$ kJ/(kg K).

a) Skizzieren Sie den grundsätzlichen Prozessverlauf in einem *T,s*-Diagramm!
b) Wie hoch ist der isentrope Gütegrad für die Verdichtung?
c) Berechnen Sie die Temperaturen $T_3$ bis $T_5$ und die isentropen Gütegrade für die Entspannung unter der Annahme, dass die isentropen Gütegrade für die beiden Turbinen sowie die Turbineneintrittstemperaturen $T_3$ und $T_5$ gleich sind!
d) Wie hoch ist die spezifische Kreisprozessarbeit?
e) Diskutieren Sie thermischen Wirkungsgrad und Kreisprozessarbeit bei Wegfall der Zwischenerhitzung mit gleicher maximaler Prozesstemperatur und gleichen Gütegraden für Verdichtung und Entspannung!

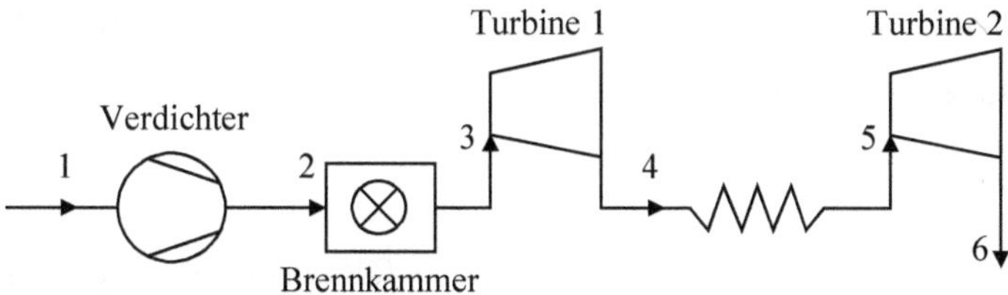


**Abb. 8-17:** Schaltbild der Gasturbinenanlage nach Aufgabe 8.3-4.

Gegeben:

| | | | |
|---|---|---|---|
| $p_1 = 1$ bar | $p_2 = 25$ bar | $p_3 = 25$ bar | $p_4 = 5$ bar |
| $p_5 = 5$ bar | $p_6 = 1$ bar | | |
| $T_1 = 288{,}15$ K | $T_{2,\,real} = 801{,}15$ K | $T_{6,\,real} = 937{,}15$ K | $\eta_{th,JZ} = 0{,}327$ |
| $c_p = 1{,}0045$ kJ/(kg K) | | | |

**Lösung:**

a) prinzipieller Zustandsverlauf im *T,s*-Diagramm (siehe Abbildung (8-18))

Die tatsächlichen Zustandsverläufe bei Verdichtung und Entspannung sind nicht bekannt, sondern nur die jeweiligen Anfangs- und Endzustände. Deshalb erscheinen in der nachfolgenden Skizze diese Verläufe als gestrichelte Linien mit jeweils kürzester Verbindung zwischen Anfangs- und Endzustand.

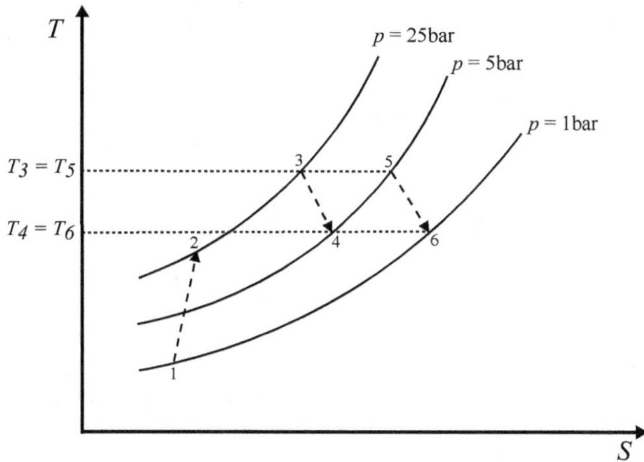


**Abb. 8-18:** Zustandsverläufe im durch Aufgabe 8.3-4 gegebenen Prozess.

b) Gütegrad für die Verdichtung

$$T_{2,is} = T_1 \cdot \left(\frac{p_2}{p_1}\right)^{\frac{\kappa-1}{\kappa}} = 288{,}15\,\text{K} \cdot 25^{0{,}2857143} = 722{,}82\,\text{K}$$

$$\eta_V = \frac{T_{2,is} - T_1}{T_{2,real} - T_1} = \frac{722{,}82\,\text{K} - 288{,}15\,\text{K}}{801{,}15\,\text{K} - 288{,}15\,\text{K}} = \underline{\underline{0{,}8473}}$$

c) Gütegrade für zweistufige Turbinenentspannung

Ansatz: Gleichheit der Gütegrade $\eta_{T1} = \eta_{T2}$ in beiden Stufen:

$$\eta_{T1} = \frac{T_3 - T_{4,real}}{T_3 - T_{4,is}} = \frac{T_5 - T_{6,real}}{T_5 - T_{6,is}} = \eta_{T2}$$

Die Temperaturen $T_3$ bis $T_5$ sind nicht bekannt! Ihre Berechnung erfolgt über den gegebenen Gesamtwirkungsgrad des Prozesses $\eta_{th,JZ}$ (Joule-Prozess mit zusätzlicher Zwischenerhitzung).

$$\eta_{th,JZ} = \frac{Nutzen}{Aufwand} = \frac{(h_3 - h_4) + (h_5 - h_6) - (h_2 - h_1)}{(h_3 - h_2) + (h_5 - h_4)}$$

Wegen $T_3 = T_5$ (Aufgabenstellung) sowie gleichen Druckverhältnissen und gleichen Gütegraden für die beiden Stufen der Turbinenentspannung folgt auch $T_{4,real} = T_{6,real}$, so dass nun:

$$\eta_{th,JZ} = \frac{(T_3 - T_{4,real}) + (T_5 - T_{6,real}) - (T_{2,real} - T_1)}{(T_3 - T_{2,real}) + (T_5 - T_{4,real})} = \frac{2 \cdot (T_3 - T_{6,real}) - (T_{2,real} - T_1)}{(T_3 - T_{2,real}) + (T_3 - T_{6,real})}$$

Die Umstellung nach $T_3$ erfolgt in mehreren Teilschritten:

$$\eta_{th,JZ}(T_3 - T_{2,real}) + \eta_{th,JZ}(T_3 - T_{6,real}) = 2 \cdot (T_3 - T_{6,real}) - (T_{2,real} - T_1)$$

$$2T_3(\eta_{th,JZ} - 1) = T_{2,real}(\eta_{th,JZ} - 1) + T_{6,real}(\eta_{th,JZ} - 1) + T_1$$

$$T_3 = \frac{T_{2,real}(\eta_{th,JZ} - 1) + T_{6,real}(\eta_{th,JZ} - 2) + T_1}{2(\eta_{th,JZ} - 1)}$$

$$T_3 = \frac{801{,}15\,\mathrm{K} \cdot (0{,}327 - 1) + 937{,}15\,\mathrm{K} \cdot (0{,}327 - 2) + 288{,}15\,\mathrm{K}}{2 \cdot (0{,}327 - 1)} = 1351{,}32\,\mathrm{K} \qquad \underline{\underline{T_3 = T_5 = 1351{,}32\ \mathrm{K}}}$$

Berechnung des Gütegrades für die Entspannung $\eta_{T2}$

$$T_{6,is} = T_5 \cdot \left(\frac{p_6}{p_5}\right)^{\frac{\kappa-1}{\kappa}} = 1351{,}32\,\mathrm{K} \cdot \left(\frac{1\,\mathrm{bar}}{5\,\mathrm{bar}}\right)^{\frac{0{,}4}{1{,}4}} = 853{,}20\,\mathrm{K}$$

$$\eta_{T2} = \frac{T_5 - T_{6,real}}{T_5 - T_{6,is}} = \frac{1351{,}32\ \mathrm{K} - 937{,}15\ \mathrm{K}}{1351{,}32\ \mathrm{K} - 853{,}20\ \mathrm{K}} = 0{,}8315 \qquad \underline{\underline{\eta_{T1} = \eta_{T2} = 0{,}8315}}$$

Kontrollrechnung für $T_{4,real} = T_{6,real}$:

$$T_{4,is} = T_3 \cdot \left(\frac{p_4}{p_3}\right)^{\frac{\kappa-1}{\kappa}} = 1351{,}32\,\mathrm{K} \cdot \left(\frac{5\,\mathrm{bar}}{25\,\mathrm{bar}}\right)^{\frac{0{,}4}{1{,}4}} = 853{,}20\,\mathrm{K}$$

$$T_{4,real} = T_3 - \eta_{T1}(T_3 - T_{4,is}) = 1351{,}32\ \mathrm{K} - 0{,}8315(1351{,}32 - 853{,}20)\ \mathrm{K} = 937{,}15\ \mathrm{K} \qquad T_{4,real} = T_{6,real}$$

Die für $T_{4,real}$ errechnete Temperatur stimmt mit der für $T_{6,real}$ gegebenen Wert überein!

d) spezifische Kreisprozessarbeit $w = q_{zu} - |q_{ab}|$

$$q_{zu} = c_p(T_3 - T_{2,real}) + c_p(T_5 - T_{4,real})$$

$$q_{zu} = 1{,}0045\,\frac{\text{kJ}}{\text{kg K}} \cdot (1351{,}32 - 801{,}15)\,\text{K} + 1{,}0045\,\frac{\text{kJ}}{\text{kg K}} \cdot (1351{,}32 - 937{,}15)\,\text{K} = \underline{\underline{968{,}68\,\frac{\text{kJ}}{\text{kg}}}}$$

$$|q_{ab}| = c_p(T_{6,real} - T_1) = 1{,}0045\,\frac{\text{kJ}}{\text{kg K}} \cdot (937{,}15 - 288{,}15)\,\text{K} = \underline{\underline{651{,}92\,\frac{\text{kJ}}{\text{kg}}}}$$

$$w = 968{,}68\ \text{kJ/kg} - 651{,}92\ \text{kJ/kg} = \underline{\underline{316{,}76\ \text{kJ/kg}}}$$

e) Vergleich mit Joule-Prozess ohne Zwischenerhitzung

$T_3 = T_{max} = 1351{,}32$ K und Gütegrad für Entspannung $\eta_T = 0{,}8315$

$p_{max} = p_3 = 25$ bar und $p_{min} = p_1 = 1$ bar

Neuberechnung der Temperatur $T_{4,real}$

$$T_{4,is} = T_3 \cdot \left(\frac{p_4}{p_3}\right)^{\frac{\kappa-1}{\kappa}} = 1351{,}32\,\text{K} \cdot \left(\frac{1\,\text{bar}}{25\,\text{bar}}\right)^{\frac{0{,}4}{1{,}4}} = 538{,}70\,\text{K}$$

$$T_{4,real} = T_3 - \eta_T(T_3 - T_{4,is}) = 1351{,}32\ \text{K} - 0{,}8315(1351{,}32 - 538{,}70)\ \text{K} = 675{,}63\ \text{K}$$

$$q_{zu} = c_p(T_3 - T_{2,real}) = 1{,}0045\,\frac{\text{kJ}}{\text{kg K}} \cdot (1351{,}32 - 801{,}15)\,\text{K} = \underline{\underline{552{,}646\,\frac{\text{kJ}}{\text{kg}}}}$$

$$|q_{ab}| = c_p(T_{4,real} - T_1) = 1{,}0045\,\frac{\text{kJ}}{\text{kg K}} \cdot (675{,}63 - 288{,}15)\,\text{K} = \underline{\underline{389{,}224\,\frac{\text{kJ}}{\text{kg}}}}$$

Wirkungsgrad und spezifische Kreisprozessarbeit des einfachen Prozesses:

$$\eta_{th,J} = 1 - \frac{|q_{ab}|}{q_{zu}} = 1 - \frac{389{,}224\,\text{kJ/kg}}{552{,}646\,\text{kJ/kg}} = \underline{\underline{0{,}296}} \qquad \eta_{th,J} = 0{,}296 < \eta_{th,JZ} = 0{,}327$$

$$w = q_{zu} - |q_{ab}| = 552{,}646\,\text{kJ/kg} - 389{,}224\,\text{kJ/kg} = \underline{\underline{163{,}442\,\text{kJ/kg}}}$$

In diesem Beispiel liegt der Wirkungsgrad des einfachen Prozesses um etwa 2,2 Prozentpunkte tiefer und die Kreisprozessarbeit bei etwa der Hälfte im Vergleich zum Prozess mit Zwischenerhitzung.

Wie aus Abbildung 8-18 hervorgeht, wird durch die Zwischenerhitzung die mittlere Temperatur bei der Wärmezufuhr für eine festgehaltene Maximaltemperatur gesteigert und somit durch diesen Zusatzprozess der thermodynamische Wirkungsgrad angehoben. Wie der Vergleich mit dem Joule-Prozess ohne Zwischenerhitzung zeigt, steigt auch die Kreisprozessarbeit. Der apparative und brennstoffseitige Mehraufwand für den Zusatzprozess lohnt vor allem bei Gasturbinen, für die keine Regeneration, sondern eine anderweitige Nutzung der Hochtemperatur-Abgaswärme vorgesehen ist, zum Beispiel in einem Gas- und Dampfkraftwerk (GuD-Schaltung). Die Kreisprozessarbeit verspricht im Falle der Zwischenerhitzung eine hohe Leistungsausbeute und der Wirkungsgrad der Gasturbine wird auch ohne Aufwand für die Regeneration erhöht. Gleichzeitig kommt man mit relativ niedrigen Druck- und Temperaturverhältnissen aus, so dass die Materialbeanspruchung optimiert werden kann.

**Aufgabe 8.3-5:** Elektrischer Wirkungsgrad und elektrische Leistung einer Gasturbine
Bei einer erdgasbefeuerten Gasturbine, die Luft von 1,013 bar und 15 °C ansaugt (vergleiche Normbezugsbedingungen für Gasturbinen in DIN 4342) und auf 16-fachen Druck verdichtet, ist die Turbineneintrittstemperatur auf 1200 °C begrenzt. Verdichtung und Entspannung sind mit den Gütegraden $\eta_V = 0{,}80$ und $\eta_T = 0{,}88$ zu berücksichtigen. Das Erdgas steht gleichfalls bei 15 °C und 16 bar zur Verfügung ($H_U = 50.056$ kJ/kg ; $c_p = 2{,}169$ kJ/(kg K)). Bestimmen Sie den elektrischen Wirkungsgrad und die elektrische Leistung der Gasturbine bei einem Ansaugluftmassestrom von 13,22 kg/s, einem mechanischen Wirkungsgrad der Gasturbine von 98 % und einem Generatorwirkungsgrad von 98,5 %! Gegeben sind noch die über den jeweils relevanten Temperatur- und Druckbereich gemittelten Stoffwerte:

Luft: 1 bar: $c_p = 1{,}004$ kJ/(kg K) 16 bar: $c_p = 1{,}038$ kJ/(kg K)

Rauchgas: 1 bar: $c_p = 1{,}085$ kJ/(kg K) 16 bar: $c_p = 1{,}166$ kJ/(kg K)

Gegeben:

| | | | |
|---|---|---|---|
| Luft: | $t_1 = 15$ °C | $p_1 = 1{,}013$ bar | $\dot{m}_L = 13{,}22$ kg/s |
| Erdgas: | $t_E = 15$ °C | $H_U = 50.056$ kJ/kg | $\overline{c}_{p,E} = 2{,}169$ kJ/(kg K) |

Die Angabe für den unteren Heizwert des Erdgases entspricht den Normbezugsbedingungen für gasförmige Brennstoffe der DIN 4342.

$t_3 = 1200°C$ $\pi = 16$

$\eta_V = 0{,}80$ $\eta_T = 0{,}88$ $\eta_m = 0{,}98$ $\eta_G = 0{,}985$

Vorüberlegung:
Der Joule-Prozess wird durch Änderungen des Massenstroms und seiner spezifischen Wärmekapazität im Prozess modifiziert, geschlossene Formeln für Wirkungsgrad und Kreisprozessarbeit können nicht mehr verwendet werden. Für die Energiebilanzen verwenden wir vorteilhaft Enthalpien, die aus den Celsiustemperaturen bestimmt werden.

$$h = \int_{t_0=0°C}^{t} c_p dt = c_p (t - t_0) = c_p \cdot (t - 0\,°C) \qquad h = \int_{T_0=273{,}15\,K}^{T} c_p dT = c_p \cdot T - c_p \cdot 273{,}15\,K$$

**Lösung:**
Verdichterendtemperatur $t_{2,real}$ aus Enthalpien:

$$h_1 = c_{p,L}(1\,\text{bar}) \cdot (t_1 - 0\,°C) = 1{,}004\,\text{kJ/(kg K)} \cdot (15\,°C - 0\,°C) = 15{,}06\,\text{kJ/kg}$$

$$T_{2,is} = T_1 \cdot \pi^{\frac{\kappa-1}{\kappa}} = 288{,}15\,K \cdot 16^{\frac{0,1}{1,4}} = 636{,}29\,K \qquad t_{2,is} \approx 363\,°C$$

$$h_{2,is} = c_{p,L}(16\,\text{bar}) \cdot (t_{2,is} - 0\,°C) = 1{,}038\,\text{kJ/(kg K)} \cdot (363\,°C - 0\,°C) = 376{,}79\,\text{kJ/kg}$$

$$\eta_V = \frac{h_{2,is} - h_1}{h_{2,real} - h_1} \quad \text{(folgt der Definition (8-30))}$$

$$h_{2,real} = h_1 + \frac{h_{2,is} - h_1}{\eta_V} = 15{,}06\,\frac{\text{kJ}}{\text{kg}} + \frac{(376{,}79 - 15{,}06)\,\text{kJ/kg}}{0{,}80} = 467{,}22\,\frac{\text{kJ}}{\text{kg}}$$

$$t_{2,real} = 0\,°\text{C} + \frac{h_{2,real}}{c_{p,L}(16\text{ bar})} = 0\,°\text{C} + \frac{467{,}22\text{ kJ/kg}}{1{,}038\text{ kJ/(kg K)}} = 450{,}12\,°\text{C}$$

Energiebilanz nach Abbildung 8-19: austretende Energieströme = eintretende Energieströme

$$\dot{H}_A = \dot{H}_L + \dot{H}_E \quad \rightarrow \quad \dot{m}_A \cdot h_A = \dot{m}_L \cdot h_L + \dot{m}_E(h_E + H_u) \quad \text{mit} \quad \dot{m}_A = \dot{m}_L + \dot{m}_E$$

$$(\dot{m}_L + \dot{m}_E) \cdot c_{p,A}(16\text{ bar}) \cdot (t_3 - 0\,°\text{C}) =$$
$$\overline{c}_E \cdot (t_E - 0\,°\text{C}) + H_u - c_{p,A} \cdot (t_3 - 0\,°\text{C}) + \dot{m}_L \cdot c_{p,L}(16\text{ bar}) \cdot (t_{2,real} - 0\,°\text{C})$$

$$\dot{m}_E = \frac{\dot{m}_L \cdot [c_{p,A} \cdot (t_3 - 0\,°\text{C}) - c_{p,L} \cdot (t_{2,real} - 0\,°\text{C})]}{\overline{c}_{p,E} \cdot (t_E - 0\,°\text{C}) + H_u - c_{p,A} \cdot (t_3 - 0\,°\text{C})}$$

$$\dot{m}_E = \frac{13{,}22\,\frac{\text{kg}}{\text{s}} \cdot \left(1{,}166\,\frac{\text{kJ}}{\text{kg K}} \cdot 1200\text{ K} - 1{,}038\,\frac{\text{kJ}}{\text{kg K}} \cdot 450\text{ K}\right)}{2{,}169\,\frac{\text{kJ}}{\text{kg K}} \cdot 15\text{ K} + 50.056\,\frac{\text{kJ}}{\text{kg}} - 1{,}166\,\frac{\text{kJ}}{\text{kg K}} \cdot 1200\text{ K}} \approx 0{,}253\,\frac{\text{kg}}{\text{s}}$$

$$\frac{\dot{m}_E}{\dot{m}_L} = \frac{0{,}253\text{ kg/s}}{13{,}22\text{ kg/s}} \approx 0{,}0191$$

Nur knapp 2 % des Massenstroms des Arbeitsmittels entfallen auf den Brennstoff Erdgas. Die für die Berechnung des Joule-Prozesses häufig verwendete Annahme, ausschließlich Luft konstanter Zusammensetzung als Arbeitsmittel zu betrachten, ist also nicht völlig unberechtigt. Eine solche Annahme steckt auch in der Berechnung der Gasturbinennutzleistung nach Formel (8-32). Genauer wäre aber der Ansatz $P_N = (\dot{m}_L + \dot{m}_E) \cdot \Delta h_{T,real} - \dot{m}_L \cdot \Delta h_V$, den wir auch später für die Errechnung der elektrischen Leistung (zusätzliche Berücksichtigung des mechanischen Wirkungsgrades und des Generatorwirkungsgrades) nutzen wollen.

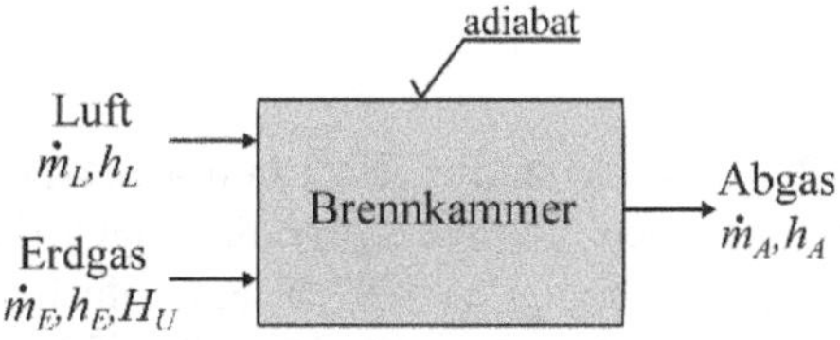


**Abb. 8-19:** Energiebilanz für Brennkammer zur Ermittlung des erforderlichen Erdgasmassenstroms.

Berechnung der Turbinenaustrittstemperatur $t_{4,real}$ aus der Enthalpie $h_{4,real}$

$$\eta_T = \frac{h_3 - h_{4,real}}{h_3 - h_{4,is}} \qquad h_{4,real} = h_3 - \eta_T (h_3 - h_{4,is})$$

$$h_3 = c_{p,A}(16\text{ bar}) \cdot (t_3 - 0\,°\text{C}) = 1{,}166\,\frac{\text{kJ}}{\text{kg K}} \cdot 1200\text{ K} = 1399{,}20\,\frac{\text{kJ}}{\text{kg}}$$

$$T_{4,is=} = T_3 \cdot \left(\frac{1}{\pi}\right)^{\frac{\kappa-1}{\kappa}} = 1473{,}15\,\text{K} \cdot \left(\frac{1}{16}\right)^{\frac{0{,}4}{1{,}4}} = 667{,}13\,\text{K} \approx 394\,°\text{C}$$

$$h_{4,is} = c_{p,A}(t_4 - 0\,°\text{C}) = 1{,}085\,\frac{\text{kJ}}{\text{kg K}} \cdot (394\,°\text{C} - 0\,°\text{C}) = 427{,}47\,\frac{\text{kJ}}{\text{kg}}$$

$$h_{4,real} = h_3 - \eta_T(h_3 - h_{4,is}) = 1399{,}2\,\frac{\text{kJ}}{\text{kg}} - 0{,}88 \cdot (1399{,}2 - 427{,}47)\frac{\text{kJ}}{\text{kg}} = 544{,}078\,\frac{\text{kJ}}{\text{kg}}$$

$$t_{4,real} = \frac{h_{4,real}}{c_{p,A}} = \frac{c_{p,A}(t_{4,real} - 0\,°\text{C})}{c_{p,A}} = \frac{544{,}078\,\text{kJ/kg}}{1{,}085\,\text{kJ/(kg}\cdot\text{K)}} \approx \underline{\underline{501{,}45\,°\text{C}}}$$

Elektrische Leistung:

$$P_{el} = \eta_G \cdot \eta_m \cdot (P_T - P_V)$$

$$P_T = (\dot{m}_L + \dot{m}_E) \cdot (h_3 - h_{4,real}) = (13{,}22 + 0{,}253)\frac{\text{kg}}{\text{s}} \cdot (1.399{,}2 - 544{,}078)\frac{\text{kJ}}{\text{kg}} = 11.521{,}06\,\text{kW}$$

$$P_V = \dot{m}_L(h_{2,real} - h_1) = 13{,}22\frac{\text{kg}}{\text{s}}(467{,}22 - 15{,}06)\frac{\text{kJ}}{\text{kg}} = 5.977{,}56\,\text{kW}$$

$$P_{el} = 0{,}985 \cdot 0{,}98 \cdot (11.528{,}06 - 5.977{,}56)\,\text{kW} = \underline{\underline{5.351{,}14\,\text{kW}}}$$

Elektrischer Wirkungsgrad:

$$\eta_{el} = \frac{P_{el}}{\dot{Q}_{zu}} = \frac{P_{el}}{\dot{m}_E \cdot H_u} = \frac{5.341{,}14\,\text{kW}}{0{,}253\,\text{kg/s} \cdot 50.056\,\text{kJ/kg}} = \underline{\underline{0{,}4225}} \qquad \text{ca. } 42{,}25\,\%$$

**Aufgabe 8.3-6:** Vollständige und teilweise Regeneration

250 kg/s perfektes Gas mit einer Gaskonstante von 287 J/(kg K) und einem Isentropenexponenten von 1,4 werden von einer Gasturbinenanlage unter den Normbezugsbedingungen für Gasturbinen nach DIN 4342 angesaugt und mit einem Gütegrad von 87 % auf 9-fachen Druck verdichtet. Die maximale Prozesstemperatur (am Turbineneintritt) sei mit 1030 °C gegeben, die Entspannung erfolge mit einem Gütegrad von 92 %.

a) Ermitteln Sie den jeweils thermischen Wirkungsgrad in Prozent für die reversible Prozessführung und für die Prozessführung mit den gegebenen Gütegraden!
b) Welche Leistungen in MW werden von den Gasturbinenanlagen bei den verschiedenen Prozessführungen abgegeben?
c) Wie ändert sich der thermische Wirkungsgrad für reversible Prozessführung bei vollständiger Regeneration?
d) Wie ändert sich der thermische Wirkungsgrad für jeweils beide Prozessführungen, wenn das verdichtete Arbeitsmittel durch Regeneration auf 360 °C erwärmt wird?

Gegeben:

$T_1 = 288{,}15$ K (15 °C) $p_1 = 1{,}01325$ bar (vergleiche DIN 4342 Tabelle 9-8)
$T_3 = 1303{,}15$ K

$\pi = 9$ $\eta_V = 0{,}87$ $\eta_T = 0{,}92$ $T_R = 633{,}15$ K (360 °C)

$\dot{m} = 250\,\text{kg/s}$ $R = 287$ J/(kg K) $\kappa = 1{,}4$ (Arbeitsmittel perfektes Gas)

Vorüberlegungen:

Für das Arbeitsmittel ist das Modell „perfektes Gas" vorgegeben. Damit ist für die gesamte Prozessführung eine konstante, insbesondere von Druck und Temperatur unabhängige spezifische Wärmekapazität bei konstantem Druck anzunehmen, die berechnet werden kann aus

$$c_p = \frac{\kappa}{\kappa-1} \cdot R = \frac{1{,}4}{0{,}4} \cdot 287 \frac{\text{J}}{\text{kg K}} = 1{,}0045 \frac{\text{J}}{\text{kg K}}$$

Die Celsiustemperaturen sind in den verwendeten Formeln als thermodynamische Temperaturen einzusetzen.

**Lösung:**

a) thermischer Wirkungsgrad des reversiblen und des modifizierten Joule-Prozesses

zu- und abgeführte Wärmen im reversiblen Prozess

$$T_{2,is} = T_1 \cdot \pi^{\frac{\kappa-1}{\kappa}} = 288{,}15\ \text{K} \cdot 9^{\frac{0{,}4}{1{,}4}} = 539{,}83\ \text{K} \qquad T_{4,is} = T_3 \cdot \left(\frac{1}{\pi}\right)^{\frac{\kappa-1}{\kappa}} = 1303{,}15\,\text{K} \cdot \left(\frac{1}{9}\right)^{\frac{0{,}4}{1{,}4}} = 695{,}59\,\text{K}$$

Damit steht für die Regeneration eine Temperaturdifferenz von ca. 156 K zur Verfügung.

$$q_{zu} = c_p (T_3 - T_{2,is}) = 1{,}0045 \frac{\text{J}}{\text{kg K}} (1303{,}15 - 539{,}83)\,\text{K} = 766{,}75 \frac{\text{kJ}}{\text{kg}}$$

$$q_{ab} = c_p (T_1 - T_{4,is}) = 1{,}0045 \frac{\text{J}}{\text{kg K}} (288{,}15 - 695{,}59)\,\text{K} = -409{,}27 \frac{\text{kJ}}{\text{kg}}$$

$$w_{is} = q_{zu} + q_{ab} = q_{zu} - |q_{ab}| = (766{,}75 - 409{,}27) \frac{\text{kJ}}{\text{kg}} = 357{,}48 \frac{\text{kJ}}{\text{kg}}$$

Für die Berechnung des thermischen Wirkungsgrades stehen hier vier verschiedene Formeln zur Verfügung:

$$\eta_{th,J} = \frac{w_{is}}{q_{zu}} = \frac{357{,}48\,\text{kJ/kg}}{766{,}75\,\text{kJ/kg}} = \underline{\underline{0{,}4662}} \qquad \eta_{th,J} = 1 - \frac{|q_{ab}|}{q_{zu}} = 1 - \frac{409{,}27\,\text{kJ/kg}}{766{,}75\,\text{kJ/kg}} = \underline{\underline{0{,}4662}}$$

$$\eta_{th,J} = 1 - \frac{1}{\pi^{\frac{\kappa-1}{\kappa}}} = 1 - \frac{1}{9^{\frac{0{,}4}{1{,}4}}} = \underline{\underline{0{,}4662}} \qquad \eta_{th,J} = 1 - \frac{T_1}{T_{2,is}} = 1 - \frac{288{,}15\,\text{K}}{539{,}83\,\text{K}} = \underline{\underline{0{,}4662}}$$

zu- und abgeführte Wärme bei Berücksichtigung der Gütegrade für Verdichtung und Entspannung

$$T_{2,real} = T_1 + \frac{T_{2,is} - T_1}{\eta_V} = 288{,}15\,\text{K} + \frac{(539{,}83 - 288.{,}15)\,\text{K}}{0{,}87} = 577{,}44\,\text{K}$$

$$T_{4,real} = T_3 - \eta_T\,(T_3 - T_{4,is}) = 1303{,}15\,\text{K} - 0{,}92 \cdot (1303{,}15 - 695{,}59)\,\text{K} = 744{,}19\,\text{K}$$

$$q_{zu} = c_p(T_3 - T_{2,real}) = 1{,}0045\frac{\text{J}}{\text{kg K}}(1303{,}15 - 577{,}44)\,\text{K} = 728{,}98\frac{\text{kJ}}{\text{kg}}$$

$$q_{ab} = c_p(T_1 - T_{4,real}) = 1{,}0045\frac{\text{J}}{\text{kg K}}(288{,}15 - 744{,}19)\,\text{K} = -458{,}09\frac{\text{kJ}}{\text{kg}}$$

$$w_{irrev} = q_{zu} + q_{ab} = q_{zu} - |\,q_{ab}\,| = (728{,}98 - 458{,}09)\frac{\text{kJ}}{\text{kg}} = 270{,}89\frac{\text{kJ}}{\text{kg}}$$

Der thermische Wirkungsgrad kann hier nur berechnet werden über:

$$\eta_{th,J} = \frac{w_{irrev}}{q_{zu}} = \frac{270{,}89\,\text{kJ/kg}}{728{,}98\,\text{kJ/kg}} = \underline{\underline{0{,}3716}} \qquad \eta_{th,J} = 1 - \frac{|\,q_{ab}\,|}{q_{zu}} = 1 - \frac{458{,}09\,\text{kJ/kg}}{728{,}98\,\text{kJ/kg}} = \underline{\underline{0{,}3716}}$$

Wenn man den reversiblen Joule-Prozess durch Berücksichtigung von Irreversibilitäten den technisch tatsächlichen Abläufen besser annähert, errechnet man deutlich niedrigere, aber der Realität auch besser entsprechende Wirkungsgrade.

**Aufgabe 8.3-7:** Wirkung verschiedener Schaltungen bei einer Gasturbinenanlage
Gegeben sei ein Joule-Prozess, der Arbeitsmittel bei 20 °C und einem Druck von 1 bar ansaugt und es auf 12-fachen Druck verdichtet. Die höchste Prozesstemperatur betrage 1000 °C. Die Verdichtung erfolge mit einem Gütegrad von 87 %, die Entspannung mit einem von 91 %. Vergleichen Sie den über die Brennkammer zuzuführenden Wärmestrom in MW, die von der Gasturbine abgegebene Leistung in MW und den thermischen Wirkungsgrad für

a) den einfachen Joule-Prozess mit $\pi = 12$ und den gegebenen Irreversibilitäten
b) den nach Abbildung 8-20 und 8-21 ablaufenden Prozess mit zweistufiger Verdichtung und zweistufiger Entspannung
c) eine zweistufige Verdichtung und Entspannung ohne Regeneration (Wärmetauscher 2) in Abbildung 8-20
d) die Bedingungen von c) und zusätzlich ohne Wärmetauscher 1 (Zwischenkühlung der Verdichtung) in Abbildung 8-20

Für die Fälle a) bis d) ist von einem konstanten Arbeitsmittelstrom vom 250 kg/s Luft als perfektes Gas mit der Gaskonstante 287 J/(kg K) auszugehen.

Bei b) bis d) ist der Verdichterzwischendruck so zu wählen, dass der Verdichtungsaufwand in Verbindung mit Rückkühlung auf Ausgangstemperatur minimiert werden kann.

Alle Wärmetauscher sollen für eine minimal treibende Temperaturdifferenz von 10 K im Gegenstromverfahren ausgelegt sein. Die Wärmeübertragung erfolge immer isobar (ohne Druckverluste).

Hinweis:

Für Aufgabenteil a) können Teilergebnisse aus 8.3-2 übernommen werden!

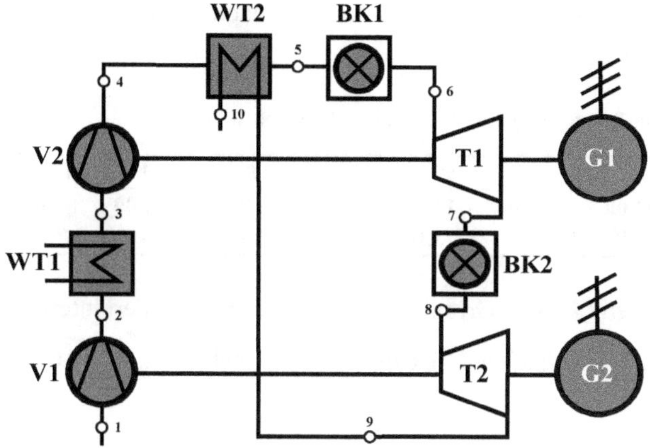


**Abb. 8-20:** Schaltbild für eine Gasturbinenanlage gemäß Aufgabe 8.3-6.

Gegeben:

| | | | |
|---|---|---|---|
| Arbeitsmittel: | $\dot{m}_L = 250\,\text{kg/s}$ $R_L = 287\ \text{J/(kg K)}$ | | $\kappa = 1{,}4$ (zweiatomig!) |
| Prozessparameter: | $T_{min} = 293{,}15\ \text{K}$ | $T_{max} = 1273{,}15\ \text{K}$ | $\pi = 12$ |
| Irreversibilitäten: | $\eta_V = 0{,}87$ | $\eta_T = 0{,}91$ | |

Vorüberlegungen:

Nach Aufgabenstellung soll sich die Luft wie ideales Gas verhalten und eine konstante spezifische Wärmekapazität besitzen (perfektes Gas). Für zweiatomige Gase ist der Isentropenexponent $\kappa = 1{,}4$ und die Wärmekapazität für konstanten Druck kann berechnet werden aus:

$$c_{p,L} = \frac{\kappa}{\kappa - 1} R_L = \frac{1{,}4}{0{,}4} \cdot 287 \frac{\text{J}}{\text{kg K}} = 1{,}0045 \frac{\text{kJ}}{\text{kg K}}$$

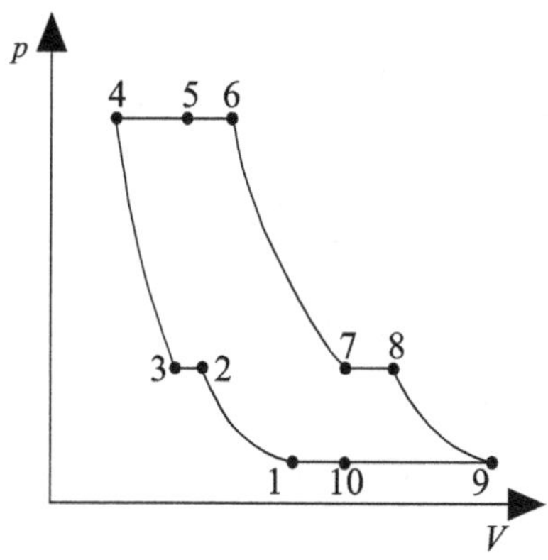


**Abb. 8-21:** $p,V$-Diagramm für den Prozessverlauf nach Aufgabe 8.3-6.

**Lösung:**

Für die Bearbeitung der Aufgabenteile b) bis d) ist es sinnvoll, sich eine Tabelle für Druck und Temperatur an allen Zustandspunkten nach den Abbildungen 8-20 und 8-21 anzulegen. Die gegebenen Größen werden fett eingetragen, alle weiteren dann nach Rechenfortschritt ergänzt (hier schon vorweggenommen).

**Tab. 8-8:** Zusammenstellung der Drücke und Temperaturen nach Abbildung 8-19 und 8-20.

| | **1** | **2** | **3** | **4** | **5** | **6** | **7** | **8** | **9** | **10** |
|---|---|---|---|---|---|---|---|---|---|---|
| $p$ in bar | **1,00** | 3,4641 | 3,4641 | **12,00** | **12,00** | **12,00** | 3,4641 | 3,4641 | **1,00** | **1,00** |
| $T$ in K | **293,15** | 436,75 | **293,15** | 436,75 | 916,95 | **1273,15** | 926,95 | **1273,15** | 926,95 | 446,75 |

Zunächst werden die den Tabellenwerten (8-8) zu Grunde liegenden Rechnungen erläutert:

$$p_2 = \sqrt{\pi} \cdot p_1 = \sqrt{12} \cdot 1\,\text{bar} = \underline{\underline{3{,}4641\,\text{bar}}} \quad \text{(Zwischendruck für 2 Stufen nach Formel (7-10))}$$

$$T_{2,is} = T_1 \cdot \pi^{\frac{\kappa-1}{\kappa}} = 293{,}15\,\text{K} \cdot \left(\sqrt{12}\right)^{\frac{0,4}{1,4}} = 418{,}08\,\text{K}$$

$$T_{2,real} = T_1 + \frac{T_{2,is} - T_1}{\eta_V} = 293{,}15\,\text{K} + \frac{(418{,}08 - 293{,}15)\,\text{K}}{0{,}87} = \underline{\underline{436{,}75\,\text{K}}}$$

$$\underline{\underline{p_3 = p_2 = 3{,}4641\,\text{bar}}} \quad \text{(isobare Wärmeübertragung im Wärmetauscher)}$$

$$\underline{\underline{T_{4,real} = T_{2,real} = 433{,}52\,\text{K}}} \quad \left(\text{wegen } \frac{p_2}{p_1} = \frac{p_4}{p_3} \text{ und } \eta_V = 0{,}87 = \text{konstant}\right)$$

$$\underline{\underline{p_5 = p_4 = 12{,}00\,\text{bar}}} \quad \text{(isobare Wärmeübertragung im Wärmetauscher)}$$

$$\underline{\underline{p_6 = p_5 = 12{,}00\,\text{bar}}} \quad \text{(isobare Wärmezufuhr in der Brennkammer)}$$

Die Entspannung von 6 → 7 soll nach Abbildung 8-20 auf das Niveau Verdichterzwischendruck erfolgen:

$$T_{7,is} = T_6 \cdot \left(\frac{p_7}{p_6}\right)^{\frac{\kappa-1}{\kappa}} = 1273{,}15\,\text{K} \cdot \left(\frac{3{,}4641\,\text{bar}}{12{,}00\,\text{bar}}\right)^{\frac{0,4}{1,4}} = 892{,}71\,\text{K}$$

$$T_{7,real} = T_6 - \eta_T (T_6 - T_{7,is}) = 1273{,}15\,\text{K} - 0{,}91 \cdot (1273{,}15 - 892{,}71)\,\text{K} = \underline{\underline{926{,}95\,\text{K}}}$$

$$\underline{\underline{T_{9,real} = T_{7,real} = 926{,}95\,\text{K}}} \quad \left(\text{wegen } \frac{p_7}{p_6} = \frac{p_9}{p_8} \text{ und } \eta_T = 0{,}91 = \text{konstant}\right)$$

$$T_5 = T_9 - \Delta T = 926{,}95\,\text{K} - 10\,\text{K} = \underline{\underline{916{,}95\,\text{K}}}$$

Die Aufwärmung der verdichteten Luft erfolgt bis zu einer Temperatur, die 10 K unter der Temperatur des heißen Abgases der Turbine liegt, es verbleibt eine treibende Temperaturdifferenz $\Delta T = 10$ K. Diese Temperaturdifferenz stellt praktisch die untere Grenze für die Wirtschaftlichkeit der Wärmeübertragung dar. Mit größeren Wärmetauscherflächen (höhere Anschaffungskosten und real auch höhere Druckverluste) könnte man die treibende Temperaturdifferenz noch weiter vermindern.

Analoge Annahmen führen auf:

$$T_{10} = T_4 + \Delta T = 436{,}75\,\text{K} + 10\,\text{K} = \underline{\underline{446{,}75\,\text{K}}}$$

a) Parameter des einfachen Joule-Prozesses mit Berücksichtigung der Irreversibilitäten

zuzuführende Wärmeleistung mit $q_{zu} = 634{,}45$ kJ/kg (Aufgabe 8.3-2)

$$\dot{Q}_{zu} = \dot{m} \cdot q_{zu} = 250\,\text{kg/s} \cdot 634{,}45\,\text{kJ/kg} = \underline{\underline{158{,}613\,\text{MW}}}$$

Leistung der Gasturbine mit $w = 241{,}64$ kJ/kg (Aufgabe 8.3-2)

$$P = \dot{m} \cdot w = 250\,\text{kg/s} \cdot 241{,}64\,\text{kJ/kg} = \underline{\underline{60{,}410\,\text{MW}}}$$

thermischer Wirkungsgrad kann aus Aufgabe 8.3-2 übernommen werden:

$$\eta_{th} = 1 - \frac{|q_{ab}|}{q_{zu}} = 1 - \frac{392{,}81\,\text{kJ/kg}}{634{,}45\,\text{kJ/kg}} = \underline{\underline{0{,}381}}$$

b) Joule-Prozess nach Abbildung 8-19

den Brennkammern 1 und 2 zugeführte Wärme

$$q_{zu1} = c_{p,L}(T_6 - T_5) = 1{,}0045\,\frac{\text{kJ}}{\text{kg K}}(1273{,}15 - 916{,}95)\,\text{K} = 357{,}803\,\frac{\text{kJ}}{\text{kg}}$$

$$q_{zu2} = c_{p,L}(T_8 - T_7) = 1{,}0045\,\frac{\text{kJ}}{\text{kg K}}(1273{,}15 - 926{,}95)\,\text{K} = 347{,}758\,\frac{\text{kJ}}{\text{kg}}$$

$$q_{zu} = q_{zu1} + q_{zu2} = 357{,}803\,\frac{\text{kJ}}{\text{kg}} + 347{,}758\,\frac{\text{kJ}}{\text{kg}} = 705{,}561\,\frac{\text{kJ}}{\text{kg}}$$

$$\dot{Q}_{zu} = \dot{m}_L \cdot q_{zu} = 250\,\frac{\text{kg}}{\text{s}} \cdot 705{,}561\,\frac{\text{kJ}}{\text{kg}} = \underline{\underline{176{,}390\,\text{MW}}}$$

im Prozess an die Umgebung abgeführte Wärme (WT1 und Frischgasansaugung)

$$|q_{ab1}| = c_{p,L}(T_{2,real} - T_3) = 1{,}0045\,\frac{\text{kJ}}{\text{kg K}} \cdot (436{,}75 - 293{,}15)\,\text{K} = 144{,}250\,\frac{\text{kJ}}{\text{kg}}$$

$$|q_{ab2}| = c_{p,L}(T_{10} - T_1) = 1{,}0045\,\frac{\text{kJ}}{\text{kg K}} \cdot (446{,}75 - 293{,}15)\,\text{K} = 154{,}291\,\frac{\text{kJ}}{\text{kg}}$$

$$|q_{ab}| = |q_{ab1}| + |q_{ab2}| = 144{,}250\,\frac{\text{kJ}}{\text{kg}} + 154{,}291\,\frac{\text{kJ}}{\text{kg}} = 298{,}541\,\frac{\text{kJ}}{\text{kg}}$$

Leistung der Gasturbine aus Kreisprozessarbeit

$$w = q_{zu} - |q_{ab}| = 705{,}561\,\frac{\text{kJ}}{\text{kg}} - 298{,}541\,\frac{\text{kJ}}{\text{kg}} = 407{,}020\,\frac{\text{kJ}}{\text{kg}}$$

$$P = \dot{m}_L \cdot w = 250\,\frac{\text{kg}}{\text{s}} \cdot 407{,}020\,\frac{\text{kJ}}{\text{kg}} = \underline{\underline{101{,}755\,\text{MW}}}$$

thermischer Wirkungsgrad

$$\eta_{th} = 1 - \frac{|q_{ab}|}{q_{zu}} = 1 - \frac{298{,}541\,\text{kJ/kg}}{705{,}561\,\text{kJ/kg}} = \underline{\underline{0{,}5769}}$$

Die gegenüber a) erfolgte Verdopplung bei den Grundkomponenten Verdichter, Brennkammer und Turbine ließe bei verdoppeltem Brennstoffeinsatz eine verdoppelte Leistung, die bei einem thermischen Wirkungsgrad von 38,1 % erbracht wird, erwarten. Durch die hier gewählte anlagentechnische Schaltung und dem Einsatz eines Wärmetauschers (WT2) für die Regeneration wird der thermische Wirkungsgrad um fast 20 Prozentpunkte gesteigert. Dies ist vor allem vor dem Hintergrund bemerkenswert, als dem Prozess in b) zur Senkung des Verdichtungsaufwandes an nicht programmgemäßer Stelle (WT1) zusätzlich Wärme entzogen wird, die in a) modellbedingt im System verbleibt und die dort notwendige Wärmezufuhr verringert. Eine Verdopplung der abgegebenen Leistung wird mit Schaltung b) jedoch nicht erreicht, aber immerhin eine Steigerung um 70 %.

c) Joule-Prozess nach Abbildung 8-19 ohne Regeneration (WT 2) erfordert eine Neuberechnung von den im Prozess zu- und abgeführten Wärmen

$$q_{zu1} = c_{p,L}(T_6 - T_{4,real}) = 1{,}0045\,\frac{\text{kJ}}{\text{kg K}}(1273{,}15 - 436{,}75)\,\text{K} = 840{,}164\,\frac{\text{kJ}}{\text{kg}}$$

$$q_{zu2} = 347{,}758\,\frac{\text{kJ}}{\text{kg}}\ \text{kann aus b) übernommen werden}$$

$$q_{zu} = q_{zu1} + q_{zu2} = 840{,}164\,\frac{\text{kJ}}{\text{kg}} + 347{,}758\,\frac{\text{kJ}}{\text{kg}} = 1187{,}922\,\frac{\text{kJ}}{\text{kg}}$$

$$\dot{Q}_{zu} = \dot{m}_L \cdot q_{zu} = 250\,\frac{\text{kg}}{\text{s}} \cdot 1187{,}922\,\frac{\text{kJ}}{\text{kg}} = \underline{\underline{296{,}890\,\text{MW}}}$$

im Prozess an die Umgebung abgeführte Wärme

$$|q_{ab1}| = c_{p,L}(T_{2,real} - T_3) = 1{,}0045\,\frac{\text{kJ}}{\text{kg K}} \cdot (436{,}75 - 293{,}15)\,\text{K} = 144{,}250\,\frac{\text{kJ}}{\text{kg}}$$

$$|q_{ab2}| = c_{p,L}(T_9 - T_1) = 1{,}0045\,\frac{\text{kJ}}{\text{kg K}} \cdot (926{,}95 - 293{,}15)\,\text{K} = 636{,}652\,\frac{\text{kJ}}{\text{kg}}$$

$$|q_{ab}| = |q_{ab1}| + |q_{ab2}| = 144{,}250\,\frac{\text{kJ}}{\text{kg}} + 636{,}652\,\frac{\text{kJ}}{\text{kg}} = 780{,}902\,\frac{\text{kJ}}{\text{kg}}$$

Leistung der Gasturbine aus Kreisprozessarbeit

$$w = q_{zu} - |q_{ab}| = 1187{,}922 \frac{\text{kJ}}{\text{kg}} - 780{,}902 \frac{\text{kJ}}{\text{kg}} = 407{,}020 \frac{\text{kJ}}{\text{kg}}$$

$$P = \dot{m}_L \cdot w = 250 \frac{\text{kg}}{\text{s}} \cdot 407{,}020 \frac{\text{kJ}}{\text{kg}} = \underline{\underline{101{,}755\ \text{MW}}}$$

Wie erwartet, wird bestätigt, dass Regeneration nicht die Leistungsabgabe der Gasturbine beeinflusst, sondern – wie gleich unten zu sehen – nur den thermischen Wirkungsgrad.

thermischer Wirkungsgrad

$$\eta_{th} = 1 - \frac{|q_{ab}|}{q_{zu}} = 1 - \frac{780{,}902\ \text{kJ/kg}}{1187{,}922\ \text{kJ/kg}} = \underline{\underline{0{,}3426}}$$

d) Joule-Prozess ohne Wärmetauscher 1 erfordert eine Neuberechnung der Temperatur in Zustandspunkt 4 und damit Neuberechnung von $q_{zu1}$

$$T_{4,is} = T_1 \cdot \pi^{\frac{\kappa-1}{\kappa}} = 293{,}15\ \text{K} \cdot 12^{\frac{0,4}{1,4}} = 596{,}25\ \text{K}$$

$$T_{4,real} = T_1 + \frac{T_{4,is} - T_1}{\eta_V} = 293{,}15\ \text{K} + \frac{(596{,}25 - 293{,}15)\ \text{K}}{0{,}87} = 641{,}54\ \text{K}$$

$$q_{zu1} = c_{p,L}(T_6 - T_{4,real}) = 1{,}0045 \frac{\text{kJ}}{\text{kg K}} (1273{,}15 - 641{,}54)\ \text{K} = 634{,}452 \frac{\text{kJ}}{\text{kg}}$$

$$q_{zu2} = 347{,}758 \frac{\text{kJ}}{\text{kg}} \quad \text{(Übernahme aus Aufgabenteil b))}$$

$$q_{zu} = q_{zu1} + q_{zu2} = 634{,}452 \frac{\text{kJ}}{\text{kg}} + 347{,}758 \frac{\text{kJ}}{\text{kg}} = 982{,}210 \frac{\text{kJ}}{\text{kg}}$$

$$\dot{Q}_{zu} = \dot{m}_L \cdot q_{zu} = 250 \frac{\text{kg}}{\text{s}} \cdot 982{,}21 \frac{\text{kJ}}{\text{kg}} = \underline{\underline{245{,}553\ \text{MW}}}$$

im Prozess an die Umgebung abgeführte Wärme

$$|q_{ab2}| = c_{p,L}(T_9 - T_1) = 1{,}0045 \frac{\text{kJ}}{\text{kg K}} \cdot (926{,}95 - 293{,}15)\ \text{K} = 636{,}652 \frac{\text{kJ}}{\text{kg}}$$

$$|q_{ab}| = |q_{ab2}|$$

Leistung der Gasturbine aus Kreisprozessarbeit

$$w = q_{zu} - |q_{ab}| = 982{,}21\frac{\text{kJ}}{\text{kg}} - 636{,}652\frac{\text{kJ}}{\text{kg}} = 345{,}558\frac{\text{kJ}}{\text{kg}}$$

$$P = \dot{m}_L \cdot w = 250\frac{\text{kg}}{\text{s}} \cdot 345{,}558\frac{\text{kJ}}{\text{kg}} = \underline{\underline{86{,}390\ \text{MW}}}$$

Im Verhältnis zu b) oder c) macht sich hier der durch Wegfall der Zwischenkühlung höhere Verdichtungsaufwand bemerkbar, der zu einer Verringerung der Nutzleistung der Gasturbine führt. Im Vergleich zu a) kann verfolgt werden, dass schon allein ein zweistufiges Verfahren zu einer deutlichen Leistungssteigerung führt.

thermischer Wirkungsgrad

$$\eta_{th} = 1 - \frac{|q_{ab}|}{q_{zu}} = 1 - \frac{636{,}652\ \text{kJ/kg}}{982{,}210\ \text{kJ/kg}} = \underline{\underline{0{,}3518}}$$

Bemerkenswert ist hier der noch einmal geringfügige Anstieg des thermischen Wirkungsgrades gegenüber c). Dies ist eine Konsequenz aus der hier gestiegenen Verdichtungsendtemperatur. Das Arbeitsmittel gelangt also schon mit höherer Temperatur in die Brennkammer und muss demgemäß entsprechend weniger erhitzt werden. Auf den ersten Blick scheint sich das thermisch günstig auszuwirken, für die praktische Umsetzung in einer technischen Anlage entsteht tatsächlich dadurch ein gravierender Nachteil. Dazu werfen wir einen Blick auf die entstehenden Volumina. Für den Luftstrom von 250 kg/s ergeben sich folgende Werte:

$$\dot{V} = \frac{\dot{m}_L \cdot R_L \cdot T_{4,real}}{p_4}$$

Zweistufige Ausführung mit Zwischenkühlung $T_{4,real} = 436{,}75$ K:

$$\dot{V} = \frac{250\ \text{kg/s} \cdot 287\ \text{J/(kg K)} \cdot 436{,}75\ \text{K}}{1.200.000\ \text{N/m}^2} = 26{,}114\frac{\text{m}^3}{\text{s}}$$

Zweistufige Ausführung ohne Zwischenkühlung mit $T_{4,real} = 641{,}54$ K

$$\dot{V} = \frac{250\ \text{kg/s} \cdot 287\ \text{J/(kg K)} \cdot 641{,}54\ \text{K}}{1.200.000\ \text{N/m}^2} = 38{,}359\frac{\text{m}^3}{\text{s}}$$

Die Konsequenz aus den höheren Betriebstemperaturen im Verdichter wäre unter anderem die Bewältigung größerer Volumenströme, was mit einer kostenintensiveren Vergrößerung der Konstruktion aufgefangen werden müsste.

# 8.4 Der Clausius-Rankine-Prozess für Dampfkraftanlagen

## 8.4.1 Der reversible thermodynamische Vergleichsprozess

In einer Dampfkraftanlage (Dampfturbosatz) sind Speisewasserpumpe, Dampferzeuger, Dampfturbine sowie Kondensator prozesstechnisch so geschaltet, dass sie zur Stromerzeugung in thermischen Kraftwerken (Kondensationsturbine) oder in Heizkraftwerken zur gleichzeitigen Erzeugung von Strom und Prozesswärme (Entnahmekondensationsturbine und Gegendruckturbine für Kraft-Wärme-Kopplung) einsetzbar sind.

Gegen Ende des 19. Jahrhunderts betrieb man Kolbendampfmaschinen mit Sattdampf. Auf der Suche nach kompakten, schnell laufenden Antrieben war es dem Schweden Carl Gustav Patrik de Laval 1883 und dem Engländer Charles Parsons 1884 gelungen, die ersten technisch brauchbaren Dampfturbinen in Betrieb zu nehmen. Nachdem man leistungsstarke Generatoren für Drehzahlen von 3000 Umdrehungen pro Minute bauen konnte, wurden diese ohne Zwischenschaltung von Getrieben direkt von Dampfturbinen angetrieben. Im Jahr 1900 koppelte Charles Gordon Curtis erstmals eine Dampfturbine mit einem Generator. Heute wird die maximale Größe eines Kraftwerksblockes durch die maximal mögliche Baugröße des Generators bestimmt und man realisiert elektrische Leistungen von 1000 bis 1300 MW.

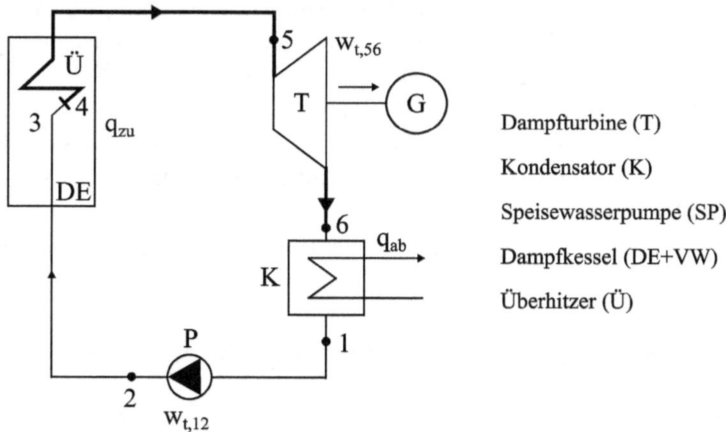


Dampfturbine (T)

Kondensator (K)

Speisewasserpumpe (SP)

Dampfkessel (DE+VW)

Überhitzer (Ü)

**Abb. 8-22:** Anlagen-Schaltbild einer Dampfkraftanlage für den thermodynamischen Vergleichsprozess.

Durch die Verbrennung der Brennstoffe geht im Dampferzeuger (Vorwärmer, Dampferzeuger, Überhitzer) chemisch gebundene Energie in innere Energie der Rauchgase über. Man ist bestrebt, einen möglichst großen Teil davon mittels Wärmeübertragung an das Arbeitsfluid im Kraftwerksprozess zu übertragen. Hierbei entstehende Verluste durch den Rauchgasabzug, Ascheaustrag, und so weiter sind nicht Bestandteil des thermodynamischen Vergleichsprozesses, die Bilanzgrenze wird um das umlaufende Arbeitsfluid gelegt und so nur die dem Wasser/Dampfkreislauf des Kraftwerks tatsächlich zugeführte Wärme betrachtet. Dies ist zu beachten, wenn man den Gesamtwirkungsgrad eines Kraftwerks ermittelt.

Zur thermodynamischen Untersuchung von Dampfkraftanlagen bedient man sich des Clausius-Rankine-Prozesses[22] als Vergleichsprozess. Je nach zu untersuchender Anlage wird dieser als Heißdampf- oder als Sattdampfprozess modelliert und dabei vorausgesetzt:

- Konzentration auf reversibel ablaufende Prozesse in den Hauptaggregaten
- immer ideale Wärmeübertragung bei konstantem Druck (keine Wärmewiderstände, keine Druckverluste)
- alle Komponenten verfügen über adiabate Wände und sind thermisch ideal gegen die Umgebung isoliert

Zur thermodynamischen Untersuchung von Dampfkraftanlagen bedient man sich des Clausius-Rankine-Prozesses[23] als Vergleichsprozess. Je nach zu untersuchender Anlage wird dieser als Heißdampf- oder als Sattdampfprozess modelliert und dabei vorausgesetzt:

- Konzentration auf reversibel ablaufende Prozesse in den Hauptaggregaten
- immer ideale Wärmeübertragung bei konstantem Druck (keine Wärmewiderstände, keine Druckverluste)
- alle Komponenten verfügen über adiabate Wände und sind thermisch ideal gegen die Umgebung isoliert

Das Arbeitsmittel im Clausius-Rankine-Prozess durchläuft in gleicher Reihenfolge wie beim Joule-Prozess eine isentrope Kompression, eine isobare Wärmezufuhr, eine isentrope Expansion und eine isobare Wärmeabfuhr. Im Unterschied zum Joule-Prozess ist das Arbeitsmittel aber kein ideales Gas, sondern unterliegt Phasenänderungen von flüssig zu dampfförmig im Dampferzeuger und von dampfförmig zu flüssig im Kondensator.

Praktisch kommt meist Wasser als Arbeitsmittel zum Einsatz, aber für bei niedriger Temperatur vorliegende Wärmemengen auch organische Flüssigkeiten mit geeigneten thermophysikalischen Eigenschaften (ORC-Anlagen).

Der Clausius-Rankine-Prozess setzt sich rechtslaufend aus folgenden Zustandsänderungen zusammen:

$1 \rightarrow 2$ isentrope Druckerhöhung auf Frischdampfdruck $p_F$ durch Speisewasserpumpe (SP)
$2 \rightarrow 3$ isobare Wärmezufuhr bis Siedetemperatur $t_s(p_F)$ im Speisewasservorwärmer (VW)
$3 \rightarrow 4$ isobare/isotherme Verdampfung im Verdampfer (DE)
$4 \rightarrow 5$ isobare Überhitzung im Überhitzer (Ü)
$5 \rightarrow 6$ isentrope Entspannung unter Arbeitsabgabe in der Turbine (T)
$6 \rightarrow 1$ isobare/isotherme Wärmeabfuhr im Kondensator (K)

---

22 J.R.E. Clausius (1822–1888), deutscher Physiker, der mit seinen Arbeiten wesentlich zum Verständnis der Kreisprozesse beitrug und W.J.M. Rankine (1820–1872), schottischer Physiker und Ingenieur, auf den wichtige Beiträge zur Theorie der Dampfmaschine sowie der Wärmekraftprozesse zurückgehen.

23 J.R.E. Clausius (1822–1888), deutscher Physiker, der mit seinen Arbeiten wesentlich zum Verständnis der Kreisprozesse beitrug und W.J.M. Rankine (1820–1872), schottischer Physiker und Ingenieur, auf den wichtige Beiträge zur Theorie der Dampfmaschine sowie der Wärmekraftprozesse zurückgehen.

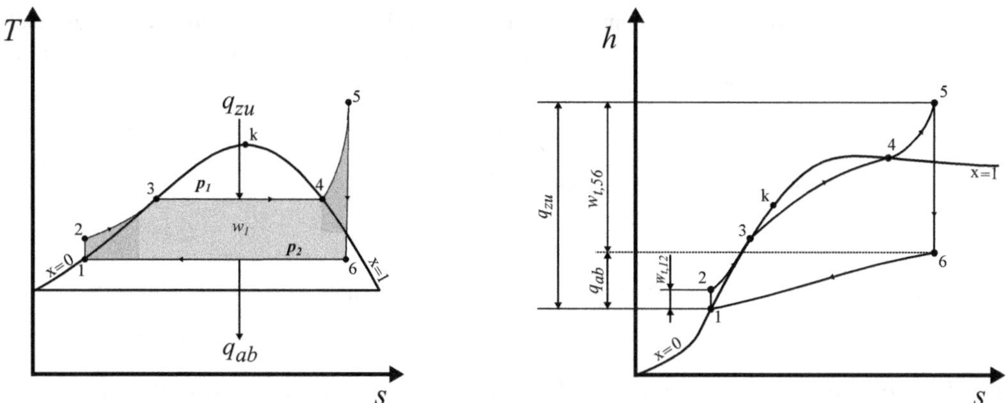


**Abb. 8-23:** Clausius-Rankine-Heißdampfprozess im $T,s$- und Mollier $h,s$-Diagramm.

Wasser im Zustand „siedende Flüssigkeit" bei Kondensationsdruck $p_K = p(t_S) = p_{min}$ wird in der Speisewasserpumpe isentrop auf Frischdampfdruck $p_F = p_{max}$ gebracht. Da Wasser eine weitgehend inkompressible Flüssigkeit ist, verläuft diese Verdichtung auch fast isochor. Man unterscheidet in Bezug auf das Verhältnis von Frischdampfdruck zu kritischen Druck $p_k = 220{,}64$ bar die *unterkritische* Prozessführung $p_F < p_k$ von der *überkritischen* mit $p_F > p_k$. Dem unter Frischdampfdruck stehenden Speisewasser wird dann isobar (im Nassdampfgebiet auch entsprechend isotherm) bis zum Erreichen der vorgesehenen Frischdampftemperatur ($t_F = t_{max}$) Wärme zugeführt. Für die unterkritische Prozessführung kann der Frischdampf ($t_{max}$, $p_{max}$) als trocken gesättigter Dampf (Sattdampfprozess) oder als überhitzter Dampf (Heißdampfprozess) vorliegen. Während für den unterkritischen Heißdampfprozess ($p_F < p_k$) der Dampferzeuger aus den klassischen Komponenten Vorwärmer, Verdampfer (Zweiphasengebiet) und Überhitzer besteht, durchläuft das Arbeitsmittel bei überkritischen Drücken das Zweiphasengebiet „Nassdampf" nicht mehr.

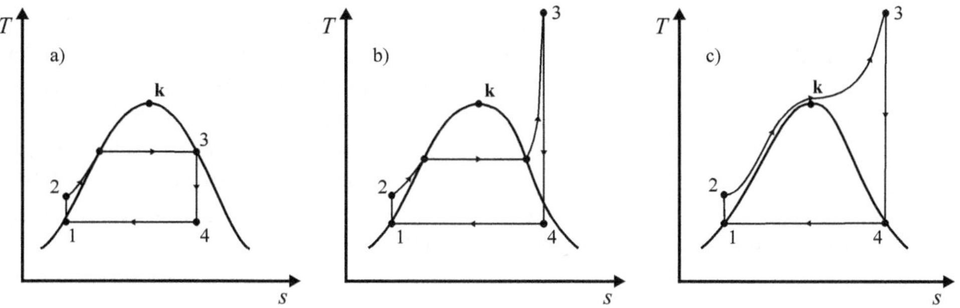


**Abb. 8-24:** Clausius-Rankine-Prozess als (a) Sattdampfprozess, (b) als unterkritischer Heißdampfprozess und (c) als überkritischer Heißdampfprozess.

In Abbildung 8-23 und 8-24 ist der Abstand der Punkte 1 und 2 für eine bildlich verständliche Darstellung stark übertrieben gezeichnet. Praktisch unterscheiden sich die Temperaturen $T_1$ und $T_2$ um maximal 2 K, im Mollier $h,s$-Diagramm beträgt die Entfernung von 1 → 2 nur etwa 3 % der Entfernung der Punkte 5 → 6. Bei 1000 MW Turbinenleistung in einem modernen Dampfkraftwerk werden ungefähr 30 MW Leistung für die Speisepumpe benötigt.

Absolut gesehen ist das viel, aber im Verhältnis zur Turbinenleistung relativ wenig. Je nach geforderter Genauigkeit wird bei der Analyse des Kreisprozesses die Speisepumpenarbeit um den Preis höheren Aufwands berücksichtigt oder zur Vereinfachung vernachlässigt[24].

$$w_{t,12} = h_2 - h_1 = v_1(p_2 - p_1) \tag{8-39}$$

Zustandspunkt 2 bei Berücksichtigung der Speisewasserpumpe:

$$h_2 = h_1 + w_{t,12} = h'(p_K) + v'(p_F - p_K) \tag{8-40a}$$

Zustandspunkt 2 bei Vernachlässigung der Speisewasserpumpe:

$$h_2 \approx h_1 = h'(p_K) \tag{8-40b}$$

Das Schaltbild der Dampfkraftanlage in Abbildung 8-22 konzentriert sich auf die Darstellung der Hauptaggregate nach den Vereinfachungen für die Modellbildung. Tatsächlich ist selbst der Aufbau der hier erwähnten Hauptaggregate einer Dampfkraftanlage – abgesehen von Zusatz- und Hilfseinrichtungen – wesentlich komplexer:

*Speisewasserpumpe:*
Ein Kraftwerk ist nicht nur mit einer Speisewasserpumpe, sondern aus Sicherheitsgründen mindestens mit einer weiteren redundanten Pumpe ausgerüstet. Oftmals setzt man dabei auf die Kombination einer elektrisch angetriebenen Speisewasserpumpe für das Anfahren des Kraftwerks sowie bei Bedarf zum Einsatz im Störfall und einer dampfgetriebenen Speisewasserpumpe. Andere Konzepte sehen drei elektrisch angetriebene Pumpen mit jeweils 50 % der benötigten Leistung vor. Darüber hinaus werden eine Reihe Kondensatpumpen für die regenerative Speisewasservorwärmung eingesetzt.

*Dampferzeuger:*
Der Dampferzeuger ist die größte sowie gleichzeitig teuerste Teilkomponente eines Dampfkraftwerkes und wird üblicherweise in vier Sektoren eingeteilt: Economiser (Vorwärmer), Verdampfer, Überhitzer und Zwischenüberhitzer. Die Vorwärmung des Speisewassers (im Idealfall bis Siedetemperatur) erfolgt mit Rauchgas geringer Temperatur. Die für die Verdampfung benötigten Wärmeströme werden vom Frischdampfdruck bestimmt. Je höher der Druck, desto niedriger werden die für die Verdampfung benötigten Wärmeströme (fallende Verdampfungsenthalpie bei steigendem Druck). Bei kritischem oder überkritischem Druck verschwindet die Verdampfungsenthalpie, da das Zweiphasengebiet Nassdampf beim Übergang von flüssig zu gasförmig nicht mehr durchschritten wird. Der klassische Dampferzeugersektor Verdampfer wird dann nicht mehr benötigt (Benson-Kessel).

*Dampfturbine:*
Die Expansion des Dampfes erfolgt ebenfalls nicht in einer einzigen Turbine. Der Dampfvolumenstrom nimmt mit fallendem Druck zu und erfordert bei der Dampfentspannung immer größere Durchflussquerschnitte. Materialfestigkeit der Schaufeln und die mit ihrer Umfangsgeschwindigkeit ansteigenden Strömungsverluste begrenzen die Querschnitte der Endstufen

---

24 In der energiewirtschaftlichen Praxis wird der Wirkungsgrad einer Dampfkraftanlage nach der verbindlichen Richtlinie VDI 3986 immer unter Berücksichtigung der Speisewasserpumpenarbeit ermittelt.

auf etwa 15 $m^2$. Bei großen Leistungen mit großen Volumenströmen unterteilt man daher die Turbine in Hoch- sowie mehrere Mittel- und Niederdruckturbinen. Der Volumenstrom für die Mittel- und Niederdruckturbinen wird aufgeteilt und durchläuft im Mitteldruckbereich dann oft zwei Turbinen parallel, im Niederdruckbereich manchmal sogar vier Turbinen parallel, so dass die für die jeweiligen Endstufen erforderlichen Querschnitte in einer technisch beherrschbaren Größe gehalten werden können. Ein Turbinensatz, bei der der Dampfstrom auf parallel angeordnete Turbinen aufgeteilt wird, heißt *mehrflutig*. Druckabsenkungen und Leistungsabgabe verteilen sich auf die einzelnen Druckstufen ungefähr wie folgt:

- Hochdruckturbine (HD-Turbine):
- von Frischdampfdruck abwärts bis etwa 40 bar, einflutig, mehrstufig, ca. 30 % der Gesamtleistung
- Mitteldruckturbine (MD-Turbine):
- von 40 bis ca. 7 bar, zweiflutig, mehrstufig, ca. 40 % der Gesamtleistung
- Niederdruckturbine (ND-Turbine):
- von 7 auf maximal 0,03 bar, vierflutig, mehrstufig, ca. 30 % der Gesamtleistung

*Kondensator:*
Der Turbinenabdampf muss zum Schließen des thermodynamischen Kreislaufs verflüssigt werden. Der Kondensator ist von seinen Abmessungen so zu dimensionieren, dass er die hohen Volumenströme (auf etwa 0,04 bar entspannter Dampf) am Austritt der Turbine aufnehmen kann. Bauformen hängen vom vor Ort vorgefundenen Umgebungszustand ab (Temperaturen, Kühlwasserangebot). Anders als beim Dampferzeuger, wo das Speisewasser wegen des sehr hohen Drucks in Rohren geführt wird, die von außen mit Rauchgas beheizt sind, läuft im Kondensator das Kühlwasser in den Rohren, um den außen anliegenden Nassdampf zu kondensieren.

Die im Clausius-Rankine-Prozess zu- und abgeführten Wärmen ermittelt man aus:

$$q_{zu} = q_{15} = h_5 - h_1 > 0 \qquad \text{(isobar zugeführte Wärme)}$$

$$q_{ab} = q_{61} = h_1 - h_6 < 0 \qquad \text{(isobar abgeführte Wärme)}$$

$$|q_{ab}| = q_{16} = h_6 - h_1 > 0$$

Die spezifische Kreisprozessarbeit $w$ ist in Abbildung 8-22 im $T,s$-Diagramm farblich hervorgehoben und im Mollier $h,s$-Diagramm als Strecke eingezeichnet.

$$w = q_{zu} - |q_{ab}| = (h_5 - h_1) - (h_6 - h_1) = h_5 - h_6 \tag{8-41}$$

Für konstanten Arbeitsmittelstrom $\dot{m}_D$ ergibt sich die theoretisch aus dem Clausius-Rankine-Prozess gewinnbare Leistung zu

$$P = \dot{m}_D \cdot w \tag{8-42}$$

Im realen Kraftwerksprozess wird jedoch an mehreren Stellen der Turbine teilentspannter Dampf (zum Beispiel für die regenerative Speisewasservorwärmung) entnommen, so dass für die Ermittlung der Leistung $P$ die tatsächlichen Dampfmasseströme dem jeweiligen Enthalpiegefälle zugeordnet werden müssen.

Der allgemeine Ansatz für den thermischen Wirkungsgrad (8-2) erfährt für den Clausius-Rankine-Prozess folgende Spezifizierung:

- ohne Berücksichtigung der Speisewasserpumpe

$$\eta_{th,CR} = \frac{w}{q_{zu}} = \frac{h_5 - h_6}{h_5 - h_1} = \frac{h(p_F, t_F) - h(p_K, t_K, x_6)}{h(p_F, t_F) - h'(p_K)} \quad \text{(8-43a)}$$

- mit Berücksichtigung der Speisewasserpumpe

$$\eta_{th,CR} = \frac{w_{t,56} - w_{t,12}}{q_{zu}} = \frac{(h_5 - h_6) - (h_2 - h_1)}{h_5 - h_1}$$

$$\eta_{th,CR} = \frac{h(p_F, t_F) - h(p_K, t_K, x_6) - v'(p_K) \cdot (p_F - p_K)}{h(p_F, t_F) - h'(p_K)} \quad \text{(8-43b)}$$

## 8.4.2 Beeinflussung des thermischen Prozesswirkungsgrades

Sowohl wachsender Frischdampfdruck $p_F$ als auch steigende Frischdampftemperatur $t_F$ und sinkender Kondensationsdruck $p_K$ verbessern den thermischen Wirkungsgrad des Clausius-Rankine-Prozesses.

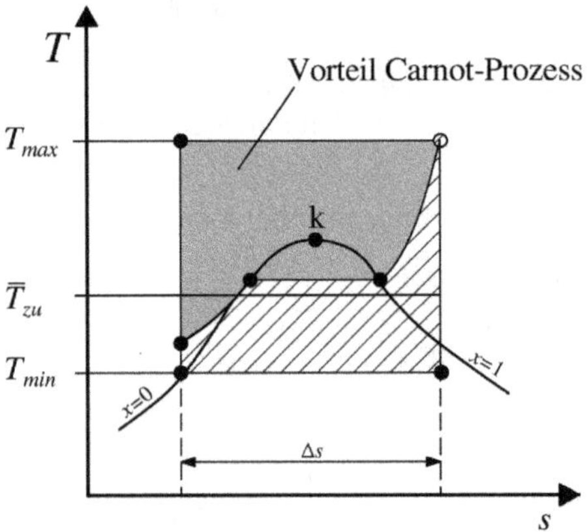


**Abb. 8-25:** Carnot-Prozess und Clausius-Rankine-Prozess im Vergleich.

Die mittleren Temperaturen $\overline{T}$ für Wärmezu- sowie Wärmeabfuhr sind bestimmbar aus

$$\overline{T}_{zu} = \frac{h_5 - h_1}{s_5 - s_1} < T_5 = T_{max} \qquad \overline{T}_{ab} = T_s(p_K) = T_{min} = \text{konstant} \quad \text{(8-44)}$$

Aus (8-44) folgt zwingend, dass der thermische Wirkungsgrad des Clausius-Rankine-Prozesses stets kleiner ist als der des Carnot-Prozesses mit der jeweils selben minimalen und maximalen Grenztemperatur. Die entsprechenden Verhältnisse sind grafisch veranschaulicht in Abbildung 8-25. Die gegenüber dem Carnot-Prozess verminderte Ausbeute an spezifischer Kreisprozessarbeit ist farblich hervorgehoben.

Der Druck am Turbinenaustritt entspricht annähernd dem Kondensationsdruck. Dadurch ist die Temperatur festgelegt, bei der im Prozess programmgemäß Wärme an die Umgebung abgegeben wird. Der thermische Wirkungsgrad des Clausius-Rankine-Prozesses steigt mit fallendem Kondensationsdruck, der jedoch vom Zustand der örtlichen Umgebung abhängt. Je nach Qualität der vor Ort vorhandenen Wärmesenke betragen die Kondensationsdrücke bei:

- Frischwasserkühlung 0,03 bar $< p_K <$ 0,05 bar 24 °C $< t_s(p_K) <$ 33 °C
- Nasskühlung im Kühlturm 0,04 bar $< p_K <$ 0,11 bar 29 °C $< t_s(p_K) <$ 46 °C
- direkter Trockenkühlung 0,07 bar $< p_K <$ 0,14 bar 39 °C $< t_s(p_K) <$ 52 °C

Jedoch muss man beachten, dass mit fallendem Kondensationsdruck der Dampfanteil $x$ im Nassdampf sinkt und sich der kritischen Grenze $x \leq 0{,}85$ nähert. Die Turbinenbeschaufelung ist sehr empfindlich gegenüber Erosion durch sich bildende Wassertröpfchen bei der Abnahme des Dampfanteils im Nassdampfbereich. Die Austrittsquerschnitte bei den Niederdruckturbinen liegen durch die werkstoffbedingten Materialfestigkeiten und konstruktiv tolerierten Strömungsverluste im Arbeitspunkt fest. Ein tieferer Kondensationsdruck erhöht die Dampfgeschwindigkeit und dadurch die damit quadratisch zunehmenden Strömungsverluste.

Steigende *Frischdampfparameter* heben den thermischen Prozesswirkungsgrad an. Mit der Wahl eines optimalen Frischdampfzustandes werden die Investitionsaufwendungen für eine Dampfkraftanlage entscheidend beeinflusst. Frischdampfdruck und -temperatur sind aber nicht unabhängig voneinander frei wählbar. So sollte man Dampf geringen Druckes keinesfalls zu stark überhitzen, da sonst der Dampfzustand nach Verlassen der Turbine in einem Bereich liegt, der die Weiterführung des Kreisprozesses technisch erheblich erschwert bzw. wirtschaftlich unmöglich macht. Die Wärmeabfuhr müsste auf hohem Temperaturniveau erfolgen. Dampfturbinen kleiner Leistung können auch nicht mit zu hohen Frischdampfdrücken beaufschlagt werden, weil wegen der dann entstehenden Spalt- und Randverluste mögliche thermodynamische Vorteile zunichte gemacht würden. Erhöhungen der Frischdampfparameter stehen daher sinnvoll immer in einem optimierten Verhältnis zur Größe der Dampfkraftanlage (Leistungsklasse der Dampfturbine).

Andererseits müssen sich die Frischdampftemperaturen an den gesicherten Temperaturfestigkeiten der eingesetzten Werkstoffe orientieren. Werden für temperaturexponierte Bauteile einer Dampfkraftanlage Temperaturen von 565 °C überschritten, sind austenitische Stähle zu verwenden, die deutlich teurer und schwerer zu verarbeiten sind, als die sonst einsetzbaren Stahlmarken. Bei den momentan üblichen Dampfdrücken von circa 250 bar sind bei Verwendung hochwertiger Werkstoffe auf Nickelbasis in Verbindung mit ihrer fachgerechten Verarbeitung Frischdampftemperaturen bis 650 °C realisierbar. Die höheren Investitionskosten für die teureren Werkstoffe müssen sich aus ersparten Brennstoffkosten durch den höheren Wirkungsgrad rechtfertigen.

Die Erhöhung der Frischdampfparameter führt bei Expansion auf Kondensatordruck auf Zustandsbereiche im Nassdampfgebiet mit für den sicheren Betrieb der Turbinen zu hohem Wassergehalt im Dampf. Dieser Situation begegnet man durch eine Unterbrechung der Expansion des Dampfes in der Turbine oberhalb der Taulinie und erneute Überführung des Dampfstromes in einen Überhitzer. Dort wird der Dampf isobar auf eine so hohe Temperatur überhitzt, dass man bei der folgenden weiteren Expansion in der Turbine den kritischen Nassdampfbereich nicht erreicht. Abbildung 8-26 verdeutlicht das Prinzip der *Zwischenüberhitzung*. Der für entsprechend hohe Frischdampfparameter erforderlichen Zwischenüberhitzung kommt die heute aus konstruktiven Gründen vorgenommene Aufteilung der Turbine in einen Hochdruck-, Mitteldruck- sowie Niederdruckteil entgegen. Die Zwischenüberhitzung erfolgt in der Regel hinter der Hochdruckturbine.

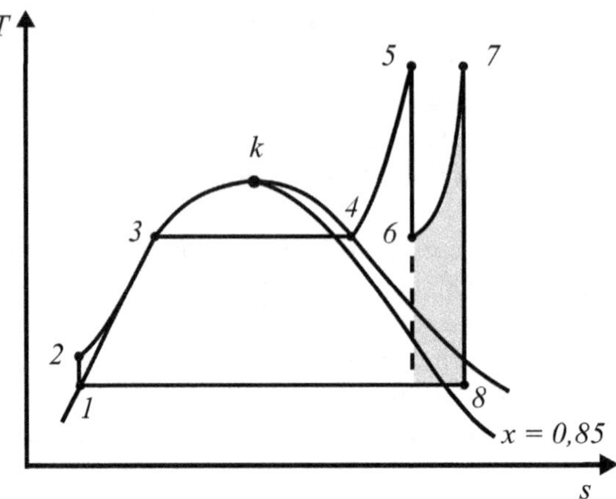


**Abb. 8-26:** Grundprozess mit Zusatzprozess Zwischenüberhitzung (farblich unterlegt) für hohe Frischdampfparameter im $T,s$-Diagramm.

Die Zwischenüberhitzung führt nicht automatisch, sondern nur dann zu einer Wirkungsgradsteigerung, wenn dabei die mittlere Temperatur der Wärmezufuhr oberhalb der des Hauptprozesses liegt. Für die meisten Kraftwerksanlagen wird eine einmalige Zwischenüberhitzung vorgesehen. Der mit einer zweiten Zwischenüberhitzung erzielbare Wirkungsgradgewinn liegt meist unter einem Prozentpunkt, so dass sich diese Investition oft nicht rentiert.

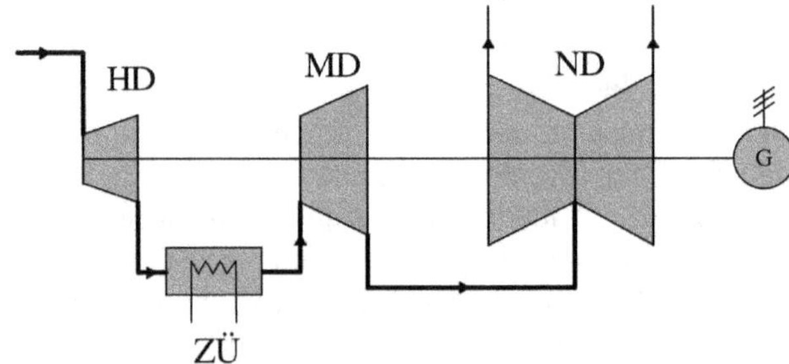


**Abb. 8-27:** Schaltbild einer einwelligen Dampfturbine mit Zwischenüberhitzung nach HD-Teil sowie mit nachgeordnetem einflutigen MD-Teil und zweiflutigen ND-Teil.

Eine Annäherung des Clausius-Rankine-Prozesses an den Carnot-Prozess erreicht man dadurch, dass das Speisewasser nach Verlassen des Kondensators durch prozessinternen Wärmetausch auf eine deutlich über der Siedetemperatur bei Kondensationsdruck liegende Temperatur gebracht wird. Technisch realisiert man eine solche *regenerative Speisewasservorwärmung* durch Anzapfdampf, den man an geeigneten Stellen der Turbine entnimmt. Die dazu entweder als Mischvorwärmer oder als Rekuperator eingesetzten Wärmeübertrager bewirken, dass das Speisewasser nicht durch die heißen Verbrennungsgase im Dampferzeuger, sondern durch teilentspannten Dampf aus der Turbine vorgewärmt wird.

Die Speisewasservorwärmung ist theoretisch bis zum Erreichen der Siedetemperatur bei Frischdampfdruck durchführbar. Je intensiver die Vorwärmung, desto höher fallen die erzielbaren Wirkungsgradgewinne aus. Der Umfang der anlagentechnisch aufwändigen regenerativen Speisewasservorwärmung richtet sich aber hauptsächlich nach dem geplanten Einsatz des Kraftwerkes. Für ein Grundlastkraftwerk werden bis zu zehn Vorwärmstufen vorgesehen, für Kraftwerke im Mittellastbereich oft nur vier bis sechs.

Die Speisewasservorwärmung dient außerdem der thermischen Entgasung des Speisewassers, um darin gelöste Luft vor Eintritt in den Dampferzeuger auszutreiben.

### 8.4.3 Annäherung an den realen Kraftwerksprozess

Für die vom reversiblen Clausius-Rankine-Prozess nicht erfassten Verluste werden verschiedene Wirkungsgrade definiert, die Effekte wie Reibung, Drosselverluste, Strömungsverluste und nicht programmgemäße Wärmeverluste quantifizieren. Der Gesamtwirkungsgrad ergibt sich dann aus einer Kette von Einzelwirkungsgraden.

Umwandlungsverluste in einer Dampfturbine können folgendermaßen klassifiziert werden:

- *Schaufelverluste* (Reibung und Ablösung der Strömung in Schaufelkanälen nimmt mit dem Quadrat der Strömungsgeschwindigkeit zu)
- *Spaltverluste* (über die Spalte zwischen Gehäuse und drehenden Teilen der Turbine strömt proportional zur Spaltbreite und Druckdifferenz ungewollt Dampf ab, der nicht am Energieumwandlungsprozess teilnimmt)
- *Radreibung* (Reibung der rotierenden Teile im umgebenden Fluid)
- *Ventilation* (Ventilationsleistung als Verlust entsteht, wenn bei Teillast der nicht beaufschlagte Teil des Laufrades wie ein Ventilator wirkt)
- *Austrittsverlust* (kinetische Energie des Dampfes am Turbinenaustritt)
- *Verluste durch Dampfnässe* (bei Überschreiten der Taulinie bilden sich Wassertropfen, die beim Auftreffen auf die Laufschaufeln bremsend wirken)

Die hier beschriebenen Verlustarten führen dazu, dass im Verhältnis zum erwarteten Austrittszustand bei isentroper Entspannung Entropie $s$ und Enthalpie $h$ sowie Dampfanteil $x$ steigen. Abbildung 8-28 illustriert die Definition des inneren (isentropen) Wirkungsgrades der Entspannung $\eta_i$, mit dem die oben genannten Effekte summarisch erfasst werden.

$$\eta_i = \frac{\Delta h_{real}}{\Delta h_{is}} = \frac{h_5 - h_{6,real}}{h_5 - h_{6,is}} \tag{8-45}$$

Der reale Verlauf der Entspannung in der Turbine ist meist nicht genau bekannt. Anfangs- und Endpunkt sind aber durch Messungen bestimmbar, die Verbindung durch die in Abbildung 8-28 eingezeichnete gestrichelte Linie ist jedoch nur ein fiktiv angedeuteter Verlauf.

Für moderne Hoch- und Mitteldruckturbinen liegt der Gütegrad der Entspannung in der Größenordnung $0{,}92 < \eta_i < 0{,}95$, für Niederdruckturbinen wegen der höheren Dampfendnässe im Bereich $0{,}89 < \eta_i < 0{,}91$.

Ergänzend dazu berücksichtigt der Turbinenwirkungsgrad $\eta_T$ noch die mechanischen Verluste infolge von Dampfleckagen in den äußeren Wellendichtungen und der Reibung in den Lagern durch einen mechanischen Wirkungsgrad in der Größenordnung $0{,}98 < \eta_m < 0{,}99$.

$$\eta_T = \eta_i \cdot \eta_m \tag{8-46}$$

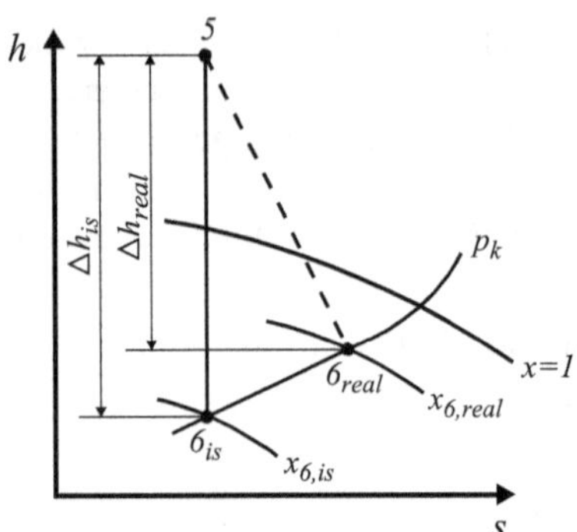


**Abb. 8-28:** Isentrope und angedeutete reale Entspannung in einer Turbine im Mollier $h,s$-Diagramm.

Als *effektiven Kupplungswirkungsgrad einer Dampfkraftanlage* $\eta_{eff}$ bezeichnet man die multiplikative Verknüpfung von thermischen Prozesswirkungsgrad und Turbinenwirkungsgrad.

$$\eta_{eff} = \eta_{th,CR} \cdot \eta_T \tag{8-47}$$

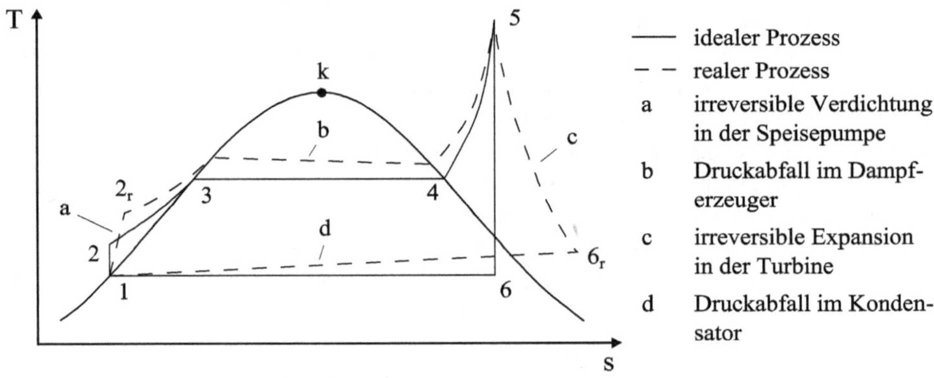


**Abb. 8-29:** Idealer und realer Prozessverlauf beim Clausius-Rankine-Prozess im $T,s$-Diagramm.

Der Gesamtwirkungsgrad einer realen Dampfkraftanlage wird auch von Teilprozessen bestimmt, die im Clausius-Rankine-Prozess nicht erfasst sind, aber im Kraftwerksbetrieb für weitere relevante Verluste sorgen. Dafür definiert man die in Tabelle 8-9 erfassten Teilwirkungsgrade, die dann multiplikativ nach den Formeln (8-48) zum Gesamtwirkungsgrad des Kraftwerkes $\eta_{ges}$ verknüpft werden.

Der *Brutto-Kraftwerkswirkungsgrad* $\eta_{ges}$ als Maß für das Verhältnis von elektrischer Klemmleistung $P_{Kl}$ zur zugeführten Brennstoffleistung $\dot{Q}_{zu}$ ergibt sich damit aus

$$\eta_{ges} = \frac{P_{Kl}}{\dot{Q}_{zu}} = \frac{P_{Kl}}{\dot{m}_{Br} \cdot H_u} = \eta_{eff} \cdot \eta_K \cdot \eta_R \cdot \eta_G \tag{8-48a}$$

Die zugeführte Brennstoffleistung ist das Produkt aus Brennstoffmassenstrom $\dot{m}_{Br}$ und unterem Heizwert $H_u$ des eingesetzten Brennstoffes.

**Tab. 8-9:** Wirkungsgrade für Teilprozesse realer Dampfkraftanlagen mit relevanten Energieverlusten, die nicht im Clausius-Rankine-Vergleichsprozess berücksichtigt werden.

| Bezeichnung | Definition |
|---|---|
| Kesselwirkungsgrad<br>$0{,}87 < \eta_K < 0{,}93$ für Braunkohle<br>$0{,}90 < \eta_K < 0{,}96$ für Steinkohle<br>$0{,}93 < \eta_K < 0{,}97$ für Erdgas/-öl | Verhältnis der vom Dampf im Dampferzeuger aufgenommenen Wärmeleistung zu der zugeführten Brennstoffleistung. Bei der Dampferzeugung im Kessel entstehen Energieverluste durch Strahlung und Konvektion an den Außenflächen, durch unverbrannten Brennstoff, durch in der Asche gebundene Energie sowie durch Abgaswärmeverluste infolge des Temperaturunterschiedes zwischen den heißen Rauchgasen und dem Arbeitsmittel. |
| Rohrleitungswirkungsgrad<br>$0{,}985 < \eta_R < 0{,}992$ | Verhältnis der der Turbine zugeführten Energie zur im Kessel vom Dampf aufgenommenen Energie. Auf dem Weg vom Dampferzeuger zur Turbine verliert der Dampf einen Teil seiner Enthalpie und seines Druckes durch Wärmeverluste (unvollkommene Isolierung) und durch Strömungsverluste (Rohrreibung und Regelventile). |
| Generatorwirkungsgrad<br>$0{,}985 < \eta_G < 0{,}990$ | Verhältnis der vom Generator abgegebenen Leistung zu der an der Kupplung zugeführten Leistung, manchmal auch mit Berücksichtigung des Wirkungsgrades des Transformators. Die untere Grenze gilt für Generatorleistungen zwischen 100 und 300 MW, die obere für Generatoren zwischen 500 und 1000 MW. |
| Eigenbedarfswirkungsgrad<br>$0{,}93 < \eta_{Ei} < 0{,}96$ | Verhältnis der Kraftwerksnettoleistung zur Generatorleistung. Der Eigenbedarf resultiert aus dem Betrieb von Hilfs- und Nebenanlagen des Kraftwerks, zum Beispiel Pumpen. Er ist zu unterscheiden vom zur nutzbaren Abgabe zählenden Betriebsbedarf (Verwaltungsgebäude, Werkstätten, Raumheizungen auf Kraftwerksgelände). |

Der *Netto-Kraftwerkswirkungsgrad* $\eta_{ges}$ berücksichtigt zusätzlich den Eigenbedarfswirkungsgrad

$$\eta_{ges} = \frac{P_{Kl}}{\dot{Q}_{zu}} = \frac{P_{Kl}}{\dot{m}_{Br} \cdot H_u} = \eta_{eff} \cdot \eta_K \cdot \eta_R \cdot \eta_G \cdot \eta_{Ei} \tag{8-48b}$$

Die tatsächlichen Wirkungsgrade von Kraftwerken[25] hängen zusätzlich von der konkreten Anlagenschaltung in Verbindung mit der Fahrweise des Kraftwerkes, von der Art des eingesetzten Brennstoffes und vom jeweiligen Umgebungszustand ab. Bei Kraft-Wärme-Kopplung (KWK) ist nicht nur die Stromproduktion, sondern auch die Wärmenutzung bei der Ermittlung eines Gesamtwirkungsgrades zu berücksichtigen.

### 8.4.4 Verstehen durch Üben: Clausius-Rankine-Prozess

**Aufgabe 8.4-1:** Entwicklung des Prozesswirkungsgrades des Clausius-Rankine-Prozesses
Anfang des 20. Jahrhunderts wurden Dampfkraftanlagen bei unterkritischer Prozessführung mit Frischdampftemperaturen von 300 °C bei Frischdampfdrücken von 11,8 bar (circa 12 at) betrieben. Der übliche Kondensatordruck lag damals bei 0,1 bar, der innere Wirkungsgrad für die Entspannung bei 0,70. Anfang des 21. Jahrhunderts sind Frischdampftemperaturen von 600 °C bei 250 bar möglich (überkritische Prozessführung). Die inneren Wirkungsgrade für die Entspannung liegen bei 0,93 und man kann an vielen Standorten einen Kondensatordruck von 0,06 bar erreichen.

---

[25] Für Gewährleistungsmessungen oder zum Vergleich von Wirkungsgraden verschiedener Kraftwerke müssen die Berechnungen von standardisierten Bedingungen ausgehen. Hinweise dazu können der Richtlinie *VDI 3986: Ermittlung des Wirkungsgrades von konventionellen Kraftwerken* entnommen werden.

a) Berechnen Sie Druck, Temperatur, spezifisches Volumen, Enthalpie und Entropie für den unterkritischen reversiblen Clausius-Rankine-Prozess und geben Sie die mittlere Temperatur in °C für die Wärmezu- sowie Wärmeabfuhr an!
b) Berechnen Sie Druck, Temperatur, spezifisches Volumen, Enthalpie und Entropie für den überkritischen reversiblen Clausius-Rankine-Prozess und geben Sie die mittlere Temperatur in °C für die Wärmezu- sowie Wärmeabfuhr an!
c) Welcher thermische Wirkungsgrad wird jeweils in beiden Prozessen bei Vernachlässigung und bei Berücksichtigung der Speisewasserpumpenarbeit und isentroper Entspannung erreicht?
d) Welcher thermische Wirkungsgrad wird jeweils in beiden Prozessen bei Berücksichtigung der isentropen Speisewasserpumpenarbeit und realer Entspannung erreicht?

Gegeben:
unterkritischer Prozess:
$t_F = 300$ °C $\quad p_F = 11{,}8$ bar $\quad p_K = 0{,}1$ bar $\quad \eta_i = 0{,}70$
überkritischer Prozess:
$t_F = 600$ °C $\quad p_F = 250$ bar $\quad p_K = 0{,}06$ bar $\quad \eta_i = 0{,}93$

Vorüberlegungen:
1. Die gesuchten Zustandsdaten in den Eckpunkten stellt man zweckmäßig in einer Tabelle zusammen.
2. Ausgangspunkt ist immer Zustandspunkt 1 als Schnittpunkt von Siedelinie $x = 0$ und der Isobaren bei Kondensationsdruck. In der Wasserdampftafel liest man die Zustandsdaten für siedende Flüssigkeit bei Kondensationsdruck ab!
3. Vernachlässigung der Speisewasserpumpenarbeit bedeutet, dass die Zustandspunkte 1 und 2 zusammenfallen.

**Lösung:**
a) unterkritischer Heißdampfprozess

**Tab. 8-10:** Zustandspunkte im reversiblen Clausius-Rankine-Prozess für einen unterkritischen Heißdampf.

| Zustand | *p* in bar | *t* in °C | *v* in m³/kg | *h* in kJ/kg | *s* in kJ/(kg K) |
|---|---|---|---|---|---|
| **1** siedende Flüssigkeit | **0,1** | 45,81 | 0,00101026 | 191,812 | 0,64922 |
| **2** Wasserflüssigkeit | **11,8** | 45,85 | 0,00101026 | 192,994 | 0,64922 |
| **3** siedende Flüssigkeit | **11,8** | 187,19 | 0,00113740 | 795,039 | 2,2088 |
| **4** trocken ges. Dampf | **11,8** | 187,19 | 0,166087 | 2783,15 | 6,5277 |
| **5** überhitzter Dampf | **11,8** | **300,00** | 0,242067 | 3046,54 | 7,0772 |
| **6** Nassdampf | **0,1** | 45,81 | 12,5743 | 2242,06 | 7,0772 |

*Zustandspunkt 1*: (siehe Vorüberlegungen)

*Zustandspunkt 2*: Verdichtung nach Aufgabenstellung isentrop ($s_2 = s_1$) und weitgehend isochor ($v_2 \approx v_1$), weil flüssiges Wasser als inkompressibel angesehen werden kann!

Speisewasserpumpenarbeit:

$$w_{t,12} = h_2 - h_1 = v'(p_2 - p_1) = 0{,}00101026\ \text{m}^3/\text{kg} \cdot (11{,}8 - 0{,}1) \cdot 10^5\ \text{N/m}^2 = 1{,}1819\ \text{kJ/kg}$$

$$h_2 = h_1 + w_{t,12} = 191{,}812\ \text{kJ/kg} + 1{,}1819\ \text{kJ/kg} = \underline{\underline{192{,}994\ \text{kJ/kg}}}$$

Temperatur $t_2$ ergibt sich aus der linearen Interpolation der Enthalpien für Wasserflüssigkeit zwischen $h$(11,8 bar, 45 °C) und $h$(11,8 bar, 50 °C). Die genannten Enthalpiewerte müssen wegen fehlender Werte für überhitzten Dampf bei 11,8 bar gleichfalls durch lineare Interpolation zwischen 10 und 30 bar gewonnen werden.

$$h(11{,}8\,\text{bar}, 45\,°\text{C}) = h(10\,\text{bar}, 45\,°\text{C}) + \frac{(11{,}8-10)\,\text{bar}}{(30-10)\,\text{bar}} \cdot \left[h(30\,\text{bar}, 45\,°\text{C}) - h(10\,\text{bar}, 45\,°\text{C})\right]$$

$$h(11{,}8\,\text{bar}, 45\,°\text{C}) = 189{,}303\,\text{kJ/kg} + 0{,}09 \cdot (191{,}050 - 189{,}303)\,\text{kJ/kg} = 189{,}460\,\text{kJ/kg}$$

$$h(11{,}8\,\text{bar}, 50\,°\text{C}) = 210{,}188\,\text{kJ/kg} + 0{,}09 \cdot (211{,}912 - 210{,}188)\,\text{kJ/kg} = 210{,}343\,\text{kJ/kg}$$

$$t_2 = 45°\text{C} + \frac{(192{,}994 - 189{,}460)\,\text{kJ/kg}}{(210{,}335 - 189{,}460)\,\text{kJ/kg}} \cdot (50°\text{C} - 45°\text{C}) = \underline{\underline{45{,}85°\text{C}}}$$

*Zustandspunkt 3:*
Sämtliche Werte müssen aus den Werten für siedende Flüssigkeit zwischen 11 und 12 bar linear interpoliert werden.

$$\frac{(11{,}8 - 11{,}0)\,\text{bar}}{(12{,}0 - 11{,}0)\,\text{bar}} = 0{,}8$$

$$t_3 = t_s(11{,}8\,\text{bar}) = 184{,}07\,°\text{C} + 0{,}8 \cdot (187{,}965 - 184{,}07)\,\text{K} = \underline{\underline{187{,}19\,°\text{C}}}$$

$$v_3 = v'(11{,}8\text{ bar}) = [1{,}13299 + 0{,}8 \cdot (1{,}1385 - 1{,}13299)] \cdot 10^{-3}\,\text{m}^3/\text{kg} = \underline{\underline{0{,}00113740\text{ m}^3/\text{kg}}}$$

$$h_3 = h'(11{,}8\text{ bar}) = 781{,}198\text{ kJ/kg} + 0{,}8 \cdot (798{,}499 - 781{,}198)\text{ kJ/kg} = \underline{\underline{795{,}039\text{ kJ/kg}}}$$

$$s_3 = s'(11{,}8\text{ bar}) = 2{,}1789\text{ kJ/(kg K)} + 0{,}8 \cdot (2{,}2163 - 2{,}1789)\text{ kJ/(kg K)} = \underline{\underline{2{,}2088\text{ kJ/(kg K)}}}$$

*Zustandspunkt 4*:
Sämtliche Werte müssen linear interpoliert werden aus den Werten für trocken gesättigten Dampf zwischen 11 und 12 bar.

$$t_4 = t_3 = t_s(11{,}8\,\text{bar}) = \underline{\underline{187{,}19\,°\text{C}}}$$

$$v_4 = v''(11{,}8\,\text{bar}) = 0{,}177436\,\text{kg/m}^3 + 0{,}8 \cdot (0{,}16325 - 0{,}177436)\,\text{kg/m}^3 = \underline{\underline{0{,}166087\,\text{kg/m}^3}}$$

$$h_4 = h''(11{,}8\,\text{bar}) = 2780{,}67\text{ kJ/kg} + 0{,}8 \cdot (2783{,}77 - 2780{,}67)\text{ kJ/kg} = \underline{\underline{2783{,}15\text{ kJ/kg}}}$$

$$s_4 = s''(11{,}8\,\text{bar}) = 6{,}5520\text{ kJ/(kg K)} + 0{,}8 \cdot (6{,}5217 - 6{,}5520)\text{ kJ/(kg K)} = \underline{\underline{6{,}5277\text{ kJ/(kg K)}}}$$

*Zustandspunkt 5*:
Interpolation der Werte für 11,8 bar zwischen 10 und 30 bar für überhitzten Dampf

$$\frac{(11{,}8-10{,}0)\ \text{bar}}{(30{,}0-10{,}0)\ \text{bar}}=0{,}09$$

$$v(11{,}8\ \text{bar},300\ °\text{C})=v(10\ \text{bar},300\ °\text{C})+0{,}09\cdot[v(30\ \text{bar},300\ °\text{C})-v(10\ \text{bar},300\ °\text{C})]$$

$$v(11{,}8\ \text{bar},300\ °\text{C})=$$
$$0{,}257979\,\text{m}^3/\text{kg}+0{,}09\cdot[0{,}0811753-0{,}257979]\text{m}^3/\text{kg}=\underline{\underline{0{,}242067\,\text{m}^3/\text{kg}}}$$

$$h(11{,}8\ \text{bar},300\ °\text{C})=3051{,}70\ \text{kJ/kg}+0{,}09\cdot[2994{,}35-3051{,}70]\text{kJ/kg}=\underline{\underline{3046{,}54\ \text{kJ/kg}}}$$

$$s(11{,}8\ \text{bar},300\ °\text{C})=7{,}1247\frac{\text{kJ}}{\text{kg K}}+0{,}09\cdot(6{,}5412-7{,}1247)\frac{\text{kJ}}{\text{kg K}}=\underline{\underline{7{,}0772\frac{\text{kJ}}{\text{kg K}}}}$$

*Zustandspunkt 6:*
Der Dampfanteil $x_6$ kann errechnet werden aus der sich durch isentrope Entspannung 5 → 6 ergebenden Bedingung:

$$s_5=s_6=s'(0{,}1\ \text{bar})+x_6(s''-s')_{0{,}1\,\text{bar}}=7{,}0772\ \text{kJ/(kg K)}$$

$$x_6=\frac{s_5-s'(0{,}1\ \text{bar})}{(s''-s')_{0{,}1\,\text{bar}}}=\frac{(7{,}0772-0{,}64922)\ \text{kJ/(kg K)}}{(8{,}1489-0{,}64922)\ \text{kJ/(kg K)}}=0{,}8571 \qquad x_6>0{,}85\ \text{ ist erfüllt!}$$

$$v_6=v'(0{,}1\ \text{bar})+x_6(v''-v')_{0{,}1\,\text{bar}}$$

$$v_6=0{,}00101026\ \text{m}^3/\text{kg}+0{,}8571\cdot(14{,}6706-0{,}00101026)\ \text{m}^3/\text{kg}=\underline{\underline{12{,}5743\ \text{m}^3/\text{kg}}}$$

$$h_6=h'(0{,}1\ \text{bar})+x_6(h''-h')_{0{,}1\,\text{bar}}$$

$$h_6=191{,}812\ \text{kJ/kg}+0{,}8571\cdot(2583{,}89-191{,}812)\ \text{kJ/kg}=\underline{\underline{2242{,}06\ \text{kJ/kg}}}$$

mittlere Temperaturen für Wärmezu- und Wärmeabfuhr:

$$\overline{T}_{zu}=\frac{h_5-h_1}{s_5-s_1}=\frac{(3046{,}54-191{,}812)\ \text{kJ/kg}}{(7{,}0772-0{,}64922)\ \text{kJ/(kg K)}}=\underline{\underline{444{,}11\ \text{K}}} \qquad \underline{\underline{\overline{t}_{zu}=170{,}96\ °\text{C}}}$$

$$\overline{T}_{ab}=T_s(p_K)=\underline{\underline{318{,}96\ \text{K}}} \qquad \underline{\underline{\overline{t}_{ab}=45{,}81\ °\text{C}}}$$

b) überkritischer Heißdampfprozess

(Zustandspunkte 3 und 4 entfallen, da Nassdampfgebiet nicht mehr durchschritten wird)

**Tab. 8-11:** Zustandspunkte im reversiblen Clausius-Rankine-Prozess für einen überkritischen Heißdampf.

| Zustand | $p$ in bar | $t$ in °C | $v$ in m³/kg | $h$ in kJ/kg | $s$ in kJ/(kg K) |
|---|---|---|---|---|---|
| **1** siedende Flüssigkeit | **0,06** | 36,16 | 0,00100645 | 151,494 | 0,52087 |
| **2** Wasserflüssigkeit | **250,00** | 36,87 | 0,00100645 | 176,649 | 0,52087 |
| **5** überhitzter Dampf | **250,00** | **600,00** | 0,0141397 | 3493,69 | 6,3638 |
| **6** Nassdampf | **0,06** | 36,16 | 17,7606 | 1958,77 | 6,3638 |

*Zustandspunkt 1*: (siehe Vorüberlegungen)

*Zustandspunkt 2*: Verdichtung nach Aufgabenstellung isentrop ($s_2 = s_1$) und weitgehend isochor ($v_2 \approx v_1$)!
Speisewasserpumpenarbeit:

$$w_{t,12} = h_2 - h_1 = v'(p_2 - p_1) = 0{,}00100645\ \text{m}^3/\text{kg} \cdot (250 - 0{,}06) \cdot 10^5\ \text{N/m}^2 = 25{,}155\ \text{kJ/kg}$$

$$h_2 = h_1 + w_{t,12} = 151{,}494\ \text{kJ/kg} + 25{,}155\ \text{kJ/kg} = \underline{\underline{176{,}649\ \text{kJ/kg}}}$$

Interpolation der Temperatur $t_2$ aus der Wasserdampftafel. Aus den Enthalpiewerten ist erkennbar, dass die gesuchte Temperatur zwischen 35 °C und 40 °C liegen muss.

$$t_2 = 35\,°\text{C} + \frac{(176{,}649 - 168{,}94)\ \text{kJ/kg}}{(189{,}545 - 168{,}94)\ \text{kJ/kg}}(40\,°\text{C} - 35\,°\text{C}) = \underline{\underline{36{,}87\,°\text{C}}}$$

*Zustandspunkt 5:*

Werte werden aus der Wasserdampftafel für überhitzten Dampf bei 250 bar und 600 °C abgelesen (siehe Tabelle 8-10).

*Zustandspunkt 6*:

liegt für isentrope Entspannung im Nassdampfgebiet, denn es gilt:

$$s_6 = s_5 < s''(p_6) = 8{,}3291\ \text{kJ/(kg K)}$$

$$s_5 = s_6 = s'(0{,}06\ \text{bar}) + x_6 (s'' - s')_{0{,}06\ \text{bar}} = 6{,}3638\ \text{kJ/(kg K)}$$

$$x_6 = \frac{s_5 - s'(0{,}06\ \text{bar})}{(s'' - s')_{0{,}06\ \text{bar}}} = \frac{(6{,}3638 - 0{,}52087)\ \text{kJ/(kg K)}}{(8{,}3291 - 0{,}52087)\ \text{kJ/(kg K)}} = 0{,}7483$$

Der hier errechnete Dampfanteil hat wegen der hohen Frischdampfparameter die kritische Untergrenze von $x = 0{,}85$ bereits unterschritten, so dass zwingend eine Zwischenüberhitzung vorzusehen ist!

$$v_6 = v'(0{,}06\ \text{bar}) + x_6 (v'' - v')_{0{,}06\ \text{bar}}$$

$$v_6 = 0{,}00100645\ \text{m}^3/\text{kg} + 0{,}7483 \cdot (23{,}7342 - 0{,}00100645)\ \text{m}^3/\text{kg} = \underline{\underline{17{,}7606\ \text{m}^3/\text{kg}}}$$

$$h_6 = h'(0{,}06\ \text{bar}) + x_6 (h'' - h')_{0{,}06\ \text{bar}}$$

$$h_6 = 151{,}494\ \text{kJ/kg} + 0{,}7483 \cdot (2566{,}67 - 151{,}494)\ \text{kJ/kg} = \underline{\underline{1958{,}77\ \text{kJ/kg}}}$$

mittlere Temperaturen für Wärmezu- und Wärmeabfuhr:

$$\overline{T}_{zu} = \frac{h_5 - h_1}{s_5 - s_1} = \frac{(3493{,}69 - 151{,}494)\,\text{kJ/kg}}{(6{,}3638 - 0{,}52087)\,\text{kJ/(kg K)}} = \underline{\underline{572{,}01\,\text{K}}} \qquad \bar{t}_{zu} = \underline{\underline{298{,}86\,°\text{C}}}$$

$$\overline{T}_{ab} = T_s(p_K) = \underline{\underline{309{,}31\,\text{K}}} \qquad \bar{t}_{ab} = \underline{\underline{36{,}16\,°\text{C}}}$$

Im Verlauf der Entwicklung konnte die mittlere Temperatur für die Wärmezufuhr beträchtlich gesteigert und die Temperatur für die Wärmeabfuhr deutlich niedriger gehalten werden mit positiven Wirkungen für den thermischen Wirkungsgrad bei der Stromerzeugung. Heute beginnt man mit neu entwickelten Werkstoffen Frischdampfdrücke von 300 bar bei Temperaturen von 700 °C auszutesten. Beim Kondensationsdruck könnte man (einen günstigen Standort vorausgesetzt) $p_K =$ 0,03 bar erreichen. Verbesserte Werkstoffe versprechen auch hier die Beherrschung entsprechend größerer Querschnitte in Niederdruckturbinen. Ob sich solche Entwicklungen wirtschaftlich durchsetzen, hängt von den Bedingungen auf den Energiemärkten und von energie- sowie klimapolitischen Entscheidungen ab.

c) thermische Wirkungsgrade bei isentroper Entspannung in der Turbine

- *ohne Speisewasserpumpenarbeit* (unterkritischer Prozess)

$$\eta_{th,CR} = \frac{h_5 - h_6}{h_5 - h_1} = \frac{(3046{,}54 - 2242{,}06)\,\text{kJ/kg}}{(3046{,}54 - 191{,}812)\,\text{kJ/kg}} = \underline{\underline{0{,}2818}}$$

oder

$$\eta_{th,CR} = 1 - \frac{\overline{T}_{ab}}{\overline{T}_{zu}} = 1 - \frac{318{,}96\,\text{K}}{444{,}11\,\text{K}} = \underline{\underline{0{,}2818}} \quad \text{(thermodynamische Temperaturen verwenden!)}$$

- *mit Speisewasserpumpenarbeit* (unterkritischer Prozess)

$$\eta_{th,CR} = \frac{(h_5 - h_6) - w_{t,12}}{h_5 - h_1} = \frac{(3046{,}54 - 2242{,}06)\,\text{kJ/kg} - 1{,}1819\,\text{kJ/kg}}{(3046{,}54 - 191{,}812)\,\text{kJ/kg}} = \underline{\underline{0{,}2814}}$$

- *ohne Speisewasserpumpenarbeit* (überkritischer Heißdampfprozess)

$$\eta_{th,CR} = \frac{h_5 - h_6}{h_5 - h_1} = \frac{(3493{,}69 - 1958{,}77)\,\text{kJ/kg}}{(3493{,}69 - 151{,}494)\,\text{kJ/kg}} = \underline{\underline{0{,}4593}} \quad \text{oder}$$

$$\eta_{th,CR} = 1 - \frac{\overline{T}_{ab}}{\overline{T}_{zu}} = 1 - \frac{309{,}31\,\text{K}}{572{,}01\,\text{K}} = \underline{\underline{0{,}4593}} \quad \text{(thermodynamische Temperaturen verwenden!)}$$

- *mit Speisewasserpumpenarbeit* (überkritischer Heißdampfprozess)

$$\eta_{th,CR} = \frac{(h_5 - h_6) - w_{t,12}}{h_5 - h_1} = \frac{(3493{,}69 - 1958{,}77)\,\text{kJ/kg} - 25{,}155\,\text{kJ/kg}}{(3493{,}69 - 151{,}494)\,\text{kJ/kg}} = \underline{\underline{0{,}4517}}$$

Für eine überschlägige Berechnung des thermischen Prozesswirkungsgrades ist die Vernachlässigung der Speisewasserpumpenarbeit gerechtfertigt!

d) thermische Wirkungsgrade bei realer Entspannung in der Turbine und mit Berücksichtigung der Speisewasserpumpe

Hier modifizieren wir den reversiblen Clausius-Rankine-Prozess mit einer ersten Irreversibilität! Vergleiche dazu Formel (8-45) und Abbildung 8-28!

$$\eta_i = \frac{h_5 - h_{6,real}}{h_5 - h_{6,is}} \qquad h_{6,real} = h_5 - \eta_i (h_5 - h_{6,is})$$

*unterkritischer Heißdampfprozess*:

$$h_{6,real} = 3046{,}54 \text{ kJ/kg} - 0{,}7(3046{,}54 - 2242{,}06) \text{ kJ/kg} = 2483{,}40 \text{ kJ/kg}$$

$$\eta_{th,CR} = \frac{(h_5 - h_{6,real}) - w_{t,12}}{h_5 - h_1} = \frac{(3046{,}54 - 2483{,}40) \text{ kJ/kg} - 1{,}1819 \text{ kJ/kg}}{(3046{,}54 - 191{,}812) \text{ kJ/kg}} = \underline{\underline{0{,}1969}}$$

Anfang des 20. Jahrhunderts lag der thermische Prozesswirkungsgrad für die Stromerzeugung noch unter 20 %!

Neuberechnung von $x_6$ bei realer Entspannung im unterkritischen Heißdampfprozess:

$$h_{6,real} = h'(0{,}1 \text{ bar}) + x_6 (h'' - h')_{0{,}1 \text{ bar}} \qquad x_6 = \frac{h_{6,real} - h'(0{,}1 \text{ bar})}{(h'' - h')_{0{,}1 \text{ bar}}}$$

$$x_6 = \frac{(2483{,}40 - 191{,}812) \text{ kJ/kg}}{(2583{,}89 - 191{,}812) \text{ kJ/kg}} = \underline{\underline{0{,}9580}}$$

*überkritischer Heißdampfprozess*:

$$h_{6,real} = 3493{,}69 \text{ kJ/kg} - 0{,}93 \cdot (3493{,}69 - 1958{,}77) \text{ kJ/kg} = 2066{,}21 \text{ kJ/kg}$$

$$\eta_{th,CR} = \frac{(h_5 - h_{6,real}) - w_{t,12}}{h_5 - h_1} = \frac{(3493{,}69 - 2066{,}21) \text{ kJ/kg} - 25{,}155 \text{ kJ/kg}}{(3493{,}69 - 151{,}494) \text{ kJ/kg}} = \underline{\underline{0{,}4196}}$$

Ohne Speisewasserpumpenarbeit errechnet man einen Prozesswirkungsgrad von 42,71 %. Die hier ausgewiesenen theoretischen thermischen Prozesswirkungsgrade von sind nochmals steigerbar durch die hier obligatorische Zwischenüberhitzung und durch regenerative Speisewasservorwärmung.

Neuberechnung von $x_6$ für überkritischen Heißdampfprozess:

$$x_6 = \frac{(2066{,}21 - 151{,}494) \text{ kJ/kg}}{(2566{,}67 - 151{,}494) \text{ kJ/kg}} = \underline{\underline{0{,}7928}} \quad \text{(Zwischenüberhitzung bleibt erforderlich!)}$$

**Aufgabe 8.4-2:** Einfacher unterkritischer Clausius-Rankine-Prozess

Eine Dampfkraftanlage ist nach dem einfachen reversiblen Clausius-Rankine-Prozess zu analysieren. In der Speisewasserpumpe wird 195 kg/s siedendes Wasser bei 30 °C auf den Druck von 50 bar gefördert, im Dampferzeuger bei konstantem Druck vollständig verdampft und anschließend isobar auf Frischdampftemperatur von 550 °C überhitzt. Der überhitzte Dampf entspannt isentrop in der Turbine bis auf Kondensatordruck. Der Turbinenabdampf kondensiert im flusswassergekühlten Kondensator vollständig zu siedendem Wasser, das dann wiederum nach Verlassen des Kondensators durch die Speisepumpe auf Frischdampfdruck gebracht wird.

a) Wie hoch ist der Kondensatordruck?
b) Welche Leistung in kW wird für die Speisepumpe benötigt?
c) Welche Temperatur weist das flüssige Wasser nach Verlassen der Speisewasserpumpe bei isentroper Verdichtung auf?
d) Welche Wärmeleistung in MW ist im Dampferzeuger zuzuführen?
e) Welche Leistung wird an der Turbinenwelle bei isentroper Entspannung abgegeben?
f) Welche Wärmeleistung ist im Kondensator abzuführen? Wie viel m³/h Kondensat verlassen den Kondensator?
g) Welcher Flusswasserstrom in m³/h ist erforderlich, wenn sich das Flusswasser im Kondensator um 6 K aufheizen darf? Die spezifische Wärmekapazität des Flusswassers betrage gemittelt 4,19 kJ/(kg K) und seine Dichte 1000 kg/m³.
h) Wie hoch ist der thermische Wirkungsgrad der Dampfkraftanlage unter diesen Bedingungen?

Gegeben:

Frischdampfzustand ($p_F$ = 50 bar, $t$ = 550 °C): $h_F$ = 3550,75 kJ/kg $s_F$ = 7,1235 kJ/(kg K)

Kondensationszustand $t_K(p_s)$ = 30 °C: $h' = 125{,}745\,\text{kJ/kg}$ $h'' = 2555{,}58\,\text{kJ/kg}$

$s' = 0{,}43679\,\text{kJ/(kgK)}$ $s'' = 8{,}4521\,\text{kJ/(kgK)}$

$v' = 0{,}00100441\ \text{m}^3\text{/kg}$

$\dot{m} = 195\,\text{kg/s}$ $\rho_{KW} = 1.000\ \text{kg/m}^3$ $\Delta t_{KW} = 6\,\text{K}$ $\bar{c}_W = 4{,}19\,\text{kJ/(kgK)}$

Hinweise zu den Indizes:

Neben den im Buch für thermodynamische Sachverhalte allgemein verwendeten Indizes werden für die Aufgaben CRP-1 bis CRP-3 zur genaueren Kennzeichnung von Größen benutzt:

| | | | | | |
|---|---|---|---|---|---|
| *SP* | Speisewasserpumpe | *DE* | Dampferzeuger | *KE* | Kessel |
| *T* | Dampfturbine | *K* | Kondensator | *KW* | Kühlwasser |
| *E* | Eintritt | *A* | Austritt | | |

**Lösung:**

a) Kondensatordruck = Siededruck bei Siedetemperatur aus Tabelle 9-15

$$p_K = p_s(t_s = 30\,°\text{C}) = \underline{\underline{0{,}0424669\,\text{bar}}}$$

b) Leistung der Speisewasserpumpe

$$P_{SP,is} = \dot{m} \cdot w_{SP,is} = \dot{m} \cdot v'(p_K) \cdot (p_F - p_K)$$

$$P_{SP,is} = 195 \frac{\text{kg}}{\text{s}} \cdot 0{,}00100441 \frac{\text{m}^3}{\text{kg}} \cdot (50 - 0{,}0424669) \cdot 100 \frac{\text{kN}}{\text{m}^2} = \underline{\underline{978{,}468\,\text{kW}}}$$

c) Temperatur des Speisewassers vor Eintritt in Dampferzeuger

$$h_{E,DE}(p_F) = h'(p_K) + v'(p_K) \cdot (p_F - p_K)$$

$$h_{E,DE}(50\,\text{bar}) = 125{,}475 \frac{\text{kJ}}{\text{kg}} + 0{,}00100441 \frac{\text{m}^3}{\text{kg}} \cdot 4995{,}75331 \frac{\text{kN}}{\text{m}^2} = 130{,}493 \frac{\text{kJ}}{\text{kg}}$$

Lineare Interpolation der Tafelwerte Tabelle 9-17 bei $p$ = 50 bar

$$t = t_1 + \frac{h_{E,DE} - h_1}{h_2 - h_1}(t_2 - t_1) = 30\,°\text{C} + \frac{(130{,}493 - 130{,}294)\,\text{kJ/kg}}{(151{,}128 - 130{,}294)\,\text{kJ/kg}}(35\,°\text{C} - 30\,°\text{C}) \approx \underline{\underline{30{,}05\,°\text{C}}}$$

d) Wärmeleistung für Dampferzeuger

$$\dot{Q}_{zu} = \dot{m} \cdot q_{zu} = \dot{m} \cdot (h_F - h_{E,DE}) = 195 \frac{\text{kg}}{\text{s}} \cdot (3550{,}75 - 130{,}493) \frac{\text{kJ}}{\text{kg}} = \underline{\underline{666{,}95\,\text{MW}}}$$

e) an der Turbinenwelle abgegebene Leistung

$$P_{T,is} = \dot{m} \cdot w_{T,is} = \dot{m} \cdot (h_F - h_{E,K,is}) = 195 \frac{\text{kg}}{\text{s}} \cdot (3550{,}75 - 2152{,}77) \frac{\text{kJ}}{\text{kg}} = \underline{\underline{272{,}606\,\text{MW}}}$$

Enthalpie am Turbinenaustritt = Enthalpie am Kondensatoreintritt $h_{E,K}$ wird bestimmt aus Tafelwerten Tabelle 9-15 ($t_s = 30°\text{C}$) mit Dampfanteil $x_{E,K}$. Dieser Dampfanteil ergibt sich aus der Bedingung $s$ = konstant = $s_F = s'(p_K) + x_{E,K}(s'' - s')_{p_K}$ bei der Dampfentspannung in der Turbine.

$$x_{E,K,is} = \frac{s_F - s'(p_K)}{(s'' - s')_{p_K}} = \frac{(7{,}1235 - 0{,}43679)\,\text{kJ/(kg K)}}{(8{,}4521 - 0{,}43679)\,\text{kJ/(kg K)}} = 0{,}83424222$$

$$h_{E,K,is} = h'(p_k) + x_{E,K,is}(h'' - h')_{p_K}$$

$$h_{E,K,is} = 125{,}475 \frac{\text{kJ}}{\text{kg}} + 0{,}83424222 \cdot (2555{,}58 - 125{,}475) \frac{\text{kJ}}{\text{kg}} = 2152{,}77 \frac{\text{kJ}}{\text{kg}}$$

f) abzuführende Wärmeleistung und Kondensatstrom

$$\dot{Q}_K = \dot{m} \cdot (h_{E,K,is} - h'(30°\text{C})) = 195 \frac{\text{kg}}{\text{s}} \cdot (2152{,}77 - 125{,}745) \frac{\text{kJ}}{\text{kg}} = \underline{\underline{395{,}270\,\text{MW}}}$$

$$\dot{V}_K = \dot{m} \cdot v'(30\,°\text{C}) = 195 \frac{\text{kg}}{\text{s}} \cdot 0{,}00100441 \frac{\text{m}^3}{\text{kg}} \cdot \frac{3.600\,\text{s}}{\text{h}} \approx \underline{\underline{705 \frac{\text{m}^3}{\text{h}}}}$$

g) erforderlicher Kühlwasser-Volumenstrom aus Energiebilanz am Kondensator

abzuführende Wärmeleistung = vom Kühlwasser aufzunehmende Wärmeleistung

$$\dot{Q}_K = \rho_{KW} \cdot \dot{V}_{KW} \cdot \bar{c}_{KW} \cdot \Delta t_{KW} \qquad \dot{V}_{KW} = \frac{\dot{Q}_K}{\rho_{KW} \cdot \bar{c}_{KW} \cdot \Delta t_{KW}}$$

$$\dot{V}_{KW} = \frac{395.270 \text{ kW}}{1.000 \text{ kg/m}^3 \cdot 4{,}19 \text{ kJ/(kg K)} \cdot 6 \text{ K}} \cdot \frac{3.600 \text{ s}}{\text{h}} \approx \underline{\underline{56.602 \frac{\text{m}^3}{\text{h}}}}$$

h) thermischer Wirkungsgrad der Dampfkraftanlage

$$\eta_{th,CRP,is} = \frac{P_{T,is} - P_{SP,is}}{\dot{Q}_{zu}} = \frac{(272{,}606 - 0{,}978468) \text{ MW}}{666{,}95 \text{ MW}} \approx \underline{\underline{0{,}4073}}$$

**Aufgabe 8.4-3:** Einfluss der Kondensationsbedingungen

Die in 8.4-2 beschriebene Dampfkraftanlage muss im Laufe der Zeit verschlechterte Kondensationsbedingungen verkraften. Infolge einer Verschmutzung der Kondensatorrohre ist der Kondensationsdruck auf 0,05 bar gestiegen.

Gegeben:

Frischdampfzustand ($p_F$ = 50 bar, $t$ = 550 °C): $h_F$ = 3550,75 kJ/kg $s_F$ = 7,1235 kJ/(kg K)

Kondensationszustand $p_K(t_s)$ = 0,05 bar: $h' = 137{,}765 \text{ kJ/kg}$ $h'' = 2560{,}77 \text{ kJ/kg}$

$s' = 0{,}47625 \text{ kJ/(kgK)}$ $s'' = 8{,}3939 \text{ kJ/(kgK)}$

$v' = 0{,}00100532 \text{ m}^3\text{/kg}$

$\dot{m} = 195 \frac{\text{kg}}{\text{s}}$ $\rho_{KW} = 1.000 \text{ kg/m}^3$ $\Delta t_{KW} = 6 \text{ K}$ $\bar{c}_W = 4{,}19 \text{ kJ/(kg K)}$

**Lösung:**

a) Kondensatordruck nun gegeben, Temperatur des Kondensats aus Tabelle 9-16

$$t_K = t_s(p_s = 0{,}05 \text{ bar}) = \underline{\underline{32{,}8755 \ °\text{C}}}$$

b) Leistung der Speisewasserpumpe bei $p_K$ = 0,05 bar

$$P_{SP,is} = \dot{m} \cdot w_{SP,is} = \dot{m} \cdot v'(p_K) \cdot (p_F - p_K)$$

$$P_{SP,is} = 195 \frac{\text{kg}}{\text{s}} \cdot 0{,}00100532 \frac{\text{m}^3}{\text{kg}} \cdot 49{,}95 \cdot 100 \frac{\text{kN}}{\text{m}^2} = \underline{\underline{979{,}187 \text{ kW}}}$$

c) Temperatur des Speisewassers vor Eintritt in Dampferzeuger

$$h_{E,DE}(p_F) = h'(p_K) + v'(p_K) \cdot (p_F - p_K)$$

$$h_{E,DE}(50 \text{ bar}) = 137{,}765 \frac{\text{kJ}}{\text{kg}} + 0{,}00100532 \frac{\text{m}^3}{\text{kg}} \cdot 4995 \frac{\text{kN}}{\text{m}^2} = 142{,}786 \frac{\text{kJ}}{\text{kg}}$$

Lineare Interpolation der Tafelwerte Tabelle 9-17 bei $p = 50$ bar

$$t = t_1 + \frac{h_{E,DE} - h_1}{h_2 - h_1}(t_2 - t_1) = 30\,°\text{C} + \frac{(142{,}786 - 130{,}294)\ \text{kJ/kg}}{(151{,}128 - 130{,}294)\ \text{kJ/kg}}(35\,°\text{C} - 30\,°\text{C}) \approx \underline{\underline{32{,}98\,°\text{C}}}$$

d) Wärmeleistung für Dampferzeuger

$$\dot{Q}_{zu} = \dot{m} \cdot q_{zu} = \dot{m} \cdot (h_F - h_{E,DE}) = 195\frac{\text{kg}}{\text{s}} \cdot (3550{,}75 - 142{,}786)\frac{\text{kJ}}{\text{kg}} = \underline{\underline{625{,}25\,\text{MW}}}$$

e) an der Turbinenwelle abgegebene Leistung

$$P_{T,is} = \dot{m} \cdot w_{T,is} = \dot{m} \cdot (h_F - h_{E,K,is}) = 195\frac{\text{kg}}{\text{s}} \cdot (3550{,}75 - 2171{,}99)\frac{\text{kJ}}{\text{kg}} = \underline{\underline{229{,}858\,\text{MW}}}$$

Enthalpie am Turbinenaustritt = Enthalpie am Kondensatoreintritt

$h_{E,K}$ wird jetzt bestimmt aus Tafelwerten Tabelle 9-16 ( $p_s = 0{,}05\,\text{bar}$ ) mit Dampfanteil $x_{E,K}$. Dieser Dampfanteil ergibt sich wiederum aus der Bedingung $s$ = konstant = $s_F = s'(p_K) + x_{E,K}(s'' - s')_{p_K}$ bei der Dampfentspannung in der Turbine.

$$x_{E,K,is} = \frac{s_F - s'(p_K)}{(s'' - s')_{p_K}} = \frac{(7{,}1235 - 0{,}47625)\ \text{kJ/(kg K)}}{(8{,}3939 - 0{,}47625)\ \text{kJ/(kg K)}} = 0{,}83954835$$

$$h_{E,K,is} = h'(p_k) + x_{E,K,is}(h'' - h')_{p_K}$$

$$h_{E,K,is} = 137{,}765\frac{\text{kJ}}{\text{kg}} + 0{,}83954835 \cdot (2560{,}77 - 137{,}765)\frac{\text{kJ}}{\text{kg}} = 2171{,}99\frac{\text{kJ}}{\text{kg}}$$

f) abzuführende Wärmeleistung und Kondensatstrom

$$\dot{Q}_K = \dot{m} \cdot (h_{E,K,is} - h'(30\,°\text{C})) = 195\frac{\text{kg}}{\text{s}} \cdot (2171{,}99 - 137{,}765)\frac{\text{kJ}}{\text{kg}} = \underline{\underline{396{,}674\,\text{MW}}}$$

$$\dot{V}_K = \dot{m} \cdot v'(30\,°\text{C}) = 195\,\frac{\text{kg}}{\text{s}} \cdot 0{,}00100532\,\frac{\text{m}^3}{\text{kg}} \cdot \frac{3600\ \text{s}}{\text{h}} \approx \underline{\underline{706\,\frac{\text{m}^3}{\text{h}}}}$$

g) erforderlicher Kühlwasser-Volumenstrom aus Energiebilanz am Kondensator

$$\dot{V}_{KW} = \frac{\dot{Q}_K}{\rho_{KW} \cdot \bar{c}_{KW} \cdot \Delta t_{KW}} = \frac{396.674\ \text{kW}}{1.000\ \text{kg/m}^3 \cdot 4{,}19\ \text{kJ/(kg K)} \cdot 6\ \text{K}} \cdot \frac{3.600\ \text{s}}{\text{h}} \approx \underline{\underline{56.803\,\frac{\text{m}^3}{\text{h}}}}$$

h) thermischer Wirkungsgrad der Dampfkraftanlage bei verschlechterten Kondensationsbedingungen

$$\eta_{th,CRP,is} = \frac{P_{T,is} - P_{SP,is}}{\dot{Q}_{zu}} = \frac{(229{,}858 - 0{,}979187)\ \text{MW}}{625{,}41\,\text{MW}} \approx \underline{\underline{0{,}3660}}$$

**Aufgabe 8.4-4:** Annäherung an den realen Kraftwerksprozess

Die Bedingungen und gegebenen Größen aus Aufgabe 8.4-2 werden nun nachfolgend so ergänzt oder modifiziert, dass sie einen Dampfkraftwerksprozess mit größerer Wirklichkeitsnähe beschreiben. Dazu sind teilweise auch Sachverhalte einzubeziehen, die nicht im thermodynamischen Vergleichsprozess nach Clausius-Rankine untersucht werden. Ziel ist dabei die Bestimmung eines effektiven Kupplungswirkungsgrades und eines elektrischen Netto-Kraftwerkswirkungsgrades.

Die Speisewasserpumpe verfüge über einen isentropen Wirkungsgrad von 81 % und werde elektrisch angetrieben (Eigenbedarfswirkungsgrad der Anlage). Zum Ausgleich der Druckverluste im Dampferzeuger erhöhe die Speisewasserpumpe den Kondensatdruck auf 57 bar, um einen Frischdampfdruck von 50 bar zu gewährleisten. Der Dampferzeuger werde mit Steinkohle befeuert und weise einen Kesselwirkungsgrad von 0,943 auf. Verluste auf dem Weg vom Dampferzeuger zur Turbine werden mit einem Rohrleitungswirkungsgrad von 0,991 erfasst. Die Entspannung in der Turbine erfolge mit einem isentropen Wirkungsgrad von 0,925, die Reibung in den Lagern und Dampfleckagen an den Wellenenden sollen mit einem mechanischen Wirkungsgrad von 0,98 berücksichtigt werden. Der Generatorwirkungsgrad betrage 0,987. Der elektrische Eigenbedarfswirkungsgrad für die Gesamtanlage betrage 0,942.

Bestimmen Sie wiederum die Parameter nach a) bis h) in Aufgabe 8.4-2, wobei Aufgabenteil h) ergänzt wird durch die Frage nach dem effektiven Kupplungswirkungsgrad und der elektrischen Netto-Kraftwerksleistung.

Gegeben: (zusätzlich zu 8.4-2)

$\eta_{i,SP} = 0{,}81$ $\quad p_{E,DE} = 57$ bar $\quad p_{A,DE} = p_F = 50$ bar $\quad \eta_{KE} = 0{,}943$

$\eta_{i,T} = 0{,}925$ $\quad \eta_m = 0{,}980$ $\quad \eta_G = 0{,}987$ $\quad \eta_R = 0{,}991$

$\eta_{Ei} = 0{,}942$

$p_{E,K} = 0{,}08$ bar $\quad p_{A,K} = p_s(t_s = 30\ °\text{C}) = 0{,}0424669$ bar

**Lösung:**

a) Kondensatordruck

Der Kondensatordruck ist nicht konstant, sondern fällt von 0,08 bar am Kondensatoreintritt auf 0,0424669 bar am Kondensatoraustritt.

b) elektrische Leistung für die Speisewasserpumpe

$$P_{SP,real} = \frac{\dot{m} \cdot w_{SP,is}}{\eta_{i,SP}} = \frac{\dot{m} \cdot v'(p_K) \cdot (p_{E,DE} - p_K)}{\eta_{i,SP}}$$

$$P_{SP} = \frac{195\,\text{kg/s} \cdot 0{,}00100441\,\text{m}^3/\text{kg} \cdot (57 - 0{,}0424669) \cdot 100\,\text{kN/m}^2}{0{,}81} = \underline{\underline{1.377{,}2\,\text{kW}}}$$

c) Temperatur des Speisewassers nach Verlassen der Speisepumpe

$$h_{A,SP} = h'(30\,°C) + \frac{v'(30\,°C)\cdot(p_{E,DE} - p_{A,K})}{\eta_{i,SP}} = 125{,}475\,\frac{kJ}{kg} + 7{,}063\,\frac{kJ}{kg} = 132{,}808\,\frac{kJ}{kg}$$

$$t = t_1 + \frac{h_{E,DE} - h_1}{h_2 - h_1}(t_2 - t_1) = 30\,°C + \frac{(132{,}808 - 130{,}294)\,kJ/kg}{(151{,}128 - 130{,}294)\,kJ/kg}(35\,°C - 30\,°C) \approx \underline{\underline{30{,}6\,°C}}$$

d) Wärmeleistung für Dampferzeuger

ohne Kesselwirkungsgrad $\eta_{KE}$ = zugeführte Wärmeleistung Clausius-Rankine-Prozess:

$$\dot{Q}_{zu} = \dot{m}\cdot q_{zu} = \dot{m}\cdot(h_F - h_{E,DE}) = 195\,\frac{kg}{s}\cdot(3550{,}75 - 132{,}808)\,\frac{kJ}{kg} = \underline{\underline{666{,}50\,MW}}$$

Berücksichtigung des Kesselwirkungsgrades führt auf tatsächliche Feuerungsleistung des Dampferzeugers:

$$\dot{Q}_{zu} = \frac{\dot{m}\cdot q_{zu}}{\eta_{KE}} = \frac{666{,}5\,MW}{0{,}943} = \underline{\underline{706{,}787\,MW}}$$

e) an der Turbinenwelle abgegebene Leistung

$$P_{T,real} = \dot{m}\cdot w_{T,real} = \dot{m}\cdot(h_F - h_{E,K,real}) = 195\,\frac{kg}{s}\cdot(3550{,}75 - 2257{,}68)\,\frac{kJ}{kg} \approx \underline{\underline{252{,}148\,MW}}$$

Wir unterstellen, dass der Endpunkt der Entspannung im Nassdampfgebiet liegt, so dass gilt:

$$h_{E,K,real} = h'(p_K) + x_{E,K,real}(h''(p_K) - h'(p_K)) = h'(p_K) + x_{E,K,real}\cdot r(p_K)$$

$$p_K = p_s(t_s = 30\,°C) = 0{,}0424669\ \text{bar}$$

$$r(p_K) = (2555{,}58 - 125{,}745)\,kJ/kg = 2429{,}835\,kJ/kg$$

Der Dampfanteil $x_{E,K,real}$ ist unter der Bedingung einer polytropen Entspannung mit einem isentropen Wirkungsgrad von 92,5 % zu bestimmen, wobei der Dampfanteil für die isentrope Entspannung aus Aufgabe 8.4-2 übernommen werden kann.

$$x_{E,K,is} = 0{,}83424222$$

$$\eta_{i,T} = \frac{\Delta h_{real}}{\Delta h_{is}} = \frac{h_F - h_{E,K,real}}{h_F - h_{E,K,is}}$$

$$h'(p_K) + x_{E,K,real}\cdot r(p_K) = h_F - \eta_{i,T}\cdot h_F + \eta_{i,T}(h'(p_K) + x_{E,K,is}\cdot r(p_K))$$

$$x_{E,K,real} = \frac{(h_F - h'(p_K)\cdot(1 - \eta_{i,T}) + \eta_{i,T}\cdot x_{E,K,is}\cdot r(p_K)}{r(p_K)}$$

$$x_{E,K,real} = \frac{(3550{,}75 - 125{,}745)\,kJ/kg\cdot(1 - 0{,}925) + 0{,}925\cdot 0{,}83424222\cdot 2429{,}835\,kJ/kg}{2429{,}835\,kJ/kg}$$

$$x_{E,K,real} = \frac{256{,}875\,kJ/kg + 1875{,}0406\,kJ/kg}{2429{,}835\,kJ/kg} = 0{,}8774$$

$$h_{E,K,real} = 125{,}745\,kJ/kg + 0{,}8774\cdot 2429{,}835\,kJ/kg = 2257{,}68\,kJ/kg$$

f) abzuführende Wärmeleistung im Kondensator und Kondensatstrom

$$\dot{Q}_K = \dot{m} \cdot (h_{E,K,real} - h'(30\,°\mathrm{C})) = 195\frac{\mathrm{kg}}{\mathrm{s}} \cdot (2257{,}68 - 125{,}745)\frac{\mathrm{kJ}}{\mathrm{kg}} = \underline{\underline{415{,}727\,\mathrm{MW}}}$$

$$\dot{V}_K = \dot{m} \cdot v'(30\,°\mathrm{C}) = 195\frac{\mathrm{kg}}{\mathrm{s}} \cdot 0{,}00100441\frac{\mathrm{m}^3}{\mathrm{kg}} \cdot \frac{3.600\,\mathrm{s}}{\mathrm{h}} \approx \underline{\underline{705\frac{\mathrm{m}^3}{\mathrm{h}}}} \quad \text{(unverändert)}$$

g) erhöhter Kühlwasserstrom aus

$$\dot{V}_{KW} = \frac{\dot{Q}_K}{\rho_{KW} \cdot \bar{c}_{KW} \cdot \Delta t_{KW}} = \frac{415.727\,\mathrm{kW}}{1.000\,\mathrm{kg/m^3} \cdot 4{,}19\,\mathrm{kJ/(kg\,K)} \cdot 6\,\mathrm{K}} \cdot \frac{3.600\,\mathrm{s}}{\mathrm{h}} \approx \underline{\underline{59.531\frac{\mathrm{m}^3}{\mathrm{h}}}}$$

h) Wirkungsgrade

thermischer Wirkungsgrad für den Clausius-Rankine-Prozess mit polytropen Zustandsänderungen

$$\eta_{th,CRP,real} = \frac{P_{T,real} - P_{SP,real}}{\dot{Q}_{zu}} = \frac{(252{,}148 - 1{,}3772)\,\mathrm{MW}}{666{,}5\,\mathrm{MW}} \approx \underline{\underline{0{,}3763}}$$

Effektiver Kupplungswirkungsgrad: $\eta_T = \eta_{th,CRP} \cdot \eta_{i,T} \cdot \eta_m$

- ohne Berücksichtigung der Speisewasserpumpe wäre einfach zu rechnen:

  $\eta_T = \eta_{th,CRP,is} \cdot \eta_{i,T} \cdot \eta_m = 0{,}4073 \cdot 0{,}925 \cdot 0{,}980 = \underline{\underline{0{,}3692}}$ (vergleiche Formel 8-47)

- mit Berücksichtigung der Speisewasserpumpe folgt aus obiger Rechnung:

  $\eta_T = \eta_{th,CRP} \cdot \eta_m = 0{,}3763 \cdot 0{,}980 = \underline{\underline{0{,}3688}}$

Netto-Kraftwerkswirkungsgrad nach Formel (8-48b):

$$\eta_{ges} = \frac{P_{Kl}}{\dot{Q}_{zu}} = \eta_{eff} \cdot \eta_{KE} \cdot \eta_R \cdot \eta_G \cdot \eta_{Ei} = 0{,}3688 \cdot 0{,}943 \cdot 0{,}991 \cdot 0{,}987 \cdot 0{,}942 = \underline{\underline{0{,}3204}}$$

Für die Kennzeichnung des Kesselwirkungsgrades haben wir nach den Vorgaben der Aufgabe 8.4-2 den Index „KE“ verwendet.

**Aufgabe 8.4-5:** Brennstoffstrom und Zwischenüberhitzung

Ein Dampferzeuger bestehend aus Vorwärmer, Verdampfer, Überhitzer und Zwischenüberhitzer liefert 2520 t/h Frischdampf von 150 bar und 550 °C. Im Vorwärmer wird das bereits unter Frischdampfdruck stehende Speisewasser bis zur Siedetemperatur vorgewärmt, anschließend im Verdampfer vollständig verdampft und schließlich im Überhitzer auf 550 °C gebracht. Im Hochdruckteil der Turbine entspannt der Dampf isentrop auf 50 bar, danach erfolgt eine isobare Zwischenüberhitzung auf Frischdampftemperatur. Die weitere Dampfentspannung erfolge gleichfalls isentrop bis zu einem Druck von 0,07 bar.

a) Wie viel Tonnen Braunkohle für die Dampferzeugung werden stündlich benötigt, wenn ihr unterer Heizwert mit 7540 kJ/kg angegeben wird und der Kesselwirkungsgrad 0,9 betrage?

b) Geben Sie die übertragenen Wärmeleistungen in MW und die jeweiligen Eintrittstemperaturen in °C für Vorwärmer, Verdampfer, Überhitzer und Zwischenüberhitzer an!
c) Welche elektrische Leistung in MW würde das Kraftwerk unter diesen Bedingungen abgeben, wenn der Generatorwirkungsgrad 0,99 beträgt?
d) Ermitteln Sie den thermischen Wirkungsgrad für den Clausius-Rankine-Vergleichsprozess ohne und mit Zwischenüberhitzung!

Gegeben:
$p_F = 150$ bar $t_F = 550$ °C $p_{ZÜ} = 50$ bar $t_{ZÜ} = 550$ °C
$p_K = 0{,}07$ bar
$H_U = 7540$ kJ/kg $\eta_K = 0{,}9$ $\dot{m}_D = 2520$ t/h $= 700$ kg/s
$\eta_G = 0{,}99$

Vorüberlegungen:
Der Frischdampf ist überhitzt, da $t_F > t_s(150\text{ bar}) = 342{,}16$ °C. Der Frischdampfdruck liegt unterhalb des kritischen Druckes $p_F < p_k = 220{,}64$ bar. Damit können für den Prozessverlauf die Bezeichnungen der Zustandspunkte aus Abbildung 8-26 übernommen werden.

Folgende Stoffwerte werden der Wasserdampftafel entnommen:
Einphasengebiet (überhitzter Dampf):
$p_F = 150$ bar, $t_F = 550$ °C: $h = 3450{,}47$ kJ/kg $s = 6{,}5230$ kJ/(kg K)
$p_F = 50$ bar, $t_F = 550$ °C: $h = 3550{,}75$ kJ/kg $s = 7{,}1235$ kJ/(kg K)

Zweiphasengebiet:
$t_s(150\text{ bar}) = 342{,}16$ °C: $h' = 1610{,}15$ kJ/kg $h'' = 2610{,}86$ kJ/kg
$t_s(0{,}07\text{ bar}) = 39{,}00$ °C: $h' = 163{,}366$ kJ/kg $h'' = 2571{,}76$ kJ/kg
$s' = 0{,}55908$ kJ/(kg K) $s'' = 8{,}2746$ kJ/(kg K)
$v' = 0{,}001007749$ m$^3$/kg

**Lösung:**
a) Braunkohlenbedarf für die Dampferzeugung in t/h

zuzuführende Wärmeleistung: $\dot{Q} = \dot{m}_D[(h_5 - h_2) + (h_7 - h_6)]$

vom Dampferzeuger insgesamt bereitgestellte Wärmeleistung: $\dot{Q} = \eta_K \cdot \dot{m}_{Br} \cdot H_u$

Bilanz: $\dot{m}_D[(h_5 - h_2) + (h_7 - h_6)] = \eta_K \cdot \dot{m}_{Br} \cdot H_u$

$$\dot{m}_{Br} = \dot{m}_D \cdot \frac{[(h_5 - h_2) + (h_7 - h_6)]}{\eta_K \cdot H_u}$$

Bestimmung der benötigten Enthalpien:

$$h_5 = h(p_F, t_F) = 3450{,}47 \text{ kJ/kg}$$

$$h_2 = h_1 + w_{t,12} = h'(p_K) + v'(p_F - p_K)$$

$$w_{t,12} = 0{,}00100749\,\mathrm{m^3/kg} \cdot (150 - 0{,}07) \cdot 10^2\,\mathrm{kN/m^2} = 15{,}104\,\mathrm{kJ/kg}$$

$$h_2 = 163{,}366\,\mathrm{kJ/kg} + 15{,}104\,\mathrm{kJ/kg} = 178{,}47\,\mathrm{kJ/kg}$$

$$h_7 = h(p_{ZÜ}, t_{ZÜ}) = 3550{,}75\,\mathrm{kJ/kg}$$

$$h_6 = h(p_{ZÜ}, s = 6{,}523\,\mathrm{kJ/(kg\,K)}) \quad \text{(isentrope Entspannung von } p_F \text{ auf } p_{ZÜ}\text{)}$$

der gesuchte Enthalpiewert des überhitzten Dampfes bei 50 bar liegt zwischen den Entropien $s = 6{,}4515\,\mathrm{kJ/(kg K)}$ bei 350 °C und $s = 6{,}6481\,\mathrm{kJ/(kg\,K)}$ bei 400 °C

$$h_6 = h(p_{ZÜ}, s = 6{,}523\,\mathrm{kJ/(kg\,K)}) =$$

$$3069{,}29\frac{\mathrm{kJ}}{\mathrm{kg}} + \frac{(6{,}5230 - 6{,}4515)\,\mathrm{kJ/(kg\,K)}}{(6{,}6481 - 6{,}4515)\,\mathrm{kJ/(kg\,K)}} \cdot (3196{,}59 - 3069{,}29)\frac{\mathrm{kJ}}{\mathrm{kg}} = 3115{,}59\frac{\mathrm{kJ}}{\mathrm{kg}}$$

mit analoger Interpolation kann die Temperatur $t_6$ ermittelt werden:

$$t_6 = 350\,°\mathrm{C} + \frac{(6{,}5230 - 6{,}4515)\,\mathrm{kJ/(kg\,K)}}{(6{,}6481 - 6{,}4515)\,\mathrm{kJ/(kg\,K)}}(400\,°\mathrm{C} - 350\,°\mathrm{C}) = \underline{\underline{369{,}19\,°\mathrm{C}}}$$

$$\dot{m}_{Br} = 2520\frac{\mathrm{t}}{\mathrm{h}} \cdot \frac{(3450{,}47 - 178{,}47)\,\mathrm{kJ/kg} + (3550{,}75 - 3115{,}59)\,\mathrm{kJ/kg}}{0{,}9 \cdot 7540\,\mathrm{kJ/kg}} = \underline{\underline{1376{,}66\frac{\mathrm{t}}{\mathrm{h}}}}$$

b) übertragene Wärmeleistungen in MW und Eintrittstemperaturen in °C

Vorwärmer (Index VW):

$$\dot{Q}_{VW} = \dot{m}_D(h_3 - h_2) \quad \text{mit } h_3 = h'(150\,\mathrm{bar}) = 1610{,}15\,\mathrm{kJ/kg}$$

$$\dot{Q}_{VW} = 700\,\mathrm{kg/s} \cdot (1610{,}15 - 178{,}47)\,\mathrm{kJ/kg} = \underline{\underline{1002{,}18\,\mathrm{MW}}}$$

Wasser mit der Enthalpie $h_2 = 178{,}47$ kJ/kg liegt bei 150 bar nach Wasserdampftafel im Einphasengebiet Wasserflüssigkeit zwischen den Werten $h = 160{,}061$ kJ/kg bei 35 °C und $h = 180{,}776$ kJ/kg bei 40 °C. Lineare Interpolation führt auf:

$$t_2 = 35\,°\mathrm{C} + \frac{(178{,}470 - 160{,}061)\,\mathrm{kJ/kg}}{(180{,}776 - 160{,}061)\,\mathrm{kJ/kg}} \cdot (40\,°\mathrm{C} - 35\,°\mathrm{C}) = \underline{\underline{39{,}44\,°\mathrm{C}}}$$

Bemerkung: Durch die isentrope Verdichtung erfährt das Speisewasser eine Temperaturerhöhung um 0,44 K ($t_1 = t_s(0{,}07\,\mathrm{bar}) = 39{,}00\,°\mathrm{C}$)!

Verdampfer (Index VD):

$$\dot{Q}_{VD} = \dot{m}_D(h_4 - h_3) \quad \text{mit } h_4 = h''(150\,\mathrm{bar}) = 2610{,}86\,\mathrm{kJ/kg}$$

$$\dot{Q}_{VD} = 700\,\mathrm{kg/s} \cdot (2610{,}86 - 1610{,}15)\,\mathrm{kJ/kg} = \underline{\underline{700{,}50\,\mathrm{MW}}}$$

$$t_3 = t_s(150\,\mathrm{bar}) = \underline{\underline{342{,}16\,°\mathrm{C}}}$$

Überhitzer (Index Ü):

$\dot{Q}_{Ü} = \dot{m}_D(h_5 - h_4)$ mit $h_5 = h(150 \text{ bar}, 550\text{ °C}) = 3450{,}47 \text{ kJ/kg}$

$\dot{Q}_{Ü} = 700 \text{ kg/s} \cdot (3450{,}47 - 2610{,}86) \text{ kJ/kg} = \underline{\underline{587{,}73 \text{ MW}}}$

$t_4 = t_s(150 \text{ bar}) = \underline{\underline{342{,}16\text{ °C}}}$

Zwischenüberhitzer (Index ZÜ):

$\dot{Q}_{ZÜ} = \dot{m}_D(h_7 - h_6) = 700 \text{ kg/s} \cdot (3550{,}75 - 3115{,}59) \text{ kJ/kg} = \underline{\underline{304{,}61 \text{ MW}}}$

$\underline{\underline{t_6 = 369{,}19\text{ °C}}}$ (Übernahme aus Aufgabenteil (a))

c) elektrische Leistung des Kraftwerkes

$P = \eta_G \cdot \dot{m}_D(w_{t,56} + w_{t,78} - w_{t,12})$

$w_{t,56} = h_6 - h_5 = (3115{,}59 - 3450{,}47) \text{ kJ/kg} = \text{-}334{,}88 \text{ kJ/kg}$

$w_{t,78} = h_8 - h_7 = (2212{,}42 - 3550{,}75) \text{ kJ/kg} = \text{-}1338{,}33 \text{ kJ/kg}$

Die Enthalpie $h_8$ in Formel für $w_{t,78}$ muss aus $s_7 = s_8$ = konstant errechnet werden!

$$x_8 = \frac{s_7 - s'(0{,}07 \text{ bar})}{(s'' - s')_{0{,}07 \text{ bar}}} = \frac{(7{,}1235 - 0{,}55908) \text{ kJ/(kg K)}}{(8{,}2746 - 0{,}55908) \text{ kJ/(kg K)}} = 0{,}8508$$

$x_8$ liegt an der Grenze des zulässigen Wertes!

$h_8 = h'(0{,}07 \text{ bar}) + x_8(h'' - h')_{0{,}07 \text{ bar}}$

$h_8 = 163{,}366 \text{ kJ/kg} + 0{,}8508(2571{,}76 - 163{,}366) \text{ kJ/kg} = 2212{,}42 \text{ kJ/kg}$

$P = 0{,}99 \cdot 700 \text{ kg/s} \cdot (-334{,}88 - 1338{,}33 + 15{,}104) \text{ kJ/kg} = \underline{\underline{-1.149{,}07 \text{ MW}}}$

Das negative Vorzeichen bedeutet, dass die elektrische Leistung abgegeben wird. Der hier errechnete theoretische Wert erniedrigt sich, wenn man eine reale (polytrope) Dampfentspannung berücksichtigt. Die reale Dampfentspannung würde auch für den Dampfanteil $x_8$ einen etwas höheren Wert liefern.

d) thermischer Wirkungsgrad mit Zwischenüberhitzung

(Kraftwerksleistung kann aus (c) übernommen werden)

$$\eta_{th,CR} = \frac{|P|}{\dot{Q}_{VW} + \dot{Q}_{VD} + \dot{Q}_{Ü} + \dot{Q}_{ZÜ}} = \frac{1.149{,}07 \text{ MW}}{(1.002{,}18 + 700{,}50 + 587{,}73 + 304{,}61) \text{ MW}} = \underline{\underline{0{,}4428}}$$

thermischer Wirkungsgrad ohne Zwischenüberhitzung

Index oZÜ = ohne Zwischenüberhitzung

(Kraftwerksleistung muss neu berechnet werden, weil Endpunkt der Entspannung im Nassdampfgebiet verändert)

Die Enthalpie $h_{oZÜ}$ ergibt sich aus der isentropen Entspannung von Zustandspunkt 5 auf Kondensatordruck von 0,07 bar ( $s_5 = s_{oZÜ}$ ).

$$x_{oZÜ} = \frac{s_5 - s'(0{,}07\ \text{bar})}{(s'' - s')_{0{,}07\ \text{bar}}} = \frac{(6{,}5230 - 0{,}55908)\ \text{kJ/(kg K)}}{(8{,}2746 - 0{,}55908)\ \text{kJ/(kg K)}} = 0{,}7730$$

Diese Entspannung kann wegen der Unterschreitung der Grenze $x = 0{,}85$ technisch nicht realisiert werden!

$$h_{oZÜ} = h'(0{,}07\ \text{bar}) + x_{oZÜ}\,(h'' - h')_{0{,}07\ \text{bar}}$$

$$h_{oZÜ} = 163{,}366\,\frac{\text{kJ}}{\text{kg}} + 0{,}773 \cdot (2571{,}76 - 163{,}366)\,\frac{\text{kJ}}{\text{kg}} = 2025{,}05\,\frac{\text{kJ}}{\text{kg}}$$

$$|P| = \eta_G \cdot \dot{m}_D\,(h_5 - h_{oZÜ}) = 0{,}99 \cdot 700\,\frac{\text{kg}}{\text{s}} \cdot (3450{,}47 - 2025{,}05)\,\frac{\text{kJ}}{\text{kg}} = 987{,}82\ \text{MW}$$

$$\eta_{th,CR} = \frac{|P|}{\dot{Q}_{VW} + \dot{Q}_{VD} + \dot{Q}_{Ü}} = \frac{987{,}82\ \text{MW}}{(1.002{,}16 + 700{,}50 + 587{,}73)\ \text{MW}} = \underline{\underline{0{,}4313}}$$

Die Zwischenüberhitzung erhöht den thermischen Wirkungsgrad um etwas über einen Prozentpunkt. Dies ist gemessen am dafür erforderlichen Aufwand nicht viel. Wichtiger ist aber, dass die Zwischenüberhitzung den Prozess überhaupt erst ermöglicht (Dampfanteil am Endpunkt der Entspannung im Nassdampfgebiet oberhalb von 0,85).

**Aufgabe 8.4-6:** Wirkungsgradsteigerung durch regenerative Speisewasservorwärmung

Ein Clausius-Rankine-Prozess mit 150 bar Frischdampfdruck und 550 °C Frischdampftemperatur soll gemäß Abbildung 8-30 zur Verbesserung des thermischen Wirkungsgrades so modifiziert werden, dass durch zwei Vorwärmstufen bei 5 und 2 bar das Speisewasser jeweils durch Entnahme von Nassdampf aus dem Niederdruckteil der Turbine auf die zum Entnahmedruck gehörige Sättigungstemperatur erwärmt wird. Die Druckverluste in den Wärmetauschern und die Enthalpieerhöhungen durch die Pumpen in den Vorwärmstufen sind zu vernachlässigen. Der Druck im Kondensator soll als konstant mit 0,1 bar angesetzt werden.

a) Ermitteln Sie die Werte für die Temperatur in °C und für die spezifischen Enthalpien in kJ/kg für die in Abbildung 8-29 angegebenen acht Zustandspunkte!
b) Welchen thermischen Wirkungsgrad besitzt der Prozess ohne Anzapfdampfvorwärmung?
c) Wie groß ist der thermische Wirkungsgrad mit Anzapfdampfvorwärmung?
d) Um wie viel Prozent verringert sich hier die Kreisprozessarbeit durch die regenerative Speisewasservorwärmung?

Gegeben:

$t_F = 550\ °\text{C}$ $p_F = 150\ \text{bar}$ $p_K = 0{,}1\ \text{bar}$

$p_{VW1} = 2\ \text{bar}$ $p_{VW2} = 5\ \text{bar}$

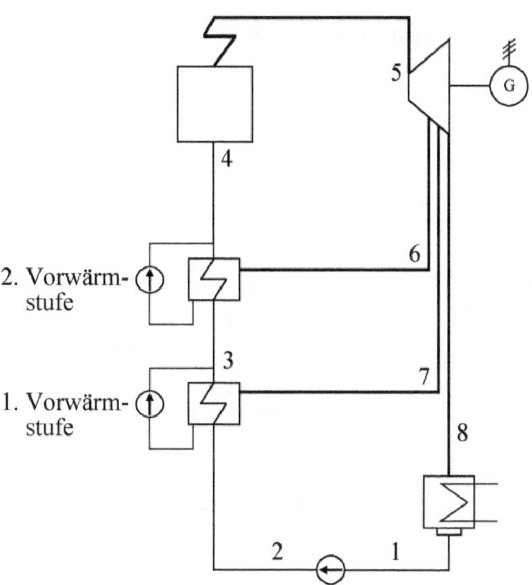


**Abb. 8-30:** Modifiziertes Anlagenschaltbild für Clausius-Rankine-Prozess mit Speisewasservorwärmung.

Vorüberlegungen:
Der Anteil $\alpha$ des der Turbine entnommenen Dampfes für die 2. Vorwärmstufe und der entsprechende Anteil $\beta$ für die 1. Vorwärmstufe müssen immer so groß sein, dass das Speisewasser die zum jeweiligen Entnahmedruck gehörigen Siedetemperaturen $t_s(p_{VW1})$ und $t_s(p_{VW2})$ erreicht. Die auf 1 kg Dampf bezogene Energiebilanz (Erwärmung Speisewasser = Abkühlung Anzapfdampf) liefert die zu entnehmenden Dampfmengen als Anteil $\alpha$ und $\beta$. Ab dem Zeitpunkt der Entnahme stehen die betreffenden Dampfmengen nicht mehr für die Gewinnung von Leistung zur Verfügung.

**Lösung:**

a) Ermittlung der Temperaturen und Enthalpien

$t_1 = t_s(0{,}1\text{ bar}) = \underline{\underline{45{,}81\text{ °C}}}$ $\qquad h_1 = h'(0{,}1\text{ bar}) = \underline{\underline{191{,}812\text{ kJ/kg}}}$

$$h_2 = h_1 + w_{t,12} = 191{,}812\text{ kJ/kg} + 15{,}1438\text{ kJ/kg} = \underline{\underline{206{,}956\text{ kJ/kg}}}$$

$$\text{mit } w_{t,12} = v'(0{,}1\text{ bar}) \cdot (p_F - p_K) = 0{,}00101026\text{ m}^3\text{/kg} \cdot 149{,}9 \cdot 10^5\text{ N/m}^2 = 15{,}1438\text{ kJ/kg}$$

Temperatur $t_2$ wird für die Enthalpie von 206,956 kJ/kg aus der Wasserdampftafel für 150 bar Wasserflüssigkeit linear interpoliert:

$$t_2 = 45\text{ °C} + \frac{(206{,}956 - 201{,}497)\text{ kJ/kg}}{(222{,}226 - 201{,}497)\text{ kJ/kg}}(50\text{ °C} - 45\text{ °C}) = 45\text{ °C} + 1{,}32\text{ K} = \underline{\underline{46{,}32\text{ °C}}}$$

$$t_3 = t_s(2\text{ bar}) = \underline{\underline{120{,}21\text{ °C}}}$$

Die Enthalpie $h_3$ wird für 120,21 °C aus der Wasserdampftafel für 150 bar Wasserflüssigkeit linear interpoliert:

$$h_3 = h(150\ \text{bar}, t_3) = 514{,}25\ \frac{\text{kJ}}{\text{kg}} + \frac{(120{,}21 - 120)\ \text{K}}{(130 - 120)\ \text{K}}(556{,}432 - 514{,}25)\frac{\text{kJ}}{\text{kg}} = \underline{\underline{515{,}136\ \frac{\text{kJ}}{\text{kg}}}}$$

$$t_4 = t_s(5\ \text{bar}) = \underline{\underline{151{,}84\ °\text{C}}}$$

$$h_4 = h(150\ \text{bar}, t_4) = 641{,}34\ \frac{\text{kJ}}{\text{kg}} + \frac{(151{,}84 - 150)\ \text{K}}{(200 - 150)\ \text{K}}(858{,}117 - 641{,}34)\frac{\text{kJ}}{\text{kg}} = \underline{\underline{649{,}32\ \frac{\text{kJ}}{\text{kg}}}}$$

$t_5 = t_F = \underline{\underline{550\ \text{C}}}$ $\qquad h_5 = h(150\ \text{bar}, 550\ °\text{C}) = \underline{\underline{3450{,}47\ \text{kJ/kg}}}$

$$s_5 = s_6 = s_7 = s_8 = 6{,}523\ \text{kJ/(kg K)}$$

Die Bedingung für die isentrope Entspannung in der Turbine wird benötigt, um die Zustandspunkte 6 bis 8 zu berechnen!

$$t_6 = t_s(5\ \text{bar}) = \underline{\underline{151{,}84\ °\text{C}}}$$

$h_6 = h(5\ \text{bar}, x_6)$ $\quad x_6$ folgt aus der Bedingung $s$ = konstant für die isentrope Entspannung!

$$x_6 = \frac{s_5 - s'(5\ \text{bar})}{(s'' - s')_{5\,\text{bar}}} = \frac{(6{,}523 - 1{,}8606)\ \text{kJ/(kg K)}}{(6{,}8206 - 1{,}8606)\ \text{kJ/(kg K)}} = 0{,}94$$

$$h_6 = h'(5\ \text{bar}) + x_6(\text{h}'' - \text{h}')_{5\,\text{bar}} = 640{,}185\ \frac{\text{kJ}}{\text{kg}} + 0{,}94 \cdot (2748{,}11 - 640{,}185)\frac{\text{kJ}}{\text{kg}} = \underline{\underline{2621{,}63\ \frac{\text{kJ}}{\text{kg}}}}$$

$h_7 = h(2\ \text{bar}, x_7)$ $\quad x_7$ folgt aus der Bedingung $s$ = konstant für die isentrope Entspannung!

$$x_7 = \frac{s_5 - s'(2\ \text{bar})}{(s'' - s')_{2\,\text{bar}}} = \frac{(6{,}523 - 1{,}5301)\ \text{kJ/(kg K)}}{(7{,}1269 - 1{,}5301)\ \text{kJ/(kg K)}} = 0{,}8921$$

$$h_7 = h'(2\ \text{bar}) + x_7(\text{h}'' - \text{h}')_{2\,\text{bar}} = 504{,}684\ \frac{\text{kJ}}{\text{kg}} + 0{,}8921 \cdot (2706{,}24 - 504{,}684)\frac{\text{kJ}}{\text{kg}} = \underline{\underline{2468{,}69\ \frac{\text{kJ}}{\text{kg}}}}$$

$h_8 = h(0{,}1\ \text{bar}, x_8)$ $x_8$ folgt aus der Bedingung $s$ = konstant für die isentrope Entspannung!

$$x_8 = \frac{s_5 - s'(0{,}1\ \text{bar})}{(s'' - s')_{0{,}1\,\text{bar}}} = \frac{(6{,}523 - 0{,}64922)\ \text{kJ/(kg K)}}{(8{,}1489 - 0{,}64922)\ \text{kJ/(kg K)}} = 0{,}7832$$

$$h_8 = h'(0{,}1\ \text{bar}) + x_8(h'' - h')_{0{,}1\,\text{bar}} = 191{,}812\ \frac{\text{kJ}}{\text{kg}} + 0{,}7832 \cdot (2583{,}89 - 191{,}812)\frac{\text{kJ}}{\text{kg}} = \underline{\underline{2065{,}29\ \frac{\text{kJ}}{\text{kg}}}}$$

b) Wirkungsgrad ohne Anzapfdampf

$$\eta_{th,CR} = \frac{(h_5 - h_8) - w_{t,12}}{h_5 - h_1} = \frac{(3450{,}47 - 2065{,}29)\ \text{kJ/kg} - 15{,}1438\ \text{kJ/kg}}{(3450{,}47 - 191{,}812)\ \text{kJ/kg}} = \underline{\underline{0{,}4204}}$$

c) Wirkungsgrad mit regenerativer Speisewasservorwärmung durch Anzapfdampf

Energiebilanz für die 2. Vorwärmstufe:

$$(1-\alpha)\cdot(h_4-h_3)=\alpha\cdot(h_6-h_4)$$

$$\alpha=\frac{h_4-h_3}{h_6-h_3}=\frac{(649{,}320-515{,}136)\ \text{kJ/kg}}{(2621{,}63-515{,}136)\ \text{kJ/kg}}=0{,}0637$$

Energiebilanz für die 1. Vorwärmstufe

$$(1-\alpha-\beta)\cdot(h_3-h_2)=\beta\cdot(h_7-h_3)$$

$$\beta=\frac{(1-\alpha)\cdot(h_3-h_2)}{h_7-h_2}=\frac{(1-0{,}0637)\cdot(515{,}136-206{,}956)\ \text{kJ/kg}}{(2468{,}69-206{,}956)\ \text{kJ/kg}}=0{,}1276$$

$$\eta_{th,CR}=\frac{(h_5-h_6)+(1-\alpha)\cdot(h_6-h_7)+(1-\alpha-\beta)\cdot(h_7-h_8)-w_{t,12}}{h_5-h_4}$$

$$\eta_{th,CR}=$$

$$\frac{\left[(3450{,}47-2621{,}63)+0{,}9363(2621{,}63-2468{,}69)+0{,}8087(2468{,}69-2065{,}29)-15{,}1438\right]\frac{\text{kJ}}{\text{kg}}}{\left[(3450{,}47-649{,}32)\right]\frac{\text{kJ}}{\text{kg}}}$$

$$\underline{\underline{\eta_{th,CR}=0{,}4581}}$$

Hier erreicht man mit der zweistufigen regenerativen Speisewasservorwärmung eine Steigerung des Wirkungsgrades um ca. 3,8 Prozentpunkte oder eine Wirkungsgradsteigerung um mehr als 8,8 %.

d) Verringerung der Kreisprozessarbeit

ohne Speisewasservorwärmung:

$$w=(h_5-h_8)-w_{t,12}=(3450{,}47-2065{,}29)\ \text{kJ/kg}-15{,}1438\ \text{kJ/kg}=1370{,}04\ \text{kJ/kg}$$

mit regenerativer Speisewasservorwärmung

$$w=(h_5-h_6)+(1-\alpha)\cdot(h_6-h_7)+(1-\alpha-\beta)\cdot(h_7-h_8)-w_{t,12}$$

$$w=(828{,}84+143{,}19772+326{,}22958-15{,}1438)\frac{\text{kJ}}{\text{kg}}=\underline{\underline{1283{,}1235\frac{\text{kJ}}{\text{kg}}}}$$

Durch die Entnahme von Dampf für die Speisewasservorwärmung verringert sich die Kreisprozessarbeit auf ca. 93 % des Wertes, der ohne Speisewasservorwärmung möglich wäre.

# 9 Anhang

## 9.1 Verzeichnis der Aufgaben

**Grundlagen**



**Ideales Gas**



**Grundgleichung der Kalorik**



**Erster Hauptsatz der Thermodynamik**



DOI 10.1515/9783110530513-010

## 9.2 Verzeichnis der Abbildungen

## 9.3 Verzeichnis der Formelzeichen

| | | |
|---|---|---|
| $A$ | Fläche | $m^2$ |
| $c$ | Strömungsgeschwindigkeit | m/s |
| $c_n$ | polytrope spezifische Wärmekapazität | kJ/(kg K) |
| $c_p$ | spezifische Wärmekapazität bei konstantem Druck | kJ/(kg K) |
| $c_V$ | spezifische Wärmekapazität bei konstantem Volumen | kJ/(kg K) |
| $c_{m,p}$ | molare Wärmekapazität bei konstantem Druck | kJ/(kmol K) |
| $d$ | Kreisdurchmesser | m |
| $d$ | Stoffmengendichte | $kmol/m^3$ |
| $\varepsilon$ | (griech.: epsilon) Verdichtungsverhältnis | |
| $\varepsilon_S$ | (griech.: epsilon) Schadraumverhältnis | |
| $\eta$ | (griech: eta) Wirkungsgrad | |
| $F$ | Kraft | N |
| $\varphi_V$ | (griech.: phi) innere Verdampfungsenthalpie | kJ/kg |
| $g$ | Fallbeschleunigung | $m/s^2$ |
| $H$ | Enthalpie | kJ |
| $H_u$ | unterer Heizwert | kJ/kg |
| $h$ | massenspezifische Enthalpie | kJ/kg |
| $\kappa$ | (griech.: kappa) Isentropenexponent | |
| $\lambda_{F'}$ | (griech.: lambda) Füllungsgrad | |
| $\lambda_L$ | (griech.: lambda) Liefergrad | |
| $M$ | relative Molekülmasse | kg/kmol |
| $m$ | Masse | kg |
| $\mu_i$ | (griech.: my) Massenanteil einer Komponente i | |
| $N$ | Anzahl der Teilchen | |
| $N_A$ | Avogadro-Konstante oder Loschmidt´sche Konstante | $kmol^{-1}$ |
| $n$ | Polytropenexponent | |
| $n$ | Stoffmenge | kmol |
| $n_D$ | Drehzahl | $min^{-1}$ |
| $\xi$ | (griech.: xi) Drucksteigerungsverhältnis | |
| $P$ | Leistung | W |
| $p$ | Druck | Pa |
| $p_{amb}$ | Umgebungsdruck | Pa |
| $p_{abs}$ | absoluter Druck | Pa |
| $p_n$ | Normdruck | Pa |
| $\pi$ | Kreiskonstante, Ludolf´sche Zahl | |
| $\pi$ | (griech.: pi) Druckverhältnis | |
| $\psi_V$ | (griech.: psi) äußere Verdampfungsenthalpie | kJ/kg |
| $Q$ | Wärme | kJ |
| $q$ | spezifische Wärme | kJ/kg |
| $\dot{Q}$ | Wärmeleistung, Wärmestrom | kW |
| $R_i$ | individuelle Gaskonstante (eines speziellen Gases) | kJ/(kg K) |
| $R_m$ | molare Gaskonstante | kJ/(kmol K) |
| $R$ | ohmscher Widerstand | Ω |
| $r$ | Kreisradius | m |

| | | |
|---|---|---|
| $r_i$ | Volumenanteil einer Komponente $i$ (Vol % : 100 %) | |
| $r$ | Verdampfungsenthalpie | kJ/kg |
| $\rho$ | (griech.: rho) Dichte | kg/m$^3$ |
| $\rho$ | (griech.: rho) Einspritzverhältnis | |
| $S$ | Entropie | kJ/K |
| $s$ | spezifische Entropie | kJ/(kg K) |
| $\sigma$ | Schmelzenthalpie | kJ/kg |
| $t$ | Celsiustemperatur | °C |
| $t_n$ | Celsiustemperatur im physikalischen Normzustand | °C |
| $T$ | thermodynamische Temperatur | K |
| $T_n$ | thermodynamische Temperatur im physikalischen Normzustand | K |
| $\tau$ | (griech.: tau) Zeit | s |
| $\tau_{max}$ | (griech.: tau) maximales Temperaturverhältnis | |
| $U$ | innere Energie | kJ |
| $u$ | spezifische innere Energie | kJ/kg |
| $V$ | Volumen | m$^3$ |
| $V_H$ | Hubvolumen | m$^3$ |
| $v$ | spezifisches Volumen | m$^3$/kg |
| $V_{m,n}$ | molares Normvolumen | m$^3$/kmol |
| $W_N$ | Nutzarbeit | Nm |
| $W_t$ | technische Arbeit | Nm |
| $W_V$ | Volumenänderungsarbeit | Nm |
| $Z$ | Realgasfaktor | |
| $z$ | Stufenzahl | |
| $z$ | Höhe oder Länge | m |

**Indizes:**

| | |
|---|---|
| amb | Umgebung |
| An | Anergie |
| diss | dissipiert |
| el | elektrisch |
| Ex | Exergie |
| ex | exergetisch |
| k | kritischer Punkt |
| L | Luft |
| M | Mischung |
| m | molar |
| n | physikalischer Normzustand |
| rev | reversibel |
| th | thermisch |
| T | konstante Temperatur |
| Tr | Tripelpunkt |
| Sch | Schmelzpunkt |
| p | konstanter Druck |
| V | konstantes Volumen |
| U | Umgebung |
| u | unterer (Wert) |

## 9.4 Maßeinheiten und Normzustände

**Tab. 9-1:** Basisgrößen und Basiseinheiten sowie abgeleitete Größen (Auswahl) im SI-Einheitensystem.

| Basisgröße | Symbol | Maßeinheit | Kurzzeichen |
|---|---|---|---|
| Länge | $l$ | Meter | m |
| Masse | $m$ | Kilogramm | kg |
| Zeit | $\tau$ | Sekunde | s |
| Stromstärke | $I$ | Ampere | A |
| Temperatur | $T$ | Kelvin | K |
| Lichtstärke | $I$ | Candela | cd |
| Stoffmenge | $n$ | Mol | mol |

1 **N** (ewton) = 1 kg m/s$^2$

1 **J** (oule) = **1 kg m$^2$/s$^2$** = 1 Nm

**1 W** (att) = 1 J/s

**1 Pa** (scal) = **1 N/m$^2$** = 1 kg/(ms$^2$)

**Tab. 9-2:** Präfixe (Vorsilben) für dezimale Vielfache und Teile von Einheiten nach DIN 1301 (Auszug).

| Vorsilbe | Kurzzeichen | Bedeutung |
|---|---|---|
| Exa | E | $10^{18}$ |
| Peta | P | $10^{15}$ |
| Tera | T | $10^{12}$ |
| Giga | G | $10^{9}$ |
| Mega | M | $10^{6}$ |
| Kilo | k | $10^{3}$ |
| Hekto | h | $10^{2}$ |
| Deka | da | $10^{1}$ |
| Dezi | d | $10^{-1}$ |
| Zenti | c | $10^{-2}$ |
| Milli | m | $10^{-3}$ |
| Mikro | µ | $10^{-6}$ |
| Nano | n | $10^{-9}$ |
| Piko | p | $10^{-12}$ |
| Femto | f | $10^{-15}$ |
| Atto | a | $10^{-18}$ |

Das Kilogramm als Basiseinheit für die Masse enthält schon eine Vorsilbe, daher dürfen bei Masseeinheiten Vorsilben nur auf die SI-fremden Einheiten Gramm oder Tonne angewendet werden.
Bei Angabe einer physikalischen Größe sollte die Vorsilbe der Maßeinheit so gewählt werden, dass ihr Zahlenwert im Bereich zwischen 0,1 und 999 liegt.

**Tab. 9-3:** Ausnahmen von Tabelle 9-2.

| | | |
|---|---|---|
| 1 Liter = 1 ℓ = $10^{-3}$ m$^3$ | 1 mℓ = 1 cm$^3$ | 1 mg = $10^{-6}$ kg |
| 1 Tonne = 1 t = $10^3$ kg | 1Mt = $10^6$ kg | |
| 1 Bar = 1 bar = $10^5$ Pa = $10^5$ N/m$^2$ | | |
| 1 Erg = 1 erg = $10^{-7}$ J | | |
| 1 Dyn = 1 dyn = $10^{-5}$ N = 1 g cm/s$^2$ | | |

**Tab. 9-4:** Umrechnungen für (gesetzlich nicht mehr anzuwendende) Einheiten des Druckes.

| Druck | Pa | bar | kp/cm² | Torr | atm | mmWs |
|---|---|---|---|---|---|---|
| 1 Pa = 1 N/m² | **1** kg/(ms²) | $10^{-5}$ | $1{,}0197 \cdot 10^{-5}$ | 0,00750062 | $0{,}98692 \cdot 10^{-5}$ | 0,1019716 |
| 1 bar | $10^5$ | **1** | 1,0197162 | 750,062 | 0,98692 | $1{,}0197 \cdot 10^4$ |
| 1 kp/cm²=1 at*) | 98066,5 | 0,980665 | **1** | 735,56 | 0,96784 | $10^4$ |
| 1 Torr=1mmHg *) | 133,3224 | 0,00133324 | 0,0013591 | **1** | 0,00131578 | 13,599 |
| 1 atm | 101325 | 1,01325 | 1,0332275 | 760 | **1** | 1033,2275 |
| 1 mmWs = 1 kp/m²*) | 9,80665 | $9{,}80665 \cdot 10^{-5}$ | $10^{-4}$ | $7{,}3556 \cdot 10^{-2}$ | $9{,}67841\ 10^{-5}$ | **1** |

*) seit dem 1.1.1978 in Deutschland nicht mehr zulässig (1 Torr = 1 mm Hg ist innerhalb der EU zulässige Einheit für die Blutdruckmessung)

**Tab. 9-5:** Umrechnungen für (gesetzlich nicht mehr anzuwendende) Einheiten der Leistung.

| Leistung | J/s | kW | kcal/h | PS | kpm/s |
|---|---|---|---|---|---|
| 1 J/s | **1** | $10^{-3}$ | 0,86 | $1{,}359619 \cdot 10^{-3}$ | 0,1019716 |
| 1 kW | $10^3$ | **1** | $0{,}86 \cdot 10^3$ | 1,359619 | 101,9716 |
| 1 kcal/h | 1,163 | $1{,}163 \cdot 10^{-3}$ | **1** | $1{,}5813 \cdot 10^{-3}$ | 0,11859 |
| 1 PS | 735,49875 | 0,7354987 | 632,4 | **1** | 75 |
| 1 kpm/s | 9,80665 | $9{,}80665 \cdot 10^{-3}$ | 8,43 | 0,0133334 | **1** |

**Tab. 9-6:** Umrechnungen für (gesetzlich nicht mehr anzuwendende) Einheiten der Energie (Arbeit).

| Energie | J | kWh | $kcal_{15°C}$ | PSh | kpm |
|---|---|---|---|---|---|
| 1 J = 1 Ws | **1** Nm | $0{,}277778 \cdot 10^{-6}$ | $0{,}23892 \cdot 10^{-3}$ | $0{,}377673 \cdot 10^{-6}$ | 0,1019716 |
| 1 kWh | $3{,}6 \cdot 10^6$ | **1** | 860,11 | 1,359619 | $0{,}37 \cdot 10^6$ |
| 1 $kcal_{15°C}$ | 4.185,5 | $1{,}16264 \cdot 10^{-3}$ | 0,99968 $kcal_{IT}$ | $1{,}58075 \cdot 10^{-3}$ | 426,800 |
| 1 $kcal_{IT}$ | 4.186,8 | $1{,}16300 \cdot 10^{-3}$ | 1,00031 $kcal_{15°}$ | $1{,}58111 \cdot 10^{-3}$ | 426,935 |
| 1 PSh | $2{,}65 \cdot 10^6$ | 0,735499 | 632,61 | **1** | 270.000 |
| 1 kpm | 9,80665 | $2{,}72407 \cdot 10^{-6}$ | $0{,}34 \cdot 10^{-3}$ | $3{,}7037 \cdot 10^{-6}$ | **1** |

In Energiestatistiken wird gelegentlich noch die Einheit kg Steinkohleneinheiten (SKE) verwendet. Sie leitet sich aus dem unteren Heizwert für Steinkohle mit 7.000 kcal/kg ab. 1 kg SKE = 29,3 MJ/kg.

1 $kcal_{15°C}$ ist die aufzuwendende Energie, um 1 kg Wasser bei 101,325 kPa von 14,5 °C auf 15,5 °C zu erwärmen.

**Tab. 9-7:** Umrechnungen für ausgewählte angelsächsische Einheiten und Handelsmaße.

| Größe | angelsächsische Einheit | Kurzzeichen | Umrechnung |
|---|---|---|---|
| Länge | inch (deutsch: Zoll) | in oder ′′ | 1 in = 25,40 mm |
| | foot (deutsch: Fuß) | ft | 1 ft = 12 in = 0,30480 m |
| | yard | yd | 1 yd =3 ft = 36 in = 0,91440 m |
| | statute mile[26] | mi | 1 mi = 1760 yd = 1609,344 m |
| | nautical mile[27] (deutsch: Seemeile sm)[28] | nm | 1 nm = 1852 m |
| Fläche | square inch | sq. in. | 1 sq. in. = 6,4516 cm$^2$ |
| | square foot | sq. ft. | 1 sq. ft. = 0,09290304 m$^2$ |
| Volumen | cubic foot | cu. ft. | 1 cu. .ft. = 28,316846 dm$^3$ |
| | register ton | BRT | 1 BRT = 100 ft$^3$ = 2,831685 m$^3$ |
| | gallon (GB oder Imperial gal.) | Imp.gal | 1 Imp. gal = 4,54609 ℓ (exakt) |
| | gallon (US liquid) | US. liq. gal | 1 US. liq. gal = 3,785411784 ℓ |
| | gallon (US dry) | US. dry. Gal | 1 US. dry. gal = 4,40488377 ℓ |
| | gallon (metric) | metric gal | 1 metric gal = 4 ℓ (exakt) |
| Masse | ounce (Avoirdupois)[29] | oz | 1 oz = 28,34952 g |
| | ounce (troy-system)[30] | oz.tr. | 1 oz.tr. = 31,1034768 g |
| | pound (mass) | lb | 1 lb = 16 oz = 0,45359237 kg |
| | hundredweight (GB: 1 cwt = 112 lb) | cwt (GB) | 1 cwt (GB) = 50,802 kg |
| | hundredweight (US: 1 cwt = 100 lb) | cwt (US) | 1 cwt (US) = 45,359 kg |
| | long ton[31] (GB: = 20 cwt) | t (GB) | 1 long ton = 1016,05 kg |
| | short ton (US: = 2000 lb)) | t (US) | 1 short ton = 907,18546 kg |
| Massenstrom | pound per hour | lb/hr | 1 lb/hr = 1,26·10$^{-4}$ kg/s |
| spez. Volumen | cubic foot per pound | cft/lb | 1 cu. ft./lb = 0,062429 m$^3$/kg |
| Dichte | pound per cubic foot | lb/cft | 1 lb/cu. ft = 16,0185 kg/m$^3$ |
| | pound per cubic inch | pci | 1 pci = 27,679905 g/cm$^3$ |
| Geschwindigkeit | knot | kt | 1 kt =1 nm/hr = 1,852 km/h |
| Kraft | pound (force) | Lb | 1 Lb = 4,4482 N |
| Druck | pound/square inch | Lb/sq. in. oder psi | 1 Lb/sq. in. = 0,0689475729 bar |
| Leistung | horse-power | h. p. | 1 h. p. = 0,74567 kW |
| Wärmeleistung | British thermal unit per hour | Btu/hr | 1 Btu/hr = 0,29307107 W |
| Arbeit/Energie | British thermal unit | Btu | 1 Btu = 1,05505585262 kJ |
| spezifische Wärmekapazität | British thermal unit/ pound and degree Rankine | Btu/(lb °R) | 1 Btu/(lb °R) = 4186,8 J/(kg K) |

26 verwendet für Entfernungsangaben (z. B. im Straßenverkehr)

27 verwendet in Seefahrt und in der Luftfahrt

28 internationale Festlegung 1852,01 m, DIN 1301-1 jedoch exakt 1852 m

29 betrifft das Handelsgewicht von allgemeinen Waren (16 oz = 1 lb)

30 betrifft Handelsgewichte für Edelmetalle und Arzneien (Feinunzen). Es gilt 175 oz. tr. = 192 oz Avoirdupois-System

31 Zur Vermeidung von Verwechslungen wird empfohlen immer den vollen Namen zu verwenden, also long ton, short ton, im Unterschied zu metric ton = tonne = 1000 kg.

**Tab. 9-8:** Übersicht über verschiedene Normzustände und Normbezugsbedingungen.

| Anwendungsbereich | Bedingungen | |
|---|---|---|
| physikalischer Normzustand[32] | Temperatur $T_n$ = 273,15 K | ($t_n$ = 0 °C) |
| (DIN 1343) | Druck $p_n$ = 1,01325 bar | ($p_n$ = 760 Torr) |
| chemischer Standardzustand | Temperatur $T_n$ = 298,15 K | ($t_n$ = 25 °C) |
| (IUPAC-Empfehlung)[33] | Druck $p_n$ = 1,01325 bar | ($p_n$ = 760 Torr) |
| Normbezugszustand für | Temperatur $T_0$ = 288,15 K | ($t_0$ = 15 °C) |
| atmosphärische Luft | Druck $p_0$ = 1,01325 bar | ($p_0$ = 760 Torr) |
| (DIN ISO 2533) | relative Luftfeuchte 0 % (trockene Luft) | |
| | Dichte bei $h = 0$: $\rho_0$ = 1,225 kg/m³ | |
| Bedingungen für die Abnahme von | Temperatur $T_0$ = 293,15 K | ($t_0$ = 20 °C) |
| Verdrängerkompressoren (DIN 1945) | Druck $p_0$ = 1 bar | ($p_0$ = 750,062 Torr) |
| | relative Luftfeuchte 0 % | |
| | Kühlwasser-Eintrittstemperatur 20 °C | |
| Normbezugsbedingungen für | Temperatur $T$ = 298,15 K | ($t$ = 25 °C) |
| Verbrennungsmotoren | Druck $p$ = 1 bar | ($p$ = 750,062 Torr) |
| (ISO 15550) | relative Luftfeuchte 30 % | |
| Normbezugszustand für Gasturbinen | Temperatur $T$ = 288,15 K | ($t$ = 15 °C) |
| (DIN 4342) | Druck $p$ = 1,01325 bar | ($p$ = 760 Torr) |
| | relative Luftfeuchte 60 % | |
| | flüssiger Brennstoff $H_u$ = 42.000 kJ/kg | |
| | gasformiger Brennstoff $H_u$ = 50.056 kJ/kg | |

Im Allgemeinen wird empfohlen, Maßeinheiten nicht mit Zusätzen zu versehen, die auf bestimmte Zustände hinweisen, zum Beispiel Nm für Normkubikmeter. Besser ist es, das Formelzeichen für die betreffende Größe zu indizieren, also $V_n$ = 10 m³ für 10 Normkubikmeter.

32 auch STP-Bedingungen genannt (englisch: **S**tandard **T**emperature and **P**ressure), werden auch beim Handel mit Gasen zu Grunde gelegt (Normkubikmeter)

33 IUPAC = International Union for Pure and Applied Chemistry: dieser Referenzzustand wird manchmal bei der Angabe thermophysikalischer Stoffeigenschaften verwendet, gelegentlich auch mit $p_0$ = 1 bar!

## 9.5 Internationale Normatmosphäre nach DIN ISO 2533

**Tab. 9-9:** Temperatur, Druck, Dichte und Fallbeschleunigung als Funktion der geometrischen Höhe nach DIN ISO 2533[34], Gaskonstante Luft = 287,05287 J/(kg K).

| $h$ in m | $t$ in °C | $p$ in mbar | $\rho$ in kg/m³ | $g$ in m/s² |
|---|---|---|---|---|
| 0 | 15,000 | 1013,250 | 1,22500 | 9,8066 |
| 100 | 14,350 | 1001,290 | 1,21328 | 9,8063 |
| 200 | 13,700 | 989,454 | 1,20165 | 9,8060 |
| 300 | 13,050 | 977,727 | 1,19011 | 9,8057 |
| 400 | 12,400 | 966,114 | 1,17865 | 9,8054 |
| 500 | 11,750 | 954,613 | 1,16727 | 9,8051 |
| 600 | 11,100 | 943,223 | 1,15598 | 9,8048 |
| 700 | 10,451 | 931,944 | 1,14478 | 9,8045 |
| 800 | 9,801 | 920,775 | 1,13366 | 9,8042 |
| 900 | 9,151 | 909,715 | 1,12261 | 9,8039 |
| 1000 | 8,501 | 898,763 | 1,11166 | 9,8036 |
| 1200 | 7,201 | 877,180 | 1,08999 | 9,8029 |
| 1400 | 5,902 | 856,020 | 1,06865 | 9,8023 |
| 1600 | 4,603 | 835,277 | 1,04764 | 9,8017 |
| 1800 | 3,303 | 814,943 | 1,02694 | 9,8011 |
| 2000 | 2,004 | 795,014 | 1,00655 | 9,8005 |
| 2200 | 0,705 | 775,483 | 0,986483 | 9,7999 |
| 2400 | - 0,594 | 756,342 | 0,966721 | 9,7992 |
| 2600 | - 1,893 | 737,588 | 0,947264 | 9,7986 |
| 2800 | - 3,192 | 719,213 | 0,928110 | 9,7980 |
| 3000 | - 4,491 | 701,212 | 0,909254 | 9,7974 |
| 3200 | - 5,790 | 683,578 | 0,890694 | 9,7968 |
| 3400 | - 7,088 | 666,306 | 0,872427 | 9,7962 |
| 3600 | - 8,387 | 649,390 | 0,854449 | 9,7956 |
| 3800 | - 9,685 | 632,825 | 0,836756 | 9,7949 |
| 4000 | - 10,984 | 616,604 | 0,819347 | 9,7943 |
| 4200 | - 12,282 | 600,723 | 0,802216 | 9,7937 |
| 4400 | - 13,580 | 585,176 | 0,785363 | 9,7931 |
| 4600 | - 14,878 | 569,957 | 0,768782 | 9,7925 |
| 4800 | - 16,176 | 555,061 | 0,752472 | 9,7919 |
| 5000 | - 17,474 | 540,483 | 0,736429 | 9,7912 |
| 5200 | - 18,772 | 526,217 | 0,720649 | 9,7906 |
| 5400 | - 20,070 | 512,259 | 0,705131 | 9,7900 |
| 5600 | - 21,368 | 498,602 | 0,689871 | 9,7894 |
| 5800 | - 22,666 | 485,243 | 0,674865 | 9,7888 |
| 6000 | - 23,963 | 472,176 | 0,660111 | 9,7882 |
| 6200 | - 25,261 | 459,396 | 0,645607 | 9,7875 |
| 6400 | - 26,558 | 446,899 | 0,631348 | 9,7869 |
| 6600 | - 27,856 | 434,679 | 0,617332 | 9,7863 |
| 6800 | - 29,153 | 422,732 | 0,603557 | 9,7857 |
| 7000 | - 30,450 | 411,053 | 0,590018 | 9,7851 |

[34] Wiedergegeben mit Erlaubnis des DIN Deutsches Institut für Normung e. V. Maßgebend für das Anwenden der DIN-Norm ist deren Fassung mit dem neuesten Ausgabedatum, die bei der Beuth Verlag GmbH, Burggrafenstraße 6, 10787 Berlin erhältlich ist.

# 9.6 Spezifische Wärmekapazitäten von Gasen

**Tab. 9-10:** Mittlere spezifische Wärmekapazität zwischen 0 °C und einer Temperatur *t* beim Druck von 1 bar in kJ/(kg K) nach Stephan, K./Mayinger, F.: Thermodynamik Band I Einstoffsysteme, 15. Auflage, Springer Verlag Berlin 1998.

| *t* in °C | $H_2$ | $N_2$ | $O_2$ | Luft | CO | $CO_2$ | $SO_2$ | $H_2O$ |
|---|---|---|---|---|---|---|---|---|
| 0 | 14,20 | 1,039 | 0,9150 | 1,004 | 1,039 | 0,8169 | 0,6074 | 1,858 |
| 100 | 14,34 | 1,039 | 0,9227 | 1,007 | 1,041 | 0,8673 | 0,6355 | 1,871 |
| 200 | 14,42 | 1,042 | 0,9351 | 1,012 | 1,046 | 0,9118 | 0,6624 | 1,892 |
| 300 | 14,45 | 1,048 | 0,9496 | 1,019 | 1,054 | 0,9505 | 0,6868 | 1,917 |
| 400 | 14,48 | 1,055 | 0,9646 | 1,029 | 1,064 | 0,9846 | 0,7079 | 1,945 |
| 500 | 14,51 | 1,065 | 0,9787 | 1,039 | 1,074 | 1,0148 | 0,7263 | 1,975 |
| 600 | 14,54 | 1,075 | 0,9922 | 1,050 | 1,087 | 1,0417 | 0,7423 | 2,006 |
| 700 | 14,59 | 1,085 | 1,0044 | 1,061 | 1,097 | 1,0659 | 0,7560 | 2,039 |
| 800 | 14,64 | 1,096 | 1,0154 | 1,071 | 1,110 | 1,0875 | 0,7680 | 2,073 |
| 900 | 14,71 | 1,106 | 1,0256 | 1,082 | 1,120 | 1,1070 | 0,7786 | 2,106 |
| 1000 | 14,78 | 1,116 | 1,0347 | 1,091 | 1,131 | 1,1248 | 0,7879 | 2,140 |
| 1100 | 14,86 | 1,125 | 1,0431 | 1,101 | 1,140 | 1,1409 | 0,7963 | 2,174 |
| 1200 | 14,94 | 1,134 | 1,0506 | 1,109 | 1,148 | 1,1554 | 0,8038 | 2,207 |
| 1300 | 15,02 | 1,142 | 1,0578 | 1,117 | 1,157 | 1,1688 | 0,8105 | 2,239 |
| 1400 | 15,11 | 1,150 | 1,0647 | 1,125 | 1,165 | 1,1811 | 0,8167 | 2,271 |
| 1500 | 15,20 | 1,158 | 1,0713 | 1,132 | 1,172 | 1,1922 | 0,8223 | 2,302 |
| 1600 | 15,30 | 1,165 | 1,0772 | 1,139 | 1,179 | 1,2027 | 0,8273 | 2,331 |
| 1700 | 15,39 | 1,171 | 1,0828 | 1,145 | 1,186 | 1,2122 | 0,8321 | 2,360 |
| 1800 | 15,48 | 1,177 | 1,0884 | 1,151 | 1,192 | 1,2211 | 0,8365 | 2,388 |
| 1900 | 15,57 | 1,182 | 1,0937 | 1,156 | 1,197 | 1,2293 | 0,8406 | 2,415 |
| 2000 | 15,66 | 1,188 | 1,0991 | 1,162 | 1,203 | 1,2370 | 0,8444 | 2,441 |
| 2100 | 15,75 | 1,193 | 1,1041 | 1,167 | 1,208 | 1,2443 | 0,8480 | 2,466 |
| 2200 | 15,84 | 1,198 | 1,1087 | 1,172 | 1,212 | 1,2511 | 0,8514 | 2,490 |
| 2300 | 15,92 | 1,202 | 1,1137 | 1,176 | 1,217 | 1,2574 | 0,8546 | 2,513 |
| 2400 | 16,01 | 1,207 | 1,1181 | 1,181 | 1,221 | 1,2633 | 0,8577 | 2,536 |
| 2500 | 16,09 | 1,211 | 1,1228 | 1,185 | 1,225 | 1,2690 | 0,8606 | 2,557 |
| 2600 | 16,17 | 1,214 | 1,1273 | 1,189 | 1,229 | 1,274 | 0,8634 | 2,578 |
| 2700 | 16,26 | 1,218 | 1,1317 | 1,193 | 1,232 | 1,279 | 0,8660 | 2,598 |
| 2800 | 16,33 | 1,221 | 1,1360 | | 1,236 | 1,284 | 0,8686 | 2,617 |
| 2900 | 16,40 | 1,225 | 1,1402 | | 1,239 | 1,289 | 0,8710 | 2,636 |
| 3000 | 16,48 | 1,228 | 1,1443 | | 1,242 | 1,293 | 0,8734 | 2,654 |
| 3100 | 16,55 | 1,231 | 1,1483 | | 1,245 | 1,297 | 0,8757 | 2,672 |
| 3200 | 16,62 | 1,234 | 1,1523 | | 1,248 | 1,301 | 0,8779 | 2,689 |
| 3300 | 16,69 | 1,236 | 1,1562 | | 1,251 | 1,305 | 0,8800 | 2,705 |
| Molmasse kg/kmol | 2,01588 | 28,01348 | 31,9988 | 28,953 | 28,0104 | 44,0098 | 64,0588 | 18,01528 |

Hinweis:

Die molare spezifische Wärmekapazität in kJ/(kmol K) erhält man durch Multiplikation der Tafelwerte mit der in der letzten Zeile aufgeführten relativen Molekülmasse.

## 9.7 Formelzusammenstellung für ideales Gas

**Tab. 9-11:** Zustandsgleichungen für ideales Gas.

| | **Isochore** $v$ = **konstant** | **Isobare** $p$ = **konstant** | **Isotherme** $p\cdot v$ = **konstant** | **Isentrope** $p\cdot v^{\kappa}$ = **konstant** |
|---|---|---|---|---|
| $\frac{v_1}{v_2} =$ | **1** | $\frac{T_1}{T_2}$ | $\frac{p_2}{p_1}$ | $\left(\frac{p_2}{p_1}\right)^{\frac{1}{\kappa}} = \left(\frac{T_2}{T_1}\right)^{\frac{1}{\kappa-1}}$ |
| $\frac{p_1}{p_2} =$ | $\frac{T_1}{T_2}$ | **1** | $\frac{v_2}{v_1} = \frac{\rho_1}{\rho_2}$ | $\left(\frac{v_2}{v_1}\right)^{\kappa} = \left(\frac{T_1}{T_2}\right)^{\frac{\kappa}{\kappa-1}}$ |
| $\frac{T_1}{T_2} =$ | $\frac{p_1}{p_2}$ | $\frac{v_1}{v_2} = \frac{\rho_2}{\rho_1}$ | **1** | $\left(\frac{p_1}{p_2}\right)^{\frac{\kappa-1}{\kappa}} = \left(\frac{v_2}{v_1}\right)^{\kappa-1}$ |
| $s_2 - s_1$ | $c_v \ln\frac{p_2}{p_1}$ | $c_p \ln\frac{v_2}{v_1}$ | $R_i \cdot \ln\frac{v_2}{v_1}$ | **0** |

**Tab. 9-12:** Wärme von idealem Gas bei verschiedenen Zustandsänderungen.

| **Zustandsänderung** | **Wärme** $q_{12} =$ |
|---|---|
| **Isochore** | $c_V(T_2 - T_1) = \frac{R_i}{\kappa - 1}(T_2 - T_1) = \frac{v}{\kappa - 1}(p_2 - p_1)$ |
| **Isobare** | $c_p(T_2 - T_1) = \frac{\kappa}{\kappa - 1} R_i (T_2 - T_1) = \frac{\kappa}{\kappa - 1} p(v_2 - v_1)$ |
| **Isotherme** | $R_i \cdot T_1 \cdot \ln\frac{p_1}{p_2} = p_1 v_1 \ln\frac{v_2}{v_1} = -w_{V,12} = -w_{t,12}$ |
| **Isentrope** | 0 |
| **Polytrope** | $c_V \frac{n-\kappa}{n-1}(T_2 - T_1) = c_n(T_2 - T_1) = \frac{n-\kappa}{\kappa - 1} w_{V,12}$ |

**Tab. 9-13:** Volumenänderungsarbeit von idealem Gas bei verschiedenen Zustandsänderungen.

| Zustandsänderung | Volumenänderungsarbeit $w_{V,12} =$ |
|---|---|
| Isochore | $0$ |
| Isobare | $p(v_1 - v_2) = R_i(T_1 - T_2)$ |
| Isotherme | $R_i T_1 \ln\frac{p_2}{p_1} = p_1 v_1 \ln\frac{p_2}{p_1} = p_2 v_2 \ln\frac{p_2}{p_1} = w_{t,12}$ |
| Isentrope | $c_V(T_2 - T_1) = \frac{R_i T_1}{\kappa - 1}\left(\frac{T_2}{T_1} - 1\right) = \frac{R_i T_1}{\kappa - 1}\left[\left(\frac{p_2}{p_1}\right)^{\frac{\kappa-1}{\kappa}} - 1\right] = \frac{p_1 \cdot v_1}{\kappa - 1}\left[\left(\frac{v_1}{v_2}\right)^{\kappa-1} - 1\right]$ |
| Polytrope | $\frac{R_i}{n-1}(T_2 - T_1) = \frac{c_V(\kappa - 1)}{n-1}(T_2 - T_1) = \frac{p_1 v_1}{n-1}\left[\left(\frac{p_2}{p_1}\right)^{\frac{n-1}{n}} - 1\right]$ |

**Tab. 9-14:** Technische Arbeit von idealem Gas bei verschiedenen Zustandsänderungen.

| Zustandsänderung | technische Arbeit $w_{t,12} =$ |
|---|---|
| Isochore | $v \cdot (p_2 - p_1) = R_i \cdot (T_2 - T_1)$ |
| Isobare | $0$ |
| Isotherme | $R_i T_1 \ln\frac{p_2}{p_1} = p_1 v_1 \ln\frac{p_2}{p_1} = p_2 v_2 \ln\frac{p_2}{p_1} = w_{V,12}$ |
| Isentrope | $\frac{\kappa}{\kappa - 1} p_1 \cdot v_1\left[\left(\frac{p_2}{p_1}\right)^{\frac{\kappa-1}{\kappa}} - 1\right] = \frac{\kappa}{\kappa - 1} R_i \cdot T_1\left(\frac{T_2}{T_1} - 1\right) = \kappa \cdot w_{V,12}$ |
| Polytrope | $\frac{n}{n-1} R_i \cdot T_1\left(\frac{T_2}{T_1} - 1\right) = \frac{n}{n-1} p_1 \cdot v_1\left[\left(\frac{p_2}{p_1}\right)^{\frac{n-1}{n}} - 1\right] = n \cdot w_{V,12}$ |

# 9.8 Stoffdaten für Wasser nach IAPWS-IF 97

**Tab. 9-15:** Stoffeigenschaften von siedender Wasserflüssigkeit und von trocken gesättigtem Wasserdampf nach der Temperatur geordnet gemäß IAPWS-IF 97.

| $t$ °C | $p_s$ bar | $v'$ m³/kg | $v''$ m³/kg | $h'$ kJ/kg | $h''$ kJ/kg | $s'$ kJ/(kg K) | $s''$ kJ/(kg K) |
|---|---|---|---|---|---|---|---|
| 0 | 0,006112127 | 0,00100021 | 206,140 | -0,04159 | 2500,89 | -0,0001545 | 9,1558 |
| **0,01** | 0,006116570 | 0,00100021 | 205,997 | 0,0006118 | 2500,91 | 0 | 9,1555 |
| 1 | 0,00657088 | 0,00100015 | 192,445 | 4,17665 | 2502,73 | 0,015260 | 9,1291 |
| 2 | 0,00705988 | 0,00100011 | 179,764 | 8,39160 | 2504,57 | 0,030606 | 9,1027 |
| 3 | 0,00758082 | 0,00100008 | 168,014 | 12,6035 | 2506,40 | 0,045886 | 9,0765 |
| 4 | 0,00813549 | 0,00100007 | 157,121 | 16,8127 | 2508,24 | 0,061101 | 9,0506 |
| 5 | 0,00872575 | 0,00100008 | 147,017 | 21,0194 | 2510,07 | 0,076252 | 9,0249 |
| 6 | 0,00935353 | 0,00100011 | 137,638 | 25,2237 | 2511,91 | 0,091340 | 8,9994 |
| 7 | 0,0100209 | 0,00100014 | 128,928 | 29,4258 | 2513,74 | 0,10637 | 8,9742 |
| 8 | 0,0107299 | 0,00100020 | 120,834 | 33,6260 | 2515,57 | 0,12133 | 8,9492 |
| 9 | 0,0114828 | 0,00100027 | 113,309 | 37,8244 | 2517,40 | 0,13624 | 8,9244 |
| 10 | 0,0122818 | 0,00100035 | 106,309 | 42,0211 | 2519,23 | 0,15109 | 8,8998 |
| 11 | 0,0131295 | 0,00100044 | 99,7927 | 46,2162 | 2521,06 | 0,16587 | 8,8755 |
| 12 | 0,0140282 | 0,00100055 | 93,7243 | 50,4100 | 2522,89 | 0,18061 | 8,8514 |
| 13 | 0,0149806 | 0,00100067 | 88,0698 | 54,6024 | 2524,71 | 0,19528 | 8,8275 |
| 14 | 0,0159894 | 0,00100080 | 82,7981 | 58,7936 | 2526,54 | 0,20990 | 8,8038 |
| 15 | 0,0170574 | 0,00100095 | 77,8807 | 62,9837 | 2528,36 | 0,22447 | 8,7804 |
| 16 | 0,0181876 | 0,00100110 | 73,2915 | 67,1727 | 2530,19 | 0,23898 | 8,7571 |
| 17 | 0,0193829 | 0,00100127 | 69,0063 | 71,3608 | 2532,01 | 0,25344 | 8,7341 |
| 18 | 0,0206466 | 0,00100145 | 65,0029 | 75,5479 | 2533,83 | 0,26785 | 8,7112 |
| 19 | 0,0219818 | 0,00100164 | 61,2609 | 79,7343 | 2535,65 | 0,28220 | 8,6886 |
| 20 | 0,0233921 | 0,00100184 | 57,7615 | 83,9199 | 2537,47 | 0,29650 | 8,6661 |
| 21 | 0,0248810 | 0,00100205 | 54,4873 | 88,1048 | 2539,29 | 0,31075 | 8,6439 |
| 22 | 0,0264521 | 0,00100228 | 51,4225 | 92,2890 | 2541,10 | 0,32495 | 8,6218 |
| 23 | 0,0281092 | 0,00100251 | 48,5521 | 96,4727 | 2542,92 | 0,33910 | 8,6000 |
| 24 | 0,0298563 | 0,00100275 | 45,8626 | 100,656 | 2544,73 | 0,35320 | 8,5783 |
| 25 | 0,0316975 | 0,00100301 | 43,3414 | 104,838 | 2546,54 | 0,36726 | 8,5568 |
| 26 | 0,0336369 | 0,00100327 | 40,9768 | 109,021 | 2548,35 | 0,38126 | 8,5355 |
| 27 | 0,0356789 | 0,00100354 | 38,7582 | 113,202 | 2550,16 | 0,39521 | 8,5144 |
| 28 | 0,0378281 | 0,00100382 | 36,6754 | 117,384 | 2551,97 | 0,40912 | 8,4934 |
| 29 | 0,0400892 | 0,00100411 | 34,7194 | 121,565 | 2553,78 | 0,42298 | 8,4727 |
| 30 | 0,0424669 | 0,00100441 | 32,8816 | 125,745 | 2555,58 | 0,43679 | 8,4521 |
| 35 | 0,0562862 | 0,00100604 | 25,2078 | 146,645 | 2564,58 | 0,50517 | 8,3518 |
| 40 | 0,0738443 | 0,00100788 | 19,5170 | 167,541 | 2573,54 | 0,57243 | 8,2557 |
| 45 | 0,0959439 | 0,00100991 | 15,2534 | 188,437 | 2582,45 | 0,63862 | 8,1634 |
| 50 | 0,123513 | 0,00101214 | 12,0279 | 209,336 | 2591,31 | 0,70379 | 8,0749 |
| 55 | 0,157614 | 0,00101454 | 9,56492 | 230,241 | 2600,11 | 0,76798 | 7,9899 |
| 60 | 0,199458 | 0,00101711 | 7,66766 | 251,154 | 2608,85 | 0,83122 | 7,9082 |
| 65 | 0,250411 | 0,00101985 | 6,19383 | 272,079 | 2617,51 | 0,89354 | 7,8296 |
| 70 | 0,312006 | 0,00102276 | 5,03973 | 293,018 | 2626,10 | 0,95499 | 7,7540 |
| 75 | 0,385954 | 0,00102582 | 4,12908 | 313,974 | 2634,60 | 1,01560 | 7,7812 |
| 80 | 0,474147 | 0,00102904 | 3,40527 | 334,949 | 2643,01 | 1,0754 | 7,6110 |
| 85 | 0,578675 | 0,00103242 | 2,82593 | 355,946 | 26,51,33 | 1,1344 | 7,5434 |
| 90 | 0,701824 | 0,00103594 | 2,35915 | 376,968 | 2659,53 | 1,1927 | 7,4781 |

| | | | | | | | |
|---|---|---|---|---|---|---|---|
| 95 | 0,846089 | 0,00103962 | 1,98065 | 398,019 | 2667,61 | 1,2502 | 7,4150 |
| 100 | 1,014180 | 0,00104346 | 1,67186 | 419,099 | 2675,57 | 1,3070 | 7,3541 |
| 110 | 1,43376 | 0,00105158 | 1,20939 | 461,363 | 2691,07 | 1,4187 | 7,2380 |
| 120 | 1,98665 | 0,00106033 | 0,891303 | 503,785 | 2705,93 | 1,5278 | 7,1291 |
| 130 | 2,70260 | 0,00106971 | 0,668084 | 546,388 | 2720,09 | 1,6346 | 7,0264 |
| 140 | 3,61501 | 0,00107976 | 0,508519 | 589,200 | 2733,44 | 1,7393 | 6,9293 |
| 150 | 4,76101 | 0,00109050 | 0,392502 | 632,252 | 2745,92 | 1,8420 | 6,8370 |
| 160 | 6,18139 | 0,00110199 | 0,306818 | 675,575 | 2757,43 | 1,9428 | 6,7491 |
| 170 | 7,92053 | 0,00111426 | 0,242616 | 719,206 | 2767,89 | 2,0419 | 6,6649 |
| 180 | 10,0263 | 0,00112739 | 0,193862 | 763,188 | 2777,22 | 2,1395 | 6,5841 |
| 190 | 12,5502 | 0,00114144 | 0,156377 | 807,566 | 2785,31 | 2,2358 | 6,5060 |
| 200 | 15,5467 | 0,00115651 | 0,127222 | 852,393 | 2792,06 | 2,3308 | 6,4303 |
| 210 | 19,0739 | 0,00117271 | 0,104302 | 897,729 | 2797,35 | 2,4248 | 6,3565 |
| 220 | 23,1929 | 0,00119016 | 0,0861007 | 943,642 | 2801,05 | 2,5178 | 6,2842 |
| 230 | 27,9679 | 0,00120901 | 0,0715102 | 990,210 | 2803,01 | 2,6102 | 6,2131 |
| 240 | 33,4665 | 0,00122946 | 0,0597101 | 1037,52 | 2803,06 | 2,7019 | 6,1425 |
| 250 | 39,7594 | 0,00125174 | 0,0500866 | 1085,69 | 2801,01 | 2,7934 | 6,0722 |
| 260 | 46,9207 | 0,00127613 | 0,0421755 | 1134,83 | 2796,64 | 2,8847 | 6,0017 |
| 270 | 55,0284 | 0,00130301 | 0,0356224 | 1185,09 | 2789,69 | 2,9762 | 5,9304 |
| 280 | 64,1646 | 0,00133285 | 0,0301540 | 1236,67 | 2779,82 | 3,0681 | 5,8578 |
| 290 | 74,4164 | 0,00136629 | 0,0255568 | 1289,80 | 2766,63 | 3,1608 | 5,7832 |
| 300 | 85,8771 | 0,00140422 | 0,0216631 | 1344,77 | 2749,57 | 3,2547 | 5,7058 |
| 305 | 92,0919 | 0,00142524 | 0,0199370 | 1373,07 | 2739,38 | 3,3024 | 5,6656 |
| 310 | 98,6475 | 0,00144788 | 0,0183389 | 1402,00 | 2727,92 | 3,3506 | 5,6243 |
| 315 | 105,558 | 0,00147239 | 0,0168557 | 1431,63 | 2715,08 | 3,3994 | 5,5816 |
| 320 | 112,839 | 0,00149906 | 0,0154759 | 1462,05 | 2700,67 | 3,4491 | 5,5373 |
| 325 | 120,505 | 0,00152830 | 0,0141887 | 1493,37 | 2684,48 | 3,4997 | 5,4911 |
| 330 | 128,575 | 0,00156060 | 0,0129840 | 1525,74 | 2666,25 | 3,5516 | 5,4425 |
| 335 | 137,067 | 0,00159667 | 0,0118522 | 1559,34 | 2645,60 | 3,6048 | 5,3910 |
| 340 | 146,002 | 0,00163751 | 0,0107838 | 1594,45 | 2622,07 | 3,6599 | 5,3359 |
| 345 | 155,401 | 0,00168460 | 0,0097698 | 1631,44 | 2595,01 | 3,7175 | 5,2763 |
| 350 | 165,292 | 0,00174007 | 0,0088009 | 1670,86 | 2563,59 | 3,7783 | 5,2109 |
| 355 | 175,701 | 0,00180780 | 0,0078660 | 1713,71 | 2526,45 | 3,8438 | 5,1377 |
| 360 | 186,664 | 0,00189451 | 0,0069449 | 1761,49 | 2480,99 | 3,9164 | 5,0527 |
| 365 | 198,222 | 0,00201561 | 0,0060044 | 1817,59 | 2422,00 | 4,0011 | 4,9482 |
| 370 | 210,434 | 0,00222209 | 0,0049462 | 1892,64 | 2333,50 | 4,1142 | 4,7996 |
| 371 | 212,964 | 0,00229020 | 0,0046914 | 1913,25 | 2307,45 | 4,1453 | 4,7573 |
| 372 | 215,528 | 0,00238170 | 0,0043985 | 1938,54 | 2274,69 | 4,1836 | 4,7046 |
| 373 | 218,132 | 0,00252643 | 0,0040212 | 1974,14 | 2227,55 | 4,2377 | 4,6299 |

**Kritischer Punkt** :
$t_k = 373{,}946$ °C, $p_k = 220{,}64$ bar, $v_k = 0{,}00310559$ m³/kg, $h_k = 2087{,}55$ kJ/kg, $s_k = 4{,}412$ kJ/(kg K)

**Tab. 9-16:** Stoffeigenschaften von siedender Wasserflüssigkeit und von trocken gesättigtem Wasserdampf nach dem Siededruck geordnet gemäß IAPWS-IF 97.

| $p_s$ bar | $t_s$ °C | $v'$ m³/kg | $v''$ m³/kg | $h'$ kJ/kg | $h''$ kJ/kg | $s'$ kJ/(kg K) | $s''$ kJ/(kg K) |
|---|---|---|---|---|---|---|---|
| 0,01 | 6,96963 | 0,00100014 | 129,183 | 29,2982 | 2513,68 | 0,10591 | 8,9749 |
| 0,02 | 17,4953 | 0,00100136 | 66,9896 | 73,4346 | 2532,91 | 0,26058 | 8,7227 |
| 0,03 | 24,0799 | 0,00100277 | 45,6550 | 100,990 | 2544,88 | 0,35433 | 8,5766 |
| 0,04 | 28,9615 | 0,00100410 | 34,7925 | 121,404 | 2553,71 | 0,42245 | 8,4735 |
| 0,05 | 32,8755 | 0,00100532 | 28,1863 | 137,765 | 2560,77 | 0,47625 | 8,3939 |
| 0,06 | 36,1603 | 0,00100645 | 23,7342 | 151,494 | 2566,67 | 0,52087 | 8,3291 |
| 0,07 | 39,0009 | 0,00100749 | 20,5252 | 163,366 | 2571,76 | 0,55908 | 8,2746 |
| 0,08 | 41,5101 | 0,00100847 | 18,0994 | 173,852 | 2576,24 | 0,59253 | 8,2274 |
| 0,09 | 43,7618 | 0,00100939 | 16,1997 | 183,262 | 2580,25 | 0,62233 | 8,1859 |
| 0,10 | 45,8075 | 0,00101026 | 14,6706 | 191,812 | 2583,89 | 0,64922 | 8,1489 |
| 0,20 | 60,0586 | 0,00101714 | 7,64815 | 251,400 | 2608,95 | 0,83195 | 7,9072 |
| 0,30 | 69,0954 | 0,00102222 | 5,22856 | 289,229 | 2624,55 | 0,94394 | 7,7675 |
| 0,40 | 75,8568 | 0,00102636 | 3,99311 | 317,566 | 2636,05 | 1,0259 | 7,6690 |
| 0,50 | 81,3167 | 0,00102991 | 3,24015 | 340,476 | 2645,21 | 1,0910 | 7,5930 |
| 0,60 | 85,9258 | 0,00103306 | 2,73183 | 359,837 | 2652,85 | 1,1452 | 7,5311 |
| 0,70 | 89,9315 | 0,00103589 | 2,36490 | 376,680 | 2659,42 | 1,1919 | 7,4790 |
| 0,80 | 93,4854 | 0,00103849 | 2,08719 | 391,639 | 2665,18 | 1,2328 | 7,4339 |
| 0,90 | 96,6870 | 0,00104090 | 1,86946 | 405,128 | 2670,31 | 1,2694 | 7,3942 |
| 1,00 | 99,6059 | 0,00104315 | 1,69402 | 417,436 | 2674,95 | 1,3026 | 7,3588 |
| **1,01325** | 99,9743 | 0,00104344 | 1,67330 | 418,991 | 2675,53 | 1,3067 | 7,3544 |
| 2,00 | 120,212 | 0,00106052 | 0,885735 | 504,684 | 2706,24 | 1,5301 | 7,1269 |
| 2,50 | 127,414 | 0,00106722 | 0,718697 | 535,350 | 2716,50 | 1,6072 | 7,0524 |
| 3,00 | 133,525 | 0,00107318 | 0,605785 | 561,455 | 2724,89 | 1,6718 | 6,9916 |
| 3,50 | 138,861 | 0,00107858 | 0,524196 | 584,311 | 2731,97 | 1,7275 | 6,9401 |
| 4,00 | 143,613 | 0,00108356 | 0,462392 | 604,723 | 2738,06 | 1,7766 | 6,8954 |
| 4,50 | 147,908 | 0,00108820 | 0,413900 | 623,224 | 2743,39 | 1,8206 | 6,8560 |
| 5,00 | 151,836 | 0,00109256 | 0,374804 | 640,185 | 2748,11 | 1,8606 | 6,8206 |
| 5,50 | 155,462 | 0,00109668 | 0,342592 | 655,877 | 2752,33 | 1,8972 | 6,7885 |
| 6,00 | 158,832 | 0,00110061 | 0,315575 | 670,501 | 2756,14 | 1,9311 | 6,7592 |
| 6,50 | 161,986 | 0,00110436 | 0,292581 | 684,216 | 2759,60 | 1,9626 | 6,7321 |
| 7,00 | 164,953 | 0,00110797 | 0,272764 | 697,143 | 2762,75 | 1,9921 | 6,7070 |
| 7,50 | 167,755 | 0,00111144 | 0,255503 | 709,384 | 2765,64 | 2,0198 | 6,6835 |
| 8,00 | 170,414 | 0,00111479 | 0,240328 | 721,018 | 2768,30 | 2,0460 | 6,6615 |
| 8,50 | 172,943 | 0,00111803 | 0,226878 | 732,113 | 2770,76 | 2,0708 | 6,6408 |
| 9,00 | 175,358 | 0,00122118 | 0,214874 | 742,725 | 2773,04 | 2,0944 | 6,6212 |
| 9,50 | 177,669 | 0,00112425 | 0,204090 | 752,901 | 2775,15 | 2,1169 | 6,6027 |
| 10,00 | 179,886 | 0,00112723 | 0,194349 | 762,683 | 2777,12 | 2,1384 | 6,5850 |
| 11,00 | 184,070 | 0,00113299 | 0,177436 | 781,198 | 2780,67 | 2,1789 | 6,5520 |
| 12,00 | 187,965 | 0,00113850 | 0,163250 | 798,499 | 2783,77 | 2,2163 | 6,5217 |
| 13,00 | 191,613 | 0,00114380 | 0,151175 | 814,764 | 2786,49 | 2,2512 | 6,4936 |
| 14,00 | 195,047 | 0,00114892 | 0,140768 | 830,132 | 2788,89 | 2,2839 | 6,4675 |
| 15,00 | 198,295 | 0,00115387 | 0,131702 | 844,717 | 2791,01 | 2,3147 | 6,4431 |
| 16,00 | 201,378 | 0,00115868 | 0,123732 | 858,610 | 2792,88 | 2,3438 | 6,4200 |
| 17,00 | 204,315 | 0,00116336 | 0,116668 | 871,888 | 2794,53 | 2,3715 | 6,3983 |
| 18,00 | 207,120 | 0,00116792 | 0,110362 | 884,614 | 2795,99 | 2,3978 | 6,3776 |
| 19,00 | 209,806 | 0,00117238 | 0,104698 | 896,844 | 2797,26 | 2,4229 | 6,3579 |
| 20,00 | 212,385 | 0,00117675 | 0,0995805 | 908,622 | 2798,38 | 2,4470 | 6,3392 |

| 25,00 | 223,956 | 0,00119744 | 0,0799474 | 961,983 | 2802,04 | 2,5544 | 6,2560 |
|---|---|---|---|---|---|---|---|
| 30,00 | 233,858 | 0,00121670 | 0,0666641 | 1008,37 | 2803,26 | 2,6456 | 6,1858 |
| 35,00 | 242,562 | 0,00123498 | 0,0570582 | 1049,78 | 2802,74 | 2,7254 | 6,1245 |
| 40,00 | 250,358 | 0,00125257 | 0,0497766 | 1087,43 | 2800,90 | 2,7967 | 6,0697 |
| 45,00 | 257,439 | 0,00126966 | 0,0440593 | 1122,14 | 2798,00 | 2,8613 | 6,0198 |
| 50,00 | 263,943 | 0,00128641 | 0,0394463 | 1154,50 | 2794,23 | 2,9207 | 5,9737 |
| 55,00 | 269,967 | 0,00130291 | 0,0356422 | 1184,92 | 2789,72 | 2,9759 | 5,9307 |
| 60,00 | 275,586 | 0,00131927 | 0,0324487 | 1213,73 | 2784,56 | 3,0274 | 5,8901 |
| 65,00 | 280,859 | 0,00133557 | 0,0297276 | 1241,17 | 2778,83 | 3,0760 | 5,8515 |
| 70,00 | 285,830 | 0,00135186 | 0,0273796 | 1267,44 | 2772,57 | 3,1220 | 5,8146 |
| 75,00 | 290,537 | 0,00136820 | 0,0253313 | 1292,70 | 2765,82 | 3,1658 | 5,7792 |
| 80,00 | 295,009 | 0,00138466 | 0,0235275 | 1317,08 | 2758,61 | 3,2077 | 5,7448 |
| 85,00 | 299,272 | 0,00140129 | 0,0219258 | 1340,70 | 2750,96 | 3,2478 | 5,7115 |
| 90,00 | 303,347 | 0,00141812 | 0,0204929 | 1363,65 | 2742,88 | 3,2866 | 5,6790 |
| 95,00 | 307,251 | 0,00143522 | 0,0192026 | 1386,02 | 2734,38 | 3,3240 | 5,6472 |
| 100,00 | 310,999 | 0,00145262 | 0,0180336 | 1407,87 | 2725,47 | 3,3603 | 5,6159 |
| 105,00 | 314,606 | 0,00147038 | 0,0169687 | 1429,27 | 2716,14 | 3,3956 | 5,5850 |
| 110,00 | 318,081 | 0,00148855 | 0,0159939 | 1450,28 | 2706,39 | 3,4300 | 5,5545 |
| 115,00 | 321,436 | 0,00150718 | 0,0150972 | 1470,95 | 2696,21 | 3,4636 | 5,5243 |
| 120,00 | 324,678 | 0,00152633 | 0,0142689 | 1491,33 | 2685,58 | 3,4965 | 5,4941 |
| 125,00 | 327,816 | 0,00154607 | 0,0135006 | 1511,46 | 2674,49 | 3,5288 | 5,4640 |
| 130,00 | 330,857 | 0,00156649 | 0,0127851 | 1531,40 | 2662,89 | 3,5606 | 5,4339 |
| 135,00 | 333.806 | 0,00158766 | 0,0121163 | 1551,19 | 2650,77 | 3,5920 | 5,4036 |
| 140,00 | 336,669 | 0,00160971 | 0,0114889 | 1570,88 | 2638,09 | 3,6230 | 5,3730 |
| 145,00 | 339,452 | 0,00163276 | 0,0108981 | 1590,51 | 2624,81 | 3,6538 | 5,3422 |
| 150,00 | 342,158 | 0,00165696 | 0,0103401 | 1610,15 | 2610,86 | 3,6844 | 5,3108 |
| 155,00 | 344,792 | 0,00168249 | 0,0098114 | 1629,85 | 2596,22 | 3,7150 | 5,2789 |
| 160,00 | 347,357 | 0,00170954 | 0,00930813 | 1649,67 | 2580,80 | 3,7457 | 5,2463 |
| 165,00 | 349,856 | 0,00173833 | 0,00882826 | 1669,68 | 2564,57 | 3,7765 | 5,2129 |
| 170,00 | 352,293 | 0,00176934 | 0,00836934 | 1690,04 | 2547,41 | 3,8077 | 5,1785 |
| 175,00 | 354,671 | 0,00180286 | 0,00792681 | 1710,76 | 2529,11 | 3,8393 | 5,1428 |
| 180,00 | 356,992 | 0,00183949 | 0,00749867 | 1732,02 | 2509,53 | 3,8717 | 5,1055 |
| 185,00 | 359,258 | 0,00188000 | 0,00708178 | 1753,99 | 2488,41 | 3,9050 | 5,0663 |
| 190,00 | 361,471 | 0,00192545 | 0,00667261 | 1776,89 | 2465,41 | 3,9396 | 5,0246 |
| 195,00 | 363,663 | 0,00197747 | 0,00626677 | 1801,08 | 2440,00 | 3,9762 | 4,9795 |
| 200,00 | 365,746 | 0,00203865 | 0,00585828 | 1827,10 | 2411,39 | 4,0154 | 4,9299 |
| 205,00 | 367,811 | 0,00211358 | 0,00543778 | 1855,90 | 2378,16 | 4,0588 | 4,8736 |
| 210,00 | 369,827 | 0,00221186 | 0,00498768 | 1889,40 | 2337,54 | 4,1093 | 4,8062 |
| 215,00 | 371,795 | 0,00236016 | 0,00446300 | 1932,81 | 2282,18 | 4,1749 | 4,7166 |
| 220,00 | 373,707 | 0,00275039 | 0,00357662 | 2021,92 | 2164,18 | 4,3109 | 4,5308 |

**Kritischer Punkt** :
$t_k = 373{,}946$ °C, $p_k = 220{,}64$ bar, $v_k = 0{,}00310559$ m³/kg, $h_k = 2087{,}55$ kJ/kg, $s_k = 4{,}412$ kJ/(kg K)

**Tab. 9-17:** Stoffeigenschaften von Wasser im Einphasengebiet nach IAPWS-IF 97 (Strich in der Zeile trennt Wasserflüssigkeit von überhitztem Dampf).

| *t* | $p$ = 0,01 bar | | | $p$ = 0,05 bar | | |
|---|---|---|---|---|---|---|
| °C | $v$ m³/kg | $h$ kJ/kg | $s$ kJ/(kg K) | $v$ m³/kg | $h$ kJ/kg | $s$ kJ/(kg K) |
| **0** | 0,00100021 | - 0,04119 | - 0,0001545 | 0,00100020 | - 0,03712 | - 0,0001543 |
| **2** | 0,00100011 | 8,39190 | 0,030607 | 0,00100010 | 8,39594 | 0,030607 |
| **4** | 0,00100007 | 16,8129 | 0,061101 | 0,00100007 | 16,8169 | 0,061101 |
| **6** | 0,00100011 | 25,2237 | 0,091340 | 0,00100010 | 25,2277 | 0,091339 |
| **8** | 129,662 | 2515,63 | 8,9819 | 0,00100020 | 33,6299 | 0,12133 |
| **10** | 130,590 | 2519,41 | 8,9953 | 0,00100034 | 42,0248 | 0,15108 |
| **20** | 135,222 | 2538,19 | 9,0604 | 0,00100184 | 83,9224 | 0,29650 |
| **25** | 137,536 | 2547,55 | 9,0921 | 0,00100300 | 104,840 | 0,36726 |
| **30** | 139,849 | 2556,92 | 9,1233 | 0,00100441 | 125,746 | 0,43679 |
| **35** | 142,162 | 2566,28 | 9,1539 | 28,3849 | 2564,84 | 8,4072 |
| **40** | 144,474 | 2575,65 | 9,1841 | 28,8514 | 2574,38 | 8,4379 |
| **45** | 146,785 | 2585,02 | 9,2138 | 29,3170 | 2583,88 | 8,4680 |
| **50** | 149,096 | 2594,40 | 9,2430 | 29,7822 | 2593,36 | 8,4976 |
| **55** | 151,407 | 2603,78 | 9,2718 | 30,2469 | 2602,83 | 8,5266 |
| **60** | 153,717 | 2613,17 | 9,3002 | 30,7112 | 2612,29 | 8,5553 |
| **65** | 156,027 | 2622,56 | 9,3282 | 31,1753 | 2621,75 | 8,5834 |
| **70** | 158,337 | 2631,96 | 9,3558 | 31,6392 | 2631,21 | 8,6112 |
| **75** | 160,647 | 2641,37 | 9,3830 | 32,1028 | 2640,68 | 8,6386 |
| **80** | 162,957 | 2650,79 | 9,4099 | 32,5663 | 2650,14 | 8,6656 |
| **85** | 165,266 | 2660,21 | 9,4364 | 33,0296 | 2659,61 | 8,6922 |
| **90** | 167,575 | 2669,64 | 9,4625 | 33,4927 | 2669,08 | 8,7185 |
| **95** | 169,884 | 2679,08 | 9,4883 | 33,9557 | 2678,56 | 8,7444 |
| **100** | 172,193 | 2688,54 | 9,5138 | 34,4186 | 2688,05 | 8,7700 |
| **110** | 176,811 | 2707,47 | 9,5639 | 35,3441 | 2707,04 | 8,8202 |
| **120** | 181.428 | 2726,44 | 9,6128 | 36,2692 | 2726,06 | 8,8692 |
| **130** | 186,045 | 2745,46 | 9,6606 | 37,1941 | 2745,12 | 8,9171 |
| **140** | 190,662 | 2764,53 | 9,7073 | 38,1187 | 2764,22 | 8,9639 |
| **150** | 195,279 | 2783,65 | 9,7530 | 39,0431 | 2783,37 | 9,0097 |
| **200** | 218,360 | 2880,00 | 9,9682 | 43,6631 | 2879,82 | 9,2251 |
| **250** | 241,439 | 2977,73 | 10,165 | 48,2812 | 2977,61 | 9,4216 |
| **300** | 264,517 | 3076,95 | 10,346 | 52,8984 | 3076,86 | 9,6027 |
| **350** | 287,595 | 3177,72 | 10,514 | 57,5150 | 3177,64 | 9,7713 |
| **400** | 310,672 | 3280,08 | 10,672 | 62,1312 | 3280,01 | 9,9293 |
| **450** | 333,749 | 3384,08 | 10,821 | 66,7472 | 3384,03 | 10,078 |
| **500** | 356,826 | 3489,77 | 10,962 | 71,3631 | 3489,73 | 10,220 |
| **550** | 379,903 | 3597,18 | 11,097 | 75,9788 | 3597,14 | 10,354 |
| **600** | 402,980 | 3706,34 | 11,226 | 80,5944 | 3706,31 | 10,483 |
| **650** | 426,056 | 3817,26 | 11,349 | 85,2100 | 3817,24 | 10,607 |
| **700** | 449,133 | 3929,96 | 11,468 | 89,8255 | 3929,94 | 10,725 |
| **750** | 472,209 | 4044,43 | 11,583 | 94,4410 | 4044,41 | 10,840 |
| **800** | 495,286 | 4160,66 | 11,694 | 99,0564 | 4160,64 | 10,951 |

| *t* | *p* = 1 bar | | | *p* = 5 bar | | |
|---|---|---|---|---|---|---|
| °C | *v* m³/kg | *h* kJ/kg | *s* kJ/(kg K) | *v* m³/kg | *h* kJ/kg | *s* kJ/(kg K) |
| **0** | 0,00100016 | 0,05966 | - 0,0001478 | 0,000999953 | 0,46700 | - 0,000121 |
| **2** | 0,00100006 | 8,49179 | 0,030610 | 0,000999856 | 8,89527 | 0,030622 |
| **4** | 0,00100003 | 16,9119 | 0,061101 | 0,000999827 | 17,3117 | 0,061100 |
| **6** | 0,00100006 | 25,3219 | 0,09136 | 0,000999862 | 257183 | 0,091324 |
| **8** | 0,00100015 | 33,7233 | 0,12133 | 0,000999957 | 34,1164 | 0,12130 |
| **10** | 0,00100030 | 42,1174 | 0,15108 | 0,001000011 | 42,5075 | 0,15104 |
| **20** | 0,00100180 | 84,0118 | 0,29648 | 0,00100161 | 84,3882 | 0,29640 |
| **25** | 0,00100296 | 104,928 | 0,36723 | 0,00100278 | 105,298 | 0,36713 |
| **30** | 0,00100437 | 125,833 | 0,43676 | 0,00100419 | 126,197 | 0,43664 |
| **35** | 0,00100600 | 146,730 | 0,50513 | 0,00100582 | 147,089 | 0,50500 |
| **40** | 0,00100784 | 167,623 | 0,57239 | 0,00100766 | 167,978 | 0,57224 |
| **45** | 0,00100987 | 188,516 | 0,63859 | 0,00100970 | 188,866 | 0,63842 |
| **50** | 0,00101210 | 209,412 | 0,70375 | 0,00101192 | 209,757 | 0,70357 |
| **55** | 0,00101450 | 230,313 | 0,76794 | 0,00101432 | 230,653 | 0,76774 |
| **60** | 0,00101708 | 251,222 | 0,83117 | 0,00101690 | 251,558 | 0,83096 |
| **65** | 0,00101982 | 272,141 | 0,89350 | 0,00101964 | 272,473 | 0,89327 |
| **70** | 0,00102273 | 293,074 | 0,95495 | 0,00102254 | 293,401 | 0,95471 |
| **75** | 0,00102579 | 314,023 | 1,0156 | 0,00102561 | 314,346 | 1,0153 |
| **80** | 0,00102902 | 334,991 | 1,0754 | 0,00102883 | 335,309 | 1,0751 |
| **85** | 0,00103239 | 355,979 | 1,1344 | 0,00103220 | 356,293 | 1,1341 |
| **90** | 0,00103593 | 376,992 | 1,1926 | 0,00103573 | 377,301 | 1,1923 |
| **95** | 0,00103962 | 398,030 | 1,2502 | 0,00103942 | 398,335 | 1,2499 |
| **100** | 1,69596 | 2675,77 | 7,3610 | 0,00104325 | 419,399 | 1,3067 |
| **110** | 1,74482 | 2696,32 | 7,4154 | 0,00105139 | 461,623 | 1,4184 |
| **120** | 1,79324 | 2716,61 | 7,4676 | 0,00106016 | 503,996 | 1,5275 |
| **130** | 1,84132 | 2736,72 | 7,5181 | 0,00106957 | 546,543 | 1,6344 |
| **140** | 1,88913 | 2756,70 | 7,5671 | 0,00107967 | 589,290 | 1,7391 |
| **150** | 1,93673 | 2776,59 | 7,6147 | 0,00109049 | 632,266 | 1,8419 |
| **200** | 2,17249 | 2875,48 | 7,8356 | 0,425034 | 2855,90 | 7,0611 |
| **250** | 2,40619 | 2974,54 | 8,0346 | 0,474429 | 2961,13 | 7,2726 |
| **300** | 2,63887 | 3074,54 | 8,2171 | 0,522603 | 3064,60 | 7,4614 |
| **350** | 2,87097 | 3175,82 | 8,3865 | 0,570138 | 3168,06 | 7,6345 |
| **400** | 3,10272 | 3278,54 | 8,5451 | 0,617294 | 3272,29 | 7,7954 |
| **450** | 3,33424 | 3382,81 | 8,6945 | 0,664205 | 3377,67 | 7,9464 |
| **500** | 3,56558 | 3488,71 | 8,8361 | 0,710947 | 3484,41 | 8,0891 |
| **550** | 3,79681 | 3596,28 | 8,9709 | 0,757566 | 3592,64 | 8,2247 |
| **600** | 4,02795 | 3705,57 | 9,0998 | 0,804095 | 3702,46 | 8,3543 |
| **650** | 4,25902 | 3816,60 | 9,2234 | 0,850556 | 3813,91 | 8,4784 |
| **700** | 4,49004 | 3929,38 | 9,3424 | 0,896964 | 3927,05 | 8,5977 |
| **750** | 4,72101 | 4043,92 | 9,4571 | 0,943332 | 4041,87 | 8,7128 |
| **800** | 4,95196 | 4160,21 | 9,5681 | 0,989667 | 4158,40 | 8,8240 |

| $t$ | $p$ = 10 bar | | | $p$ = 30 bar | | |
|---|---|---|---|---|---|---|
| °C | $v$ m³/kg | $h$ kJ/kg | $s$ kJ/(kg K) | $v$ m³/kg | $h$ kJ/kg | $s$ kJ/(kg K) |
| **0** | 0,000999699 | 0,97582 | - 0,00008842 | 0,000998688 | 3,00722 | 0,00003247 |
| **2** | 0,000999606 | 9,39927 | 0,030637 | 0,000998609 | 11,4117 | 0,030689 |
| **4** | 0,000999581 | 17,8112 | 0,061099 | 0,000998597 | 19,8057 | 0,061086 |
| **6** | 0,000999618 | 26,2135 | 0,091307 | 0,000998647 | 28,1911 | 0,091233 |
| **8** | 0,000999716 | 34,6076 | 0,12127 | 0,000998755 | 36,5691 | 0,12114 |
| **10** | 0,000999870 | 42,9948 | 0,15100 | 0,000998919 | 44,9410 | 0,15081 |
| **20** | 0,00100139 | 84,8585 | 0,29630 | 0,00100047 | 86,7374 | 0,29588 |
| **25** | 0,00100255 | 105,761 | 0,36700 | 0,00100165 | 107,611 | 0,36648 |
| **30** | 0,00100396 | 126,653 | 0,43649 | 0,00100307 | 128,475 | 0,43588 |
| **35** | 0,00100560 | 147,538 | 0,50482 | 0,00100471 | 149,334 | 0,50413 |
| **40** | 0,00100744 | 168,421 | 0,57204 | 0,00100655 | 170,191 | 0,57127 |
| **45** | 0,00100947 | 189,303 | 0,63820 | 0,00100859 | 191,050 | 0,63735 |
| **50** | 0,00101170 | 210,188 | 0,70334 | 0,00101081 | 211,912 | 0,70241 |
| **55** | 0,00101410 | 231,079 | 0,76749 | 0,00101321 | 232,780 | 0,76649 |
| **60** | 0,00101667 | 251,977 | 0,83070 | 0,00101577 | 253,656 | 0,82963 |
| **65** | 0,00101941 | 272,887 | 0,89299 | 0,00101851 | 274,544 | 0,89187 |
| **70** | 0,00102231 | 293,810 | 0,95441 | 0,00102140 | 295,445 | 0,95322 |
| **75** | 0,00102537 | 314,749 | 1,0150 | 0,00102445 | 316,363 | 1,0137 |
| **80** | 0,00102859 | 335,707 | 1,0748 | 0,00102765 | 337,299 | 1,0734 |
| **85** | 0,00103196 | 356,686 | 1,1338 | 0,00103101 | 358,256 | 1,1324 |
| **90** | 0,00103549 | 377,688 | 1,1920 | 0,00103451 | 379,236 | 1,1905 |
| **95** | 0,00103917 | 398,717 | 1,2495 | 0,00103817 | 400,242 | 1,2480 |
| **100** | 0,00104300 | 419,774 | 1,3063 | 0,00104198 | 421,277 | 1,3048 |
| **110** | 0,00105112 | 461,987 | 1,4179 | 0,00105006 | 463,443 | 1,4163 |
| **120** | 0,00105988 | 504,348 | 1,5271 | 0,00105876 | 505,755 | 1,5253 |
| **130** | 0,00106928 | 546,882 | 1,6339 | 0,00106810 | 548,237 | 1,6320 |
| **140** | 0,00107936 | 589,614 | 1,7386 | 0,00107810 | 590,913 | 1,7365 |
| **150** | 0,00109015 | 632,575 | 1,8414 | 0,00108881 | 633,813 | 1,8391 |
| **200** | 0,206004 | 2828,27 | 6,6955 | 0,00115505 | 852,978 | 2,3285 |
| **250** | 0,232739 | 2943,22 | 6,9266 | 0,0706225 | 2856,55 | 6,2893 |
| **300** | 0,257979 | 3051,70 | 7,1247 | 0,0811753 | 2994,35 | 6,5412 |
| **350** | 0,282492 | 3158,16 | 7,3028 | 0,0905550 | 3116,06 | 6,7449 |
| **400** | 0,306595 | 3264,39 | 7,4668 | 0,0993766 | 3231,57 | 6,9233 |
| **450** | 0,330440 | 3371,19 | 7,6198 | 0,107884 | 3344,66 | 7,0853 |
| **500** | 0,354110 | 3479,00 | 7,7640 | 0,116193 | 3457,04 | 7,2356 |
| **550** | 0,377656 | 3588,07 | 7,9007 | 0,124367 | 3569,59 | 7,3767 |
| **600** | 0,401111 | 3698,56 | 8,0309 | 0,132445 | 3682,81 | 7,5102 |
| **650** | 0,424497 | 3810,55 | 8,1557 | 0,140451 | 3796,99 | 7,6373 |
| **700** | 0,447829 | 3924,12 | 8,2755 | 0,148403 | 3912,34 | 7,7590 |
| **750** | 0,471121 | 4039,31 | 8,3909 | 0,156312 | 4028,99 | 7,8759 |
| **800** | 0,494380 | 4156,14 | 8,5024 | 0,164189 | 4147,03 | 7,9885 |

| $t$ | $p$ = 50 bar | | | $p$ = 80 bar | | |
|---|---|---|---|---|---|---|
| °C | $v$ m³/kg | $h$ kJ/kg | $s$ kJ/(kg K) | $v$ m³/kg | $h$ kJ/kg | $s$ kJ/(kg K) |
| **0** | 0,000997683 | 5,03250 | 0,0001383 | 0,000996188 | 8,05907 | 0,0002693 |
| **2** | 0,000997619 | 13,4183 | 0,030727 | 0,000996145 | 16,4176 | 0,030758 |
| **4** | 0,000997620 | 21,7948 | 0,061060 | 0,000996165 | 24,7683 | 0,060998 |
| **6** | 0,000997681 | 30,1635 | 0,091147 | 0,000996245 | 33,1127 | 0,090998 |
| **8** | 0,000997801 | 38,5258 | 0,121000 | 0,000996380 | 41,4519 | 0,12076 |
| **10** | 0,000997974 | 46,8827 | 0,150620 | 0,000996568 | 49,7868 | 0,15031 |
| **20** | 0,000999564 | 88,6128 | 0,29545 | 0,000998213 | 91,4196 | 0,29480 |
| **25** | 0,00100076 | 109,457 | 0,36596 | 0,000999424 | 112,221 | 0,36516 |
| **30** | 0,00100219 | 130,294 | 0,43526 | 0,00100086 | 133,018 | 0,43434 |
| **35** | 0,00100383 | 151,128 | 0,50343 | 0,00100252 | 153,814 | 0,50238 |
| **40** | 0,00100567 | 171,960 | 0,57049 | 0,00100437 | 174,610 | 0,56932 |
| **45** | 0,00100771 | 192,795 | 0,63650 | 0,00100640 | 195,410 | 0,63522 |
| **50** | 0,00100993 | 213,634 | 0,70149 | 0,00100862 | 216,215 | 0,70011 |
| **55** | 0,00101232 | 234,480 | 0,76550 | 0,00101101 | 237,028 | 0,76402 |
| **60** | 0,00101488 | 255,334 | 0,82858 | 0,00101356 | 257,850 | 0,82699 |
| **65** | 0,00101761 | 276,200 | 0,89074 | 0,00101627 | 278,684 | 0,88906 |
| **70** | 0,00102049 | 297,080 | 0,95204 | 0,00101913 | 299,532 | 0,95027 |
| **75** | 0,00102352 | 317,976 | 1,0125 | 0,00102215 | 320,396 | 1,0106 |
| **80** | 0,00102671 | 338,891 | 1,0721 | 0,00102532 | 341,279 | 1,0702 |
| **85** | 0,00103006 | 359,826 | 1,1310 | 0,00102864 | 362,183 | 1,1290 |
| **90** | 0,00103355 | 380,785 | 1,1891 | 0,00103211 | 383,109 | 1,1870 |
| **95** | 0,00103719 | 401,769 | 1,2465 | 0,00103572 | 404,061 | 1,2443 |
| **100** | 0,00104098 | 422,782 | 1,3032 | 0,00103948 | 425,041 | 1,3009 |
| **110** | 0,00104901 | 464,902 | 1,4146 | 0,00104745 | 467,093 | 1,4121 |
| **120** | 0,00105765 | 507,165 | 1,5235 | 0,00105601 | 509,285 | 1,5208 |
| **130** | 0,00106693 | 549,595 | 1,6301 | 0,00106519 | 551,639 | 1,6272 |
| **140** | 0,00107686 | 592,216 | 1,7345 | 0,00107502 | 594,178 | 1,7314 |
| **150** | 0,00108748 | 635,055 | 1,8369 | 0,00108552 | 636,929 | 1,8337 |
| **200** | 0,00115304 | 853,800 | 2,3254 | 0,00115010 | 855,061 | 2,3207 |
| **250** | 0,00124987 | 1085,66 | 2,7909 | 0,00124457 | 1085,66 | 2,7837 |
| **300** | 0,0453466 | 2925,64 | 6,2109 | 0,0242802 | 2786,38 | 5,7935 |
| **350** | 0,0519714 | 3069,29 | 6,4515 | 0,0299776 | 2988,06 | 6,1319 |
| **400** | 0,0578398 | 3196,59 | 6,6481 | 0,0343477 | 3139,31 | 6,3657 |
| **450** | 0,0633245 | 3317,03 | 6,8208 | 0,0381970 | 3273,23 | 6,5577 |
| **500** | 0,0685829 | 3434,48 | 6,9778 | 0,0417691 | 3399,37 | 6,7264 |
| **550** | 0,0736941 | 3550,75 | 7,1235 | 0,0451721 | 3521,77 | 6,8798 |
| **600** | 0,0787027 | 3666,83 | 7,2604 | 0,0484625 | 3642,42 | 7,0221 |
| **650** | 0,0836367 | 3783,28 | 7,3901 | 0,0516732 | 3762,42 | 7,1557 |
| **700** | 0,0885146 | 3900,45 | 7,5137 | 0,0548251 | 3882,42 | 7,2823 |
| **750** | 0,0933495 | 4018,59 | 7,6321 | 0,0579325 | 4002,86 | 7,4030 |
| **800** | 0,0981510 | 4137,87 | 7,7459 | 0,0610054 | 4124,02 | 7,5186 |

| $t$ | $p$ = 100 bar | | | $p$ = 150 bar | | |
|---|---|---|---|---|---|---|
| °C | $v$ m³/kg | $h$ kJ/kg | $s$ kJ/(kg K) | $v$ m³/kg | $h$ kJ/kg | $s$ kJ/(kg K) |
| **0** | 0,000995200 | 10,0693 | 0,0003384 | 0,000992757 | 15,0694 | 0,0004489 |
| **2** | 0,000995171 | 18,4100 | 0,030762 | 0,000992762 | 23,3671 | 0,030716 |
| **4** | 0,000995203 | 26,7440 | 0,060942 | 0,000992825 | 31,6606 | 0,060749 |
| **6** | 0,000995294 | 35,0726 | 0,090884 | 0,000992944 | 39,9508 | 0,090554 |
| **8** | 0,000995440 | 43,3967 | 0,12060 | 0,000993115 | 48,2384 | 0,12014 |
| **10** | 0,000995638 | 51,7173 | 0,15009 | 0,000993336 | 56,5242 | 0,14950 |
| **20** | 0,000997318 | 93,2865 | 0,29437 | 0,000995104 | 97,9391 | 0,29324 |
| **25** | 0,000998541 | 114,060 | 0,36463 | 0,000996356 | 118,644 | 0,36328 |
| **30** | 0,000999989 | 134,831 | 0,43372 | 0,000997825 | 139,351 | 0,43215 |
| **35** | 0,00100165 | 155,601 | 0,50168 | 0,000999495 | 160,061 | 0,49991 |
| **40** | 0,00100350 | 176,374 | 0,56855 | 0,00100135 | 180,776 | 0,56660 |
| **45** | 0,00100554 | 197,151 | 0,63437 | 0,00100339 | 201,497 | 0,63224 |
| **50** | 0,00100775 | 217,934 | 0,69919 | 0,00100560 | 222,226 | 0,69689 |
| **55** | 0,00101013 | 238,725 | 0,76303 | 0,00100798 | 242,963 | 0,76057 |
| **60** | 0,00101268 | 259,526 | 0,82594 | 0,00101051 | 263,712 | 0,82332 |
| **65** | 0,00101538 | 280,339 | 0,88795 | 0,00101319 | 284,473 | 0,88518 |
| **70** | 0,00101824 | 301,166 | 0,94909 | 0,00101603 | 305,249 | 0,94617 |
| **75** | 0,00102125 | 322,099 | 1,0094 | 0,00101901 | 326,042 | 1,0063 |
| **80** | 0,00102441 | 342,871 | 1,0689 | 0,00102213 | 346,853 | 1,0657 |
| **85** | 0,00102771 | 363,754 | 1,1276 | 0,00102540 | 367,684 | 1,1242 |
| **90** | 0,00103116 | 384,659 | 1,1856 | 0,00102881 | 388,538 | 1,1821 |
| **95** | 0,00103475 | 405,590 | 1,2428 | 0,00103236 | 409,416 | 1,3292 |
| **100** | 0,00103850 | 426,548 | 1,2994 | 0,00103606 | 430,321 | 1,2956 |
| **110** | 0,00104641 | 468,555 | 1,4105 | 0,00104387 | 472,219 | 1,4064 |
| **120** | 0,00105493 | 510,701 | 1,5190 | 0,00105225 | 514,250 | 1,5147 |
| **130** | 0,00106405 | 553,005 | 1,6253 | 0,00106123 | 556,432 | 1,6206 |
| **140** | 0,00107380 | 595,491 | 1,7294 | 0,00107082 | 598,788 | 1,7244 |
| **150** | 0,00108422 | 638,184 | 1,8315 | 0,00108105 | 641,340 | 1,8262 |
| **200** | 0,00114818 | 855,918 | 2,3177 | 0,00114350 | 858,117 | 2,3102 |
| **250** | 0,00124116 | 1085,72 | 2,7791 | 0,00123301 | 1086,04 | 2,7679 |
| **300** | 0,00139804 | 1343,10 | 3,2484 | 0,00137826 | 1338,06 | 3,2275 |
| **350** | 0,0224422 | 2923,96 | 5,9458 | 0,0114807 | 2693,00 | 5,4435 |
| **400** | 0,0264393 | 3097,38 | 6,2139 | 0,0156711 | 2975,55 | 5,8817 |
| **450** | 0,0297850 | 3242,28 | 6,4217 | 0,0184781 | 3157,84 | 6,1433 |
| **500** | 0,0328129 | 3375,06 | 6,5993 | 0,0208285 | 3310,79 | 6,3479 |
| **550** | 0,0356552 | 3501,94 | 6,7584 | 0,0229451 | 3450,47 | 6,5230 |
| **600** | 0,0383775 | 3625,84 | 6,9045 | 0,0249207 | 3583,31 | 6,6797 |
| **650** | 0,0410163 | 3748,32 | 7,0409 | 0,0268030 | 3712,41 | 6,8235 |
| **700** | 0,0435944 | 3870,27 | 7,1696 | 0,0286193 | 3839,48 | 6,9576 |
| **750** | 0,0461269 | 3992,28 | 7,2918 | 0,0303871 | 3965,56 | 7,0839 |
| **800** | 0,0486242 | 4114,73 | 7,4087 | 0,0321182 | 4091,33 | 7,2039 |

| *t* | *p* = 200 bar | | | *p* = 250 bar | | |
|---|---|---|---|---|---|---|
| °C | *v* m³/kg | *h* kJ/kg | *s* kJ/(kg K) | *v* m³/kg | *h* kJ/kg | *s* kJ/(kg K) |
| **0** | 0,00099035 | 20,0338 | 0,0004733 | 0,000987991 | 24,9636 | 0,0004146 |
| **2** | 0,000990391 | 28,2906 | 0,030591 | 0,000988059 | 33,1814 | 0,030390 |
| **4** | 0,000990484 | 36,5454 | 0,060484 | 0,000988180 | 41,3994 | 0,060149 |
| **6** | 0,000990630 | 44,7990 | 0,090157 | 0,000988352 | 49,6180 | 0,089697 |
| **8** | 0,000990826 | 53,0518 | 0,11962 | 0,000988572 | 57,8375 | 0,11904 |
| **10** | 0,000991070 | 61,3043 | 0,14886 | 0,000988837 | 66,0582 | 0,14817 |
| **20** | 0,000992922 | 102,571 | 0,29209 | 0,000990772 | 107,183 | 0,29091 |
| **25** | 0,000994202 | 123,211 | 0,36190 | 0,000992078 | 127,759 | 0,36051 |
| **30** | 0,000995690 | 143,856 | 0,43057 | 0,000993586 | 148,345 | 0,42898 |
| **35** | 0,000997374 | 164,508 | 0,49814 | 0,000995282 | 168,940 | 0,49636 |
| **40** | 0,000999240 | 185,166 | 0,56464 | 0,000997155 | 189,545 | 0,56269 |
| **45** | 0,00100128 | 205,833 | 0,63012 | 0,000999196 | 210,159 | 0,62800 |
| **50** | 0,00100348 | 226,509 | 0,69460 | 0,00100140 | 230,783 | 0,69232 |
| **55** | 0,00100585 | 247,195 | 0,75813 | 0,00100375 | 251,419 | 0,75569 |
| **60** | 0,00100837 | 267,893 | 0,82072 | 0,00100626 | 272,068 | 0,81814 |
| **65** | 0,00101103 | 288,604 | 0,88243 | 0,00100891 | 292,730 | 0,87970 |
| **70** | 0,00101385 | 309,330 | 0,94327 | 0,00101170 | 313,408 | 0,94040 |
| **75** | 0,00101680 | 330,073 | 1,0033 | 0,00101463 | 334,103 | 1,0003 |
| **80** | 0,00101990 | 350,834 | 1,0625 | 0,00101770 | 354,815 | 1,0593 |
| **85** | 0,00102313 | 371,615 | 1,1209 | 0,00102090 | 375,548 | 1,1176 |
| **90** | 0,00102651 | 392,419 | 1,1786 | 0,00102424 | 396,303 | 1,1752 |
| **95** | 0,00103002 | 413,246 | 1,2356 | 0,00102771 | 417,081 | 1,2320 |
| **100** | 0,00103366 | 434,100 | 1,2918 | 0,00103131 | 437,884 | 1,2881 |
| **110** | 0,00104137 | 475,892 | 1,4024 | 0,00103892 | 479,573 | 1,3984 |
| **120** | 0,00104964 | 517,811 | 1,5104 | 0,00104707 | 521,385 | 1,5056 |
| **130** | 0,00105847 | 559,877 | 1,6160 | 0,00105577 | 563,337 | 1,6115 |
| **140** | 0,00106790 | 602,107 | 1,7195 | 0,00106505 | 605,446 | 1,7147 |
| **150** | 0,00107795 | 644,524 | 1,8209 | 0,00107492 | 647,732 | 1,8158 |
| **200** | 0,00113899 | 860,391 | 2,3030 | 0,00113463 | 862,734 | 2,2959 |
| **250** | 0,00122536 | 1086,58 | 2,7572 | 0,00121814 | 1087,33 | 2,7469 |
| **300** | 0,00136109 | 1334,14 | 3,2087 | 0,00134587 | 1331,06 | 3,1915 |
| **350** | 0,00166487 | 1645,95 | 3,7288 | 0,00159879 | 1623,86 | 3,6803 |
| **400** | 0,00994958 | 2816,84 | 5,5525 | 0,00600480 | 2578,59 | 5,1399 |
| **450** | 0,0127202 | 3061,53 | 5,9041 | 0,00917520 | 2950,38 | 5,6755 |
| **500** | 0,0147929 | 3241,19 | 6,1445 | 0,0111420 | 3165,92 | 5,9642 |
| **550** | 0,0165707 | 3396,24 | 6,3390 | 0,0127352 | 3339,28 | 6,1816 |
| **600** | 0,0181844 | 3539,23 | 6,5077 | 0,0141397 | 3493,69 | 6,3638 |
| **650** | 0,0196942 | 3675,59 | 6,6596 | 0,0154297 | 3637,97 | 6,5246 |
| **700** | 0,0211327 | 3808,15 | 6,7994 | 0,0166433 | 3776,37 | 6,6706 |
| **750** | 0,0225198 | 3938,52 | 6,9301 | 0,0178029 | 3911,23 | 6,8057 |
| **800** | 0,0238685 | 4067,73 | 7,0534 | 0,0189224 | 4044,00 | 6,9324 |

# Literatur

Cerbe, Günter und Gernot Wilhelms, Technische Thermodynamik, 14. Auflage München Wien 2005

Doering, Ernst, Herbert Schedwill und Martin Dehli, Grundlagen der Technischen Thermodynamik, 6. Auflage, Wiesbaden 2008

Geller, Wolfgang, Thermodynamik für Maschinenbauer, 4. Auflage, Berlin Heidelberg 2006

Stephan, Peter, Karlheinz Schaber, Karl Stephan und Franz Mayinger, Thermodynamik Band 1: Einstoffsysteme, 18. Auflage, Berlin Heidelberg 2009

Wagner, Wolfgang und Hans-Joachim Kretzschmar, International Steam Tables, 2. Auflage Berlin Heidelberg 2008

Wilhelms, Gernot, Übungsaufgaben Technische Thermodynamik, 2. Auflage, München Wien 2006

DOI 10.1515/9783110530513-011

# Index

www.ingramcontent.com/pod-product-compliance
Lightning Source LLC
LaVergne TN
LVHW081314110826
845149LV00006B/1505

*9783110530506*